新编光合作用学

许大全　编著

上海科学技术出版社

内 容 提 要

光合作用为微生物、植物、动物和人类等几乎一切生物提供食物、能量和氧气，是生命的发动机、地球生物圈的核心环节。加强自然光合作用和发展人工光合作用，是解决食物短缺、能源枯竭、空气污染和全球气候变暖这些人类面临的紧迫难题的必由之路。

本书除绪论（包括光合作用的重要地位、演化简史和研究的里程碑）外，由分子机制（光合机构、光反应、同化力形成、碳反应）、环境影响（光、温度、水、气、矿质营养）、调节控制（基因表达调节、捕光调节、电子传递调节、碳同化调节、能量耗散、信号转导、节律变化和相互协调）、改善应用（光合作用效率、光合作用的改善）和人工光合等5篇计20章组成，简要介绍光合作用的理论及应用知识，反映最新研究进展，凝聚了作者几十年的研究经验。

本书可供大学和生命科学研究机构的本科生、研究生和教学与科研人员参考。

图书在版编目（CIP）数据

新编光合作用学 / 许大全编著. -- 上海 : 上海科学技术出版社, 2022.9
ISBN 978-7-5478-5813-4

Ⅰ. ①新… Ⅱ. ①许… Ⅲ. ①光合作用 Ⅳ. ①Q945.11

中国版本图书馆CIP数据核字(2022)第153520号

新编光合作用学
许大全 编著

上海世纪出版(集团)有限公司
上 海 科 学 技 术 出 版 社 出版、发行
(上海市闵行区号景路159弄A座9F-10F)
邮政编码 201101 www.sstp.cn
浙江新华印刷技术有限公司印刷
开本 787×1092 1/16 印张 24.5
字数 550千字
2022年9月第1版 2022年9月第1次印刷
ISBN 978-7-5478-5813-4/Q·72
定价：138.00元

序　一

许大全作为“文革”后的首届研究生，殷宏章先生和我的学生，早在大学读书时就与光合作用研究结下了不解之缘，之后如愿以偿地成为光合作用研究方向的研究生，正式开始几十年的光合作用研究生涯。

2007年从博士研究生导师和《植物生理学报》主编（兼职）岗位退休后被返聘，他仍然不改初心，把光合作用研究作为终生奋斗的事业，协助年轻导师带研究生，关注光合作用研究进展，积极参加有关光合作用的学术活动，参加《辞海》《中国大百科全书》中植物生理学、光合作用词条的编写，应邀作学术报告和光合作用研究系列讲座，经常通过电子信件回答全国各地光合作用研究初学者提出的各种问题，在中外文期刊发表多篇关于光合作用的综述文章，退而不休，锲而不舍。

同时，他根据光合作用研究的最新进展，并结合自己的研究成果和心得体会与经验，花了6年时间编著《光合作用学》。该书出版后受到众多读者的肯定与好评，出版社多次重印。对此，他并不满足。他觉得有责任把更好的作品奉献给读者，继续跟踪光合作用研究文献，并对《光合作用学》做了大幅度的增删、调整，使其与时俱进，既介绍光合作用的基本理论和应用知识，又及时反映光合作用研究的最新进展。经过7年多的努力，精炼而又新颖的《新编光合作用学》即将与读者见面。

《新编光合作用学》将和《光合作用学》一样，作为光合作用研究和教学的参考书，能够继续为培养光合作用研究的年轻一代提供参考资料，推动中国光合作用研究事业发展。

沈允钢
中国科学院院士
2021年10月

序　二

光合作用是地球上最重要的生物学过程之一。它是粮食生产的基础。人类赖以生存的石油、天然气等是以往光合作用的产物。光合作用过程也是地球生态系统中水循环、碳循环的关键一环。研究光合作用不仅满足人类认识自然的无限好奇心，也可以为人类应对当前面临的粮食、能源和环境危机提供可持续的解决方案。

光合作用是一个涉及近百种蛋白质的复杂生物学过程。光合作用研究广度极大，包含光合机构从宏观的解剖结构到微观的超微结构，从原初的光反应、同化力形成到碳代谢反应及光合产物形成，到后来光合系统内部的分子调控机制和与外界环境的相互作用，乃至光合色素蛋白复合体结晶结构的解析、作物光合效率改良及人工光合作用。尤其是近年来，随着各类高通量组学数据的获取、基于冷冻电镜技术的蛋白复合体结构解析技术、系统生物学及合成生物学方法及技术的发展，光合作用研究在全球范围内形成了一个新的高潮。越来越多的大学、研究机构正在扩展光合作用研究领域的研究力量。在这个背景下，亟需阐述光合作用基础知识及最新研究进展的书籍。尽管在植物生理学教材中，光合作用作为一个基本的生物学过程已有描述，但是一般仅限于光合机构的基本组成和基本反应及调控等基础知识，对当前光合作用研究的情况及最新进展却鲜有涉及。

本书不仅涵盖光合作用研究的各个领域，而且有效地体现了不同研究领域的最新进展，从而为光合作用研究初学者提供了一本不可多得的全景式教材。虽然本人从事光合作用研究已近 25 年，但是在读这本书的过程中，几乎在每一章都能看到一些自己没有关注到的现象，同时也看到很多关于已知现象的多种假说，为日后开展光合作用研究提供了众多新思路和线索。

作为一本系统介绍光合作用各研究领域的著作，本书可供光合作用初学者或植物生理学初学者参考；研究生可以利用此书作为开展光合作用研究的入门教材；其他光合作用研究人员也会开卷有益。考虑到光合作用研究在未来解决粮食、能源和环境问题中的重要性，本书也可以作为教材支持光合作用专业课——一门作为植物学或相关专业研究生教育的课程。值得一提的是，本人有幸在全国光合作用研究同仁的大力支持下，同许大全先生共同编著了《光合作用研究技术》一书，该书可视为本书的姊妹篇。希望这两本书有助于光合作用的教学及研究。

作为研究生创新教育系列丛书,《光合作用学》出版 8 年多来得到众多读者的肯定和好评,多次加印。它的作者许大全先生对此并不满足,一如既往地跟踪该领域的研究进展,不断对它加以修改、补充和调整,力求简明扼要而又与时俱进,为写作《新编光合作用学》作准备。与《光合作用学》相比,本书的变化很大。除名词索引外,又增补了 800 多条名词解释,增加了几十幅插图,增引百余篇新近文献,内容安排更为精炼,总篇幅不及《光合作用学》的一半,一些篇章已重新改写,力求反映光合作用研究的最新进展,同时更新教科书中一些过时的概念,补充了一些新概念。所有这些修改,体现出他对事业、对读者认真负责的精神。

最后,热烈祝贺许大全先生成功完成本书!本书和《光合作用学》都是许大全先生在退休之后,不辞辛苦、老骥伏枥、满怀热忱地追踪和阅读当前光合作用研究领域的最新进展,并结合自己一生光合作用研究的心得体会编著而成。他的这种奉献精神将激励我们后辈努力奋进,把前辈们开创的光合作用研究事业继承下去,发扬光大。相信本书一定会成为我国光合作用研究方面一本不可多得的教科书,将对我国光合作用研究的发展起重要推动作用。

朱新广

中国科学院分子植物科学卓越创新中心研究员

2021 年 11 月

前　言

放眼当今世界，人类面临食物短缺、能源枯竭和环境污染及全球气候变暖这样一些亟需解决的重大难题。田野、草原、森林里的陆生植物与江河湖海水体中蓝细菌、藻类的自然光合作用，以及依据其原理、灵感构建的装置进行的人工光合作用，闪烁着迷人的希望之光，展现出人类攻坚克难的必由之路。

人类通过加强自然光合作用和发展人工光合作用破解这些难题，是一项伟大而艰巨的事业。它需要植物生理学、生物化学、分子生物学、遗传学和物理学、化学以及材料学等多学科科技工作者几代人不懈的努力。为了让尽可能多的人特别是年轻人了解、热爱、投身或理解、支持这项伟大事业，大力传播光合作用的理论与应用知识，实乃当务之急。

然而，深浅、详略适度而通俗易懂地介绍光合作用基础理论与应用知识的读物还相当稀缺。作为研究生创新教育系列丛书，拙作《光合作用学》已经问世 8 年多了。8 年多来，它得到众多读者的肯定，出版社一再加印，令作者深受感动，同时又深感愧疚，有负读者的厚爱，因为它还有许多缺点、错误和不足：一是有不少文字错误，亟需更正；二是枝蔓过多，篇幅太长，亟需精炼；三是在光合作用研究新进展层出不穷的形势面前，它已经显得陈旧、落后，亟需修改、补充和完善。因此，作者还是一如既往地跟踪该领域的研究进展，不断对它加以修改、补充和调整。其间曾尝试以问答的形式（曾用名《光合作用一百问》《光合作用问题：理论与应用》，包括 200 多个问题）介绍光合作用的基本理论与应用，力求反映最新研究成果，为写作本书作准备。由于问答式的结构不如《光合作用学》章节式系统、严谨和明晰，且多有重复，经再三斟酌后还是决定放弃这种表达方式。

与《光合作用学》相比，《新编光合作用学》的主要变化如下：一是改正诸多文字、印刷错误。二是精炼文字，压缩篇幅，全书由 5 篇（分子机制篇、环境影响篇、调节控制篇、改善应用篇及人工光合篇）20 章组成，篇幅不到《光合作用学》的一半，删除了技术方法、光合参数和生物能源等几章，而基因表达调节、捕光调节和人工光合作用等几章则重新改写。三是增加了近年来光合作用研究的众多最新进展。四是除名词索引外，增补了 800 多条名词解释，每条控制在 100 字以内，力求言简意赅。五是更新教科书中一些过时的概念，例如用“卡尔文-本森-巴沙姆循环”替换“卡尔文循环”，用“碳反应”代替“暗反应”，并且增加了“人工叶”“人工叶绿体”等新概念。六是每章的参考文献控制在30条以内，保留经典的，增加新近的，全书总计引用新近文献170余篇。七是增加30多幅插图。所有这些改动，都是希望尽可能把完善最新的内容呈现给读者。

在本书稿精炼、补充过程中，有幸得到沈允钢院士(中国科学院上海植物生理生态研究所)、李灿院士(中国科学院大连化学物理研究所)和高辉远教授(山东农业大学)的热情鼓励与帮助；沈允钢院士对本书稿提出了很多宝贵意见；科学出版社马俊编辑提出增加名词解释部分的有益建议；陈根云博士协助收集了许多文献。作者在此对他们一并表示衷心的感谢。作者还要特别感谢中国植物生理与植物分子生物学学会学术项目的支持。

作者才疏学浅，拙作错谬失当之处在所难免，诚恳欢迎专家、读者批评指正。

目 录

第 2 篇 环 境 影 响

第 3 篇 调节控制

第 4 篇 改善应用

第5篇 人 工 光 合

Contents

Part II Environmental Effects

Part III Regulation and Control

Part V Artificial Photosynthesis

绪　论

光合作用是蓝细菌、藻类和高等植物中，含有叶绿素的绿色细胞利用太阳光能将无机物 CO_2 和水合成碳水化合物等有机物并释放 O_2 的一个复杂的反应过程，可以用如下的总方程式来描述：

$$n(CO_2)+n(H_2O)\xrightarrow[\text{绿色细胞}]{\text{太阳光}}(CH_2O)_n+n(O_2)$$

0.1　光合作用的重要地位

光合作用在地球上占有十分重要的地位。它被众多学者认为是地球上最重要的化学反应、生命的发动机、地球生物圈形成与运转的关键环节、生物演化的强大加速器，也是新绿色革命的核心问题，更是未来能源的希望。

0.1.1　地球上最重要的化学反应

早在 1988 年，诺贝尔基金会在给一项光合作用研究成果颁发诺贝尔奖的颁奖词中，称光合作用是“地球上最重要的化学反应”。这是对光合作用重要地位的精辟评价。

从反应规模来说，地球上任何反应的规模都没有光合作用大。据估计，地球上光合生物每年将大约 1 200 亿吨碳固定转化为有机化合物，水生的藻类、蓝细菌和陆生植物的贡献大约各占一半(Beer et al., 2014)。地球上光合生物的年净初级生产力相当于全世界化石燃料(煤、石油和天然气)贮藏量的 1%，是现在全世界能量年消耗量的 10 倍。同时，光合作用还释放所有进行呼吸作用的生物须臾不可缺少的数量巨大的 O_2。

从反应的重要性来说，地球上任何反应的意义都没有光合作用大。当然，光合作用不是一个简单的反应，而是由几十个反应步骤组成的一个复杂反应过程。在这个过程中，太阳光能被光合生物转化成化学能，主要储存在由无机物 CO_2 和水转化成的有机物碳水化合物中，同时释放 O_2。这些有机物和 O_2 是地球上几乎所有生物生存发展的根本物质基础和能量来源。

在地球上，一些原始的细菌可以利用 H_2S 之类的无机物获得生长和繁殖所需要的能量。除了这些化能自养生物以外，所有其他形式的生物，都依赖光合作用提供的有机物、能量和 O_2。因此，光合作用是几乎所有形式的生命赖以生存、发展和繁荣的前提。毫无疑问，一旦光合作用终止，包括微生物、植物、动物和人类在内的几乎一切生物都将不复存在。

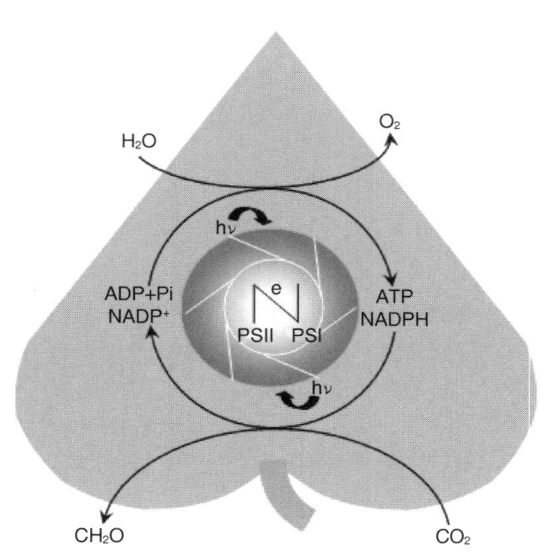

图 0-1　生命的发动机——光合作用

0.1.2　生命的发动机

英国科学家 James Barber(1995)曾经把光系统 II(photosystem II, PSII)比喻为“生命的发动机”，非常形象生动。虽然释放 O_2 的光合作用离不开光系统 II，可是将太阳能转化为化学能并用于合成碳水化合物等有机物的复杂过程还必须有光系统 I(photosystem I, PSI)和多种酶参与，缺一不可。所以，如果把这个“发动机”的内涵适当扩大为进行放氧光合作用的“光合机构”似乎更为贴切。图 0-1 描述了这个发动机的基本工作原理。后来，J. Barber 及其同事恰当地把光合作用称为“生物圈的原始发动机”(Archer and Barber, 2004)。

0.1.3　地球生物圈形成和运转的关键环节

光合作用是植物的基础代谢过程。在光合作用过程中，利用太阳光能和无机物 CO_2 与水等形成的有机物不仅为植物的生命活动提供必需的能量，而且为 C、N、P、S 等一系列代谢提供物质基础，例如氨基酸、蛋白质、脂肪酸和核酸以及多种次生代谢物的碳骨架。毫无疑问，光合作用是植物生长发育的能量和物质来源。所以，如果没有光合作用，植物体就不可能进行其他多种物质代谢，不可能由小变大、开花结果，也就不能一代一代繁衍下去。

植物是地球生物圈的创造者(Keddy, 2017)，也是生物圈的基本环节、初级生产者。植物是生物圈中形形色色动物、微生物的食物和能量来源，也是地球大气层内 O_2 从可以忽略不计到后来占大气的 21%不断积累的生产者、推动者。地球生物圈中多种多样植物的生长发育和繁荣是微生物、动物和人类发展繁荣的前提条件。虽然那些处于食物链顶端的食肉动物鹰、狮、虎和豹等不直接食用植物，但是它们必须依赖那些食用植物的草食动物而生存。因此，也就不难理解光合作用是地球生物圈形成和运转的关键环节(沈允钢，2000)。地球上几万种微生物、几十万种植物和一百多万种动物之间存在相互依存、相互竞争的密切而复杂的关系，其中最基本的是食物和能量的供求关系。这种供求关系的维持完全依赖光合作用。如果光合作用停止，地球生物圈将无法运转、彻底崩溃、不复存在。图 0-2 描述了放氧光合作用在地球生物圈形成和运转中的关键地位和作用。

光合作用也是地球生物圈中物质和能量循环不可缺少的环节。例如，其中的碳循环、氧循环是连接生物界—非生物界、陆地—海洋—大气、人类社会—自然界和它们过去—现在—未来的重要环节。在整个碳循环中，固定、还原 CO_2的光合作用无疑是不可缺少的一环。同

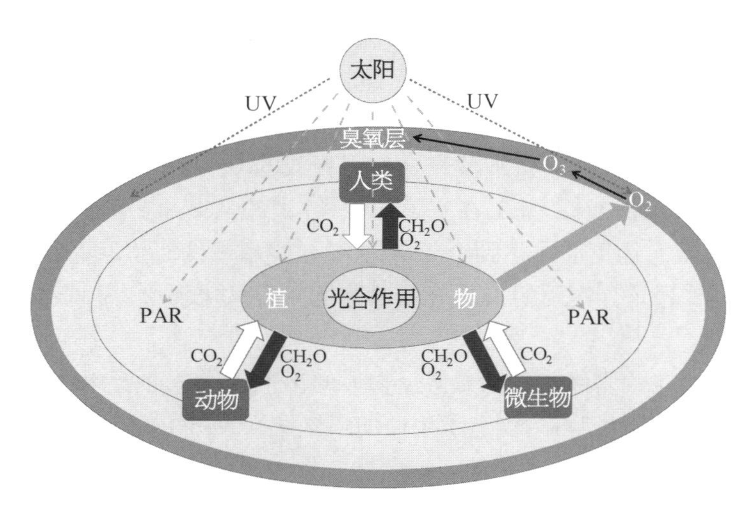

图 0-2 光合作用是地球生物圈形成与运转的关键环节

时,生物圈的能量梯度也是靠光合作用维持的。光合作用通过逆化学平衡断裂和创造化学键,把掠过地球的光能捕捉、转化和固定下来。并且,作为生物界物质和能量代谢的重要一环,呼吸作用所需要的底物(碳水化合物和 O_2)也来自光合作用,光合作用和呼吸作用协同完成水—氧循环。

有人将 6 500 万年以前一颗直径约 10 km 的陨石撞击地球引起的白垩纪-古近纪大灭绝归因于全球光合作用的停止。当时,因撞击而熔化的岩石和细小的金属液滴被抛入高空,形成的厚厚云层包裹整个平流层,并且具有强反射性,几乎所有太阳光都无法穿过这圈云层到达地球,地球陷入数周至数月黑暗,同时地球温度降低 10℃,全球光合作用停止,大多数植物死亡,导致包括恐龙在内以植物为食的动物大量死亡以致灭绝(徐洪河和蒋青,2014)。

0.1.4 生物演化的强大加速器

地球上放氧光合作用的出现极大地加速了生物演化进程,使地球上有机碳的生产增长 100～1 000 倍(Murphy, 2011)。地球演化的历史表明,在古老的地球上与其周围的大气中原来没有 O_2,大气中主要是 CH_4、CO_2 和 N_2,放氧光合作用出现后,光合作用释放的 O_2 使地球周围大气层中的 O_2 浓度不断增高,从最初的可以忽略不计到今天的 21%,并且基本稳定在这一水平。一句话,大气中所有的氧都是放氧光合生物生产的(Hohmann-Marriott and Blankenship, 2011)。大气层中的 O_2 积累对生物的演化具有十分重要的意义。毫不夸张地说,在过去几十亿年间,光合生物已经改造了地球表层及其中的生物。

尤其重要的是,地球大气层中 O_2 的积累为生物界高效率的有氧呼吸的发生创造了前提条件。在有氧呼吸中,底物被彻底氧化成 CO_2 和水,释放的能量多[$C_6H_{12}O_6 + 6O_2 \rightarrow 6CO_2 + 6H_2O$($\Delta G_0' = -2\ 870\ kJ \cdot mol^{-1}$,大部分贮存于 36 分子 ATP)];而在无氧呼吸中,底物分解不彻底,形成乙醇或乳酸,释放的能量少[$C_6H_{12}O_6 \rightarrow 2C_2H_5OH + 2CO_2$($\Delta G_0' = -226\ kJ \cdot mol^{-1}$,部分贮存于 2 分子 ATP)]。显然,使用同样数量的底物,有氧呼吸提供的能量(载体 ATP)

是无氧呼吸的许多倍(Barber, 2018)。并且,在有氧呼吸中,糖酵解产物丙酮酸进入三羧酸循环后产生的中间产物多,为多种物质代谢提供的原料也多;而无氧呼吸的中间产物少,为物质代谢提供的原料少。大约在35亿年前,地球冷却形成海洋以后不久,放氧的光合细菌蓝细菌开始出现。起初,蓝细菌光合作用释放的 O_2 与铁等无机物反应形成红褐色铁锈,O_2 被海水和沉积物捕捉,并不在空气中积累,大约从25亿年前开始,大气中才逐渐积累大量的 O_2,直至6亿年前才达到今天大约21%的水平(Rice, 2009)。总之,在地球和生命演化过程中,放氧光合作用的出现使还原环境变为氧化环境,为高效的有氧呼吸的出现提供了前提条件。

有氧呼吸的发生也为多细胞乃至大型生物体的出现提供了必要条件。正是 O_2 的大量存在触发了细胞代谢的一场革命,创造了生命的多样性。大约10多亿年前蓝细菌进入真核细胞共生,演化为藻类细胞中的叶绿体。绿藻的一个分支演化成第一批陆生植物。它们很小,并且局限于湿地,直到3.5亿年前才出现高大的树木。在浩瀚的宇宙中,地球这个星球之所以独一无二,就是因为其周围的大气中富含 O_2。归根结底,就是因为生物圈里有能够放氧的光合作用!

关于大气氧浓度变化的时间进程,不同的学者看法不尽相同。按照 Murphy(2011)所说,蓝细菌通过光合作用生产 O_2 始于30多亿年前,在20多亿年前蓝细菌释放的 O_2 几乎完全被地球表面沉积的铁所吸收;当铁被氧化后大气中开始累积 O_2,到13亿年前达到3%~5%;十几亿年前蓝细菌与真核寄主细胞通过内共生形成真核光合放氧生物藻类以后,大气中 O_2 累积加速,到5.5亿年前大气氧浓度达到10%~16%,足以形成包裹地球的臭氧层,屏蔽来自太阳的大部分紫外辐射;大量植物登陆和气候变暖进一步促进光合作用氧释放,大约到3亿年前大气氧浓度超过30%;后来气候变冷导致植物生产力降低,大气氧浓度降低到现在的大约21%(图0-3)。值得注意的是,由于燃烧和氧化分解耗氧快于光合作用放氧,1989年以来大气氧水平实际上在下降,每年降低百万分之二十。长此以往,可能10万年以后大气中的 O_2 会被耗尽(Rice, 2009)。因此,人们必须在尽力减少 CO_2 排放的同时,千方百计地加强光合作用。

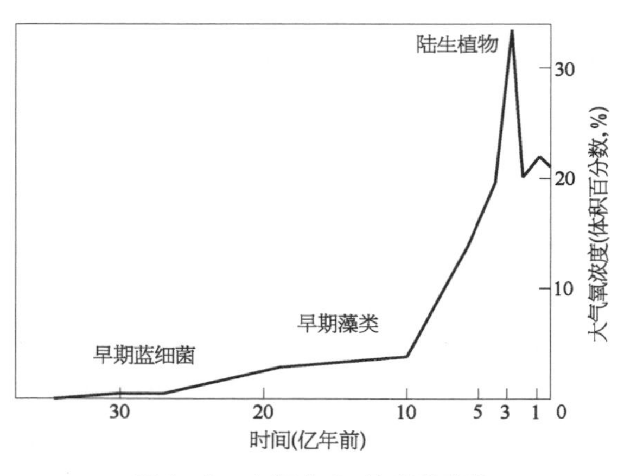

图0-3　大气中 O_2 浓度的变化

根据 Murphy (2011)绘制。

大气中的氧还能防止到达地球表面的太阳辐射中紫外辐射达到致命的水平。紫外辐射(UV-C)能够将氧分子劈开成为氧原子,而氧原子可以立即与另外的氧原子作用再形成氧分子,或者与氧分子作用形成含有3个氧原子的臭氧(O_3,氧元素的同素异形体)。另外,高压放电例如雷雨天闪电时也可以由 O_2 形成臭氧。这里的奇妙之处在于,臭氧既是紫外辐射的产物,又是它的防御者。紫外辐射(UV-B)能破坏生物体敏感的组织如动物的眼睛和皮肤，导致皮肤癌；破坏生物大分子如蛋白质、核酸，导致DNA突变甚至癌症。幸运的是，臭氧可以很有效地吸收UV-B，使其裂解为氧分子，并且臭氧对UV-B的最大吸收部分地与DNA的相同，从而可以有效地保护DNA免受辐射损伤。所以，地球周围大气的高空平流层中臭氧集中的层次——臭氧层的形成，为海洋生物的成功登陆与生存提供了有利条件，导致陆地上形形色色生物的发生、发展与繁荣。O_2的这种保护作用是植物使地球保持生机勃勃的重要途径之一(Rice，2009)。

总之，放氧光合作用是生物演化的强大加速器。放氧光合作用的出现不仅为多细胞、多组织和多器官的大型植物与动物的出现提供空前丰富的富含能量的食物(主要是碳水化合物及其转化物)，而且为这些食物的消化、利用提供同样丰富的氧化剂——O_2，使高效的需氧呼吸得以顺利进行。对多种生物的出现、生存和繁衍与繁荣以及安全登陆、遍布全球来说，食物和O_2都不可或缺。如果说放氧光合作用出现以前生命的演化如蜗牛爬行般缓慢，那么放氧光合作用出现以后这种演化就如鸟类飞翔、喷气式飞机飞行般高速。

然而，特别值得注意的是，工业产生的氟氯烷烃即氟利昂(freon，CFCs)等化学物质在大气上层的积累对臭氧层是一个严重的威胁。这些物质既能破坏原有的臭氧，又能防止新的臭氧生成(Björn and McKenzie，2008)。虽然这类物质在低空对流层中是惰性的，可是当它们最后到达平流层时便被UV-C分解，形成游离的卤素原子。在南极洲上空很冷的条件下，来自氟利昂的氯原子开始链式反应，每个氯原子可以破坏几百个臭氧分子，导致臭氧层出现空洞(Rice，2009)。这种臭氧层空洞无疑会威胁人类的健康和多种生物的生存。只有世界各国共同努力，大大减少这类有害化学物的排放，臭氧空洞才有望逐渐缩小，直至完全愈合。

0.1.5 新绿色革命的核心问题

光合作用是人类社会生存发展的食物、能量和O_2的源泉。人类生活的吃、穿、用和生产活动都直接或间接依赖光合作用。例如，现代人遮体御寒的衣服离不开棉、麻等植物纤维和以石油为原料的化学纤维，而石油是很久以前地质时期大量动、植物遗体沉入水下、地下后经过一系列复杂变化的产物；人们长期以来用于发展工业、交通和电力的煤炭也是由远古时代沉积地下的藻类和高等植物遗体变化而来。煤炭和石油，归根结底都是来自古代的光合作用。很久以前单细胞的光合生物遗体累积形成今天的油田，而大型植物遗体累积形成今天的煤矿(Rice，2009)。人们一日三餐的米、面、蔬菜、水果和鱼、肉、蛋、奶，说到底也都直接或间接来自光合作用。这些食物要么是植物的光合产物，要么是以光合产物为食物的动物产品。例如，由海洋绿藻和蓝细菌组成的浮游生物是整个海洋食物网的基础，支持一切水生动物包括多种鱼和鲸的生存，产生人类需要的多种多样的海产品。总之，无论是古代人、现代人，还是中国人、外国人，每个人都离不开光合作用。

面对地球上人口日益增加和耕地日益减少的严重局面，为了满足越来越大的食物需求，人们正试图通过改善光合作用来大幅度提高作物的单位面积产量，新的或者说第二次绿色革命正在兴起。改善光合效率已经成为第二次绿色革命的核心问题(Xu and Shen，2002)。一个有多学科科学家参加的C_4水稻国际合作研究项目已经启动。人们对这个项目的成功寄予厚望。光合作用的研究成果不仅为第一次绿色革命的成功奠定了坚实的理论基础，也为第二次绿色革命展示了获得胜利的诸多靶标(许大全，2012)。

0.1.6　未来能源的希望

为了解决人类面临的能源枯竭、环境污染等迫切问题，人们正在利用来自自然光合作用的灵感，开拓新的可再生能源，尝试描述人工光合作用(Collings and Critchley，2005)的蓝图，构建人工光合作用系统，例如藻类产氢、"人工叶"制氢和光电化学 CO_2 还原生产燃料等。这些蓝图、系统中的种种难题的解决，人工光合作用的成功，仍然有赖于深入光合作用研究所获得的灵感。

人类文明发展、繁荣的历史，也是不断寻找、开发和利用新能源的历史。如今人们面对煤炭、石油和天然气等化石燃料日益短缺的问题，在继续大力开发利用太阳能、风能、水能和原子核能的同时，也在探索开发利用燃料作物等生物能源和人工光合作用，其中蓝细菌、藻类生物细胞系统和人造光电化学系统利用太阳能由海水制取氢气，无疑是一个具有强大吸引力的战略设想。因为这种能源不仅取之不尽用之不竭，而且氢气燃烧只产生水，是无污染的清洁能源，这无疑也是未来最有希望的能源。

0.2　光合作用的演化简史

在宇宙漫长的演化过程中，地球已经有46亿年的历史，而地球上的生命起源于38亿～40亿年前的一段时期内。实际上，非生物的光合作用(abiogenic photosynthesis)在地球上生命起源前就已经出现了。非生物的光合作用，就是在太阳紫外辐射能的推动下由 CO_2 和水形成地球上第一批有机分子的合成作用。这些有机分子很可能为第一批细胞的形成提供了前体(Mulkidjanian and Galperin，2014)。以后又经过RNA、DNA与蛋白质等发展阶段演化出细胞这个最早的生物共同祖先，后来分道扬镳发展为今天的细菌、古菌(archaea)和真核生物(eukarya)3个细胞系列。在演化过程中，特别是早期，这些系列之间发生广泛的基因横向转移，构成复杂的系统进化树。

0.2.1　最早的光合生物——紫色硫细菌

大约在39亿年前，地球上出现最早的有机体。参与光合生物(细菌)叶绿素生物合成的酶的氨基酸序列比较结果证明，紫色硫细菌是最古老的光合生物。它们生活在34亿年前甚至38亿年前，不能放氧，只有一个光系统(Björn and Govindjee，2008)。

0.2.2　放氧光合生物——蓝细菌

地球上完成放氧光合作用这个革命性过程的首批有机体是蓝细菌或原始蓝细菌。蓝细菌不能放氧的祖先"前蓝细菌"(procyanobacteria)可能是第一批光自养生物(Mulkidjanian and Galperin，2014)。放氧的蓝细菌演化来自不放氧的前蓝细菌，而不大可能来自紫色光合细菌。然而，也有学者认为，蓝细菌来自不放氧的紫细菌，紫细菌的反应中心氧化锰-碳酸氢盐复合物起初被用作电子供体，后来演化形成可以氧化水的含锰酶中心，导致第一批放氧蓝细菌出现(Terentyev et al., 2016)。今天的蓝细菌祖先可能在 36 亿年前就已经开始进行放氧光合作用(Björn and Govindjee, 2008)。光合产物和 O_2 的积累不仅改造了地球，而且创造了生物圈(Gould et al., 2008)。虽然光合放氧生物的出现时间早得多，可是由于有许多消耗 O_2 的库，在 22 亿～24 亿年前大气中才开始积聚分子氧。

0.2.3 叶绿体——内共生产物

关于叶绿体和线粒体的演化起源曾经有两种主要的假说：一种是自然发生说，认为它们以某种方式来自细胞组分；另一种是内共生假说，认为它们是原始真核生物与细菌内共生的结果。现在这个问题已经被解决，赞成内共生假说(Blankenship, 2014)。在一个多世纪以前 Schimper 提出这个假说。20 世纪初 C. Mereschkowsky 进一步发展了这个假说，而它在 1970 年代以后被普遍接受，则基本上归功于 Lynn Margulis 的努力。

有多种支持内共生假说(图 0-4)的证据：叶绿体结构和功能的许多方面是典型的细菌性的，包括不结合组蛋白的环形 DNA 基因组，细菌类 70S 核糖体，对蛋白质合成抑制剂的敏感方式，翻译始于 *N*-甲酰甲硫氨酸，叶绿体 mRNA 缺乏聚腺苷酸化和启动子与核糖体结合部位的典型细菌方式等。对这个假说最强有力的证据来自叶绿体和蓝细菌的比较基因组学。序列比较结果表明，叶绿体基因与蓝细菌的同源基因在进化系统树上成簇。对这个发现的唯一合理解释是叶绿体和蓝细菌有共同的祖先。这有力地驳斥了叶绿体起源的自然发生假说。大多数学者赞成叶绿体单种系起源，即叶绿体是初级内共生事件结果的观点。现在有压倒性证据表明，大多数藻类是次级内共生事件即一种真核藻进入第二个寄主的结果(Keeling, 2013)。

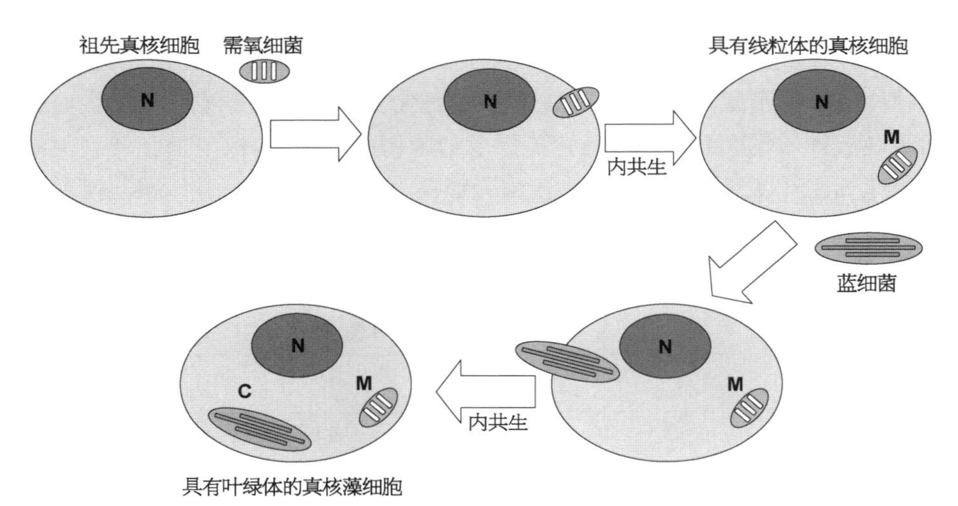

图 0-4 导致光合真核细胞形成的内共生事件

C——叶绿体；M——线粒体；N——细胞核。参考 Hodson 和 Bryant(2012)绘制。

真核细胞来自古菌世系，出现在 27 亿年前。真核寄主细胞与可以进行光合作用的原核生物蓝细菌的祖先内共生结合，导致叶绿体形成的事件大约发生在 16 亿年前，图 0－5 描述了光合作用反应中心的演化。

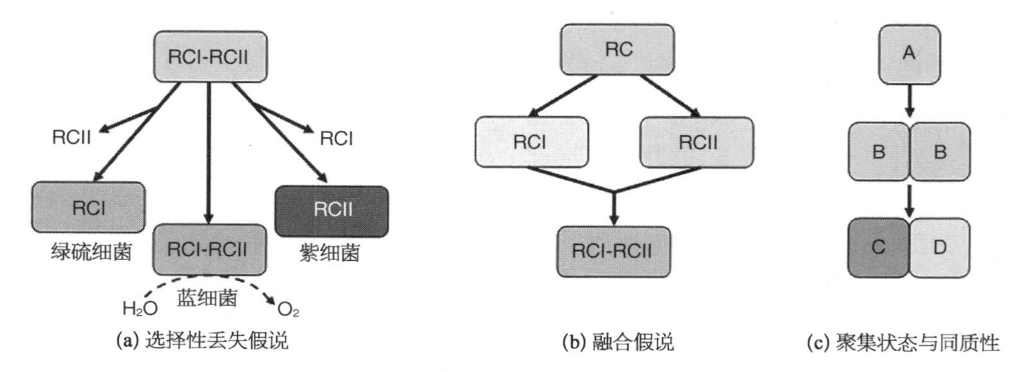

图 0－5 光合作用反应中心的演化

RCI——I 型反应中心，即 Fe－S 型中心；RCII——II 型反应中心，即醌型反应中心。

蓝细菌与真核生物内共生之后，蓝细菌基因组中的绝大部分基因丢失或被转移到真核寄主细胞核中。现代高等植物的叶绿体基因组仅仅编码 60～80 个蛋白质，而有 3 500 多个核基因编码拟南芥的叶绿体蛋白。

当然，光合机构的不同组分诸如反应中心（图 0－5）、电子传递链、放氧复合体、天线捕光复合体、叶绿素、ATP 合酶、Rubisco 和光合碳同化过程的光合碳还原循环、C_4 途径、光呼吸、激发能的非光化学猝灭（non-photochemical quenching, NPQ）等以及叶片也都各有其漫长而复杂的演化过程。

苔藓、地衣是植物登陆过程的中间状态。自从大约 4 亿多年前登陆以来，植物一直处于角质层的保护之下。气孔出现在 4.1 亿年以前。角质层和气孔都是陆生植物防止脱水所必需的。同时，角质层还可以反射有害的紫外辐射 UV－B。角质层和气孔的出现早于叶片。早期陆生植物的气孔密度低，保卫细胞是肾形的，没有解剖上不同的副卫细胞。哑铃形保卫细胞的出现晚于肾形保卫细胞。由哑铃形保卫细胞构成的气孔，保卫细胞和副卫细胞膨压的小变化引起气孔开度或孔径的变化大于由肾形保卫细胞构成的气孔。具有哑铃形保卫细胞的禾本科植物气孔的这种效率和气孔开放速度在加强光合作用和用水效率上比非禾本科植物更有效（Flexas and Keeley, 2012）。表 0－1 介绍了植物演化的大致时间进程。

表 0－1 植物演化时间表

时间（亿年前）	事　件
45	地球形成
39	海洋形成
38	最早生命
35	最早蓝细菌

（续表）

时间(亿年前)	事　件
21	蓝细菌与真核细胞寄主内共生，形成单胞藻
16	最早多细胞藻类
7.5	复杂的多细胞绿藻
5.5	大气氧达到 12%，形成臭氧层
>5	从绿藻形成最早的陆生植物
4	藓类、蕨类没有种子的维管植物
3.6	裸子植物
3	被子植物
0.85	谷类植物
0.68	豆科植物
0.65	白垩纪三期大灭绝事件
0.4	禾本科植物遍布全球，早期水稻
0.2～0.1	C_4 植物
时间(年前)	**事　件**
11 000	人类驯化的作物
300	人工杂种植物
100	开始科学的植物育种
30	转基因植物

注：根据 Murphy(2011)制作。

虽然已经有许多研究、证据和假说，但是光合生物起源与发展的历史仍然模糊不清。要使其从总体轮廓到基本环节、步骤都清晰起来，还需要人们付出巨大的努力。

0.3　光合作用研究的里程碑

自 1772 年发现光合作用 240 多年以来，光合作用研究取得了一系列重要发现，其中不少具有里程碑性质。

0.3.1　里程碑

(1) 发现光合作用

1772 年，英国牧师、化学家和哲学家 Joseph Priestley(1733—1804)在实验中发现，被照光的薄荷(mint，*Mentha*)枝可以产生维持老鼠生命和蜡烛燃烧的空气，即发现光合作用。

(2) 写出光合作用总式

从 18 世纪发现光合作用到 19 世纪中期，逐步认识到光合作用放出的 O_2 和吸收的 CO_2 有准量(同体积)关系；光合作用的最终产物是淀粉和蔗糖；叶绿素在这个过程中发挥重要作用；光是推动这个过程的能量来源；这个过程是一个能量贮藏过程。在 1860 年前后写出如下光合作用总过程的方程式，并且“光合作用”(photosynthesis)一词于 1897 年首先在教科书中创用。

$$CO_2 + H_2O \xrightarrow[\text{叶绿素}]{\text{光}} (CH_2O) + O_2$$

(3) 提出限制因子定律

英国剑桥植物生理学家 F. F. Blackman 根据不同光强、温度和 CO_2浓度下水生植物伊乐藻(*Elodea*)一系列光合速率定量实验结果于 1905 年提出：当一个过程受若干不同因子影响时，这个过程的速度被其中最慢因子的步伐所限制。这就是限制因子定律。

(4) 阐明叶绿素化学结构

德国学者 H. Fischer 于 1940 年代阐明了叶绿素的完整化学结构。后来 R. B. Woodward 于 1960 年代实现了叶绿素分子的完全人工合成。

(5) 开创光合作用量子需要量测定

德国生物化学家 Otto Warburg(1883—1970)于 1920 年代利用单细胞绿藻和检压法(测量气压微小变化)测定出光合作用总过程的最小量子需要量是 3～4。虽然后来的研究表明这个结果是错的(正确的数值是这个值的 2～3 倍)，但是它使光合作用研究从植物生理学深入到生物化学的分子机制。

(6) 证明光合作用包括光反应和暗反应

1920—1930 年代，Warburg 和他的学生根据光强和温度对光合速率影响的实验结果推测，光合作用至少包括 2 个步骤：光反应和暗反应(现在称“碳反应”)，可以说 Warburg 是光合作用机制研究的开创者。

(7) 提出“光合单位”的概念

1930 年代，美国生物物理学家 R. Emerson 和 W. Arnold 通过一系列闪光实验测定到大约 2 500 个叶绿素分子产生一个氧分子。由此推断，几百个叶绿素分子为反应中心的一个叶绿素分子服务，于是产生“光合单位”的概念。

(8) 细菌光合作用的发现

1930 年代，荷兰微生物学家 C. B. van Niel 发现，微生物也能利用光能还原 CO_2 形成有机物，从而扩展了光合作用研究的范畴，开辟了比较研究的途径。于是光合作用的总方程式可以用如下更具有普遍意义的形式来表示：

$$CO_2 + 2H_2A \longrightarrow (CH_2O) + H_2O + 2A$$

(9) “希尔反应”的发现

1930 年代末，英国科学家 R. Hill 发现，加入人工电子受体草酸铁或铁氰化钾，而不是 CO_2，照光的叶绿体悬浮液可以释放 O_2，从而得出结论：水氧化为 O_2 和 CO_2固定还原成为碳水化合物是 2 个分离的过程。

(10) 光合碳同化途径的阐明

1940 年代末到 1950 年代中期，美国科学家 M. Calvin、A. Benson 和 J. A. Bassham 首

次把碳同化这一部分反应分开来加以研究，利用放射性同位素示踪和纸层析这两项当时的新技术发现光合碳还原循环。

（11）光合磷酸化的发现

1950年代中期，D. Arnon及其同事发现光推动的离体叶绿体ATP合成，即循环光合磷酸化，后来又发现在电子传递还原$NADP^+$的同时，耦联将ADP和Pi合成ATP的反应，即非循环光合磷酸化。

（12）光合作用中2个光反应*Z*图式的提出

1950年代末，R. Emerson及其同事发现双光增益效应，导致2个色素系统和2个光反应概念的提出。R. Hill和F. Bendall提出光合作用中2个光反应串联的*Z*图式。几年后，N. K. Boardman和J. M. Anderson对2个光系统的实验分离证明，确实存在2个光系统。

（13）ATP生物合成分子机制的阐明

1960年代初P. Mitchell提出的化学渗透学说和1970年代末P. D. Boyer提出的ATP生物合成的结合改变机制，清楚地阐明了ATP合成的分子机制。

（14）光合放氧四步图式的提出

1970年代，P. Joliot使用白金电极测定小球藻细胞或菠菜叶绿体光合放氧对短而饱和闪光的响应，发现在系列闪光下氧释放的四震荡周期。据此，B. Kok等提出著名的S态图式，后来的研究逐步把S态与锰的氧化态联系起来，有力地推动了光合放氧分子机制的研究。

（15）光呼吸的发现

早在1950年代，有人观察到照光停止后植物叶片高速率地释放CO_2，这个现象被称为“光呼吸”(photorespiration)。后来I. Zelitch确定乙醇酸是光呼吸的第一个中间产物，到1970年代，W. L. Ogren和G. Bowes证明，核酮糖-1,5-二磷酸羧化酶(Rubisco)催化的RuBP加氧产生磷酸乙醇酸的反应是光呼吸作用的第一步。N. E. Tolbert及其同事证明过氧化物酶体和线粒体参与光呼吸代谢，阐明了光呼吸代谢途径。

（16）光合作用四碳途径的发现

1960年代中期，H. Kortschak、M. D. Hatch和C. R. Slack发现了光合作用中的四碳途径：光合碳固定的第一个产物是具有4个碳原子的双羧酸(草酰乙酸)。在1970年于堪培拉召开的国际光合作用会议上，Hatch提出了C_4光合作用途径的图式。

（17）三碳植物光合碳同化生物化学模型的建立

1980年代初，G. D. Farquhar及其同事提出C_3植物叶片光合作用碳同化的生物化学模型，即稳态光合作用模型，把光合作用的生物化学特性和光合速率联系起来：叶片的光合速率在低CO_2浓度或分压下受Rubisco能力的限制，而在高CO_2浓度下受电子传递能力的限制。

（18）反应中心晶体结构的阐明

1980年代，德国科学家H. Michel等成功地结晶了紫色光合细菌的反应中心蛋白，并用X射线晶体衍射技术阐明了这种反应中心的晶体结构。21世纪初，P. Jordan等阐明了喜温蓝细菌光系统Ⅰ反应中心的三维结构；B. Shem等和A. Amunts等揭示了高等植物豌豆光系统 I 反应中心的晶体结构；A. Zouni 等用 X 射线晶体衍射技术解析了喜温蓝细菌光系统 II 反应中心的晶体结构；沈建仁及其同事阐明了喜温蓝细菌光系统 II 反应中心的晶体结构，定位了 Mn_4CaO_5 簇中全部金属原子及其配体，为深入探讨光合放氧的分子机制提供了宝贵的信息。

(19) 光抑制是一种可以调节的保护机制观念的提出

1980 年代末，O. Björkman、G. H. Krause 和 G. Öquist 三人同时独立提出，光合作用的光抑制是一个可以调节的保护机制。1990 年代中期，C. B. Osmond 提出，术语“光抑制”描述引起光合作用能量使用效率降低的一切过程，包括可逆的和不可逆的、短期的和长期的过程，可以分为快恢复的和慢恢复的 2 种光抑制。前者主要同一些热耗散过程有关，后者主要同光合机构的破坏相联系。

(20) 叶绿体运动分子机制的揭示

20 世纪末和 21 世纪初，W. R. Briggs 及其同事首次分离向光蛋白基因，T. Kagawa 等分离到强光下叶绿体不能进行避光运动的拟南芥突变体，鉴定了突变的基因和控制叶绿体躲避强光运动的向光蛋白，使人们对叶绿体运动机制的认识深入到分子水平。

(21) 用无细胞的酶系统将 CO_2 合成淀粉

中国学者利用自己研发的人工淀粉合成途径(由 11 个酶促反应组成)成功地在一个无细胞的化学酶系统中用 CO_2、H_2 和 ATP 合成了淀粉，淀粉合成速率高达玉米的 8.5 倍(Cai et al., 2021)。

0.3.2 诺贝尔化学奖

自 1772 年发现光合作用以来，在 240 多年的研究历程中，已经有 10 项重要研究成果获得诺贝尔化学奖：

1915 年德国化学家 R. M. Willstätter 因对植物色素特别是叶绿素的研究成果获奖。

1930 年德国化学家 H. Fischer 因对叶绿素性质与结构和血红素合成的研究成果获奖。

1937 年瑞士化学家 P. Karrer 因对类胡萝卜素结构和维生素化学的研究成果获奖。

1938 年德国生物化学家 R. Kuhn 因类胡萝卜素和维生素研究成果获奖。

1961 年美国化学家 M. Calvin 因揭示植物光合作用碳同化途径获奖。

1965 年美国化学家 R. B. Woodward 因叶绿素等多种天然有机物的全人工合成获奖。

1978 年英国生物化学家 P. Mitchell 因创立化学渗透理论，解释了细胞内三磷酸腺苷(ATP)生物合成中的能量转化问题获奖。

1988 年德国生物化学家、生物物理学家 J. Deisenhofer、德国生物化学家 R. Huber 和德国生物化学家 H. Mitchel 因解析细菌光合作用反应中心蛋白-色素复合体三维结构获奖。

1992 年美国化学家 R. A. Marcus 因奠定电子传递理论基础包括其在光合作用中的应用获奖。

1997 年美国生物化学家 P. D. Boyer 和英国化学家 J. E. Walker 因阐明 ATP 生物合成的酶学机制、丹麦生物化学家 J. C. Skou 因发现 Na^+,K^+-ATP 酶获奖。

参考文献

沈允钢,2000.光合作用与生物演化//地球上最重要的化学反应.北京：清华大学出版社：1－15.

许大全,2012.探索新绿色革命的靶标.植物生理学报,48：729－738.

安娜莉·内维茨,2014.第6次大灭绝：人类能挺过去吗？徐洪河,蒋青,译.上海：上海科学技术出版社.

Archer MD, Barber J, 2004. Photosynthesis and photoconversion//Archer MD, Barber J. Molecular to Global Photosynthesis. London: Imperial College Press: 1－41.

Barber J, 2018. Bioenergetics, water splitting and artificial photosynthesis//Barber J, Ruban AV (eds). Photosynthesis and Bioenergetics. Singapore: World Scientific: 117－147.

Beer S, Björk MB, Beardall J, 2014. Photosynthesis in the Marine Environment. Malaysia: Wiley Blackwell.

Björn LO, Govindjee, 2008. The evolution of photosynthesis and its environmental impact//Björn LO. Photobiology: The Science of Life and Light. 2nd Ed. Lund, Sweden: Springer: 255－287.

Blankenship RE, 2014. Origin and evolution of photosynthesis//Blankenship RE. Molecular Mechanisms of Photosynthesis. Singapore: John Wiley & Sons, Ltd: 199－236.

Cai T, Sun H, Qiao J, et al., 2021. Cell-free chemoenzymatic starch synthesis from carbon dioxide. Science, 373: 1523－1527

Collings AF, Critchley C (eds), 2005. Artificial Photosynthesis: From Basic Biology to Industrial Application. Weinheim: Wiley－VCH Verlag Gmbh & Co. KgaA.

Flexas J, Keeley JE, 2012. Evolution of photosynthesis I: basic leaf morphological traits and diffusion and photosynthetic structures//Flexas J, Loreto F, Medrano H (eds). Terrestrial Photosynthesis in a Changing Environment: A Molecular, Physiological and Ecological Approach. Cambridge, UK: Cambridge University Press: 373－385.

Gould SB, Waller RF, McFadden GI, 2008. Plastid evolution. Annu Rev Plant Biol, 59: 491－517.

Hodsen MJ, Bryant JA, 2012. Origins//Hodsen MJ, Bryant JA. Functional Biology of Plants. Chechestr: John Wiley & Sons, Ltd: 1－13.

Hohmann-Marriott MF, Blankenship RE, 2011. Evolution of photosynthesis. Annu Rev Plant Biol, 62: 515－548.

Keddy PA, 2017. Plant Ecology. 2nd Ed. New York: Cambridge University Press.

Keeling PJ, 2013. The number, speed and impact of plastid endosymbiosis in eukaryotic evolution. Ann Rev Plant Biol, 64: 583－607.

Mulkidjanian AY, Galperin MY, 2014. A time to scatter genes and a time to gather them: evolution of photosynthesis genes in bacteria. Advances Bot Res, 66: 1－35.

Murphy D, 2011. Photosynthesis and the evolution of plants//Murphy D. Plants, Biotechnology & Agriculture. Cambridge, UK: Cambridge University Press: 21－39.

Rice SA, 2009. Plants put the oxygen in the air//Rice SA. Green Planet: How Plants Keep the Earth Alive. New Brunswick: Rutgers University Press: 28－40.

Terentyev VV, Khorobrykh AA, Klimov VV, 2016. Photooxidation of Mn-bicarbonate complexes by reaction centers of purple bacteria as a possible stage in the evolutionary origin of the water-oxidizing complex of photosystem II//Allakhverdiev SI (ed). Photosynthesis: New Approaches to the Molecular, Cellular, and Organismal Levels. USA: Scrivener Publishing LLC: 85－132.

Xu DQ, Shen YK, 2002. Photosynthetic efficiency and crop yield//Pessarakli M (ed). Handbook of Plant and Crop Physiology. New York: Marcel Dekker, Inc: 821－834.

第 1 篇

分 子 机 制

第1章

光 合 机 构

光合机构，从广义上说，涉及不同种类的光合生物及其不同的结构层次。从狭义上说，主要是指叶绿体。对于低等植物藻类和高等植物来说，除了在细胞质中进行的蔗糖合成反应过程以外，植物光合作用的所有反应都是在专门的细胞器叶绿体内完成的。因此，叶绿体是从事光合作用的基本机构，也是光合作用的主要场所。

1.1 光合生物种类

生物界中能够进行光合作用的生物种类繁多。根据它们结构与功能的不同，至少可以分为光合细菌、蓝细菌、低等植物和高等植物几个不同的大类。

1.1.1 光合细菌

地球上的细菌绝大部分是异养生物，不能直接由CO_2合成有机物，需要依靠外界的有机物生存。仅仅有2组细菌是自养的：一是化能自养细菌；二是光能自养细菌，即光合细菌。前者是生活在含有可以氧化的硫化物、铁离子或甲烷等介质中的无色有机体，可以在黑暗中通过与放能的化学反应相耦联，将CO_2还原成有机物，一般需要氧。后者能够在光下利用硫化氢、氢或其他无机(包括水)或有机还原剂将CO_2还原成有机物。

光合细菌可以分为5个不同的组：一组是能放氧的蓝细菌；其余4组分别是紫色细菌、绿色硫细菌、绿色非硫细菌和太阳细菌(heliobacteria)，这4组在无氧条件下进行不放氧的光合作用，都属于原核生物，其个体微小、结构简单，以分裂方式进行无性繁殖。它们因含有细菌叶绿素和类胡萝卜素等色素而呈红、绿、黄、橙和紫等不同颜色，有球状、杆状、丝状和螺旋状等不同形状。通常说的光合细菌不包括蓝细菌。

1.1.2 蓝细菌

蓝细菌是多种多样可以放氧的光合细菌，旧称蓝绿藻。它们没有细胞核和叶绿体，多数含有类囊体，但是没有基粒，属于原核生物。它们多为单细胞，含有2个不同的呼吸链，一个在细胞质膜上，另一个在类囊体膜上，使用光合电子传递链的部分组分。现在已经识别的蓝细菌有1 500种，其中约10%生活在海洋中，包括单细胞的、能形成异形胞的丝状的和不能形成异形胞的丝状的三类蓝细菌。蓝细菌的光合作用机制类似于真核光合生物。

蓝细菌可以生活在几乎一切有光的环境中：从水中到地上，从淡水到海洋，包括一些极端环境如热泉、南极洲和灼热沙漠的岩石表面。典型的单细胞蓝细菌长 3 μm，含有直径 90～200 nm 的羧酶体 5～15 个。蓝细菌具有 CO_2 浓缩机制（carbon dioxide concentration mechanism，CCM），可以使羧酶体内 Rubisco 周围的 CO_2 浓度提高 1 000 倍。因此，尽管它的 Rubisco 对 CO_2 的选择性低于 C_3 植物，但是仍然可以保持较高的羧化速率，并且可以基本上消除光呼吸。

多种蓝细菌能够固氮。由于对氧高度敏感，固氮和放氧不相容。解决这个矛盾的办法是将 2 个过程从空间或时间上分开。一些丝状蓝细菌中部分细胞变成专门的固氮细胞——异形胞，不仅形态与其他营养细胞不同，而且具有可以阻止 O_2 进入细胞的厚细胞壁，还不含可以放氧的光系统 II，但是具有通过围绕光系统 I 的循环电子流合成 ATP 的能力，以便满足代谢对 ATP 的需求。另一些丝状海洋蓝细菌虽然没有异形胞，但它们能够在单个细胞内将固氮酶与其他组分分开。一些单细胞的海洋蓝细菌能够在黑暗中不放氧时进行固氮，而在光下进行放氧的光合作用。一些蓝细菌能从以水为电子供体转变为以 H_2S 为电子供体，这样就能进行不放氧的光合作用。

所有种类的蓝细菌都含有叶绿素 *a*，大部分种类没有叶绿素 *b*，但是含有胆色素（phycobilin），几百个胆色素分子与藻胆蛋白组成体积很大的天线复合体，名为藻胆体，结合在类囊体膜的光系统 II 双体表面，作为光系统 II 的外周天线。藻胆体是体现天线类似漏斗作用思想的经典例子，其内部能量传递速率非常快，并且总量子效率可以高达 95%，是自然界中最有效的天线系统。在状态转换过程中，它可以在几秒钟内移动到光系统 I。在不利条件下，蓝细菌的藻胆体可以解聚直至降解，以减少传递到反应中心的光能，避免光破坏，并储存营养物质。关于藻胆体的分离、结晶和结构与功能等，可以参看 Bar-Eyal 等（2018）的介绍。有的蓝细菌以叶绿素 *d* 为主要色素，有的蓝细菌可以与海洋动物共生。

1.1.3 低等植物

低等植物包括藻类和地衣，常生活在水中或阴湿的地方。地衣是真菌与藻类的共生联合体。真菌菌丝包裹在藻细胞周围，依靠藻细胞的光合产物生存。

藻类有细胞核和叶绿体，属真核生物，含有叶绿素和一些辅助色素，大部分能够进行放氧的光合作用。有单细胞和多细胞个体。一些多细胞组成的大型海藻虽然有类似根、叶的形态，但是其组成细胞没有形态与功能的分化。它们不能开花结果，多以孢子繁殖。藻体的所有细胞都能吸收营养物质，进行光合作用，制造有机物。

藻类的色素组成和形态多种多样。例如，绿藻含有叶绿素 *a* 和叶绿素 *b*，分布最广泛，特性最接近高等植物，在演化过程中是高等植物的前体。红藻大部分是海洋生物，含有叶绿素 *a* 和同蓝细菌类似的天线复合体——藻胆体。红藻和绿藻都是初级内共生体，其他的藻则大多是次级内共生事件的产物。褐藻和硅藻都含有叶绿素 *a*、叶绿素 *c* 以及多种丰富的类胡萝卜素。硅藻具有由二氧化硅组成的独特而坚硬的细胞壁。

水生光自养生物（主要是浮游的单细胞藻类和蓝细菌等）的光合作用大约占全球年光合

作用(包括陆生植物)的50%,即藻类和蓝细菌光合作用同化的碳约为全球年初级生产力[(1.11～1.17)×10^{14} kg]的50%。其中,海洋蓝细菌光合固定的碳约占水生光自养生物年同化碳的60%。

海洋植物包括微藻(显微镜下可见,已经识别20 000种)、宏藻(肉眼可见)(两者都属浮游植物)和光合共生生物。光合共生生物是不能进行光合作用的有机体与蓝细菌、微藻共生,大部分是内共生。藻为无脊柱动物海葵(sea anemone)、贻贝(mussel)、蛞蝓(slug)和海绵(sea sponge)等寄主提供光合产物,而寄主为藻提供CO_2、氮、磷等营养。

1.1.4　高等植物

高等植物包括苔藓、蕨类和种子植物,是具有不同组织和不同器官的多细胞生物,大多是陆生植物。其中比较低级的是苔藓和蕨类,苔藓植物茎叶分化简单,没有真正的根,而蕨类植物(也称羊齿植物)是孢子植物,属原始维管植物。比较高级的是裸子植物和被子植物。裸子植物包括苏铁类、银杏类和松柏类等,大多为多年生高大木本植物。被子植物又称有花植物,是植物界中最高级繁茂的类群,可以分为单子叶植物纲和双子叶植物纲两大类群。它们在演化上晚于裸子植物,适应性更强。海草是被子植物或开花植物,约50种,可能起源于陆生植物,是适应水淹环境的结果。

1.2　结构层次

从广义上说,凡是能够进行光合作用部分反应或全部反应的机构,小到叶绿体、类囊体,或光系统II颗粒,大到叶肉细胞、叶肉组织、叶器官,甚至植物个体、群体,都可以称为光合机构。因此,广义的光合机构包括多种不同的结构层次(图1-1)。

叶片是高等植物的主要光合作用器官,由4～10层细胞组成,厚几百微米。在上、下表皮(通常为一层细胞)之间有栅栏组织和海绵组织构成的叶肉组织及贯穿其间的维管束。由于维管束的存在,在叶片表面可以看到粗细不等的叶脉。细长柱形的栅栏细胞与表皮垂直排列于上表皮之下,长约80 μm。球形的海绵细胞位于栅栏细胞和下表皮之间,半径约20 μm。每个叶肉细胞都含有几十个甚至上百个叶绿体。这两类细胞的大部分表面暴露在空气中,其间的空隙(称细胞间隙)便于气体分子扩散。表皮细胞通常无色,不含叶绿体,但是保卫细胞例外。表皮细胞接触空气的一侧覆盖不透水的角质层。角质基本上由含16～18碳的单羧酸酯多聚物组成。角质层不仅可以有效防止叶片过量的水分损失,而且可以抵抗微生物的酶降解作用。

表皮上有许多由成对保卫细胞围成的气孔,是叶片与周围环境进行CO_2、O_2和水蒸气等气体交换的通道。叶片内的维管束则是叶片与植物体其他器官(茎、根系和果实等)之间进行水分、矿质营养和光合产物等运输的通道。植物茎、花和果实等器官的绿色部分也能进行光合碳同化作用。

借助光学显微镜,在叶肉细胞中可以看到许多透镜或铁饼状的叶绿体。借助电子显微镜,可以观察到叶绿体内的类囊体膜片层结构,称超微结构。

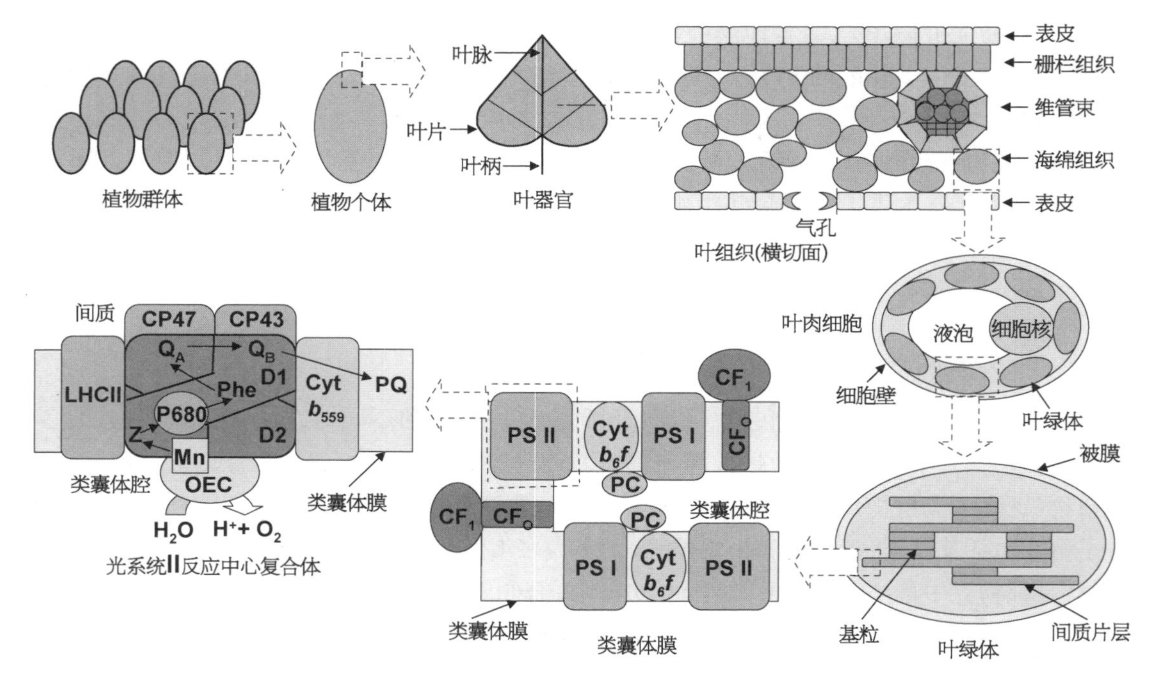

图 1-1 光合机构的结构层次

PS I——光系统 I;PS II——光系统 II;Cyt b_6f——细胞色素 b_6f 复合体;PC——质体蓝素;CF_1 与 CF_O——ATP 合酶;OEC——放氧复合体;Mn——锰簇;P680——光系统 II 反应中心叶绿素分子;D1 与 D2——光系统 II 核心蛋白 D1 蛋白与 D2 蛋白;Z——光系统 II 次级电子供体酪氨酸残基;Phe——去镁叶绿素;Q_A 与 Q_B——电子受体醌;CP47 与 CP43——光系统 II 核心天线复合体;LHCII——光系统 II 外周天线复合体;Cyt b_{559}——细胞色素 b_{559};PQ——质体醌。

1.3 气孔复合体

在叶片和茎秆表皮上,由形态不同于一般表皮细胞的一对保卫细胞构成气孔复合体(图 1-2)。双子叶植物的保卫细胞大多为肾形,单子叶植物的保卫细胞为哑铃形。一些种类植物的气孔复合体还包括副卫细胞,副卫细胞在气孔运动和离子贮存上发挥作用。大部分植物叶片的上(近轴的,adaxial)、下(远轴的,abaxial)表面都有气孔,但是下表面气孔比较多,这类叶片称为两面气孔叶;有的植物(特别是树木)只在下表面有气孔,称为下生气孔叶;一些水生植物仅在叶片的上表面有气孔,称为上生气孔叶。单子叶植物叶片上下表面的气孔数目相类似。气孔密度不可逆地受叶片生长时水分、光强和 CO_2浓度等环境因素影响。

虽然叶片上气孔很多,每平方毫米叶片表面可以多达数百个,但是由于 2 个保卫细胞之间的孔隙太小,当它们完全开放时,这些孔的总面积也只有叶片面积的 0.5%~5%。在土壤-植物-大气这个连续统一体中,存在一个水势梯度:在被水饱和时土壤水势大约为 0,而干土壤的水势低于−10 MPa;在空气相对湿度为 70%时,大气水势大约为−50 MPa。在这个水势梯度的推动下,水从土壤进入植物根系,然后依次到茎、叶片,最后通过叶片上开放的气孔蒸腾散失到周围的空气中。

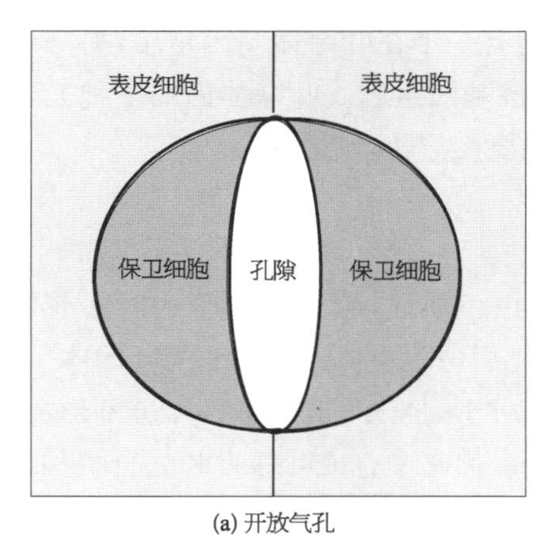

(a) 开放气孔

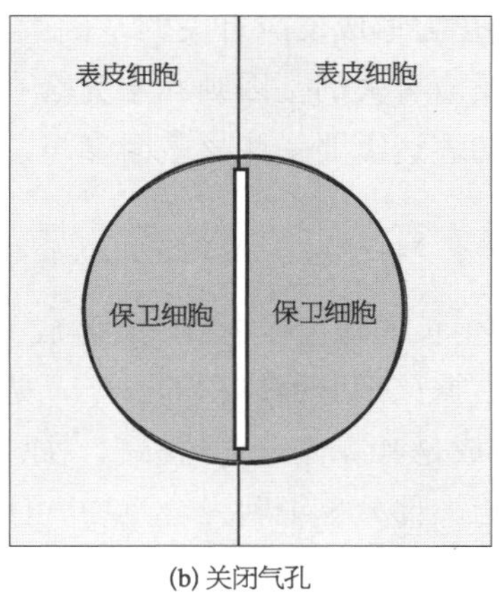

(b) 关闭气孔

图 1-2　气孔复合体示意图

在一些植物中，紧靠保卫细胞的表皮细胞特化为副卫细胞。双子叶植物的保卫细胞一般为肾形或香蕉形（如图所示），单子叶植物的保卫细胞一般为哑铃形。

由于叶片表面的角质层几乎不能透过水和 CO_2，气孔的开关运动在叶片内外的气体交换特别是光合作用和蒸腾作用上发挥关键的调节控制作用。并且，气孔在通过蒸腾使叶片冷却、阻止有害的臭氧与病原体进入以及长距离信号转导上也都起重要作用。

1.4　叶绿体

叶绿体是植物体内专门从事光合作用的细胞器。许多藻类细胞只含一个大叶绿体，内部充满类囊体膜。与藻类不同，高等植物成熟的叶肉细胞含数十个甚至上百个叶绿体。叶绿体的大小和细菌差不多，直径几微米，短轴长 1～3 μm，长轴长 5～8 μm。在叶细胞成熟以前，随着细胞的扩大，叶绿体通过二分裂生殖，增加叶绿体数目。叶绿体内的多肽 90%以上由核基因编码，并且在合成后被运输进入叶绿体。

1.4.1　叶绿体基因组

叶绿体具有自己的遗传信息。大部分真核光合生物的叶绿体都含有一个环形的 DNA 基因组，这是叶绿体演化过程中内共生蓝细菌的残余。叶绿体基因组比蓝细菌基因组小得多（仅 120～191 kb），所含遗传信息也少得多，因为光合作用所需要的大部分信息已经被转移到细胞核中。绿藻和绿色植物叶绿体基因组编码蛋白的基因仅为 60～80 个，红藻为 200 个，都比典型的蓝细菌如 *Synechocystis*（大约 3 000 个编码蛋白的基因）少得多，而由核基因编码并输入叶绿体的蛋白多达 1 000～5 000 个。

叶绿体 DNA 含有编码 Rubisco 大亚基（RbcL）、光系统 I 亚单位（PsaA、PsaB 和 PsaC）和光系统 II 的 D1、D2 蛋白（PsbA、PsbD）的基因。并且，光系统 II 反应中心蛋白和核心天线的所有多肽都是由叶绿体基因编码的，编码细胞色素 b_6f 复合体、ATP 合酶和类囊体膜结合的 NADH 脱氢酶的基因也在叶绿体基因组中，而水裂解系统和外周天线的多肽则是核编码的。与同化力形成反应有关的基因大约有一半在叶绿体基因组中，另一半在核基因组内；与碳同化反应有关的基因则几乎完全在核基因组内。叶绿体内的多种光合基因不能自主表达，它们的表达需要一些核基因参与，主要参与转录后过程。

1.4.2　叶绿体发育

在黑暗中生长的幼苗子叶中，质体成为白色质体，膜材料的管式网即前片层体逐渐发展，直至几乎占据该细胞器体积的一半。见光后白色质体迅速转变为叶绿体。

叶绿素合成是叶绿体发育的标志。原卟啉 IX 插入 Mg^{2+} 或 Fe^{2+} 分别形成叶绿素和（亚铁）血红素。与大部分单细胞光合生物（可以在黑暗中合成叶绿素和光合机构）不同，植物的叶绿素合成需要光。

随着类囊体膜系统的发展，细胞核和叶绿体的光合基因表达增加。在叶绿体发育期间，除了叶绿体数目增加、体积扩大以外，最明显的变化是类囊体膜的出现、扩展和其中能量转化系统的装配，出现有功能的光系统 I 和光系统 II。起初的类囊体膜由前质体的内被膜凹入形成。与内被膜分离的类囊体膜分化为垛叠的基粒类囊体膜和非垛叠的间质片层膜。C_4 植物维管束鞘细胞内的叶绿体不发生这种分化。

叶绿体被膜不仅是叶绿体与细胞质的界面，而且是类囊体膜发生和膜上光合机构装配的平台。在叶绿体发育期间，光在细胞核和质体基因的表达中起关键作用，涉及的光受体有光敏素、隐花素和蓝光受体以及紫外光（UV-B）受体。

叶绿体是植物（包括低等植物藻类和高等植物）进行光合作用的主要场所（图 1-3），由色素系统、光系统、膜系统和酶系统组成，具有极精密的结构。

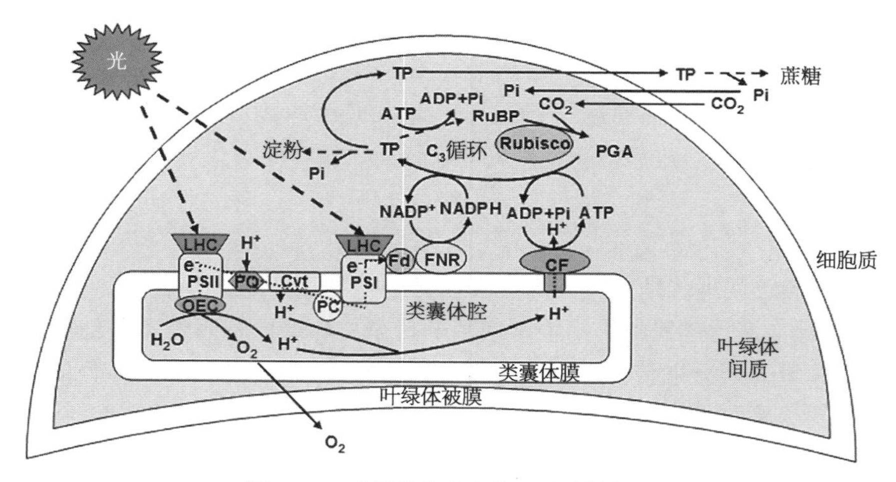

图 1-3　叶绿体内光合作用反应的场所

PS II——光系统 II；PS I——光系统 I；LHC——捕光色素蛋白复合体；OEC——放氧复合体；PQ——质体醌；Cyt——细胞色素 b_6f 复合体；PC——质体蓝素；Fd——铁氧还蛋白；FNR——铁氧还蛋白：$NADP^+$ 氧化还原酶；CF——耦联因子，即 ATP 合酶；NADPH——还原型辅酶 II；$NADP^+$——氧化型辅酶 II；ATP——腺苷三磷酸；ADP——腺苷二磷酸；Pi——无机磷；TP——丙糖磷酸；RuBP——核酮糖-1，5-二磷酸；Rubisco——核酮糖-1，5-二磷酸羧化酶/加氧酶。点虚线箭头表示在光合作用中电子从水经过放氧复合体和两个光系统到还原辅酶 II 的传递方向。细短线虚线箭头表示省略一些中间反应步骤。

1.5　色素系统

在光合生物中，参与光合作用的主要色素是叶绿素，从事光能吸收、传递和光化学反应，而类胡萝卜素和藻胆素则被称为辅助色素，可以吸收那些叶绿素很少吸收的光，并且将这些光能传递给叶绿素，这样可以更充分地使用从近紫外到近红外范围内的太阳光能。这些色素分子结合在特定的蛋白质上，形成色素蛋白复合体，例如反应中心复合体、捕光天线复合体等。

1.5.1　叶绿素

几乎所有的光合生物都含有叶绿素。陆生植物、藻类和蓝细菌都合成叶绿素，而厌氧的光合细菌则合成细菌叶绿素。叶绿素是结构与功能不同的一组含有大环的色素。叶绿素分子在化学上对酸、碱、氧化和光都是不稳定的，有相互聚合和与周围其他分子相互作用的趋势。

叶绿素是光合生物的生命线，没有它们，植物便无法实现光能的吸收与转化。早在20世纪初叶绿素就成为一个重要的研究领域，确定叶绿素分子结构的基本特征（包括实验式和含有镁）、阐明叶绿素分子的全结构和完成叶绿素分子的体外全合成三项重要研究成果先后（1915年Richard Wilstätter、1930年Hans Fischer、1965年Robert Woodward）获得诺贝尔化学奖。

（1）分子结构

叶绿素的基本结构是由4个吡咯环结合成的卟啉分子，其中间靠各吡咯环的1个氮原子协同结合1个镁原子（血红素是结合1个铁原子，称亚铁原卟啉）。在第三、第四吡咯环之间形成1个不含氮原子的第五环，而在第四环的下面（通过酯化）连接1个名为植醇的长烃（由4个异戊二烯分子缩合而成，含20个碳原子）非极性尾巴，能够插入类囊体膜，帮助叶绿素分子结合到类囊体膜上色素-蛋白复合体的蛋白上，并且确定其正确的取向。参与光吸收的主要是卟啉环中9个双键构成的共轭双键系统。国际纯粹与应用化学协会将叶绿素分子中的5个环分别编号为按顺时针排列的A、B、C、D、E（图1-4）。

各种叶绿素分子因其环结构周围的取代基不同而异。叶绿素*a*（分子式$C_{55}H_{72}N_4O_5Mg$，分子质量893.5 Da）分子中B环的C-7原子上是甲基（CH_3），而叶绿素*b*的同一部位则是甲酰基（CHO）。一种加氧酶催化CH_3转化为CHO，结果叶绿素*a*转化为叶绿素*b*。这个结构变化使其在红光区域的最大光吸收峰向较短波长偏移。

所有的光合放氧生物都含有叶绿素*a*。在叶绿素*a*乙醚溶液的吸收光谱中有1个蓝带和1个红带，吸收峰分别在430 nm和662 nm，所以它的特征颜色是绿色。虽然叶绿素有红、蓝2个强吸收带，但是它的荧光基本上都在红光区，这是由于蓝光引起的高激发态叶绿素很不稳定，很快非辐射地转变为低激发态。有些光合真核生物还含有叶绿素*b*、叶绿素*c*或叶绿素*d*。叶绿素*c*不含植醇尾巴。叶绿素*d*与叶绿素*a*的区别只在A环的C-3原子

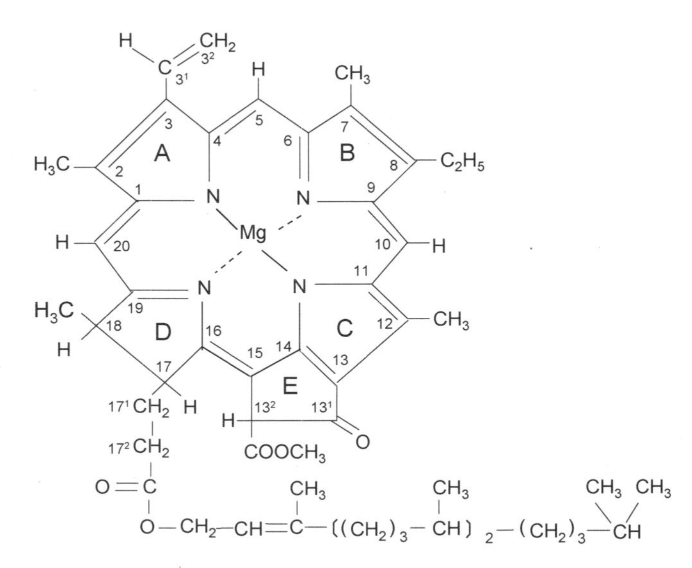

图 1-4　叶绿素 *a* 的分子结构

叶绿素 *a* 分子中 B 环 C-7 原子上的 CH_3 被氧化成 CHO 以后变成叶绿素 *b*。叶绿素 *a* 分子中 A 环 C-3¹原子上的 H 被 CH_3 取代、CH_2 被 O 取代(即被氧化成醛基),并且 B 环 C-7、C-8 原子之间的双键被还原为单键(即各结合一个氢原子)后变成细菌叶绿素 *a*。叶绿素分子中碳原子序列号标注依据国际纯粹和应用化学协会(International Union of Pure and Applied Chemistry, IUPAC)。

上,前者是甲酰基,而后者是乙烯基。绿色植物和绿藻都含有叶绿素 *a* 和叶绿素 *b*,褐藻和硅藻含叶绿素 *c*,而蓝细菌含叶绿素 *d* 和 *f*。这些结构上的小变化导致不同叶绿素光吸收特性的大变化。

Miyashita 等(1996)发现,蓝细菌 *Acaryochloris marina* 以叶绿素 *d* 为主要光合色素,其含有的叶绿素中 95%是叶绿素 *d*,叶绿素 *a* 只占很小一部分。这种蓝细菌不仅用叶绿素 *d* 捕获光能,而且用叶绿素 *d* 完成光化学反应。其在体内的最大光吸收在 710 nm。富有远红光的生境为这种蓝细菌使用远红光的叶绿素 *d* 的出现提供了强大的选择压力。叶绿素 *d* 是唯一已知的在放氧光合作用中可以代替叶绿素 *a* 功能的叶绿素。含有叶绿素 *d* 的蓝细菌的发现和含有叶绿素 *f* 的蓝细菌的发现使人们不得不重新估计放氧光合作用的最小能量阈值。叶绿素 *f* 把光合作用的光吸收范围扩展到 750 nm,但它不是主要的光合色素,其仅占叶绿素总量的 10%～15%。叶绿素 *f* 与叶绿素 *a* 的差别仅在 A 环的 C-2 原子上,甲酰基取代了甲基。让人困惑的是,叶绿素 *f* 吸收的远红光的光能如何传递给吸收峰在红光区域的反应中心叶绿素 *a*,以便用于推动光化学反应。

细菌叶绿素 *a* 是大部分不放氧光合细菌的主要叶绿素型色素。它与叶绿素 *a* 分子的区别仅在于: C-3 原子上是乙酰基,而不是乙烯基;B 环的 C-7 与 C-8 原子之间是单键而不是双键。只在一些种类的紫细菌中发现细菌叶绿素 *b*。细菌叶绿素 *b* 与细菌叶绿素 *a* 的区别只是在 B 环外出现一个双键。细菌叶绿素 *b* 的最大光吸收在 960～1 050 nm,是所有叶绿素型色素中光吸收波长最长的。另外,在绿色光合细菌中还含有细菌叶绿素 *c*、叶绿素 *d* 和叶绿素 *e*,在不放氧的太阳细菌中发现细菌叶绿素 *g*。

叶绿素 *a* 和细菌叶绿素 *a* 分子中的 Mg^{2+} 被 2 个 H^+ 取代后分别成为去镁叶绿素 *a* 和去镁细菌叶绿素 *a*。酸性条件促进该取代反应。去镁叶绿素是光系统 II 的原初电子受体。

(2) 光吸收特性

叶绿素吸收 400～720 nm 的光，主要吸收蓝光和红光，很少吸收的绿光被反射，所以观察者看到它是绿色或蓝绿色的。在有机溶剂中，叶绿素 *a* 分子的最大光吸收在 420 nm 和 660 nm，叶绿素 *b* 分子则在 435 nm 和 642 nm。类囊体膜上与叶绿素非共价结合的蛋白质影响其光吸收，因此其在体内的吸收峰位置与在有机溶剂中有所不同，向较长波段偏移。虽然叶绿素很少吸收绿光，但是由于多次闪射增加光径长度，所以叶片可以吸收照射到叶片上绿光的 80%。在以蓝-绿光占优势的水生环境中，藻和光合细菌通过叶绿素 *c* 和类胡萝卜素及胆素蛋白(biliprotein)可以吸收绿色光。由于对光的强吸收和长寿命的激发态，叶绿素分子是强有力的光敏化剂。在绝大多数放氧光合生物中，反应中心的色素分子都是叶绿素 *a*，但是在一些蓝细菌反应中心的色素分子却不是叶绿素 *a*，而是叶绿素 *d*。顺便指出，叶绿素的荧光发射峰波长略长于其最大吸收峰波长。

(3) 生物合成

叶绿素生物合成途径包括 17 个酶促反应步骤，开始于 δ-氨基-γ-酮戊酸(ALA)的形成，然后 8 分子 ALA 缩合，最后形成对称的不含金属的原卟啉 IX。它与 Fe 结合成为血红素(亚铁原卟啉)，与 Mg 结合成为叶绿素。在合成叶绿素这一支路中还包括第五环的形成，最后一步是结合一个植醇尾巴。叶绿素合成过程需要使用 ATP 和 NADPH。在植物和蓝细菌中，ALA 来自谷氨酸。被子植物原脱植醇基叶绿素的还原严格依赖光，而裸子植物、藻类和光合细菌含有不依赖光的原脱植醇基叶绿素还原酶，所以它们可以在黑暗中合成叶绿素。

在叶绿素合成晚期，叶绿素 *a* 侧链不同部位的甲基替换导致叶绿素 *b*、叶绿素 *d* 和叶绿素 *f* 的形成及其吸收光谱发生变化。叶绿素 *a* 是叶绿素 *d* 的前体。光和 O_2 水平是影响不同叶绿素形成的 2 个重要环境因子。Chen(2014)评论了叶绿素的生物合成过程及其调节机制。由于叶绿素反射大部分绿光(500～600 nm)，所以植物呈绿色。秋天落叶植物特别是树木叶片的红色是由于花色素苷的存在。它在酸性溶液中显红色，在碱性溶液中显蓝色，而在强碱性溶液中显无色。秋叶的黄色和橘色是叶绿素降解从而使类胡萝卜素的颜色显露出来，叶黄素是黄色的，胡萝卜素是橘色的(Cooper and Deakin，2016)。

(4) 多种功能

在光合生物中，叶绿素具有多种重要功能。一是在捕光复合体或天线中，它们能够有效吸收光能。二是有效地将吸收的光能传递给反应中心。在叶绿素分子之间，能量传递的 Forster 和激子机制占优势。另外，通过电子交换传递能量的 Dexter 机制也是有效的，特别是类胡萝卜素和叶绿素分子之间的单线态能量传递。三是反应中心复合体中的叶绿素分子能够完成电荷分离反应，从而开始光合电子传递。四是保护光合机构免受光破坏。聚合的叶绿素是激发能的出色猝灭剂。五是稳定捕光复合体的结构。六是叶绿素前体参与叶绿素生物合成的反馈控制和色素蛋白复合体脱辅基蛋白翻译与输入的调节以及质体与细胞核的相互作用。另外，细胞色素 b_6f 复合体含有的 1 个叶绿素 a 分子功能还不清楚。

与叶绿素分子很类似的是血红素，其卟啉环中心结合的不是镁离子，而是铁离子。它是动物血液中血红蛋白分子的组成部分。4 个血红素结合 1 个球蛋白成为血红蛋白。在有氧条件下其中的铁离子是红色的，而在无氧条件下即在静脉中血红素的铁离子是蓝色的。在动物肺脏的一个可逆反应中，血红蛋白捕捉氧，是服务于动物呼吸过程的工具。

1.5.2 类胡萝卜素

在所有光合生物中发现的第二组色素分子是类胡萝卜素(经验式 $C_{40}H_{56}$)，包括橘色的胡萝卜素和橘黄色的叶黄素。最丰富的胡萝卜素是 α-胡萝卜素和 β-胡萝卜素。叶黄素(包括 zeaxanthin 和 leutin)是胡萝卜素的含氧衍生物。自然界中叶黄素比胡萝卜素分布广泛，在生长着的叶片中两者比例为 2∶1。

胡萝卜素分子是一个含有共轭双键的长链烃，以其末端基团的不同而不同；而叶黄素的末端环中含有氧原子，是胡萝卜素的含氧衍生物。现在知道的自然形成的类胡萝卜素有 600 多种，其中约有 150 种存在于高等植物、藻类和光合细菌中。动物不能合成类胡萝卜素，金丝鸟、火烈鸟等漂亮的黄色、红色通过进食植物的类胡萝卜素而呈现。

类胡萝卜素是 4 萜(C_{40})分子，来自 8 个异戊二烯(有 5 个碳原子和 2 个双键)单位。所有类胡萝卜素的前体都是八氢番茄红素。在 β-羟化酶催化下，β-胡萝卜素转化为叶黄素 zeaxanthin；α-胡萝卜素羟化产物为叶黄素 lutein，这是植物叶绿体内最丰富的叶黄素。类胡萝卜素生物合成的第一阶段是由具有 5 个碳原子的异戊二烯逐步缩合成含 10、20 和 40 个碳的化合物，结束于八氢番茄红素。第二阶段是去饱和步骤，逐步增加共轭双键，终产物是番茄红素。在大部分生物体内，还有分子末端的环化、衍生化等阶段。

类胡萝卜素呈现橘黄色，吸收那些叶绿素很少吸收的蓝紫光(420～500 nm)。分子越长或共轭双键越多，吸收光的波长越长。它通常有 3 个吸收带，在体内的吸收带与在有机溶剂中相比向长波移动 20～30 nm。它能够将吸收的光能传递给叶绿素分子，传递效率高达 70%，甚至接近 100%。在光合作用上重要的是那些具有 9～12 个双键共轭系统的类胡萝卜素。大部分天线复合体中都含有类胡萝卜素。它们在光合生物中具有双重作用。除了作为辅助色素的作用外，类胡萝卜素在捕光复合体的装配和防御光合机构的光氧化破坏上都有重要作用。类胡萝卜素能够迅速接受三线态叶绿素(Chl)的激发能，从而防止它们与氧作用形成单线态氧。另外，它们也可以直接起抗氧化剂作用，可能还有稳定和保护类囊体膜脂的作用。类胡萝卜素(Car)的基本功能如下：

(1) 捕获并传递光能

$^1Car + h\upsilon \rightarrow {}^1Car^*$

$^1Car^* + {}^1Chl \rightarrow {}^1Car + {}^1Chl^*$

$^1Chl^* \rightarrow {}^3Chl^*$

(2) 猝灭三线激发态叶绿素

$^3Chl^* + {}^1Car \rightarrow {}^1Chl + {}^3Car^*$

$^3Car^* \rightarrow {}^1Car$＋热

(3) 猝灭活性氧

$^3Chl^* + O_2 \rightarrow {}^1Chl + {}^1O_2{}^*$

$^1O_2{}^* + {}^1Car \rightarrow {}^3O_2 + {}^3Car^*$

$^3Car^* \rightarrow {}^1Car$＋热

特别引人注目的是，类胡萝卜素还能通过叶黄素循环调节天线的能量传递，安全地耗散过量的激发能。Zeaxanthin 甚至可以作为光受体参与气孔开放和某些向光性响应。

1.5.3 藻胆素

在红藻和蓝细菌中发现的另外一类光合色素是藻胆素(phycobilins)，分子质量为 586 Da。它们的分子结构与光敏素很相似，是线形(开链)的四吡咯色素，其中最普通的 2 种是藻蓝素和藻红素。这些色素在红藻和蓝细菌的光能吸收上发挥重要作用，吸收峰为 490～670 nm，取决于藻胆素的类型，结合藻红素(phycoerythrobilin)的藻红蛋白(phycoerythrin)吸收较多的绿光，而结合藻蓝素(phycocyanobilin)的藻蓝蛋白(phycocyanin)吸收较多的橘色光。

在这些有机体中，藻蓝素和藻红素分别与其脱辅基蛋白(分子质量 30～35 kDa)结合成藻蓝蛋白和藻红蛋白。藻蓝蛋白、藻红蛋白和别藻蓝蛋白又构成复杂的藻胆体(phycobilisomes)。含 300～800 个藻胆素分子的藻胆体结合在蓝细菌和红藻类囊体膜的外表面。藻胆素与脱辅基蛋白的结合是共价结合，而叶绿素和类胡萝卜素与蛋白的结合是通过比较弱的氢键和疏水的相互作用。

藻胆色素来自与叶绿素、血红素一样的生物合成途径。然而，它们没有植醇尾巴，是水溶性的，也不含金属离子。这些色素通过其乙烯基侧链和蛋白的半胱氨酸残基之间的硫酯键与专门的蛋白质共价结合。

1.6 光系统

植物的光系统都包括反应中心和天线。放氧的藻类、高等植物和蓝细菌有 2 个光系统，即光系统 I(PSI)和光系统 II(PSII)，而不放氧的光合细菌只有 1 个光系统。光系统 I 和光系统 II 的反应中心分别在 700 nm 和 680 nm 的光下运转。它们在演化过程中之所以选择吸收这些波长的光，可能是由于 680～720 nm 的光用于电荷分离时具有最大的能量转化效率。2 个光系统各自形成具有复杂结构的超分子复合体，分布在类囊体膜上。

1.6.1 光系统 I

光系统 I 又称质体蓝素：铁氧还蛋白氧化还原酶(Golbeck，2006)。植物光系统 I 超分子复合体包括反应中心复合体和外周天线复合体(LHCI)，其蛋白实体共结合约 200 个色素分子如叶绿素等，总大小为 18 nm×15 nm×10 nm。光系统 I 的演化过程迄今约有 35 亿年，是纳米规模的几乎完美的光-电转换机构，其量子效率为 1。

(1) 反应中心复合体

分辨率为2.5 Å的喜温蓝细菌 *Thermosynechococcus elongatus* 的光系统I核心复合体(单体分子质量356 kDa)和分辨率为3.4 Å的豌豆光系统I核心复合体单体的晶体结构先后被解析,都是由10多个蛋白亚基及其结合的色素分子等多种辅助因子组成,其核心是大亚基PsaA与PsaB。PsaA/PsaB与光系统II的D1/D2、紫色细菌的L/M有一些结构类似性,但不具备序列同源性。在过去的15亿年演化中,光系统I的核心结构一直很保守。植物和蓝细菌光系统I反应中心之间最值得注意的区别,是植物PsaF亚单位较长的*N*-端区域构成的螺旋-环-螺旋模体,这个区域使植物的光系统I能够更有效地与质体蓝素结合,结果使这个铜蛋白向P700的电子传递快2个数量级(Ben-Shem et al., 2003)。

(2) 外周捕光复合体LHCI

外周捕光复合体LHCI的分子质量大约为160 kDa。LHCI由4个核基因编码的多肽(Lhca1~Lhca4,20~24 kDa)组成。这些多肽属于叶绿素*a*/*b*结合蛋白(LHC)家族。每个Lhca蛋白有3个跨膜螺旋,结合11~12个叶绿素分子和9个作为Lhca复合体之间连接者的叶绿素分子(Ben-Shem et al., 2003)。LHCI总共结合45个叶绿素*a*和12个叶绿素*b*,叶绿素*a*/*b*比为3.75。每个Lhca多肽结合lutein、viloxanthin和β-carrotene各1个,还有1个lutein结合在Lhca1与Lhca4之间(Nicol and Croce, 2018)。4个多肽构成的LHCI蛋白形成一条带,呈半月形围绕在光系统I核心单体的一侧。尽管LHCI蛋白的跨膜螺旋和一般结构与LHCII类似,可是与LHCII的氨基酸序列只有中低度的序列同源性。并且,与三聚体的LHCII不同,LHCI的4个多肽Lhca装配成2个双体,行使2个重要功能:① 最有效地捕捉光能并传递激发能;② 应对强度经常变动的光。随着光强变化的不是LHCI的大小,而是它的组成,Lhca2-Lhca3异二聚体被Lhca3-Lhca3双体取代,拉长捕光时间,降低能量向反应中心传递的效率,并且Lhca3处的能量被类胡萝卜素耗散。

令人难以理解的是,除了LHCI天线以外,拟南芥的光系统I复合体在所有的光条件下都稳定地结合1个LHCII三聚体,形成一个光系统I-LHCI-LHCII超复合体。这个LHCII三聚体结合在光系统I核心与LHCI结合那一面的对面,很容易通过去磷酸化而脱离(Wientjes et al., 2013)。

在天线复合体中,蛋白具有重要的作用:一是保持色素分子之间合适的距离和取向,便于它们之间的能量传递,避免自我猝灭;二是细调色素分子的光谱特性,通过为色素提供电荷、使其质子化和控制其构象以及色素与蛋白的相互作用等,形成有效的光能捕获、传递系统。

通过改善纯化方法、优化结晶条件和X射线晶体结构测定提出的分辨率为3.3 Å最完全的植物光系统I超复合体(包括核心复合体和外周天线复合体)结构图式含有18个蛋白质亚基和193个非共价结合的辅助因子:173个叶绿素、15个β-胡萝卜素、3个铁硫簇(Fe_4S_4簇)和2个叶绿醌(维生素K_1)(Amonts et al., 2010)。近年来,分辨率不断提高的植物光系统I的晶体结构一再被解析,分辨率为3.1 Å的植物光系统I的单体由18个蛋白亚基组成,含158个叶绿素、28个类胡萝卜素、2个叶绿醌、8个脂分子、3个Fe_4S_4簇,总分子质量(650 kDa)的1/3为辅助因子,其核心是PsaA-PsaB异二聚体,结合P700和第一个Fe_4S_4簇,其外周天线

LHCI 由 4 个多肽组成，其分子质量大约为 180 kDa(Nelson and Junge，2015)。绿色植物和绿藻的光系统 I 核心复合体是单体。

图 1-5 描述了植物光系统 I 超复合体的亚基组成及相对空间位置。其核心亚基 PsaA 和 PsaB 由叶绿体基因组编码，具有类似的氨基酸序列，构成一个异二聚体，结合电子传递链组分，是光系统 I 的心脏，行使光化学反应功能。PsaA-PsaB 结合 6 个叶绿素、2 个叶绿醌和 1 个铁硫簇(F_X)，其中 2 个叶绿素分子构成 P700，其单线激发态 P700* 是整个自然系统中最强有力的还原剂，其电位 E_m 大约为－1V。在光系统 I 的间质侧有亚单位 PsaC、PsaD 和 PsaE，这里结合铁氧还蛋白(Fd)和 Fd：$NADP^+$ 氧化还原酶。在光系统 I 的类囊体腔一侧有亚单位 PsaN(唯一暴露于类囊体腔一侧的外部蛋白)，是光系统 I 与质体蓝素有效相互作用所必需的，亚基 PsaF 可能也参与质体蓝素在光系统 I 的“停泊”。亚单位 PsaG 和 PsaH 为植物和绿藻所专有，PasG 亚基 C 端伸出的 20 个氨基酸为膜蛋白复合体细胞色素 b_6f 提供了结合表面。并且，PsaG 和它的 2 个翘起的跨膜螺旋构成与捕光复合体 LHCI 结合的表面。PsaH 的位置和形状很适合充当捕光复合体 LHCII 码头的功能，是状态转换所必需的(Lunde et al.，2000)。亚单位 PsaI 和 PsaL 也参与同 LHCII 的结合。亚单位 PsaO 参与 2 个光系统之间激发压的平衡。这些亚单位都是分子质量大约 10 kDa 的膜蛋白。

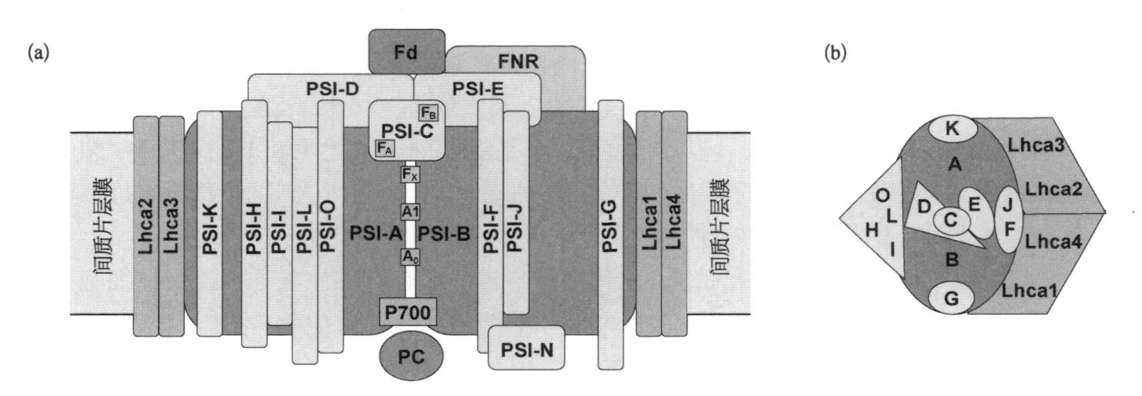

图 1-5　植物光系统 I 超复合体的亚基组成及相对空间位置

(a) 为从类囊体膜的纵切面看；(b) 为从间质侧看。(a)和(b)分图分别参考 Ben-Shem 等(2003)和 Golbeck(2006)绘制。

(3) 电子递体

光系统 I 结合在类囊体膜上的电子递体包括反应中心的原初电子供体叶绿素 *a* 分子即 P700 和一系列电子受体 A_0(Chl *a*)、A_1(叶绿醌)、铁-硫簇 FeS-X(过去称 A_2)和铁-硫簇 FeS-A 与 FeS-B(原来的光学名称为 P430)。

另外，围绕光系统 I 还有几个可以移动的电子递体质体蓝素(PC)、铁氧还蛋白(Fd)和 Fd：$NADP^+$(氧化)还原酶(FNR)。这些低分子质量蛋白靠静电力与光系统 I 反应中心复合体相联系。

Fd 存在于高等植物、藻类、光合细菌和动物体中。它是一个铁硫蛋白(以 2Fe-2S 簇作为氧化还原辅助因子)，光系统 I 的末端电子受体由 93～99 个氨基酸残基组成 β 片层或 β 折叠，通过 2 个硫原子桥与 2 个铁原子相联系的 4 个半胱氨酸残基是保守的，分子质量为 11 kDa。Fd 是水溶性的，存在于叶绿体间质中。可以通过观察 $NADP^+$ 还原为 NADPH 时 340 nm 处的吸收变化间接检测 Fd 的氧化。由光系统 I 复合体的 PsaD 和 PsaE 亚基介导，Fd 通过静电相互作用结合到间质侧光系统 I 复合体的 PsaC 亚基上。此外，Fd 作为还原剂还参与叶绿体内的一些其他过程，例如还原硝酸根成氨、谷氨酸合成和经过铁氧还蛋白对 ATP 合酶以及一些光合碳还原酶的还原调节。Fd 还参与梅勒反应、抗氧化系统还原单脱氢抗坏血酸成为抗坏血酸和围绕光系统 I 的循环电子传递（Fd 的电子经过 Cyt b_6f 回到 P700）。

FNR 是一个含有黄素腺嘌呤二核苷酸（FAD）的酶（35～45 kDa），酶蛋白由大约 300 个氨基酸残基组成，复合到类囊体膜上，催化电子从 Fd 传递到 $NADP^+$，属于“脱氢酶-电子传递酶”。它由两部分组成：一部分结合 FAD，另一部分结合 $NADP^+$，两部分之间的裂缝中结合 Fd 与 Fe－S 中心，Fe－S 中心靠近 FAD。FNR 催化电子从 Fd 传递到 $NADP^+$ 的机制涉及 Fd－FNR－$NADP^+$ 三元复合体的催化循环。FNR 一次从 Fd 接受 1 个电子，进行 2 电子还原，使 $NADP^+$ 还原为 NADPH。FNR 是一个以 FAD 为辅助因子的 1 电子到 2 电子转换器。

PC 介导细胞色素 f（Cyt f，细胞色素 b_6f 复合体的一个亚基）与 $P700^+$ 之间的电子传递。PC 是一个含铜蛋白（每分子含 2 个铜原子），存在于高等植物、藻类和蓝细菌中。PC 存在类囊体腔内，是一个可溶性蛋白，可以在腔内自由扩散。其氧化型是蓝色的，主要的光吸收带在 597 nm，其还原型不吸收可见光。PC 的分子质量为 10.5 kDa，含 97～104 个氨基酸残基（具体数目因物种不同而异），其中大约 20 个是保守的。氯化汞和 KCN 为 PC 的电子传递抑制剂。通过观察 700 nm 附近光吸收的增加或 820 nm 附近光吸收的减少（这 2 个变化都是由于 $P700^+$ 的还原）可以方便地检测 $P700^+$ 引起的 PC 氧化。

可以介导细胞色素 b_6f 和光系统 I 之间电子传递的还有可溶性电子传递蛋白细胞色素 c_6（铁蛋白），分子质量大约为 10 kDa。在大部分早期的放氧光合生物中，PC 和 Cyt c_6 这 2 个蛋白可以相互替代，并且发挥同样的生理作用，但是它们的合成受铜、铁有效性的控制。在植物体内，PC 是完成这个使命的唯一电子载体，而在大部分蓝细菌和藻类体内 PC 和 Cyt c_6 都可以合成。PC 以铜为氧化还原辅助因子，而 Cyt c_6 则以 c－型血红素为氧化还原辅助因子。Cyt c_6 是比 PC 古老的电子载体，PC 是后来随着海洋中铁的减少和 Mg 的增加而发展出来的。

1.6.2 光系统 II

光系统 II 被称为“光驱动的水：质体醌氧化还原酶”（Wydrzynski and Satoh, 2005），是产生氧的部位。氧的产生，导致地球上一切需氧生命的出现以及多种高级生物体激增。图 1－6 描述植物光系统 II 超复合体的亚基组成及其相对位置。

（1）核心复合体

光系统 II 超复合体主要由一个核心复合体 D1（PsbA）/D2（PsbD）/CP47（PsbB）/CP43（PsbC）和几个捕光蛋白复合体组成。蓝细菌光系统 II 反应中心复合体的精细结构已经

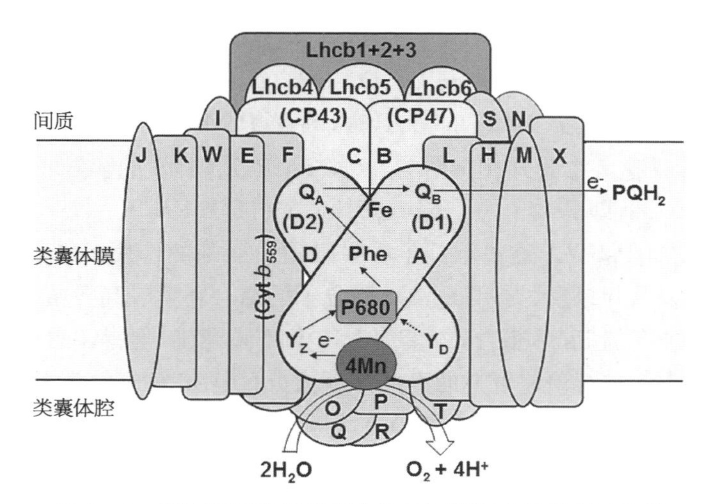

图 1-6　植物光系统 II 超复合体的亚基组成及其相对位置

参考 Barber 等(1997)绘制。

被解析(Umena et al., 2011)。用于结晶的光系统 II 核心复合体来自 2 种嗜热的蓝细菌(*Thermosynechococcus elongatus* 和 *T. vulcanus*,生长于 50～55℃环境),因为它们的纯化形式具有高度稳定性,而这种稳定性是制备结晶所必需的。

从嗜热蓝细菌纯化的光系统 II 在溶液中和结晶态都是双体。它的单体由 20 个蛋白(17 个跨膜蛋白和 3 个膜外在蛋白)组成,包括它们结合的辅助因子在内总分子质量 350 kDa,含 36 个跨膜螺旋,结合 35 个叶绿素、11 个类胡萝卜素、20 多个脂、2 个质体醌、2 个血红素铁、1 个非血红素铁、3～4 个钙(其中 1 个在锰簇中)、3 个氯(其中 2 个在锰簇附近)、1 个碳酸氢根离子和 1 个催化水氧化的 Mn_4CaO_5 簇。

核心复合体中的 D1、D2、CP47 和 CP43 分别是叶绿体基因 *psb*A、*psb*D、*psb*B 和 *psb*C 的表达产物。其核心组分是 D1(PsbA)/D2(PsbD)异二聚体(在功能上类似于紫色细菌反应中心的 L 和 M 亚基),其上结合反应中心叶绿素分子(原初电子供体)和光化学反应后电子传递的原初电子受体。

D1/D2 核心的侧面与光系统 II 的核心天线 CP47 和 CP43 相接。CP47 和 CP43 不仅起核心天线的作用,而且是维持光系统 II 核心结构所必需。CP43 和 CP47 分别结合 13 个和 16 个叶绿素 *a* 分子。这些叶绿素的大部分排列成 2 层:一层面向间质;另一层面向类囊体腔。D1 和 D2 各结合 1 个专门的叶绿素分子对,其最大光吸收在 680 nm,被命名为 P680。此外,膜内在蛋白 E 和 F 分别为细胞色素 b_{559} 的 α-亚基和 β-亚基(分子质量分别为 9.0 kDa 和 4.5 kDa),为血红素铁提供组氨酸配位体,并且是光系统 II 复合体装配所必需的。从蓝细菌到高等植物,光系统 II 的核心部分基本上是保守的。由于其在光合作用中的重要性,D1 蛋白成为迄今为止光系统 II 核心复合体中受到最广泛关注、研究的亚基。

在绿藻和高等植物中,核基因编码的膜外在蛋白 PsbO(33 kDa)、PsbP(23 kDa)和 PsbQ(17 kDa)亚基结合在类囊体腔一侧,是光合放氧活性所必需的。蓝细菌只有 PsbO,而 PsbP

和 PsbQ 则被 PsbV(由 *psb*V 基因编码，细胞色素 c_{550}，15.1 kDa)和 PsbU(由 *psb*U 基因编码，12 kDa)所替代。这些膜外在蛋白与 D1、D2、CP47、CP43 的膜外环区域和 Mn_4CaO_5 簇相结合，构成光系统 II 的放氧复合体(OEC)，CP43 直接为 Mn_4CaO_5 簇提供配体。结合在 D1 一侧的 Mn_4CaO_5 簇被这 3 个膜外在蛋白与 D1、D2、CP47、CP43 的膜外环区域所覆盖。

另外，还有一些多肽即 PsbH～L、PsbN、PsbR、PsbT 和 PsbW～Z 亚基也与光系统 II 相联系，但是蓝细菌没有 PsbW。这些低分子质量膜蛋白亚基的作用可能是维持光系统 II 结构完整和双体构象以及叶绿素、类胡萝卜素、脂分子的结合环境。高等植物的光系统 II 还含有真核光合生物所独有的 PsbS 蛋白，该蛋白含 4 个跨膜螺旋，但是不含或少含色素。缺乏这个蛋白的突变体不能进行快速可逆的高能态猝灭(qE)。虽然有的学者把 PsbS 看作光系统 II 的一个核心蛋白，可是人们还从来没有在光系统 II 结晶中看到它。

在光系统 II 所含的 11 个类胡萝卜素分子中，3 个在 CP43，5 个在 CP47，2 个在 D1 和 D2，1 个在 CP43 和 PsbJ、PsbK、PsbZ 亚基之间的空间。所有这些类胡萝卜素分子都与叶绿素 *a* 分子紧密联系，使它们能够迅速将激发能传递给附近的叶绿素 *a* 分子，也能猝灭三线激发态叶绿素 *a* 分子，防止过量光引起的光破坏。D1 和 D2 结合的 2 个类胡萝卜素分子具有特殊的功能：一是在低温下 Mn_4CaO_5 簇不工作时，介导叶绿素和 Cyt b_{559} 向光系统 II 反应中心叶绿素分子的电子传递，形成电子传递的次级或支路反应，在强光下来自 Mn_4CaO_5 簇的电子不能足够快地补偿反应中心产生的电荷时，这个支路也可以防御反应中心的光破坏；二是可以作为能量猝灭剂，猝灭叶绿素的三线激发态和反应中心三线激发态诱发的单线态氧。

在光系统 II 所含的 20 多个(4 种)脂分子中，有 11 个构成一条围绕光系统 II 反应中心的带，使其与天线和一些低分子质量膜蛋白亚基分开。有 3 个位于单体之间的界面。这些脂分子都有专门的功能，缺失或替换会影响光系统 II 结构的稳定和电子传递，特别是 Mn_4CaO_5 簇的稳定与放氧活性。

沈建仁及其同事报告了分辨率为 1.9 Å 的光系统 II 双体原子结构。光系统 II 反应中心仅含 6 个叶绿素 *a* 和 2 个去镁叶绿素分子，核心天线 CP43 和 CP47 分别含 13 个和 16 个叶绿素 *a* 和几个 β-胡萝卜素分子，清楚地表明放氧中心类似不规则椅子的立体结构，不仅含有金属锰和钙离子，而且还有 5 个非金属的氧原子(Mn_4CaO_5)，同时比以前更详细地揭示了这个金属簇周围的环境和氧桥位置，首次鉴定了其末端水分子配位体，揭示了与光系统 II 双体的氨基酸残基相联系的大量水分子，每个光系统 II 单体有 1 300 多个水分子，在间质侧和类囊体腔侧各有一层。这些水分子的大部分是叶绿素的配体，其中的一些靠氢键形成的网，可能是水分子裂解后产生的质子和氧分子进入类囊体腔的通道(Umena et al., 2011)。锰簇附近的氯离子除了维持放氧复合体稳定的作用外，可能还参与这种通道的运输。其中一些形成延伸的氢键网，以便输出水裂解产生的质子和底物水分子进入反应部位(Shen, 2015)。这些发现为水裂解机制的阐明奠定了重要的结构基础。

(2) 外周天线 LHCII

主要外周天线 LHCII 是地球上第二个最丰富的蛋白，存在于高等植物和一些藻类中，由分子质量为24～29 kDa的多肽(Lhcb1、Lhcb2和Lhcb3)组成,都由核基因组编码。有Lhcb1同三聚体和Lhcb1－Lhcb2－Lhcb3异三聚体不同存在形式。这3种多肽都含有3个跨膜α-螺旋。它们结合的叶绿素数量占光系统II叶绿素总量的70%。一个光系统II核心复合体的双体有8个LHCII三聚体。LHCII三聚体在增强蛋白稳定性、有效捕获光能和控制能量耗散上都是重要的。菠菜叶片分辨率为2.72 Å的LHCII单体的晶体结构已经被解析,它结合8个叶绿素*a*、6个叶绿素*b*和4个类胡萝卜素分子,其中2个叶黄素(lutein)、1个新黄素(neoxanthin)和1个紫黄质(violaxanthin)(Liu et al., 2004)。与只含有叶绿素*a*的核心天线CP43和CP47不同,LHCII和LHCI还含有叶绿素*b*,使"绿色缺口"变窄,可以吸收更多的光。

LHCII通过3个次要的外周天线CP29、CP26和CP24(Lhcb4、Lhcb5和Lhcb6)单体与核心复合体连接起来。CP29结合14个叶绿素(10个Chl *a*和4个Chl *b*)和3个类胡萝卜素,是唯一能够可逆磷酸化的次要天线。这种可逆磷酸化的生理作用还不是很清楚,可能涉及强光胁迫下光系统II超复合体的拆卸。CP26结合13个叶绿素(9个Chl *a*和4个Chl *b*)和3个类胡萝卜素,是光系统II－LHCII超复合体的一部分。CP24是植物登陆期间与Lhcb3一起出现的LHC家族新成员,存在于光系统II－LHCII超复合体中(Su et al., 2017)。CP24结合11个叶绿素(6个Chl *a*和5个Chl *b*)和2个类胡萝卜素、1个β-胡萝卜素分子,每个CP29－LHCII－CP24有1个β-胡萝卜素分子(Xu et al., 2017)。LHCII不仅有为反应中心捕获、输送光能的功能,而且在耗散过量光能、防御光破坏上发挥重要作用。当光能过剩时,它从捕光态转变为耗散态,将过量的能量无害地耗散。另外,LHCII还有通过状态转换平衡2个光系统光吸收的作用。在状态1向状态2转变的过程中,绿色植物的LHCII有10%～20%从光系统II转移到光系统I,而绿藻则有80%LHCII从光系统II转移到光系统I。

在高等植物和绿藻中,类囊体膜上的光系统II一般以双体的形式存在。每个单体核心(C)都与1个CP29、CP26单体和1个LHCII三聚体相联系。缺少CP26对光系统II结构很少有影响,而缺乏CP24、CP29,则大部分LHCs脱离光系统II核心复合体(Nelson and Junge, 2015)。与核心复合体强(S)联系的LHCII三聚体是C_2S_2型光系统II超复合体的基本组成部分。还有一对CP24单体各与1个中等强度结合的LHCII三聚体(M)结合到这个超复合体上,构成$C_2S_2M_2$超复合体。此外,还有与$C_2S_2M_2$松散结合的LHCII三聚体,在分离纯化时从超复合体脱离。这种额外的LHCII三聚体数量随生长条件变化,在弱光下增加以便增加核心复合体的光吸收截面,而在强光下超过光能利用能力时减少。总光能捕获时间(从色素分子吸收光子到$C_2S_2M_2$超复合体反应中心用于光化学反应)大约150 ps,电荷分离的量子效率为0.92,表明LHC的激发能向反应中心传递很有效。在弱光下,当有2～3个额外的LHCII三聚体存在时,光能捕获时间增加到大约310 ps,量子效率为0.84,表明它们因与核心的松散结合而在激发能传递上不那么有效(Nicol and Croce, 2018)。需要指出的是,植物光系统II超分子复合体的晶体结构迄今还没有被解析。

如今,光系统II已经有40多个蛋白被鉴定,它们稳定地或暂时地结合在光系统II复合体上。它们可能不是光系统II最后有功能的复合体组成部分,而是在复合体的装配和分解

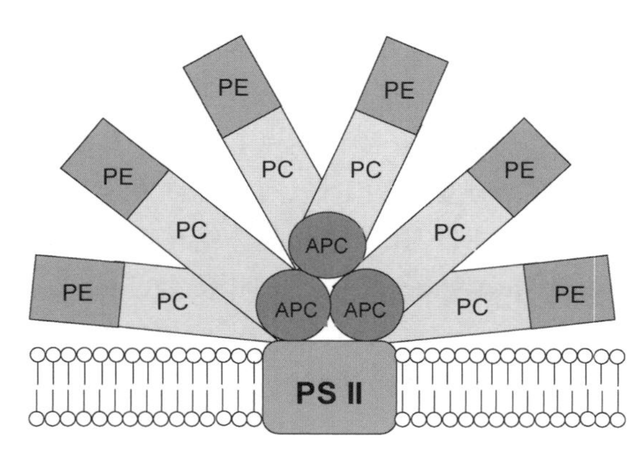

图 1-7 蓝细菌光系统 II 的捕光天线藻胆体

APC——别藻蓝蛋白(allophycocyanin);PC——藻蓝蛋白(phycocyanin);PE——藻红蛋白(phycoerythrin)。光能传递方向从 PE 开始,依次经过 PC、APC,最后到达光系统 II 反应中心。参考 Adir(2008)、Fromme 和 Grotjohann(2008)和 Theiss 等(2011)绘制。

中发挥作用,至少有的属于调节因子。去掉一些低分子质量蛋白对真核生物的伤害大于原核生物(Shi et al., 2012)。

(3) 藻胆体

蓝细菌和红藻光系统 II 的外周天线不是 LHCII,而是藻胆体,图 1-7 为蓝细菌光系统 II 捕光天线藻胆体的示意图。

(4) 放氧复合体

光系统 II 的独特之处是含有放氧复合体(oxygen-evolving complex, OEC),其核心部分是由 4 个锰原子组成的锰簇,还有辅助因子 Ca^{2+} 和 Cl^- 以及位于类囊体膜腔侧的膜外在(或膜表面)33 kDa 蛋白(OEC33,即上面提到的 PsbO 亚基)。OEC33 也称锰稳定蛋白,因为通过某些处理去掉这个蛋白会导致放氧复合体 Mg^{2+} 的损失和光合放氧活性的丧失。另外,23 kDa 和 17 kDa(上面提到的 PsbP 和 PsbQ 亚单位)2 个膜表面蛋白也是 OEC 的组成部分,但是蓝细菌没有这 2 个蛋白,而有另外 2 个蛋白。通过定位诱变,已经鉴定了作为锰簇配位体的氨基酸残基,这些残基几乎都在 D1 蛋白上。并且,D1 蛋白的第 161 位酪氨酸残基(Y_Z)侧链将 OEC 与 P680 联系起来。

多年来,Mn 簇一直是人们用生物化学、分子生物学、光谱学和 X 射线晶体分析等技术广泛研究的对象。在分辨率为 1.9 Å 的喜温蓝细菌光系统 II 晶体结构中,这个 Mn 簇原来是含有 5 个金属离子的 Mn_4CaO_5,其中的 5 个氧原子作为氧桥连接这 5 个金属离子。由于键长差别,Mn_4CaO_5 不是一个理想的对称体,而类似一个歪曲的椅子。同时,在与 Mn_4CaO_5 连接的 4 个水分子中包括放氧的底物。同 Mn_4CaO_5 协同的所有氨基酸残基(主要属于 D1 和 CP43)都已经被鉴定,同氧桥和水分子一道,这些残基为 Mn_4CaO_5 提供饱和的配体环境。D1 的酪氨酸 Tyr161(即 Yz)位于 Mn_4CaO_5 和光系统 II 反应中心(由 4 个叶绿素分子构成)之间,充当它们之间的电子传递体。靠氢键形成的水分子网位于 D1、CP43 和 PsbV 亚基之间的界面,作为经过 Yz 传递电子时耦联的质子出口通道(Umena et al., 2011)。

(5) 电子递体

光系统 II 的电子传递体主要包括还原侧的去镁叶绿素(Phe)、质体醌(PQ)和氧化侧的酪氨酸残基(Tyr 即 Yz)。

1.7 膜系统

叶绿体的膜系统包括双层的叶绿体被膜和叶绿体中的类囊体膜。类囊体膜上有多种膜蛋白复合体。光合作用过程中的光化学反应和电子传递反应都发生在类囊体膜上,因此类囊体膜也被称为光合膜。

陆生植物的类囊体包括基粒类囊体(多个类囊体跺叠成圆桶形基粒,典型的直径 400 nm, 5～20 层)和间质类囊体,后者呈螺旋形缠绕这些基粒圆桶。叶绿体内所有的类囊体膜形成一个连续的网状系统。类囊体膜因环境光条件变化而经历动态的结构变化,涉及基粒直径和圆桶高度变化、基粒的垂直解跺叠和类囊体腔膨胀。这种可塑性主要靠基粒跺叠内蛋白复合体超分子结构的重组和跺叠与非跺叠膜区域之间多蛋白复合体组成的变化来实现。大部分调节机制似乎是从 LHC 蛋白和光系统 II 组分的可逆磷酸化开始的(Pribil et al., 2014)。

基粒可能是植物适应阴生环境的结果,使阴生环境中的光合作用更有效。基粒可能的功能包括:通过 2 个光系统的物理分离阻止激发能满溢;促进状态转换和线式与循环电子流之间转换;特别是通过形成光系统 II - LHCII 大超分子复合体加强弱光下的光捕获。然而,基粒的形成也有弊端,需要在 2 个光系统之间长距离扩散电子递体;在光系统 II 修复期间光系统 II 需要在类囊体膜的跺叠与非跺叠区域之间重新定位。基粒的这些优缺点使人难以确定哪个潜在的益处是基粒形成的基本驱动力(Pribil et al., 2014)。

1.7.1　脂双层分子膜

叶绿体被膜和类囊体膜都是由脂质构成的双层分子膜。这些膜是渗透屏障,肩负多种重要功能。脂是两性分子,既有亲水的极性基团,又有疏水的非极性基团。脂分子排列成双层结构,非极性(不带电荷)的脂肪酸尾巴在膜内,即疏水的;而极性(带电荷)的头(磷酸基和氨基)向外,即亲水的,成为膜的外表面。

有多种不同类型的脂分子,最重要的两类是磷脂和糖脂。磷脂中的磷酸基酯化到甘油分子上。在叶绿体中最普通的是糖脂,糖分子上结合磷酸基。高等植物叶绿体膜的主要脂肪酸是亚麻酸,含有 18 个碳原子和 3 个双键的不饱和脂肪酸。这些双键能够增加膜的流动性。膜的质量中大约一半是水。长期脱水后膜含水量低于 20%时,膜结构和完整性丧失。

光合膜上镶嵌多种蛋白复合体,称为膜蛋白,横跨脂双层,其疏水的氨基酸(亮氨酸、异亮氨酸和缬氨酸)侧链在膜内,亲水的氨基酸(天冬氨酸、谷氨酸、精氨酸和赖氨酸)侧链在膜外。这些膜蛋白大体可以分为两类:一类参与能量转化,主要是 2 个光系统、ATP 合酶和细胞色素 b_6f 复合体;另一类是转运蛋白。

蛋白复合体光系统 I、叶绿体 ATP 合酶和参与循环电子流的 NAD(P)H 脱氢酶(NDH)和 PGRL1 - PGR5 异双体主要位于间质片层和基粒末端膜,而光系统 II 和它的捕光复合体 LHCII 位于基粒跺叠膜。基粒跺叠是由于对面类囊体上 Lhcb 蛋白(LHCII 和 CP26)之间的黏结。

图 1 - 8 是描述叶绿体内类囊体的分布和 4 种主要的膜蛋白复合体(光系统 II 超分子复合体、光系统 I 超分子复合体、ATP 合酶和细胞色素 b_6f 复合体)在类囊膜上不均匀分布的示意图,而表 1 - 1 则表明类囊体膜上光合复合体的相对丰度。

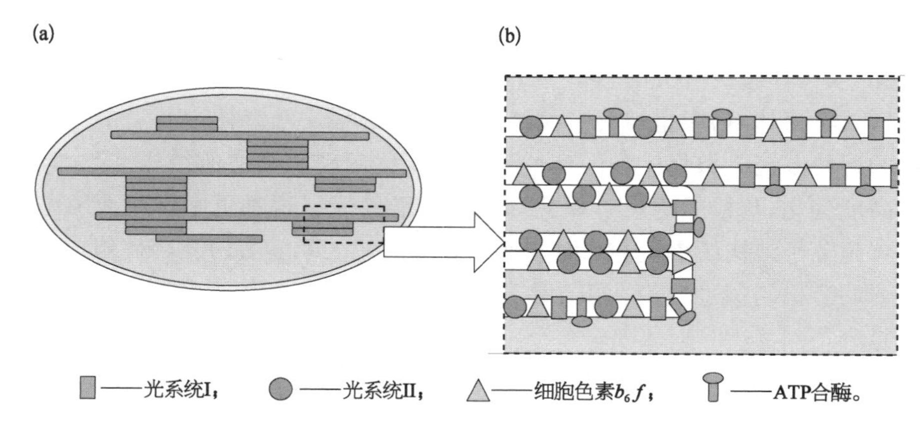

图 1-8 叶绿体内类囊体的分布及四种蛋白复合体在类囊体膜上的排列模式

(a) 叶绿体；(b) 叶绿体内部分类囊体膜的放大，表明 4 种蛋白复合体在基粒片层和间质片层的不均匀分布。

表 1-1 类囊体膜上光合复合体的相对丰度

	组分浓度(mmol · mol^{-1} Chl)	光系统 I 的百分含量(%)
光系统 II	2.99	133
LHCII	33.68	1 497
光系统 I	2.16～2.25	100
Cyt b_6f	1.29～1.35	57～63
ATP 合酶	0.95	42
NDH	0.09	0.25～4
PGRL1	0.70	32
PGR5	0.09	4

注：PGR5——质子梯度调节蛋白；PGRL1——质子梯度调节类蛋白 1。此表由 Pribil 等(2014)的表 1 简化而来。

转运蛋白有 3 种：一种是小分子的跨膜通道或孔，允许小分子沿着浓度梯度或电化学电位差扩散通过。由于不涉及与扩散分子的结合，所以速度很高，例如叶绿体膜和质膜上的水通道蛋白，也是 CO_2 通道，其分子质量大约为 30 kDa，通道孔直径 0.3～0.4 nm，每秒钟可以通过 3×10^9 个水分子。另外 2 种是载体蛋白，作用与酶类似，与被运转的物质结合，并且在结合与运输时经历构象变化，因此比那些跨膜通道慢几个数量级，每秒钟运输 10 到几千个分子。其中，一种是初级主动转运蛋白，需要劈开 ATP 或焦磷酸的高能键，逆浓度梯度运送代谢物或离子，例如位于细胞质膜上运输钠钾 ATP 酶。另一种是次级主动转运蛋白，包括反向转运蛋白和同向转运蛋白，它们也是逆浓度梯度分别按相反方向和同一方向运送代谢物或离子，一种物质的运输必须与另一种物质的运输相伴而行，以一种物质运输时的自由能变化推动另一种物质的运输，例如叶绿体内被膜上的磷转运蛋白和核苷酸转运蛋白等，用于在叶绿体和细胞质之间交换代谢前体、中间产物和末端产物。

叶绿体被膜由内被膜和外被膜组成，其内被膜上有高度专一的转运蛋白，是专一性的屏障，而外被膜上则有许多选择性很差的孔。也有一些蛋白不跨膜，只与膜的一侧结合，为膜表面蛋白，不同于叶绿体间质中游离的多种酶蛋白。

1.7.2　ATP 合酶

ATP 合酶（耦联因子）是一种分子马达，由 2 个旋转马达或发动机 F_O（电化学马达，其下标 O 表示对 oligomycin 敏感）和 F_1（化学马达）组成，两者通过灵活的转矩传动相耦联。它几乎存在于从细菌到植物、动物乃至人类所有类型的生物体中。它有 3 种不同的类型：储能型（F）、质膜型（P）和液泡型（V）。F 型（F_1F_O-ATP 合酶）存在于细菌的细胞质膜（例如大肠杆菌的 EF_OF_1）、植物的叶绿体（CF_OF_1）与线粒体（MF_OF_1）和动物的线粒体中，参与光合磷酸化和氧化磷酸化，是能量代谢的关键酶，例如人体内的线粒体 ATP 合酶每天产生的 ATP 总量可达 50～70 kg，只是由于不断地使用掉而不会这么大量地积累下来。它利用电子传递及其耦联的质子运转形成的质子动势（跨膜质子浓度差和跨膜电位差的总和），将 ADP 和无机磷（Pi）合成 ATP。每一组光系统 I、光系统 II、Cyt b_6f 和 F_O-F_1（它们的比例是 2∶2∶1∶1）含大约 1 000 个叶绿素分子（Junge and Nelson，2015）。

在整个演化期间 ATP 合酶都一直是保守的。细菌的这个酶结构和功能基本上与动物、植物及真菌的线粒体和植物的叶绿体一样。它们都由膜外亲水的 F_1 和膜内疏水的 F_O 两部分组成。不同物种的 ATP 合酶这两部分亚基组成和数目不尽相同。叶绿体 ATP 合酶的 CF_1 部分包括以希腊字母命名的 α(55 kDa)、β(52 kDa)、γ(35 kDa)、δ(21 kDa) 和 ε(15 kDa) 5 种亚基，它们的准量关系是 $\alpha_3 \cdot \beta_3 \cdot \gamma \cdot \delta \cdot \varepsilon$，总分子质量约为 400 kDa。$CF_O$ 部分包括 4 种不同的亚基，按发现的先后次序分别以罗马数字命名为 I（或 b，17 kDa）、II（或 b′，16 kDa）、III（或 c，8 kDa）和 IV（或 a，25 kDa）亚基，它们的准量关系是 $IV \cdot I \cdot II \cdot III_{14}$，总分子质量约为 170 kDa。菠菜叶绿体的亚基 III 形成一个包括 14 个亚单位的环，而绿藻的这个环结构含 15 个亚单位，细菌的这个结构含 10 个或 11 个亚单位。叶绿体的 IV、I 与 II 和 III 亚基分别与原核生物大肠杆菌 ATP 合酶的 a、b 和 c 亚基同源。

根据电子显微镜、X 射线晶体学、核磁共振光谱学等多种技术和生物化学分析等方法获得的研究结果，一些学者提出了 ATP 合酶的详细结构模型（图 1-9）。简而言之，3 个 α 亚基与 3 个 β 亚基如橘瓣状交替排列成对称的冠状结构，这是 ATP 合酶即耦联因子（CF）的头，而 γ、δ 和 ε 几个亚基构成 CF 的颈，与 CF_O（或亚基 IV、I、II 和 III）相连接。CF_O 的 b 亚基伸入叶绿体间质并附着在 CF 的头 CF_1 上，而在膜中的 c 亚基则与 γ、δ 和 ε 相连接。ATP 合酶的 β 亚基具有催化功能，催化部位在 α 亚基与 β 亚基的界面上。III 亚基是 ATP 合成时质子从类囊体腔流出的质子通道。γ、δ 和 ε 几个亚基共同行使质子门功能。根据 P. D. Boyer 提出的结合改变机制（见第 3 章同化力形成），在 ATP 合成的旋转催化过程中，β 亚基先后经历底物（ADP＋Pi）结合、ATP 形成和 ATP 释放 3 种不同状态，$\alpha_3\beta_3$ 六聚体的转动是由 γ 和 ε 亚基的旋转带动的。因此，γ、ε 和 III_{14} 亚基复合物是 ATP 合酶的转子，而 $\alpha_3\beta_3$、δ、I、II 和 IV 亚基复合物则是 ATP 合酶的定子。亚基 IV 不直接参与质子的传导，可能起组织和稳定 CF_O 结构的作用。每个 ATP 合成需要运输 4 个质子，H^+/ATP 比率为 4。由于不同种类生物 c 亚基的数目不同，这个比率值也不同，大肠杆菌为 3.3，而绿藻为 5.0（Fromme and Grojohann，2008）。

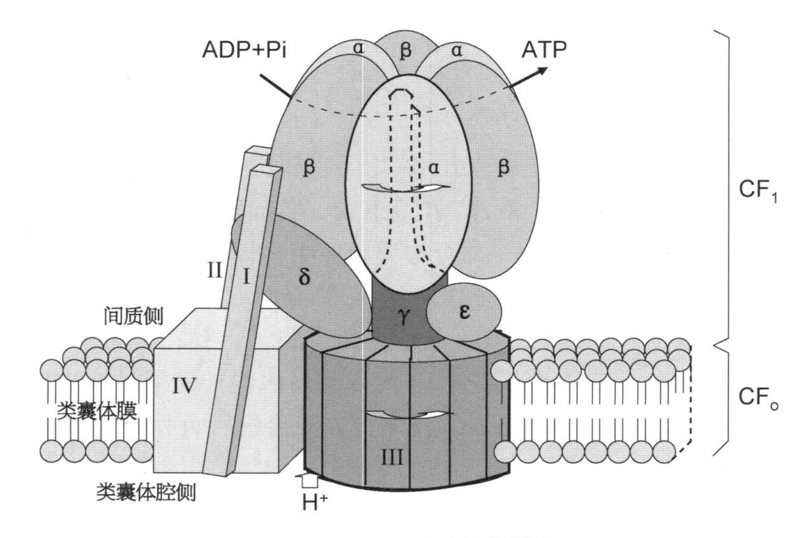

图 1-9 ATP 合酶结构模式

参考 Buchanan 等(2000)绘制。

ATP 合酶的活性受 ΔpH 的活化和氧化还原反应的调节。该酶的氧化还原状态通过铁氧还蛋白、硫氧还蛋白与 $NADP^+$/NADPH 氧化还原状态相耦联,而后者在光-暗转换时发生急剧变化。只有处于活化状态的 ATP 合酶才能够催化 ATP 的合成或水解。

1.7.3 细胞色素 b_6f 复合体

细胞色素 b_6f 复合体(Cyt b_6f)的双体是一个分子质量约为 217 kDa 的构成性膜蛋白复合体。它是 2 个光系统的连接者,质子传递和电子传递的耦联者,也是光合作用中非循环电子传递的限速步骤(Hasan and Cramer, 2012)。双体是其功能所必需的。每个单体由 8～9 个多肽亚基组成。4 个大亚基(18～32 kDa)是 24 kDa 的 b_6 亚基(膜一体的核心亚基,含有 2 个参与 Q-循环的 b-型血红素和一个 c-型血红素,构成电子传递链的主要部分)、17 kDa 的 IV 亚基、19 kDa 的 Rieske 铁-硫蛋白亚基和 31 kDa 的 c-型细胞色素 f 亚基(一个膜外亚基,介导该复合体向质体蓝素的电子传递)。4 个小亚基(3～4 kDa)是 PetG、PetL、PetM 和 PetN。在每个单体内 Rieske 铁-硫蛋白(2Fe-2S 簇)是细胞色素 b_6 与细胞色素 f 之间电子传递的连接者。它们都用一个跨膜 α 螺旋与复合体相结合。每个单体含有 13 个跨膜 α 螺旋、4 个血红素、1 个 2Fe-2S 簇、1 分子 β-胡萝卜素、1 分子叶绿素 a、1 分子质体醌。2 个单体之间形成 1 个跨膜的中心腔。分辨率分别为 3.0 Å 和 3.1 Å 的喜温蓝细菌(*Mastigocladus laminosus*)和绿藻(*C. reinhardtii*)的细胞色素 b_6f 复合体 X 射线解析结构已经被阐明(Kurisu et al., 2003; Stroebel et al., 2003)。两者的结构非常类似,表明在过去 15 亿年演化过程中一直是保守的。细胞色素 b_6f 复合体的结构与呼吸作用中的细胞色素 bc_1 复合体类似,但是还有一些独特之处,例如它的单体还结合 1 分子 β-胡萝卜素、1 分子叶绿素 a(功能尚不清楚),并且还结合 1 个不规则的血红素,其上有 2 个醌结合部位。

细胞色素 b_6 亚基是一个膜蛋白,具有 4 个跨膜螺旋。细胞色素 f 亚基含有一个由 5 个水分子组成的内链，这个结构在从蓝细菌到高等植物的所有光合生物中都是保守的。虽然它的功能还不清楚，但是这个水链的中断会导致细胞色素 b_6f 复合体失活。Rieske 铁-硫蛋白包含2个区域：一是 *N*-端跨膜螺旋区，它将该蛋白固定在膜上；二是位于类囊体膜腔侧的可溶性区域，基本上是β-折叠，具有 Fe-S 氧化还原辅助因子。细胞色素 b_6f 复合体的功能好像一个质子泵，在将1个电子通过质体蓝素传递给 P700 的同时，把2个质子从叶绿体间质运送进入类囊体腔。

在线式或非循环电子传递中，细胞色素 b_6f 复合体通过质体醌从光系统 II 接受电子，并且通过还原质体蓝素或细胞色素 c_6 将电子传递给光系统 I。这个电子传递过程引起类囊体从叶绿体间质吸收质子，造成一个跨类囊体膜的电化学质子梯度，推动 Q-循环和 ATP 合成。与线粒体和细菌的同系物细胞色素 bc_1 不同，细胞色素 b_6f 复合体还能将2个光系统之间的线式电子传递转为围绕光系统 I 的循环电子传递。并且，有学者认为，它还通过活化一个蛋白激酶调节状态转换。它结合一个 35 kDa 的铁氧还蛋白：$NADP^+$ 氧化还原酶，从而为依赖铁氧还蛋白的循环电子传递提供与主电子传递链的连接。

有趣的是，细胞色素 b_6f 这个脂蛋白复合体结晶的形成需要脂质的存在。在没有脂质存在时，获得合适大小的 Cyt b_6f 结晶需要几周甚至几个月；而在适量的脂质存在时只要一夜就可以了。关于 Cyt b_6f 的结构与功能及长期的科学探索，可以参阅有关的综述文章(Cramer and Hasan，2016；Cramer，2018)。

1.8　酶系统

叶绿体的酶系统，主要是指叶绿体间质中的多种酶，即催化光合碳同化反应的酶系统，包括催化 RuBP 羧化的碳同化关键酶核酮糖-1,5-二磷酸(RuBP)羧化酶/加氧酶(Rubisco)和催化磷酸甘油酸还原为磷酸丙糖的磷酸甘油酸激酶、磷酸甘油醛脱氢酶以及催化羧化底物 RuBP 再生的果糖二磷酸酯酶、景天庚酮糖二磷酸酯酶和核酮糖磷酸激酶等。

Rubisco 是世界上最丰富的蛋白质，陆生植物叶片中 50%的氮在该酶中。它也是自然界最大的酶之一，分子质量高达 560 kDa。Rubisco 催化光合作用 CO_2 同化和光呼吸碳氧化的第一步反应。由于在羧化上的低效率(每秒几次的催化速率和对底物 CO_2 的低亲合性)和 O_2 的竞争性抑制，该酶成为光合速率限制部位以及提高农业生产力的靶目标。

来自陆生植物和绿藻的 Rubisco 由8个大亚基和8个小亚基组成。叶绿体基因 *rbc*L 编码 55 kDa 的大亚基(475个氨基酸)，而核基因 *rbc*S 编码 15 kDa 的小亚基(123个氨基酸)。经过翻译后加工，小亚基结合到叶绿体内由伴侣蛋白组装的大亚基核心上。

根据对菠菜、烟草等 Rubisco 的高分辨率 X 射线衍射分析，Chapman 等(1988)和 Andersson 等(1989)提出高等植物 Rubisco 的四级结构模型，认为 Rubisco 基本上是一个圆柱体，由4个大亚基的二聚体(L_2)结合成八聚体(L_8)的核，在大亚基八聚体的两端各结合1个小亚基四聚体，每个小亚基位于2个大亚基之间的夹缝中(图1-10)。大多数真核光合生物中该酶的大亚基由叶绿体基因组编码，而小亚基由则由细胞核基因组编码。

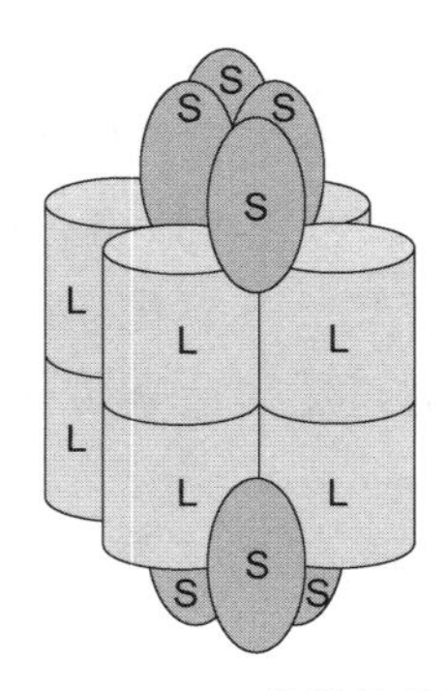

图 1-10 Rubisco 立体结构模型(L_8S_8)

由 4 对交互结合的大亚基二聚体(L_2)排列成八聚体核(L_8),这个八聚体核的两端各有 1 个小亚基的四聚体(S_4),每个小亚基陷入 2 个大亚基之间的缝隙中。根据 Chapman 等(1988)和 Andersson 等(1989)的模型绘制。

Rubisco 有功能的结构单位是大亚基的双体。由于 Rubisco 的大亚基含有催化所需要的所有结构元件,I 型 Rubisco 中小亚基的起源和作用仍不清楚。不过,在没有小亚基的情况下,大亚基的活性只有全酶活性的 1%;如果加入小亚基,活性提高 100 倍,可见小亚基对维持酶活性不可缺少。小亚基可能对 L_8S_8 有稳定作用,并且以某种方式提高酶的催化效率。

参考文献

Amunts A, Toporik H, Borovikova A, et al., 2010. Structure determination and improved model of plant photosystem I. J Biol Chem, 285: 3478 - 3486.

Andersson I, Knight S, Schneider G, et al., 1989. Crystal structure of the active site of ribulose-bisphosphate carboxylase. Nature, 337: 229 - 234.

Barber J, Nield J, Morris EP, et al., 1997. The structure, function and dynamics of photosystem two. Physiol Plant, 100: 817 - 827.

Bar-Eyal L, Shperberg-Avini A, Paltiel Y, et al., 2018. Light harvesting in cyanobacteria: the phycobilisomes//Croce R, van Grondelle R, van Amerongen H, et al (eds). Light Harvesting in Photosynthesis. New York: CRC Press: 77 - 93.

Ben-Shem A, Frolov F, Nelson N, 2003. Crystal structure of plant photosystem I. Nature, 426: 630 - 635.

Buchanan BB, Gruissem W, Jones RL, 2000. Photosynthesis//Buchanan BB, Gruissem W, Jones RL (eds). Biochemistry and Molecular Biology of Plants. Rockville, Maryland, USA: Courier Companies, Inc: 568 - 628.

Chen M, 2014. Chlorophyll modifications and their spectral extension in oxygenic photosynthesis. Ann Rev Biochem, 83: 317 - 340.

Cooper R, Deakin JJ, 2016. Colorful chemistry: a natural palette of plant dyes and pigments//Cooper R, Deakin JJ, Miracles B. Chemistry of Plants that Changed the World. Boca Raton: CRC Press: 189 - 235.

Cramer WA, 2018. Structure-function of the cytochrome b_6f lipoprotein complex: a scientific odyssey and personal perspective. Photosynth Res, https: //doi.org/10.1007/s11120 - 018 - 0585 - x.

Cramer WA, Hasan SS, 2016. Structure-function of the cytochrome b_6f lipoprotein complex//Cramer WA, Kallas T (eds). Cytochrome Complexes: Evolution, Structures, Energy Transduction, and Signaling.

Dordrecht: Springer: 177 - 207.

Fromme P, Grojohann I, 2008. Overview of photosynthesis//Fromme P (ed). Photosynthetic Protein Complexes: A Structure Approach. Weinheim, Germany: Wiley-Verlag GmbH & Co KgaA: 1 - 22.

Golbeck JH, 2006. Photosystem I: The Light-Driven Plastocyanin : Ferredoxin Oxidoreductase. Dordrecht, The Netherlands: Springer.

Hasan SS, Cramer WA, 2012. On rate limitations of electron transfer in the photosynthetic cytochrome b_6f complex. Phys Chem Chem Phys, 14: 13853 - 13860.

Kuisu G, Zhang H, Smith JL, et al., 2003. Structure of the cytochrome b_6f complex of oxygenic photosynthesis: tuning the cavity. Science, 302: 1009 - 1014.

Lunde CP, Jensen PE, Haldrup A, et al., 2000. The PSI-H subunit of photosystem I is essential for state transitions in plant photosynthesis. Nature, 408: 613 - 615.

Junge W, Nelson N, 2015. ATP synthase. Ann Rev Biochem, 84: 631 - 657.

Nelson N, Junge W, 2015. Structure and energy transfer in photosystems of oxygenic photosynthesis. Ann Rev Biochem, 84: 659 - 683.

Nicol L, Croce R, 2018. Light harvesting in higher plants and green algae//Croce R, van Grondelle R, van Amerongen H, et al (eds). Light Harvesting in Photosynthesis. New York: CRC Press: 59 - 76.

Pribil M, Labs M, Leister D, 2014. Structure and dynamics of thylakoids in land plants. J Exp Bot, 65: 1955 - 1972.

Shen JR, 2015. The structure of photosystem II and the mechanism of water oxidation in photosynthesis. Ann Rev Plant Biol, 66: 23 - 48.

Shi LX, Hall M, Funk C, et al., 2012. Photosystem II, a growing complex: updates on newly discovered components and low molecular mass proteins. Biochim Biophys Acta, 1817: 13 - 25.

Stroebel D, Choquet Y, Popot JL, et al., 2003. An atypical beam in the cytochrome b_6f complex. Nature, 426: 413 - 418.

Su XD, Ma J, Wei XP, et al., 2017. Structure and assembly mechanism of plant $C_2S_2M_2$ - type PSII - LHCII supercomplex. Science, 357: 815 - 820.

Theiss C, Schmitt FJ, Pieper J, et al., 2011. Excitation energy transfer in intact cells and in the phycobiliprotein antennae of the chlorophyll *d* containing cyanobacterium *Acaryochloris marina*. J Plant Physiol, 168: 1473 - 1487.

Umena Y, Kawakami K, Shen JR, et al., 2011. Crystal structure of oxygen-evolving photosystem II at a resolution of 1.9 Å. Nature, 473: 55 - 60.

Wientjes E, van Amerongen H, Croce R, 2013. LHCII is an antenna both photosystems after long-term acclimation. Biochim Biophys Acta Bioenerg, 1827: 420 - 426.

Wydrzynski TJ, Satoh K, 2005. Photosystem II, the Light-driven water : Plastoquinone Oxidoreductase. Dordrecht, The Netherlands: Springer.

Xu P, Roy LM, Croce R, 2017. Functional organization of photosystem II antenna complex: CP29 under the spotlight. Biochim Biophys Acta Bioenerg, 1858: 815 - 822.

第 2 章

光 反 应

光合作用，广义地说，包括天线色素对光能的吸收与向反应中心传递的光物理过程、反应中心叶绿素 a 分子电荷分离的光化学反应和光合电子传递与耦联的光合磷酸化及碳同化至淀粉、蔗糖合成等一系列生物化学反应过程；狭义地说，作为地球上最重要的化学反应，只包括光化学反应和生物化学反应。

作为由几十个顺序发生于生物体内的化学反应构成的总过程，光合作用起始于光激发的原初光化学反应，继之以光合电子传递与耦联的光合磷酸化（形成碳同化必需的同化力）和 CO_2 的固定与还原，最后终结于光合作用末端产物淀粉和蔗糖的形成。这个复杂的过程大体上可以分为原初反应、同化力形成和碳同化（即碳反应）3 个基本阶段（图 2-1）。本书用 3 章篇幅对这 3 个阶段逐一加以介绍。

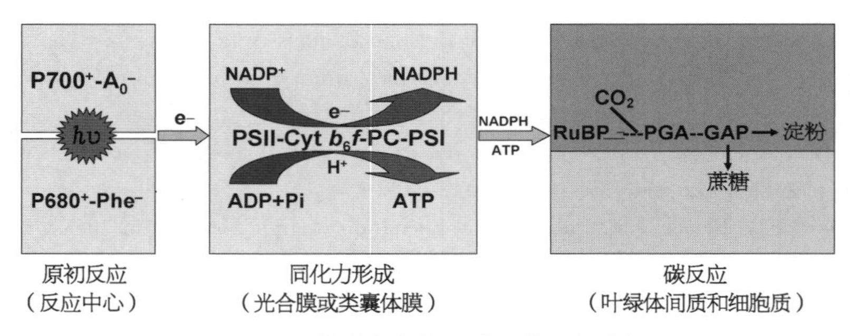

图 2-1　构成光合作用过程的 3 个阶段

原初反应阶段的核心是反应中心的光化学反应，即电荷分离。天线的光能吸收与向反应中心的传递是电荷分离反应高速率发生的基本前提，水裂解提供的电子使电荷分离的反应中心叶绿素 a 分子得以复原，以便开始下一轮光化学反应，从而不断持续下去。虽然水裂解放氧不属于原初反应，但是它是光系统 II 和光系统 I 反应中心的原初反应得以连续不断进行下去的必不可少的条件。

2.1　光化学反应

光同时具有波和粒子的特性。光速等于波长与频率之积，而光速是常数（在真空中为 $3\times10^{8}\ \mathrm{m\cdot s^{-1}}$）。波长与频率是相互依存的量，彼此成反比，波长越短，频率越高，反之亦然。表现为粒子特性的光量子是光合作用中光化学反应的激发者。根据爱因斯坦的光化学定律，每个光量子只能激发一个光化学反应。光量子的能量与光的波长成反比，而与其频率成正比。那些波长太长(例如大于 1 000 nm)的光量子所具有的能量太低，不足以引起光合作用的光化学反应。放氧的光合生物使用可见光(波长 400～700 nm)，即通常说的光合有效辐射(PAR)进行光合作用，而许多不放氧的光合生物则可以利用含能量较少、波长大于 700 nm 的近红外光。

所谓光化学反应，就是反应中心复合体中的叶绿素 *a* 分子受其自身接受的或天线色素传递来的光子激发，发生电荷分离，将一个电子交给电子受体，从而将光能转变成电能。在构成光合作用过程的几十个化学反应步骤中，这是第一步反应，也是唯一的光能直接参与的反应，即光反应或原初反应(primary reaction)，是光系统 I 的 P700 与 A_0 和光系统 II 的 P680 与 Chl_{D1} 之间的氧化还原反应(Mamedov et al., 2015)。确切地说，光合作用过程中的任何其他生物化学反应都不是真正的光反应。

光化学反应速度非常快，可以在几皮秒之内发生。光系统 I 是光化学反应最快的反应中心，电荷分离步骤所用时间为 0.5～0.8 ps，而光合细菌反应中心的电荷分离则慢得多，约需 3 ps。荧光在纳秒内发生，光化学反应的速度是荧光的 1 000 倍。所以，在光合作用高效进行时，几乎观察不到荧光。

具体地说，光系统 I 反应中心的叶绿素 *a* 分子(P700，一对叶绿素分子)电荷分离后依次将电子传递给电子受体 A_0(也是一对叶绿素 *a* 分子)、A_1(叶绿醌)、3 个铁硫簇(F_X、F_A 和 F_B)，而光系统 I 的电子供体是类囊体腔内运动于 2 个光系统之间的质体蓝素(PC)。也就是 P700 将电子传递给 A_0 后，氧化的 $P700^+$ 从 PC 得到电子复原。光系统 II 反应中心的叶绿素 *a* 分子(P680)的电子受体是去镁叶绿素(Phe)，而光系统 II 的电子供体是 D1 蛋白上的一个酪氨酸残基 TyrZ。P680 受光激发发生电荷分离后，将电子传递给 Phe，氧化的 $P680^+$ 从 TyrZ 得到电子复原。

在连续照光的条件下，光合反应中心复合体中叶绿素 *a* 分子的电荷分离及其后面的电子传递是一个连续不断的过程。要使这种电荷分离反应不断发生，首先要使失去电子的叶绿素 *a* 分子(光系统 II 的 $P680^+$ 和光系统 I 的 $P700^+$)恢复原状，这就需要接受水氧化放出的电子使 $P680^+$ 还原为 P680，同时 $P700^+$ 接受质体蓝素供给的电子还原为 P700。这样，就为反应中心叶绿素 *a* 分子的下一轮电荷分离反应创造了条件。同时，水氧化过程中还释放出后来用于 ATP 合成的质子和无数生物赖以生存的 O_2。

当色素分子吸收光量子后，从最低能量状态(基态)转变到激发态，使电子从低能量轨道转入具有高能量的轨道。有 2 种激发态：单线态的寿命较短，含有反向旋转的电子；而三线态寿命较长，具有平行旋转的电子，能量水平较单线态低。在溶液中进行的有机光化学过程大部分起始于三线激发态，因为三线激发态寿命长于单线激发态，有比较多的时间与其他分子发生反应，并且逆向的电荷重结合反应比较慢。然而，光合作用中的原初光化学反应却始于单线激发态，三线激发态不参与原初光化学反应，而在光破坏防御中发挥重要作用(Blankenship, 2002)。

2.2　基本前提——天线色素的光能吸收与向反应中心传递

虽然原初反应可以凭借反应中心叶绿素 *a* 分子自身吸收的光量子发生，可是由于这种叶绿素 *a* 分子数量稀少，只占光合色素分子总数的几百分之一，即使在强光下，仅凭自身吸收的光子发生光化学反应，速率很低，每秒钟才几次。只有靠几百个天线色素分子吸收、传递来的光子，反应中心叶绿素 *a* 分子的原初反应才能高速率（每秒数百次）进行。所以，众多天线色素分子向反应中心传递光能，是光合作用高速率进行的基本前提。显然，天线色素分子吸收光能并向反应中心传递的光物理过程不是原初反应的组成部分（许大全和陈根云，2016）。

色素分子吸收光能后处于激发态，其中被激发的电子可以通过不同的途径返回比较稳定的基态：① 能量以热的形式释放。② 能量以光的形式发射出去，从单线态返回基态时发射的是荧光，而从三线态返回基态时发射的是磷光。由于色素分子吸收的光能部分地消耗于分子内振动上，所以发射的荧光波长总是长于被它吸收的光的波长。③ 色素分子将能量传递给附近的其他分子。

色素分子间的光能传递是激发能从激发态的色素分子传递给附近基态的同种或异种色素分子的过程。一般通过“共振传递”或“激子传递”的方式进行。“共振传递”机制是 Thomas Förster 于 1940 年代提出的。这种能量传递是一个非辐射的共振传递过程，不涉及供体和受体之间光子的发射或吸收。这是多种可能的衰变中占优势的过程，它使能量供体的激发态寿命急剧缩短。共振传递与色素分子之间的交角和距离有很大关系，可以从一个叶绿素 *a* 传递给另一个叶绿素 *a*，效率接近 100%，也可以在不同种色素分子之间进行，例如从辅助色素类胡萝卜素或藻胆素到叶绿素 *a*。激子传递常在同种色素分子之间发生，仅适用于分子间距离小于 2 nm 的情况。“共振传递”适用于长距离和弱相互作用，而“激子传递”适用于短距离和强相互作用。

在光合机构中，外周天线复合体和核心天线复合体内色素分子吸收的光能最后都传递给反应中心复合体中的叶绿素 *a* 分子，用于光化学反应。邻近叶绿素分子之间能量传递速度相当快，为 100～300 fs，而激发能从天线复合体传递到反应中心复合体则稍慢些，为数飞秒至数皮秒。图 2-2 表明光合机构中光能传递和电荷分离及电子传递所需时间。顺便指出，光合作用原初反应之前的光物理过程和之后的不同反应所用时间不同：色素的光吸收——飞秒（10^{-15} s）；天线内激发能传递——皮秒（10^{-12} s）；光系统内、光系统间电子传递（包括电荷分离）——纳秒（10^{-9} s）；质子传递、ATP 合成——微秒（10^{-6} s）；碳固定——毫秒（10^{-3} s）；稳定产物输出——秒（Nelson and Junge，2015）。

天线复合体内的叶绿素 *b* 和藻胆素将吸收的光能传递给叶绿素 *a* 时效率接近 100%，而类胡萝卜素将吸收的光能传递给叶绿素 *a* 时效率约为 90%。

在介绍光能的吸收与传递时，不能不提到光合单位（photosynthetic unit，PSU）的概念。光合单位由反应中心和天线色素组成。天线复合体结合的色素吸收的光能只有传递给反应中心的色素分子才能用于光合作用。天线的作用就是为反应中心吸收、传递光能，增加反应

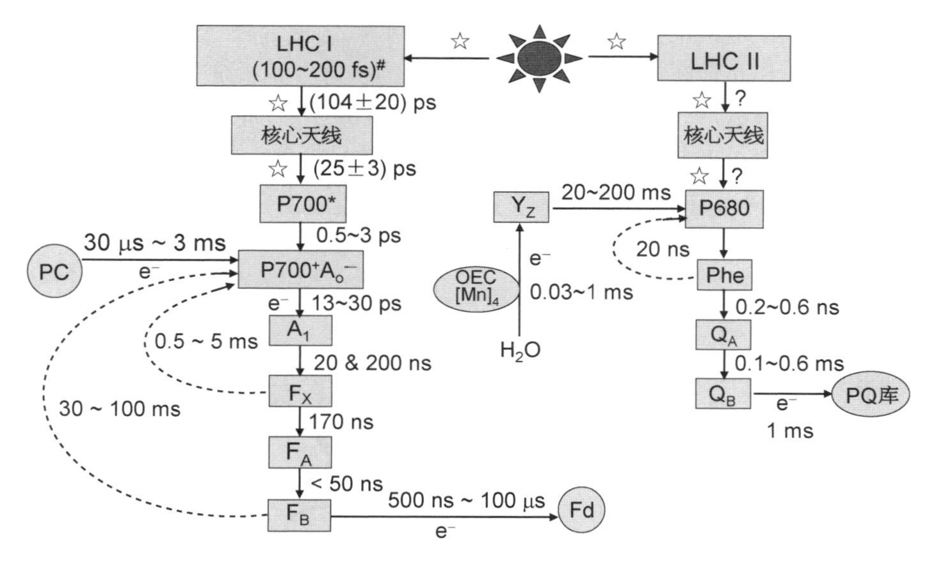

图 2－2　光能传递和电荷分离及电子传递所需时间

参考 Savikhin (2006)、Semenov 等 (2006)和 Shinkarev (2006) 绘制。☆为光子；# 表示光系统 I 内相邻色素分子之间能量传递所需时间；OEC 为放氧复合体；PC 为质体蓝素。

中心的光吸收截面。单独的反应中心的色素分子光化学反应速率很低，特别是在光强很低的情况下，可能每分钟才几次，而在有足够大天线的帮助下，则可以达到每秒钟数百次。这样，整个光合作用过程才能高速运转起来。当然，也不是天线越大越好，因为天线越大，光能传递到反应中心所需要的时间越长，能量损失也越多。高等植物每个反应中心的天线复合体中的色素分子为 100～300 个。

2.3　必要保障——水氧化放氧

水氧化放氧虽然也不是原初反应的组成部分，但它却是原初反应持续不断进行下去的必要保障。在原初反应中，光系统 II 反应中心的叶绿素 *a* 分子电荷分离失去电子后成为带正电的 $P680^+$，$P680^+$ 只有接受水氧化时释放的电子得以复原，才可以在光子的激发下进行下一轮光化学反应，使光合作用持续不断地进行下去。

光合作用中的水氧化由放氧中心或放氧复合体(oxygen-evolving complex, OEC)催化完成。高等植物的放氧中心结合在光系统 II 反应中心复合体的类囊体腔一侧。其核心是 1 个锰簇，另外还有 3 个膜外在蛋白，分子质量分别为 33 kDa、23 kDa 和 17 kDa。其中 33 kDa 蛋白与放氧关系最为密切。其余 2 个蛋白可能结合放氧的辅助因子 Ca^{2+} 与 Cl^-。

2.3.1　S 态转换

Joliot 等(1969)用氧电极和短(几微秒)闪光实验发现了光合放氧量的四闪一周期现象(Joliot, 2003)。Kok 等(1970)提出的 S 态模型成功地解释了这一现象。可以把这里的“S

态”理解为氧化物或正电荷的累积状态。他们认为水氧化复合物有 5 种不同的存在状态：S_0、S_1、S_2、S_3和 S_4。S_0是最还原的状态，S_4是最氧化的状态。光系统 II 反应中心每吸收 1 个光子，发生 1 次电荷分离，推动水氧化复合物的 S 态前进 1 步，同时从附近的水分子夺取 1 个电子，并通过光系统 II 反应中心复合体中核心蛋白 D1 蛋白上的一个酪氨酸残基 Tyr_Z传递给 $P680^+$。吸收 4 个光子依次从 S_0态变化到 S_4态时放出 1 分子 O_2，回到 S_0态，然后又开始下一个周期(图 2-3)。

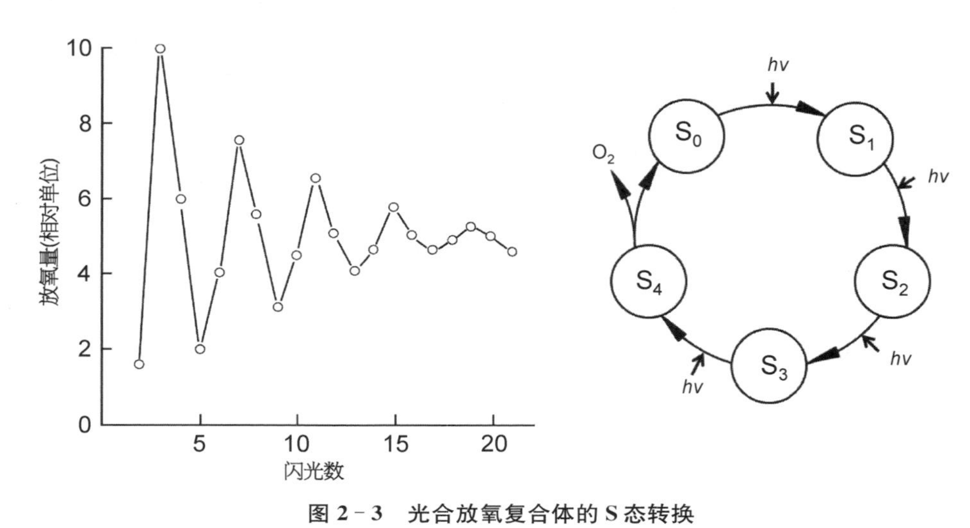

图 2-3 光合放氧复合体的 S 态转换

根据 Blankenship(2014)绘制。

暗适应以后，大约 3/4 的放氧复合体处于 S_1态，而 1/4 处于 S_0态。这种 S 态分布正好可以解释为什么暗适应的叶绿体给予系列闪光时在第三闪后观测到最大放氧量。光合放氧过程中 S 态的变化与锰簇中锰的氧化还原状态变化密切相关。由于放氧过程耦联反应中心叶绿素 *a* 分子先后 4 次电荷分离步骤，锰簇也被称为“四电子门”。$P680^+$的氧化电位很高(+1.3～1.4 V)，很容易从水分子夺取电子，使水分子氧化，从而实现由水到 $P680^+$的电子传递($P700^+$、$P840^+$和 $P870^+$是比 $P680^+$弱得多的氧化剂，氧化电位约为+0.4 V)。

2.3.2 锰的作用

锰在光合放氧过程中作用的重要研究进展，主要得益于从光合机构中提取锰和放氧复合体实验技术以及电子顺磁共振(electron paramagnetic resonance，EPR)光谱学技术的发展。

EPR 方法起初被用于检测溶液中的二价锰离子。由于外面不成对的电子和锰原子核之间的弱相互作用，使 Mn^{2+}的 EPR 光谱中出现 6 个锯齿线，而处于其他价态的锰没有这样的 EPR 信号。当锰与磷脂、蛋白或核酸等有机分子构成复合物时，这种 6 线谱变宽、强度减弱以致测不到，即“EPR-沉默”。这个特征可以用于半定量地测定光合机构中的锰含量和锰的氧化还原状态。EPR 方法具有简单、精确和没有破坏性的优点。后来，EPR 光谱学也被用于 S_0态和 S_1态的研究。

2.3.3　膜外在蛋白

高等植物和绿藻每个 P680 含有一组分别为 17 kDa、23 kDa 和 33 kDa 的蛋白。33 kDa 多肽能够使锰稳定在光系统 II 反应中心的催化环境中,保护锰的氧化状态,避免与附近的还原物质作用,因此被称为锰稳定蛋白。33 kDa 蛋白通过疏水的和静电的相互作用与 D1/D2 蛋白结合,然后主要通过静电相互作用,23 kDa 蛋白结合到 33 kDa 蛋白上,17 kDa 蛋白结合到 23 kDa 蛋白上。好像这 2 个蛋白只起促进 Ca^{2+} 和 Cl^- 结合或(和)在催化部位浓缩的辅助作用。

简单的没有氨基酸协调的无机锰-钙核心的放氧活性比光系统 II 的放氧复合体低得多,说明锰-钙簇周围合适的蛋白环境是高放氧活性所必需的。它周围的那些特定的氨基酸残基可能促进水氧化放氧过程中的质子传递、电荷调节和帮助协调底物水分子处于合适的位置等(Najafpour et al., 2012)。

2.3.4　无机辅助离子

氯离子的化学计量是变化的,每个光系统 II 反应中心需要 4~40 个,甚至更多。核磁共振(nuclear magnetic resonance, NMR)光谱学研究表明,氯离子的结合与 S 态转换期间正电荷的增加相联系,并且与质子释放相一致。在放氧过程中氯离子的作用可能有:① 与外在蛋白联合提供一个防止锰簇受外界还原物质攻击的环境;② 调节 S 态周转或稳定积累的氧化当量;③ 与锰直接结合的桥配体;④ 以某种方式介导质子运输。

Ca^{2+} 也是放氧需要的辅助因子,其作用可能是稳定锰簇的结构。推测 Ca^{2+} 在次级电子供体 Yz 与锰簇之间同质子传递耦联的电子传递上发挥作用,或者作为与底物水分子的初始结合部位(Lohmiller et al., 2012)。

此外,无机离子 Ca^{2+} 在 Mn_4CaO_5 的光装配(photoassembly)上起重要作用。同时,这个 Ca^{2+} 结合 2 个底物水分子,而 Mn_4^{8+} 则结合另外 2 个底物水分子。碳酸氢根是提高装配速率和效率的重要辅助因子。尽管它不是放氧活性所必需的,但是它明显影响放氧动力学。与 Ca^{2+} 不同,氯离子是放氧活性所必需的,但它却不是 Mn_4CaO_5 光装配所必需的(Vinyard et al., 2013)。

2.3.5　次级电子供体 Yz

在光合作用水氧化过程中释放的电子,通过光系统 II 的次级电子供体 Yz(或 Z,D1 蛋白的 161 位酪氨酸残基)传递给氧化态的初级电子供体 $P680^+$,使其还原,从而进行下一轮光化学反应。Y_Z 的位置很靠近光系统 II 的原初电子供体 P680,允许它们之间迅速的电子传递。

在所有的光养生物中都有 Y_D(D2 蛋白的 160 位酪氨酸残基),表明它是必不可少的。它可以还原水氧化中心的 S 态转换中间物 S_2 和 S_3,但是不能还原 S_0 或 S_1。这些特性可以帮助解释为何在暗适应几分钟后水氧化中心由大约 25%S_0 和 75%S_1 组成,而在暗适应几小时

后 S_1 接近 100%(Vinyard et al., 2013)。当 $P680^+$ 的形成快于 S 态转换时，Y_D 可以直接还原 $P680^+$。

2.3.6 分子机制

关于放氧中心(oxygen-evolving center, OEC)催化的光合放氧的确切分子机制，科学家们已经提出了几十个用于解释的模型。这些模型中的绝大多数都围绕一个由几个带不同数量正电荷的锰原子组成的锰簇，涉及水氧化中心从 S_0 至 S_4 五种不同状态。有几个模型涉及氯离子(Ke, 2001)。

在近年出现的描述光合水裂解的量子力学/分子力学(quantum mechanics/molecular mechanics, QM/MM)模型中，放氧复合体(oxygen-evolving complex, OEC)的核心是结合 Ca^{2+} 和 Cl^- 的锰簇，处于 S_1 态的 OEC 含有 2 个末端结合的底物水分子，一个结合在 Ca^{2+} 上，另一个结合在锰簇的 Mn4 原子上。在 OEC 的 S 态循环中，锰簇的 Mn2、Mn3 和 Mn4 都积累氧化当量，而 Mn1 原子在氧化还原方面是不活跃的。第 4 个氧化当量的积累伴随着这 2 个底物水分子中 2 个氧原子之间 O—O 键的形成，这是分子氧形成所必需的。当 OEC 从 S_4 转变为 S_0 时，O_2 被释放。光系统 II 核心天线 CP43 蛋白的第 357 位精氨酸(CP43 - R357)残基参与水裂解产生的 1 个质子向类囊体腔传递，而 D1 蛋白的第 161 位酪氨酸残基(D1 - Y161, Yz)则参与裂解水的电子向氧化的 $P680^+$ 传递(Sproviero et al., 2008)。这个计算模型与许多实验结果相一致。

分辨率为 1.9 Å 的嗜热蓝细菌光系统 II 晶体结构解析(Umena et al., 2011)展示了放氧复合体中锰-钙簇的原子水平结构(图 2 - 4)。Mn_4CaO_5 的大小约为 0.5 nm×0.25 nm×0.25 nm，其周转数高达每秒释放 100～400 个 O_2 分子。由于 Mn—O 之间和 Ca—O 之间的键长不同，其 10 个组成原子的立体结构图形好像一把不规则、不对称的椅子。这些研究成果不仅为揭示光合水裂解分子机制包括 O—O 键的形成提供了详细而宝贵的资料，而且对人工光合作用系统中水氧化高效催化剂的设计也具有重要的启迪意义。Shen(2015)在详细介绍光系统 II 双体特别是水裂解的催化中心(Mn_4CaO_5)原子结构基础上，分析了水裂解反应中分子氧 O—O 键形成的可能机制。到底是氧—氧自由基耦联机制(oxo-oxyl radical coupling mechanism)还是亲核攻击机制(nucleophilic attack mechanism)，只有当水裂解的 S 态循环中所有中间物的结构都阐明以后，O—O 键形成的确切机制才能确定。

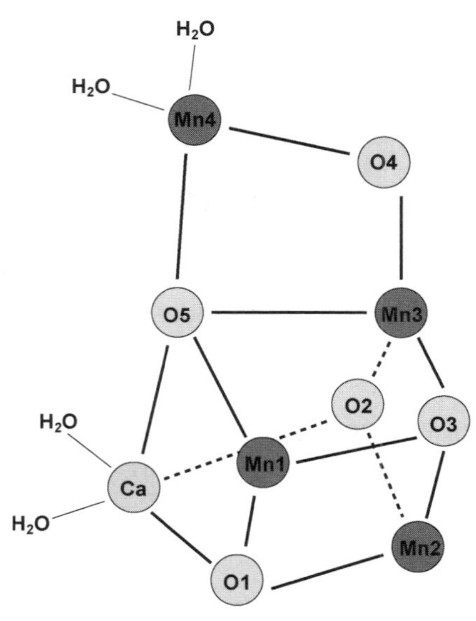

图 2 - 4 锰-钙簇(Mn_4CaO_5)的立体结构(示意图)

参考 Kawakami 等(2011)绘制。

Barber(2017)提出了光合作用中水裂解和分子氧产生的机制图解。这个图解的独特之处是 S_1 态向

S_2态转换时只释放电子，没有质子释放，而其他几个态转换都伴随质子释放。并且，放氧中心的 Mn4 与 Mn3 之间不稳定的氧桥 O4 和 Mn4 参与 O—O 键的形成，O—O 键形成的精细机制还是这个领域研究者们面临的一个重大挑战。这个精细机制的揭示也许有待更高技术的帮助。这是因为，反应物水、OH 和 O 之间只有一两个质子的差异，目前对放氧中心精细结构的分辨率最高为 1.9 Å，而要分辨这些反应物至少需要将分辨率提高到 1 Å (Barber，2018)。

Shen(2015)及其同事使用 X 射线自由电子激光器系列晶体学(X-ray free-electron laser crystallography)技术分析光合水氧化期间光系统 II 放氧中心 S_1态、S_2态和 S_3态结构发现，在 S_2态没有底物水分子插入，但是在向 S_3态转变时 D1 蛋白谷氨酸(Glu189)侧链的翻转导致一个水通道开放，并且为另一个氧配位体的结合提供空间，结果形成一个开放的具有 oxyl/oxo 氧桥的锰簇(Mn_4CaO_5)，从而揭示了光合水氧化过程中底物水分子进入、质子释放和分子氧形成的协同机制(Suga et al.，2019)。

关于光系统 II 放氧复合体催化水氧化的详细物理-化学机制，多年来一直是光合作用研究领域中的前沿课题，也是生物化学乃至生命科学中一个悬而未决的重大科学问题。估计在不远的将来这个问题的研究会取得重大突破。

参考文献

许大全，陈根云，2016.关于光合作用一些基本概念的思考.植物生理学报，52(6)：975 - 978.

Barber J，2017. A mechanism for water splitting and oxygen production in photosynthesis. Nat Plants，3：17041 - 17046.

Barber J，2018. Bioenergietics，water splitting and artificial photosynthesis//Barber J，Ruban AV (eds). Photosynthesis and Bioenergetics. Singapore：World Scientific：117 - 147.

Blankenship RE，2002. Appendix：light，energy and kinetics//Blankenship RE. Molecular Mechanisms of Photosynthesis. Hong Kong：Blackwell Science：258 - 305.

Blankenship RE，2014. Reaction centers and electron transfer pathway in oxygenic organisms//Blankenship RE. Molecular Mechanisms of Photosynthesis. 2nd Ed. Chichester，UK：Wiley Blackwell：174 - 202.

Joliot P，2003. Period-four oscillation of the flash-induced oxygen formation in photosynthesis. Photosynth Res，76：65 - 72.

Kawakami K，Umena Y，Kamiya N，et al.，2011. Structure of the catalytic，inorganic core of oxygen-evolving photosystem II at 1.9 Å resolution. J Photochem Photobiol B，104：9 - 18.

Ke B，2001. Oxygen evolution —— the role of manganese//Ke B. Photosynthesis：Photobiochemistry and Photobiophysics. Dordrecht：Kluwer Academic Publishers：337 - 354.

Kok B，Forbush M，McGloin M，1970. Cooperation of charges in photosynthetic O_2 evolution 1. Photochem Photobiol，11：457 - 475.

Lohmiller T，Cox N，Su JH，et al.，2012. The basic properties of the electronic structure of the oxygen-evolving complex of photosystem II are not perturbed by Ca^{2+} removal. J Biol Chem，287：24721 - 24733.

Mamedov M，Govindjee，Nadtochenko V，et al.，2015. Primary electron transfer processes in photosynthetic reaction centers from oxygenic organisms. Photosynth Res，125：51 - 63.

Najafpour MM, Moghaddam AN, Yang YN, et al., 2012. Biological water-oxidizing complex: a nano-sized manganese-calcium oxide in a protein environment. Photosynth Res, 114: 1 - 13.

Nelson N, Junge W, 2015. Structure and energy transfer in photosystems of oxygenic photosynthesis. Annu Rev Biochem, 84: 659 - 683.

Semenov AY, Mamedov MD, Chamorovsky SK, 2006. Electrogenic reactions associated with electron transfer in photosystem I//Golbeck JH (ed). Photosystem I: The Light-Driven Plastocyanin : Ferredoxin Oxidoreductase. Dordrecht, The Netherlands: Springer: 319 - 338.

Shen JR, 2015. The structure of photosystem II and the mechanism of water oxidation in photosynthesis. Annu Rev Plant Biol, 66: 23 - 48.

Shinkarev V, 2006. Functional modeling of electron transfer in photosynthetic reaction centers//Golbeck JH (ed). Photosystem I: The Light-Driven Plastocyanin : Ferredoxin Oxidoreductase. Dordrecht, The Netherlands: Springer: 611 - 637.

Sproviero EM, Gascon JA, McEvoy JP, et al., 2008. Computational insights into the O_2- evolving complex of photosystem II. Photosynth Res, 97: 91 - 114.

Suga M, Akita F, Yamashita K, et al., 2019. An oxyl/oxo mechanism for oxygen-oxygen coupling in PSII revealed by an X-ray free-electron laser. Science, 366: 334 - 338.

Umena Y, Kawakami K, Shen JR, et al., 2011. Crystal structure of oxygen-evolving photosystem II at a resolution of 1.9 Å. Nature, 473: 55 - 60.

Vinyard DJ, Ananyev GM, Dismukes GC, 2013. Photosystem II: the reaction center of oxygenic photosynthesis. Annu Rev Biochem, 82: 577 - 606.

第3章

同化力形成

在光合作用的原初反应中，反应中心的叶绿素 *a* 分子受光子激发发生电荷分离并释放出电子之后，电子在类囊体膜上沿着一系列电子载体定向传递，最后使 $NADP^+$ 还原形成 NADPH，同时质子被运送到类囊体腔内，与水裂解时释放的质子一道积累，形成跨类囊体膜的质子梯度，用于在与电子传递相耦联的光合磷酸化过程中形成 ATP，从而将电能转变为化学能。ATP 和 NADPH 被统称为同化力，是光合作用过程的第三个阶段碳同化所必需的能量和还原力的来源。光合电子传递及其耦联的光合磷酸化构成了光合作用过程的第二个阶段，即同化力形成阶段。

在生物体内，ATP 和 NADPH 参与多种能量代谢，有能量“货币”之称。前者是化学能载体，后者则是电能载体。两者在分子结构上有不少相同之处，它们都含有腺嘌呤、核糖和焦磷酸基团，如图 3－1 下部所示虚线框内部分。$NADP^+$ 分子中右上角的杂环接受 2 个电子和 1 个氢离子被还原成上面虚线方框内的形式后，$NADP^+$ 就变成 NADPH 了。

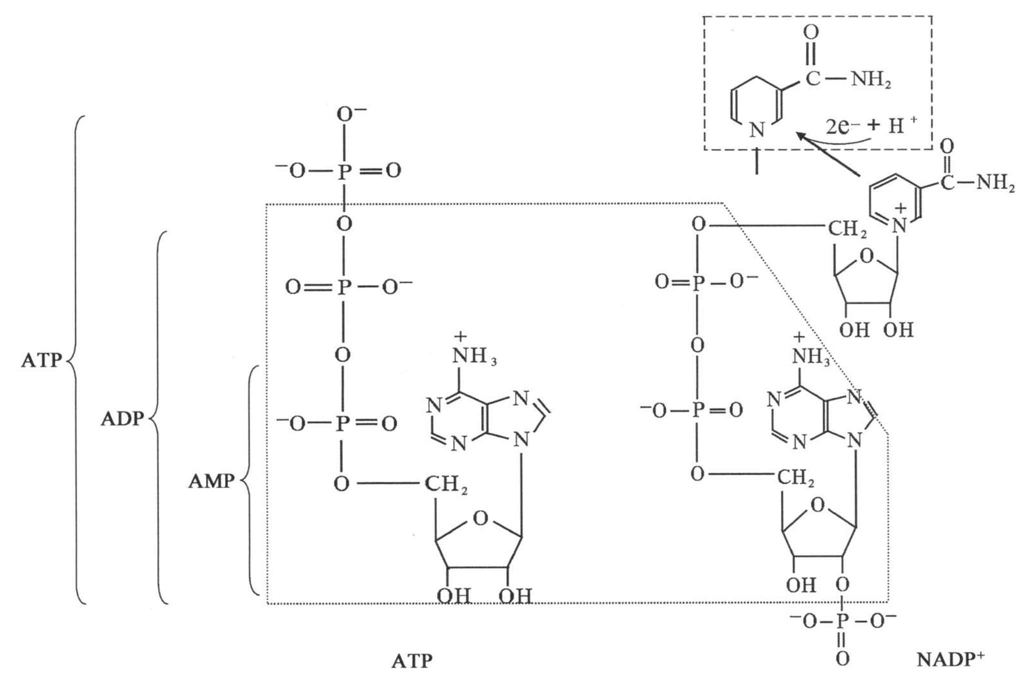

图 3－1　同化力(ATP 和 NADPH)的分子结构

同化力 NADPH 和 ATP 是放氧光合作用过程中将太阳能转化为化学能的 2 种形式。这种发生在毫秒时间范围的转化过程的效率大约为 20%，而使用这些同化力的碳同化过程的太阳能转化效率下降到 10%，田间作物的转化效率大约为 2%(Junge and Nelson, 2015)。

3.1 光合电子传递

光合作用中的电子传递有 2 种不同的方式：一种是仅仅有 1 个光系统参加的循环电子传递，没有 O_2 释放相伴随；另一种是有 2 个光系统(光系统 II 和光系统 I)参与，并且两者串联起来形成非循环电子传递，即线式电子传递。前者只伴随 ATP 形成，主要发生在紫色光合细菌中；后者则导致 ATP 与 NADPH 形成，并且伴随水分子裂解及氧释放，是放氧光合生物蓝细菌、藻类和高等植物的主要电子传递途径。

3.1.1 循环电子传递

循环电子传递可以发生在不放氧的光合细菌中，也可以发生在放氧的光合生物蓝细菌、藻类和高等植物体内。在光合细菌中，循环电子传递是基本的电子传递途径；而在放氧的光合生物体内，循环电子传递则是次要的电子传递途径，用于补充 ATP 供应和对付不利的生存环境。

(1) 不放氧的光合细菌

紫色光合细菌反应中心的色素分子受光激发发生电荷分离，将电子传递给醌，然后依次经过细胞色素(Cyt)bc_1复合体、细胞色素 c_2，最后又回到氧化态的反应中心色素分子，以便进行下一轮光化学反应。在这些细胞色素中，氧化还原反应都发生在卟啉环中心的铁离子上。细胞色素 c_2结合在反应中心复合体表面的特殊部位。反应中心参与的反应总过程如下：

$$2\text{Cyt } c_{2\text{red}} + \text{UQ} + 2\text{H}^+ + 2h\upsilon \rightarrow 2\text{Cyt } c_{2\text{ox}} + \text{UQH}_2$$

这里，Cyt c_{2red}和 Cyt c_{2ox}分别是其还原型和氧化型，UQ 和 UQH_2分别为氧化型和还原型的泛醌。根据上式，可以把反应中心看作光推动的质子泵、Cyt c_2：泛醌氧化还原酶。

Cyt bc_1复合体是一个与膜整合的膜蛋白，位于紫色光合细菌的细胞质内膜上，至少由 Cyt b(40～45 kDa)、Cyt c_1和“Rieske”铁-硫蛋白(20 kDa)3 个蛋白亚单位组成。该复合体在结构上是一个双体。细菌的这个复合体与线粒体的 Cyt bc_1很相似。

(2) 放氧的光合生物

在正常条件下，放氧光合生物的循环电子传递只有非循环电子传递的 3%左右。但是，在环境胁迫条件下，循环电子传递明显增强。被子植物有 2 条围绕光系统 I 的循环电子传递途径：一条主要途径，依赖质子梯度调节蛋白 5(PGR5)和质子梯度调节类蛋白 1(PGRL1)；一条次要途径，依赖叶绿体 NADH 脱氢酶类复合体(NDH)。围绕光系统 I 的循环电子传递功能过去一直被忽视。近年的研究表明，这种循环电子传递是维持植物光合作用和生长所必需的。它不仅可以满足光合碳同化所需要的 ATP/NADPH 合适比例，包括 C_4光合作用对 ATP 的额外需求，而且可以防御胁迫条件下过量光能对 2 个光系统的氧化破坏(Finazzi and

Johnson，2016；Yamori and Shikanai，2016）。

在由NDH介导的途径中，电子从Fd经过NDH、质体醌（PQ）、细胞色素b_6f复合体（Cyt b_6f）和质体蓝素（PC）回到光系统I反应中心。NDH不仅能够介导呼吸电子传递，而且还可以介导围绕光系统I的循环电子传递。

在依赖PGR5和PGRL1的途径中，由铁氧还蛋白：质体醌还原酶（FQR）介导，电子从Fd经过FQR、PQ和Cyt b_6f和PC回到光系统I反应中心。

此外，还有假循环电子传递，在光合作用中水裂解放出的氧分子可以直接从光系统I还原侧的Fd接受电子，被还原成超氧阴离子，即梅勒反应，也称为假循环电子传递。

在循环电子传递过程中，只伴随ATP形成而没有NADPH形成，也没有O_2释放相伴随。循环电子传递的生理作用是多方面的，满足对ATP的额外需求、维持ATP与NADPH的合适比例和防御光破坏等。详见第12章电子传递调节。

3.1.2 非循环电子传递

在非循环电子传递过程中，水分子是原初电子供体，而$NADP^+$是最终电子受体。来自水裂解的电子先后经过光系统II和光系统I，连接2个光系统的是细胞色素b_6f复合体和质体蓝素。

（1）总过程

在光系统II反应中心的叶绿素a分子受光子激发形成激发态$P680^*$，接着发生电荷分离释放出电子（形成$P680^+$），依次传递给D1蛋白上结合的去镁叶绿素（原初电子受体，Phe）、D2蛋白上紧密结合的质体醌Q_A和D1蛋白上松散结合的（即可以移动的）质体醌Q_B（光系统II的末端电子受体）。电子传递给Q_A这个步骤可以帮助稳定电荷分离，防止电子返回$P680^+$。当Q_B先后接受2个电子后，从叶绿体间质中结合2个质子，形成还原型质体醌PQH_2，脱离反应中心复合体（空出来的结合部位被游离的质体醌占据），进入类囊体膜。类囊体膜内的PQH_2通过"Q循环"将电子传递给细胞色素Cyt b_6f复合体，后者再将电子传递给类囊体腔内的质体蓝素（PC）。流动的PC将电子传递给光系统I反应中心在光化学反应中失去电子的叶绿素a分子$P700^+$，使$P700^+$得以复原成P700，以便在光子激发下开始下一轮电荷分离反应。可见，Cyt b_6f复合体和PC是2个光系统的联结者。

（2）Q循环

Cyt b_6f复合体作为质体醌醇（PQH_2）：质体蓝素氧化还原酶，其作用是将电子从质体醌醇传递给类囊体腔中的质体蓝素，并且每传递1个电子给质体蓝素，伴随2个质子从叶绿体间质进入类囊体腔。

Cyt b_6f上有1个醌醇结合部位（Qp）和1个醌结合部位（Qn），分别靠近类囊体膜的腔侧和间质侧。醌醇的氧化在Qp分2步进行，首先醌醇被Rieske铁-硫中心氧化为半醌，释放的电子依次传递给细胞色素f和质体蓝素；然后质体半醌被2个血红素中的1个即低电位的b_l氧化，伴随这个氧化质子从醌醇释放进入类囊体腔。b_l的电子传递给第二个b-型血红素即高电位的b_h，然后这个电子被传递给膜间质侧Qn部位结合的醌分子，产生1个半醌。这个过程再重复1次，以便氧化第二个醌醇，1个电子被传递给质体蓝素，第二个电子传递给Qn部位结合的半醌，产生完全还原的醌(图3-2)。接着，这个完全还原的醌从间质中吸取2个质子成为醌醇(PQH_2)，脱离Qn部位。氧化的醌和还原的醌都属于质体醌库，每个光系统II反应中心的质体醌库有10～15个醌分子(Niyogi et al., 2015)。

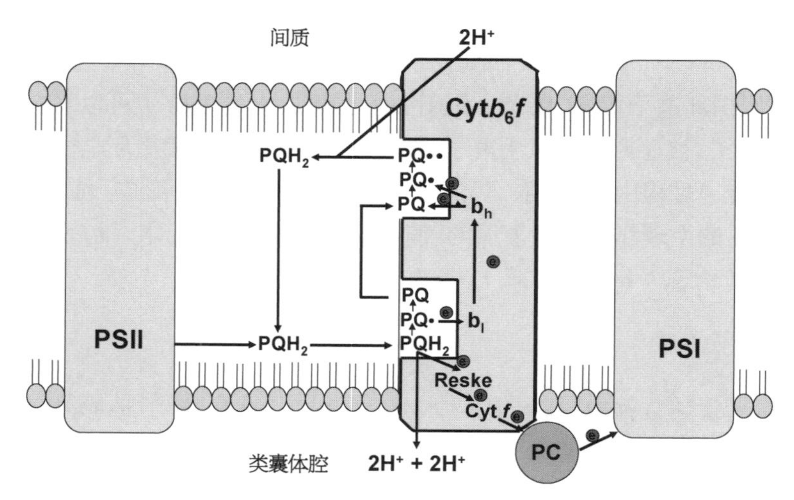

图3-2 光合电子传递过程中的Q循环

换句话说，这个循环由2个半循环构成：在前半个循环中，一个醌醇先后被Rieske铁-硫中心和低电位的b_l氧化，释放的$2H^+$进入类囊体腔，而释放的2个电子一个依次经过Rieske铁-硫中心、细胞色素f传递给氧化的质体蓝素，另一个电子先后经过低电位的b_l和高电位的b_h传递给Qn部位结合的质体醌，使其还原为半醌；在后半个循环中，第二个醌醇被氧化，基本上重复前半个循环的反应，不同的是Qn部位结合的半醌得到电子后成为完全还原的醌，后者从间质中捕捉$2H^+$变成醌醇，并从Qn部位脱离。整个循环的净结果是醌醇被氧化成醌，2个电子被传递给质体蓝素，并且4个质子从间质运输到类囊体腔内。

$$PQH_2 + 2PC_{ox} + 2H^+ \text{间质} \Rightarrow PQ + 2PC_{red} + 4H^+ \text{类囊体腔}$$

正是在细胞色素b_6f复合体的巧妙参与下，通过质体醌醇与质体醌的不断氧化还原循环，即Q循环，水氧化释放的电子依次经过光系统II、Cyt b_6f、PC和光系统I传递给$NADP^+$，形成NADPH；同时，与此电子传递相耦联，类囊体腔内累积的H^+被ATP合酶催化的光合磷酸化反应用于ATP合成。

显然，Cyt b_6f复合体还是电子传递与跨膜质子传递的耦联者。并且，它也是光合电子传递中最重要的限速因子。PQH_2形成大约需要100 μs，而PQH_2氧化在10～20 ms内发生。在整个复合体内，细胞色素b_6特别是b_h的氧化是最慢的限速步骤。

被光子激发的光系统I反应中心叶绿素a分子P700(第一对叶绿素a分子，原初电子供体)发生电荷分离后，通过A和B两个分支中的一个，依次将电子交给A_0(原初电子受体，另一对叶绿素a分子)、A_1(叶绿醌，即维生素K_1)、3个铁硫簇或铁硫中心(F_X、F_A、F_B)(Amunts and Nelson，2009)、铁氧还蛋白 Fd 或黄素氧还蛋白(不含 Fe，而含 FMN)和 $NADP^+$。Fd 是位于类囊体膜外侧即叶绿体间质一侧的小分子(12 kDa)蛋白。Fd：$NADP^+$ 氧化还原酶将 Fd 的单电子反应与 NADP 的双电子反应匹配起来。由于这些电子传递都很快，光系统 I 基本上不发射荧光。

上述的非循环电子传递过程可以用著名的 Z 图式来描述(图 3-3)。Hill 和 Bendall (1960)提出的 Z 图式显示了非循环电子传递途径的雏形，而 Emerson 及其同事于 1943 年、1957 年先后发现的"红降现象"和双光"增益效应"(Emerson，1958)则为光合作用涉及 2 个光系统与 2 个光反应思想的形成及 Z 图式的提出提供了坚实的实验基础。他们用实验证明，远红光下小球藻的低光合效率(红降)能够被同时使用的另一束较短波长的光提高(双光增益效应)，光合速率比两束光分别使用时的总和高 30%～40%。

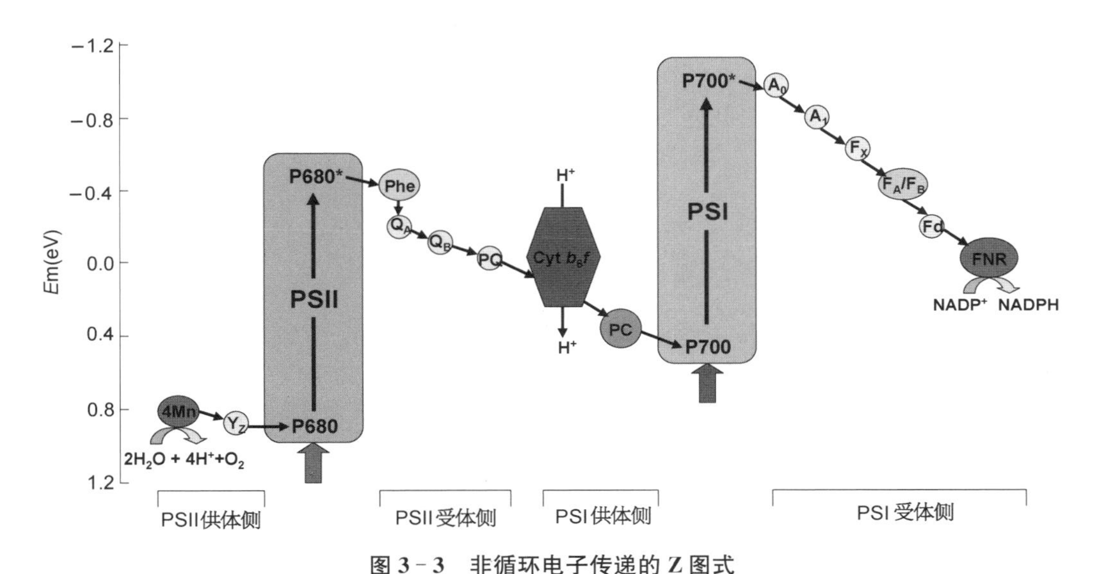

图 3-3 非循环电子传递的 Z 图式

根据 Hohmann-Marriott 和 Blankenship(2011)绘制。

(3) 电子来源

光系统 II 反应中心失去电子的叶绿素 *a* 分子 $P680^+$ 是强氧化物，它可以从水分子夺取电子，使自身还原，以便开始下一轮光子激发的电荷分离反应。同时，水分子裂解，向类囊体腔内放出 O_2 和质子。

正如第 2 章所介绍，水分子的裂解是由放氧复合体的锰簇催化进行的。在此过程中，水分子的电子经过 D1 蛋白上的 1 个酪氨酸残基(Tyr_Z，次级电子供体)传递给在光化学反应中失去电子的 $P680^+$，使其复原为 P680，以便继续进行下一轮光化学反应。而 Tyr_Z 则从放氧复合体的锰簇提取电子得以复原，放氧复合体的电子来自水分子的裂解。归根结底，非循环电子传递的电子来自水。

(4) 电子递体

质体醌(PQ)：叶绿体片层膜上有几种不同的醌，接受 1 个 H^+ 和 e^- 后成为半醌，半醌再接受 1 个 H^+ 和 e^- 后成为羟醌(即醌醇)。由于其苯环上的取代基不同,醌有多种不同的变化。例如发现于叶绿体的质体醌(图 3-4),有一个非极性的类萜或类异戊二烯尾巴,可以通过与膜的疏水组分相互作用使醌分子稳定在膜内的适当位置。在接受或失去电子时,质体醌在紫外区(250～260 nm,290 nm 和 320 nm)发生特征性的吸收变化。这个特性可以用于研究它们参与的电子传递反应。参与光合电子传递的质体醌可以分为 2 组:一组是与光系统 II 反应中心复合体结合的 Q_A 与 Q_B,接受来自 P680 的一个电子;另一组是已经接受 2 个电子(和 2 个 H^+)的羟醌,脱离反应中心复合体而可以在类囊体膜内扩散移动,构成大约含 10 个分子的质体醌库。Q_B被称为"双电子门"。

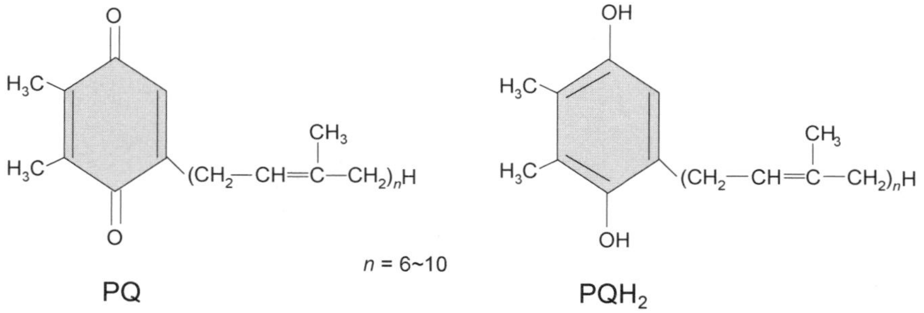

图 3-4 质体醌的分子结构

质体蓝素(PC):是一种位于类囊体腔内的小分子含铜蛋白,可以移动的电子载体,分子质量 11 kDa。

细胞色素(Cyt):是叶绿体和线粒体电子传递链的重要组成部分,由血红素和蛋白质结合而成。血红素与叶绿素的主要区别是,四吡咯环或卟啉环中间结合的不是镁原子,而是铁原子。在细胞色素接受或失去电子时,其中的铁原子在 Fe^{2+} 和 Fe^{3+} 之间转换。在植物体内发现的 b-型细胞色素有 2 种:一种是光系统 II 反应中心复合体中的 Cyt b_{559};另一种是 Cyt b_6f 中的 Cyt b_6。

(5) 电子归宿

在弱光和正常条件下,经过非循环电子传递的电子主要被用于形成还原力铁氧还蛋白和 NADPH,然后被用于光合碳同化和氮同化等。还原型铁氧还蛋白是 $NADP^+$ 还原酶、硝酸还原酶、亚硝酸还原酶、谷氨酸合酶、亚硫酸还原酶和硫氧还蛋白还原酶这 6 种酶的电子供体。但是,在过量光下,特别是在环境胁迫条件下,会有相当大一部分电子被传递给氧,用于梅勒反应、水-水循环和光呼吸等代谢过程(图 3-5)。所以,人们可以观察到光系统 II 电子传递速率和光合放氧速率之间的线性关系,也可以观察到两者之间的非线性关系,特别是在光过量条件下。

(6) 抑制剂和解耦联剂及人工电子受体

在光合作用研究中,为了阐明光合电子传递链不同组分的功能和不同代谢途径的变化与调节,往往使用多种不同的电子传递抑制剂和解耦联剂及人工电子受体。

抑制剂:DCMU 又名 diuron(二氯苯二甲基脲,dichlorophenyl dimethylurea),是广泛

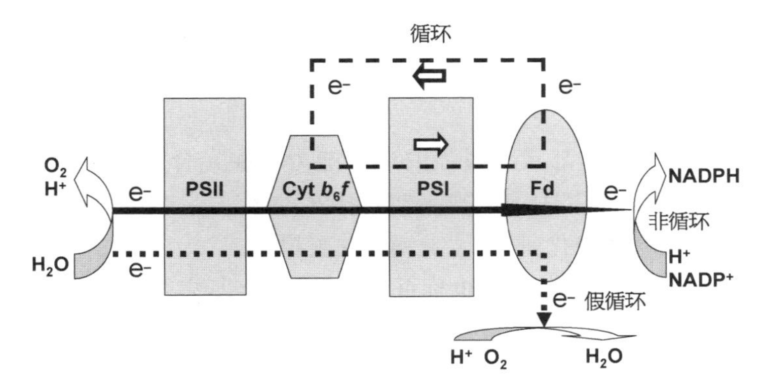

图3-5 三种电子传递途径

根据Nobel(2009)重画。

使用的非循环电子传递抑制剂。它通过取代光系统II受体侧结合的质体醌(Q_B)而阻断光系统II向光系统I的电子传递,DCMU处理导致所有的光系统II反应中心关闭和Q_B下游质体醌库的完全氧化,叶绿素a荧光强度迅速升高到最大值F_M。它不影响黑暗中类囊体膜的膜电位,但是完全抑制光诱导的跨类囊体膜的质子梯度的形成。经常使用的DCMU浓度为1~20 μmol·L^{-1}。

DBMIB(2,5-dibromo-3-methyl-6-isopropyl-p-benzoquinone)是另一种非循环电子传递抑制剂,它干扰细胞色素b_6f复合体的铁-硫中心,阻断电子向该复合体的传递,抑制PQH_2重新氧化,使质体醌库完全还原。需要注意的是,DBMIB的作用部位随其浓度不同而变化:在低浓度下抑制PQ还原侧的电子传递,而在高浓度下抑制PQ氧化侧的电子传递,部位在Q_B。并且,它也抑制线粒体的电子传递。所以,在解释实验结果时应当考虑到这些复杂因素。DBMIB能够降低初始荧光(F_O)强度,提高可变荧光(F_V)强度。还原型DBMIB对荧光的猝灭作用不如氧化型的大,但是两型DBMIB都影响对NPQ的估计。

抗霉素A(antimycin A)是交替或旁路电子传递和围绕光系统I的循环电子传递的抑制剂。

解耦联剂: 解耦联剂的作用是在光合磷酸化期间将电子传递与ATP合成反应分开,即在能量被用于ADP磷酸化之前耗散电子传递过程中伴随产生的跨类囊体膜的质子梯度(ΔpH),电子传递可以继续,但是速率不再受质子梯度的调节,因为已经不能形成质子梯度。常用的解耦联剂包括氯化铵(NH_4Cl)、羰基氰对三氟甲氧基苯腙(FCCP)和尼日利亚菌素,可以用于考察ΔpH触发的一些过程,例如NPQ,特别是qE。

NH_4Cl是一个强有力的解耦联剂。在照射饱和光以前加入NH_4Cl,可以阻止所有的F'_M猝灭。相反,在给予一系列饱和脉冲光形成这种猝灭之后加入NH_4Cl,则这种猝灭会继续。

FCCP也是一个强有力的解耦联剂,它作为一种离子载体,可以完全耗散ΔpH,而不抑制电子传递。常用的FCCP浓度为1~10 μmol·L^{-1},但是要完成氧化磷酸化的解耦联作用则需要高得多的浓度。

尼日利亚菌素是质子载体型的解耦联剂。它通过反向转运 H^+ 与 K^+ 而耗散跨类囊体膜的质子梯度，瓦解 qE。将尼日利亚菌素加入照光的样品可以导致 F'_M 提高和 NPQ 降低以及稳态荧光(F_T)的明显增加。

人工电子受体：电子受体都具有很强的还原能力。在光合作用研究中，最常用的人工电子受体是铁氰化钾[$K_3Fe(CN)_6$]和吩嗪硫酸甲酯(PMS)。它们分别被用于非循环和循环电子传递及其耦联的光合磷酸化研究(沈允钢和沈巩楙，1962)。

甲基紫精(methyl viologen, MV)也称百草枯(paraquat，多胺的一种同系物)，通过与铁氧还蛋白竞争与光系统 I 的结合部位，接受光系统 I 和光合碳还原循环之间的电子流。它是一个非常强有力的电子受体，用它可以证明光系统 I 以外电子传递链的破坏。它氧化电子传递链，使电子传递迅速进行，提高光系统 II 的光化学效率(Φ_{PSII})，降低 NPQ，所用浓度范围在 0.05～1 $mmol \cdot L^{-1}$。

3.2 光合磷酸化

在电子传递过程中，质体醌向类囊体腔内运输的质子和水分子裂解向类囊体腔内释放的质子一道，用于推动 ATP 合酶催化的 ATP 合成，即光合磷酸化。

ATP 是生物体内普遍流通的能量"货币"，推动细胞内的多种生命活动。它是由 1 个腺嘌呤、1 个核糖和 3 个磷酸基团组成的核苷酸分子。3 个磷酸基团之间的磷酸酐键为高能磷酸键。大部分细胞内 ATP、ADP 和 Pi 的浓度都维持在一个狭窄的范围内，它们的典型值分别为 2.5 $mmol \cdot L^{-1}$、0.25 $mmol \cdot L^{-1}$ 和 2.0 $mmol \cdot L^{-1}$。在 25℃、pH7 和这些浓度下计算的 ATP 水解的自由能变化为 52 $kJ \cdot mol^{-1}$。于是，确定在这些条件下 ATP 合成需要的自由能为 52 $kJ \cdot mol^{-1}$。

导致 ATP 合成的光合磷酸化有两种不同的类型：

与非循环电子传递相耦联的光合磷酸化为非循环光合磷酸化，可以用如下方程式表示：

$$2NADP^+ + 2ADP + 2Pi + 2H_2O \xrightarrow[\text{叶绿体}]{\text{光}} 2ATP + 2NADPH + O_2 + 2H^+$$

与循环电子传递相耦联的光合磷酸化为循环光合磷酸化，用如下方程式表示：

$$ADP + Pi \xrightarrow[\text{叶绿体}]{\text{光}} ATP$$

这 2 种类型的光合磷酸化都是 Arnon 等于 1950 年代(Arnon, 1959)发现的。另外，还有所谓的假循环光合磷酸化，即与假循环电子传递相耦联的光合磷酸化，实际上是以氧为电子受体的非循环光合磷酸化，但是没有 NADPH 形成相伴随。

3.3 结合改变机制

生物体内的 ATP 合成有 2 种不同的途径：一种是线粒体内的氧化磷酸化；另一种是叶

绿体内的光合磷酸化。在说明呼吸作用中氧化磷酸化的机制时，Slater(1953)提出化学中间物假说。由于找不到假说中的中间物，在一段时期内缺乏有力的支持。

Mitchell(1961)提出的化学渗透学说依据如下假设：需要有不能透过离子的膜、膜上有1个跨膜传递质子的氧化还原系统、ATP 酶复合体和跨膜质子动势(电位差和质子浓度差)推动 ATP 合成。

沈允钢和沈巩楙(1962)在光合磷酸化研究中发现，离体叶绿体在照光后于黑暗中加入 Pi 和 ADP 可以形成 ATP。这个将光合磷酸化过程分为光暗 2 个阶段进行的实验巧妙地表明，在光下形成了一种高能中间物。后来，A. T. Jagendorf 实验室证明，这个高能中间物就是化学渗透假说中的那个跨膜电位差和质子浓度差。

Jagendorf 和 Uribe(1966)报告，当将叶绿体片层从 pH 4 的溶液突然转入 pH 8 并且含有 Pi 和 ADP 的溶液中时，在黑暗中也可以形成 ATP，即“酸碱磷酸化”。然而，如果膜内外的 pH 差小于 2.5 或者溶液的 pH 在几十秒钟内由 4 逐步提高到 8，都没有 ATP 形成。这些实验毫不含糊地证明了跨膜质子浓度差在 ATP 形成中的重要作用。

上述关于光合磷酸化高能中间态的发现、“酸碱磷酸化”的报告(Jagendorf and Uribe, 1966)和膜电位(Uribe, 1973)以及外电场(Witt et al., 1976)变化导致离体叶绿体 ATP 形成的实验结果等，都为化学渗透假说提供了有力的支持。因此，P. A. Mitchell 于 1978 年获得了诺贝尔化学奖。

人们对 ATP 合成机制的探讨并没有因为诺贝尔化学奖的颁发而止步，对 ATP 合成机制的认识并没有终结。虽然早在 1970 年代初的一个实验就导致了关于 ATP 合成的结合改变机制思想的萌生，可是涉及亚基对底物亲和力变化和亚基协作活性的“结合改变机制”(binding change mechanism)的名称却是到 1970 年代末才第一次出现在一篇综述文章中。后来，在一篇很长的综述文章中，Boyer(1993)详细而出色地总结和评价了与结合改变机制有关的大量实验证据，并且提出了一些有待回答的重要问题。

关于结合改变机制，Boyer 和 Kohlbrenner(1981)提出如下几个假设：① 能量促进 ADP 和 Pi 与酶结合；② ADP 和 Pi 转化为 ATP 不依赖能量；③ 能量促进催化部位紧密结合的 ATP 的释放；④ 结合变化是由于协作的催化部位与能量相联系的转化。

ATP 合酶是由 F_O 和 F_1 两个马达灵活耦联而成，前者是电化学马达，而后者是化学马达(Junge and Nelson, 2015)。在 ATP 合酶复合体中，质子通过 F_O 部分，而 ATP 合成发生在 F_1 部分。F_1 复合体含有 3 个 α 和 3 个 β 亚单位，它们组成 3 个相邻的催化部位[αβ]，这 3 个催化亚单位在化学上完全相同，但是在同一时刻它们的构象互不相同。这 3 个构象不同的亚单位[αβ]在 ATP 合成过程中的 3 个顺序变化构成一个循环。它们与底物(ADP 和 Pi)和产物(ATP)的亲和性依次增加：① 开放态或[αβ]O，它与配位体的亲和性很低，在催化上是一种失活的状态；② 松散态或[αβ]L，它与配位体松散结合，在催化上也是一种失活的状态；③ 紧密态或[αβ]T，它与配位体紧密结合，在催化上是一种活化的状态。这 3 个亚单位协同完成 ATP 合成的催化作用。从[αβ]O→[αβ]L→[αβ]T 再到[αβ]O，形成一个循环。在从[αβ]T 到[αβ]O 的过程中，流过酶的质子流提供 ATP 释放所需要的能量。图 3-6 为 ATP

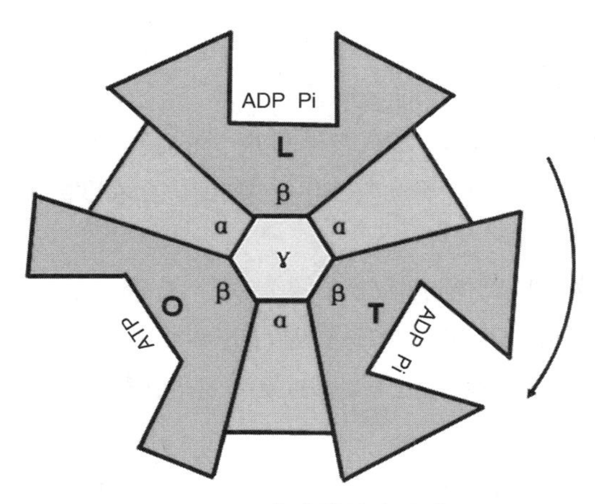

图 3-6 ATP 合成的结合改变机制

参考 Boyer(1993)绘制。图中 L、T 和 O 分别表明 ATP 合酶的 β 亚基与 ADP+Pi 松散结合状态、紧密结合状态和释放 ATP 的开放状态 3 种不同构象。它们中间是行使旋转功能的 γ 亚基。在从类囊体腔向类囊体膜外流动的 H^+ 离子流推动下，γ 亚基每旋转 1 周，3 个 β 亚基各自依次经过 L、T 和 O 三种不同构象变化，并各合成释放 1 分子 ATP。

合成的结合改变机制示意图。

结合改变机制有 2 个要点：一是能量用于促进 ADP 和 Pi 与 ATP 合酶的结合及紧密结合的 ATP 从 ATP 合酶上释放出来；二是多个催化位点顺序、协同地运转。质子梯度推动的 γ 亚单位旋转引起 3 个催化部位的构象变化以及每个催化部位对底物结合亲和力的变化，在[αβ]T 上紧密结合的 ADP 和 Pi 自发地形成 ATP，在结合变化循环的下一个阶段 ATP 被释放，同时[αβ]T 转变为[αβ]O。

W. Junge 及其同事提出的模型可以描述质子运输与 ATP 合酶转动耦联的机制。该酶 F_O 部分的 *a* 亚基提供质子的进出通道，但并不是把两者直接联系起来：进入入口的一个质子使 12 个 *c* 亚基之一的一个跨膜螺旋中部一个必需的氨基酸残基谷氨酸 65 质子化，引起构象变化，使这个 *c* 亚基与 *a* 亚基形成棘轮关系。每个 *c* 亚基都依次吸取 1 个质子，最后在 *a* 亚基的出口释放。在 *c* 亚基环状物转动运输质子和 β 亚基构象依次变化过程中完成 ATP 的合成与释放。质子运输与 ATP 合成的化学计量关系依赖 ATP 合酶 F_O部分 *c* 亚基的数量，这个数量因有机体种类甚至代谢状态不同而变化，大肠杆菌是 12，线粒体是 10，而叶绿体为 14。在每种情况下都是与 γ 亚基相连的 *c* 亚基环状物转动一周(360°)合成 3 个 ATP 分子(每个催化部位合成释放 1 个 ATP)，同时运送 10～14 个质子(取决于 *c* 亚基的数量)，因此推断 H^+/ATP 比值分别为 3.33、4.00 和 4.67。然而，测定的叶绿体此值为 4，尚没有 4.67 的报告。

需要指出，ATP 合酶在催化 ATP 合成或 ATP 水解时，*c* 亚基环状物及与其非共价相互作用的 γ、ε 亚基的转动方向是相反的：催化 ATP 合成时顺时针旋转，而在催化 ATP 水解时则逆时针旋转(Diez et al., 2004)。在酶的 F_1 部分，化学能用于 γ 亚基的旋转运动，而在 F_O部分渗透能用于推动 *c* 亚基环的旋转。整个酶是一个化学渗透机器，由于其大小在纳米范围，所以被称为“纳米马达”(Böttcher and Gräber, 2008)。

结合改变机制得到晶体结构(Abrahams et al., 1994)、化学测试、光谱学和直接观察(Noji et al., 1997)等多方面实验证据(Ke, 2001)的支持。由于在阐明 ATP 合成机制上的重要贡献，P. D. Boyer 和 ATP 酶结构的解析者 J. E. Walker 以及该酶的发现者 J. C. Skou 一道获得了 1997 年度诺贝尔化学奖。

3.4 体内同化力(ATP+NADPH)水平的观测

科学技术的进步如今已经使人们能够实时、原位监测叶绿体内的同化力水平及其动态变化。香港大学学者 Voon 及其同事(2018)利用拟南芥体内表达的可发射荧光 ATP 传感器蛋白[对 $MgATP^{2-}$ 专一,并且以福斯特共振能量传递即 Förster resonance energy transfer (FRET)为基础]成像技术发现,成熟叶绿体间质中的 ATP 浓度低于胞质溶质中的浓度,而胞质溶质中的 ATP 主要来源于线粒体;并且,在光照期间叶绿体内 ATP 和 NADPH 的供需平衡是通过输出还原力而不是从细胞溶质输入 ATP 来实现。

香港大学学者 Lim 及其同事(2020)将 2 个改造的黄色荧光蛋白传感器 iNAP 和 SoNar 引入拟南芥,并通过成像技术监测 NADPH 和 $NADH/NAD^+$ 的动态变化,发现在光下光合作用和光呼吸作用都与几个亚细胞区室中 NAD(P)H 和 NAD(P)库的氧化还原状态相联系;在普通条件下光呼吸为线粒体提供大量 NADH,而超过 NADH 使用能力的过量 NADH 通过苹果酸-草酰乙酸穿梭被从线粒体输出。看来,荧光蛋白成像技术是一个不破坏植物组织而实时监测还原力水平动态变化的宝贵工具。

参考文献

沈允钢,沈巩楙,1962.光合磷酸化的研究:II.光合磷酸化的"光强效应"及中间产物.生物化学与生物物理学报,11:1097-1106.

Abrahams JP, Leslie AGW, Lutter R, et al., 1994. Structure at 2.8 Å resolution of F1-ATPase from bovine heart mitochondria. Nature, 370: 621-628.

Amunts A, Nelson N, 2009. Photosystem I as a natural example of the efficient bio-solar energy nano-converter//Buchner TB, Ewingen NH (eds). Photosynthesis: Theory and Applications in Energy, Biotechnology and Nanotechnology. New York: Nova Science Publishers, Inc: 193-211.

Arnon DI, 1959. Conversion of light into chemical energy in photosynthesis. Nature, 184: 10-21.

Böttcher B, Gräber P, 2008. The structure of the H^+-ATP synthase from chloroplasts//Fromme P (ed). Photosynthetic Protein Complexes: A Structural Approach. Weinheim: WILEY-VCH Verlag GmbH & Co KGaA: 201-216.

Boyer PD, 1993. The binding change mechanism for ATP synthesis —— some probabilities and possibilities. Biochim Biophys Acta, 1140: 215-250.

Diez M, Zimmermann B, Borsch M, et al., 2004. Proton-powered subunit rotation in single membrane-bound FoF_1-ATP synthase. Nature Struc Mol Biol, 11: 135-141.

Emerson R, 1958. The quantum yield of photosynthesis. Annu Rev Plant Physiol, 9: 1-24.

Finazzi G, Johnson GN, 2016. Cyclic electron flow: facts and hypothesis. Photosynth Res, 129: 227-230.

Hohmann-Marriott MF, Blankenship RE, 2011. Evolution of photosynthesis. Annu Rev Plant Biol, 62: 515-548.

Jagendorf AT, Uribe E, 1966. ATP formation caused by acid-base transition of spinach chloroplasts. Proc Natl Acad Sci USA, 55: 170-177.

Junge W, Nelson N, 2015. ATP synthase. Annu Rev Biochem, 84: 631-657.

Ke B, 2001. Proton translocation and ATP synthesis//Ke B. Photosynthesis: Photobiochemistry and Photobiophysics. Dordrecht, The Netherlands: Kluwer Academic Publishers: 665-737.

Lim SL, Voon CP, Guan X, et al., 2020. In planta study of photosynthesis and photorespiration using NADPH and $NADH/NAD^+$ fluorescent protein sensors. Nature Plants, 11: 3328.

Mitchell PA, 1961. Coupling of phosphorylation to electron and hydrogen transport by a chemiosmotic type of membrane. Nature, 191: 144 - 148.

Nobel PS, 2009. Photochemistry of photosynthesis//Nobel PS. Physicochemical and Environmental Plant Physiol. 4th Ed. Amsterdam: Academic Press: 229 - 275.

Noji H, Yasuda R, Yoshida M, et al., 1997. Direct observation of the rotation of F_1 - ATPase. Nature, 386: 299 - 302.

Niyogi KK, Wolosiuk RA, Malkin R, 2015. Photosynthesis//Buchanan BB, Gruissem W, Jones RL (eds). Biochemistry & Molicular Biology of Plants. Singapore: Wiley Blackwell: 508 - 566.

Voon CP, Guan X, Sun Y, et al., 2018. ATP compartmentation in plastids and cytosol of *Arabidopsis thaliana* revealed by fluorescent protein sensing. Proc Natl Acad Sci USA, 115: E10778 - E10787.

Yamori W, Shikanai T, 2016. Physiological functions of cyclic electron transport around photosystem I in sustaining photosynthesis and plant growth. Annu Rev Plant Biol, 67: 81 - 106.

第4章

碳　反　应

碳同化是光合作用过程中继同化力形成之后的第三个阶段。在叶绿体间质中 Rubisco 等一系列酶的催化下，利用同化力 ATP 和 NADPH 将来自空气中的 CO_2转化为生物体内的糖等有机物，开始碳代谢，进入地球生物圈内的碳循环。

在过去很长时期内，在光合作用文献中，人们总是把光合碳同化阶段的所有反应统称为“暗反应”。近年来，在一些书籍和文章中，光合作用的“暗反应”正在逐渐被改为“碳反应”。之所以这样做，可能至少有如下几个理由：①“暗反应”名不副实：虽然在光合作用碳同化过程中的一系列反应都不需要光能直接参与，似乎是“暗反应”，但是这些反应的持续进行离不开光，因为催化这些反应的一些酶例如 Rubisco 的活化与调节需要光，羧化产物磷酸甘油酸还原和羧化底物 RuBP 再生所需要的同化力（ATP 和 NADPH）的形成也都需要光。因此，当植物从光下转移到黑暗中以后，“暗反应”最多可以继续几分钟，当光下形成的同化力消耗殆尽后“暗反应”就完全停止了（许大全和陈根云，2016）。②与“暗反应”相对应的“光反应”内涵过大，包括光合电子传递和与其耦联的光合磷酸过程的系列反应，而这些反应都不需要光的直接参与，因此不能称为光反应。③“碳反应”名副其实：在光合碳同化的一系列反应中，碳化合物从无机（CO_2）到有机（磷酸甘油酸）、从小（磷酸丙糖、三碳糖）到大（四、五、六、七碳糖）、从简单（单糖）到复杂（多糖、蔗糖和淀粉）的变化，碳始终处于核心地位。显然，将光合作用分为“光反应”和“暗反应”的思想已经长眠，把“暗反应”视为“不依赖光的反应”（light-independent reactions）的定义也不再正确（Buchanan，2016）。

4.1　光合碳还原循环或卡尔文-本森-巴沙姆循环

光合碳还原循环有时被称为还原性磷酸戊糖循环。由于其第一步反应羧化固定 CO_2的产物磷酸甘油酸具有 3 个碳原子，这个循环也被称为 C_3循环或 C_3途径。卡尔文（Calvin）实验室为这个循环的阐明做出了重要贡献，卡尔文因此获得 1961 年度诺贝尔化学奖，所以这个循环也常常被称为卡尔文循环。

这个循环包括 RuBP 羧化、磷酸甘油酸还原和 RuBP 再生 3 个阶段，共 13 步反应（图 4－1）。

4.1.1　RuBP 羧化

在 Rubisco 的催化下，来自空气中的 CO_2与 RuBP 结合形成 2 分子含有 3 个碳原子的中

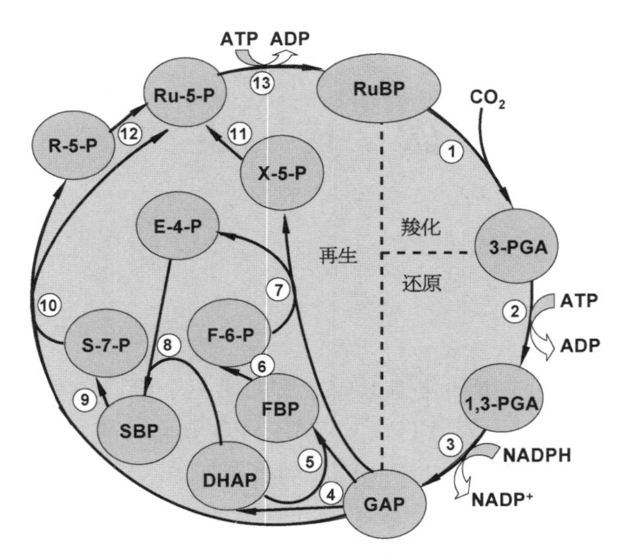

图 4-1 光合碳还原循环或卡尔文-本森-巴沙姆循环

RuBP——核酮糖-1,5-二磷酸;3-PGA——3-磷酸甘油酸;1,3-PGA——1,3-二磷酸甘油酸;GAP——丙糖磷酸;DHAP——双羟丙酮磷酸;FBP——果糖-1,6-二磷酸;F-6-P——果糖-6-磷酸;E-4-P——赤藓糖-4-磷酸;X-5-P——木酮糖-5-磷酸;SBP——景天庚酮糖-1,7-二磷酸;S-7-P——景天庚酮糖-7-磷酸;R-5-P——核糖-5-磷酸;Ru-5-P——核酮糖-5-磷酸。小圆圈中的数字表示反应的先后次序。大圆圈内被虚线分开的3个部分表示整个循环包括 RuBP 羧化、3-PGA 还原和 RuBP 再生 3 个阶段。

间物 3-磷酸甘油酸(PGA),这是循环第一步反应。这个使 CO_2 进入磷酸甘油酸羧基的羧化反应具有 2 个重要特性:一是 RuBP 羧化的负自由能变化很大($\Delta G^{0'}=-12.4\ kcal \cdot mol^{-1}$)。在这个反应中,有 1 个 CO_2 和 1 个水分子参入和 2 个 PGA 形成,涉及一些化学键的断裂和形成。键断裂时吸收能量,而键形成时释放能量,并且释放的能量远超过吸收的能量。因此,这个反应是不可逆的,即使在 CO_2 浓度很低时这个羧化反应也能完成,也就是平衡常数很有利于正反应。二是 Rubisco 对 CO_2 的亲和力足够大,能够保证在低 CO_2 浓度下的快速羧化。

Rubisco 催化 RuBP 羧化形成 2 分子磷酸甘油酸涉及 5 个反应步骤:① 质子从 RuBP 的 C-3 上脱离,即去质子化,形成烯醇化合物;② CO_2(或 O_2)与 RuBP 的 C-2 结合,即羧化(或加氧),形成中间产物;③ 中间产物 C-3 上发生水合作用;④ 水合产物 C-2—C-3 键断裂;⑤ 断裂产物之一为磷酸甘油酸,另一产物经立体专一(stereospecific)质子化后也成为磷酸甘油酸。在这一系列反应中,如果烯醇中间物错误地质子化以及加氧产物错误地脱去 2 个羟基,会形成具有抑制作用的糖磷酯。这些糖磷酯与 Rubisco 结合会导致有活性的 Rubisco 库减少。活化部位失去 Mg^{2+} 和氨基甲酰化的非蛋白基团可以导致 Rubisco 的部分或完全失活。在体外遇到高温和提取时没有 RuBP、CO_2 和 Mg^{2+} 存在会促使产生非氨基甲酰化的 Rubisco(Bracher et al., 2017)。

4.1.2 磷酸甘油酸还原

在这个阶段中,RuBP 羧化并裂解的产物 3-磷酸甘油酸首先在 3-磷酸甘油酸激酶催化下,磷酸化成 1,3-二磷酸甘油酸(循环反应 2)。然后,1,3-二磷酸甘油酸在 3-磷酸甘油醛脱氢酶催化下被 NADPH 还原成 3 -磷酸甘油醛(循环反应 3)。

4.1.3　RuBP 再生

RuBP 羧化反应的继续进行依赖 RuBP 的不断再生。在 RuBP 再生阶段,经过如下 10 步反应,由 5 个 3 -磷酸甘油醛分子再生成 3 分子羧化反应的底物、CO_2 的受体 RuBP(图 4 - 2)。

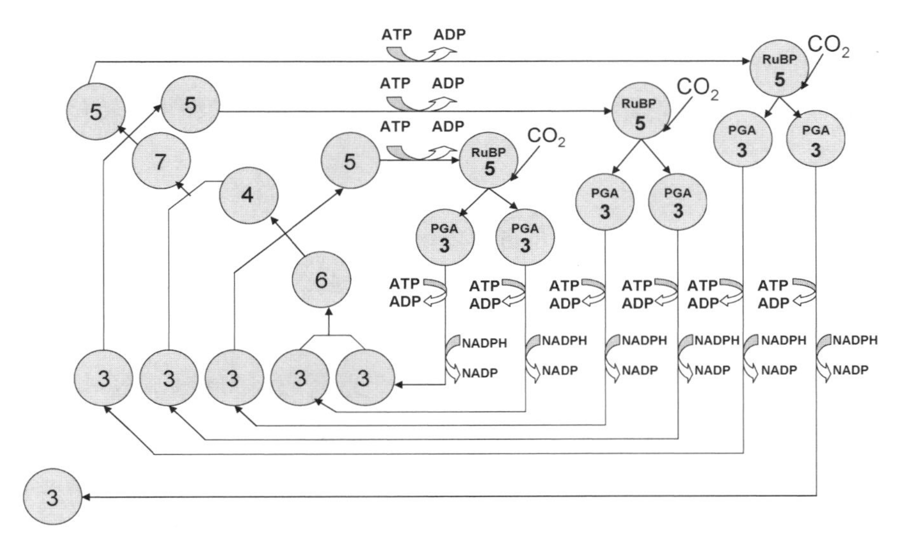

图 4 - 2　光合碳还原循环中的化学计量关系

循环反应 4：丙糖磷酸异构酶催化 3 -磷酸甘油醛转化为 3 -磷酸双羟丙酮。

循环反应 5：醛缩酶催化 3 -磷酸甘油醛和 3 -磷酸双羟丙酮缩合成 1,6 -二磷酸果糖。

循环反应 6：在 1,6 -二磷酸果糖磷酸(酯)酶催化下,1,6 -二磷酸果糖被水解形成 6 -磷酸果糖。

循环反应 7：在转羟乙醛酶(转酮醇酶)催化下,6 -磷酸果糖与 3 -磷酸甘油醛转变为 4 -磷酸赤藓糖和 5 -磷酸木酮糖。

循环反应 8：在醛缩酶催化下,4 -磷酸赤藓糖和 3 -磷酸双羟丙酮缩合成 1,7 -二磷酸景天庚酮糖。

循环反应 9：在景天庚酮糖- 1,7 -二磷酸酯酶催化下,1,7 -二磷酸景天庚酮糖被水解形成 7 -磷酸景天庚酮糖。

循环反应 10：在转羟乙醛酶催化下,7 -磷酸景天庚酮糖和 3 -磷酸甘油醛被转化为 5 -磷酸核糖和 5 -磷酸木酮糖。

循环反应 11：在表异构酶催化下,5 -磷酸木酮糖转化为 5 -磷酸核酮糖。

循环反应 12：在 5 -磷酸核糖异构酶催化下,5 -磷酸核糖转化为 5 -磷酸核酮糖。

循环反应 13：在 5 -磷酸核酮糖激酶催化下,5 -磷酸核酮糖转化为 1,5 -二磷酸核酮糖。

至此,完成一次光合碳还原循环,再生的 1,5 -二磷酸核酮糖通过羧化反应进入下一次循环。

光合碳还原循环的阐明是 Calvin 及其同事在 1950 年代利用放射性同位素 ^{14}C($^{14}CO_2$)示踪

和光合产物纸层析分离及检测所做的一系列实验的结果。关于这个循环思想观念的形成即这个循环的发现与卡尔文、本森和巴沙姆三人各自的贡献，已经有文章详细介绍(Bassham and Calvin, 1957; Nickelsen, 2015; Sharkey, 2019)。

甘油醛是光合碳固定的抑制剂，阻断丙糖磷酸向 1,5-二磷酸核酮糖转化。大于 25 mmol·L^{-1}的高浓度可以完全抑制碳固定。碘乙酰胺也是碳固定的抑制剂。羟乙醛也被用作碳固定的抑制剂，在其浓度比甘油醛低一个数量级时就可以迅速而有效抑制碳固定。

Willianms 和 MacLeod(2006)提出修改的光合碳还原循环途径，比原来的循环多 4 个反应。这些反应涉及 8-磷酸辛酮糖和 5-磷酸阿拉伯糖向 5-磷酸核糖可逆转化的反应。

4.1.4 循环的重要特性

光合碳还原循环的一个重要特性是自身催化：其运转速率随着中间产物浓度的增加而提高。在光合作用的光诱导期中，光合速率的增高部分归因于这种循环中间物浓度的增加。这个循环在代谢上的独特性是产物(RuBP)多于消耗的底物：

$$5RuBP + 5CO_2 + 15ATP + 10NADPH \rightarrow 6RuBP + 15ADP + 10NADP^+$$

六碳糖单磷酸的转轨或分流(shunt)现在叫磷酸戊糖途径。这个途径有 2 个分支：氧化分支和非氧化分支。一般认为光合碳还原循环是氧化分支的逆转。Sharkey 和 Weise(2016)提出，一些碳常规地通过这个氧化分支途径造成无效循环，但是却可以稳定光合作用。

4.1.5 循环名称的改变

在生命科学文献中，多年来人们熟知的卡尔文循环正日益普遍地被卡尔文-本森循环(Calvin-Benson cycle)或卡尔文-本森-巴沙姆循环(Calvin-Bensen-Bassham cycle)这个新称谓取代。这是因为光合碳还原循环的阐明，不是卡尔文一个人的功劳。

尽管卡尔文在诺贝尔奖获奖演说辞中没有引用那些描述本森在发现光合碳还原循环上做出不可缺少的重要贡献的文章，包括使用纸层析和放射性自显影技术发现光合碳同化的中间产物，发现景天庚酮糖和 CO_2 受体核酮糖-1,5-二磷酸(RuBP)，发现部分 I 蛋白(fraction I protein)就是光合碳同化的关键酶 Rubisco(催化循环中的第一步反应)，可是那些文章却客观存在，众所周知。并且，巴沙姆作为“CO_2 受体的循环再生”一文和《光合作用中的碳途径》一书的第一作者，不仅在光合碳同化中间产物快标记实验中设计使用了猝灭流系统(quenched flow system)，而且计算出整个循环同化力(ATP+NADPH)使用的化学计量(每同化 1 分子 CO_2成为 1 分子碳水化合物 CH_2O 需要 2 分子还原力 DPNH 和 3 分子 ATP)，总能量转化效率为 0.88(Sharkey, 2019)。

所以，将光合碳还原循环称为卡尔文-本森-巴沙姆循环(Jokel et al., 2020)，用以替代过去不那么客观、公正的所谓卡尔文循环是客观、合理的，显示了对卡尔文以外其他人贡献的承认与尊重。由于发现这个循环的大量研究工作是本森和巴沙姆做的，并且发表有关论文时这 2 个人大多是首位或前位作者，而卡尔文往往是末位作者，有人干脆将这个循环称为

“Benson-Bassham-Calvin cycle”(Brinkert, 2018)。

4.2 光呼吸

光呼吸与光合作用方向刚好相反,在光下吸收 O_2 而放出 CO_2。在光呼吸过程中,RuBP 加氧的产物磷酸乙醇酸经过一系列反应部分氧化成为 CO_2 释放、部分转化为磷酸甘油酸又回到光合碳还原循环中去,构成光呼吸碳氧化循环(PCOC)。

4.2.1 过程

光呼吸起始于 Rubisco 的双功能特性:它不仅催化 RuBP 羧化,而且催化 RuBP 加氧,氧原子进入加氧反应的产物磷酸乙醇酸。O_2 和 CO_2 竞争与 RuBP 反应,并且 RuBP 加氧与羧化发生在 Rubisco 的同一活化部位。在空气中 RuBP 羧化与加氧的比率接近 3∶1。

光呼吸碳氧化循环包括如下 10 个反应:

反应 1:在 Rubisco 催化下,RuBP 与分子 O_2 作用,形成 2-磷酸乙醇酸和 3-磷酸甘油酸;

反应 2:在乙醇酸磷酸酯酶催化下,磷酸乙醇酸水解形成乙醇酸,然后经过叶绿体内被膜上转运蛋白与甘油酸交换离开叶绿体,进入过氧化物酶体;

反应 3:在乙醇酸氧化酶催化下,乙醇酸与分子氧作用,形成乙醛酸和过氧化氢(H_2O_2);

反应 4:在过氧化氢酶(触酶)催化下,H_2O_2 被迅速分解为水和氧分子;

反应 5:在乙醛酸-谷氨酸转氨酶催化下,乙醛酸转化为甘氨酸,然后甘氨酸离开过氧化物酶体,进入线粒体;

反应 6:在甘氨酸脱羧酶催化下,甘氨酸与 NAD^+ 和四氢叶酸作用,形成甲叉四氢叶酸和 NADH,同时放出 CO_2 和氨;

反应 7:在丝氨酸羟甲基转移酶催化下,甲叉四氢叶酸与甘氨酸及水作用,形成丝氨酸和四氢叶酸,然后丝氨酸离开线粒体,进入过氧化物酶体;

反应 8:在丝氨酸转氨酶催化下,丝氨酸与 α-酮戊二酸作用形成羟基丙酮酸和谷氨酸;

反应 9:在羟基丙酮酸还原酶催化下,羟基丙酮酸与 NADH 作用形成甘油酸,然后甘油酸离开过氧化物酶体,进入叶绿体;

反应 10:在甘油酸激酶催化下,甘油酸与 ATP 作用,形成 3-磷酸甘油酸。

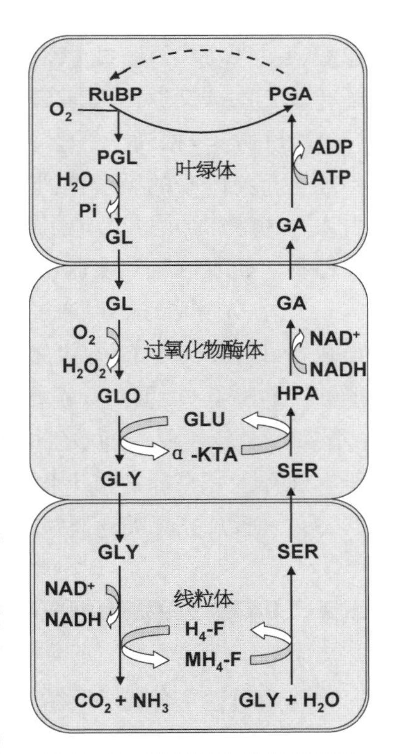

图 4-3 光呼吸的途径与场所

RuBP——核酮糖-1,5-二磷酸;PGA——磷酸甘油酸;PGL——2-磷酸乙醇酸;GL——乙醇酸;GA——甘油酸;GLO——乙醛酸;HPA——羟基丙酮酸;GLY——甘氨酸;GLU——谷氨酸;α-KTA——α-酮戊二酸;SER——丝氨酸;H_4-F——四氢叶酸;MH_4-F——亚甲基四氢叶酸。

光呼吸的反应过程和场所如图 4-3 所示。显然,整个光呼吸代谢过程是在叶绿体、过氧化物酶体和线粒体 3 种细胞器的协同作用下完成的。

4.2.2　羧化与加氧的关系

在叶片中，RuBP 羧化与加氧的关系取决于 Rubisco 的动力学特性和 CO_2、O_2浓度及环境温度。随着温度的增加，与空气平衡的溶液中的 CO_2浓度降低幅度大于 O_2浓度的降低，结果 CO_2/O_2浓度比率随温度增高而降低，导致 RuBP 羧化与加氧比率随温度增高而降低。Rubisco 的动力学特性也受这种温度增加的影响，导致羧化与加氧比例降低。

4.2.3　功能

据估计，光呼吸使 C_3植物的净碳收益减少 20%～50%。起初，不少人把光呼吸看作没有意义的浪费过程，并且采用种种方法试图完全取消它，但是都没有成功。其实，光呼吸并不像一些人想象那样是一个可有可无的浪费过程，它不仅可以部分地回收 RuBP 加氧造成的碳损失，而且还可以耗散过量的光能。由于 RuBP 加氧而从 PCRC 损失的 2 分子磷酸乙醇酸（4 个 C 原子）经过 PCOC 转化为 1 分子磷酸甘油酸（3 个 C 原子）和 1 分子 CO_2。也就是有 3/4 的碳又返回 PCRC。并且，每个 RuBP 加氧及其后来的代谢消耗 5 个 ATP 和 3 个 NADPH 分子，相当于每个 RuBP 羧化及其产物的还原所需要能量的大约 1.5 倍。后来，用不能进行光呼吸的突变体研究证明，如果不通过遗传操作改善 Rubisco 或将 CO_2浓缩机制引入 C_3植物，而是人为地阻断光呼吸途径的碳流或氮流，不仅不能提高光合效率，而且会杀死植物。转基因烟草实验证明，光呼吸可以使 C_3植物免遭光氧化破坏。

另外，光呼吸还可以通过加速磷再生而避免光合作用的磷限制，避免过量光能的破坏（郭连旺等，1995）。用光呼吸途径中一些酶被削弱的拟南芥突变体所做的研究结果表明，光呼吸能够帮助避免 D1 蛋白合成抑制（在翻译水平上），即避免破坏的光系统 II 修复遭受抑制。高乙醇酸氧化酶活性是普通空气中玉米生存所需要的（Zelitch et al.，2009）。特别值得注意的是，所有现存的光自养放氧生物缺乏光呼吸的突变体在普通空气中都不能生存（Zelitch et al.，2009）。所以，光呼吸已经越来越多地被看作光合作用甚至地球碳循环的一个关键辅助部件。

4.3　四碳双羧酸循环

与只通过光合碳还原循环同化 CO_2的 C_3植物不同，C_4植物在光合碳还原循环之外又多一个起 CO_2浓缩作用的四碳双羧酸循环，使 Rubisco 附近的 CO_2浓度高达 C_3植物的 10 多倍，从而显著提高光合作用效率。在海洋里的硅藻中也有 C_4途径运转。C_4途径也被称为 Hatch-Slack 途径（Shevela et al.，2019）。NADP-苹果酸酶亚型植物的 C_4途径如图 4-4 所示。

4.3.1　叶片解剖结构

在叶片的解剖结构上，C_4植物与 C_3植物明显不同。图 4-5 为 C_4植物叶片的花环结构示意图。

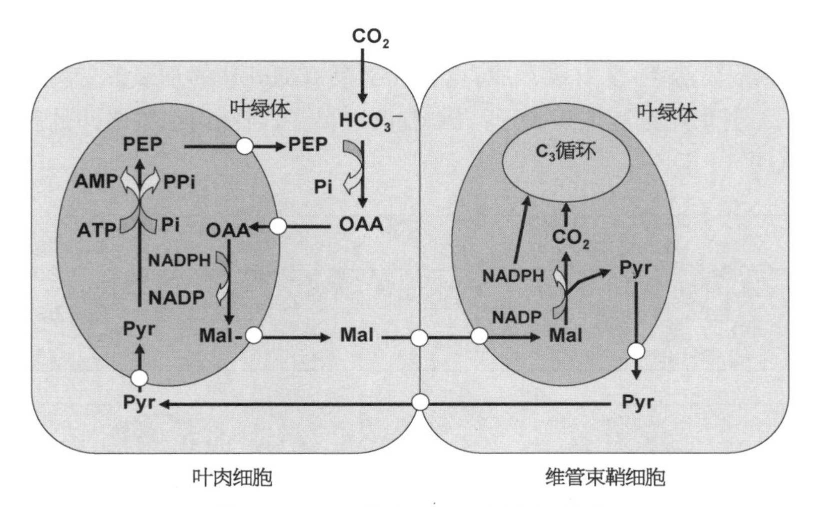

图 4 - 4　C_4途径(NADP -苹果酸酶型)

OAA——草酰乙酸;Mal——苹果酸;PEP——磷酸烯醇式丙酮酸;Pi——无机磷;PPi——焦磷酸;Pyr——丙酮酸。

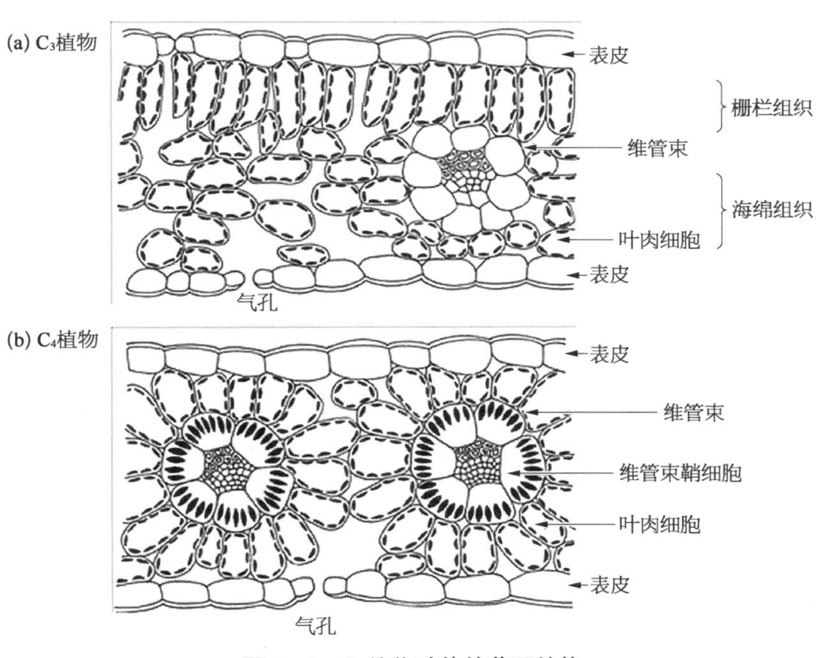

图 4 - 5　C_4植物叶片的花环结构

C_3植物只有 1 种叶肉细胞,而 C_4植物有 2 类不同的细胞:叶肉细胞和维管束鞘细胞,形成花环结构。2 类细胞之间通过许多胞间连丝相联系,允许多种代谢物(但不允许酶等大分子)通过。四碳双羧酸循环在这 2 类细胞的协同作用下完成。与此相联系,2 类细胞内的叶绿体在含有的酶种类、淀粉定位和超微结构上也有很大差别,即有 2 种不同类型的叶绿体。叶肉细胞内的叶绿体含有丰富的基粒,具有较高的光系统 II 活性和非循环电子流(生产 NADPH

和 ATP)；而鞘细胞内的叶绿体极少含有基粒，富有光系统 I 和循环电子流(生产 ATP)，几乎完全没有光系统 II 活性，没有氧释放，也就几乎没有 RuBP 的加氧反应发生。同 C_3 植物相比，C_4 植物的维管束鞘细胞体积大，所含细胞器数目多，与叶肉细胞之间的胞间连丝多，并且叶脉密度高(图 4-6)。

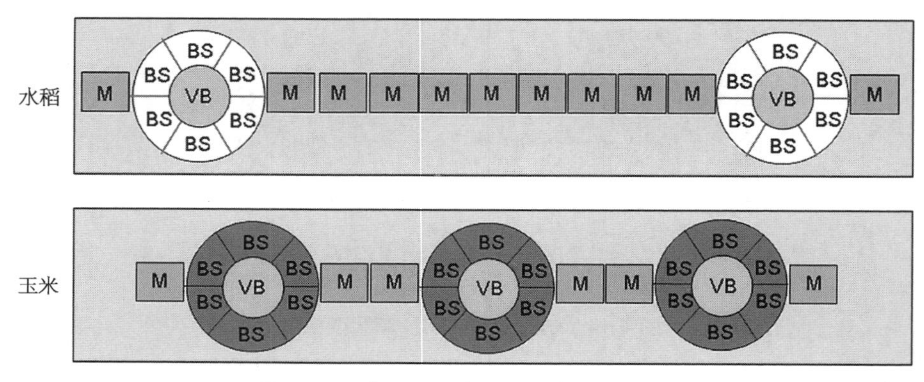

图 4-6 水稻和玉米叶片横截面示意图

参考 Langdale(2011)一文制图。玉米叶片内的深绿色大圆圈表示花环结构，浅绿色方块示叶肉细胞。BS 指代维管束鞘细胞；M 指代叶肉细胞；VB 指代维管束。水稻和玉米维管束鞘细胞颜色不同，表示 C_4 植物玉米维管束鞘细胞内含有叶绿素的叶绿体等细胞器体积和数量明显增大(Gowik 和 Westhhoff, 2011)。2 种作物叶片结构的另一差别是叶脉密度明显不同，也就是 2 个维管束(VB)之间的叶肉细胞数目不同。

在 C_4 植物的 3 个不同生物化学亚型之间，叶片的解剖结构也有所不同。在 NADP-ME 亚型植物如玉米的维管束鞘细胞中，叶绿体围绕维管机构离心排列，而在 NAD-ME 亚型植物如滨藜属的维管束鞘细胞中，叶绿体则围绕维管机构向心排列(Williams et al., 2012)。并且，玉米具有 3 种不同类型的叶绿体：叶肉细胞叶绿体具有基粒片层，将在叶肉细胞中初次 CO_2 固定形成的 OAA 还原成苹果酸；维管束鞘细胞叶绿体没有基粒片层，将来自叶肉细胞的苹果酸脱羧，释放的 CO_2 由 Rubisco 催化的羧化反应再固定；第三种类型的叶绿体是 C_3 型叶绿体，存在于叶鞘和类叶器官包叶，具有基粒片层，可以通过光合碳还原循环直接固定 CO_2。

在自然界，有 2 类在单个细胞内进行 C_4 光合作用的植物。一类是一些水生植物，它们只有 1 种类型的叶绿体，其中含有 Rubisco 和四碳酸脱羧酶；另一类是一些陆生植物，含有 2 种类型的叶绿体，它们在一个细胞内的不同区域，类似于叶肉细胞和维管束鞘细胞，例如 *Bienertia cycloptera* 和 *Borszowia aralocaspica*。它们没有花环结构，但是都有新奇的区隔，以便在单个绿色细胞内完成 C_4 光合作用。

4.3.2 反应步骤

四碳双羧酸循环包括 4 个阶段：① 叶肉细胞中的磷酸烯醇式丙酮酸(PEP)羧化，第一次固定 CO_2，形成草酰乙酸，然后转化为四碳双羧酸苹果酸或天冬氨酸；② 这些四碳双羧酸被运送进入维管束鞘细胞；③ 四碳双羧酸在维管束鞘细胞内脱羧，释放的 CO_2 被光合碳还原循环第二次固定、还原成碳水化合物；④ 脱羧形成的三碳酸(丙酮酸或丙氨酸)被运输回叶肉细胞，并且再生成CO_2受体PEP。整个四碳双羧酸循环包括如下7个反应：

反应1：碳酸酐酶催化CO_2与水作用形成碳酸氢根离子(HCO_3^-)；

反应2：磷酸烯醇式丙酮酸羧化酶(PEPC)催化磷酸烯醇式丙酮酸与HCO_3^-作用生成草酰乙酸；

反应3：NADP苹果酸脱氢酶催化草酰乙酸与NADPH作用生成苹果酸；

反应4：天冬氨酸转氨酶催化草酰乙酸和谷氨酸生成天冬氨酸和α-酮戊二酸；

反应5：脱羧——NADP苹果酸酶(NADP-ME)催化苹果酸和$NADP^+$作用生成丙酮酸和NADPH，放出CO_2，或者NAD苹果酸酶(NAD-ME)催化苹果酸和NAD^+作用生成丙酮酸和NADH，放出CO_2，或者磷酸烯醇式丙酮酸羧激酶(PEPCK)催化草酰乙酸与ATP作用生成磷酸烯醇式丙酮酸，放出CO_2；

反应6：丙氨酸转氨酶催化丙酮酸和谷氨酸作用生成丙氨酸和α-酮戊二酸；

反应7：丙酮酸：正磷酸双激酶催化丙酮酸与磷酸、ATP作用生成磷酸烯醇式丙酮酸。

需要指出，虽然在PEP再生反应($Pyr+ATP+Pi \rightarrow PEP+AMP+PPi$)中，只用去1个ATP，可是在AMP转变为ADP的过程中还需要使用1个ATP，所以通过C_4途径同化1分子CO_2要比C_3途径多消耗2个ATP，即每同化1分子CO_2需要5个ATP和2个NADPH分子。因此，C_4途径的高光合效率只有在强光下才能实现。这也许就是在全日光强下C_4植物的光合作用也不饱和的原因。

4.3.3 三个生化亚型

根据维管束鞘细胞内催化四碳双羧酸脱羧释放CO_2的酶不同，C_4光合作用被分为3个生物化学亚型：依赖NADP的苹果酸酶型(NADP-ME)、依赖NAD的苹果酸酶型(NAD-ME)和PEP羧激酶型(PEPCK)(Gowik and Westhoff, 2011)。

NADP-ME型的典型植物是玉米、甘蔗、高粱、谷子和稗，PEPC催化的第一次羧化发生在叶肉细胞的细胞质内，形成的草酰乙酸(OAA)被运输进入叶肉细胞内的叶绿体，在那里依赖NADP的苹果酸脱氢酶催化NADPH将OAA还原成苹果酸(Mal)。然后，Mal被从叶肉细胞的叶绿体运输出去，通过胞间连丝进入维管束鞘细胞，在那里的叶绿体中由NADP-ME催化苹果酸脱羧放出CO_2，同时形成NADPH和丙酮酸，放出的CO_2被那里的Rubisco第二次羧化形成磷酸甘油酸。同时，丙酮酸被输出，通过胞间连丝扩散进入叶肉细胞，在那里的叶绿体内丙酮酸：正磷酸双激酶催化丙酮酸与磷酸、ATP作用生成第一次羧化的底物磷酸烯醇式丙酮酸(PEP)，然后通过叶绿体被膜上专门的转运蛋白与细胞质内的无机磷交换，将PEP运输进入细胞质，参加下一轮循环的上述系列反应。OAA和Mal通过叶绿体被膜时也是通过膜上专门的转运蛋白，而代谢物通过胞间连丝的运输则是靠被动的扩散。

其余2个亚型(NAD-ME亚型植物如绿苋、马齿苋和狗尾草，PEPCK亚型植物如羊草和鼠尾草)在叶肉细胞与维管束鞘细胞之间运输的代谢物种类和脱羧反应的亚细胞定位上都与上述的NADP-ME亚型不同。图4-7描述了C_4途径3个亚型植物2次CO_2固定的反应途径及反应场所。

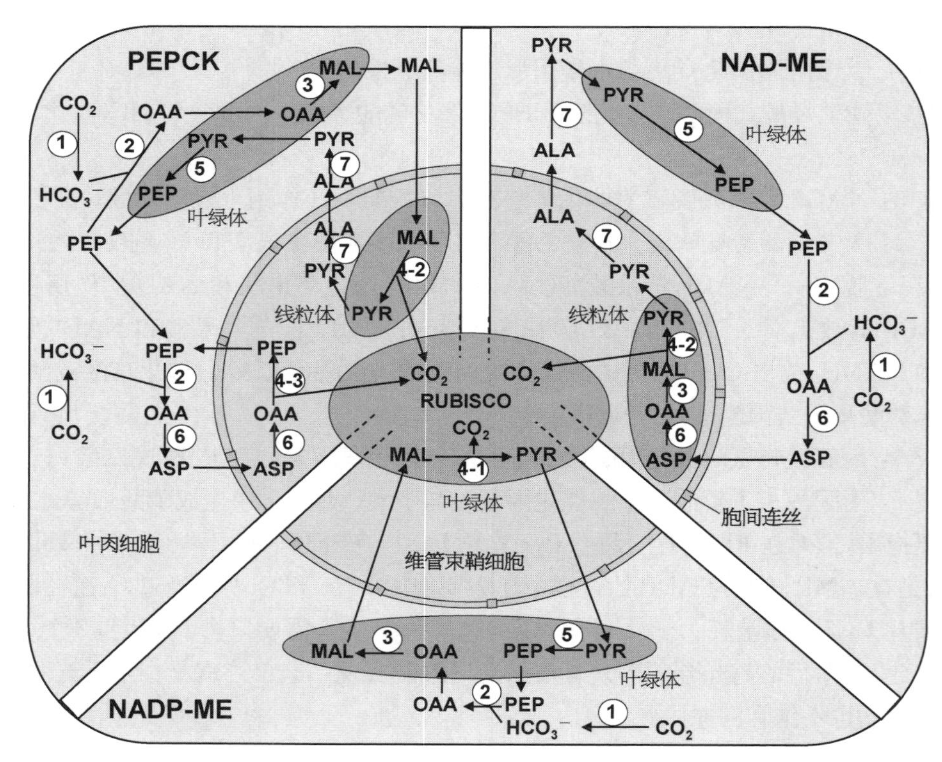

图 4-7 C_4途径的 3 个生化亚型

根据 Williams 等(2012)绘制。NADP-ME——NADP-苹果酸酶型；NAD-ME——NAD-苹果酸酶型；PEPCK——磷酸烯醇式丙酮酸羧激酶型。这 3 个亚型分别用 3 个不同的酶催化维管束鞘细胞内四碳双羧酸脱羧释放 CO_2。ALA——丙氨酸；ASP——天冬氨酸；MAL——苹果酸；OAA——草酰乙酸；PEP——磷酸烯醇式丙酮酸；PYR——丙酮酸。小圆圈内数字：1——碳酸酐酶；2——磷酸烯醇式丙酮酸羧化酶；3——NAD(P)H-苹果酸脱氢酶；4-1——NADP-苹果酸酶；4-2——NAD-苹果酸酶；4-3——磷酸烯醇式丙酮酸羧激酶；5——丙酮酸：正磷酸双激酶；6——天冬氨酸氨基转移酶；7——丙氨酸氨基转移酶。

实际上，在一些 C_4 植物中存在混合的脱羧途径，例如，在 NADP-ME 型植物玉米叶片中，烯醇式磷酸丙酮酸羧激酶参与维管束鞘细胞内草酰乙酸的脱羧。这种脱羧机制的灵活性可能受发育和环境控制。

4.3.4 生态意义

C_4植物四碳双羧酸循环的关键酶磷酸烯醇式丙酮酸羧化酶(PEPC)对底物 HCO_3^- 的亲和力很高(玉米 PEPC 对 HCO_3^- 的 Km 为 20 μmol·L^{-1})，以至于在与普通空气水平的 CO_2 平衡时 HCO_3^- 对 PEPC 就是饱和的(在 25℃和 pH7.2 下，在与普通空气平衡的水中溶解的 CO_2浓度为 11 μmol·L^{-1}，HCO_3^- 浓度为 110 μmol·L^{-1})。这样，可以使 C_4 植物在较小的气孔开度下以与 C_3 植物同样甚至更高的速率同化 CO_2，因此可以减少水分损失，提高光合作用的水分利用率。

同时，由于四碳双羧酸循环的碳浓缩作用，维管束鞘细胞叶绿体内 Rubisco 周围的 CO_2

浓度大大提高(500 μmol·L^{-1})，从而抑制 RuBP 加氧以致降低光呼吸速率，结果也导致光合效率提高。据计算，C_4植物 Rubisco 周围的CO_2浓度是C_3植物的 10～100 倍。在这样的CO_2浓度和 30℃下，C_4植物叶片只要有C_3植物叶片 13%～20%的 Rubisco 就可以实现同样的光饱和的光合速率。这与C_4植物叶片 Rubisco 含量仅为C_3植物叶片的 1/6～1/3 的事实很一致。特别是在高温、干旱的气候条件下，四碳双羧酸循环的运转更有利于减少光呼吸的碳损失和经过气孔的水分损失，有利于不良条件下植物的生存。

所以，C_4植物的光合生产力明显高于C_3植物。C_4植物中高生产力的前 10 种平均生产力为 72 t/(hm·年)，而C_3植物中前 10 种的平均生产力为 37 t/(hm·年)。

当然，碳同化的C_4途径的好处是以较多的能量消耗为代价的。通过C_3途径同化 1 分子CO_2需要 3 分子 ATP 和 2 分子 NADPH，而通过C_4途径同化 1 分子CO_2需要 5 分子 ATP 和 2 分子 NADPH，即多需要 2 分子 ATP。所以，C_4植物高光合生产力的优越性只有在光能供应充足的条件下才能充分发挥出来。

在陆生植物中，仅仅在被子植物中发现了C_4植物，而且C_4植物只占被子植物物种数的 3%。它们基本上都是草本植物、灌木，罕见C_4乔木。然而，C_4植物具有重要的经济意义，主要农作物中有许多是C_4植物。据估计，C_4植物的光合作用占陆生植物光合作用总量的 30%。

4.3.5　C_4植物与C_3植物的区别

C_4植物与C_3植物在叶片解剖结构、光合生理特性和碳同化途径等多方面明显不同，主要包括：

(1) 花环结构

从叶片的横切面可以看到，C_4植物具有花环结构，包围维管束的一圈维管束鞘细胞形似花环，内含很多叶绿体；叶脉即维管束密度比较大，维管束之间的叶肉细胞比较少，而C_3植物没有这样的花环结构，维管束鞘细胞内很少叶绿体，叶脉密度小，并且叶脉之间的叶肉细胞比较多。例如，玉米叶片 2 个叶脉之间的细胞数为 2 左右，而水稻叶片 2 个叶脉之间的细胞数为 10 左右。

(2) 光合速率

强光下C_4植物叶片的光合速率总是远高于C_3植物。就草本植物而言，前者常在 30 μmol·m^{-2}·s^{-1}左右，甚至更高，而后者常为 20 μmol·m^{-2}·s^{-1}左右。

(3) 饱和光强

田间自然条件下生长的C_3植物的光合作用大多在全日光强 2/5～4/5 的光下就达到饱和，而C_4植物的光合作用即使在全日光强下也不能达到饱和。

(4) 光呼吸

C_3植物的光呼吸速率可达光合速率的 1/4 左右，而C_4植物的光呼吸速率却低得多。

(5) CO_2补偿点

C_3植物的CO_2补偿点往往大于 30 μmol·mol^{-1}，而C_4植物的这个指标却总是低于 10 μmol·mol^{-1}。它是区分这 2 类植物的最简便而可靠的试金石。

(6) 用水效率

C_3植物和C_4植物成龄叶片日平均水分利用率分别为1～3 g CO_2 · kg^{-1} H_2O和2～5 g CO_2 · kg^{-1} H_2O。用水效率的倒数，即蒸腾速率与光合速率之比(蒸腾比)，也就是植物蒸腾散失水分的摩尔数与光合同化CO_2的摩尔数之比，C_3植物一般为400，典型C_4植物为200。

(7) 碳同化途径

C_3植物的碳同化途径是光合碳还原循环，即卡尔文-本森-巴沙姆循环(C_3循环)，而C_4植物的碳同化途径是在这个C_3循环的基础上增加一个四碳双羧酸循环(C_4循环)。C_4循环行使CO_2泵的功能，它使维管束鞘细胞中叶绿体内Rubisco周围的CO_2浓度增高，从而抑制光呼吸。

(8) 碳同位素组成和光合识别(photosynthetic discrimination or fractionation，$\Delta^{13}C$)

大气中含有大约1%碳的重同位素^{13}C，其余大约99%为普通的^{12}C。由于^{13}C的扩散速度慢于^{12}C和Rubisco在催化羧化反应时"歧视"^{13}C，不同的光合作用途径(例如C_3和C_4途径)会引起植物干物质的碳同位素组成($\delta^{13}C$，从标准$^{13}C/^{12}C$的相对偏离，以千分之多少表示)和识别值($\Delta^{13}C$)的不同变化，因此可以用$\delta^{13}C$和$\Delta^{13}C$区分植物光合作用的不同碳同化途径：C_3植物和C_4植物的$\delta^{13}C$分别为$-34‰$～$-22‰$和$-16‰$～$-9‰$，而它们的$\Delta^{13}C$平均值则分别为$-19‰$和$-5‰$。

4.4 景天酸代谢途径

除了上面提到的四碳双羧酸循环以外，景天酸代谢(CAM)是另一种CO_2浓缩机制。

其实，这种机制不限于景天科植物，只是首先在这科植物鉴定了这个途径。像四碳双羧酸循环一样，在被子植物的许多科中都发现了它的运转。这种机制特别适合于干旱的环境，使植物实现最大水分利用率。一般，CAM植物、C_4植物和C_3植物的水分利用率分别为50～100 g H_2O · g^{-1} CO_2、250 g H_2O · g^{-1} CO_2和500 g H_2O · $g^{-1}$$CO_2$(Taiz and Zeiger, 1998)。一些水生植物也有CAM机制，虽然它们不遭受水分胁迫，但是它们经常遭遇CO_2浓度的剧烈日变化，由于藻类和蓝细菌的光合作用使水生环境日间的CO_2浓度很低，而夜间CO_2浓度高，这样它们可以利用夜间CO_2浓度高这个有利条件。

CAM途径与四碳双羧酸循环很类似，也是首先由PEPC催化将CO_2(HCO_3^-形式的)固定在四碳双羧酸(多数情况下是苹果酸，特殊场合下是柠檬酸)中，然后四碳双羧酸脱羧释放的CO_2被Rubisco再固定。两者的一个重要区别在于，2次CO_2固定不是在空间(像C_4植物2类细胞那样)上分开，而是在时间上分开。与此相关联的是，CAM植物没有C_4植物那样的2类细胞和花环结构，并且与C_4植物相反，气孔夜间开放，白天关闭。这样可以减少干热条件下通过气孔的蒸腾水分损失。于是，CAM植物夜间固定从开放的气孔进入的CO_2，形成的苹果酸积累在庞大的液泡中(pH可以低至3)，白天苹果酸离开液泡进入细胞质中脱羧释放CO_2，CO_2进入叶绿体，由Rubisco催化固定形成PGA，经过光合碳还原循环还原PGA为磷酸丙糖，最后形成淀粉。

由于气孔关闭，CO_2不能逃逸到叶外，只能供RuBP羧化用，同时高浓度的CO_2又可以

抑制光呼吸。白天苹果酸脱羧后形成的三碳酸转化成淀粉(在一些情况下是蔗糖),夜间淀粉降解后形成丙糖磷酸,然后转化为CO_2受体PEP,以便开始CO_2的初级固定,产生的草酰乙酸再还原成苹果酸。液泡膜上的V-型ATP酶催化ATP水解,推动苹果酸逆浓度梯度进入液泡。CAM植物包括2个亚组,分别使用苹果酸酶和PEP羧激酶催化四碳双羧酸脱羧释放CO_2的反应(图4-8)。

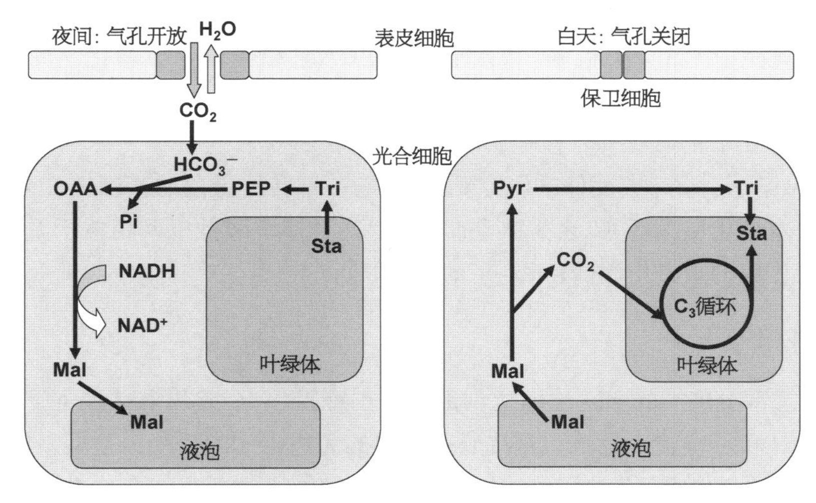

图4-8 景天酸代谢(CAM)途径

参考Hopkins(1999)绘制。Mal——苹果酸;OAA——草酰乙酸;PEP——烯醇式磷酸丙酮酸;Pi——无机磷;Pyr——丙酮酸;Sta——淀粉;Tri——磷酸丙糖。

CAM机制的关键酶PEP羧化酶和催化苹果酸脱羧的酶都在细胞质中。为了避免羧化-脱羧的无效循环,PEP羧化酶必须夜"开"昼"关";而脱羧酶则必须相反,夜间失活、白天活化。PEP羧化酶的夜"开"和昼"关"与它的2种不同类型相联系:白天型PEP羧化酶是磷酸化的,受低浓度的苹果酸抑制;夜间型是去磷酸化的,对苹果酸不敏感。

CAM植物由于光合速率低而生长缓慢。一些植物在水分充足时进行C_3光合作用,而在遭受水分胁迫时转变为CAM途径。

4.5 碳浓缩机制

作为对大气低CO_2浓度和高O_2浓度的适应,具有羧化效率低(由于催化RuBP羧化和加氧的双功能)的Rubisco的光合生物演化出CO_2浓缩机制(CCM)。大约有1 500种蓝细菌、53 000种藻和7 800种C_4高等植物以及30 000种CAM植物具有CO_2浓缩机制(见前面介绍的C_4途径和CAM途径)。CCM的共同结果是几乎没有CO_2固定的氧抑制、低CO_2补偿点和对外界CO_2的高亲和力(这种亲和力并不是离体Rubisco的特性,而仅仅依赖CO_2扩散)。

当然,也有一些藻类没有CO_2浓缩机制,例如生活在具有高水平CO_2、快速流动的淡水中的红藻。在自然界,有如下几种不同的CO_2浓缩机制。

4.5.1 C_4双羧酸机制

C_4植物和 CAM 植物是先将一个 C_3载体羧化形成 C_4双羧酸中间物，然后在 Rubisco 附近脱羧释放 CO_2，供 Rubisco 催化的第二次羧化固定。C_4植物的 2 次羧化从空间(叶肉细胞与维管束鞘细胞)上分开，而 CAM 植物的 2 次羧化则从时间(夜间与日间)上分开。绿色大型藻(*Udotea flabellum*)和浮游的硅藻(*Thalassiosira weissflogii*)具有 C_4类 CO_2浓缩机制，而褐色大型藻则具有 CAM 类机制。如果把 C_4和 CAM 机制看作生物化学的 CO_2泵，那么其余的机制就是生物物理学的 CO_2泵。C_4植物维管束鞘细胞内 CO_2浓度的增高有赖于鞘细胞壁软木脂(suberin)的沉积即木栓化层的存在。最近有学者通过对一种 NADP-苹果酸酶型 C_4植物 *Setaria viridis* 突变体的研究发现，编码一种转运蛋白的基因突变导致维管束鞘细胞的细胞壁木栓化层破坏、CO_2渗漏增加和叶片光合速率降低以及植株干重减少，实验证实了这种木栓化层的重要作用(Danila et al., 2021)。

4.5.2 羧酶体机制

蓝细菌和大部分藻类的 CO_2浓缩机制都是基于跨膜(一个或几个膜将介质和 Rubisco 分开)的 HCO_3^- 或(和)CO_2主动运输。这些膜对溶解的无机碳的渗透能力很低。在蓝细菌的细胞质中，Rubisco 被包装成密集的羧酶体。这种羧酶体薄的蛋白质外壳允许 HCO_3^- 与羧化底物 RuBP 进入和羧化产物 PGA 运出，但是不允许 CO_2逸出，具有保持高 CO_2浓度的屏障作用。在一些藻类，无机碳可以通过扩散和转运蛋白跨越质膜和叶绿体内被膜，Rubisco 被包装到叶绿体内的复合体——淀粉核体中。在两种复合体内都含有碳酸酐酶，它催化 HCO_3^- 转化为 CO_2，并且立即被 Rubisco 固定。图 4-9 为蓝细菌细胞内羧酶体的示意图。

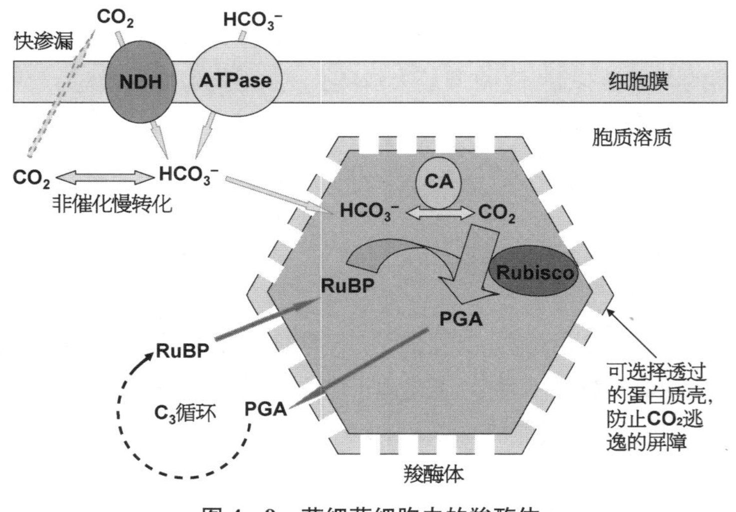

图 4-9 蓝细菌细胞内的羧酶体

根据 Price 等(2011)、Espie 和 Kimber(2011)绘制。图中，NDH 和 ATPase 分别为依赖 NADPH 的脱氢酶和 ATP 酶碳泵，CA 和 Rusisco 分别为碳酸酐酶和 RuBP 羧化酶/加氧酶。

在原核生物蓝细菌，无机碳经过膜上不同的转运蛋白（依赖 ATP 或 NADPH）跨越细胞质膜，都以 HCO_3^- 形式扩散进入羧酶体，在那里的碳酸酐酶（CA）催化产生 CO_2，并积累至高浓度，有利于 Rubisco 催化的羧化反应，而不利于加氧反应。蓝细菌具有 5 个不同的无机碳运输系统：① 细胞质膜上的 ATP 酶（ATPase），在无机碳有限条件下被诱导产生，是一个对 HCO_3^- 具有高亲和性的转运蛋白；② 细胞质膜上一个可诱导的对 HCO_3^- 具有高亲和性并且依赖 Na^+ 的转运蛋白，是低流速的 Na^+/HCO_3^- 同向转运蛋白；③ 细胞质膜上一个亲和性低但流速高并且依赖 Na^+ 的转运蛋白，可能也是 Na^+/HCO_3^- 同向转运蛋白；④ 类囊体膜上一个组成性的 CO_2 吸收系统，对 NADPH 专一的脱氢酶复合体（NDH－I），它以 NADPH 为电子供体推动将 CO_2 转化为 HCO_3^-，它将从细胞外扩散进来的和从羧酶体漏出的 CO_2 转化成 HCO_3^-；⑤ 类囊体膜上一个修饰的 NDH－I 复合体，并且也是在无机碳有限条件下被诱导产生的（Price et al.，2011）。

虽然不清楚运输的无机碳种类[CO_2 或（和）HCO_3^-]，但是一些蓝细菌细胞内外无机碳的浓度差可以达到 1 000 倍。由于是以 HCO_3^- 的形式浓缩 CO_2 于膜内，带电的 HCO_3^- 不能像 CO_2 那样简单地漏到膜外。这种 CO_2 浓缩作用可以抑制 RuBP 加氧，也就抑制了光呼吸。

4.5.3　空间酸化机制

空间酸化机制的基本特性是将 HCO_3^- 从一个碱性介质/空间输送到一个由质子泵维持的低 pH 空间液泡或类囊体腔，这里的 CO_2 ∶ HCO_3^- 平衡比率比前一空间高得多。这个平衡的维持涉及相对酸稳定的 CA 或质子推动的催化 HCO_3^- 向 CO_2 的转化，产生的 CO_2 扩散到附近含 Rubisco 的偏碱性（pH7.5～8.0）空间。

4.5.4　功能与调节

CCM 具有多种作用：一是改善 CO_2 供应，在环境中 CO_2 或溶解的无机碳减少时提供竞争优势；二是在 N、P、Fe 和 S 等营养供应不足时改善资源使用效率；三是可以作为一种能量耗散方法。所以，能量供求关系和 CO_2、营养等环境因素对 CCM 都具有重要的调节作用。

CCM 主要受与蓝细菌和藻细胞外部介质平衡的空气 CO_2 浓度和介质中溶解的无机碳（$CO_2+HCO_3^-$，统称缩写 DIC）浓度的调节。DIC 浓度增高，可以导致 CCM 能力降低。生长在含有 5% CO_2 的空气中时，表现出典型的光呼吸征状。然而，如果将这些细胞转移到含 0.03% CO_2 的空气中，它们可以很快发展出浓缩无机碳的能力，并且失去光呼吸能力。在原核生物蓝细菌中，外界介质中的 HCO_3^- 浓度或水平控制 CCM 活性，而在真核藻类中则是溶解的 CO_2 浓度控制 CCM 活性。任何影响藻细胞周围介质中无机碳水平的环境因素如 pH、温度和盐度等也都影响 CCM 表型的表达。许多与 CCM 功能相联系的基因包括编码 CA 的基因受 DIC 供应的控制。在高 CO_2 浓度下生长的细胞内没有这种行使碳泵功能的蛋白，但是低 CO_2 浓度可以诱导产生这种蛋白。

在严重的磷限制下，小球藻的 CCM 能力降低。轻度氮限制可以使绿藻细胞的 CCM 活性下调。

质膜上 CO_2/HCO_3^- 泵依赖光能(ATP)的推动，完成无机碳运输任务。这种无机碳运输需要的 ATP 来自与光系统 I 相联系的电子流。一些藻在强光下无机碳运输速率和 CCM 活性最大。但是，也有一些藻的 CCM 是由呼吸作用产生的 ATP 推动的。

4.6 光合作用产物

通常所说的光合产物，主要是指碳水化合物，其中的淀粉和蔗糖是光合作用过程的主要末端产物。它们是细胞其他组分如蛋白质和脂肪合成的有机碳源。在叶绿体中，磷酸丙糖是淀粉合成的直接原料，而输入细胞质的磷酸丙糖则用于蔗糖合成。淀粉是叶绿体内光合产物的一种临时储存形式，它往往长期储存在专门的非光合器官(如根、块茎和种子)细胞内的质体(淀粉体)中，而蔗糖则是光合产物从光合组织向其他组织运输的主要形式。当然，在一些植物体内蔗糖也可以是一种长期储存的光合产物。

至于葡萄糖，它只是光合作用过程的一种中间产物，而不是末端产物。因此，在光合作用总式中用它表示光合产物是不够恰当的(许大全和陈根云，2016)。

4.6.1 淀粉合成

淀粉是由 *D*-葡萄糖单体组成的葡聚糖(图 4-10)，植物和绿藻碳贮存的主要形式。它广泛分布于植物界，存在于大部分组织中。它是葡萄糖的多聚物，形成半结晶结构(淀粉粒)。它是日间叶片或其他绿色组织光合作用过程中合成的一个重要末端产物，并且于夜间降解运出。它也产生于种子、块茎、根、果实和花粉粒等贮存组织的造粉体(amyloplasts)中。叶绿体中的淀粉是暂存形式，而贮存器官造粉体中积累的则是比较稳定的形式。一部专著简要介绍了包括淀粉、蔗糖、果聚糖(fructans)、糖原(glucogen)、纤维素(cellulose)、糖磷酯(sugar phosphates)和核糖等十多种代谢物的合成与降解、测定原理与程序(Pontis, 2017)。

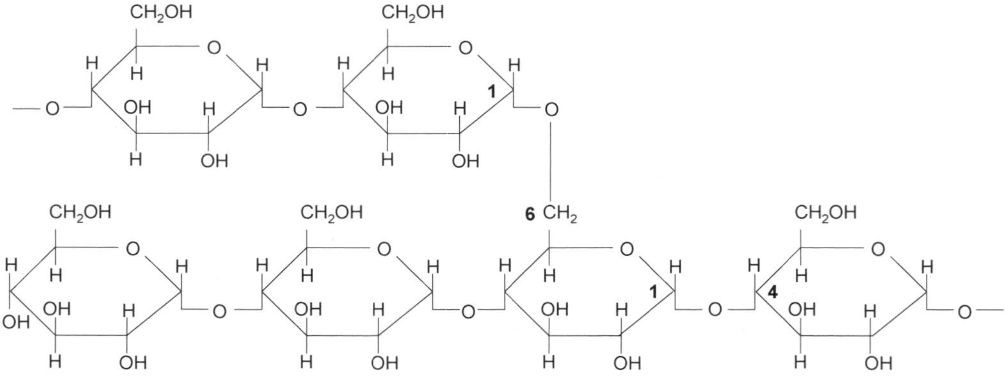

图 4-10 淀粉的分子结构

叶片在光下合成淀粉，而在黑暗中降解淀粉。淀粉合成开始于光合碳还原循环的中间产物 6-磷酸果糖，涉及如下 5 步反应：

反应1：6-磷酸葡萄糖异构酶催化6-磷酸果糖转化为6-磷酸葡萄糖；

反应2：磷酸葡萄糖变位酶催化6-磷酸葡萄糖转化为1-磷酸葡萄糖(在光合细胞中，从1-磷酸葡萄糖合成淀粉的优势代谢途径是ADP-葡萄糖途径)；

反应3：ADP-葡萄糖合酶或ADP-葡萄糖焦磷酸酶催化1-磷酸葡萄糖和ATP转化为ADP-葡萄糖和焦磷酸；

反应4：淀粉合酶催化ADP-葡萄糖和$(\alpha-1,4-葡聚糖)_n$形成$(\alpha-1,4-葡聚糖)_{n+1}$和ADP；

反应5：淀粉分支酶催化线形α-1,4-葡聚糖链转化为具有α-1,6-连接的分支淀粉α-1,4-葡聚糖链。

ADP-葡萄糖焦磷酸酶是淀粉合成中的一个关键调节酶。它受3-磷酸甘油酸(3-PGA,活化剂)和无机磷(Pi,抑制剂)的变构(或别构)调节。叶绿体内的3-PGA/Pi比率通过该酶调节淀粉合成。

叶片中的淀粉降解有2个可能的路线：水解路线和磷酸解路线。淀粉磷酸解的产物是磷酸丙糖和3-PGA,它们可以通过Pi-转运蛋白从叶绿体输出；而淀粉水解的产物是葡萄糖和麦芽糖，它们通过叶绿体被膜上的六碳糖转运蛋白离开叶绿体。

4.6.2　蔗糖合成

在叶绿体内光合碳还原阶段形成的磷酸丙糖有3个可能的去向：一是用于RuBP再生，使光合碳同化不断地进行下去；二是用于在叶绿体内合成淀粉，并暂时贮存；三是通过叶绿体内被膜上的磷酸丙糖/无机磷转运蛋白，与细胞质内的无机磷交换，在无机磷进入叶绿体的同时，将磷酸丙糖输入细胞质，在细胞质内用于蔗糖(图4-11)合成。

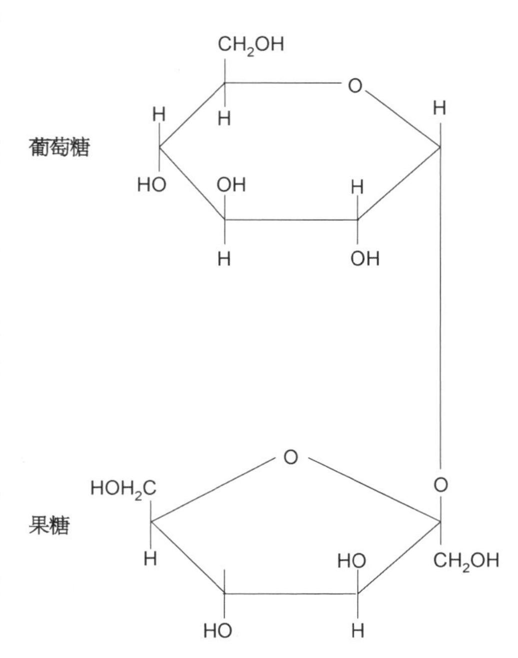

图4-11　蔗糖的分子结构

蔗糖合成过程包括如下8个反应步骤：

反应1：磷酸丙糖异构酶催化3-磷酸甘油醛即磷酸丙糖转化为磷酸双羟丙酮；

反应2：1,6-二磷酸果糖醛缩酶催化磷酸双羟丙酮和磷酸丙糖转化为1,6-二磷酸果糖；

反应3：细胞质果糖-1,6-二磷酸酯酶催化1,6-二磷酸果糖水解生成6-磷酸果糖，或者由焦磷酸：果糖-6-磷酸—1-磷酸转移酶催化1,6-二磷酸果糖可逆转化为6-磷酸果糖和焦磷酸；

反应4：磷酸六碳糖异构酶催化6-磷酸果糖转化为6-磷酸葡萄糖；

反应5：磷酸葡萄糖变位酶催化6-磷酸葡萄糖转化为1-磷酸葡萄糖；

反应6：UDP-葡萄糖焦磷酸化酶催化1-磷

酸葡萄糖和尿苷三磷酸(UTP)反应生成UDP-葡萄糖和焦磷酸；

反应7：蔗糖磷酸合酶(SPS)催化UDP-葡萄糖和6-磷酸果糖反应生成磷酸蔗糖和UDP；

反应8：蔗糖磷酸酯酶催化磷酸蔗糖水解生成蔗糖。

图4-12描述光合作用中淀粉与蔗糖的生物合成途径，同时也表明了无机磷再生的途径。

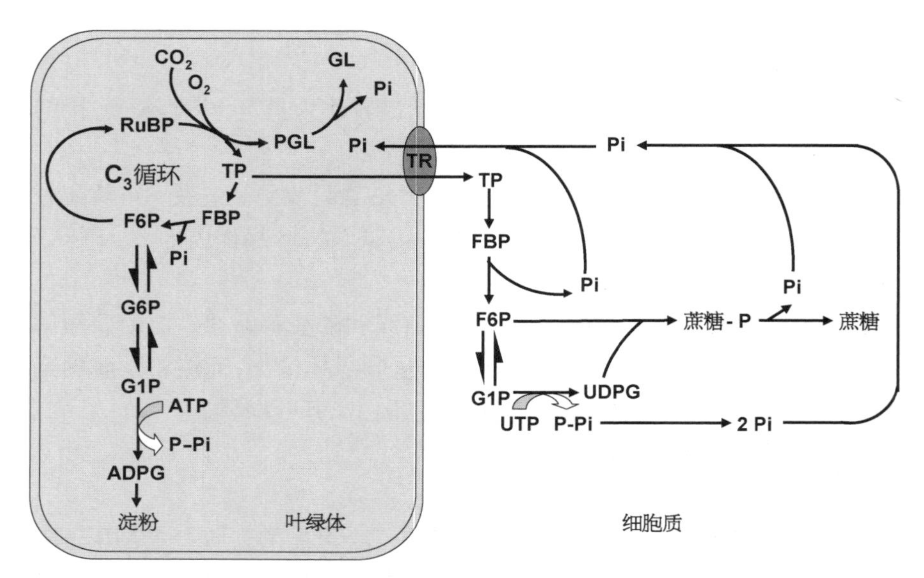

图4-12　光合作用中淀粉与蔗糖生物合成及无机磷再生途径

TP——磷酸丙糖；PGL——磷酸乙醇酸；GL——乙醇酸；TR——转运蛋白；ADPG——腺苷二磷酸葡萄糖；UDPG——尿苷二磷酸葡萄糖；P-Pi——焦磷酸；Pi——无机磷。

一些调节机制用于维持光合组织的细胞质中蔗糖水平，以便碳流不受干扰地流入光合产物的库组织中。这些机制的调节位点主要在：细胞质1,6-二磷酸果糖酯酶和蔗糖磷酸合酶。信号代谢物2,6-二磷酸果糖强烈抑制细胞质1,6-二磷酸果糖酯酶，高水平的2,6-二磷酸果糖可以阻止蔗糖合成。2,6-二磷酸果糖水平直接调节光合产物在蔗糖和淀粉之间的分配，2,6-二磷酸果糖水平的提高使淀粉合成增加，同时减少蔗糖的积累。SPS活性受6-磷酸葡萄糖(活化剂)和无机磷(抑制剂)的变构调节(细调)和可逆的蛋白磷酸化(使酶失活)调节(粗调)。在决定蔗糖合成速率上，SPS的调节比细胞质1,6-二磷酸果糖酯酶的调节重要。

正如上面所介绍，在光合碳还原循环中产生的磷酸丙糖有3个可能的去向：RuBP再生、淀粉合成(在叶绿体内)和蔗糖合成(在细胞质内)。如果磷酸丙糖过度用于淀粉或蔗糖的合成，光合碳还原循环就会因中间产物的耗尽而崩溃。幸运的是，有一个复杂的调节机制控制这3个去向之间的平衡，可以避免这种灾难的发生。

需要指出的是，叶片光合产物的转化、积累和输出情况因物种不同而异，大体上有2种不同类型：一种称为糖叶，例如小麦，在日间进行光合作用时有相当数量的光合产物从叶片输出，当光合产物输出停滞时主要增加蔗糖的积累，小麦叶片蔗糖含量可达18%，蚕豆叶片蔗糖含量可达20.6%，并未见淀粉合成的增加；另一种称为淀粉叶，例如大豆，在日间光合作用时光合产物很少输出，大量积累淀粉（夏叔芳等，1981）。玉米有所不同，似乎属于中间类型，但是更像糖叶，其光合产物的暂存形式是蔗糖和淀粉，日间光合产物输出数量大于夜晚，日间光合产物输出受阻后蔗糖和淀粉积累均大量增加。

参考文献

郭连旺，许大全，沈允钢，1995.棉花叶片光合作用的光抑制和光呼吸的关系.科学通报，40：1885－1888.

夏叔芳，于新建，张振清，1981.叶片光合产物输出的抑制与淀粉和蔗糖的积累.植物生理学报，7：135－142.

许大全，陈根云，2016.关于光合作用一些基本概念的思考.植物生理学报，52(6)：975－978.

Bassham JA, Calvin M, 1957. The path of carbon in photosynthesis. Englewood Cliffs: Prentice-Hall, Inc.

Bracher A, Whitney SM, Hartl FU, et al., 2017. Biogenesis and metabolic maintenance of Rubisco. Annu Rev Plant Biol, 68: 29－60.

Brinkert K, 2018. Energy conversion in natural and artificial photosynthesis. The Netherlands: Springer.

Buchanan BB, 2016. The carbon (formerly dark) reactions of photosynthesis. Photosynth Res, 128: 215－217.

Danila FR, Thakur V, Chatterjee J, et al., 2021. Bundle sheath suberisation is required for C_4 photosynthesis in a *Setaria viridis* mutant. Commun Biol, 4: 254.

Espie GE, Kimber MS, 2011. Carboxysomes: cyanobacterial Rubisco comes in small package. Photosynth Res, 109: 7－20.

Gowik U, Westhoff P, 2011. The path from C_3 to C_4 photosynthesis. Plant Physiol, 155: 56－63.

Hopkins WG, 1999. Introduction to plant physiology. 2nd Ed. New York: John Wiley & Sons.

Jokel M, Kosourov S, Allahyverdiyeva Y, 2020. Hydrogen photoproduction in green algae: novel insights and future perspectives//Kumar A, Yau YY, Ogita S, et al (eds). Climate Change, Photosynthesis and Advanced Biofuels: The Role of Biotechnology in the Production of Value-added Plant Bio-products. Singapore: Springer: 237－253.

Nickelsen K, 2015. Explaining photosynthesis, history, philosophy and theory of the life science 8. Dordrecht: Springer.

Pontis HG, 2017. Methods for Analysis of Carbohydrate Metabolism in Photosynthetic Organisms: Plants, Green Algae, and Cyanobacteria. Amsterdam: Academic Press.

Price GD, Badger MR, von Caemmerer S, 2011. The prospect of using cyanobacterial biocarbonate transporters to improve leaf photosynthesis in C_3 crop plants. Plant Physiol, 155: 20－26.

Sharkey TD, Weise SE, 2016. The glucose 6－phosphate shunt around the Calvin-Benson cycle. J Exp Bot, 67(14): 4067－4077.

Sharkey TD, 2019. Discovery of the canonical Calvin-Benson cycle. Photosynth Res, 140: 235－252.

Shevela D, Björn LO, Govindjee, 2019. Photosynthesis: Solar Energy for Life. Singapore: World Scientific.

Taiz L, Zeiger E, 1998. Plant physiology. 2nd Ed. Sunderland: Sinauer Associates, Inc.

Williams JF, MacLeod JK, 2006. The metabolic significance of octulose phosphates in the photosynthetic carbon reduction cycle in spinach. Photosynth Res, 90: 125－148.

Williams BP, Aubry S, Hibberd JM, 2012. Molecular evolution of genes recruited into C_4 photosynthesis. Trends Plant Sci, 17: 213－220.

Zelitch I, Schultes NP, Peterson RB, et al., 2009. High glycolate oxidase activity is required for survival of maize in normal air. Plant Physiol, 149: 195－204.

第 2 篇
环 境 影 响

第5章

光

经过地球周围大气层的吸收和反射，到达地球表面的太阳辐射波长大部分为200～2 000 nm。其中，大约20%波长小于400 nm的为对生物体具有严重破坏作用的紫外辐射，50%（文献中有43%、45%和52.5%等不同数值）为400～700 nm的人眼可见光，可以被大部分光合生物用于光合作用，因此被称为光合有效辐射（PAR），而其余30%波长大于700 nm，由于每个光子具有的能量太低而不能推动光合作用的光化学反应。

光是光合作用的能源，也是光合作用和植物生长发育的重要调节因子，因此是植物生存必不可少的环境条件。一方面，环境光强、光质的变化对植物的生长发育产生重要影响；另一方面，植物特别是光合机构及其光合作用对光强、光质的变化可以作出灵活的响应与适应。图5-1表明植物光合响应与适应的时间范围。

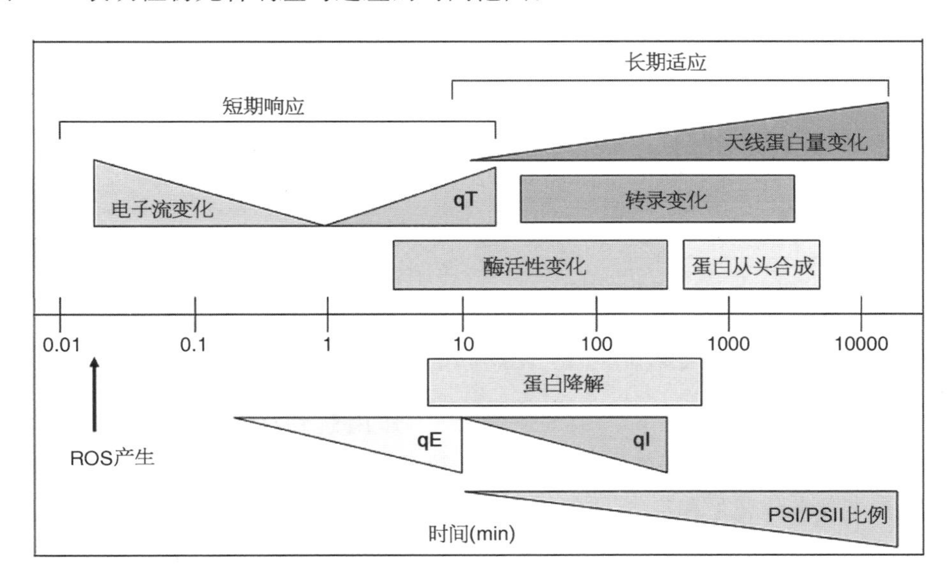

图5-1　植物光合响应与适应的时间尺度

根据Eberhard等(2008)绘制。qE、qT和qI分别为非光化学猝灭(NPQ)或能量耗散的3个不同组分。ROS代表活性氧。

实际上，广义的“响应”(response)包括短期响应和长期响应2部分。长期响应就是适应。狭义的“响应”是指生物体对短时间(几分钟或几小时)环境条件变化所作出的调整。“适应”(acclimation)则是指生物体对较长时间(几小时到几天甚至几周、几个月)环境条件变化所作出的调整，往往只涉及生物表型的变化，不涉及基因组成的变化；而生物演化意义上的适应(adaptation)是对更长时间(许多年、许多世代)环境条件变化所作出的调整，涉及表型和基因型两方面的变化。似乎可以这样说，狭义的响应只涉及环境条件短期变化引起的光合机构功能单方面的变化，而适应则涉及环境条件长期变化后光合机构的结构和功能两方面的变化。

下面首先介绍光合作用对光强变化的响应，是狭义的响应，即短期光强变化引起的光合功能的变化，包括光合作用的光诱导和过量光引起的光合作用的光抑制等；然后介绍光合作用及植物生长发育对光质(光的波长及其组成)变化的响应。

5.1 光诱导现象

当把光合机构例如叶片、叶肉细胞、原生质体或叶绿体从黑暗中转移到光下，或从弱光下转移到强光下之后，它们的光合速率在经过一个或长或短的逐步增高过程之后，才达到一个稳定的高水平，也就是稳态水平。这个现象被称为光合作用的光诱导现象(图 5-2)，这个过程称为光合作用的诱导期。W. J. V. Osterhout 和 A. R. C. Hass 于 1918 年首先观察到这种光合诱导现象。

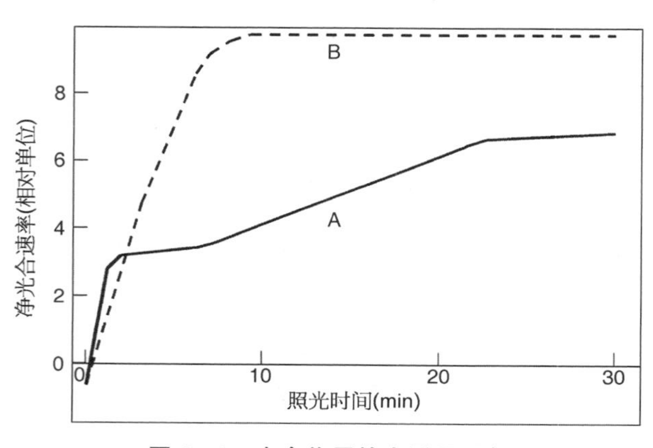

图 5-2 光合作用的光诱导现象

A 曲线为对照叶片，B 为照光前涂抹药剂使气孔充分开放的叶片，不仅光合作用的光诱导期大为缩短，而且稳态光合速率明显提高。

光合作用诱导期的长短差别很大，短的仅几分钟，长的可达 1～2 h。它受多种因素影响。例如，低温、照光前较长的暗处理时间和过高或过低的无机磷浓度都会使光合诱导期延长。土壤水分亏缺或空气湿度低时，光合诱导期也明显拉长。而且，在这些条件下光合作用达到稳态后，即使仅仅施加短短 5 min 的暗处理，再次照光后仍然需要通过一个较长的诱导期才能使光合作用重新达到稳态。但是，在土壤水分充足和空气湿度高的情况下则不然。

光合作用中光诱导现象的形成，主要是由于光合碳同化酶的活化、光合碳同化中间产物的积累和叶片表面气孔的开放都需要或长或短的时间。许多种参与催化光合碳同化的酶例如 Rubisco 和果糖二磷酸酯酶(FBPase)等，在黑暗中活性很低，其活化都需要光。尽管它们的活化很快，但也不是立即完成的；当光合机构从光下转移到黑暗中，光合电子传递和光合磷酸化以及那些依赖同化力的反应立即停止，而 RuBP 羧化、加氧反应却会继续一小段时间，使一些中间产物的水平大大降低。因此，当这些光合机构被重新照光后，由于中间产物水平低，光合碳还原循环不能立即全速运转，只有经过一段时间这些中间产物积累到一定水平后，循环才能全速运转；光合作用中同化的 CO_2 绝大部分是通过叶片上的气孔进入叶片并扩散到叶绿体内的羧化部位。在黑暗中气孔基本上是关闭的（行景天酸代谢的肉质植物例外）。只有当叶片被照光后，气孔才逐渐开放。这是一些叶片的光合诱导期往往长达数十分钟甚至数小时的一个重要原因。叶片的光合诱导期往往比叶肉细胞或原生质体长得多、普通空气条件下叶片的光合诱导期比 CO_2 饱和条件下长得多的事实就说明了这一点。经壳梭孢素处理的大豆叶片不仅光合诱导期大大缩短，而且光合速率明显提高。这是由于处理的大豆叶片气孔在黑暗中已经充分开放，照光后不再有逐步开放的过程，因此光合速率的逐步升高过程即光诱导期大为缩短。

比较不同植物种、品种之间或处理与对照之间叶片的光合速率差异、测定叶片的光合量子效率或羧化效率时，一定要等到叶片光合诱导期结束之后进行，否则会造成严重的实验误差。

林地下层植物和作物群体中下层叶片对光斑（sunfleck）的使用与光合作用的光诱导现象有密切的关系，特别是在光斑持续时间比较长、变动频率不太高的情况下，光合作用处于光诱导过程，光合速率会随着光斑时间的延长而增高。

5.2 光响应

在某种光强（或光合作用上有效的光量子通量密度，*PPFD*）下光合作用结束光诱导期达到稳态之后，光合速率对光强变化的响应可以用一条大体上包括 3 个不同部分的曲线（光合作用的光响应曲线，图 5－3）来描述：

第一部分，在弱光下，光合速率随光强的增高而急剧升高，两者呈直线关系，表明光是光合作用的唯一限制因素。这条直线的斜率就是光合碳同化（或氧释放）的量子效率。如果不是按叶片吸收的而是按入射到叶片表面的 *PPFD* 计算，得到的是表观量子效率（AQY）。虽然它不如按叶片实际吸收的 *PPFD* 计算的实际量子效率准确，但是它在植物生理生态研究中测定手续简便，很有用。阳生植物和阴生植物叶片的量子效率基本上是一样的。如果观测到阴生植物叶片的表观量子效率比阳生植物高，那可能是由于阴生植物叶片的叶绿素含量高以致光的反射、透射损失少，或者是由于阳生植物的叶片遭受了光抑制。这条直线与横轴的交点为光补偿点。在这个光强下，光

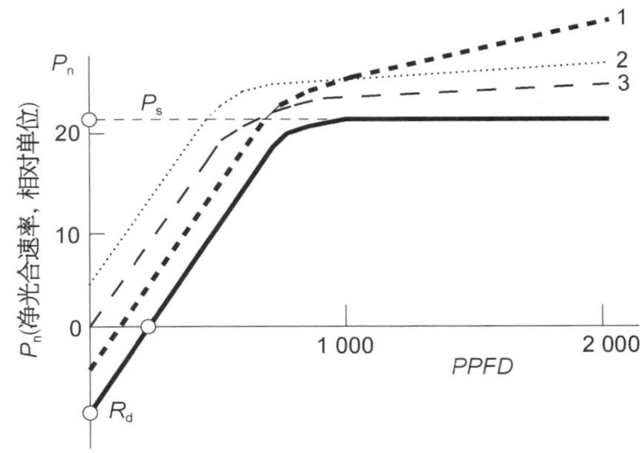

图 5－3 光合作用的光响应曲线

黑实线是 C_3 植物叶片光合作用的光响应曲线。P_n——叶片净光合速率；P_s——光饱和的光合速率；R_d——光下呼吸（即线粒体呼吸）速率。3 条虚线是由于实验方法不当而得到的有问题的 C_3 植物叶片光合作用的光响应曲线：曲线 1 在强光下光合作用仍然没有达到饱和，对 C_4 植物来说这是正确的，然而对 C_3 植物来说这是不正确的；曲线 2 与纵轴相交于坐标原点以上，意味着黑暗中仍然有净光合作用，这是不可能的；曲线 3 通过坐标原点，意味着被测定的叶片没有呼吸作用，这也是不可能的。

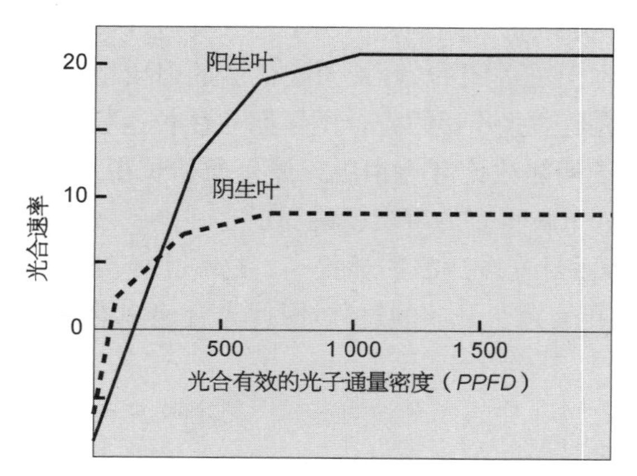

图 5-4 阴生叶与阳生叶的光响应曲线示意图（纵坐标光合速率为相对单位）

合作用吸收 CO_2 的速率与呼吸作用释放 CO_2 的速率相等，也就是既看不到 CO_2 吸收，也看不到 CO_2 释放。通常，阳生植物叶片的光补偿点（10～20 $\mu mol \cdot m^{-2} \cdot s^{-1}$）高于阴生植物（1～5 $\mu mol \cdot m^{-2} \cdot s^{-1}$）（图 5-4），因植物内外因素的变化而变化。这条直线与纵轴的交点为光下的线粒体呼吸即通常所说的“暗呼吸”速率，也称日呼吸。

第二部分，在中等光强下，光合速率随光强的增高而比较缓慢地升高，两者呈曲线关系。这时，光合作用不仅受光能供应的限制，而且也受一些叶片自身因素如 Rubisco 活性和 RuBP 再生、磷酸丙糖使用等的限制。

第三部分，在强光下，光合速率随光强的增高而极缓慢升高或者不再增高，两者呈直线关系，但是与第一部分直线不同，不是与横轴倾斜相交的直线，而是几乎与横轴平行的直线。这时，光对光合作用来说是饱和、过量的。这时的光合速率为光饱和的光合速率。在合适的环境条件比如适宜的温度和饱和的 CO_2 浓度下，光饱和的光合速率高低完全取决于叶片自身光合能力的大小。因此，这时的光合速率也称为光合能力。阳生植物叶片的光合能力往往比阴生植物高。

叶片光合作用的饱和光强因植物种类和生长条件的不同而异。由于在光合作用的光响应曲线上没有一个明显的转折点，饱和光强很难准确地确定，只能说出一个大致的范围。有的人把弱光下的直线段（上述第一部分）延长线与强光下几乎与横轴平行的直线段（上述第三部分）延长线的交点视为“光饱和点”或“饱和光强”，认为大部分 C_3 植物的光合作用在全太阳光的大约 25％光强下就达到了光饱和（Long et al.，2006）。如果全太阳光强（常用光量子通量密度表示）按 2 000 $\mu mol \cdot m^{-2} \cdot s^{-1}$ 计算，那么这个饱和光强大约为 500 $\mu mol \cdot m^{-2} \cdot s^{-1}$。然而，大量的测定实践表明，这样推测的饱和光强总是远低于实测值，即使室内生长的大豆和小麦叶片光合作用的饱和光强也在 600～700 $\mu mol \cdot m^{-2} \cdot s^{-1}$，田间生长的这些植物的饱和光强也都在 1 000 $\mu mol \cdot m^{-2} \cdot s^{-1}$ 以上，小麦甚至可高达 1 600 $\mu mol \cdot m^{-2} \cdot s^{-1}$。

5.3 光抑制

光能是光合作用的能源和基本推动力，光能不足会严重限制光合作用。但是，光能过剩而超过光合作用的需要也不是好事，会引起光合作用的光抑制，甚至光合机构的光破坏。光抑制的基本特征是光合效率（光合碳同化的量子效率和光系统 II 的光化学效率）降低。图 5-5 中的热耗散就是光抑制的反映。

5.3.1 机制

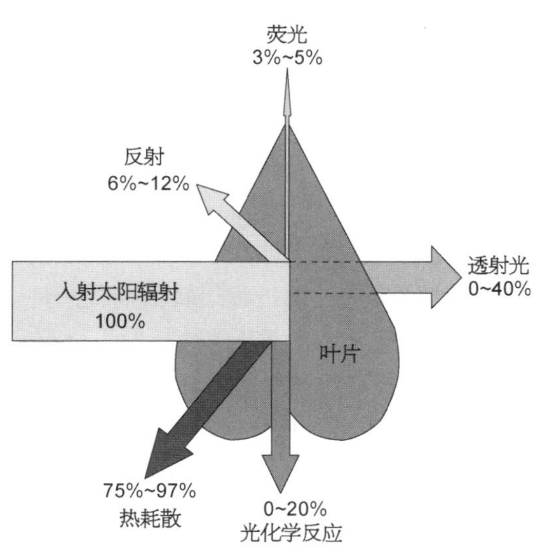

图 5-5 叶片入射光的归宿

参考 Kalaji 等(2017)绘制入射光不同归宿的百分数大小主要与光强弱不同有关，入射光越强，用于光化学反应的比例越小，而用于热耗散的比例越大。

虽然自1980年代以来，光合作用的光抑制受到越来越多学者的关注，成为光合作用研究领域的一个热门课题，但是它的分子机制迄今还不很确定。按照光抑制条件去除后光合效率恢复快慢的不同，可以分为快恢复的光抑制和慢恢复的光抑制。前者主要同一些热耗散过程的加强有关，而后者主要同光合机构的破坏相联系(Osmond, 1994)。

(1) 光合机构的光破坏

光抑制的主要部位是光系统 II。在光抑制研究中，人们常说的光合机构的破坏，主要指光系统 II 反应中心复合体中核心组分 D1 蛋白的破坏、降解和净损失。在光抑制机制研究中，特别是较早期的研究，绝大多数是用弱光下生长的藻类细胞或植物的离体叶绿体、类囊体或反应中心颗粒作为实验材料，人工施加特殊条件例如比太阳光强得多的强光(在自然界植物不可能遇到)处理引起的光抑制。这种光抑制常常与光合机构的破坏(主要是 D1 蛋白的损失)有不可分割的联系。

光系统 II 的光破坏可能有2种情况，即起源于受体侧和起源于供体侧的2种光破坏。在前一种情况下，由于 CO_2 同化受阻，质体醌库完全还原，稳定的还原型 Q_A 很快积累，促使三线态 P680 形成，而三线态 P680 可与 O_2 作用形成单线态氧($^1O_2$)。$^1O_2$ 是强氧化剂，可以破坏附近的蛋白质和色素分子。D1 蛋白中的组氨酸残基(His190、His195 和 His198)可能是 $^1O_2$ 攻击、破坏的位点。在后一种情况下，当水氧化受阻时，由于放氧复合体不能很快地把电子传递给反应中心，延长了 $P680^+$ 的寿命。$P680^+$ 也是强氧化剂，不仅能氧化破坏类胡萝卜素和叶绿素等色素，而且也能氧化破坏 D1 蛋白。起源于受体侧的光破坏依赖氧，而起源于供体侧的光破坏在无氧条件下也可以发生。关于光合机构的光破坏，多年来比较普遍接受的看法是，光系统 II 的光破坏主要起源于受体侧，发生在反应中心，主要是 D1 蛋白的破坏。

然而，近年来出现了一些明显不同的新观点，与起源于受体侧的光破坏不同，认为原初破坏在放氧复合体，次级破坏在反应中心(Ohnishi et al., 2005; Tyystjarvi, 2008)；放氧复合体中锰簇对阳光中的紫外辐射及黄光的吸收导致复合体的光破坏，可以通过躲避阳光的叶片运动和叶绿体运动以及积累能够屏蔽紫外辐射和可见光的酚类物质如花色素苷以及类胡萝卜素等减轻或防止这种原初光破坏，而捕光复合体吸收的过量光引起的反应中心破坏则是光破坏的次级位点，这种破坏是由于过量光下产生的活性氧抑制 D1 蛋白的从头合成即抑制光破坏的光系统 II 的修复(Kreslavski et al., 2013)。光系统 II 破坏的太阳光作用光谱研究结果表明，光系统 II 破坏基本上与紫外辐射及黄光相联系，这些非光合有效辐射直接激发放氧复合体中的锰离子(Takahashi et al.，2010)。

(2) 光合机构的热耗散

在全太阳光下，植物叶片吸收的光能大半(56%)被变成热耗散掉。关于过量激发能的热耗散机制(详见第 14 章能量耗散)，比较流行的看法主要有如下 3 种：

一是依赖跨类囊体膜质子梯度的热耗散(ΔpH)。它是一种有效的保护机制，而且 ΔpH 还是其他形式热耗散过程运转的前提条件。

二是依赖叶黄素循环的热耗散。Demmig 等(1987)首先将叶黄素循环与能量的热耗散联系起来。叶黄素循环是高等植物和绿藻经常发生的几种叶黄素之间的循环转化(图 5-6)，由紫黄质(violaxanthin，V)脱环氧酶(VDE)和玉米黄质(zeaxanthin，Z)环氧酶(ZE)2 种酶催化。前者位于类囊体膜的类囊体腔一侧，分子质量约 43 kDa，活性的最适 pH 为 5.0，催化由含双环氧的 V 经过含有单环氧的中间物花药黄质(antheraxanthin，A)到无环氧的 Z 反应；后者位于类囊体膜的叶绿体间质侧，推测分子质量为 67 kDa，活性的最适 pH 为 7.5，催化由 Z 经过 A 到 V 反应。当光能过剩时，VDE 催化由 V 经过 A 到 Z 的去环氧化反应发生；而当光能有限时，相反的过程发生，即 ZE 催化由 Z 经过 A 到 V 的环氧化反应，从而形成一个循环。一定大小的 ΔpH 是玉米黄质形成的前提。这种热耗散的特征是光合量子效率、光系统 II 最大的或潜在的光化学效率(常以可变荧光与最大荧光的比值 F_V/F_M表示)和初始荧光 F_O水平的降低。

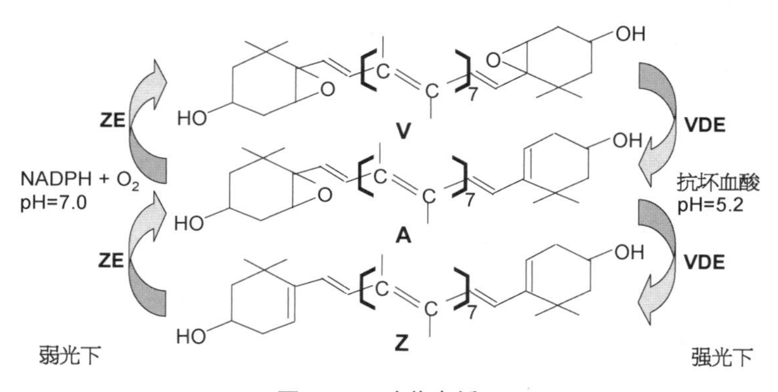

图 5-6 叶黄素循环

V——紫黄质；A——花药黄质；Z——玉米黄质；VDE——紫黄质脱环氧酶；ZE——玉米黄质环氧化酶。图内中括号下面的数字 7 表明括号内的结构重复 7 次，即是一段含 14 个碳原子和 7 个双键的烃链。

Yamamoto 等(1962)通过深入研究确定了 V→A→Z 和 Z→A→V 循环转化的叶黄素循环(violaxanthin cycle，即如今文献中常用的 the xanthophyll cycle)。之所以强调"the"，是因为还有多种功能尚不确定的其他叶黄素循环。他们的另一个重要贡献是发现可以用 505 nm 减 540 nm 的示差分光光度测定法迅速而灵敏地测定叶绿体内紫黄质脱环氧酶活性。

三是依赖光系统 II 反应中心可逆失活的热耗散。体内光系统 II 的光致失活至少分两步进行，第一步是可逆的，第二步是不可逆的。从第一步逆转而重新活化不需要 D1 蛋白的重新合成,而从第二步逆转重新活化则需要D1蛋白的重新合成。根据荧光参数暗衰减时间的不同,可将光引起的光系统II反应中心失活分为2个不同的阶段：D1蛋白可逆的构象变化(特征是初始荧光 F_O 水平增高和最大荧光水平 F_M 下降)和后来的不可逆修饰。

5.3.2 光破坏防御

高等植物生活在光强经常发生大幅度变化的环境里。在漫长的演化过程中,它们既形成了一些适应弱光的办法,也形成了多种防御强光破坏的策略,构成一个防御系统。除了上面介绍的光能以热的形式耗散即热耗散以外,还有通过叶片、叶绿体的避光运动和叶片表面生长毛或累积盐等减少光吸收、通过增加光合电子传递链组分和光合碳同化关键酶Rubisco等含量提高光合能力、加强光呼吸和梅勒反应以及叶绿体呼吸等耗能代谢和清除活性氧以及加速D1蛋白周转等(图5-7)。

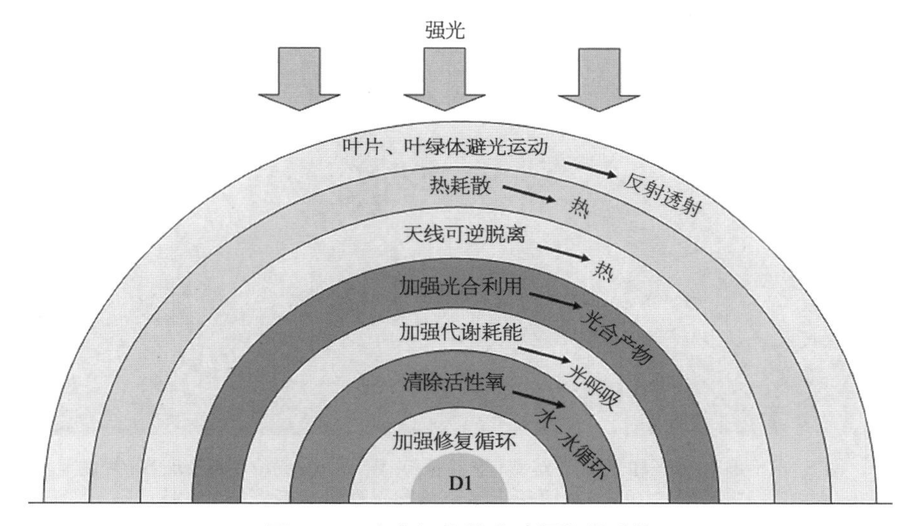

图5-7 光合机构的光破坏防御系统

除了上面提到的多种防御机制以外,多种保护性物质如逆境诱导蛋白和花色素苷也发挥重要的防御作用。在D1蛋白迅速周转期间,一些叶绿素分子可能以游离态存在。在光下这些叶绿素分子很容易与分子氧作用,形成单线态氧。然而,一些核编码的类囊体膜蛋白即早期光诱导蛋白(ELIPs)可以暂时结合这些叶绿素和叶黄素(lutein),而叶黄素能够迅速猝灭这些激发态的叶绿素。所以,ELIPs的作用是通过对光能的热耗散防止过量光对反应中心的破坏。不同的逆境如热和光,可以通过不同的途径活化ELIP基因的转录。ELIPs结合的叶绿素以后可以被整合到新合成的多肽上。

除了ELIPs和热激蛋白以外,叶片中的酚类化合物如花色素苷对光合机构也具有不可忽视的保护作用。花色素苷是一类水溶性植物色素,以酚类化合物类黄酮(flavonoids)或花色素(anthocyanidin)为配基的一类糖苷。它们的生理功能有如下一些假说：① 保护叶绿体免于过量光的不良影响;② 减轻紫外辐射;③ 抗氧化;④ 调节活性氧信号转导级联反应;⑤ 通过直接的化学作用和间接的视觉信号防御昆虫和其他动物的侵害。虽然花色素苷可以保护光合机构的观点早在1916年就出现了,但是其实验证实还是1990年代田间便携式调制荧光分析仪出现以后的事。研究结果一再表明,花色素苷过滤光的效应可以减轻光抑制,加速光合功能的恢复,使花色素苷能够保护光合机构的假说实际上已经上升为理论。

在自然条件下发生的光抑制中,之所以很少看到光合机构的破坏、D1蛋白的损失,就是由于上述保护系统的有效运转。一些植物光合机构破坏的发生完全是光以外其他环境胁迫因素既抑制光合作用,又限制保护系统有效运转的结果。例如冬季强光低温引起的一些常绿植物叶片的漂白就是这样(图5-8)。

图5-8 冬季强光和低温下丝葵(华盛顿棕,*Washingtonia filifera*)叶片的光破坏(2012年春摄于上海植物园)(参见书后彩图5-8)

5.3.3 光抑制与光破坏的关系

在过去相当长一段时间内,不少人一提到光抑制就把它和光合机构的破坏或D1蛋白的净损失联系在一起,似乎两者是一回事。然而,一些用室内生长的植物和一些用田间生长的植物所做的实验结果都表明,光抑制的发生并不伴随D1蛋白的净损失。显然,光抑制的原因并不总是光破坏。

由于光抑制条件去除后数分钟至数小时光合功能便可恢复,早在1988年,G. H. Krause和G. Öquist就分别提出,可以把光抑制看作一个可以控制的保护机制,用于耗散过量的光能,使光合机构遭受最小破坏。O. Björkman、B. Demmig-Adams、C. Critchley和A. W. Russell等也持类似的观点。所以,在环境胁迫下需要防御、减轻或避免的是光合机构的光破坏,而不是以能量耗散过程加强运转为主要特征的光抑制,因为这种光抑制本身就是植物体防御、减轻或避免光合机构遭受光破坏的一种有效机制。

在关于植物光胁迫的研究文献中经常出现光抑制(photoinhibition)、光破坏(photodamage)和光破坏防御(photoprotection)这3个词汇或术语。"光抑制"反映的是光合机构功能的变化,即光合效率的降低,而"光破坏"指的是光合机构结构的变化,例如反应中心复合体核心组分D1蛋白的破坏和净损失。如上所述,光抑制可能是D1蛋白破坏、净损失的结果,也可能是能量耗散过程加强运转的反映。在没有其他严重胁迫因素与强光同时存在的自然条件下,之所以很少观察到光破坏的发生,是因为植物有一系列光破坏防御机制在发挥作用。是这些机制而不是光在保护光合机构免于过量光引起的破坏,所以不宜将photoprotection机械地翻译为"光保护"。

5.3.4 光抑制的复杂性

在光合作用的光抑制研究中,常常因为所用植物材料的种类不同、生长条件不同、生育阶段不同和光抑制处理环境条件不同,得出不同的结果,甚至不同的结论。

5.4 光适应

在自然界,植物生活的光环境千差万别,森林内地面上的植物接受的光能不及林冠接受光能的0.5%。植物群体和单个叶片接受的光能在不同时刻、不同季节经常变化。光合作用对强光的适应涉及光化学反应和生物化学反应能力的均衡增高,而它对弱光的适应则是捕光系统的能力提高或不变,但参与电子传递和碳固定组分的水平降低。

植物从弱光下转移到强光下一段时间后,叶片的光合速率明显提高。反之,植物从强光下转移到弱光下一段时间后,叶片的光合速率往往明显降低。同这种光合能力的变化相一致,在植物生长光强变化一段时间后,叶片的形态、结构和组成成分也发生相应的变化。例如,在强光下生长一段时间后,叶片明显变厚、栅栏细胞层数增加等。在将弱光下生长的豌豆转移到中等光强的光下以后,叶光合速率成倍增高,同时叶绿素a/b比率、细胞色素f含量、ATP合酶活性和Rubisco羧化活性都明显增高。对强光的长期适应还涉及抗氧化物质的增多和捕光天线的变小,这种天线的变化很可能是由于基因表达的变化。

适应强光环境的阳生植物与适应弱光环境的阴生植物在光合功能和光合机构的结构与组成上都有很大的差别。与前者相比,后者有较低的根/冠比、较薄的叶片(较少的细胞层数)、较大的叶绿体、较多基粒垛叠、较低的光系统I/光系统II比率、较高的叶绿素含量、较低的叶绿素a/b比率和较低的光饱和光合速率、较低的饱和光强、较低的光补偿点以及较低的呼吸速率。并且,阴生植物有较少的光系统II核心复合体、细胞色素b_{559}、细胞色素f和ATP合酶含量以及较低的光系统II和ATP合酶活性,所以它们的光饱和光合速率低。但是,在弱光下比较测定时,阴地植物叶片的光合速率会高于阳地植物,这是由于它们的叶绿素含量高,能够更有效地捕捉光能。由于阴生环境中富有长波的远红光,吸收峰在700 nm的光系统I会比光系统II吸收更多的光,阴地植物叶片会有较低的光系统I/光系统II比率,以便平衡2个光系统的光吸收。阴生植物叶片含有较低的叶绿素a/b比率,反映了它们更多地投资于光能吸收，而不是光能转化。另外，作为对强光的适应，植物加强抗氧化剂和可以吸收紫外光的类黄酮等的合成，从而提高对强光的耐性。

5.5 连续光

严格地说，连续光照意味着光强和光谱分布是恒定的。然而，在自然界没有这样的光，所以，只有人工光源符合这样的标准。

连续光照可以加强紫色光合细菌、蓝细菌、微型藻类、拟南芥、莴苣、一些马铃薯栽培种和玫瑰花的生长，可是对一些种类的植物有不良的影响，最常见的征状是叶片褪绿和出现枯斑。对连续光照敏感的植物包括茄子、洋葱、花生、番茄、另一些马铃薯栽培种、地衣和苔藓(Velez-Ramirez et al., 2011)。

多种环境因素影响连续光照对植物的伤害。在强光下这种伤害更严重，而补加远红光可以减轻伤害。较高的蓝光比例、高温都可以加重连续光照的伤害，而气温的日波动却可以防止这种伤害。

连续光照伤害植物的机制还不大清楚，有如下几个可能的解释：① 光合产物生产与使用不平衡；② 叶片早衰；③ 光氧化破坏：连续光照引起活性氧产生。一些植物对连续光照伤害不敏感，可能与它们清除活性氧的能力高有关。

连续光照可以作为研究生物钟和光合作用调节机制的一个手段。至于能不能作为作物增产措施，则取决于经济上是否合算和连续光照伤害的物种差异。

5.6 波动光

植物光合机构对光强变动即波动光的响应与适应不同于恒定光。例如，叶绿体的趋光运动、避光运动只对那些生长在光强经常大幅度波动环境中的植物是必需的或有效的，而对那些在恒定光下生长的植物并不那么重要。又如，波动光对拟南芥的光系统 II 没有明显的影响，但是却引起了光系统 I 的破坏，并且在植物生长的早期这种破坏最严重。由于光合作用对光强快变化的响应不是即刻的，光强波动能够减少田间作物的碳同化和生产力。

5.6.1 光合作用迅速响应光强变化能力的制约因素

叶片光合作用对光强变化的迅速响应能力受气孔的相对慢开关、光合碳还原循环酶相对慢活化与失活和光破坏防御过程相对慢上下调节的制约(Slattery et al., 2018)。

从弱光转换到强光时，光合作用的延迟常常起源于光合碳供应不足，而这种不足则是由于气孔开放比光合电子传递的初始上调慢得多。因此，在光强快速变化时，这种气孔限制对光合作用与产量产生很大的不利影响。在光波动期间，叶肉导度是叶绿体 CO_2 供应的又一个限制因素。当植物生长在波动光下时，叶肉导度降低。

在光强转变期间，控制 C_3 植物碳还原循环的酶包括 Rubisco、Rubisco 活化酶(RCA)、磷酸甘油醛脱氢酶、果糖-1,6-二磷酸酯酶和景天庚酮糖-1,7-二磷酸酯酶以及磷酸核酮糖激酶。从弱光转换到强光期间，RCA确实限制光合碳同化的光诱导，水稻过表达RCA可以提高Rubisco活化水平和光合速率。然而，在非波动光下这种过表达会降低Rubisco总量和光合速率。这些控制C_3植物碳还原循环的酶都受铁氧还蛋白-硫氧还蛋白系统调节。m-型硫氧还蛋白在恒定光下对光合作用没有什么影响，但是在波动光下可以改变光合效率，因此在快速变化的光下是必需的。并且，NADPH-硫氧还蛋白还原酶通过控制间质NADPH氧化还原状态，在维持波动光下光合效率上发挥关键作用。

值得注意的是，C_4光合作用对快速波动光的弹性小于C_3光合作用。例如，在光强降低时C_4植物光合能力降低更快，而在返回强光时达到高光合速率所花费的时间更长，结果在响应光斑时光合重新诱导的能力降低。在光强变化条件下生长时，C_4植物的生物量减少58%，而C_3植物的生物量减少30%～51%。并且，与稳态光相比，在波动光的弱光期间C_4植物的光合速率降低，而C_3植物的光合速率增高；光强波动引起C_4植物光合效率降低甚于C_3植物，这部分地由于在弱光下C_4植物维管束鞘细胞CO_2向叶肉细胞渗漏的增加(Kubasek et al., 2013)。

5.6.2　植物防御波动光破坏的短期调节机制

植物通过一些光破坏防御机制适应迅速波动光：① 类囊体膜的状态转换，通过可移动的捕光天线LHCII蛋白磷酸化/去磷酸化，优化2个光系统(光系统II与光系统I)的光吸收与光激发。② 改变电子传递途径，包括分别由类NADH脱氢酶(NDH)和PGR5-PGRL1复合体介导的围绕光系统I的循环电子传递。③ 激发能的非光化学猝灭(non-photochemical quenching, NPQ)，即依赖跨类囊体膜质子梯度(ΔpH)的LHCII激发能热耗散。④ 光合控制，即类囊体腔内酸化诱导的细胞色素b_6f复合体光合电子传递速率降低。缺乏上述防御机制的突变体(例如缺乏蛋白激酶STN7的*stn*7，缺乏蛋白磷酸酯酶的*tap*38、*pph*1，缺乏PsbS蛋白的*npq*4，缺乏循环电子传递功能的*pgr*5、*pgrl*1，或者缺乏NDH复合体的不同亚单位)在恒定光下生长与其野生型类似，甚至比野生型还好。然而，在光强经常变动的波动光(如多云天气)下，它们却明显不如野生型，或者种子产量明显少于野生型，或者不能开花结果，甚至死亡。

5.7　光合作用的作用光谱

光作为植物生存的根本能源，不仅光强对光合作用有重要影响，而且光质即光的波长或不同波长的组合也对光合作用有不可小觑的效应，特别是对植物生长发育的巨大调节作用。

太阳辐射能来自核聚变，由4个氢核聚合为1个氦核。太阳辐射谱可以粗分为紫外辐射(UV，<400 nm，其中UV-A 320～400 nm；UV-B 280～320 nm；UV-C<280 nm，大部分UV-B和UV-C被臭氧层吸收)、可见光或光合有效辐射(PAR，400～700 nm，其中蓝光400～500 nm；红光600～700 nm)和红外(>740 nm)。

在考察植物对光质变化的响应时，往往涉及所谓的“植物响应曲线”或“相对量子效率曲线”。其实，描述这种曲线的确切术语是“光合作用的作用光谱”。这种曲线或图谱有如下 3 种不同的表达形式：① 干重-波长图谱（横轴为波长，纵轴为植株干重），它能够说明不同波段光影响植物生长发育的总结果；② 光合速率-波长图谱（横轴为波长，纵轴为光合速率，图 5－9）；③ 量子效率-波长图谱（横轴为波长，纵轴为光合量子效率）。

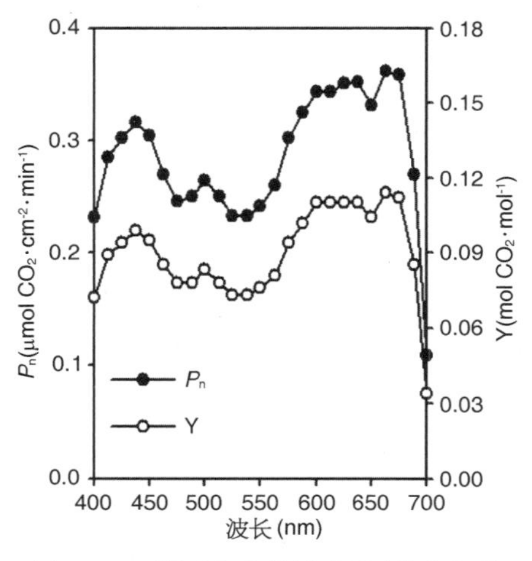

图 5－9　菜豆光合作用光谱（横坐标为作用光波长）

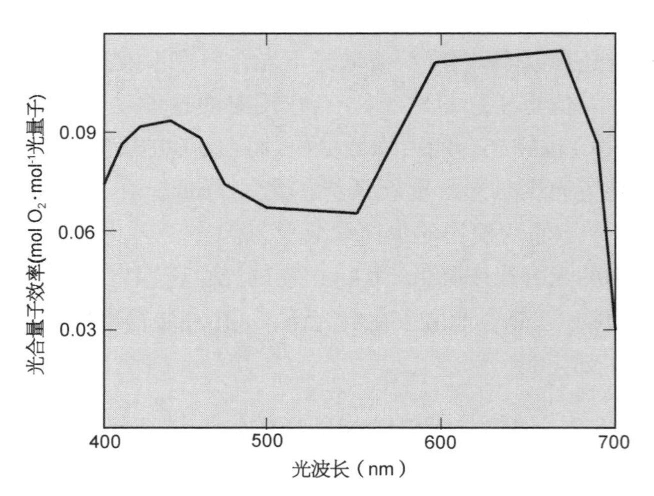

图 5－10　光合效率-波长曲线

根据 Evans(1987)研究报告中的图形重新绘制。

早在 1943 年，美国学者 Emerson 和 Lewis 就用测（或检）压法观测了小球藻（*Chlorella*）光合作用氧释放的量子效率对光波长的依赖，后来其他学者例如 Evans(1987)用高等植物也观测到大同小异的曲线：量子效率在红光（600 nm 左右）和蓝光区（400～440 nm）各有一个高峰，蓝光峰低于红光峰；在这 2 个峰之间有一个低谷，谷底在 440～480 nm；在远红光区（>700 nm）急剧降低（图 5－10）。

红光（600 nm）下的最大量子效率（光呼吸被高 CO_2 或低 O_2 浓度抑制）为 0.111，而在不同种类灯和太阳的白色光下测定的量子效率仅为红光下最大值的 80%左右（Evans，1987）。白光下光合量子效率低的原因，除了白光中黄、绿光的不良影响外，蓝光导致光合量子效率低的可能原因有三：一是类胡萝卜素吸收的光（390～530 nm）传递给叶绿素 *a* 的效率很低（这种可能性不大，因为后来有研究表明这种传递效率接近 100%）；二是表皮细胞吸收的 400～450 nm 的光不能用于光合作用；三是与光系统 II 相联系的叶绿素 *b* 大量吸收的不平衡（Evans，1987）。虽然类囊体膜的状态转换可以缓解光系统 II 和光系统 I 之间光吸收及光激发的不平衡，可是由于测定量子效率时每个资料点所用时间很短，也许来不及完成状态转换。Evans(1987)研究的可贵之处在于用干涉滤光片获得窄带单色光，在 0～100 μmol·m^{-2}·s^{-1} 光强下测定 5 个不同光强下的光合速率值，然后回归分析得到量子效率值，而不是只用一个光合速率测定值计算量子效率值。

5.8 双光增益效应

从图 5-10 曲线可以看出,在光合测定所用光的波长大于 680 nm 之后,光合量子效率急剧降低,这就是所谓的"红降"现象,也被称为 Emerson 第一效应。直到 1957 年他们又发现光合作用的双光增益效应(或称 Emerson 第二效应或 Emerson 增益效应)(图 5-11),即当波长不同的两束光(红光和远红光)同时使用时,绿藻的光合放氧速率明显大于每束光单独使用时的放氧速率之和,红降现象才被人们所理解。Emerson 增益效应的发现,为后来光合作用涉及 2 个光系统、2 个光反应思想的形成奠定了坚实的基础。

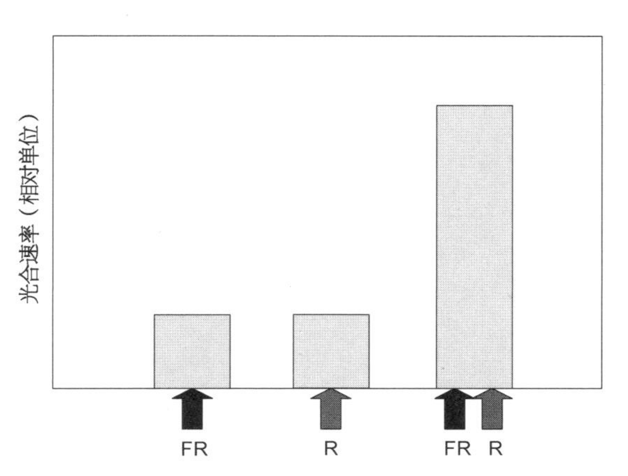

图 5-11 光合作用的双光增益效应示意图

R——红光;FR——远红光。

5.9 类囊体膜的状态转换

类囊体膜的状态转换是维持 2 个光系统(光系统 I 和光系统 II)光能分配和反应中心光激发平衡的一个调节机制。由于 2 个光系统光吸收特性的差异和入射到叶片上太阳光光质或波长(或波长组成)的日变化,2 个光系统之间光能分配和光激发不平衡的情况经常发生,所以状态转换调节是光合作用经常需要的。

光系统 I 优先吸收远红光(波长大于 700 nm),而光系统 II 优先吸收红光(波长小于 700 nm)。这样,当类囊体膜受到红光照射时光系统 II 吸收的光能多于光系统 I 吸收的光能,类囊体膜转变为状态 2,导致光系统 I 吸收的光能增加,从而使 2 个光系统吸收的光能达到新的平衡。相反,当类囊体膜受到远红光照射时光系统 I 吸收的光能多于光系统 II 吸收的光能,类囊体膜转变为状态 1,导致光系统 II 吸收的光能增加,结果也使 2 个光系统吸收的光能达到新的平衡。状态转换主要是对光质变化的响应,不同于光强变化引起的叶片运动和叶绿体运动。

5.9.1 机制

状态转换的关键反应是光系统 II 捕光复合体 LHCII 的蛋白磷酸化和去磷酸化:当被红光照射时类囊体膜从状态 1 向状态 2 转换,一些 LHCII 蛋白被磷酸化,并且转移到光系统 I,与光系统 I 结合(图 5-12)。光系统 I 的 H 亚单位是这种结合所必需的。当被远红光照射时类囊体膜从状态 2 向状态 1 转换,磷酸化的 LHCII 蛋白被去磷酸化,并且脱离光系统 I,返回到光系统 II。LHCII 蛋白的去磷酸化需要一种专一的蛋白磷酸酯酶。催化 LHCII 蛋白磷酸化的蛋白激酶(绿藻的 Stt7 和高等植物的 STN7)已经被鉴定,并且已经知道这些酶

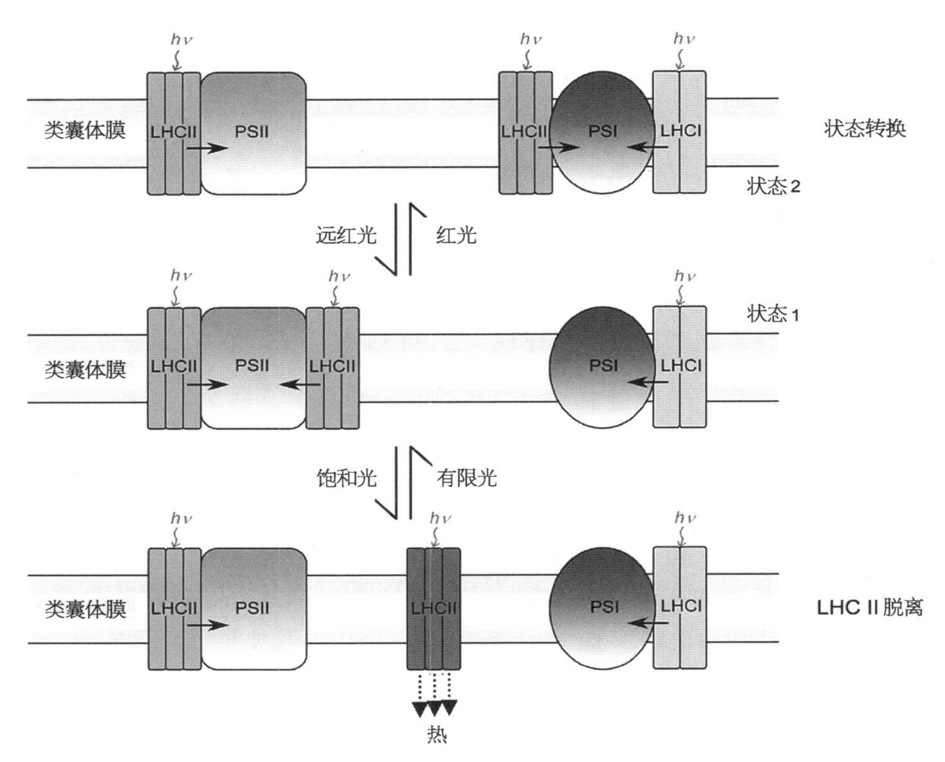

图 5-12　类囊体膜的状态转换

活化或失活的氧化还原传感器是光合电子传递链上的质体醌(PQ)库和细胞色素 b_6f 复合体。当 PQ 被还原时,蛋白激酶被活化,而当 PQ 被重新氧化时蛋白激酶失活。有趣的是,STN7 不仅参与植物对光的短期响应(例如状态转换),还参与对光的长期适应。STN7 能磷酸化 LHCII 蛋白,也能磷酸化光系统 II 核心天线 CP43 蛋白,而且 CP43 蛋白磷酸化在有限光下最小,而在过量光下最大(Tikkanen et al., 2010),这意味着它们在防御光破坏上发挥作用。最近,已经有学者用高速激发光谱显微镜(high-speed excitation-spectral microscopy)原位观测到绿藻状态转换期间捕光复合体 LHCII 的重新分布(Zhang et al., 2021)。

5.9.2　功能

尽管在衡定的弱光下拟南芥的 *stn7* 突变体没有可见的表型变化,但是其在波动光下还是发生了严重的表型变化(Tikkanen and Aro, 2012),表明在波动光下状态转换还是植物生存所必需的。

状态转换还参与代谢控制和信号转导。特别是在绿藻,状态转换可以加强光系统 I 的功能,是一个从非循环电子传递优先转向循环电子传递优先的开关。在绿藻,含光系统 I、细胞色素 b_6f(Cyt b_6f)复合体和铁氧环蛋白:$NADP^+$ 氧化还原酶以及铁氧环蛋白:PQ 还原酶(PGRL1)的超复合体参与循环电子流;在拟南芥,PGRL1 和质子梯度调节蛋白(PGR5)参与非循环和循环电子流之间的转换。藻和高等植物状态转换的双重作用是维持 PQ 库平衡和响应代谢的需要(Rochaix，2014)。另一方面，绿藻和高等植物有所不同，强光可以诱导绿藻叶绿素荧光的非光化学猝灭(NPQ)或能量耗散的快组分 qE 和状态 1 向状态 2 的转换，在强光适应期间具有防御光破坏的作用。

过去，人们普遍认为 2 个光系统之间光能分配与激发的平衡在短期内由状态转换来维持，而在长期内由 2 个光系统比例调整来实现，并且参与向状态 2 转换的蛋白激酶受强光抑制。然而，这些观念受到如下实验结果的严峻挑战：在强、中和弱光下拟南芥都有一些 LHCII 三聚体与光系统 I 结合，呈现典型的状态 2 特征。

5.10　紫外辐射对光合作用的影响

来自太阳的紫外辐射通常被分为 3 类：UV－A(320～390 nm)、UV－B(280～320 nm)和 UV－C(<280 nm)。UV－C 具有高能量，可以将氧分子劈开形成氧原子，氧原子与氧分子结合形成 O_3。平流层或同温层(stratosphere)的大部分 O_3 存在于地面以上 20～30 km 的高空，形成臭氧层。O_3 可以有效地吸收紫外辐射 UV－B 和 UV－C，减少到达地面的紫外辐射数量，能够有效保护生物体内的 DNA(最大光吸收在 260 nm)免受紫外辐射的损伤。紫外辐射对 DNA 的最重要损伤是使其形成嘧啶双体，另外也可以光氧化破坏其碱基。这些双体使双螺旋异常弯曲，妨碍 RNA 和 DNA 聚合酶通过，于是妨碍转录与复制。

由于人类活动产生的一些大气污染物质如有机卤素和氧化氮的破坏作用，近年来平流层臭氧水平的降低(与 1980 年比，1997—2000 年减少约 3%)导致到达地球表面的 UV－B 紫外辐射增加，对光合作用产生不良的影响。UV－B 对陆生植物光合作用和生长的影响分为直接的原初影响(降低光系统 II 反应中心活性、Rubisco 活性和 D1 周转速率)、次级影响(降低 CO_2 同化和 RuBP 再生)和间接影响(叶片增厚、表面蜡质增加、光合色素减少、冠层形态改变等)。

5.10.1　直接的影响

核酸、蛋白(那些以巯基为功能所必需的酶对光氧化破坏是敏感的，而光系统 II 是最敏感的蛋白复合体)和膜脂(含不饱和脂肪酸的脂对光氧化特别敏感)等都是 UV－B 辐射破坏的靶标。高水平的 UV－B 辐射明显减少叶片的叶绿素含量，主要是由于它的降解加速。在暴露于人为补加的 UV－B 辐射下的最初几小时内，光饱和的 CO_2 同化速率降低，叶片中决定这种降低的主要因素是 Rubisco 和 SBPase 以及另一些光合碳还原循环酶的损失。

UV－B 辐射破坏光系统 II 反应中心复合体的核心组分 D1 和 D2 蛋白。UV－B 辐射引起的 D1 蛋白破坏可能不是一个蛋白酶降解过程，而是从蛋白组分如酪氨酸残基和推动水氧化的锰簇对 UV－B 的吸收开始的。UV－B 辐射影响光系统 II 供体侧和受体侧的氧化还原组分，原初破坏发生在水氧化复合体，其后 P680 的电子供体酪氨酸残基和细胞色素 b_{559} 也都受影响。高水平的 UV－B 辐射还抑制半醌阴离子(Q_A^-)的形成，减少质体醌的光还原。由于质体醌可以吸收紫外辐射，UV－B 辐射还能直接破坏质体醌分子。

UV－B辐射对光系统Ⅰ的影响弱于对光系统Ⅱ的影响。补加的UV－B辐射可以降低光系统Ⅱ复合体的数量和活性，导致电子传递、ATP合成和光合能力及最大量子效率的降低。

ATP合酶蛋白对UV－B辐射比较敏感，UV－B辐射引起的ATP合酶蛋白量的减少甚于ATP合酶活性的减少。UV－B辐射引起Rubisco的含量和活性减少。增加的UV－B辐射水平也可以减少Rubisco以外光合碳还原循环酶的含量，以及减少RuBP的再生，结果减少Rubisco催化的RuBP羧化反应。

5.10.2 间接的影响

UV－B还通过改变发育间接影响光合功能。UV－B辐射可以增加叶片厚度和比叶重，这是栅栏细胞长度、数目增加的结果。但是，UV－B辐射明显减少叶面积，从而减少对光能的捕获。特别是在幼苗发育的早期对UV－B特别敏感。UV－B通过减小叶片大小而不是减少叶片数降低植物的总叶面积，表明发育中的叶片细胞分裂和(或)细胞扩展被抑制。

UV－B辐射可以引起叶片上气孔数目、气孔导度的降低。UV－B辐射还能够减少水稻分蘖。植株和叶片的这些发育变化必然会间接影响植物的光合生产力。

紫外辐射还通过增高NADPH氧化酶和过氧化物酶活性而间接地增加活性氧(ROS)的产生。因此，作为对紫外辐射的响应，防御ROS破坏作用的酶系统和抗氧化剂往往增多。

5.10.3 防御方法

植物对紫外辐射的响应是由紫外辐射受体UVR8介导的。作为UV－B受体，UVR8蛋白含440个氨基酸残基，其中有14个色氨酸残基。植物通过UVR8感知UV－B，开始信号转导，引起基因表达变化，导致适应性响应：破坏的DNA修复、抗氧化剂合成、吸收(即屏蔽)紫外辐射物质黄酮醇的积累和胚轴伸长抑制等，帮助植物适应UV－B，防止胁迫和UV－B破坏。UVR8缺失导致紫外线损伤。通常UVR8以非活化的同源二聚体形式存在，当UV－B照射后迅速转变为活化的单体。与其他光受体不同，UVR8不结合任何生色团，而是靠其色氨酸吸收UV－B。植物UVR8光受体通过其色氨酸介导的横跨双体盐桥的破坏感知UV－B(Christie et al.，2012)。

植物已经演化出一些方法以减少UV－B辐射的不利影响，包括合成能够吸收紫外辐射的酚类化合物。长期以来酚类物质被看作防御紫外辐射破坏作用的掩蔽物质。类黄酮(flavonoid)是防御UV－B辐射破坏的第一道屏障，它在表皮内的浓度可以高达1～10 mmol・L^{-1}。类黄酮是一类水溶性的酚衍生物，对300 nm左右的UV－B辐射吸收最多，主要存在于液泡和细胞壁内。缺乏类黄酮的拟南芥突变体对紫外辐射极度敏感，而类黄酮水平提高的突变体则能够忍受可以使野生型致死的高计量的紫外辐射。暴露在强光下的叶片，不仅在表皮细胞内，而且也在叶肉细胞积累类黄酮。它强烈吸收UV－B，而不吸收PAR。因此，在许多植物叶片，可以透射到叶肉细胞的UV－B是很少的。类黄酮的保护作用不仅通过吸收减少到达叶肉细胞的UV－B辐射，而且它本身就是一种抗氧化剂。

花色素苷(anthocyanin)也是一类能够防御紫外辐射破坏的酚类化合物(图5-13)。在冷适应期间植物的表皮细胞常常积累花色素苷。含有花色素苷的阳生叶片明显不如不积累这种色素的阴生叶片对光抑制敏感。花色素苷存在于一些种类植物叶片表皮细胞的液泡或(和)细胞壁中,更普遍地存在于表皮下面的叶肉细胞中。

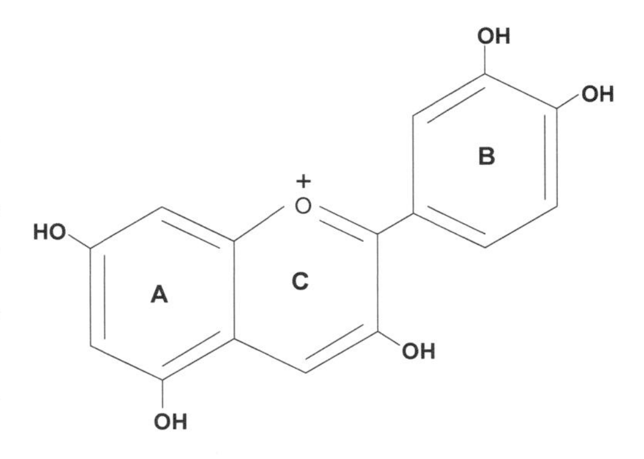

图5-13 花色素苷的分子结构

在整个植物界,赋予植物颜色的色素主要有3种:使叶片显示绿色的叶绿素、使花与果实呈现红-橙色的类胡萝卜素和在大部分花与果实中发现的酚类化合物类黄酮,包括导致多种颜色的基本要素花色素苷。在这些色素中,只有酚类化合物既能吸收紫外光,又能吸收可见光(从黄-橙光到蓝-绿光)。蓝细菌、浮游植物和大型藻类能够产生几种特殊的氨基酸,通过对紫外辐射的吸收有效地防御其对细胞的破坏作用。

5.11 光质对植物生长发育的影响

自从Emerson和Lewis(1943)报告小球藻光合量子效率对光波长的依赖以来,在半个多世纪的时间里,特别是近30年内,关于不同光质影响植物生长发育的研究报告很多,可是除了分别关于蓝光、绿光和紫外这些单色辐射的综述文章和论文集以外,同时包括各色光质影响的全面综述文章和书籍却十分罕见,只是近年才有专题文章介绍(许大全等,2015)。

5.11.1 生理效应

不同光质的光具有明显不同的生理效应,包括对植物形态结构和生长发育及植物化学组成的不同影响。

(1) 单色光

这里所说的单色光,是指一个特定波段范围内的光。主要包括以下几种:

红光——抑制节间伸长,促进横向分枝和分蘖,防止暗诱导的叶片脱落,延迟花分化,增加花色素苷、叶绿素和类胡萝卜素含量。在许多情况下远红光可以取消红光介导的这些效应。

红光在植物对生物和非生物胁迫的抗性上具有积极作用。例如,红光预处理可以提高莴苣光合组织对UV-A的耐受性;低比率红光/远红光(R/FR)条件下生长的拟南芥冷适应能力强;不同比例的R/FR还可以通过调控植物生理生化变化改变其抗盐性(杨有新等,2014)。叶片生长期间环境中R/FR比例影响成龄叶片的光合能力,低比率R/FR导致光合能力降低,并且这种降低与叶绿素含量降低有关。

蓝光(峰在480 nm)——可以抑制黄瓜、向日葵和豌豆等多种植物暗中的茎伸长。对于植物的光合作用来说,仅仅有红光是不够的。在单一红光发光二极管(LEDs)光源下小麦可以完成生命周期,但是要想获得大植株和大量种子,必须补充适量的蓝光。然而,过量的蓝光不利于植物生长发育。光辐射中蓝光/红光(400～500 nm/600～700 nm)比例从6.2%增加到85.5%，蓝光对生长的抑制作用不断增大，节间变短、腋内分枝减少、叶面积变小、总干重降低。

绿光——早在1950年代就有实验结果表明，绿光抑制植物生长。在除掉绿光的光下生长的万寿菊(marigold)株高和鲜、干重比全谱光下生长的植株增加30%～50%。全谱光补绿光导致植株矮小和干、鲜重减少。绿光效应通常与红、蓝光效应相对立。

然而，也有绿光促进植物生长的研究报告。Kim等(2006)总结用红蓝组合光(LEDs)补充绿光的实验结果得出结论，在绿光超过50%时抑制植物生长，而在绿光比例低于24%时则加强植物生长。绿光感知系统与红、蓝光传感器和谐地调节植物的生长发育。

黄光(580～600 nm)——抑制莴苣(lettuce)生长。黄光(峰值在595 nm)对黄瓜的生长抑制强于绿光(峰值在520 nm)。一些关于黄/绿光效应相互矛盾的结论可能是由于那些研究中所用光谱范围不一致。由于一些研究者把500～600 nm的光都归类为绿光，关于黄光(580～600 nm)对植物生长发育影响的文献很少。

紫外辐射——可以减少叶面积、抑制下胚轴伸长以及诱导类黄铜合成及防御机制。UV-B可以降低抗坏血酸和β-胡萝卜素的含量，但可以有效促进花色素苷合成。UV-B暴露导致矮小的植物表型、小而厚的叶片、短叶柄、增加腋生的分枝以及根/冠比的变化。UV-B是一个控制植物和它们与生物的和非生物的环境胁迫之间关系的调节因子。

(2) 不同波段光效应的比较

在多种波段光相互比较时，对植物生长最有利的是比例合适的红光+蓝光，其次是白光，最不合适的是黄光、绿光。然而，也有研究结果表明白光下的几种植物生长最好。看来，到底哪个更有利于植物的光合作用和生长发育还值得深入研究。红光与蓝光相比，到底哪个更有利于植物光合与生长也值得进一步探讨。

(3) 光质对植物化学组成的影响

光质除了影响植物的生长发育和形态结构以外，还对植物的多种化学组分含量有明显影响。一般地说，适当提高光强、优化光质和延时补光可以降低蔬菜植株的硝酸盐含量。与单纯的红、蓝光相比，红蓝组合光和白光有利于提高豌豆苗的营养品质。在高压钠灯(蓝光和远红光较少)和自然光温室补给绿光(505 nm、530 nm、535 nm)可以增加叶面积、鲜重和干重，改善莴苣的营养品质，减少硝酸盐含量，增加抗坏血酸、生育酚和花色素苷含量。

5.11.2 光质效应的生物化学机制

不同波段的光引起不同生理效应的机制是不同的，所以不得不分别加以叙述。然而，由于研究资料不足，人们对这些机制的认识还不清楚、不完全，大多只是鉴定了涉及的光受体。

(1) 红光

红光和蓝光是光合作用的基本能源，由植物的基本光合作用色素叶绿素主要吸收、转化红光和蓝光所决定。同时，红光/远红光(R/FR)是植物生长发育的调节者。植物的光形态建成基本上由吸收R/FR的光敏素和吸收蓝光/UV-A的隐花素控制。天然光敏素分子质量约为120 kDa。失活型P_r位于细胞溶质，而活化型P_{fr}被输入细胞核，这是光敏素信号转导的必要步骤。它能够吸收300～800 nm的辐射，其最大敏感性在辐射谱的红光区(600～700 nm，吸收峰665 nm)和远红光区(700～800 nm，吸收峰730 nm)。P_r吸收红光后转化为活化的P_{fr}，P_{fr}吸收远红光后转化为失活的P_r。

植物使用光敏素测定光质变化。经常用于描述自然辐射光谱分布的参数是R/FR(红光/远红光)比值(660～670 nm/725～735 nm)。直射和散射太阳光的这一比值大约为1.15。黎明和黄昏时刻R/FR比值明显降低，晴天黄昏该值低至0.7。附近植物的存在可能是植物接受光质的最大影响因子。绿色组织反射和透射的光中缺乏红光而富有远红光，R/FR比值明显降低。这个比值降低的程度与附近植物的密度和靠近的程度成正比。

阴生环境导致耐阴植物的避阴征候群或综合征(shade avoidance syndrome)。避阴综合征的基本特征是茎和叶柄的伸长、提高顶端优势和提早开花等。R/FR比值降低有利于光敏素向失活型转化，表现出避阴综合征，而高R/FR比值条件则抑制避阴综合征。

(2) 蓝光

蓝光抑制下胚轴伸长，控制向光性、气孔开放、叶绿体运动和分蘖。蓝光引导植物器官定位、细胞器定位和与捕光相联系的基因表达。这些响应由感知蓝光的向光素(Phot)和隐花素(Cry)介导。隐花素是蓝光下参与基因表达调节的主要光受体。它通过抑制生长素和赤霉素等途径影响激素生物合成和信号转导。

蓝光可以直接和间接地改变一些酶活性。蓝光的直接作用是因为一些酶以吸收蓝光的FMN或FAD为辅基，这些辅基吸收蓝光导致酶活化(例如硝酸还原酶)或失活(例如乙醇酸氧化酶和NAD-苹果酸脱氢酶)。蓝光的间接作用是促进一些酶的合成，例如光合碳同化关键酶Rubisco、磷酸烯醇式丙酮酸羧化酶(PEPC)和磷酸甘油醛脱氢酶以及硝酸还原酶等。

在诱导气孔开放上，蓝光和红光具有协同作用。红光通过光合作用经由2条途径引起气孔开放：一是保卫细胞光合作用产生的ATP满足K^+流入保卫细胞时对ATP的需要；二是叶肉细胞光合作用降低气孔下腔内CO_2浓度，减轻CO_2对气孔开放的抑制作用；蓝光则活化PEPC，加强气孔开放所需要的苹果酸合成，从而加速气孔开放。

红蓝组合光中合适的蓝光比例有利于高光合能力的形成。叶片光合能力随着蓝光比例从0到50%增加而增高，光合能力增高与以单位叶面积计的叶质量、N含量、叶绿素含量和气孔导度的增加相联系，而蓝光超过50%后光合能力降低。

(3) 紫外辐射

紫外辐射对植物生长发育的影响，在很大程度上是通过对光合作用的直接与间接影响实现的，而植物对紫外辐射的响应是由紫外辐射受体UVR8介导的(详见本章第10节)。

需要指出，人为提高UV-B水平和自然条件下实际的UV-B水平对植物生长发育的影响是不同的，前者可能引起遗传物质和光合机构破坏，后者则未必。人们对紫外辐射生理学效应的认识有一个变化过程。起初认为它是植物生长发育的严重抑制、破坏因素。后来经过深入研究认为，在实际的UV-B暴露条件下，UV引起的破坏是很罕见的事件，如今理解 UV-B 是一个控制植物细胞代谢、发育和胁迫防御过程的特殊的环境调节因子，控制植物的形态建成、营养价值和对病虫的抗性等，以致影响营养关系和生态系统的功能。

(4) 黄光

光系统Ⅱ破坏基本上与紫外辐射及黄光相联系，这些非光合有效辐射直接激发放氧复合体中的锰离子(Takahashi et al.，2010)，导致放氧复合体和反应中心的先后破坏(Tyystjarvi，2008)。

(5) 绿光

在许多有关绿光效应的早期研究中，所谓的绿光(500～600 nm)实际上包括黄光(580～600 nm)在内，所以有理由推测那些所谓绿光对生长的抑制作用很可能只是其中黄光的作用，而不是绿光(500～580 nm)的作用。由于技术条件等限制，过去人们对绿光波长范围的界定和现在不一致。

虽然绿光对植物生长的抑制作用已经被一些实验所证明，但是其作用机制还不清楚。另一方面，绿光参与生长发育的调节。一种黄素蛋白(与黄素单核苷酸结合的水通道蛋白)也可能是绿光受体。

5.11.3 光质效应的应用

光质效应不仅在作物生产上具有广泛的实际应用价值，而且对新型光源发光二极管(light emission diode，LED)照明系统的推广也有重要的理论参考意义。

(1) 在作物生产上的应用

周围环境中光强和光质的变化可以改变植物特性如生长习性、叶品质和花生产以及控制病虫危害。因此，在作物栽培中可以采用多种方法改变植物小环境的光质，从而提高作物产量和产品品质。例如，用人工光源补光可以提高一些蔬菜产量，改善营养品质，降低有害物质硝酸盐含量；温室覆盖滤光器材，提高生长光的 R/FR 比例和光敏素平衡值 $P_{fr}/(P_{fr}+P_r)$，使株高降低、节长变短，而叶绿素含量增高，获得株形紧凑、叶色浓绿的园艺作物，控制温室作物的病虫害；作物上方覆盖网状物或地面覆盖塑料膜，不仅可以保护作物免于过量光、大风、冰雹和飞虫、飞鸟等环境灾害，同时有色网可以改变作物生长的光质和光强，从而改善作物的生长发育、产量与品质。另外，通过 UV-B 处理可以增强植物对干旱、寒冷和热胁迫的抗性。

(2) LED 光源的应用

LED 光源节能、环保、体积小和质量轻，波长专一，寿命长，灯具装置多样(管、泡、板、带)，而且是冷光源，可以贴近植物照明，特别便于调节光质、光强和光期，适宜工厂化，所以 LED 理所当然地成为依赖人工光的植物工厂的最佳光源。

植物工厂是设施农业的最高发展阶段，一种全新的生产方式(刘文科和杨其长，2014；Brandon et al.，2016)，植物生长于数字化、智能化和完全可控的人工环境里，几乎不受自然环境条件的限制，全年连续生产，产品无农药污染，对供水需求低，机械化程度高，高投入、高产出，生产效率高。并且，可以建造在根本不适合农业生产的不毛之地(如沙漠、极地)。植物工厂既为LED灯的普遍推广提供了宝贵的机遇和广阔的舞台，也对LED照明产业提出了严峻的挑战，亟需研发导致植物高产、优质而低能耗的最优化的LED灯光谱构成和照明方式、方法以及成本低廉的灯具，亟待揭示光质效应的分子机制。

利用LED灯发射单色光的优势，寻找植物生长发育的最佳光质及其组合，解析光质对植物生长发育和产量品质影响的机制，筛选对外界多种生物或(和)非生物胁迫抗性强的作物品种，为农业生产高产、优质、抗逆和环境友好提供新的战略(杨有新等，2014)。有研究结果表明，与田间生长的植株相比，在用LED灯红(70%)-蓝(30%)组合光照明的生长室内胡椒薄荷(*Mentha piperita*)增加了光合作用和植株鲜重，基本的植物油产量成倍增高(Sabzalian et al.，2014)。Dayani等(2016)介绍了莴苣、菠菜、番茄、黄瓜、马铃薯、豌豆、小麦、水稻和棉花等50多种高等植物对LED灯的响应，即LED灯对高等植物的影响。

(3) 值得深入研究的问题

为了深入认识光质效应的分子机制，推广使用LED光源，至少需要研究解决如下一些问题：到达地球表面的太阳光谱组成对植物的生长发育是不是最优的，如果不是，那么最优的光谱组成是什么；比例合适的红光与蓝光组合对植物最佳的生长发育是不是足够的，如果不是，还应当增加哪种(或哪几种)光；对于植物的光合作用和干物质积累，蓝光是否优于红光，如果是，为什么；双光增益效应是否只限于红光和远红光，红光和蓝光是否也能产生这种效应；获得植物或作物最大的花、果实和种子产量的光谱组成是什么；绿光(500～580 nm)是否抑制植物生长；是否有必要从植物的生长环境中完全删除黄光。

在这些问题的研究中，应当优先考察那些最重要即最能说明问题的指标或参数，例如植物生物质的总干重、种子产量和净光合速率。并且，对于植物光合作用和生长发育研究来说，用量子或摩尔单位(1爱因斯坦=1摩尔)比用能量单位(瓦、尔格和焦耳等)表示光强更合理、更方便，因为在光合作用过程中光能总是以量子为单位参与光化学反应的。

参考文献

刘文科，杨其长，2014.LED植物光质生物学与植物工厂发展.科技导报，32(10)：25-28.

许大全，高伟，阮军，2015.光质对植物生长发育的影响.植物生理学报，51(8)：1217-1234.

杨有新，王峰，蔡加星，等，2014.光质和光敏色素在植物逆境响应中的作用研究.园艺学报，41：1861-1872.

Brandon MF, Lu N, Yamaguchi T, et al., 2016. Next evolution of agriculture: a review of innovations in plant factories//Pessarakli M (ed). Handbook of Photosynthesis. 3rd Ed. Boca Raton, USA: CRC Press: 723-740.

Christie JM, Arvai AS, Baxter KJ, et al., 2012. Plant UVR8 photoreceptor senses UV-B by tryptophan-mediated disruption of cross-dimer salt bridges. Science, 335(6075): 1492-1496.

Dayani S, Heydarizadeh P, Sabzalian MR, 2016. Efficiency of light-emitting diodes for future photosynthesis// Pessarakli M (ed). Handbook of Photosynthesis. 3rd Ed. Boca Raton: CRC Press: 761-783.

Eberhard S, Finazzi G, Wollman FA, 2008. The dynamics of photosynthesis. Annu Rev Genet, 42: 463-515.

Evans JR, 1987. The dependence of quantum yield on wavelength and growth irradiance. Aust J Plant Physiol, 14: 69-79.

Kalaji MH, Goltsev VN, Zuk-Golaszewska K, et al., 2017. Chlorophyll Fluorescence: Understanding Crop performance——Basics and Applications. Boca Raton: CRC Press: 23 - 35.

Kreslavski VD, Lyubimov VY, Shirshikova GN, et al., 2013. Preillumination of lettuce seedlings with red light enhances the resistance of photosynthetic apparatus to UV - A. J Photochem Photobiol B: Biol, 133: 1 - 6.

Kubasek J, Urban O, Santrucek J, 2013. C_4 plants use fluctuating light less efficiently than do C_3 plants: a study of growth, photosynthesis and carbon isotope discrimination. Physiol Plant, 149: 528 - 539.

Long SP, Zhu XG, Naidu SL, et al., 2006. Can improvement in photosynthesis increase crop yields? Plant Cell Environ, 29: 315 - 330.

Ohnishi N, Allakhverdiev SI, Takahashi S, et al., 2005. Two-step mechanism of photodamage to photosystem II: step 1 occurs at the oxygen-evolving complex and step 2 occurs at the photochemical reaction center. Biochemistry, 44: 8494 - 8499.

Osmond CB, 1994. What is photoinhibition? Some insights from comparisons of shade and sun plants// Baker NR, Bowyer JR (eds). Photoinhibition of Photosynthesis: From Molecular Mechanism to the Field. Oxford: Bios Scientific Publishers: 1 - 24.

Rochaix JD, 2014. Regulation and dynamics of the light-harvesting system. Annu Rev Plant Biol, 65: 287 - 309.

Sabzalian MR, Heydarizadeh P, Zahedi M, et al., 2014. High performance of vegetables, flowers, and medicinal plants in a red-blue LED incubator for indoor plant production. Agron Sustain Dev, 34: 879 - 886.

Slattery RA, Walker BJ, Weber APM, et al., 2018. The impacts of fluctuating light on crop performance. Plant Physiol, 176: 990 - 1003.

Takahashi S, Milward SE, Yamori W, et al., 2010. The solar action spectrum of photosystem II damage. Plant Physiol, 153: 988 - 993.

Takkanen M, Aro EM, 2012. Thylakoid protein phosphorylation in dynamic regulation of photosystem II in higher plants. Biochim Biophys Acta, 1817: 232 - 238.

Tikkanen M, Grieco M, Kangasjarvi S, et al., 2010. Thylakoid protein phosphorylation in higher plant chloroplasts optimizes electron transfer under fluctuating light. Plant Physiol, 152: 723 - 735.

Tyystjarvi E, 2008. Photoinhibition of photosystem II and photodamage of the oxygen evolving manganese cluster. Cold Chem Rev, 252: 361 - 376.

Velez-Ramirez AI, van Leperen W, Vreugdenhil D, et al., 2011. Plants under continuous light. Trends Plant Sci, 16: 310 - 318.

Zhang X, Fujita Y, Tokutsu R, et al., 2021. High-speed excitation-spectral microscopy uncovers in-situ rearrangement of light-harvesting apparatus in *Chlamydomonas* during state transitions at submicron precision. Plant Cell Physiol, Doi: 10.1093/pcp/pcab047/6209026.

第 6 章

温　　度

温度是植物分布、生存、生长和发育及繁衍的一个重要决定性环境因素。北极和南极的一些藻类在－1.8℃仍然能够进行光合作用，但是在 10～15℃却不能生存。相反，喜温的蓝细菌(*Synechococcuslividus*)在 75℃高温下仍可以进行光合作用。显然，光合生物可以在一个广泛的温度范围内进行光合作用。这里涉及光合作用对环境温度变化的响应、适应和对高温、低温胁迫的忍耐。

6.1　温度响应

在自然界，植物的环境温度经常发生广泛的日变化和季节波动。周围温度波动对植物光合作用的多种生理生化过程有直接影响。这些过程包括光合碳固定、还原，蔗糖合成，光合产物的运输与分配和受可移动的电子传递体质体醌、质体蓝素扩散限制的 2 个光系统之间的电子传递。然而，在 0～50℃范围内，原初反应之前天线复合体对光能吸收和向反应中心传递的光物理过程以及 2 个光系统反应中心受光激发电荷分离的光化学反应对温度的变化却是不敏感的。

6.1.1　响应曲线

植物光合速率对环境温度变化的响应，大体上可以用一条类似钟罩形的曲线(图 6－1)来描述：在较低的温度范围内，光合速率随着温度增高而不断提高；达到一个最高值后，在较高温度范围内，光合速率随温度增高而逐渐降低。这条曲线的顶点所对应的温度，就是光合作用的最适温度。

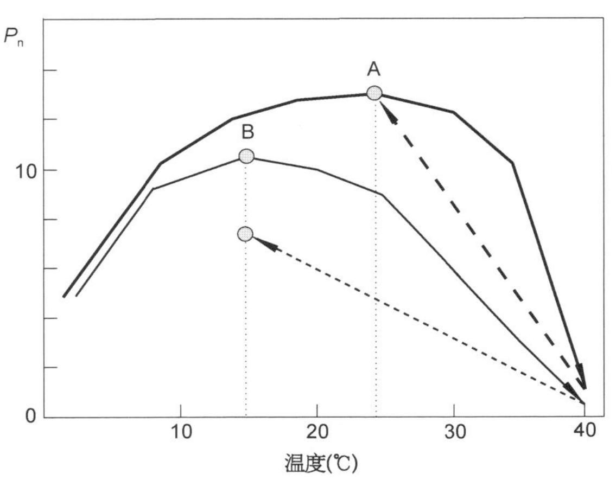

图 6－1　光合作用的温度响应曲线

A 曲线表明，有的植物叶片经过短时间高温处理后再回到最适温度时，叶片净光合速率可以完全恢复到原来的最高值；B 曲线则表明，有的植物叶片经过短时间高温处理后再回到最适温度时，叶片净光合速率不能恢复到原来的最高值。

当温度低于最适温度时，光合速率受温度增高所促进。其主要原因是光合作用过程中的所有生物化学反应和催化这些反应的酶活性是依赖温度的，在一定范围内(10～30℃)反应速率随温度增高而提高，温度每增高 10℃光合速率会成倍增高(Q_{10}=1.5～2.0)。

当温度超过最适温度时,光合速率被温度增高所抑制,起初这种抑制是可逆的,主要是由于光呼吸、暗呼吸的加强,也涉及热引起的 Rubisco 失活。后来这种抑制不可逆,原因是光合机构遭受了短期内难以恢复的破坏。高温对光呼吸的促进有 2 个原因:一是随着温度的提高,CO_2在水中溶解度的降低快于 O_2在水中溶解度的降低,例如,10℃时溶解度的比值(O_2/CO_2)是 20,而 40℃时溶解度的比值为 28;二是在 7～35℃范围内 Rubisco 对 CO_2的专一性随温度提高而降低,所以随着温度提高 RuBP 加氧速率的增高快于 RuBP 羧化速率的增高。

6.1.2 最适温度

光合作用的最适温度因物种不同而异,通常 C_3植物在 25℃左右,而 C_4植物在 30～35℃,同一环境中生长的 C_4 植物通常比 C_3 植物高 10℃左右。两类植物之间的这个差别主要与光呼吸有关,因为如果在消除光呼吸的低 O_2分压或高 CO_2分压下测定时,C_3植物的光合最适温度可以提高大约 10℃。

光合最适温度受多种因素影响。① 生长温度:光合最适温度通常高于生长温度。光合作用的最适温度随生长温度升高而增高,随生长温度降低而下降。② 空气湿度:由于叶片温度增高引起的叶片与空气之间水气浓度差(VPD)增高会导致气孔导度降低,在恒定 VPD 下观测的最适温度会高于 VPD 随温度增高条件下观测的最适温度值。③ 光呼吸:在 10～20℃低温下,光合作用通常受磷再生能力限制,因而对 O_2和 CO_2浓度变化不敏感。随着温度增高这种磷限制逐步解除,于是对 O_2 和 CO_2 浓度变化敏感。同时,随着温度增高,Rubisco 催化的 RuBP 加氧与羧化比例增高,因此温度增高引起的光呼吸升高,会在降低最大光合速率的同时降低光合作用的最适温度。

在许多情况下,最适温度下的光合速率受 RuBP 羧化限制,所以 RuBP 羧化对温度的依赖决定光合作用的最适温度。

6.2 温度胁迫

在自然环境中,植物往往会遇到温度过高或过低的温度胁迫,光合作用及相关的代谢过程作出相应的响应。

6.2.1 低温胁迫

温度是物理参数,大部分细胞过程受温度影响。冷敏感植物不能对付冷胁迫,将发生细胞和器官结构的发育变化,即冷伤害。冷主要影响亚细胞组分叶绿体。叶绿体受伤害的第一现象是变形、类囊体肿胀以及淀粉粒的大小和数目减少,并且从被膜形成囊泡。冷期延长会使基粒解垛叠,被膜消失。在冷敏感的玉米、黄瓜和烟草中,即使在其叶绿体深受伤害时,也没有看到线粒体有什么变化。抗冷植物能够启动冷适应响应,获得对冷的耐受性,使植物体从容对付冷胁迫。

暴露于零上低温对植物不都是有害的。冷是诱导一些植物通过春化开花的一个关键环境因子。冷也是诱导苹果等果树秋天芽休眠所必需的。同时,它又是冬季结束时打破芽休眠所必需的。另外,它还在秋季冷锻炼或冷适应过程中诱导对冰冻温度的耐受性,以便对付冬季的冰冻。

寒冷诱导的膜僵化和磷限制有可能是植物感知寒冷的重要事件(Vaultier et al., 2006)。细胞通过如下几个方面变化感知低温胁迫:① 膜流动性变化——随着温度降低,膜内蛋白和脂分子运动慢下来,膜变得刚硬。② 蛋白构象变化——温度增高或降低可以引起蛋白构象变化,影响转录因子的 DNA 结合活性。③ 细胞骨架(cytoskeleton)分解——温度降低引起微管和微丝解聚。④ 代谢物变化——低温引起早期 Pi 缺乏、光系统 II 激发压增高和活性氧积累。低温引起磷酸丙糖使用减少,导致磷酸化的代谢物积累,结果降低叶绿体内无机磷的浓度。光合作用的磷限制导致能量输入和使用失衡,对温度(0～50℃)不敏感的光化学反应速率超过电子传递和 CO_2 固定等热化学反应,光系统激发压增加导致活性氧积累(Ruelland et al., 2009)。这种累积作用因低温降低活性氧清除酶系统活性而被放大。这些变化引起下游的信号转导事件以及向细胞核的信号传递。

低温的信号转导涉及如下几个因子:① 钙离子——细胞溶质 Ca^{2+} 浓度增高是冷触发的主要信号转导事件。这种 Ca^{2+} 增加是冷响应转录物积累所必需的。② 蛋白激酶/蛋白磷酸酯酶——第二信使 Ca^{2+} 通过 Ca^{2+}-结合蛋白活化可逆的磷酸化/去磷酸化级联反应,一些蛋白被磷酸化,而另一些蛋白被去磷酸化。这些反应控制植物激素脱落酸、赤霉素、油菜素类固醇和乙烯以及多胺、一氧化氮等的积累。③ 信号分子——低温可以引起 NO 产生。NO 的作用是通过蛋白分子中半胱氨酸残基的亚硝基化(nitrosylation)。冷引起的 S-亚硝基化导致 40%Rubisco 失活,这是冷诱导光合作用抑制的一个重要步骤(Cantrel et al., 2011)。活性氧和一氧化氮(NO)等信号分子可以调节不同的转录因子,从而诱导参与冷适应调节的基因表达。在冷响应中导致基因表达诱导的主要是 C-重复结合因子(C-repeat binding factor, CBF)途径(Ruelland and Collin, 2012)。有关基因的表达主要在转录水平上被控制。另外,植物的低温信号转导还涉及表观(外因)遗传学调节,例如涉及组蛋白甲基化和组蛋白乙酰化。

叶片光合作用对低温的敏感性因植物种类和暴露时间不同而异。当测定温度从 30℃降低到 4℃时,耐冷的菠菜和冷敏感的番茄光饱和的光合速率立即降低 75%,番茄碳同化的最大量子效率降低 50%,而菠菜这个参数却不受影响,当这些叶片再回到温暖环境时,光合速率完全恢复。然而,如果这种低温处理超过 1 h,冷敏感的番茄光合作用的低温抑制便不再可逆,而耐冷的菠菜的光合抑制却仍然可逆。另外,光合作用的这种温度响应还与叶龄有关,发育中的幼龄叶片比完全扩展的成龄叶片具有更高的可逆性。

6.2.2 冷害

在温度低于 20℃时,C_4 植物叶片光饱和的光合速率迅速降低,并且在 10℃以下时没有

哪种 C_4 植物能够维持对 CO_2 的净吸收，≤12℃时光合机构遭受破坏。在 0～15℃低温时，大部分起源于热带、亚热带的植物都会发生冷害，呈叶片褪绿现象。关于冷害的发生机制，存在多种不同的解释。

（1）膜相变

J. M. Lyons 于 1973 年用生物膜相变假说解释植物冷害的分子机制。按照这个假说，随着温度降低，生物膜的脂双层由液晶相转变为固胶相，后来的相分离妨碍生物膜维持细胞内合适的离子和代谢物水平，结果导致细胞死亡。当植物被转移到它们可以适应的温度范围之外时，膜完整性降低。Wada 等（1990）通过膜脂脂肪酸减饱和的遗传调节证明了膜脂不饱和对蓝细菌耐冷性的重要贡献。后来通过导入酰基转移酶基因改变磷脂酰甘油不饱和水平的方法，实现了高等植物耐冷性的改变。类囊体膜脂的不饱和水平高加速光系统 II 复合体的恢复过程，从而保护光合机构免于低温光破坏。细胞可以通过膜流动性的降低觉察温度降低。

此外，由于膜黏性提高和质体醌扩散的限制，低温能够抑制类囊体膜上的电子传递。在黑暗中低温处理番茄叶片也抑制光饱和的全链和光系统 II 的电子传递，但是光系统 I 的电子传递似乎是稳定的。

（2）磷限制

在饱和光和普通 CO_2 浓度下，低温对光合作用的抑制一般不能用气孔限制来解释。在较低温度下，光合速率降低的原因，除了生物化学反应速率和酶活性降低以外，还与叶绿体中的无机磷缺乏有关。

磷限制可能起源于低温下蔗糖合成抑制引起的磷酸化糖中间产物积累和细胞质磷浓度降低以及叶绿体内磷不足，因为无机磷进入叶绿体和磷酸丙糖输出叶绿体是通过对等交换实现的。由于无机磷是 ATP 合成的 2 种底物之一，叶绿体内无机磷的缺乏会导致 ATP 供应不足。同时，低温对电子传递的限制会降低同化力（ATP 和 NADPH）形成能力。这些都会影响 RuBP 羧化产物磷酸甘油酸的还原和羧化底物 RuBP 的再生，导致 RuBP 再生限制。所以，在低温下光合作用常常受 RuBP 再生限制（Sage et al.，2008）。

（3）反馈抑制

低温对光合作用的抑制，也可能是由于低温引起的淀粉和蔗糖积累导致光合作用的反馈抑制。这种光合作用的产物反馈抑制作用有直接的，也有间接的，即通过末端产物积累对光合基因表达的抑制而起作用（参见第 10 章基因表达调节）。

低温对光合作用的抑制，可能还与低温引起的光合产物运输限制和库限制有关。不能笼统地用源-库关系去解释叶片光合速率变化，因为源-库关系的变化只是一个生理现象，而不是引起光合速率变化的生理机制（如气孔限制、叶肉导度限制）或（和）生化机制（如磷限制、RuBP 羧化限制、RuBP 再生限制和产物反馈抑制等）。

（4）光抑制

在低温与光并存时，有必要区分光合作用的变化是由于低温本身的影响，还是低温引起光合作用的光抑制结果。低温弱光下光合功能的变化不是低温本身的作用，而是光抑制，甚至光破坏的结果。在低温下，由于超氧化物歧化酶（SOD）和抗坏血酸过氧化物酶等受抑制，超氧化物自由基（$O_2^{\cdot -}$）会攻击破坏光系统 I 的铁-硫中心（F_A、F_B和 F_X）。在光系统 I 产生的 $O_2^{\cdot -}$ 及其转化产生的过氧化氢不仅能破坏光系统 I，而且能够破坏光系统 II。另外，叶绿体膜也是活性氧破坏的靶，活性氧可以引起脂的过氧化，导致离子渗漏。活性氧还会引起碳同化酶如 Rubisco 的失活甚至降解。

（5）酶活性降低

冷引起的 C_4 植物叶光合速率降低与磷酸烯醇式丙酮酸羧化酶（PEPC）活性、丙酮酸：正磷酸双激酶（PPDK）催化的 PEP 再生能力和 Rubisco 活性降低有关。有功能的 PPDK、PEPC 是四聚体，在 10～15℃ 下分离成为没有活性的双体或单体。二价阳离子（Mn^{2+}、Mg^{2+} 和 Ca^{2+}）、PEP、多元醇（甘油和山梨醇）和游离氨基酸（脯氨酸）或它们的衍生物，可以防止 PPDK 而不能防止 PEPC 的冷失活。不过，有冷敏感的和耐冷的 2 种不同的 PEPC，只有冷敏感的 PEPC 才是冷不稳定的。

另一方面，冷诱导触酶和超氧化物歧化酶，并且抗氧化剂抗坏血酸含量增高。一些植物较强的抗冷能力可以用其较高的抗氧化酶活性和自由基清除能力来解释。

6.2.3 冰冻

当光合器官结冰时，光合 CO_2 吸收立即停止。结冰温度因植物种类和季节不同而变化，一般为－10～－2℃。细胞外质外体中冰核形成引起的细胞脱水，会通过有毒离子的积累和膜损伤导致细胞死亡。如果叶片能够在冰冻条件下生存而没有遭受破坏，在解冻后光合活性也很低，这主要是由于冰冻导致叶绿体超微结构破坏和酶活性降低，严重的冰冻胁迫会损伤水氧化系统。

6.2.4 高温胁迫

当叶片或绿藻细胞遭遇 35～45℃ 高温时，CO_2 同化、O_2 释放和光合磷酸化受抑制。在叶片光合速率随温度增高而降低时，可能涉及生理、生化或（和）光化学限制。在高温条件下，气孔导度通常不是光合作用的原初限制因素，因为高温没有引起细胞间隙 CO_2 浓度降低，除非土壤或空气水分亏缺（叶片—空气之间水汽饱和差高，即 VPD 高）与高温同时存在。Allakhverdiev 等（2008）总结了关于中度热胁迫影响光合机构的分子机制研究进展，认为热胁迫影响光合作用的主要部位在放氧复合体和 Rubisco 活化酶。

（1）Rubisco 活化酶（RCA）

Rubisco 是一个热稳定酶，即使在 50℃下，其酶活性也是稳定的，而 RCA 对高温却特别敏感。在较高温度（35℃左右）下，叶片光合速率降低的一个重要原因是活化的 Rubisco 减少，也就是 RCA 限制叶片光合潜力的发挥（Crafts-Brandner and Salvucci，2000）。RCA 水平的降低会提高光合作用对热的敏感性。光合作用的耐热性与 RCA 的热稳定性密切相关（Salvucci and Crafts-Brandner，2004）。在较高温度下叶片光合速率降低的主要因素是 Rubisco 失活，而不是电子传递，表明 RCA 在较高温度下叶片光合速率可逆降低中的重要作用。

(2) 光系统

在 35～45℃，光系统 II 的热不稳定性决定光合作用的上限。光系统 II 的热破坏只发生在 45℃以上的温度。在光系统 II 的诸多组分中，放氧复合体对热最敏感(Allakhverdiev et al., 2008)。光系统 II 的热失活可能涉及放氧复合体的 Mn^{2+} 离子释放。高等植物的膜外在蛋白 PsbO、PsbP 和 PsbQ 能够稳定光系统 II 核心，并且热胁迫条件下这些外在蛋白与光系统 II 核心相互作用受阻被认为是热致光系统 II 破坏的原初原因。这些外在蛋白在维持光合放氧活性上的作用，PsbO>PsbP>PsbQ。在高温下，PsbO 首先脱离，然后放氧复合体的 Mn_4Ca 簇中的 2 个锰离子被释放，最后丧失放氧活性。光下热致光系统 II 破坏是由强光下产生的活性氧引起的。中度热胁迫引起的光系统 II 破坏与过量光引起的光系统 II 破坏相类似，都涉及活性氧：活性氧破坏 D1 蛋白，并通过抑制 D1 蛋白的从头合成抑制光破坏的光系统 II 修复。中度热胁迫(40℃下 30 min)可以使菠菜类囊体的 D1 蛋白裂解为 9 kDa 和 23 kDa 的多肽。

光系统 I 组分的热稳定性比光系统 II 组分高，并且光系统 I 活性受较高温度的促进。这种促进似乎与围绕光系统 I 的循环电子传递能力提高有关。

(3) 膜系统

植物的耐热界限通常由可溶性酶和膜结构的热稳定性决定。在超过临界温度之后，光合作用遭受不可逆抑制的主要原因是热对类囊体膜组分稳定性的不利影响，而不是酶变性。已经有研究结果表明脂肪酸不饱和水平在光合机构耐热胁迫中的作用。

中等热胁迫引起的类囊体膜可逆渗漏可能会通过降低同化力(ATP 和 NADPH)水平而降低光合作用速率。高温引起的解耦联会降低光合磷酸化以及碳同化需要的 ATP 供应。质膜和类囊体膜的脂去饱和水平是光系统 II 热敏感性的主要决定因素。

有趣的是，一些植物可以在瞬时热胁迫和光斑结合的条件下释放异戊二烯以维持叶片的光合作用(Sharkey, 2005)。通过 RNA 干扰技术抑制异戊二烯合酶表达从而不能释放异戊二烯的植物，经受短时间高温和光斑处理后，叶片光合速率和电子传递速率明显低于可以释放异戊二烯的野生型，同时叶绿素含量明显降低，而膜脂过氧化产物丙二醛(MDA)含量明显增高(Behnke et al., 2010)。异戊二烯这种保护作用的机制现在还不很确定，也许它可以直接起抗氧化剂作用，也许通过调节信号级联反应而间接发挥作用，抵御活性氧的破坏。研究表明，异戊二烯可以增强高温下类囊体膜的热稳定性，保持膜完整性，避免渗漏(Velikova et al., 2011)。

(4) RuBP 再生

研究表明，在高温下光合速率受 RuBP 再生限制，因此提出高温下光合速率的降低不是由于 Rubisco 失活，而是 RuBP 再生限制的结果。

(5) 耐热性

植物细胞的耐热性取决于许多生物化学途径的功能和细胞以及整株植物的生理状态。除了研究材料的遗传多样性以外，叶绿体的热激蛋白(heat shock proteins, HSPs)、抗氧化剂、膜脂不饱和、基因表达与翻译、蛋白热稳定性和溶质积累等多种因素与耐热性有密切关系。

定位于叶绿体的HSPs不是参与逆境破坏的修复或对高温的适应，而是防止破坏。高温引起的膜流动性提高能够活化HSPs基因表达，而HSPs可以防止膜瓦解。当植物遭遇非生物胁迫时，启动细胞响应网以防止胁迫引起破坏。这个网或系统受HSPs和热激因子（heat shock factors，HSFs）控制。HSFs是转录活化剂，可以识别胁迫信号并启动编码HSP的基因转录。除了热胁迫以外，其他胁迫也会导致HSP水平增高。按其分子大小不同，HSP分为不同的家族。植物HSP70分布于细胞溶质、细胞核、内质网、叶绿体和线粒体，其作用是蛋白质翻译过程中防止新合成的蛋白质积累、集聚，帮助新生的多肽链合适折叠和变性蛋白的重新折叠。它的过表达可以增强对热、冷、干旱和盐胁迫及氧化胁迫的耐性（Masand and Yadav，2016；Singh et al.，2019）。

渗透性溶质特别是甘氨酸甜菜碱（GB）在保护光合机构忍受热胁迫上发挥关键作用。GB似乎是一种可以使细胞组分忍受多种胁迫的奇妙分子。GB生物合成的遗传工程使转基因烟草增强了光合作用对热胁迫的抗性，这主要是由于GB积累防止了Rubisco活化酶的热失活，维持Rubisco的活化（Yang et al.，2005）。并且，热胁迫下GB能够稳定离体D1/D2/Cyt b_{559}和光系统II复合体。

与干旱、低温胁迫不同，在热胁迫期间，光对光合机构似乎有保护作用。在黑暗中热处理可以明显且不可逆地降低豌豆叶片最大量子效率和光饱和的光合速率，而当光（即使是弱光）存在时，热胁迫对这些参数却没有什么影响。这种保护作用可能涉及光系统II天线或反应中心吸收光能的热耗散和热激蛋白的积累。

（6）恢复

在热胁迫去除后，光合功能的恢复是复杂的。在黑暗中，碳同化和光系统II功能的恢复依赖线粒体磷酸化，而在光下恢复受温度和光强影响。循环电子流在防御热破坏和破坏修复（提供所需要的ATP）及恢复中可能发挥重要作用。遭受破坏的光合机构的有效修复需要弱光提供的能量和氧化剂与还原剂的适当平衡。

（7）根系冷却的作用

温带和亚热带作物在热带生长时生长受抑制，生产力降低。然而，仅仅通过根系冷却（15～25℃）而地上部仍然暴露在波动的高温（25～40℃）中，一些温带和亚热带作物如莴苣、辣椒等，可以成功地生长在热带温室内根际营养气雾系统中，并且光合作用和生产力的提高主要是由于减轻了光合作用的气孔限制（He，2009）。

6.2.5 高温与低温的相对性

本章讨论的高温与低温，都是相对的术语。对一个植物种类来说是低温，对另一个植物种类来说可能是高温。例如，当在75℃下可以进行光合作用的喜温蓝细菌的生长温度从55℃降低到38℃后，不饱和脂肪酸水平提高，表现出对“低”生长温度的适应。又如，许多种类植物的叶片在35～45℃下光系统II是热不稳定的，所以这个温度范围被看作光合作用的温度上限。然而，这个上限不适合极地生长的一些藻类。北极和南极生长的一些藻类在－1.8℃低温下也能进行光合作用，可是它们在10～15℃下却不能生存。显然，10℃以上的温度对它们来说就是“高温”胁迫了。

6.3 温度适应

光合作用对温度的适应，就是在新的环境温度下光合机构的结构和功能特性的表型调整，以便增强植物生存和繁殖的可能性。在这种适应中，光合作用功能也许增强，也许减弱，因植物种类、生长发育状况和温度变化的方式、强度不同而异。

6.3.1 低温

植物适应低温的方法包括停止生长和降低对光合产物的库需要。低温引起植物体内一系列生理生化变化，首先是细胞膜流动性和脂肪酸组成的变化。膜流动性的变化好像一个生物体温计。光下低温还导致屏蔽光色素如花色素苷积累。低温不仅引起膜蛋白变化，而且也引起那些参与 CO_2 固定、膜修复和胁迫防御的非膜蛋白种类和含量变化，例如抗冻蛋白的产生。另外，在低温条件下细胞内糖含量和细胞壁组成也变化。

(1) 膜脂肪酸不饱和水平提高

提高膜脂肪酸不饱和水平是大多数生物体对低温的普遍性适应。脂肪酸不饱和水平的提高可以增加膜的流动性，防止冰冻/融化循环中膜膨胀损伤，而且有利于破坏的 D1 蛋白被新合成的 D1 蛋白所替换。低温下生长的植物质膜和叶绿体被膜组成的变化，特别是磷脂中脂肪酸不饱和水平的提高，抵消冷引起的膜僵化和冰冻时的膜重排，有助于防止冰冻引起的膜破坏(Ruelland et al., 2009)。

(2) 抗冻蛋白积累

脱水诱导蛋白通过防止膜破坏、改善酶活性和清除羟自由基等增加对冰冻的耐受性；冷诱导的质外体内抗冰冻蛋白(antifreeze protein)不可逆地结合于冰的表面，防止冰核和冰晶聚结，减轻冰冻破坏，提高耐冻性；冷激蛋白(cold-shock protein)是具有甘氨酸富有区的 RNA 伴侣分子，可以解开 RNA 的次级结构。

C-重复结合因子(CBF)或 CBF 蛋白是冷锻炼的主要开关。在抗冷和能够冷适应的植物中，该蛋白可以活化那些编码具有耐冷和抗冻作用蛋白的基因转录。CBF 的靶基因多达几十种，编码在寒冷适应中发挥重要作用的蛋白和酶，例如脱水诱导蛋白、糖代谢酶和参与脯氨酸合成、脂肪合成的酶系。CBF 基因转录物丰度减少的反义株系耐冻性明显降低，而过表达 CBF 基因的植株耐冻性明显增高(Medina et al., 2010)。

(3) 糖积累

在冷适应期间，叶片可溶性糖包括蔗糖、棉籽糖(raffinose)和糖醇如肌醇半乳糖苷含量急剧增高。这些增加主要源于淀粉降解。在冰冻期间，起初冰形成于质外体空间，导致这个空间水势降低，以致水从细胞流出到胞外空间，造成细胞脱水。这时，糖和另一些溶质的积累可以降低细胞水势，缩小质外体空间形成的冰与细胞内溶液之间的水势差，降低从细胞吸水的速度，防止细胞脱水。糖积累的另一个作用是避免冰核形成，降低冰晶开始出现的温度。糖积累也可以防止质膜在冻/融循环中的损伤。在冰冻期间溶质的另一个保护机制是形成玻璃状物质,而不是冰。糖还具有清除活性氧羟自由基的能力。同时,糖也是膜的有力防冻剂。与膜相联系的水是造成亲水环境、稳定双层膜脂所必需的。当冰冻引起脱水时,蔗糖和海藻糖(trehalose)等非还原糖可以替代失去的水而维持亲水环境(Ruelland et al., 2009)。

(4) 非糖溶质或渗透剂积累

除了可溶性糖以外,低温和干旱等胁迫下产生的一些氨基酸如脯氨酸、多胺和甜菜碱等低分子质量的有机渗透剂都可以在冰冻条件下稳定蛋白质、帮助蛋白质重折叠和稳定膜,从而发挥抗冻作用。甘氨酸甜菜碱(GB)是在叶绿体内合成的一种季(四)铵化合物。菠菜和小麦等是GB的天然积累者,而拟南芥、番茄和水稻等则不能积累这种物质。小麦栽培种的GB积累量与抗冻性相关。GB的作用可能包括稳定转录和翻译机构。这些低分子质量的有机分子是在脱水、渗透胁迫和低温等条件下产生的。它们有与糖类似的降低水势防脱水和稳定膜和蛋白的作用(Ruelland et al., 2009)。

(5) 抗冻机制

植物可以通过2个不同的机制在亚冰冻温度下存活:一是延迟或防止在组织中形成冰核,即避免冰冻;二是忍耐冰冻,忍受细胞外结冰和原生质脱水。那些仅靠避免机制防御的植物,一旦组织结冰便立即遭受破坏。然而,一些对冰冻敏感的植物可以通过持续的过冷(液体冷却到冰点以下还不结冰的现象)长时间防止冰核形成。过冷这种生存机制不仅对芽原基、木质部薄壁组织和种子,而且对那些可能遭受短期约−10℃冰冻的植物如竹和棕榈等的叶片也是重要的。例如,一种温暖地带生长的棕榈(*Trachycarpus fortunei*)叶片能够持续过冷到−14℃,并且它们的抗冻性仅仅基于这种避免冰冻的机制。这些通过维持过冷而在冰冻温度下生存的叶片在复温后可以完全恢复光合活性。冰点降低和增强过冷可以改善抗冻性。

(6) 物种差异

植物光合机构和光合功能对低温的适应因植物种类不同(如耐冷植物与冷敏感植物,木本植物与草本植物)而异。

耐冷植物: 通常,与较高温度下生长的植物相比,低温下生长的植物在低温下呈现较高的光合速率。例如,在5~25℃测定时,5℃低温下生长的冬小麦和黑麦比20℃下生长的同种植物的光饱和光合速率高。然而,生长温度不影响光合作用的最大量子效率。

耐冷植物在适应低温的过程中,叶片变厚,细胞层数增多,单位叶面积氮含量增高。在低温下,黑麦每个基粒的类囊体数减少,而叶绿素含量、光系统Ⅰ最大活性、RuBP再生能力和光合速率均提高,单位叶面积叶绿素含量也增加,蔗糖合成途径的酶和光合碳还原循环酶的表达增加。在适应低温(例如从25℃转移到10℃)的过程中,菠菜可溶性蛋白特别是Rubisco、果糖-1,6-二磷酸酯酶、蔗糖磷酸合酶、己糖激酶、景天庚酮糖二磷酸酯酶和己糖磷酸异构酶含量和最大活性都增高。当将耐冷植物小麦、马铃薯、蚕豆和菠菜从30℃转移到15℃生长后,光合最适温度明显降低,同时单位面积叶片重、含氮量和Rubisco含量及J_{max}/V_{cmax}比率增高(Yamori et al., 2010)。

植物的耐冷性与组织内的谷胱甘肽有关。植物的冬季耐冷性常常与叶片内的高谷胱甘肽还原酶(GR)活性相联系。

冷敏感植物：与耐冷植物不同，冷敏感的玉米在低温下生长的叶片是褪绿的，单位面积的光合机构含量低、光合效率低。这与叶片蛋白积累受抑制有关。与核编码的叶绿体蛋白LHCII和LHCI相比，叶绿体编码的类囊体蛋白如光系统II和光系统I反应中心多肽、细胞色素f和耦联因子的亚基α和β选择性地减少。

冷敏感物种在冷胁迫下积累氧化型谷胱甘肽，GR和另一些抗氧化酶活性降低。过表达GR的转基因棉花增强了对低温光抑制的抗性。过表达绿藻谷胱甘肽过氧化物酶的转基因烟草，在冷胁迫期间可以维持比野生型高的光合能力，增强耐冷性。

日本学者I. Terashima及其同事所作光合作用对低温(15℃对30℃)适应的研究结果表明，低温下生长的耐冷物种菠菜、小麦等的光合最适温度明显降低，而冷敏感物种黄瓜、烟草、水稻和番茄的这种可塑性很小；在最适温度下，耐冷物种的光合作用受RuBP羧化限制，而冷敏感物种的光合作用则受RuBP再生限制；耐冷物种叶片N和Rubisco含量随生长温度变化的可塑性大于冷敏感物种(Yamori et al.，2010)。

冷敏感植物膜饱和脂肪酸水平高，在10～15℃这样较高的温度下膜就趋向固化，经历从灵活的液晶态向固体的凝胶结构转变，即物理的相转变。膜状态的这种变化引起膜空洞的形成，以致膜透性提高，K^+等离子漏失(Hodson and Bryant，2012)。

木本植物：在长期演化过程中，一些常绿植物形成多种机制，以便应付冬季低温，例如停止生长引起的光合作用的反馈抑制，越冬针叶树光合机构的长期变化包括有功能的光系统II反应中心数目的减少、捕光叶绿素的丧失、类囊体膜蛋白聚合体(包括光系统II、光系统I和LHC II)的形成(Öquist and Huner，2003)。这种聚合伴随PsbS蛋白和玉米黄质水平的提高以及激发能非光化学猝灭的持续，并且在春天温度增高时充分解聚，以便不需要叶绿素的重新合成光合作用就可以迅速恢复。

草本植物：与那些越冬针叶树不同，越冬草本植物冬小麦和黑麦等在冬季继续生长发育以获得最大抗冻性，只是由于磷限制而降低光合作用。这时植物通过将光系统II从有效的捕光状态转变为热耗散状态而消除光能捕获与使用的不平衡。然而，这种非光化学猝灭不是越冬草本植物长期(几天至几周)冷适应所必需的。在长期冷适应中，这些植物光合作用的恢复与新叶片的出现和类囊体质体醌(Q_A)含量、活性氧清除能力以及光合碳还原循环一些酶含量和活性的增加相联系。同时，无机磷的有效性和RuBP再生能力以及蔗糖磷酸合酶活性和活化状态增高，结果增加蔗糖合成，使低温下的光合速率恢复到与温暖条件下生长的植物相当。并且，增加光系统II反应中心的能量耗散能力。

6.3.2 高温

生物膜脂肪酸饱和有助于改善光合作用对热胁迫的耐受性。缺乏亚麻酸(含18个碳原子和2个双键的不饱和脂肪酸)的突变体在热处理后比其野生型维持较高水平的光合氧释放。在高生长温度下，类囊体膜的脂肪酸不饱和水平和黏度降低。

植物在适应高温的过程中，Rubisco 活化酶水平增加。该酶参与光合作用对高温的适应以及高温后光合作用的恢复。放氧复合体的热稳定性和对高温的适应主要受 PsbO 基因(编码 33 kDa 蛋白)表达的调节。

植物耐热性的增强与一些蛋白质合成、抗氧化剂增加以及低分子质量溶质积累相联系。热激蛋白(HSPs)参与细胞对高温和其他胁迫的防御。热激蛋白的一个重要作用是增强植物的耐热性。过表达番茄叶绿体小热激蛋白加强了转基因番茄的耐热性。热激蛋白可以防止蛋白聚合、维持蛋白结构和帮助胁迫后的恢复过程等，涉及对多种非生物胁迫的耐性(Hodson and Bryant，2012)。过表达甜菜碱醛脱氢酶可以改善放氧复合体和光系统 II 反应中心的热稳定性。

植物对高温的适应不限于上述生理生化变化。一些植物如大豆叶片表现偏日性，即叶片与光线平行的向性运动，减少强光的热效应；植物还通过叶片蒸腾散失水分而避免过热，这种冷却效应可以使叶片温度比周围低几度；仙人掌等植物体表面被满密集的可以反射光线的刺，也可以减少热积累。

6.3.3 高温适应与低温适应的一体化

虽然高温胁迫和低温胁迫是相反的，但是 2 种不同的胁迫却对植物有一些共同的影响，包括积累活性氧。因此，遭受低温胁迫的植物耐热性增强，而经受热处理的植物耐冷性提高(Pressman et al.，2006)。在这 2 种不同的适应过程中，似乎有一个共同的机制在运转，即高温适应与低温适应的一体化。

参考文献

Allakhverdiev SI，Kreslavski VD，Klimov VV，et al.，2008. Heat stress：an overview of molecular responses in photosynthesis. Photosynth Res，98：541 - 550.

Behnke K，Loivamaki M，Zimmer I，et al.，2010. Isoprene emission protects photosynthesis in sunfleck eposed grey poplar. Photosynth Res，104：5 - 17.

Cantrel C，Vazquez T，Puyaubert J，et al.，2011. Nitric oxide participates in cold-responsive phosphosphingolipid formation and gene expression in *Arabidopsis thaliana*. New Phytol，189：415 - 427.

Crafts-Brandner SJ，Salvucci ME，2000. Rubisco activase constrains the photosynthetic potential of leaves at high temperature and CO_2. Proc Natl Acad Sci USA，97：13430 - 13435.

He J，2009. Impact of root-zone temperature on photosynthetic efficiency of aeroponically grown temperate and subtropical vegetable crops in the tropics//Buchner TB，Ewingen NH (eds). Photosynthesis：Theory and Applications in Energy，Biotechnology and Nanotechnology. New York：Nova Science Publishers，Inc：111 - 143.

Hodson MJ，Bryant JA，2012. Environmental stresses：acclimation and adaptation to environmental stresses//Hodson MJ，Bryant JA. Functional Biology of Plants. Chichester，UK：John Wiley & Sons，Ltd：216 - 259.

Ivanov AG，Hurry V，Sane PV，et al.，2008. Reaction centre quenching of excess light energy and photoprotection of photosystem II. J Plant Biol，51：85 - 96.

Masand S，Yadav SK，2016. Overexpression of MuHSP70 gene from *Macrotylomauniflorum* confers multiple abiotic stress tolerance in transgenic *Arabidopsis thaliana*. Mol Biol Rep, 43: 53 - 64.

Medina J, Catala R, Salinas J, 2010. The CBFs: three *Arabidopsis* transcription factors to cold acclimate. Plant Sci, 180: 3 - 11.

Öquist G, Huner NPA, 2003. Photosynthesis of overwintering evergreen plants. Annu Rev Plant Biol, 54: 329 - 355.

Pressman E, Shaked R, Firon N, 2006. Exposing pepper plants to high day temperatures prevents the adverse low night temperature symptoms. Physiol Plant, 126: 618 - 626.

Ruelland E, Collin S, 2012. Chilling stress//Shabala S (eds). Plant Stress Physiology, London, UK: CAB International: 94 - 117.

Ruelland E, Vaultier MN, Zachowski A, et al., 2009. Cold signaling and cold acclimation in plants. Advances Bot Res, 49: 35 - 150.

Sage RF, Way DA, Kubien DS, 2008. Rubisco, Rubisco activase, and global climate change. J Exp Bot, 59: 1581 - 1595.

Salvucci ME, Crafts-Brandner SJ, 2004. Relationship between the heat tolerance of photosynthesis and the thermal stability of Rubisco activase in plants from contrasting thermal environments. Plant Physiol, 134: 1460 - 1470.

Sharkey TD, 2005. Effects of moderate heat stress on photosynthesis: importance of thylakoid reactions, rubisco deactivation, reactive oxygen species, and thermotolerance provided by isoprene. Plant Cell Environ, 28: 269 - 277.

Singh RK, Gupta V, Prasad M, 2019. Plant molecular chaperones: Structural organization and their roles in abiotic stress tolerance//Roychoudhury A, Tripathi DK (eds). Molecular Plant Abiotic Stress: Biology and Biotechnology. Singapore: John Wiley & Sons Ltd: 221 - 239.

Vaultier MN, Cantrel C, Vergnoll C, et al., 2006. Desaturase mutants reveal membrane rigidification acts as a could perception mechanism upstream of thediacyglycerol kinase pathway in Arabidopsis cells. FEBS Lett, 580: 4218 - 4223.

Velikova V, Varkonyi Z, Szabo M, et al., 2011. Increased thermostability of thylakoid membrane in isoprene-emitting leaves probed with three biophysical techniques. Plant Physiol, 157: 905 - 916.

Yamori W, Noguchi K, Hikosaka K, et al., 2010. Phenotypic plasticity in photosynthetic temperature acclimation among crop species with different cold tolerances. Plant Physiol, 152: 388 - 399.

Yang X, Liang Z, Lu C, 2005. Genetic engineering of the biosynthesis of glycinebetaine enhances photosynthesis against high temperature stress in transgenic tobacco plants. Plant Physiol, 138: 2299 - 2309.

第7章 水

水是植物光合作用的一种重要原料，直接参与光合作用。在光合作用中，太阳光能推动的水分子裂解不仅为光系统II反应中心叶绿素分子提供电子，使电荷分离后氧化态的叶绿素 *a* 分子（$P680^+$）得到电子后恢复原状，继续进行下一轮光化学反应，而且为ATP合成提供质子。同时，水也是植物体内许多生物化学反应的直接参与者。

由于在植物体内的许多代谢反应中水分子不断地分解、形成，循环使用，作为反应原料用掉的水，与植物体含水的巨大数量相比微不足道。植物体内的非木组织，例如叶片和根系，含水量高达80%～95%。因此，植物体内绝大部分水是为植物的生存和生长发育创造一个必不可少的合适环境。

7.1 水的环境作用

第一，水的不可压缩特性意味着水的吸收必然导致细胞膨胀和产生静水压力，即水压。植物的细胞、组织和器官乃至整个植物体的体积、形状，例如茎的直立和叶片的伸展，都依赖膨压和水压。膨压和水压的维持都离不开水，水压在细胞生长和功能上发挥重要作用（Zonia and Munnik，2007）。

第二，水是透明的，太阳光很容易穿过陆生植物叶片细胞进入叶绿体，穿过河水、湖水和海水到达水中的藻类和水下植物，以便在那里推动光合作用。

第三，在植物体内，水分子是多种物质运输的介质。根系从土壤中吸收的矿质营养元素氮、磷和钾等都在溶解于水后被运输到地上部，叶片中形成的光合产物蔗糖等也要溶解于水后被运输到需要光合产物的其他器官。在所有活跃生长的陆生植物体中，都存在一个从土壤、根系到叶片蒸腾部位贯穿整个植株的连续水柱。

第四，由于分子比较小，水也是良好的溶剂。它的极性特征适合于溶解其他极性物质。它的高介电常数使它特别适合用作离子溶剂。这个特性很重要，因为几乎所有在生命活动中重要的溶质都是带电荷的。尤其重要的是，细胞内水分子是许多生物化学反应的介质。

第五，水有高蒸发热、高单位质量热容和高导热性，很适合于植物体的温度调节。在强光下，主要是通过叶片上开放的气孔蒸腾散失大量水分，带走叶片吸收的大量太阳辐射热，使植物体得以避免温度的过度增高。缺水时，气孔关闭，叶片萎蔫。

所以，水分胁迫对叶片光合作用的不利影响主要不是作为原料的水缺乏，而是由于植物体内合适的水环境的破坏和丧失。

7.2 水分亏缺

植物遭遇的水分胁迫包括多种不同的形式：土壤水分亏缺、土壤水分过多甚至水淹和空气水分亏缺(即低空气湿度)。据估计，世界上 50%以上的作物生产力损失是由非生物胁迫干旱、盐渍和非常温度引起的(Qin et al., 2011)，因此威胁世界的粮食安全。全球陆地面积的 6%受盐渍影响，64%受干旱影响，13%受水淹影响，57%受极端温度影响(Munns and Tester, 2008; Ismail et al., 2014)。本章所说的水分胁迫主要是土壤、叶片和空气的水分亏缺，而水分过多包括水淹造成的水分胁迫则另辟专门一节加以介绍。Aroca(2012)编辑的一部论文集从形态、生理和生化以及生态等多方面介绍了植物对干旱胁迫响应的研究进展。

在干旱、盐和水淹引起的气孔关闭、光合降低和生长下降中起信号分子作用的有 ABA、乙烯、细胞分裂素、茉莉酸、亚麻酸、氨基酸、有机酸、阴离子、阳离子和木质部体液 pH(Chaves et al., 2012)。在一些种类植物中，水压信号参与气孔运动过程。另外，电信号也参与根系到地上部的信号传导和气孔开关运动。在水分胁迫后的玉米叶片气孔重新开放调节中，电信号发挥主要作用。

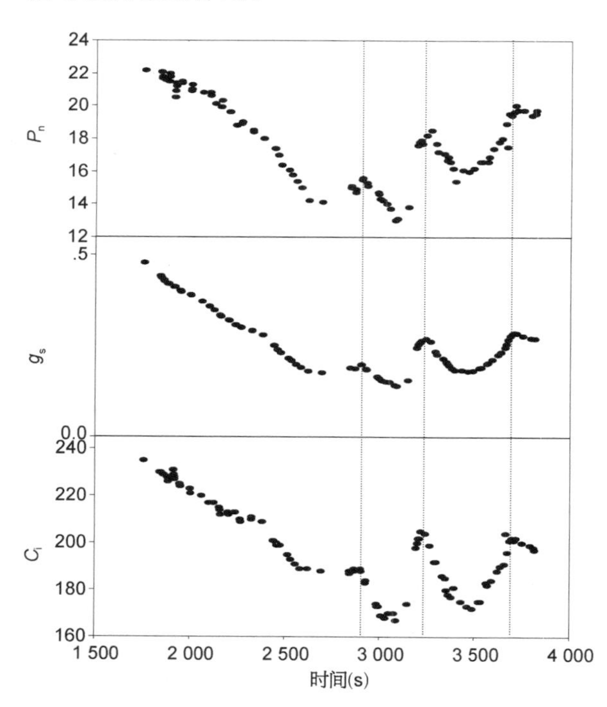

图 7-1 在空气干燥过程中水稻叶片净光合速率、气孔导度和胞间 CO_2 浓度的变化

该图为陈娟和许大全等尚未发表的资料。图中 P_n、g_s 和 C_i 的单位分别为 μmol $CO_2 \cdot m^{-2} \cdot s^{-1}$、mol $H_2O \cdot m^{-2} \cdot s^{-1}$ 和 μmol $CO_2 \cdot mol^{-1}$。

许多植物在干燥空气中会发生气孔关闭，以致叶片光合速率降低。从图 7-1 可以看出，在干燥空气中水稻叶片光合速率、气孔导度和胞间 CO_2 浓度发生规律性的波动或振荡。在这些波动中，三者的峰值完全同步，表明在干燥空气中叶片光合速率的降低主要是由于气孔导度降低引起的胞间 CO_2 浓度降低。

关于水分胁迫对植物光合作用的影响，人们研究最多的是土壤水分亏缺的影响，本章介绍的主要也是这方面的研究结果。

叶绿素荧光诱导动力学曲线慢相中的 M 峰对水分亏缺最敏感，在叶片脱水的初始阶段 M 峰便消失，但是复水后它就恢复。

在水分亏缺条件下，叶片光合速率总是明显降低。导致光合速率降低的原因主要来自 2 个方面：一是气孔导度降低，限制了光合作用原料 CO_2 的供应，即发生了气孔限制；二是叶肉细胞光合活性降低，即发生了非气孔限制，例如 Rubisco 催化的羧化反应的底物 RuBP 再生限制。

7.2.1　气孔限制

气孔开度变小引起的气孔导度降低，是植物对水分亏缺或干旱的最早响应。它可以使植物免遭水分的过度损失，否则会导致细胞脱水、木质部导管内产生气穴，甚至引起叶片、植株死亡。气孔导度降低往往在叶片水势或含水量还没有发生变化之前就已经发生。

干旱条件下的气孔关闭涉及 2 个不同的机制。一是被动机制：在遭遇干热空气时，缺乏角质层的保卫细胞因通过表面散失水分而失去膨压，保卫细胞松弛，气孔关闭；二是主动机制：这种机制依赖细胞代谢，涉及气孔开放时保卫细胞与周围表皮细胞之间离子流的流向逆转，通常由叶肉细胞水势降低所引发，并且涉及植物激素脱落酸（ABA）。在演化上比较原始的蕨类植物气孔对 ABA 没有响应，并且气孔关闭只通过被动机制而没有主动机制运转。主动机制的形成可能是 3.6 亿年前种子植物出现以后的事件（Brodribb and McAdam，2011）。

（1）判断依据

随着水分胁迫程度的加重或胁迫时间的延长，叶肉细胞光合活性的降低也会发生，以致光合作用的气孔限制和非气孔限制同时存在。这时，如果要判断叶片光合速率降低的主要原因是气孔的还是非气孔的，可以利用 Farquhar 和 Sharkey（1982）提出的判断依据进行分析。由于气孔导度降低和叶肉细胞光合活性降低对细胞间隙 CO_2 浓度（C_i）的影响是相反的，前者导致 C_i 降低，而后者导致 C_i 增高。所以，当两者同时发生时，C_i 的变化就是它们的代数和，C_i 的变化方向是降低还是提高，取决于两者中占优势的一方。因此，如果气孔导度和光合速率的降低伴随 C_i 的降低，可以断定气孔导度降低是光合速率降低的主要原因；相反，如果气孔导度和光合速率的降低伴随 C_i 的增高，则可以断定光合速率降低的主要原因是非气孔因素，即叶肉细胞光合活性的降低。

通常，在轻度和中度水分胁迫下，即叶片相对含水量（RWC=[鲜重－干重]/[饱和鲜重－干重]×100）在 75%～100%之间，往往可以观察到气孔导度、光合速率和 C_i 同时降低，表明在轻度和中度水分胁迫下光合速率的降低主要是气孔导度降低引起的（Flexas and Medrano，2002；Perez-Perez et al.，2007）。

这种由气孔导度降低引起的光合速率降低，可以在高 CO_2 浓度下的测定中得到恢复，也就是在高 CO_2 浓度下测定比较时，遭受水分胁迫叶片的光合速率与对照叶片相同。这表明在轻度和中度水分胁迫下，叶片的光合能力或叶肉细胞的光合活性没有受到不良影响或伤害。另外，利用撕去叶片表皮的方法和气相氧电极在饱和 CO_2 浓度（大约 5%）下测定叶圆片的光合放氧，也可以区分水分胁迫下导致光合速率降低的气孔和非气孔因素。遭受水分胁迫的叶片在 1% CO_2 浓度下测定时，有表皮的叶圆片的放氧速率降低幅度大于去表皮的叶圆片，表明气孔关闭导致放氧速率降低；但是，在可以排除气孔限制的 5% CO_2 浓度下测定时，如果去表皮叶圆片和完整叶圆片的放氧速率降低幅度相同，则表明水分胁迫已经导致叶肉细胞光合活性降低。

(2) 气孔的不均匀关闭

在做叶片光合作用的气孔限制分析时值得注意的是，用气体交换测定资料计算的胞间CO_2浓度(C_i)只有在叶片上所有气孔的开闭行为均匀一致的情况下才是正确、可靠的。如果发生气孔不均匀关闭的情况，也就是叶片上的一部分气孔开放，而另一部分气孔关闭，即使气孔导度明显降低，这样计算的 C_i 基本上恒定不变。这种恒定不变会掩盖光合速率的降低实际上主要由气孔导度降低所致的事实。虽然在水分胁迫条件下容易发生气孔不均匀关闭现象，但是未必总发生这种现象。C_i 的明显降低表明没有发生这种现象，而 C_i 的恒定不变则表明发生了这种现象。为了避免水分胁迫下气孔不均匀关闭引起的根据气体交换资料计算的 C_i 值失真，可以利用叶绿素荧光参数计算的 C_i(C_{if})值进行有关的分析。

由于被研究植物种类的差异，不便比较不同研究的结果。考虑到光合速率与气孔导度的密切联系，Medrano 等(2002)提议，用光饱和的气孔导度(g_s)作为干旱条件下光合作用的气孔和非气孔限制之间拐点指标。在他们重新分析的大多数研究中，150、100 和 50 mmol $H_2O \cdot m^{-2} \cdot s^{-1}$这 3 个气孔导度值表明 C_3植物分别处于轻度、中度和严重干旱条件；水分胁迫期间 Ci 由逐渐降低转变为增高的拐点气孔导度值约为 50 mmol $H_2O \cdot m^{-2} \cdot s^{-1}$。所以，在轻度和中度水分胁迫下叶片光合速率降低主要是由于气孔导度降低，而在严重水分胁迫下叶片光合速率降低的主要原因是 RuBP 再生能力降低。

渐变的水分胁迫过程包括 3 个阶段：第一阶段是轻度胁迫，$g_s>0.15$ mol $H_2O \cdot m^{-2} \cdot s^{-1}$。在气孔导度逐渐降低到 0.15 mol $H_2O \cdot m^{-2} \cdot s^{-1}$的过程中，气孔导度降低是光合速率降低的唯一原因。第二阶段是中度胁迫，g_s在 0.15～0.05 mol $H_2O \cdot m^{-2} \cdot s^{-1}$之间。这时光合速率降低的原因除了气孔导度降低以外，还有叶肉导度降低，也是非气孔限制。同时伴随电子传递速率的小但明显降低和 NPQ、抗氧化酶活性及非酶抗氧化物含量增加。这时的最大羧化速率还是恒定的。第三阶段是严重胁迫，$g_s<0.05$ mol $H_2O \cdot m^{-2} \cdot s^{-1}$。这时发生代谢损害：所有的光合酶被抑制，叶绿素和蛋白质含量减少，光反应系统发生持久破坏，导致叶片衰老(Flexas et al., 2012)。

7.2.2 非气孔限制

当叶片相对含水量低于 70%时，代谢抑制会导致叶肉细胞光合能力降低。例如，只有在叶片相对含水量低于 70%时，离体叶绿体的光合放氧能力才降低。在相对含水量大约为 40%时净光合速率接近零。在大部分情况下，当气孔导度降低到 50 mmol $H_2O \cdot m^{-2} \cdot s^{-1}$时，胞间 CO_2浓度从降低转变为增高，表明水分胁迫导致的光合速率降低的主要原因由气孔限制转变为非气孔限制。由于 CO_2浓度降低，在水分亏缺或盐胁迫下，光呼吸和另一些消耗电子的过程如梅勒反应、叶绿体呼吸和分别围绕光系统 I、光系统 II 和流向线粒体旁路氧化酶的电子流增加(Chaves et al., 2012)。

(1) 叶肉限制

在水分亏缺或盐胁迫下，净光合速率、气孔导度和叶肉导度(g_m)都降低。许多木本植

物的 g_m 都很低，足以对光合作用构成与气孔限制大小相当的叶肉限制。在轻度和中度水分亏缺条件下，CO_2 从大气到叶绿体内羧化部位扩散的限制是光合速率降低的主要原因，这个限制包括气孔和叶肉 2 个组分(Flexas et al., 2008)。叶肉导度涉及物理的(CO_2 溶解度、质外体表面积和 CO_2 运输的共质体途径)和代谢的(水通道蛋白和碳酸酐酶)两方面因素。

(2) 光呼吸速率的提高

在水分胁迫下，g_m 降低以致叶绿体内 Rubisco 羧化部位 CO_2 浓度(C_c)和净光合速率也降低，而光呼吸速率提高。因此，水分胁迫下光呼吸速率的提高也是净光合速率降低的一个重要原因。使用稳定性同位素 $^{16}O_2/^{18}O_2$ 与 $^{12}CO_2/^{13}CO_2$ 于番茄所做的叶片质谱测量结果表明，在正常供水的对照叶片光合电子有 50%以上用于碳同化，23%用于光呼吸，13%用于梅勒反应，而在水分胁迫下，用于碳同化、梅勒反应和其他代谢反应如氮、硫同化及脂肪酸合成等的光合电子减少，而用于光呼吸的份额却明显增加，但是线粒体呼吸降低。水分胁迫下呼吸速率的降低，也许可以用光合作用降低导致的呼吸底物减少来解释。

(3) 叶肉细胞光合活性降低

在水分胁迫下，引起叶肉细胞光合活性变化的因素可能有多种，例如反应中心的光化学活性、光合电子传递活性、催化光合磷酸化的 ATP 合酶活性和催化光合碳固定的 Rubisco 羧化活性等。

在轻度、中度水分胁迫下，没有光合机构持久破坏的证据，光系统 II 的最大光化学效率(F_V/F_M)没有明显降低。

在严重水分胁迫下，光系统 II 反应中心和光合放氧系统遭受破坏。这很可能是严重的水分胁迫引起严重光抑制的结果。

在严重水分胁迫下，Rubisco 酶的数量和活性均降低，而 Rubisco 活性的降低主要是由于存在紧密结合的抑制物。这可能是由于水分胁迫引起的 ATP 含量降低导致可以去掉抑制物的 Rubisco 活化酶活性降低(Lawlor and Tezara, 2009)。不过，抑制物 2-羧基阿拉伯糖醇-1-磷酸(CA1P)与 Rubisco 的结合可以保护该酶免受蛋白水解酶的降解。水分胁迫下 Rubisco 活性的降低也可能是气孔关闭导致的叶绿体内 CO_2 浓度降低引起 Rubisco 失活的结果。

严重缺水的情况下可以观察到磷酸甘油酸、磷酸丙糖、6-磷酸果糖和 RuBP 等大部分代谢物含量降低。叶片光合能力的降低是由 RuBP 再生限制引起的。RuBP 含量的降低则可能是由于 ATP 合成受到抑制。水分胁迫下 ATP 合成能力的降低可以归因于 ATP 合酶的损失，由此导致 RuBP 再生能力降低。

与 C_3 植物不同，C_4 植物在干旱胁迫的早期就发生光合作用的非气孔限制，并且 Rubisco 比 C_4 途径酶 PEPC 等对干旱更敏感。同时，在水分胁迫下维管束鞘细胞的 CO_2 渗漏增加(Carmo-Silva et al., 2008)。

复水后光合作用完全恢复的快慢因失水程度或光合速率降低的程度不同而变化。对 10 多个研究结果的考察得出，当光合速率降低到对照的 3%时复水，叶光合速率的完全恢复大约需要 18 d；当光合速率降低到对照的 36%时复水，叶光合速率的完全恢复大约需要 4 d

(Flexas et al., 2012)。严重失水后再复水时,光合作用的恢复包括2个阶段:最初几天光合作用的恢复主要是由于气孔重新开放,后来是由于参与光合作用的蛋白特别是Rubisco活化酶和放氧复合体蛋白的合成。

7.2.3 耐旱性的物种差异

植物的耐旱性表现出明显的种间差异。当相对含水量降低到75%以下时,向日葵叶片的光合能力突然消失,而海藻只在相对含水量降低到20%以后光合能力才逐渐下降。遭受严重脱水(相对含水量为20%)后,虽然耐旱的复苏植物和干旱敏感植物菠菜叶片的可变荧光都完全消失,但是在复水后复苏植物的可变荧光可以完全恢复,而菠菜叶片的可变荧光却没有恢复。

7.2.4 干旱适应

植物对干旱的适应涉及形态和生理生化的变化。降低气孔导度和减少幼叶扩展是植物适应干旱环境的早期征兆。接着,那些成龄大叶片开始衰老、脱落。缩减叶面积是植物适应水分亏缺环境的一个重要方法。同时,增加叶片表面的蜡质沉积、毛覆盖,结果减少角质层和边界层蒸腾,增加光反射。植物体适应干旱环境的另一个方法是增加根系向土壤深层扩展,增加根系与地上部分的比例以及光合产物向根系的分配。并且,细胞内糖、有机酸和甜菜碱以及钾离子等溶质浓度增高,增加水分吸收能力。旱生植物的这些变化更明显(Hodson and Bryant, 2012)。

植物适应长期(几天或更长)水分胁迫的一个重要生物化学机制是加强激发能的非光化学猝灭。用旱生C_3植物(耐强光下的干旱)所做的研究表明,水分胁迫处理几天后非循环电子传递速率降低,而围绕光系统I的循环电子传递速率提高,同时依赖能量的非光化学猝灭(qE)增高几倍。在植物对长期干旱的适应过程中,ATP合酶是光合作用质子回路的关键控制点。与ATP合酶含量减少相平行,细胞色素b_6f复合体的表达水平也降低。这可以防止光系统I电子受体的过还原。

C_4植物对炎热而干旱环境适应的关键,是在降低的气孔导度下对CO_2的高吸收速率、Rubisco周围浓缩的CO_2和能量耗散的防御性增加以及高用水效率。CAM植物对水分不足的关键适应是夜间CO_2固定和日间对CO_2的重新同化,这样便改善了用水效率。一些植物可以在C_3和CAM途径之间自由转换而不受个体发育阶段的限制,可以随环境条件的变化在24 h内快速而可逆地转换。并且,在严重水分亏缺以致气孔昼夜均关闭时,可以发生CAM空转,维持CAM途径的有机酸低速循环,保持生物化学活性,直至有水时再恢复正常运转。

一些植物对干旱和盐胁迫耐性的提高与一些代谢物如果聚糖、脯氨酸和甘露糖醇的积累有关。这些化合物的功能主要是渗透调节,也有的参与清除活性氧。

除了植物避免或(和)忍受水分胁迫能力以外,复水后光合作用的恢复对植物的抗旱性是关键因素。严重水分胁迫后的恢复过程包括2个阶段:一是复水后几小时至几天内气孔重新开放;二是几天后与光合有关蛋白的从头合成。并且,耐旱性与恢复期间基因表达的快速调节相联系。

7.3 水分过多

水分亏缺不利于光合作用的正常进行,而水分过多比如降雨、水淹也对光合作用有严重的不利影响。

7.3.1 多水对光合作用的影响

土壤水淹往往导致叶片光合速率迅速降低,这种光合速率的降低主要是由于气孔关闭。植物光合作用对水淹的耐受能力存在种间差异,在延长水淹期间对水淹敏感的植物缺乏气孔重新开放的机制,而耐受水淹的植物气孔可以重新开放,光合作用得以恢复。类似地,降雨水淹叶片对光合作用也有不利的影响,包括气孔和非气孔抑制。

由于基本的光合机构叶肉细胞和叶绿体都经常处于水饱和环境,所以过量水分对光合作用的不利影响肯定不是直接的,而是间接的:一是造成对 CO_2 供应的限制,降雨或水淹严重妨碍空气中的 CO_2 通过叶片表面的气孔进入叶片内细胞间隙,尽管下雨天的光照不强,还是可以推动光合作用,但是由于气体在水中的扩散速率仅仅是在空气中扩散速率的万分之一,光合作用会由于 CO_2 的供不应求而几乎停止;二是在水淹情况下即使有充足的太阳光,叶片的光合作用也会因 CO_2 的严重亏缺而导致严重的光抑制和光合机构的光氧化破坏;三是降雨或水淹会造成叶绿体被膜的低渗胀破;四是过多的水分造成的 O_2 缺乏会严重抑制呼吸作用,导致能量代谢、物质代谢受抑制,细胞、组织以及器官的正常生命活动难以为继。在轻度低渗条件下,虽然叶绿体被膜没有破坏,但是依赖 CO_2 的光合放氧已经受到抑制,NADPH形成速率明显降低,PGA 还原明显受抑制,推测 Fd∶NADP 氧化还原酶作用受阻。

植物根际水分过多对叶片光合作用也有不利影响,叶片光合碳同化速率和量子效率明显下降,气孔导度和叶肉导度也明显降低,而且叶肉导度严重限制光合碳同化。

7.3.2 水淹造成的氧缺乏

除了降低光强并使植物体产生乙烯、积累 CO_2 和还原性化合物含量增高到毒害水平(Bailey-Serres and Voesenek, 2008)之外,水淹的一个最直接的后果是使植物体处于缺乏 O_2 的环境。由于氧是线粒体电子传递链理想的末端电子受体,氧缺乏引起的主要细胞胁迫是呼吸速率降低及依赖氧化磷酸化的能量供应不足,使多种代谢过程慢下来。

人们已经鉴定了一些决定原初缺氧响应的基因。乙烯响应因子是水淹(或水灾)和低氧响应的关键性调节因子。它们的周转对湿地植物的生存具有重要的生态意义(Bailey-Serres et al., 2012)。

经历周期性和长期水淹的植物种子能够在水淹的土壤中发芽,并且已经在演化过程中发展出一些避免 O_2 缺乏的途径(Bailey-Serres and Voesenke, 2008)。地上部以及叶柄、叶片的迅速延伸(类似于避阴综合征,使叶片迅速达到水面)、生长不定根和形成通气组织等构成逃脱低氧环境的综合征。在对水淹条件的适应中,乙烯发挥重要作用。水下叶片迅速延伸到水面的过程是由乙烯介导的(Jackson, 2008)。无论是内源产生的还是外源应用的乙烯,都能诱导植物通气组织的形成。低氧条件能强有力地诱导与乙烯合成有关的基因表达。并且,叶柄和叶片延伸所依赖的细胞扩展和分裂也都受乙烯调节。水生植物的茎和叶片常常含有大量通气组织和气室,有助于漂浮在水面(Hodson and Bryant, 2012)。

7.4 盐胁迫

土壤的含盐量随含水量降低而增加,因此随着水分胁迫的发展,还会发生盐胁迫。盐胁迫对光合作用的影响基本上与水分胁迫相类似,涉及气孔和非气孔两方面。并且,盐胁迫引起的光合速率降低通常随总盐浓度(渗透效应)和离子组成(特定的离子效应)不同而变化。

在全球范围内,大约有 10 亿公顷土地受盐渍影响。并且,在盐渍土地和用含盐水灌溉的土地上大多数种类的作物都减产。在盐渍土壤中生长的植物面临 3 个主要问题:一是根系水分吸收困难,因为高盐浓度导致土壤水势降低;二是植物组织中积累的高浓度离子(主要是 Na^+ 和 Cl^-)具有毒害作用,多种酶对这些离子很敏感;三是根系吸收营养时,Na^+、Cl^- 与 K^+、硝酸根等离子的竞争导致营养亏缺,例如 K^+ 不足,高盐条件下菠菜叶片光合能力的明显降低已经归因于 K^+ 供应的减少。相反,补充 K^+ 供应可以明显增强盐胁迫水稻的光合活性。关于盐胁迫对光合作用的短期(几小时或 1~2 d 内)影响的研究报告比较少,但是它很重要,因为在干旱地区用含盐水灌溉的田间作物能够遇到这种情况。

7.4.1 物种差异

不同种类的植物对盐胁迫的响应不同,例如,盐不引起糖甜菜和水稻光合作用降低,低浓度盐甚至促进它们的光合作用,而盐却可以引起苜蓿和大蒜光合作用显著降低。

一般认为,许多甜(淡)土植物对盐的敏感性是不能防止 Na^+ 和 Cl^- 进入细胞质的结果。盐土植物和淡土植物都不能忍受细胞质中大量的盐,不过盐土植物叶片里的 NaCl 完全被扣押在液泡中。多年生植物似乎比一年生植物对盐渍敏感,盐渍不影响蒿属植物暗适应叶片的 F_V/F_M,但却使橄榄树叶片的 F_V/F_M 降低到 0.5,不过其降低机制还不清楚。

7.4.2 气孔限制

盐胁迫通常导致植物光合速率降低,但是光合能力不大受影响。光合速率降低主要是气孔关闭的结果,也与盐毒害、细胞膜脱水引起的膜对 CO_2 透性降低、衰老加速和酶活性降低及反馈抑制有关。

盐胁迫引起的甜土植物光合作用的气孔限制比盐土植物大。半耐盐胁迫的糖甜菜在盐胁迫的 60 min 内光合碳吸收几乎完全停止,然而在 24 h 内又恢复到对照水平。这可能意味着盐胁迫下光合碳吸收的停止主要是气孔关闭的结果。

在柑橘、辣椒、菜豆、大豆和向日葵等作物，都观察到盐胁迫下光合作用的非气孔限制。这是不是气孔不均匀关闭导致的非气孔限制假象，可以利用低浓度CO_2使气孔充分开放前后测定光合速率差异的办法去判断盐胁迫引起的光合速率降低原因是否包含非气孔因素。

从大气到叶片内羧化部位CO_2扩散导度（包括气孔导度和叶肉导度）的降低往往是轻度、中度干旱和盐胁迫下以及水淹的早期植物光合速率降低的主要原因，而在严重水分胁迫、高盐胁迫和长期水淹条件下则主要是非气孔限制导致光合速率降低（Chaves et al.，2012）。在这些胁迫下，光合速率降低的主要原因从气孔限制转变为非气孔限制的气孔导度的阈值大约为0.05 mol $H_2O \cdot m^{-2} \cdot s^{-1}$。

7.4.3 叶肉细胞光合活性变化

在严重水分胁迫、高盐胁迫和长期水淹条件下，光合速率降低的主要原因从气孔限制转变为非气孔限制的气孔导度阈值为0.05～0.10 mol $H_2O \cdot m^{-2} \cdot s^{-1}$。在这个阈值下，叶绿素含量、光化学效率、ATP与RuBP及总可溶蛋白含量，Rubisco、SPS和FBPase及硝酸还原酶活性都下降。仅仅在g_s低于0.10 mol $H_2O \cdot m^{-2} \cdot s^{-1}$的植物观察到围绕光系统Ⅰ循环电子流增多和ATP合酶伤害与活性氧积累紧密耦联。因此，很可能是低CO_2浓度和过量光下产生的活性氧对叶绿体ATP合酶的氧化破坏导致光合能力降低（Chaves et al.，2012）。

光合产物库对光合产物需要减少导致的源叶内蔗糖或糖磷酯中间产物积累，可以引起光合作用的反馈抑制。盐胁迫引起的光合能力降低可能就是这种反馈抑制的结果，而不是盐本身抑制光合作用反应。

盐胁迫下光合能力的降低也可能是光合碳同化酶减少的反映，例如盐胁迫引起水稻、大麦、菠菜和苋菜Rubisco含量明显降低。盐胁迫下光合能力的降低还可能是光合机构破坏的结果，例如盐胁迫明显降低豌豆和小麦叶片的叶绿素含量。在对盐胁迫敏感的豆科植物，即使在低盐浓度下，也可以观察到叶绿体超微结构的破坏。在盐胁迫条件下，叶片的热耗散一般不增强。虽然盐胁迫可以提高一些抗氧化酶活性，但还是有盐胁迫引起脂过氧化、蛋白质氧化破坏的报告。

7.4.4 盐适应

植物对盐胁迫的适应机制主要有2个：渗透调节和无机离子区室化。脯氨酸和另一些渗透调节物质可以作为信号或调节分子启动适应过程中的多种响应。

短期适应（实际上是响应）主要与气孔调节相联系。

中期适应涉及渗透调节、细胞壁弹性变化和形态变化。最明显的形态变化是生长出少而小的叶片，增加角质层厚度。积累合适溶质的代谢适应是植物在盐胁迫下争取生存的一个基本方法，通过在细胞质内合成没有抑制作用的有机溶质糖、甘氨酸甜菜碱、脯氨酸和其他有机酸等实现渗透调节。渗透调节可以维持植物的水分状况和碳平衡。

长期适应则包括生物质分配、解剖修饰和生理机制的变化。一些植物在盐胁迫下光合作用从 C_3 途径转变为 CAM 途径。这种转变涉及编码 CAM 途径中一些酶如磷酸烯醇式丙酮酸羧化酶和丙酮酸：正磷酸双激酶基因转录物 mRNA 的上调。

7.4.5 耐盐性

根据抗盐性的不同，大体上可以将植物分为 2 类：一类是盐的排斥者甜土植物；另一类是盐的包容者盐土植物，它们可以在 200 mmol·L^{-1} 盐浓度条件下完成生命周期。

甜土植物对盐的耐性与排除 Na^+ 和 Cl^- 的能力有关。它们有 2 个办法对付水分亏缺：一是合成有机溶质如糖，降低地上部水势，便于水分吸收；二是肉质化，减少表面积，减少水分损失。

盐土植物在高 Na^+/K^+ 比例的环境中，可以选择性地吸收 K^+，还可以较多地积累 Cl^-，而较少地积累 Na^+。并且，它们吸收的 Na^+ 和 Cl^- 的绝大部分被扣留在液泡中。同时，它们还在细胞质中大量累积脯氨酸或甜菜碱（因植物种类不同而异），与液泡中的高 Na^+ 和 Cl^- 浓度相平衡，避免细胞质的水分亏缺。与盐土植物相比，甜土植物不仅液泡小，而且离子区室化分布的程度也小得多（Hodson and Bryant, 2012）。

植物耐盐性的生理生化机制涉及：① 体内的离子稳态——进入细胞质的 Na^+ 通过 Na^+/H^+ 反向转运蛋白例如液泡型质子泵 H^+-ATP 酶运输进入液泡，实现区室化。过表达质膜 Na^+/H^+ 反向转运蛋白可以增强耐盐性。② 渗透防御——相协调的溶质脯氨酸、甘氨酸甜菜碱、糖和多元醇等的积累能够稳定蛋白质，保护膜结构，维持渗透平衡，防止光合机构遭受破坏，减少活性氧。叶面喷施甘氨酸甜菜碱可以使遭受盐胁迫的植物色素稳定，加强光合速率与生长。③ 抗氧化调节——耐盐性与抗氧化酶活性、非酶抗氧化物抗坏血酸、花色素苷等含量正相关。④ 多胺——多胺水平提高与耐盐性正相关。⑤ 一氧化氮——NO 对耐盐性的积极作用已经归因于其抗氧化活性和调节活性氧清除系统。⑥ 激素调节——盐胁迫引起的渗透胁迫和水分亏缺导致植物地上部和根系产生脱落酸，而脱落酸的积累可以减轻盐胁迫对光合作用、生长和同化物运输的抑制作用。水杨酸也能改善植物的耐盐性（Gupta and Huang, 2017）。

7.5 用水效率改善

用水效率（water use efficiency, WUE）的定义是植物固定的碳与消耗的水数量之比。它是作物生产力的一个关键限制因子，也是作物改良的一个靶标。WUE 是一个复杂的生理学和遗传学特征，光合作用、气孔和叶肉导度以及群体结构都直接影响 WUE。碳与水的相互作用和环境与作物发育的多方面也能改变 WUE。另一方面，通过育种或生物技术可以提高 WUE。不断增高的大气 CO_2 浓度已经创造并将继续创造通过调节光合作用与蒸腾作用的关系提高用水效率的机会（Leakey et al., 2019）。

水有效性是作物生产的最重要环境限制因素。灌溉可以减轻这个限制，农业用水已经占世界淡水用量的大约70%。随着人类用水量的增加，更多的灌溉显然不可持续。并且，全球气候变化导致的温度升高和蒸气压亏缺(vapor pressure deficit，VPD)还会增加作物生产的用水量，加重作物生产的水限制。因此，迫切需要加深对WUE的理解与改善。

有3个可能的途径能够用于提高用水效率：一是降低气孔导度；二是提高光合速率；三是加速气孔开关速度。由于气孔导度降低引起的蒸腾速率降低大于光合速率的降低，气孔导度降低总是导致用水效率提高，人们很自然地把提高用水效率的努力放到降低气孔导度特别是降低气孔密度上。然而，这样做的结果虽然提高了用水效率，却降低了光合作用，使生长慢下来，最后降低作物产量。这显然不是人们期望的结果。现在，已经有了这样令人感兴趣的结果：在拟南芥保卫细胞中表达合成的光控 K^+ 通道BLINK1，加速了气孔的光下开放和暗中关闭过程，结果在波动光下的整个生长期内生物质数量增加1倍多(Papanatsion et al.，2019)。这表明，通过改善气孔开关运动的动力学提高了植物的用水效率，但是并不妨碍光合碳同化，即不以降低光合生产力为代价。

参考文献

Aroca R，2012. Plant Responses to Drought Stress. The Netherlands：Springer.

Bailey-Serres J，Fukao T，Gibbs DJ，et al.，2012. Making sense of low oxygen sensing. Trends Plant Sci，17：129－138.

Bailey-Serres J，Voesenek L，2008. Flooding stress：acclimations and genetic diversity. Annu Rev Plant Biol，59：313－339.

Brodribb TJ，McAdam SAM，2011. Passive origins of stomatal control in vascular plants. Science，331：582－585.

Carmo-Silva AE，Powers SJ，Keys AJ，et al.，2008. Photorespiration in C_4 grasses remains slow under drought conditions. Plant Cell Environ，31：925－940.

Chaves MM，Flexas J，Gulias J，et al.，2012. Photosynthesis under water deficits，flooding and salinity//Flexas J，Loreto F，Medrano H (eds). Terrestrial Photosynthesis in a Changing Environment：A Molecular，Physiological and Ecological Approach. Cambridge，UK：Cambridge University Press：299－311.

Farquhar GD，Sharkey TD，1982. Stomatal conductance and photosynthesis. Annu Rev Plant Physiol，33：317－345.

Flexas J，Ribas-Carbo M，Diaz-Espejo A，et al.，2008. Mesophyll conductance to CO_2：current knowledge and future prospects. Plant Cell Environ，31：602－612.

Flexas J，Galle A，Galmes J，et al.，2012. The response of photosynthesis to soil water stress//Flexas J. et al (eds). Plant Responses to Drought Stress. the Netherlands，Springer-Verlag：129－144.

Flexas J，Medrano H，2002. Drought-inhibition of photosynthesis in C_3 plants：stomatal and non-stomatal limitations revisited. Ann Bot，89：183－189.

Gupta B，Huang B，2017. Mechanism of salinity tolerance in plants：physiological. biochemical，and molecular characterization//Losa C (ed). Methods and Techniques in Plant Physiology. India：Scitus Academics：245－294.

Hodson MJ，Bryant JA，2012. Acclimation and adaptation to environmental stresses//Hodson MJ，Bryant JA. Functional Biology of Plants. Chichester：John Wiley & Sons，Ltd：235－259.

Ismail A，Takeda S，Nick P，2014. Life and death under salt stress：same players，different timing? J Exp

Bot, 65: 2963 - 2979.

Jackson MB, 2008. Ethylene-promoted elongation: an adaptation to submergence stress. Ann Bot, 101: 229 - 248.

Lawlor DW, Tezara W, 2009. Causes of decreased photosynthetic rate and metabolic capacity in water-deficient leaf cells: a critical evaluation of mechanisms and integration of processes. Ann Bot, 103: 561 - 579.

Leakey ADB, Ferguson JN, Pignon CP, et al., 2019. Water use efficiency as a constraint and target for improving the resilience and productivity of C_3 and C_4 crops. Annu Rev Plant Biol, 70: 781 - 808.

Munns R, Tester M, 2008. Mechanisms of salinity tolerance. Annu Rev Plant Biol, 59: 651 - 681.

Papanatsion M, Petersen J, Henderson L, et al., 2019. Optogenetic manipulation of stomatal kinetics improves carbon assimilation, water use, and growth. Science, 363: 1456 - 1459.

Perez-Perez JG, Syvertsen JP, Botia P, et al., 2007. Leaf water relations and net gas exchange responses of salinized *Carrizo citrange* seedlings during drought stress and recovery. Ann Bot, 100: 335 - 345.

Qin F, Shinozaki K, Yamaguchi-Shinozaki K, 2011. Achievements and challenges in understanding plant abiotic stress responses and tolerance. Plant Cell Physiol, 52: 1569 - 1582.

Zonia L, Munnik T, 2007. Life under pressure: hydrostatic pressure in cell growth and function. Trends Plant Sci, 12: 90 - 97.

第 8 章

气

地球生物圈中的众多光合生物特别是陆生高等植物，都生活在大气环境中。大气中的 CO_2是光合作用的重要原料，而 O_2则是光合碳同化的竞争性抑制剂。所以，光合作用必然会对大气中 CO_2和 O_2浓度的变化作出响应与适应。另外，大气中的空气污染物质也会对光合作用产生重要影响。

8.1 CO_2

植物光合作用对空气中 CO_2浓度变化的响应，实际上包括对短期变化的响应和对长期变化的适应 2 种不同情况。前者只涉及生物化学反应与物质代谢的迅速变化与调整，后者则涉及相对慢一些的基因表达与形态结构变化，但是不涉及基因型改变。

8.1.1 CO_2响应

在短时间（几分钟至几小时）内，C_3植物叶片的净光合速率总是随着空气 CO_2浓度增高而提高，这是由于下面几个原因：① 普通空气中的 CO_2浓度远低于可以使光合作用饱和的浓度；② CO_2是光合碳同化羧化反应的底物，底物浓度增加会加速羧化反应；③ CO_2是 RuBP 加氧反应的竞争性抑制剂，空气 CO_2浓度增高会抑制 RuBP 加氧反应，从而抑制光呼吸。此外，由于高 CO_2浓度引起的气孔导度降低可以减少空气污染物 O_3等的进入及其对光合机构的破坏，高 CO_2浓度会间接减轻空气污染物对光合作用的不良影响。

由于叶片净光合速率（A 或 P_n）对叶片周围空气中 CO_2浓度（C_a）的响应还受叶片表面边界层导度和气孔导度变化的影响，不能仅用叶肉中的过程来解释，所以在描述叶片净光合速率对 CO_2浓度变化的响应（A/C_i响应曲线）时，总是用胞间 CO_2浓度（C_i），而不是 C_a表示 CO_2浓度。

理想化的 A/C_i响应曲线包括 3 个组成部分：第一部分，在较低 C_i下，A 随 C_i的增高而迅速增高，即 dA/dC_i比较高，这时叶片的净光合速率主要受 Rubisco 活性或活化的 Rubisco 量的限制；第二部分，在中等 C_i下，A 随 C_i的增高而缓慢增高，即 dA/dC_i比较低，这时叶片的净光合速率主要受 RuBP 再生限制；第三部分，在较高 C_i下，A 不再随 C_i的增高而增高，反而随 C_i增高降低，即 $dA/dC_i \leqslant 0$，这时叶片的净光合速率主要受磷酸丙糖使用（TPU）或无机磷限制（Long and Bernacchi, 2003）。叶片光合作用对 CO_2浓度变化的响应模式如图 8－1 所示。图 8－2 所示为测定方法不当而得到的失真的光合作用的 CO_2响应曲线。

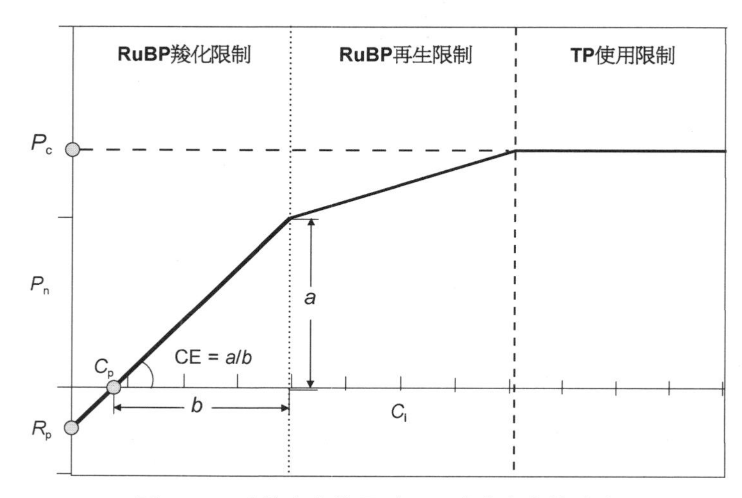

图 8-1 叶片光合作用对 CO_2 浓度变化的响应

CE——Rubisco 的羧化效率，光合对 CO_2 响应曲线初始直线段的斜率；C_i——胞间 CO_2 浓度；C_p——CO_2 补偿浓度；P_c——光合能力，光和 CO_2 都饱和条件下的净光合速率；P_n（在许多文献中常用 *A* 表示）——净光合速率；R_p——光呼吸速率；RuBP——核酮糖-1,5-二磷酸；TP——丙糖磷酸。

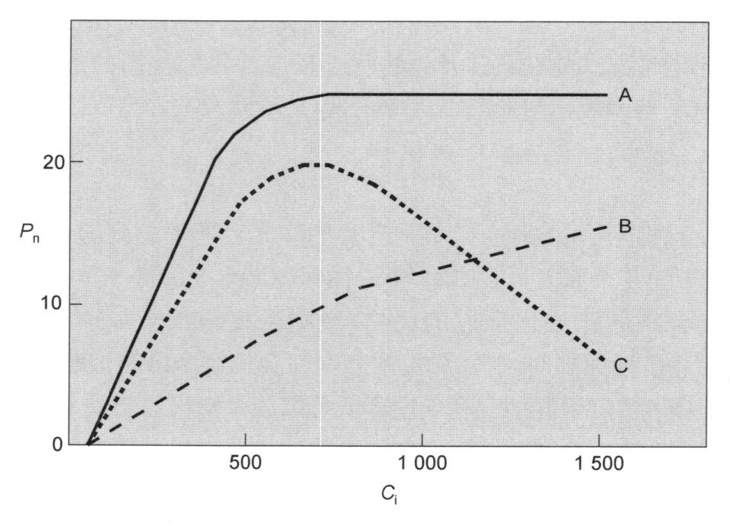

图 8-2 失真的光合作用的 CO_2 响应曲线

A——在饱和光下测定得到的典型的或正常的 CO_2 响应曲线；B——在不饱和光下测定得到的 CO_2 响应曲线；C——在测定过程中没有对仪器进行匹配操作而得到的不正确的 CO_2 响应曲线，在高 CO_2 浓度下叶片光合速率随 CO_2 浓度增高而下降，这是不当的测定方法造成的假象。

A/C_i 响应曲线的第一部分即初始直线段的斜率有时称为"叶肉导度"或羧化效率。这一直线段与横轴的交点为光合作用的 CO_2 补偿点或补偿浓度，而与纵轴的交点为光下叶片释放 CO_2 的速率（光呼吸和日呼吸或线粒体呼吸之和）。由于日呼吸速率通常比光呼吸速率低得多，可以将它视为光呼吸速率的近似值。A/C_i 响应曲线的第二部分与第三部分分界处的光合速率可以代表叶片的光合能力，即光和 CO_2 都饱和时的光合速率。C_4 植物叶片的光合作

用在胞间 CO_2 分压为 10～15 Pa(在大气压为 1 时，CO_2 浓度为 100～150 μL·L^{-1} 或 μmol·mol^{-1})时饱和，而 C_3 植物叶片的光合作用则在胞间 CO_2 分压为 60～100 Pa 时饱和。

A/C_i 曲线各参数受温度变化的影响：① CO_2 补偿浓度随温度增高而增高，这是由于升温对光呼吸和线粒体呼吸的促进；② 羧化效率很少受温度影响；③ 光和 CO_2 浓度都饱和的光合速率在 30℃以下时随温度增高而增高，在 30℃以上时 C_3 植物光合速率随温度增高而降低，一方面是由于光呼吸迅速提高，另一方面可能是由于 Rubisco 活化酶失活；④ 光合作用的 CO_2 饱和浓度随温度增高而增高。

与 C_3 植物不同，C_4 植物 A/C_i 响应曲线的初始直线段斜率主要是由 PEPC 的动力学特性和活性决定。与此相一致，在 PEPC 含量减少的突变体或用 PEPC 抑制剂处理的叶片中，这个斜率都降低。

8.1.2 对高浓度 CO_2 的适应

虽然高浓度 CO_2 能显著提高许多 C_3 植物叶片的净光合速率，但是高浓度 CO_2 的这种促进作用并不持久。随着高浓度 CO_2 处理时间延长，这种促进作用逐渐减弱。当在同样 CO_2 浓度下测定时，长期(几天、几周或几个月)生长在高浓度 CO_2 下的植物叶片净光合速率明显低于普通空气中生长的植物(Xu et al., 1994; Chen et al., 2005; Adachi et al., 2014)。这个现象通常被称为光合下调或光合适应(photosynthetic acclimation)，即光合作用对高浓度 CO_2 的适应。

然而，也有一些植物长期生长在高浓度 CO_2 下却不发生光合适应现象，例如咖啡树(coffee tree, *Coffee arabica* and *C. canephora*, Rodriques et al., 2016; *Coffee arabica*, Rakocevic et al., 2018)和木豆(pigeon pea, *Cajanus cajian*, Sreeharsha et al., 2015)。在开放的空气 CO_2 浓度增高(free air CO_2 enrichment, FACE)条件下生长 4 年后，咖啡树冠层底层和上层叶片叶面积明显减少，光合产物向根系分配增多，中层和上层叶片气孔导度和光合速率及用水效率、表观量子效率、羧化效率均提高。

由于光合适应现象经常发生在盆栽植物而不是田间生长的植物，根系生长限制被看作是导致光合适应的主要因素。然而，在 FACE 条件下也观察到光合适应现象的事实，对这种观点提出了挑战。供氮水平可能是光合适应的另一个决定因素，低氮水平下生长的植物光合适应现象更明显。可是，过多的氮供应也会导致高 CO_2 浓度下生长的植物发生光合适应现象，推测可能是由于高 CO_2 浓度和高氮水平下碳同化和氮同化对同化力的激烈竞争(Yong et al., 2007)。

尽管已经有许多实验研究、解释和假说，但是光合适应现象的形成机制还不十分清楚。图 8-3 描述了光合作用对长期高浓度 CO_2 适应的可能机制，其中的虚线箭头表明反馈抑制的可能性。

(1) 气孔限制

长期高 CO_2 浓度下生长的植物叶片气孔密度降低，导致气孔导度降低。高 CO_2 浓度下生长的植物叶片光合速率降低总是伴随气孔导度明显降低，但是胞间 CO_2 浓度并不明显降

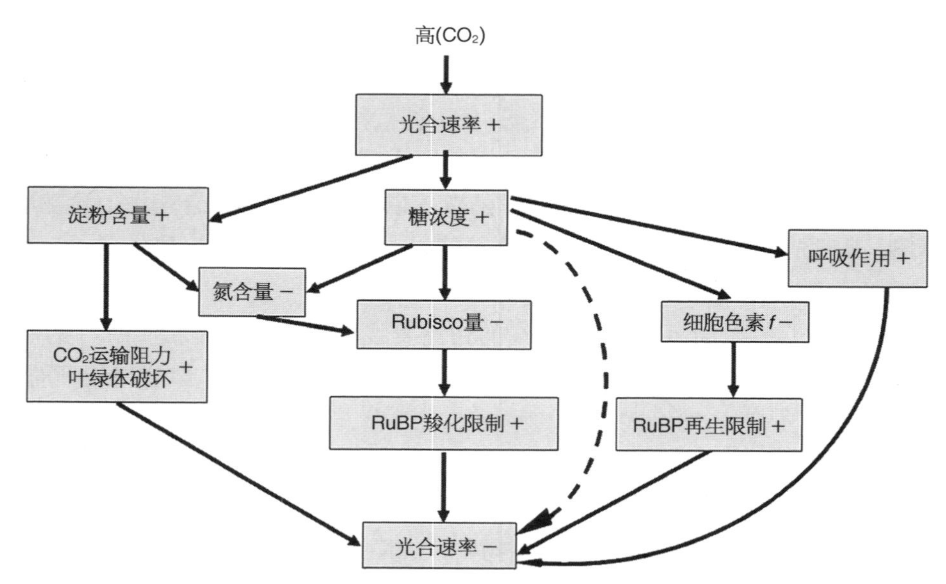

图 8-3 光合作用对长期高浓度 CO_2 适应的可能机制

图中的+和−号分别表示增加(提高)和减少(降低)。

低,表明气孔导度降低不可能是光合适应的原因(Xu et al., 1994; Chen et al., 2005)。虽然在高 CO_2浓度下叶片上的气孔会发生不均匀关闭现象,但是如果光合速率的比较测定是在高 CO_2浓度下生长的叶片离开高浓度 CO_2条件至少 2 h 以后气孔不均匀关闭现象已经消失的情况下进行的,那么计算的胞间 CO_2浓度还是正确的,可以安全地用于气孔限制分析。

与 C_3植物不同,高 CO_2浓度下生长的 C_4植物稗草叶片光合速率和气孔导度的降低伴随胞间 CO_2浓度明显降低,意味着气孔导度降低可能是稗草光合适应的部分原因。

(2) 呼吸作用增高

高 CO_2浓度下生长的植物叶片的可溶性糖蔗糖、葡萄糖和果糖含量往往明显增高(Xu et al., 1994; Chen et al., 2005)。由于这些可溶性糖是呼吸作用的底物,所以高 CO_2浓度下生长的植物叶片呼吸作用提高。因此,呼吸速率的提高有可能是产生光合适应现象的部分原因。以往观测到的高 CO_2浓度下生长的植物叶片呼吸速率降低,往往是测定装置漏气造成的假象,或者是呼吸速率不恰当表示方式的结果。例如,与普通空气下生长的叶片相比,高 CO_2浓度下生长的叶片呼吸速率降低很可能是以叶片干重表示呼吸速率(Noguchi et al., 2018)的失真结果,因为高 CO_2浓度下生长的叶片淀粉和蔗糖及其他可溶性糖等含量明显高于普通空气下生长的叶片,所以前者单位叶面积的质量明显高于后者。因此,如果以单位叶面积表示呼吸速率,结果可能相反。

(3) 叶绿体破坏

高 CO_2浓度下生长的植物叶片淀粉含量常常成倍增高。叶绿体内淀粉粒的过度积累会使叶绿体的结构遭受破坏。这种破坏可能是表现光合适应现象的部分原因。同时,淀粉粒的积累会改变叶绿体结构,增加 CO_2在叶绿体内扩散途径的长度,这也会对光合作用产生不利影响。

(4) 反馈抑制

由于高 CO_2 浓度下生长的植物叶片光合速率降低与其可溶性糖含量升高呈负相关，一些学者认为可溶性糖的积累能够通过反馈抑制降低光合作用。一些事实支持这个结论。例如，在高 CO_2 浓度下生长的棉花植株被转移到普通空气中 4～5 d 后，叶片净光合速率恢复到普通空气中生长的对照水平。又如，高 CO_2 浓度下生长的菜豆叶片净光合速率明显低于普通空气中生长的对照水平，但是在弱光（*PPFD* 约为 100 $\mu mol \cdot m^{-2} \cdot s^{-1}$）下放置 6 d 后，净光合速率便恢复到对照水平。再如，高 CO_2 浓度下生长的大豆叶片光合下调程度因去掉全部豆荚引起的光合产物更多积累而提高，也因遮阴引起的光合产物较少积累而降低（Xu et al., 1994）。

细胞质中蔗糖的积累可以抑制蔗糖磷酸合酶，还有一种可能性是蔗糖对蔗糖磷酸酯酶的反馈抑制。并且，在这种情况下蔗糖磷酯的积累将伴随细胞质无机磷浓度降低和丙糖磷酸浓度提高。T. D. Sharkey 等曾推测，无机磷缺乏将导致 ATP 水平降低以及因磷酸甘油酸（PGA）还原受抑制，引起 PGA 积累。PGA 是一种酸，PGA 积累会降低叶绿体间质的 pH。低 pH 会使 Rubisco 失活或直接抑制间质中的 2 种磷酸酯酶。另外，在低 pH 下，PGA 是磷酸核酮糖激酶的强有力抑制剂。并且，间质中的无机磷不足还通过降低 ATP/ADP 比率抑制 Rubisco 活化酶。

细胞内糖浓度对光合碳同化速率的反馈控制也会引起基因表达的明显变化，包括一些与光合有关基因转录物数量的下调。

(5) RuBP 羧化限制

在饱和光和普通空气条件下，Rubisco 是光合碳同化的基本限速部位。并且，高 CO_2 浓度下生长的叶片可溶性蛋白含量、Rubisco 含量（Xu et al., 1994; Chen et al., 2005; Yong et al., 2007; Chen et al., 2014）和羧化活性（Xu et al., 1994）均降低。因此，RuBP 羧化限制已经被许多学者看作光合适应的主要原因（Zhang et al., 2009）。长期高 CO_2 浓度下生长引起的 Rubisco 含量减少是通过高浓度可溶性糖对光合酶基因表达的抑制实现的。通过与六碳糖激酶有关的信号转导，增高的己糖水平导致编码 Rubisco 小亚基基因（*rbc*S）和另一些基因表达受抑制，结果减少 Rubisco 和另一些酶蛋白。

另外，生长期间的高 CO_2 浓度也往往导致另一些与光合作用有关的酶如磷酸烯醇式丙酮酸羧化酶（PEPC）、磷酸核酮糖激酶、3-磷酸甘油酸激酶与 NADP：磷酸甘油醛脱氢酶和碳酸酐酶以及 Rubisco 活化酶（Chen et al., 2005; Zhang et al., 2009）等含量或（和）活性降低。因此，这些酶活性降低是导致光合适应的部分原因的可能性还不能排除。

(6) RuBP 再生限制

在进行光合作用的叶片中，RuBP 含量的变化是 RuBP 羧化消耗和 RuBP 再生形成的总结果。因此，当光合作用受 RuBP 羧化限制时，RuBP 含量会增高，而当光合作用受 RuBP 再生限制时，RuBP 含量会降低。当 2 种限制同时存在时，RuBP 含量的变化方向是增高还是降低，取决于占优势地位的那种限制：增高则表明 RuBP 羧化限制占优势，而降低则表明

RuBP 再生是主要限制。水稻光合适应与 RuBP 羧化限制和 RuBP 再生限制都有关(Chen et al., 2005),并且 RuBP 再生限制占优势,因为长期高 CO_2浓度下生长的叶片中 RuBP 含量明显降低(Zhang et al., 2008)。

RuBP 再生限制有 3 个可能原因：一是无机磷(Pi)短缺。然而,在光合适应期间叶片 Pi 含量不是明显降低而是明显增高(Chen et al., 2005)。因此,可以排除 Pi 不足导致 RuBP 再生限制的可能性。二是催化 RuBP 再生反应的酶含量或(和)活性降低。然而,在光合适应期间叶片的磷酸甘油酸激酶(PGK)和磷酸甘油醛脱氢酶(GAPDH)活性没有发生明显变化,而且磷酸核酮糖激酶(PRK)活性明显增高(Zhang et al., 2008)。所以,也可以基本上排除催化 RuBP 再生反应的酶活性降低导致 RuBP 再生限制的可能性。三是光合电子传递能力降低。RuBP 再生需要由光合电子传递及其耦联的光合磷酸化提供的同化力 ATP 和 NADPH。因此,光合电子传递能力的降低可以引起 RuBP 水平或 RuBP 再生能力降低。在水稻叶片的光合适应期间,RuBP 含量的明显降低伴随叶绿体全链电子传递速率和光合磷酸化速率明显降低,表明 RuBP 水平的降低是由于光合电子传递能力的降低(Zhang et al., 2008)。

在水稻叶片的光合适应期间,叶绿体的光系统 II 电子传递速率没有明显减少,而且光系统 I 电子传递速率还明显增高(Zhang et al., 2008),表明在发生光合适应的水稻叶片中,光合电子传递的限速部位不在 2 个光系统本身,而很可能在 2 个光系统之间,比如细胞色素(Cyt)b_6f 复合体。有研究结果表明,Cyt *f* 含量与光合速率、RuBP 库大小高度相关,Cyt *f* 含量与 CO_2饱和的光合速率高度相关。在发生光合适应的水稻叶片中,Cyt *f* 的 mRNA 水平及其翻译产物蛋白含量明显降低的测定结果(Zhang et al., 2008)证明,光合电子传递的限速部位确实在 2 个光系统之间,Cyt *f* 含量降低是呈现光合适应现象的水稻叶片发生 RuBP 再生限制的重要原因。

然而,水稻的这种 RuBP 羧化限制和 RuBP 再生限制共存并且以后者占优势的光合适应机制,未必是在所有种类植物都运转的普遍性机制。例如,长期高 CO_2浓度下生长的小麦叶片不存在 RuBP 再生限制,光合适应的主要原因是 RuBP 羧化限制。如下测定结果支持这个结论：Rubisco 及其活化酶含量和体内最大羧化速率明显减少,而 RuBP 含量和体内最大电子传递速率没有发生明显变化(Zhang et al., 2009)。这 2 种作物光合适应机制的差别也许可以用小麦叶片的 Cyt *f* 含量和 RuBP 再生能力比水稻高来解释。

(7) 氮限制假说

氮限制假说主张,在高 CO_2浓度条件下地上部碳水化合物的累积快于氮获得,以致叶片氮含量、蛋白水平和后来的 NO_3^- 吸收都降低,导致光合作用和生长减慢(Reich et al., 2006)。有人根据用多种不同方法研究的实验结果提出,光合作用对高 CO_2浓度的适应,可能主要是由于高 CO_2浓度对硝酸盐同化为有机氮化物的抑制以致有机氮含量的降低。

这种抑制可能通过如下过程实现：一是抑制叶肉细胞质内 NO_3^- 同化的第一步反应(由 NO_3^- 转变为 NO_2^-),这是因为光呼吸促进叶绿体的苹果酸输出,增加细胞质内 NADH 的有效性,NADH 为 NO_3^- 同化的第一步反应所必需,而高 CO_2浓度抑制光呼吸,以致减少 NO_3^- 同化所需要的还原剂;二是与高 CO_2浓度相联系的 HCO_3^- 抑制 NO_2^- 从细胞质进入叶绿体,

从而降低 NO_3^- 同化；三是叶绿体间质内从 NO_2^- 还原成 NH_4^+ 以致后来 NH_4^+ 进入氨基酸都需要光合电子传递形成的还原型铁氧环蛋白(Fd)，造成氮同化与碳同化对还原剂的竞争，所以高 CO_2 浓度必然抑制 NO_3^- 同化。

(8) 对高 CO_2 浓度的记忆

当高 CO_2 浓度下生长的水稻子代继续生长在高 CO_2 浓度下时，光合适应现象几乎完全消失。这个观测结果不仅意味着高 CO_2 浓度下生长的水稻种子中保存有对高 CO_2 浓度的“记忆”，而且很可能还意味着在 CO_2 浓度逐渐增高的大气中，植物光合作用可以一代一代以大体恒定的光合能力运转。有趣的是，如果让这种高 CO_2 浓度下生长的水稻种子在普通空气条件下发芽、生长发育形成种子，这种“记忆”便消失，也就是把这些种子再播种到高 CO_2 浓度下生长时，植株还会表现出光合适应现象。上述与光合作用有关的植物对高 CO_2 浓度记忆现象的物质基础和分子机制还不清楚，可能是一种不涉及 DNA 组成变化而只涉及 DNA 甲基化或组蛋白修饰或微 RNA(sRNA)变化的表观遗传学(epigenetics)现象。这种表观遗传学的逆境记忆可以帮助植物更有效地对付以后的环境胁迫。

值得注意的是，在美国明尼苏达用 4 种 C_3 草本植物和 4 种 C_4 草本植物进行的 20 年开放式空气 CO_2 浓度增高(FACE)实验中，在前 12 年里，高 CO_2 浓度下生长的 C_3 植物生物量明显增高，但是 C_4 植物则不然。在后 8 年里，情况逆转，高 CO_2 浓度下生长的 C_4 植物生物量明显增高，但是 C_3 植物则不然。似乎两类植物土壤净氮无机化对高 CO_2 浓度响应的相反方向导致它们生物量对高 CO_2 浓度响应的不同(Reich et al., 2018)。

8.2 O_2

O_2 作为放氧光合作用的一个重要产物和 RuBP 羧化反应的竞争性抑制剂，对光合作用有多方面的重要影响。

由于 O_2 和 CO_2 竞争与光合碳固定底物二磷酸核酮糖反应，导致光呼吸代谢的碳损失，光合速率总是随着空气中 O_2 浓度的增高而降低。

早在 1920 年，德国学者 O. Warburg 就观察到小球藻的光合速率随 O_2 浓度提高而下降，即“瓦勃效应”。瓦勃效应有以下 4 个特征：① 高 CO_2 浓度可以消除此效应；② 降低 O_2 分压可以迅速逆转；③ 与高乙醇酸合成和高光呼吸速率相联系；④ 不是所有物种都有此效应。该效应主要由光呼吸来解释，部分与光合碳还原酶、光合电子传递和光合磷酸化受抑制有关。光呼吸速率低的 C_4 植物玉米、甘蔗等光合速率不受氧浓度从 21%下降到 2%的促进。

8.3 臭氧

臭氧是三原子型的氧(O_3)。在高空的平流层(或同温层)，臭氧是紫外辐射(UV)的重要防御物质，但是在靠近地面的对流层它却是一种空气污染物。人类活动使对流层空气中的臭氧浓度不断增高，从工业革命前小于 10 nL $O_3 \cdot L^{-1}$ 空气，到如今北半球许多地区夏季日间超过 40 nL O_3 • L^{-1}空气(Ainsworth et al., 2012)。地面附近的臭氧主要是人类活动产生的氧化氮(NO_x)和挥发性有机物等在阳光下发生的化学反应中产生的，是一种继发(或次生)性污染物，对气候、生态系统和人类健康都有不良影响。

较高浓度的臭氧通常引起气孔关闭，但是还不清楚这是原初事件还是碳固定抑制引起的气孔开度降低。臭氧对气孔的影响，有的通过 ABA，有的不经过 ABA。

臭氧可以通过气孔进入叶片。臭氧是氧化剂，很活跃，不可能在细胞内移动很远，甚至不能进入细胞质。在高浓度(0.5～1 μL • L^{-1}或 μmol • mol^{-1})臭氧下，细胞结构遭到破坏后发生脂氧化。臭氧影响的原初事件似乎在细胞壁，它的变化导致原生质膜透性和运输以及代谢的变化。臭氧的不良作用可以是直接的，例如通过改变保卫细胞的 K^+通道而影响气孔开度，也可能是间接的，通过产生超氧化物和 H_2O_2等活性氧，最终导致可见征状缺绿症和坏死。

在实验室实验中，往往可以观察到臭氧引起的叶绿素含量减少。褪绿伴随的光合能力降低主要是由于 Rubisco 损失，而 Rubisco 减少是由编码其小亚基的核基因 *rbc*S 表达被抑制所致，而且还伴随 D1 蛋白的损失。臭氧浓度的增高明显降低树木、大豆、小麦和水稻光饱和的光合速率。臭氧浓度增高引起的光合速率降低，不仅与 Rubisco 酶蛋白水平和酶活性密切相关，而且也与光合机构的另一些组分如 Rubisco 活化酶、ATP 合酶、光系统 II 放氧复合体、醛缩酶、磷酸甘油酸激酶和 NADP：磷酸甘油醛脱氢酶等含量降低有关。此外，臭氧引起的乙烯产生也会通过气孔关闭抑制光合作用。高臭氧浓度还会使线粒体呼吸速率提高。

另一方面，臭氧已经被看作植物防御响应的激发子。臭氧进入叶片后，在质外体内很快与那里的一些物质反应，生成另一些种类的活性氧，包括过氧化氢、超氧化物自由基、羟自由基(OH •)和 NO，结果引发活性氧清除能力、防御活性氧破坏。质外体中的抗坏血酸是抗御臭氧的有效屏障。臭氧也会使植物防御性物质类黄酮、挥发性类萜和表皮角质层蜡增加，蛋白质更新速率提高。高浓度臭氧还会引起叶片衰老以致叶片寿命缩短。这些代谢变化的总结果是减少生长和生物质积累。

特别值得注意的是，地面的臭氧污染明显降低作物产量，威胁人类的食品安全。开放式空气臭氧浓度增高(在普通背景浓度 42～62 nL O_3 • L^{-1}空气基础上增加 12～14 nL O_3 • L^{-1}空气)的实验结果表明，提高臭氧浓度使水稻、大豆和小麦籽粒产量分别降低 15%～18%、15%～25%和 10%～35%(Ainsworth et al., 2012)，可能主要与叶片光合速率、穗粒数或每株豆荚数和籽粒重的降低有关。图 8-4 描述了其中可能的因果关系。从图中不难看出，臭氧污染对作物产量的不良影响几乎都是通过对光合作用的干扰实现的。

一个涉及阔叶树、针叶树、C_3禾本科、C_4禾本科和灌木 5 种不同功能型植物并考虑植物对臭氧敏感性不同等因素的模型估计，现在的臭氧浓度可以使南北美洲、欧洲、亚洲和非洲的净初级生产力降低 5%～30%(Ainsworth et al., 2012)。这个模型也被用来估计未来臭氧对全球植物生产力的影响，提出臭氧可以抵消大气 CO_2浓度增高可能带来的全球总初级生产力 18%～34%的增益。臭氧可以影响光合机构的不同层次，从叶细胞、叶器官到整个植物体，甚至植物群体(图 8-5)。

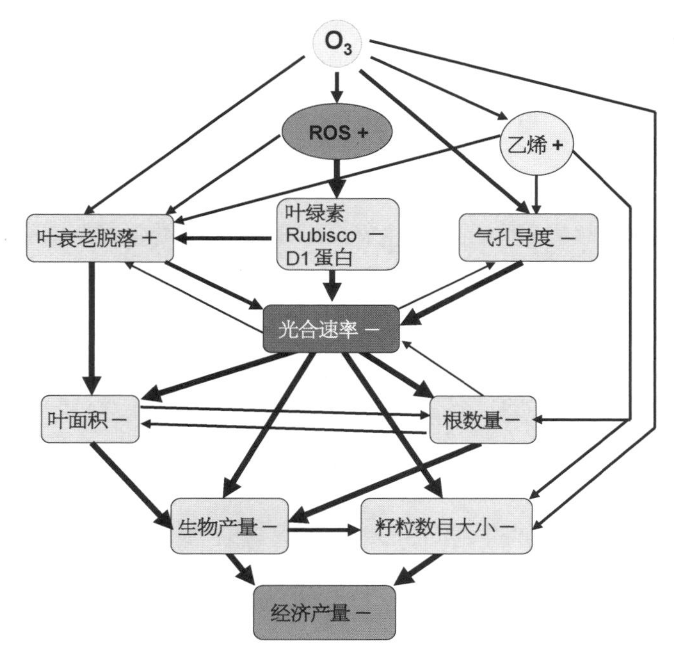

图 8-4 臭氧污染降低作物产量的一些可能原因

+和一分别表示增加和减少。粗线箭头表示有较大的可能性。参考 Wilkinson 等(2012)绘制。

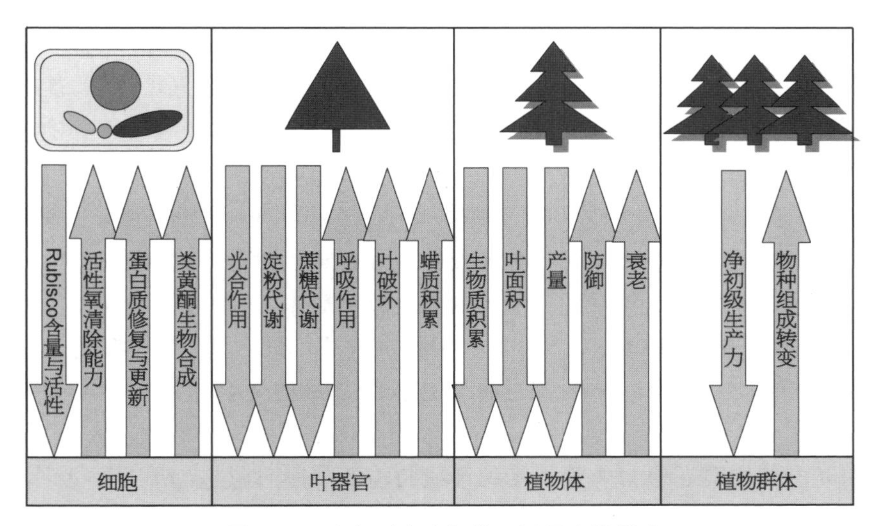

图 8-5 臭氧对光合机构不同层次的影响

向上箭头表明增加;向下箭头表明减少。参考 Ainsworth 等(2012)制作。

现在,不可持续的资源使用已经使臭氧这种次级污染物成为全球气候变化的一个主要组成部分。臭氧的背景水平很高,到 2050 年和 2100 年将分别增高 20%～25%和 40%～60%,将对全球食物安全产生严重影响。臭氧通过气孔进入植物体,溶于质外体液体中。臭氧对植物有严重的潜在影响,它直接与细胞膜作用,产生活性氧(改变细胞功能,引起细胞死亡),诱导早衰，不利于光合机构，上调或下调抗氧化剂、防御反应，改变代谢途径，引起树木直径、木材质量、饲料质量、作物产量和质量变化，影响农作物、森林和草地生态系统(Rai et al., 2016)。

8.4 氧化胁迫

氧化胁迫有几个明显的特征：① 活性氧(ROS)的产生增强；② 由于ROS产生速率超过其代谢消失速率而发生失控的氧化；③ 因氧化破坏速率超过修复速率而导致细胞组分的氧化破坏；④ 破坏的细胞组分功能丧失以致细胞死亡。

活性氧不仅是植物有氧代谢不可避免的副产物，还是控制非生物胁迫响应、防御病原体侵害和程序性细胞死亡等过程的信号分子。

8.4.1 活性氧的产生

植物体在正常代谢时就产生ROS，并且在遭遇环境胁迫期间ROS产生速率增高(Tiwari et al., 2018)。

ROS包括氧自由基和氧的非自由基衍生物。自由基是含有一个或更多不成对电子、可以独立存在的化学物质。氧自由基包括超氧化物自由基($O_2 \cdot^-$)和羟自由基(HO·)以及烷氧基自由基(RO·)。非自由基衍生物则包括单线态氧($^1O_2$)、过氧化氢(H_2O_2)和臭氧(O_3)。

$^1O_2$来自被激发的分子氧，而$O_2 \cdot^-$、H_2O_2和HO·则是分子氧(O_2)的还原形式，分别是O_2接受1、2和3个电子后形成的。它们在化学性质上都比分子氧更活跃，能够无限制地氧化细胞组分，导致膜脂过氧化、蛋白质氧化、酶失活和DNA、RNA破坏。其中羟基自由基是最强有力的氧化剂。

活性氧最普通的来源是叶绿体和线粒体的电子传递链将电子“漏”到分子氧(图8-6)。它是正常条件下光合作用、呼吸作用和光呼吸作用等有氧代谢不可避免的副产物，例如梅勒反应：A. H. Mehler于1951年发现分子氧的光还原。后来，这种分子氧光还原的产物被鉴定为超氧化物阴离子自由基$O_2 \cdot^-$。由于所用测定方法不同，估计参与梅勒反应的电子占光合作用总电子传递的比例在0～30%之间。在长暗之后的光合作用诱导期间有大量电子流向氧。

又如，在光合作用对还原力的使用受到环境胁迫的限制时，过量光引起Q_A库过还原，导致Phe^-与$P680^+$电荷重结合，形成三线态P680，三线态P680能够直接引起氧化破坏作用，也很容易与基态氧作用形成单线态氧($^1O_2$)。

再如，过氧化物酶体内的光呼吸代谢反应会产生H_2O_2，它能够使光合碳还原循环中的二磷酸酯酶失活。

此外，脂肪酸氧化也产生ROS。参与ROS形成的酶有质膜上的NADPH氧化酶、质外体中的草酰乙酸氧化酶和胺氧化酶以及细胞壁中的过氧化物酶。

在正常生长条件下，活性氧的产生速率和浓度比较低，叶绿体内$O_2 \cdot^-$产生速率为

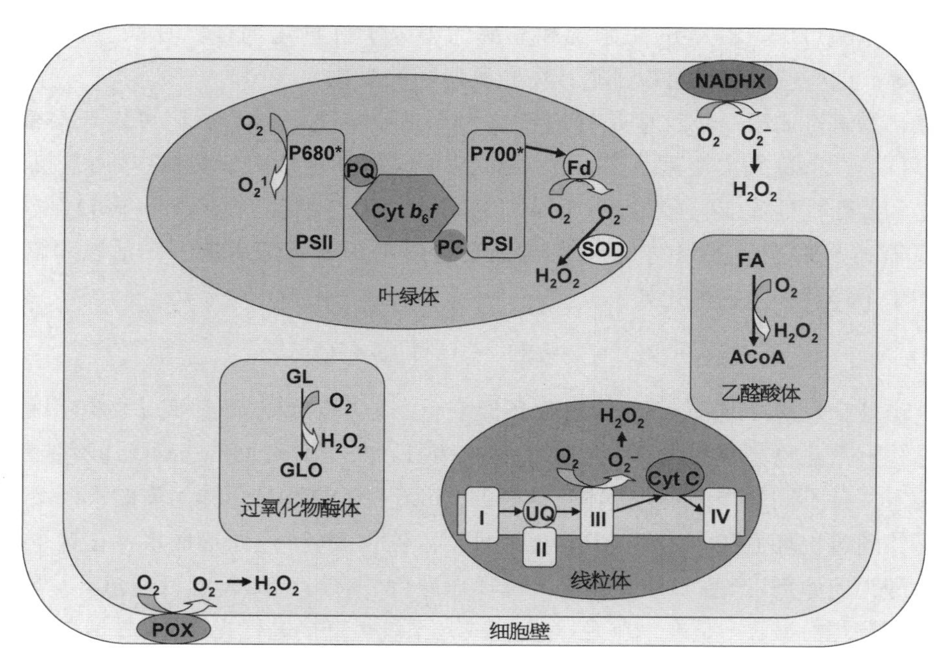

图 8-6 植物细胞内活性氧的产生部位

ACoA——乙酰辅酶 A；FA——脂肪酸；NADHX——NADPH 氧化酶；UQ——泛醌；POX——过氧化物酶；PQ——质体醌；Fd——铁氧还蛋白；SOD——超氧化物歧化酶；Cyt C——细胞色素 C；GL——乙醇酸；GLO——乙醛酸。

240 μmol・s^{-1}，稳态 H_2O_2浓度为 0.5 μmol・L^{-1}。但是，在环境胁迫下这 2 个指标急剧增高，分别到 240～720 μmol・s^{-1}和 5～15 μmol・L^{-1}。非生物胁迫干旱、盐渍、高低温、重金属、紫外辐射、空气污染（臭氧、SO_2）、机械伤害和强光以及生物胁迫病原体侵害等都可以增强活性氧产生。

在非生物胁迫和生物胁迫期间，ROS 代谢的方向似乎是相反的：在对病原体侵害的响应中，氧化酶活性增强，增加 ROS 的产生，而 ROS 清除系统的酶活性则受水杨酸和一氧化氮抑制，使 ROS 水平增高；在对非生物胁迫的响应中，ROS 诱导 ROS 清除系统酶活性增高，从而降低细胞内 ROS 的稳态水平。在冬季开始或低温处理时，许多常绿植物特别是针叶树的典型响应是大幅度提高活性氧清除能力。

可以将活性氧看作胁迫的细胞指示剂和参与胁迫响应的信号转导途径的第二信使。通过一些活性氧清除机制，既可以防止过量活性氧的破坏作用，又可以使活性氧含量维持在只发挥第二信使作用的低水平。

8.4.2 活性氧的清除

（1）酶促反应清除

植物细胞中的活性氧清除系统主要包括超氧化物歧化酶（SOD）、抗坏血酸过氧化物酶（APX）、过氧化氢酶（CAT）、谷胱甘肽还原酶（GR）、单脱氢抗坏血酸还原酶（MDAR）、脱氢抗坏血酸还原酶(DHAR)等的酶系统和非酶的小分子抗氧化剂谷胱甘肽、抗坏血酸以及NADPH等。这些抗氧化剂可以延迟或防止其底物的氧化。

超氧化物解毒的第一步反应是将它转化为H_2O_2和O_2。这个反应可以非酶催化地发生,但是可以被SOD大大加速。该酶非常稳定,不仅耐受复杂的分离程序,而且抗热、抗蛋白酶攻击和抗变性处理。它存在于一切真核细胞中。牛红细胞的CuZn-SOD结构首先被解析。CuZn-SOD分子质量约32 kDa,含2个蛋白亚基,每个亚基有一个活性部位,含1个铜离子和1个锌离子。它催化如下反应:

$$2O_2\cdot^- + 2H^+ \longrightarrow H_2O_2 + O_2。$$

在这个歧化反应中,铜离子经历氧化还原变化,是功能单位,而锌离子的作用是稳定酶的分子结构。氰化物是该酶强有力的抑制剂,但是Fe-SOD和Mn-SOD却不受氰化物抑制。该酶有2种不同的类型:类囊体膜结合的CuZn-SOD和叶绿体间质的Fe-SOD。

叶绿体通过抗坏血酸专一的APX处理H_2O_2,催化H_2O_2还原形成水。在这个反应中,以抗坏血酸为还原剂,产生2分子单脱氢抗坏血酸(MDA)。MDA可以通过3个不同的机制转化回到抗坏血酸:一是在细胞色素b_6f或光系统Ⅰ直接进行光还原;二是MDAR催化的以NADH以及NADPH(次要的)为还原剂的还原;三是2分子MDA通过歧化反应转化为抗坏血酸和脱氢抗坏血酸(DHA),DHA在DHAR催化下被还原型谷胱甘肽(GSH)还原成抗坏血酸。最后,氧化型谷胱甘肽(GSSH)在谷胱甘肽还原酶(GR)的催化下被NADPH还原成还原型谷胱甘肽GSH。当然,位于单层膜覆盖的过氧化物酶体中含铁的过氧化氢酶也可以催化H_2O_2分解为水和O_2。

细胞内SOD、APX和CAT活性的平衡对于决定超氧化物自由基和过氧化氢的稳态水平是很重要的。SOD存在于细胞内的几乎所有区域,包括叶绿体、线粒体和过氧化物酶体,而CAT则仅存在于过氧化物酶体中。CAT负责清除胁迫期间产生的过多的活性氧,而APX则细调参与信号转导的活性氧水平。有抗坏血酸-谷胱甘肽(AA-GSH)循环运转的细胞溶质和含CAT的过氧化物酶体是控制细胞ROS总水平的缓冲带。过氧化物酶体不仅是ROS的产生(通过乙醇酸氧化酶和脂肪酸β-氧化)、清除(通过CAT)部位,而且也是信号分子NO的合成部位。

另外,叶绿体和线粒体中的交替氧化酶(AOX)都能够催化将电子传递链组分(分别为质体醌和泛醌)的电子用于还原O_2成为水的反应,从而减少ROS的产生。

(2) 非酶反应清除

谷胱甘肽和抗坏血酸(AA)是活细胞中维持还原环境的2种最重要的可溶性还原化合物,在植物体内活性氧的非酶反应清除中发挥特别重要的作用(图8-7)。

还原型谷胱甘肽(GSH)是植物基础硫代谢的一种产物,也是还原态硫的一种运输和贮藏形式,并且还是参与硫吸收与同化调节的信号组分,是硫同化途径的反馈抑制信号。作为已知的最好抗氧化剂,GSH与多种活性氧直接作用。即使没有酶催化,谷胱甘肽也能迅速地与超氧化物和羟自由基作用。另外,它还通过几个酶参与清除过氧化物过程。并且,它还直接或

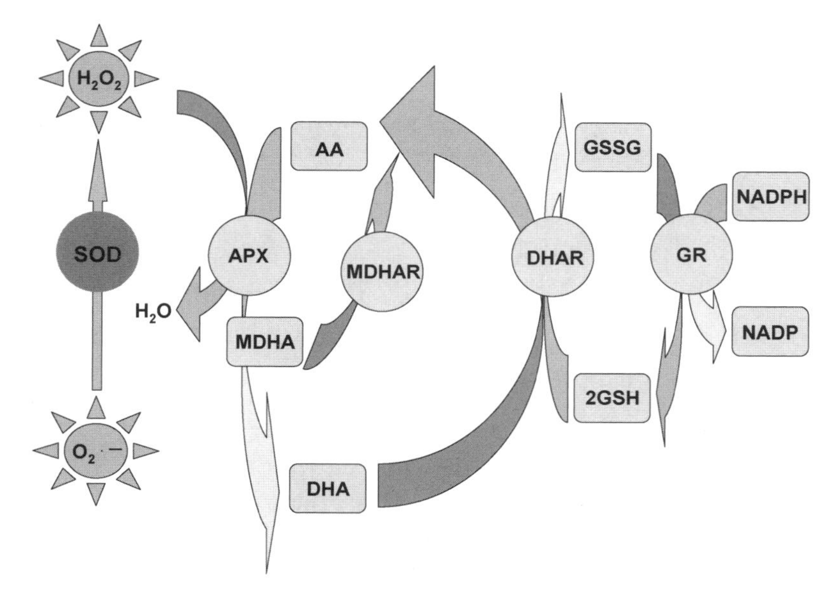

图 8-7 抗坏血酸-谷胱甘肽(AA-GSH)循环

AA——抗坏血酸；APX——抗坏血酸过氧化物酶；DHA——脱氢抗坏血酸；DHAR——脱氢抗坏血酸还原酶；GR——谷胱甘肽还原酶；GSH 和 GSSG——分别为还原型和氧化型谷胱甘肽；MDHA——单脱氢抗坏血酸；MDHAR——单脱氢抗坏血酸还原酶；NADP 和 NADPH——分别为氧化型和还原型辅酶 II；SOD——超氧化物歧化酶。

通过谷胱甘肽硫转移酶(GST)、谷氧还蛋白(GRX)参与抗坏血酸的再生。在 AA-GSH 循环中，酶催化的 H_2O_2解毒反应也与 GSH 相联系。在许多反应中，GSH 中半胱氨酸的巯基被氧化形成 GSSG。在对冷、盐和干旱等环境胁迫的最初响应中，细胞内氧化型谷胱甘肽与还原型谷胱甘肽的比率(GSSG/GSH)增高，接着总谷胱甘肽的浓度明显增高，作为对氧化胁迫的补偿。尤其重要的是，它作为信号分子(详见第 15 章信号转导)参与生长发育、细胞防御、氧化还原平衡和基因表达等的调节。在豆科植物中，常含有一些谷胱甘肽同系物，发挥谷胱甘肽的作用。

在叶绿体和细胞内其他区域中，抗坏血酸和谷胱甘肽的浓度都很高，分别为 5～20 $mmol \cdot L^{-1}$和 1～5 $mmol \cdot L^{-1}$。谷胱甘肽主要的合成部位是绿色的叶片。在清除活性氧的过程中，这些抗氧化剂和 AA-GSH 循环、水-水循环都发挥重要作用。因此，那些缺乏抗坏血酸的突变体和改变谷胱甘肽含量的转基因植物对环境胁迫极端敏感。保持抗坏血酸和谷胱甘肽的还原型与氧化型的高比率是有效清除活性氧所必需的。

与谷胱甘肽一样，抗坏血酸也可以通过酶和非酶反应清除 ROS。除了干种子以外，所有的植物组织中都含有抗坏血酸，叶片中比根系丰富，并且分生组织中的浓度也很高。它分布于所有的亚细胞空间(包括细胞壁)，液泡中浓度通常比较低。抗坏血酸供出一个电子的能力和其产生的 MDHA 相对低的反应性是它作为抗氧化剂和自由基清除活性的基础。抗坏血酸在光合作用和光破坏防御上具有多种重要作用：通过非酶反应猝灭超氧化物；通过 APX 清除光系统 I 氧的光还原(梅勒反应)产生的超氧化物和过氧化氢；与光系统 II 光敏化产生的单线态氧直接反应而清除它；作为抗坏血酸过氧化物酶的辅助因子参与清除 H_2O_2过程；作为紫黄质脱环氧酶的辅助因子参与叶黄素循环；参与生育酚的再生；叶绿体和细胞内的氧化还原缓冲剂；质外体中的抗坏血酸参与对臭氧的防御。在氧化胁迫下，缺乏抗坏血酸的拟南芥突变体比野生型更快地失去叶绿素（漂白），完全不能合成抗坏血酸的拟南芥突变体幼苗是致死性的。过表达 APX 可以提高转基因植物对氧化和光氧化胁迫的耐性。值得注意的是，通过还原铁、铜或锰，抗坏血酸也有可能成为助氧化剂。在 H_2O_2存在时，这些还原型过渡金属能够催化产生强氧化剂羟自由基[芬顿反应（Fenton reaction）]。

类胡萝卜素具有通过猝灭三线态叶绿素和单线态氧保护光合机构免遭光破坏的作用。类胡萝卜素是 600 多种色素的统称，通常为黄色、红色或橘色。类胡萝卜素除了服务于反馈去激发以外，还是光合机构的结构组分、光合作用捕光的辅助色素，也是防御光氧化破坏的抗氧化剂，直接猝灭光合作用中形成的单线态氧，其作用方式类似于生育酚。此外，它还可以直接与超氧化物和其他自由基反应。作为叶绿体内的抗氧化剂，类胡萝卜素可能比生育酚更有效。类胡萝卜素还能够防止脂过氧化链反应。并且，在防御脂过氧化上类胡萝卜素与生育酚、抗坏血酸协同作用。

酚类化合物也是一类可以清除活性氧的小分子抗氧化剂。强光、紫外辐射、低温、臭氧和病原体攻击等胁迫都会引起酚类化合物积累。酚类化合物都含有一个或几个与苯环连接的酸性羟基（—OH），即酚羟基，其主要种类是羟基香豆酸、类黄酮和花色素苷及鞣质。这些酚化物存在于所有高等植物中，并且水平很高，而类黄酮的一些亚类如异黄酮则几乎只存在于豆科植物中。酚类是具有重要生态意义的一类次生代谢物质，大约占生物圈中循环有机碳的 40%。除了影响植物与动物、微生物等其他生物的相互作用外，这类物质具有多种生理功能。

由于一些酚化物是有效的还原剂、抗氧化剂，是脂过氧化的抑制剂，酚化物参与的 H_2O_2还原为水可能是一条解除毒性的重要途径。其中的生育酚是一种能够保护膜免于氧化破坏的亲脂化合物，在高等植物的质体和蓝细菌中合成，参与合成的酶联系于叶绿体的内被膜。生育酚和另一种酚统称为母育酚或维生素 E，是膜上的抗氧化物质，在叶片和油料种子中最丰富。生育酚能够以 2 种方式与叶绿素等光敏化色素产生的单线态氧作用：一是吸收单线态氧的激发能，使其变为基态氧；二是与单线态氧作用形成氧化的生育酚醌。在含有多不饱和脂肪酸的类囊体膜上生育酚很丰富，并且距离光合作用中产生活性氧的部位很近。生育酚还具有非抗氧化剂作用，它通过与多不饱和脂肪酰链作用而稳定膜结构。在衰老叶片中抗坏血酸浓度降低，而生育酚浓度增高，可能是叶绿素降解时释放的叶绿醇或植醇被用于合成生育酚。花色素苷通过 2 个可能的机制减少 ROS：一是减少投射到光合细胞上高能光子的数量；二是直接清除 ROS，后者很可能是主要的机制。在强光、低温、创伤、病原体侵扰和磷缺乏等胁迫下积累的花色素苷具有抗氧化和屏蔽光以保护光合机构免遭强光破坏的双重功能，那种认为次生代谢物在细胞或整个生物体内没有什么功能甚至是废物的观点已经过时了。酚类物质还具有信息传递甚至光受体的作用，它调节膜透性和转录、信号转导以及对外界环境变化的响应、适应等重要生理过程。

多胺(polyamine, PA)也是一类非酶的活性氧清除剂。它们是一种低分子质量的长链脂肪族化合物,含有多个氨基和(或)亚氨基,通过调节抗氧化系统和与植物生长调节物质的相互作用减轻氧化胁迫,增强植物体对非生物胁迫的忍耐性。植物内源PA水平受其合成酶调节和环境胁迫影响。应用外源PA可以减轻盐胁迫、干旱胁迫和重金属毒性等,例如用于遭受干旱胁迫的小麦,可以减少膜破坏,维持光合功能,增加可溶性糖和脯氨酸以及总氨基酸含量,增加总产量(Das et al., 2019)。

尽管酶反应和非酶反应对氧化代谢的相对贡献还是一个存在争论的问题,可是在低温条件下酶活性受限制、对还原型谷胱甘肽需要量高时,非酶反应的作用肯定是最大的。

8.5　空气污染

除了前面介绍过的靠近地面的大气对流层中的臭氧以外,在人类生产和生活中燃烧矿物燃料(例如火力发电厂和金属冶炼厂)产生的二氧化硫(SO_2)也是主要的空气污染物。它被氧化后形成SO_3,遇到水形成硫酸雾或酸雨。普通雨水的pH为5.0～5.6(主要是由于CO_2的溶解),而在受酸雨影响的地区,雨水的年平均pH为3.0～5.5。酸雨可以直接破坏叶片和针叶,pH为3.3或更低的酸度能够引起叶片损伤或脱落。酸能够增加叶片透性,导致营养元素例如钙流失。酸雨可以增加硝酸盐和硫酸盐沉积,提高土壤中氮、硫元素水平,可能有施肥效应,但是也可能引起植物特别是树木营养失衡。同时,土壤酸化容易引起钙、镁和钾水平降低以及可交换铝增加。用铝处理的植物地上部钙特别是镁水平急剧降低。树木的铝毒害与钙或(和)镁缺乏相联系。大部分学者认为铝本身的毒性比较小,它的毒害作用主要是它引起的钙或(和)镁缺乏。

在还没有出现表观征状的时候,SO_2就已经引起光合速率和碳同化量子效率降低。并且,SO_2引起的气孔导度提高会增强其对光合作用的不良影响,其影响程度取决于计量大小和植物种类、基因型、栽培品种和环境条件,其抑制幼树光合作用的临界计量值为10～660 nL $SO_2 \cdot L^{-1}$空气或262～17 292 $g \cdot m^{-3}$,因树种、处理方式和时间长短不同而异。一些植物对SO_2伤害的较高抵抗力与其质外体液体和叶细胞壁中超氧化物歧化酶、抗坏血酸过氧化物酶等解毒酶活性较高有关。

在化石燃料燃烧时与SO_2一起释放的氮氧化物是另一类空气污染物,由NO氧化形成的NO_2也能引起叶光合作用降低。问题的复杂性在于空气污染物多种多样,很少单独存在,而往往以成分复杂的污染气体和颗粒混合物形式同时存在于空气中,很难确定究竟是哪些成分对光合作用产生了影响。

8.6　气压

气压对植物叶片的光合作用效率有明显影响。盆栽小麦的异地比较测定结果表明,在青海省西宁市(海拔2 300 m)田间条件下测得的表观量子需要量为43～44,而用飞机带到上海(海拔 4 m)测得的表观量子需要量下降为 19～23。在低压舱中模拟两地气压差异的比较测定结果证实了上述差异是两地气压不同的结果：在 101.3 kPa(相当于海拔 4 m 地区)下测定的表观量子需要量为 27.08±6.45，而在 74.9 kPa(相当于海拔 2 500 m 地区)下测定的表观量子需要量为 59.27±5.30(n=3)。低气压下光合效率降低的机制值得深入研究，很可能是由于低气压下光合机构中包括 CO_2 在内的反应物浓度降低。

8.7 全球气候变化

由于人类活动特别是化石燃料的燃烧(当今全世界每年使用的能量大约 88%来自化石燃料的燃烧)，现在大气中的 CO_2 浓度正以每年大约 2 $\mu mol \cdot mol^{-1}$ 的速度增加，根据美国国家海洋和大气管理部门(National Oceanographic and Atmospheric Administration, USA) 1958～2015 年于夏威夷州 Muana Lau 气象台的观测，大气 CO_2 浓度已经从 1960 年的不到 320 $\mu mol \cdot mol^{-1}$ 上升到 2015 年的 400 $\mu mol \cdot mol^{-1}$(图 8－8)。预计到 2050 年将从 2013 年平均值 396 $\mu mol \cdot mol^{-1}$ 上升到 550 $\mu mol \cdot mol^{-1}$，接近工业出现前 280 $\mu mol \cdot mol^{-1}$ 的 2 倍，到 21 世纪末将达到 700 $\mu mol \cdot mol^{-1}$。同时，臭氧浓度将增加 20%～25%，达到 60 nL $O_3 \cdot L^{-1}$ 空气(工业出现前大约为 10 nL $O_3 \cdot L^{-1}$ 空气)。地球周围大气层中 CO_2、甲烷(不少来自水稻田的释放)等温室气体浓度的提高会增加对来自太阳和地球的红外辐射的吸收，产生类似于温室的“温室效应”，导致全球气候变暖，致使全球平均温度将比 2000 年高 2～5℃，一些关键作物生长区域降雨量将减少，干旱加剧，导致自然植物群落和作物减产(Long et al., 2012; Tripathi et al., 2016)。实际上，这种全球气候变暖会引发洪水、干旱、森林火灾和冰川融化以致海平面上升等一系列灾难。2015 年巴黎气候大会协议的重要目的就是将气候变暖的幅度控制在 2℃以下。要实现这个目标，必须以源于植物生物质的生物燃料替代化石燃料，以便大大减少温室气体的排放(Kumar et al., 2020)。

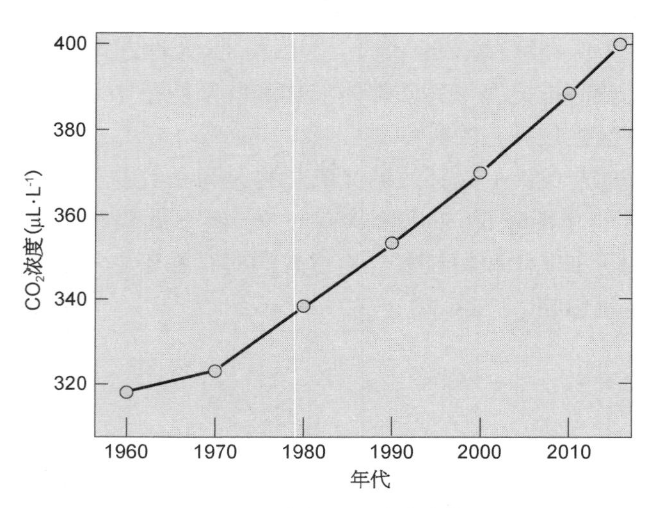

图 8－8 大气 CO_2 浓度变化

虽然大气CO_2浓度的提高可以提高C_3植物和CAM植物的光合速率及作物产量，可是这种增产效益很可能被干旱和臭氧浓度增高等不利气候变化抵消。并且，高CO_2浓度和高温胁迫还降低禾谷类作物的营养价值(Lu et al., 2014)。这可能归因于碳水化合物的积累和氮的减少。氮的减少一方面是由于蒸腾速率降低引起的从土壤中氮吸收的减少，另一方面是由于高CO_2浓度下与光呼吸减少相关联的硝酸盐同化的降低。在高CO_2浓度下，水稻的N、P、Fe和Zn含量降低，而Ca含量增高。高CO_2浓度使小麦和水稻的谷粒蛋白质含量降低10%～15%(Myers et al., 2014)。《自然》杂志2014年6月23日发布：由美国、日本和澳大利亚专家组成的国际研究小组报告，CO_2浓度增高使这些国家种植的41种农作物的营养价值普遍降低，预计到21世纪中期，水稻、小麦和大豆中锌、铁和蛋白质含量最多可以降低10%，这种营养缺乏会导致20亿人口的健康问题。同时，云量的增多会减少到达地球的太阳辐射。尤其令人关注的是，全球温度增高还会加速极地冰雪融化，导致海平面上升，部分陆地将被海水淹没。全球气候变化对植物光合作用以及生态环境的影响已经引起全世界的普遍关注。

中国学者提出的“三泵集成”[海洋光合生物(主要是蓝细菌和藻类)将大气中的CO_2同化为有机物(生物泵)，经过细菌等微生物作用将这些有机物转化为惰性有机碳(微生物碳泵)，海底微生物再将这些沉降的惰性有机物转变成碳酸盐矿物(碳酸盐碳泵)]打造海洋CO_2负排放生态工程方案，有望助力中国于2060年实现碳中和的宏伟目标。该生态工程的基本原理是利用海洋生物固碳、储碳以及长期(千年)扣押碳于海底(王誉泽等，2021)。

参考文献

王誉泽，鲁鋆，刘纪化，等，2021.“三泵集成”打造海洋CO_2负排放生态工程.中国科学院院刊，36：279－285.

Adachi M, Hasegawa T, Fukayama H, et al., 2014. Soil and water warming accelerates phenology and down-regulation of leaf photosynthesis of rice plants grown under free-air CO_2 enrichment(FACE). Plant Cell Physiol, 55: 370－380.

Ainsworth EA, Yendrek CR, Sitch S, et al., 2012. The effects of tropospheric ozone on net primary productivity and implications for climate change. Annu Rev Plant Biol, 63: 637－661.

Chen CP, Sakai H, Tokida T, et al., 2014. Do the rich always become richer? Characterizing the leaf physiological response of the high yielding rice cultivar Takanari to free-air CO_2 enrichment. Plant Cell Physiol, 55: 381－391.

Chen GY, Yong ZH, Liao Y, et al., 2005. Photosynthetic acclimation in rice leaves to free-air CO_2 enrichment related to both ribulose－1,5－bisphosphate carboxylation limitation and ribulose－1,5－bisphosphate regeneration limitation. Plant Cell Physiol, 46: 1036－1045.

Das P, Banerjee A, Roychoudhury A, 2019. Polyamines ameliorate oxidative stress by regulating antioxidant systems and interacting with plant growth regulators//Roychoudhury A, Tripathi DK (eds). Molecular Plant Abiotic Stress. Singapore: John Wiley & Sons Ltd: 135－143.

Kumar A, Yau Y-Y, Ogita S, et al., 2020. Climate change, photosynthesis and advanced biofuels: the role of value-added plant bio-products. Singapore: Springer: 1－9.

Long SP, Bernacchi CJ, 2003. Gas exchange measurements, what can they tell us about the underlying limitations to photosynthesis? Procedures and sources of error. J Exp Bot, 54: 2393－2401.

Long SP, 2012. Virtual special issue (VSI) on mechanisms of plant response to global atmospheric change. Plant Cell Environ, 35: 1705 - 1706.

Lu D, Sun X, Yan F, et al., 2014. Effects of heat stress at different grain-filling phases on the grain yield and quality of waxy maize. Cereal Chem, 91(2): 189 - 194.

Myers SS, Zanobetti A, Kloog I, et al., 2014. Increasing CO_2 threatens human nutrition. Nature, 510 (7503): 139 - 142.

Noguchi K, Tsunoda T, Miyagi A, et al., 2018. Effects of elevated atmospheric CO_2 on respiratory rates in mature leaves of two rice cultivars grown at a free-air CO_2 enrichment site and analyses of the underlying mechanisms. Plant Cell Physiol, 59: 637 - 649.

Rai R, Singh AA, Agrawal SB, et al., 2016. Tropospheric O_3: a cause of concern for terrestrial plants// Kulshrestha U, Saxena P (eds). Plant Responses to Air Pollution. Singapore: Springer: 165 - 195.

Rakocevic M, Ribeiro RV, Marchiori PER, et al., 2018. Structural and functional changes in coffee trees after 4 years under free air CO_2 enrichment. Ann Bot, Doi: 10.1093/aob/mcy011.

Reich PB, Hobbie SE, Lee T, et al., 2006. Nitrogen limitation constrains sustainability of ecosystem response to CO_2. Nature, 440: 922 - 925.

Reich PB, Hobbie SE, Lee TD, et al., 2018. Unexpected reversal of C_3 versus C_4 grass response to elevated CO_2 during a 20 - year field experiment. Science, 360: 317 - 320.

Rodrigues WP, Martins MQ, Fortunato AS, et al., 2016. Long-term elevated air [CO_2] strengthens photosynthetic functioning and mitigates the impact of supra-optimal temperatures in tropical *Coffea arabica* and *C. canephora* species. Global Change Biology, 22: 415 - 431.

Sreeharsha RV, Sekhar KM, ReddyAR, 2015. Delayed flowering is associated with lack of photosynthetic acclimation in pigeon pea (*Cajanus cajan* L.). grown under elevated CO_2. Plant Sci, 231: 82 - 93.

Tiwari S, Tiwari S, Singh M, et al., 2018. Generation mechanisms of reactive oxygen species in the plant cell: an overview//Singh VP, Singh S, Tripathi DK, et al (eds). Reactive Oxygen Species in Plants: Boon or Bane Revisiting the Role of ROS. Singapore: Wiley: 1 - 22.

Tripathi A, Chauhan DK, Singh GS, et al., 2016. Effect of elevated CO_2 and temperature stress on cereal crops//Azooz MM, Ahmad P (eds). Plant-Environment Interaction. Singapore: Wiley Blackwell: 184 - 204.

Xu DQ, Gifford RM, Chow WS, 1994. Photosynthetic acclimation in pea and soybean to high atmospheric CO_2 partial pressure. Plant Physiol, 106: 661 - 671.

Yong ZH, Chen GY, Zhang DY, et al., 2007. Is photosynthetic acclimation to free-air CO_2 enrichment (FACE) related to a strong competition for the assimilatory power between carbon assimilation and nitrogen assimilation in rice leaf? Photosynthetica, 45: 85 - 91.

Zhang DY, Chen GY, Gong ZY, et al., 2008. Ribulose - 1,5 - bisphosphate regeneration limitation in rice leaf photosynthetic acclimation to elevated CO_2. Plant Sci, 175: 348 - 355.

Zhang DY, Chen GY, Chen J, et al., 2009. Photosynthetic acclimation to CO_2 enrichment related to ribulose - 1,5 - bisphosphate carboxylation limitation in wheat. Photosynthetica, 47: 152 - 154.

第9章

矿质营养

植物生长发育所必需的大量元素和微量元素都与光合作用密切相关。这些营养元素缺乏和一些重金属污染，都会对光合作用产生不良影响。

9.1 大量元素

植物生长发育所必需的大量营养元素共14种，主要包括氮、磷、钾、硫、镁、钙等。

9.1.1 氮

氮(N)常常是限制植物生长的一种元素，与光合作用有密切而复杂的关系。光合作用所有的生理、生化过程都有含氮化合物参与，例如光合色素叶绿素、酶系统和电子传递链组分等。C_3植物叶片中的氮有3/4是在光合机构中，70%～80%在蛋白质、10%在核酸、5%～10%在叶绿素中，其余的在游离氨基酸中。总N占植物体干重的1.5%～8%，其中16%在蛋白质中。植物地上部和根系的氮浓度大约为100 $mmol \cdot L^{-1}$，大部分贮存在液泡中，细胞质内浓度为2～5 $mmol \cdot L^{-1}$(Weissert and Kehr, 2017)。

(1) 叶片含氮量与光合能力的关系

叶片光合能力与含氮量之间的相关系数平均为0.90(Field and Mooney, 1986)。这主要是由于叶片中氮元素的绝大部分在光合机构中。光合机构中的氮可以分为两部分：一部分在可溶性蛋白中，其中很大一部分在Rubisco中；另一部分在类囊体膜蛋白中，包括捕光色素蛋白、电子传递链组分(主要是细胞色素 *b*/*f* 和Fd∶NADP还原酶)和耦联因子以及反应中心复合体等。所以在多种植物中，叶片氮含量与光合能力之间存在强因果关系。

叶片光合速率往往与叶片的含氮量高度正相关，而且一年生植物如小麦和水稻这两者关系曲线的直线部分斜率通常比多年生树木和灌木陡。大部分叶绿体酶和电子传递链组分以及叶绿素含量，都随氮含量增加而成比例地增加。C_3植物叶片总氮量的30%在碳同化的关键酶Rubisco中。光饱和的光合速率随着叶片含氮量的增加呈直线增加，不论这种含氮量的差别是由土壤含氮量还是叶龄不同引起的(Field and Mooney, 1986)，两者关系都是如此。

(2) 光合用氮效率

在施肥良好的C_4植物中，叶片最大含氮量为120～180 $mmol \cdot m^{-2}$，是C_3植物(200～260 $mmol \cdot m^{-2}$)的65%。由于C_4植物叶片较高的光合速率和较低的氮含量，C_4植物光合作用的氮使用效率大约是 C_3 植物的 2 倍。

一些学者认为，不同功能组植物之间光合用氮效率(光饱和的光合速率与叶片含氮量的比值)差别主要受单位面积叶片质量(LMA)或比叶面积(SLA)调节(Field and Mooney, 1986)。另一些学者认为，用氮效率的差别主要是由于氮在 Rubisco 上投资的差别。随着氮有效性增加，草本植物用于光合机构的氮增加，但是树木不是这样。

与光合用氮效率不同但是密切联系的是植物用氮效率。植物用氮效率一般为 25%～50%(Weissert and Kehr, 2017)。

(3) 氮缺乏的影响

N 是氨基酸、蛋白质、卟啉与嘧啶环和叶绿素的首要组成元素，N 缺乏会引起叶绿体降解、老叶黄化。氮缺乏使高等植物每个叶绿体的类囊体数量和类囊体蛋白含量减少，单位叶面积的叶绿素、Rubisco 和另一些参与碳同化的酶以及光合电子传递链组分含量急剧降低。缺氮叶片光合能力降低主要是由于光合碳还原循环酶含量减少。

在氮缺乏的条件下，C_4 植物玉米叶片的磷酸烯醇式丙酮酸羧化酶(PEPC)和丙酮酸：磷酸双激酶(PPDK)含量选择性减少，而 Rubisco 水平较少受影响。被剥夺氮的玉米植株在重新供给硝酸盐 2 d 后，进入 PEPC 和 PPDK 及 Rubisco 的 ^{35}S 标记的甲硫氨酸分别增加 4.0 倍、2.0 倍和 1.3 倍。而且，氮缺乏引起的生长减少往往导致光合产物的库限制，库限制反过来又导致光合作用反馈下调。有大量证据表明缺氮导致叶肉导度降低。

氮缺乏的植物对光抑制敏感性高于氮充足的植物，而且去除光抑制条件后光合功能恢复慢于氮充足的植物。另外，在氮缺乏条件下植物发生依赖叶黄素循环并且快可逆的天线热耗散。

一个有趣的现象是，在较低强度的光下缺氮的玉米叶片光合速率高于供氮的玉米叶片(图 9-1)。这可能是由于光不足条件下氮同化与碳同化对同化力的激烈竞争妨碍了供氮叶片高光合能力的发挥。

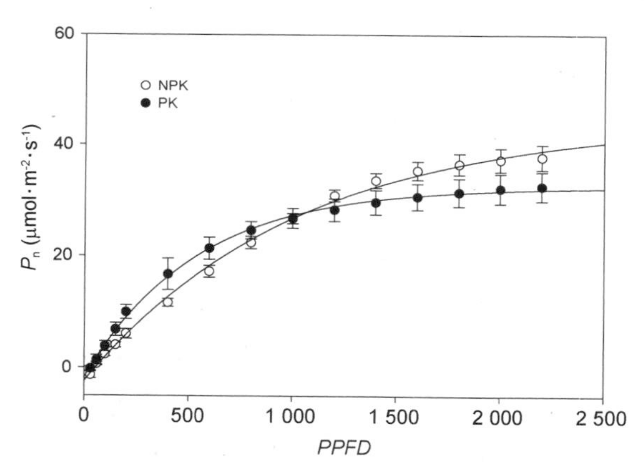

图 9-1　氮缺乏对玉米叶片光合作用-光响应的影响

图中每个数值是 3 个叶片的平均值，竖棒表示标准误差。在低强度光(在光合作用上有效的光量子通量密度，*PPFD*；400 $\mu mol \cdot m^{-2} \cdot s^{-1}$)和高强度光(1 800 $\mu mol \cdot m^{-2} \cdot s^{-1}$)下氮缺乏叶片(PK)和氮磷钾全营养(NPK)叶片之间净光合速率差异均达到极显著水平($P<0.01$)(陈娟等尚未发表的资料)。

细胞分裂素和生长素是氮响应过程中根系和地上部之间氮有效性的通信信号。细胞分裂素参与根系硝酸盐有效性向地上部的通讯，供给根系硝酸盐可以引起细胞分裂素水平的迅速提高和向木质部导管的运输，同时可以抑制生长素的合成或它从地上部向根系的运输。在剥夺 N 营养条件下，蛋白磷酸化在细调植物响应上起关键作用。磷酸化使硝酸还原酶活化，而去磷酸化使其失活。

(4) 过量氮的影响

不仅氮缺乏会引起叶片净光合速率降

低，过量的氮也会导致叶片净光合速率降低。

供氮水平对叶片的光合适应现象也有复杂的影响。过去有研究结果表明，供氮水平低的植物光合作用对高浓度 CO_2 的适应现象明显。然而，也有研究结果表明，仅仅在过量供氮的水稻植株观察到光合作用对长期高浓度 CO_2 的适应，而在适量供氮的水稻植株观察不到这种现象。可以用过量供氮的水稻植株发生氮同化与碳同化强烈竞争使用同化力（ATP 和 NADPH）的假说解释这个奇特的现象。过量供氮的水稻叶片光合碳同化的表观量子效率明显低于适量供氮叶片的测定结果支持这个假说（Yong et al., 2007）。

如今人们已经意识到过量氮营养对植物生态系统的潜在危害。氮肥的过量施用不仅浪费资源、污染环境，而且有可能由于降低有限光下的净光合速率（图 9－1）而导致作物光合生产力降低。考虑到作物群体中的大部分叶片经常处于有限光下的实际情况，合理施用氮肥的问题尤其值得注意。

9.1.2 磷

磷是植物体内许多重要物质如核酸、核苷酸、辅酶、糖磷酯和磷脂（膜的基本组分）等的组成元素，参与能量传递，例如三磷酸核苷酸（ATP 是其中的一种）。ATP 分子内 2 个磷原子之间共价结合的酯键具有高能量水平。当含有这种键的化合物形成时，吸收较多能量，而在它们水解或参与其他反应时会释放或提供较多能量。因此，磷供应不足会扰乱植物的生长发育，并严重降低作物产量。

(1) 磷与光合作用的关系

磷与光合作用有密不可分的联系。它和 CO_2、水一样，是光合作用的基本底物。它在同化力形成阶段参与 ATP 合成，而形成的 ATP 用于光合碳还原循环。光合碳还原循环形成的磷酸丙糖通过叶绿体内被膜上的磷转运蛋白与细胞质中的无机磷一对一交换，进入细胞质，用于蔗糖合成，同时释放的无机磷交换进入叶绿体。这种磷转运蛋白对碳同化速率和蔗糖合成速率具有很大控制作用。磷缺乏能够引起光合速率迅速降低，因为在光合碳固定期间许多中间步骤涉及磷，特别是糖磷酯。

Rubisco 的光活化需要磷，磷是 Rubisco 的活化剂。叶绿体间质内的磷浓度为 1.6～2.6 $mmol \cdot L^{-1}$。叶绿体磷供应的减少会导致间质内磷浓度迅速降低到限制光合磷酸化水平，从而降低光合速率。磷水平降低可以引起 ATP/ADP 比率降低，从而限制 Rubisco 活化酶的活性并降低 Rubisco 的活化水平。

(2) 光合作用的磷调节

磷不足时，通过磷转运蛋白从叶绿体输入细胞质的磷酸丙糖减少，导致叶绿体内淀粉积累增多和光合速率降低。然而，当磷供应过量时，由于磷酸丙糖大量输出而妨碍 RuBP 再生，光合速率也会降低。

磷的一个特殊作用是控制新固定的碳在叶绿体内淀粉合成与细胞质内蔗糖合成之间的分配。离体叶绿体在低磷条件下光合速率降低，并且碳流转向淀粉合成。磷是 ADP－葡萄糖焦磷酸化酶（AGPase）的负效应剂，而 PGA 是该酶的正效应剂，所以 PGA/Pi 比率调节淀粉合成。在细胞质中由磷酸丙糖合成蔗糖的关键酶是果糖-1,6-二磷酸酯酶(FBPase)和蔗糖磷酸合酶(SPS)。SPS 活性的调节涉及 2 个不同的机制：一是 G6P(活化剂)和 Pi(抑制剂)引起的变构控制；二是共价修饰蛋白磷酸化。在磷酸化过程中专门的蛋白激酶催化 Pi 转移到蛋白质的丝氨酸或苏氨酸残基上，而在去磷酸化过程中专门的磷酸酯酶催化 Pi 释放。两者分别为细调和粗调。如果细胞质中的蔗糖合成慢下来，磷酸丙糖留在叶绿体内用于淀粉合成。这时叶绿体间质内 PGA 的增加(PGA/Pi 比率升高)通过对参与淀粉合成的酶葡萄糖腺苷二磷酸焦磷酸化酶(ADPGPPase)的变构活化促进淀粉合成。Pi 是 SPS 和细胞质 FBPase 的抑制剂和果糖-6-磷酸双激酶的活化剂，所以在蔗糖合成速率调节上发挥重要作用。

(3) 磷缺乏的影响

植物无机磷的基本来源是不可更新的岩石磷。岩石磷被转变为可溶性盐，以 HPO_4^{2-} 或 $H_2PO_4^-$ 的形式被植物根系吸收。植物用磷效率不高，按施用的磷肥计算通常低于 15%～20%。植物体总磷含量为干重的 0.05%～0.5%，细胞内浓度为 2～20 mmol·L^{-1}(Weissert and Kehr, 2017)。

植物在形态和生物化学两方面响应磷缺乏。响应顺序是：改变根系结构→磷动员和使用→加强磷运输→改变磷代谢。磷缺乏植物加强初级根发展，改变根系结构，增加根毛数目和长度，与共生真菌相互作用增加无机磷等无机物吸收。磷缺乏导致叶片发育延迟，叶片数目和叶面积减少，降低光合能力，阻碍生长，损害开花。磷饥饿的植物动员磷从老叶运送到幼叶。在生化方面，磷缺乏的植物分泌有机酸、酶和黏胶，帮助溶解和动员土壤无机磷，同时 ATP 和 ADP 水平明显降低(Weissert and Kehr, 2017)。

磷缺乏导致根冠比、比叶重及叶绿素含量增高，以单位面积计算的光系统 I、捕光复合体蛋白和细胞色素 *f* 含量增加，而叶面积和可溶蛋白含量降低，一些催化光合碳还原循环反应的酶如 Rubisco、PGA 激酶、磷酸甘油醛脱氢酶和磷酸核酮糖激酶等光活化百分数降低。

叶片磷缺乏降低 C_3 和 C_4 植物叶片的光合速率，并且这种光合速率降低常常与 Rubisco 活性(含量与活化水平)、RuBP 浓度、RuBP 再生速率和气孔导度、叶肉导度的降低相联系，因此既与气孔限制有关，又与非气孔限制即叶肉细胞的光合活性有关；既涉及 RuBP 羧化限制，又涉及 RuBP 再生限制。并且，磷缺乏叶片叶绿素含量的提高和光合作用饱和光强的降低容易导致光抑制，光系统 II 光化学量子效率降低，激发能热耗散增强，大部分光合电子不是用于碳还原而是转向光呼吸。

有 4 种方法可以用于检测胞质中的 Pi 含量是否在限制光和 CO_2 饱和的光合速率和蔗糖合成：① 供 Pi 可以提高光合速率或喂甘露糖扣押 Pi 可以降低光合速率，表明存在 Pi 不足限制；② 将氧浓度从 21%降低到 2%抑制光呼吸，净光合速率不增高表明存在 Pi 不足限制；③ 对光合作用的短时间干扰导致叶片细胞质磷水平提高，表明存在 Pi 不足限制；④ 增加 CO_2 或降低 O_2 浓度或短时间暗处理引起的光合速率波动，供 Pi 可以消除这种波动，而扣押 Pi 则可以导致波动，表明存在 Pi 不足限制。恢复磷供应或喂磷使光合作用迅速恢复意味着磷缺乏对光合机构的结构没有损害。

微 RNA(microRNA, miRNA)是传递外界磷浓度的信号分子，其中 miR399 是一个从地上部到根系活化其磷吸收与运输的信号，在耗尽磷的组织中它的水平异常增高。miRNA参与调节植物对磷剥夺响应的转录后机制。一个细胞分裂素受体参与磷饥饿诱导的基因表达，另一个细胞分裂素受体参与磷感知。

(4) 对磷缺乏的适应

这里说的"适应"(acclimation)指的是不能遗传的代谢和形态修饰，而不是那种长期胁迫条件下植物体发生的可以遗传的代谢和形态修饰(adaptation)。这种适应是复杂的，涉及细胞、组织和整株植物的响应，包括生长方式、根系结构、磷运输系统活性和代谢活性的变化，以及对根系和衰老叶片中磷的重新动员。一些植物根系可以向生长介质内分泌有机酸和磷酯酶或者与菌根建立共生联系，以便增加对磷的吸收。植物对低磷环境的适应涉及100多个基因。磷营养状况调节高亲和力根系磷转运蛋白基因的表达。该基因的过表达可能是增加磷吸收和叶片磷浓度的一个办法。

在长期演化过程中，植物已经发展出一些机制，凭借这些机制从土壤中获取鳞、在体内有效地循环使用磷，并且通过自动平衡控制细胞质内的磷浓度。液泡是细胞质内鳞的仓库和磷浓度波动的缓冲者。

9.1.3 钾

钾是植物不可缺乏的一种大量营养元素。其含量可以高达植物干重的10%。在自然环境中，植物缺乏钾的情况很少见，但是另外供应钾往往能促进植物生长。令人惊奇的是，这种元素与别的大量营养元素不同，它不是植物体任何组分的组成元素，不进入生物大分子。但是，它却参与植物体的许多物质代谢、生长和对环境胁迫的适应过程，是植物细胞中最丰富的阳离子。K^+作为酶的活化剂，稳定蛋白质合成，中和蛋白质的负电荷和其他离子，参与渗透调节、气孔运动和细胞质pH平衡。植物体内的K^+浓度约为100 mmol·L^{-1}，贮存在液泡中，浓度为20～200 mmol·L^{-1}。当细胞内的K^+浓度降低到有限情况时，因损害细胞膨胀和光合作用而影响生长，并减少蛋白质合成，侧生根受抑制。此外，K^+缺乏植物对生物和非生物胁迫更敏感，可以简单地从液泡和老组织重新动员K^+(Weissert and Kehr, 2017)。

K^+的功能可以分为两大类：一是依赖其稳定的高浓度的酶活化、蛋白质合成的稳定和中和负电荷等。参与碳代谢的许多酶例如丙酮酸激酶、磷酸果糖激酶和ADP-葡萄糖淀粉合酶的活化都依赖钾，而蛋白质合成则是需要高浓度钾的另一个关键过程。植物的钾营养状况还可以通过一些酶的转录后调节而影响代谢过程。二是依赖其高度运动性的渗透变化、气孔运动、器官的光驱运动、韧皮部运输和糖运输以及细胞扩展等都离不开钾(Very and Sentenac, 2003)。保卫细胞对K^+的吸收与释放导致的气孔开度变化往往有力地影响植物的水分平衡。因此，缺乏钾会导致作物产量和品质降低。钾缺乏通过降低气孔导度降低光合作用。然而，也有钾饥饿增高的报告。在钾缺乏时，NPQ增高，而光系统II效率降低，叶黄素介导的能量耗散可能加强。

由于钾可以从老组织向发育中的组织重新分配，轻度钾缺乏没有明显的外观征状。在

严重缺乏 K^+ 时老叶边缘枯萎呈烧焦状，茎秆瘦弱，种子和果实小。钾缺乏的生理征状包括韧皮部运输减弱、叶片蔗糖等碳水化合物浓度增高、叶绿素浓度和光合能力以及含水量、蒸腾速率降低，另外氨态氮和多胺浓度急剧增高。光合速率的降低可能是蔗糖积累及其抑制基因表达的结果（White and Karley, 2010），也可能源于钾缺乏引起的气孔限制。

在低钾浓度下，需要钾的丙酮酸激酶活性降低，它可能是内部钾浓度的传感器（Amtmann et al., 2006）。根系产生活性氧是对氮、磷、钾剥夺响应的共同特性。活性氧是根系响应低钾浓度信号转导途径的一个组分。对剥夺钾处理作出响应的植物激素有乙烯、茉莉酸和生长素。

9.1.4 硫

硫是氨基酸、蛋白质、硫酸多糖、硫脂和维生素的组成元素。植物直接从土壤中吸收 SO_4^{2-}，并且通过木质部运输到地上部。过量的 SO_4^{2-} 贮存在液泡中以维持细胞质内 SO_4^{2-} 稳态。植物的硫同化包括将吸收的 SO_4^{2-} 还原为 SO_3^-，以及后来 S^{2-} 进入半胱氨酸、甲硫氨酸。2 个半胱氨酸分子中的巯基（—SH）可以通过共价键形成硫桥。这些硫桥的形成和破坏影响蛋白质的三级、四级结构及活性。谷胱甘肽不仅是可移动的还原硫的载体，而且也是氧化还原的缓冲剂。还原型谷胱甘肽库的大小取决于硫供应和硫同化途径关键组分的活性。无机硫的第三个作用是形成硫脂。硫脂是稳定光系统组分所必需的。

长期剥夺 SO_4^{2-} 会减少硫同化、谷胱甘肽与半胱氨酸水平和叶绿素含量，增加光呼吸，而脂含量下降，氮代谢和生长受伤害。剥夺 SO_4^{2-} 还影响植物的生态适应，因为减少了含硫的抗菌多肽（防御素和硫素）（Weissert and Kehr, 2017）。

氮、磷或硫的剥夺可以导致淀粉的大量积累，从而引起类囊体膜结构破坏。在缺乏硫的菠菜叶片中，叶肉细胞内的叶绿体数目减少，同时叶绿体内的叶绿素含量降低。硫含量的降低导致硫同化受抑制，谷胱甘肽、半胱氨酸减少，而丝氨酸、O-乙酰丝氨酸和色氨酸增加（Nikiforova et al., 2003），光呼吸速率提高。这些变化导致代谢和生长速率降低。硫和镁的同时缺乏导致叶片光系统 II 最大光化学效率（F_V/F_M）和 D1 蛋白含量明显降低。在大部分情况下，严重的氮、磷或硫限制导致光系统 II 量子效率降低和 Q_A 还原状态提高。相反，在含有高水平 SO_4^{2-} 的盐碱土壤中会发生硫毒害。工业和煤燃烧产生的大气 SO_4^{2-} 浓度可达 100 $\mu g \cdot m^{-3}$，而 50 $\mu g \cdot m^{-3}$ 的 SO_4^{2-} 浓度就可以对植物特别是森林树木产生破坏作用（Maathuis, 2009）。

硫同化的一个调节组分是 miRNA。在剥夺硫的条件下 miR395 调节 ATP 硫酸化酶（APS），这个酶催化硫同化的第一步反应。在剥夺硫的条件下 miR395 增加，而 APS 转录物丰度降低（Jone-Rhoades and Bartel, 2004）。植物激素细胞分裂素、生长素和茉莉酸是硫缺乏响应的信号分子。一些激酶和转录因子也是剥夺硫条件下的信号组分（Nikiforova et al., 2003）。

值得注意的是，一种营养元素的缺乏可以干扰另一种元素的代谢。例如，在被剥夺硫营养的菠菜叶片中，氮代谢遭受破坏，导致硝酸盐水平升高。

9.1.5 钙

Ca^{2+}在细胞内的功能主要有二：一是结构上的作用；二是作为第二信使。例如，果胶的羧基与Ca^{2+}的静电协同作用使细胞壁具有刚性，Ca^{2+}与磷脂的磷酸基团协同作用在细胞膜上起类似的加固作用，从膜上除去Ca^{2+}或用其他阳离子代替Ca^{2+}会迅速损害膜的完整性(Maathuis，2009)。由于Ca^{2+}很容易与硫酸盐、磷酸盐形成不溶解的盐，细胞质中游离的Ca^{2+}浓度很低，大约为100 nmol·L^{-1}。这使Ca^{2+}成为理想的第二信使，多种刺激包括生物的和非生物的胁迫都可以引起细胞质内游离Ca^{2+}浓度迅速变化。特别重要的是，Ca^{2+}是放氧复合体中不可缺少的金属离子组分(参见第1章光合机构)。钙还参与脂肪、蛋白质和碳水化合物代谢。

一般情况下，钙占植物体干重的0.1%～5%。钙缺乏因质膜透性增加而导致细胞破坏，引起顶端分生组织细胞死亡、生长停止。钙有限条件下生长的植物对病原体攻击更敏感。相反，钙过量伤害种子发芽，降低生长速率，抑制叶片脱落(Weissert and Kehr，2017)。

9.1.6 镁

光合速率降低与镁含量减少之间呈现良好的相关。Mg^{2+}是叶绿素的重要组成元素。Mg-螯合酶催化Mg^{2+}插入原卟啉的反应。该酶由几个亚基组成，属于AAA蛋白超家族。因此，该酶的缺乏妨碍叶绿素的合成与积累。在缺乏镁和硫时，Rubisco含量下降比叶绿素和D1、D2蛋白含量下降还快。

除了叶绿素分子中的Mg^{2+}以外，细胞内大部分Mg^{2+}的作用是作为酶的辅助因子，并且在核苷酸和核酸的稳定中发挥作用。基因转录与翻译决定性地依赖合适的Mg^{2+}水平。

在植物细胞中，阳离子含量最多的是K^+，其次是Mg^{2+}。剥夺Mg^{2+}会减少根系生长，影响营养和水分吸收，伤害光合作用，导致高度光敏感的叶组织。剥夺Mg^{2+}的第一个征状是绿色叶脉之间呈淡黄色。剥夺Mg^{2+}伤害呼吸作用和叶片的营养供应，触发叶片衰老。在剥夺Mg^{2+}的早期不可见影响是积累蔗糖与淀粉和减少光合CO_2固定以及产生活性氧。碳水化合物积累是由于韧皮部装载受阻，因为装载需要Mg^{2+}。高碳水化合物含量抑制叶绿素结合蛋白基因表达；减少光合作用导致活性氧产生(Weissert and Kehr，2017)。

Hossain等(2017)编辑的论文集详细介绍了大量营养元素使用效率的影响因素和改善方法。

9.2 微量元素

微量元素是植物生长所必需但需要量却远少于基本营养元素氮、磷、钾和硫的元素，主要包括硼、氯、铜、铁、锰、钼、镍和锌。它们几乎参与细胞的所有代谢活动，包括能量代谢、基础代谢和次生代谢、细胞防御、基因调节、激素感知、信号转导和繁殖等。然而，大部分金属离子不是游离存在于细胞内的，所以在具有氧化还原特性的金属离子浓度过高时会导致活性氧形成，并且过量的金属离子与蛋白的异位结合会扰乱蛋白质的结构(Hansch and Mendel, 2009)。

(1) 硼

植物体内90%以上的硼存在于细胞壁内。硼参与许多重要的生理过程，包括蛋白质合成、糖运输、呼吸作用，RNA、碳水化合物和植物激素(如吲哚乙酸)代谢和细胞壁合成以及木质化，维持生物膜的完整性。硼可以促进质子泵，通过诱导质膜ATP酶而增加磷和氯的运输。硼缺乏主要破坏活跃生长的茎尖和根尖，以致植株矮化成莲座状。硼还影响花的维持、花粉形成、花粉管生长、氮固定和硝酸盐同化(Camacho-Cristobal et al., 2008)。

(2) 氯

在植物体内，氯是一种可以移动的阴离子，其大部分功能与电荷平衡有关。在叶绿体内，氯离子是光合放氧的3种重要辅助因子之一(Kusunoki, 2007)。氯化物专一地促进液泡膜质子泵ATP酶。氯离子、苹果酸阴离子和钾离子流介导气孔开关。一些植物的叶片运动也依赖氯离子。质膜质子ATP酶驱动的KCl和水流为叶片运动提供动力。这种运动凭借叶片上专门的“渗透马达”两部分细胞不同的体积和膨压变化实现(Moran, 2007)。

(3) 铜

铜是光合作用和呼吸作用、碳和氮代谢、氧化胁迫防御和细胞壁合成所必需的。在生理条件下，铜以2种不同的氧化态(Cu^{1+}和Cu^{2+})存在，这样可以在生物化学反应中行使氧化剂或还原剂的功能。在植物体中，一半以上的铜存在于叶绿体内。叶绿体内的铜大约有50%在电子载体蛋白质体蓝素中。在剥夺铜的条件下，质体蓝素与叶片铜含量、电子传递活性正相关，几乎成为控速因子。植物的缺铜征状最先呈现在幼叶和生殖器官。

铜可以催化形成自由基，因而具有潜在的毒性。这种毒性导致蛋白质、DNA和其他生物分子破坏。植物吸收的大量铜离子立即与蛋白质结合，从而防止有毒形式的积累，一部分被小分子结合蛋白即伴侣蛋白捕捉。铜代谢与铁代谢有密切联系。由铜和铁的生物有效性决定，植物体内一些酶可以替换使用铜和铁催化同一生物化学反应，例如Cu/Zn-超氧化物歧化酶和Fe-超氧化物歧化酶。

(4) 铁

在氧化还原上活跃的铁参与光合作用、呼吸作用和氮同化以及植物激素(乙烯、赤霉素、茉莉酸)的生物合成，活性氧的产生与清除，渗透防御和病原体防御等。与其主要功能在光合作用上一致，细胞内80%的铁在叶绿体中。植物体内的含铁蛋白有3种：含铁-硫簇(Fe-S)蛋白、含血红素蛋白和含非血红素铁蛋白。每个光系统Ⅰ反应心中有12个Fe原子，细胞色素b_6f复合体中有5个Fe原子(Grossman et al., 2012)。人们熟知的血红素蛋白是参与光合、呼吸电子传递的细胞色素和与氧结合的珠蛋白。非血红素蛋白是一种直接与铁离子结合的蛋白，即铁蛋白，是质体铁贮存蛋白，在成熟的叶绿体内没有这种蛋白。

据联合国粮食与农业组织(FAO)报告，全世界有8亿公顷土地缺铁。铁供应不足时，每个叶绿体的光合膜减少，所有的膜组分包括电子传递链的电子递体以及叶绿素与类胡萝卜素都减少，光合电子传递能力降低(Larbi et al., 2006)。光系统Ⅰ的铁含量最高(反应中心与铁原子的比例为 1∶12),特别容易受铁缺乏影响。当铁被剥夺时,光系统 I 的含量明显下降,光系统 I/光系统 II 比率急剧降低。严重的铁不足会降低 D1 蛋白和另一些光系统 II 多肽的丰度。铁缺乏还通过 Rubisco 活化水平和基因表达降低导致 RuBP 羧化能力降低,捕光、电子传递和碳同化能力的降低相互协调发生。因此,铁缺乏必然导致叶片光合速率降低。植物在中度铁缺乏条件下不产生光破坏征状(没有持久的 F_V/F_M降低)。

缺铁引起的光合色素叶绿素和类胡萝卜素含量减少,减少光吸收,增加对光的反射与透射,避免光过量,防止光破坏,对光合机构具有保护作用。在对照叶片,20%的入射光被反射与透射,而不同程度缺铁叶片则有 40%～80%的入射光被反射与透射。

缺铁引起光系统 II、光系统 I 的天线脱离反应中心。剥夺铁会引起光系统 I 反应中心数目减少和捕光天线蛋白合成增多,这可能是缺铁条件下使光氧化破坏降至最小的一种方法。生长在无铁介质中的蓝细菌 *Synechocystis* PCC 6803 形成不同大小的光系统 I - IsiA 超分子复合体,其中有由 18 个 IsiA 组成的天线环围绕光系统 I 三聚体。这种天线环使光系统 I 的光吸收截面成倍增加,除了贮存叶绿素 *a* 和为反应中心吸收光能以外,还参与能量耗散、防御过量光的破坏作用。捕光复合体 IsiA 的产生可以缓解或克服因缺铁降低光系统 I/光系统 II 比例而导致的 2 个光系统激发能的不平衡。不过,在缺铁的藻和高等植物还没有见到这种天线环。

在缺铁条件下,植物吸收的光能大部分被光系统 II 的天线以热形式耗散。在田间全日光强下,对照叶片用于光化学反应的光能为 29%～38%,而中度和严重缺铁叶片的这个数值分别降低为 16%～19%和 10%,同时用于热耗散的光能份额相应地大幅度提高。这种热耗散的增加与(Z+A)/Chl 比率和 V 去环氧化水平的提高相联系。在缺铁条件下,虽然含铁的抗氧化组分如 Fe - SOD 和抗坏血酸过氧化物酶含量减少,但是另一些酶 Mn -与 Cu/Zn - SOD 和抗氧化分子抗坏血酸、谷胱甘肽补偿性地增加,可以防御活性氧的破坏作用。并且,增加的类胡萝卜素可以直接猝灭三线激发态的叶绿素。所以,缺铁褪绿叶片可以长期保持稳定,仅仅在严重缺铁情况下才出现死斑。

(5) 锰

锰以 II、III 和 IV 几种不同的氧化态存在于植物细胞内大约 35 种酶中。有的是直接起催化作用的活跃金属离子,例如光系统 II 水裂解系统中的锰簇、防御自由基破坏的超氧化物歧化酶中的锰离子;有的使酶活化,例如苹果酸酶和 PEP 羧激酶都需要锰离子活化。但是,其活化作用并不专一,在许多情况下镁可以代替它起活化作用。

(6) 钼

在所有生物体中,钼都必须与蝶呤形成复合物即钼辅助因子才有生物活性。虽然已经知道的含钼蛋白不多,但是由于它们参与氮代谢、硫代谢和植物激素合成以及逆境响应等所以都很重要。脱落酸生物合成的最后一步反应由含钼的醛氧化酶催化,而硫氧化酶则保护植物免于毒性水平的硫化物(酸雨)毒害。钼代谢与铁和铜代谢有密切联系。例如,生物体中催化钼辅助因子生物合成第一步反应的酶含有 Fe - S 簇,固氮酶也结合 Fe - S 簇,硝酸还原酶含有血红素形式的铁。铜是钼辅助因子中间物形成所必需的。

(7) 镍

镍是许多原核生物的酶例如脱氢酶和氢酶等所必需的营养元素，但是真核生物很少用镍作为辅助因子。在植物体中它有 3 种氧化状态。植物缺镍征状是因尿素酶活性的丧失而积累有毒的尿素。植物尿素酶(脲酶)水解尿素形成 CO_2 和氨。大豆植株内有一种镍结合蛋白或镍金属伴侣，是脲酶活性所必需的。

(8) 锌

锌是参与蛋白质合成和能量转化的酶的重要组分，并且参与维持生物膜的完整性。可能有 1 200 多种蛋白质含有、结合或运输锌，包括锌指蛋白、转录因子、氧化还原酶和水解酶。大部分锌酶参与 DNA 转录调节、RNA 加工和翻译。锌在种子发育上也发挥重要作用，所以锌缺乏导致植物成熟延迟。

在叶绿体内依赖锌的酶行使重要功能。间质内加工肽酶和叶绿体蛋白水解酶都依赖锌，例如蛋白水解酶参与 D1 蛋白修复过程中遭受破坏的 D1 蛋白降解。

锌缺乏会通过妨碍碳酸酐酶、Cu/Zn-超氧化物歧化酶和参与光合碳还原循环的磷酸核酮糖表异构酶的活性而降低净光合速率。锌还通过活化的蛋白激酶参与信号转导。

(9) 硒

硒是一种痕量或微量元素，能够以 4 种不同的氧化态(Se^{6+}、Se^{4+}、Se^{0} 和 Se^{2-})存在。它的生物有效性支配土壤的物理-化学性质如 pH、氧化还原电位和可塑物质含量。高浓度硒对植物有毒害作用，低浓度硒(如 0.1 $mg \cdot kg^{-1}$ 土壤)对植物具有多种有益的作用，如促进生长、提高产量。低浓度外源硒处理可以有效活化抗氧化系统，导致非酶抗氧化物质积累和抗氧化酶活化，防止活性氧对叶绿素、蛋白质和脂质及膜的破坏，保护叶绿体和光合作用过程，增强对干旱、盐、低温和紫外辐射等非生物胁迫的耐性(Banerjee and Roychoudhury, 2019)。

9.3 重金属污染

所谓重金属是指那些密度大于 5 $g \cdot cm^{-3}$ 的金属和类金属，包括砷、锑、铝、镉、铬、铜、铅、锰、汞、镍和锌等。其中，铜、锰和锌是植物生长所必需的微量元素，但是其浓度超过一定数值时对植物有毒害作用。

重金属污染劣化土壤、水体和大气的质量，威胁动物和人类健康。与有机污染物(见 9.4 节)不同，它们不能被降解，可以在土壤中长期存在。从污染区域的土壤去除重金属的一个绿色、环境友好和低成本的技术方法是植物修复(phyotoremediation)。这项技术包括植物稳定化、植物提取和植物累积等不同方法。当然，植物不能降解、挥发重金属。

重金属能够与植物的营养元素相竞争，导致营养元素缺乏，例如铜可以引起铁缺乏。重金属是分布广泛的对植物有毒的污染物。它们的大部分被植物根系吸收并积累。当超过根系的承载能力时，这些金属离子被运输到叶片，从而影响光合机构。重金属的直接毒害作用是抑制细胞质中的酶和通过氧化胁迫破坏细胞结构，间接毒害作用是通过阳离子交换替换必要的营养元素。

重金属对光合机构有多种不良作用，诸如能够改变叶绿体结构，如叶绿体的形状、大小、数目、基粒数和每个基粒的类囊体数，以及破坏叶绿体膜、类囊体结构；降低气孔导度和叶肉导度以及光合速率；降低光合色素含量，主要是由于抑制叶绿素合成，并且锌、铜、镉和汞等可以替换叶绿素分子中的镁离子，从而干扰天线向反应中心的能量传递；降低光系统 I 活性，抑制部位在反应中心、铁硫中心和铁氧还蛋白：$NADP^+$ 氧化还原酶（FNR）；破坏光系统 II 电子供体侧和受体侧蛋白以及放氧复合体，降低光系统 II 量子效率；抑制去镁叶绿素到质体醌的电子传递；减少细胞色素 b_6f 复合体、质体蓝素和铁氧还蛋白含量；破坏光合酶的结构与功能，遭受影响的酶有叶绿素合成酶（原叶绿素酸酯还原酶，protochlorophyllide reductase，催化叶绿素生物合成的最后一步反应）、Rubisco、蔗糖磷酸合酶、磷酸甘油酸激酶、磷酸甘油醛脱氢酶、果糖-1，6-二磷酸酯酶（FBPase）、磷酸核酮糖激酶等，重金属与一些酶的巯基结合导致这些酶失活；限制同化力使用，导致活性氧过量产生，破坏核酸、光合色素等生物大分子、生物膜（Souri et al.，2020）。

（1）铜

铜是植物必需的微量元素，作为质体蓝素的组成部分参与光合作用。但是，浓度超过 1 $\mu mol \cdot L^{-1}$的外源铜对大部分光合生物都有毒害作用，因此它被广泛用于杀藻剂和除草剂。植物长期暴露于高浓度铜可以导致叶绿体片层系统完全瓦解。铜不影响反应中心的电荷分离，而是修饰 $P680^+$ 的电子供体 Tyr_Z。另外，铜是自由基形成反应的催化剂，能够促进植物体内的氧化破坏。铜能够明显提高类囊体膜和光系统 II 制剂的超氧化物浓度，可能是由于铜与光系统 II 受体侧去镁叶绿素至 Q_A附近区域发生强相互作用，催化超氧化物和羟自由基产生。所以，过量的铜对光合作用有严重不良影响。

（2）镉

镉是一种没有生物功能的主要环境污染物。微摩尔浓度的镉就可以抑制蓝细菌的光合作用。镉也抑制高等植物的光合作用。镉处理破坏叶绿体的基粒结构，妨碍叶绿素和类胡萝卜素的积累，并导致光系统 II 捕光复合体单体增加和多聚体减少。镉降低光系统 II 的最大量子效率和 2 个光系统的活性。关于镉抑制光合作用的作用部位，存在几种不同的观点：镉的原初影响是抑制叶绿体的 ATP 合酶和 ATP 磷酸酯酶；在高等植物中，短期内镉毒害的靶位主要是催化光合碳还原循环的酶；镉的抑制作用在光系统 II，可能在水氧化系统，镉破坏水稻光系统 II 的供体侧，镉能降低 D1 蛋白的周转速率。

（3）锌

锌是与光合生物体内一些酶活性有关的重要微量元素。然而，较低浓度的锌就能够抑制光合碳同化。锌引起的净光合速率降低主要是由气孔导度和叶肉导度下降引起的 CO_2 供应限制所致（Sagardoy et al.，2010）。较高浓度的锌能够引起光合色素损失和叶绿素 a/b 比值降低，抑制光合电子传递和光合磷酸化。锌通过替代、释放锰离子而影响水氧化复合体的功能，所以锌对光合放氧的抑制作用是由于锰离子的损失。

（4）汞

由于化石燃料燃烧、矿石熔炼和垃圾焚烧等人类活动，如今地球大气中汞含量可能已经达到工业革命前的5倍。微摩尔浓度的汞对光合生物就有高度毒性。汞能够降低2个光系统的量子效率和电子传递。汞可能通过修饰巯基(—SH)而与蛋白质结合。汞直接与质体蓝素作用,替换其中的铜。汞能修饰铁氧还蛋白：$NADP^+$氧化还原酶和铁-硫中心F_B的巯基。在黑暗中,汞可以氧化光系统I的反应中心。汞还影响光系统II的供体侧和受体侧。汞能选择性地去除放氧复合体的33 kDa多肽,也能够使放氧复合体的锰簇释放锰离子。

(5) 铅

铅是植物不需要的另一种有毒污染物。铅能够减少光合色素,影响光合电子传递,降低光合速率。它能够影响2个光系统,而以光系统II更敏感。它积累在光系统II中,破坏其次级结构,减少光吸收,抑制复合体内能量传递,阻断质体蓝素与光系统I之间的电子传递。铅的作用部位在水氧化复合体,光合放氧必需的辅助因子Ca^{2+}、Cl^-可以防御铅抑制。铅能够与光系统II复合体中氨基酸的C═O和C—N基团结合,从而形成金属-蛋白复合物,抑制该蛋白功能的发挥。

(6) 镍

镍很容易被植物根系吸收并输送到叶片,从而影响光合电子传递和催化光合碳还原循环的酶以及光合速率。过量的有机镍化合物影响卷心菜的叶绿素含量和叶绿体的超微结构。

(7) 铬

铬影响黑麦草叶片的叶绿素含量和光系统II活性。铬的抑制部位有2个：放氧复合体和Q_A还原,这与D1蛋白周转、放氧复合体24 kDa与33 kDa蛋白的改变有关。铬能够减少光系统II活性反应中心数量,降低电子传递,改变天线大小。

(8) 铝

铝对光合作用的毒害靶位已经被鉴定,铝通过与Q_A与Q_B之间非血红素铁的相互作用或替代,抑制Q_A与Q_B之间的电子传递,导致对光合作用抑制,甚至光合机构破坏。另外,铝强烈抑制光合氧释放。

(9) 砷

砷降低光系统II的最大量子效率,但是能够过量积累砷的2种植物例外。

(10) 植物对重金属的耐性与适应

一些藻类可以从组织中完全排除有毒重金属,但是高等植物却不能。高等植物对有毒重金属的耐性大多涉及阻止其在敏感部位的大量积累。在一些种类植物中,重金属与细胞壁结合,积累于质外体;在一些情况下,铝可以与硅结合成无毒的复合物积累于根系的质外体;在针叶树的针叶中,铝可以和硅共同沉积于细胞壁,从而去除铝毒性。

植物向根系周围分泌有机酸并将重金属螯合于细胞壁与质膜界面,这是一种降低重金属毒性的方法。荞麦不仅向根际分泌草酸,而且在叶细胞的液泡内累积无毒的草酸铝。在细胞质内,专门的金属复合肽即植物螯合肽是降低金属有效性的一个重要机制。当铬等重金属存在时,植物螯合肽合酶被活化。金属硫蛋白是另一类富有半胱氨酸残基的金属结合多肽,与植物对重金属的耐性有关。降低重金属毒害作用的另一个方法是区室化积累。植物螯合肽、铬复合物和锌都积累在液泡中。

至少有45科植物具有在体内高度(达到普通水平的千百倍)积累不同种类金属包括砷、铬、钴、铜、镍、硒和锌等的能力,例如茶就是一种可以高度积累铝的植物。因此,人们考虑利用植物的这种特性帮助清除土壤的重金属污染,即植物除污或修复。也可以从这些高度积累金属的植物提取金属,从而实现“植物采矿”。

9.4　有机污染物

除了上述无机的重金属污染外,还有多种有机污染物(organic pollutants, OPs)存在于土壤、水体和空气中,对植物的生长发育特别是光合作用产生不利的影响。这类源于火山活动、森林火灾和人类活动的有机污染物主要包括杀虫剂(pesticides)、抗生素(antibiotics)、双酚A(biophenol A, BPA)和多环芳烃(polycyclic aromatic hydrocarbons, PAHs),PAHs广泛存在于大气中。

有机污染物是陆生和水生生态系统的一个主要威胁。由于它们的亲脂特性,有机污染物很容易跨越细胞膜进入植物体。它们对植物生物量和产量的不利影响主要是通过对光合作用的抑制实现的(Tomar et al., 2020)。

杀虫剂减少光合色素的合成、降低Rubisco活性、减少可溶性糖和淀粉含量以及抑制同化物运输,阻塞气孔、抑制光合作用,以致净光合速率、气孔导度和胞间CO_2浓度都减低。

抗生素降低光合氧释放,减少有活性的光系统II反应中心与同化力(NADPH和ATP)形成,阻断Q_B部位的电子传递,降低净光合速率、蒸腾速率和气孔导度,但是明显增加胞间CO_2浓度,大部分抗生素都降低光系统II的最大光化学效率(F_V/F_M),抑制Rubisco合成,降低其活性。

双酚A对植物的影响取决于它的剂量和植物种类,低剂量(1.5 mg·L^{-1}或3.0 mg·L^{-1})双酚A能够改善光系统II效率,提高光能吸收、转化效率,加速光合电子传递;低剂量的双酚A提高光合速率主要是由于提高了气孔导度,而高剂量双酚A降低光合速率是由于降低了气孔导度及增加了非气孔限制。并且,高剂量(100 mg·L^{-1})双酚A能够破坏光系统II反应中心,抑制光化学反应,降低光系统II活性和量子效率、破坏光系统II反应中心、抑制D1蛋白周转和降低Rubisco羧化速率。在黑暗中,2个光系统对双酚A都不敏感,但是在光下双酚A抑制光系统II活性,却不抑制光系统I活性。双酚A引起的光抑制是由于D1蛋白周转遭受抑制。双酚A不直接破坏光系统II,而是引起光合电子传递链过还原,导致活性氧产生增加,活性氧积累抑制D1蛋白周转,以致加剧光系统II的光破坏。

多环芳烃降低羧化能力和蒸腾速率、影响类囊体膜超微结构和光系统II的结构与功能,抑制放氧复合体,降低光合速率。多环芳烃能够改变膜透性,影响光合作用、呼吸作用和色素合成等基础代谢过程和酶活性。多环芳烃通过抑制光合作用这个关键机制影响植物,而抑制光系统II的电子传递则是其原初事件;多环芳烃引起的光合速率降低与气孔导度、Rubisco活性降低及光合色素破坏有关。

参考文献

Amtmann A，Hammond J，Armengaud P，et al.，2006. Nutrient sensing and signaling in plants：potassium and phosphorus. Adv Bot Res，43：209－257.

Banerjee A，Roychoudhury A，2019. Role of selenium in plants against abiotic stresses：physiological and molecular aspects//Roychoudhury A，Tripathi DK（eds）. Molecular Plant Abiotic Stress. Singapore：John Wiley & Sons Ltd：123－133.

Camacho-Cristobal JJ，Rexach J，Gonzalez-Fontes A，2008. Boron in plants：deficiency and toxicity. J Integr Plant Biol，50：1247－1255.

Field CB，Mooney HA，1986. The photosynthesis-nitrogen relationship in wild plants//Givnish TJ（ed）. On the Economy of Plant Form and Function. Cambridge：Cambridge University Press：25－55.

Grossman AR，Gonzalez-Ballester D，Bailey S，et al.，2012. Understanding photosynthetic electron transport using *Chlamydomonas*：the path from classical genetics to high throughput genomics//Burnap RL，Vermaas WFJ（eds）. Functional Genomics and Evolution of Photosynthetic Systems. Dordrecht：Springer：139－176.

Hansch R，Mendel RR，2009. Physiological functions of mineral micronutrients（Cu，Zn，Mn，Fe，Ni，Mo，B，Cl）. Curr Opin Plant Biol，12：259－266.

Hossain MA，Kamiya T，Burritt DJ，et al.，2017. Plant Macronutrient Use Efficiency：Molecular and Genomic Perspectives in Crop Plants. UK：Academic Press.

Jones-Rhoades MW，Bartel DP，2004. Computational identification of plant microRNAs and their targets，including a stress-induced miRNA. Mol Cell，14：787－799.

Kusunoki M，2007. Mono-manganese mechanism of the photosystem II water splitting reaction by a unique Mn_4Ca cluster. Biochim Biophys Acta，1767：484－492.

Larbi A，Abadia A，Abadia J，et al.，2006. Down coregulation of light absorption，photochemistry，and carboxylation in Fe-deficient plants growing in different environments. Photosynth Res，89：113－126.

Maathuis FJM，2009. Physiological functions of mineral macronutrients. Curr Opin Plant Biol，12：250－258.

Moran N，2007. Osmoregulation of leaf motor cells. FEBS Lett，581：2337－2347.

Nikiforrova V，Freitag J，Kempa S，et al.，2003. Transcriptome analysis of sulfur depletion in *Arabidopsis thaliana*：interacting of biosynthetic pathways provides response specificity. Plant J，33：633－650.

Sagardoy R，Vazquez S，Florez-Sarasa ID，et al.，2010. Stomatal and mesophyll conductance to CO_2 are the main limitations to photosynthesis in sugar beet（*Beta vulgaris*）plants grown with excess zinc. New Phytol，187：145－158.

Souri Z，Cardoso AA，da-Silva CJ，et al.，2020. Heavy metals and photosynthesis：recent developments//Ahmad P，Ahanger MA，Alymeni MN，et al（eds）. Photosynthesis，Productivity，and Environmental Stress. Singapore：John Wilet & Sons Ltd：107－134.

Tomar RS，Singh B，Jajoo A，2020. Effects of organic pollutions on photosynthesis//Ahmad P，Ahanger A，Alyemeni MN，et al（eds）. Photosynthesis，Productivity，and Environmental Stress. Singapore：John Wiley & Sons，Ltd：1－26.

Very AA，Sentenac H，2003. Molecular mechanisms and regulation of K^+ transport in higher plants. Annu Rev Plant Biol，54：575－603.

Weissert C，Kahr J（eds），2017. Macronutrient sensing and signaling in plants//Hossain MA，Kamiya T，Burritt DJ，et al. Plant Macronutrient Use Efficiency：Molecular and Genomic Perspectives in Crop

Plants. UK：Academic Press：45 – 64.

White PJ，Karley AJ，2010. Potassium//Hell R，Mendel RR (eds). Cell Biology of Metals and Nutrients，Berlin：Springer：199 – 224.

Yong ZH，Chen GY，Zhang DY，et al.，2007. Is photosynthetic acclimation to free-air CO_2 enrichment (FACE) related to a strong competition for the assimilatory power between carbon assimilation and nitrogen assimilation in rice leaf? Photosynthetica，45：85 – 91.

第 3 篇

调 节 控 制

第 10 章

基因表达调节

从根本上说，生物体的一切生长发育变化都是基因表达及其调节的结果。作为光合生物基本生命活动的光合作用也不例外，其变化也是相关基因表达调节的产物。不同种类光合生物的光合基因表达具有不同的特点，不放氧的光合细菌与放氧的蓝细菌、藻类和高等植物之间有明显差异。Berry 等(2013)详细介绍了高等植物的光合基因表达。

紫色光合细菌的基因表达有如下特点：一是在有氧条件下所有光合基因的表达都受抑制；二是在厌氧条件下编码反应中心和天线蛋白的基因活化；三是弱光下光合基因的表达经受转录水平的调节，光强通过这种调节改变反应中心和天线蛋白的水平，以优化光能的吸收和使用。另外，光合基因表达的调节还涉及 mRNA 的稳定性和光系统蛋白复合体的装配。

放氧的蓝细菌和藻类、高等植物叶绿体光合基因表达的转录后调节和光系统组分装配的作用比厌氧的光合细菌大得多。叶绿体转录物 mRNA 的半寿命长达 6～40 h，蓝细菌只有 1 h，而不放氧的光合细菌仅为数分钟(Blankenship, 2002)。叶绿体编码蛋白的合成即翻译受核编码的翻译因子和核信号的控制。此外，还有翻译后调节，过量的蛋白或没有必需辅助因子的蛋白被降解。在叶绿体蛋白合成过程中，不仅叶绿体基因的表达受核基因的控制，而且核基因的表达也受来自叶绿体的逆行信号的控制。

10.1　调节物质

多种物质参与光合相关基因表达的调节。

10.1.1　光

植物的感知机构可以察觉白光(400～700 nm)、紫外辐射、红光和远红光。至少有 3 种光受体参与光感知过程。① 光敏素：红光/远红光受体。② 隐花素：蓝光/紫外辐射受体，是一类首先在隐花植物中发现的引起蓝光(～450 nm)响应的光受体。其作用光谱包括紫外辐射。紫外辐射(UV－B)和蓝光受体可能是同一种受体的 2 种不同形式。它参与植物的光形态建成、开花光周期、生理节律和气孔开放的调控。它与向光蛋白或向光素一道控制气孔开放。③ 可以感知红光的原叶绿素酸酯。关于植物光受体，详见第 15 章信号转导。

虽然从光受体开始的信号转导机制还不清楚，但是经过光敏素的光信号转导涉及异三聚体 G 蛋白，其下游涉及 cGMP 和(或)钙。参与光响应基因表达调节的还有生物钟。编码

叶绿素 a/b 结合蛋白的核基因 *cab* 的转录在黎明时被上调，而在日落时则被下调。光敏素和隐花素是使生物钟同步的光受体。

10.1.2 氧化还原物质

参与基因表达调节的氧化还原物质有质体醌、谷胱甘肽、铁氧还蛋白(Fd)和硫氧还蛋白(TRX)以及铁氧还蛋白∶$NADP^+$ 氧化还原酶(FNR)、铁氧还蛋白∶硫氧还蛋白还原酶(FTR)、蛋白激酶、质体转录激酶(PTK)、质体编码的 RNA 聚合酶(PEP)、核编码的 RNA 聚合酶(NEP)和 G-盒结合因子(GBF)。

10.1.3 糖

在不断变化的环境中，植物体维持光合产物供需平衡的办法有 2 个：在短时间内改变酶活性，以及在较长时间内改变与光合产物生产和代谢有关的基因表达。根据对糖响应的不同，把基因分为上调、下调和不响应三类。与光合作用有关的属于下调基因。

光合产物糖特别是蔗糖，不仅是主要的运输和贮藏物质，而且是参与基因表达调节的重要信号物质。在叶肉细胞中，高水平的可溶性糖能够反馈抑制光合基因的表达。在植物体内，基因表达的糖调节在平衡光合产物的源-库关系上发挥重要整合作用：高水平的糖抑制源器官内编码光合酶蛋白的基因表达，同时诱导库器官内编码糖代谢酶蛋白的基因表达。

(1) 反馈抑制

高水平的可溶性糖对光合基因表达的反馈抑制发生在转录水平上。研究表明，玉米的 7 个光合相关基因的启动子被糖抑制。暗适应的拟南芥幼苗 Rubisco 小亚基基因 *rbc*S 的光诱导表达受 2%蔗糖或葡萄糖抑制。2%蔗糖还抑制油菜培养细胞叶绿体依赖光的叶绿素 a/b 结合蛋白(由 *cab* 基因编码)的积累。蔗糖也抑制拟南芥幼苗质体蓝素基因的活化。光合相关基因表达的高水平糖抑制是一个基本的调节机制。

需要指出的是，编码那些在光合作用和呼吸作用中都起作用的酶包括醛缩酶、丙糖磷酸异构酶和磷酸葡萄糖变位酶的基因不受高水平糖抑制，并且那些参与糖酵解的酶活性在高水平糖条件下不变或者提高。

(2) 前馈诱导

通常，涉及光合产物分配、贮藏和积累的基因在高水平糖条件下表达上调，而在糖水平降低时表达下调。已经在马铃薯、水稻、蚕豆和拟南芥等多种植物中观察到，在那些有糖输入的组织中蔗糖合酶和转化酶(蔗糖酶)基因被糖诱导表达。蔗糖合酶和转化酶基因的糖调节为调节糖向库组织的输入提供了一个可能的机制。并且，库组织中编码参与淀粉合成调节的 ADP-葡糖焦磷酸化酶和淀粉合酶基因也被高水平糖诱导表达。另外，受高水平糖诱导表达的还有硝酸还原酶基因。硝酸根可能是引发碳和氮同化协调变化的信号。

(3) 糖信号转导

植物体内存在 2 个不同的糖信号转导链：一个对源组织是重要的，可能涉及己糖激酶；

另一个可能位于库组织中的细胞质膜上，不依赖己糖激酶，其中的一个组分是糖感知蛋白或感知糖的转运蛋白。在外界糖浓度超过一个阈值时，就会通过2个葡萄糖受体产生信号。己糖激酶在糖感知上具有突出作用。该酶过表达增强对葡萄糖的敏感性，该酶水平降低则降低对葡萄糖的敏感性(Jang et al.，1997)。这些结果反映了己糖激酶的信号功能。蛋白激酶、磷酸酯酶、钙和钙调素可能也参与植物体内的糖信号转导。蔗糖可能是一个直接的信号。许多遭受蔗糖抑制的光合相关基因也受光敏素介导的光调节。这意味着糖信号机制和光信号机制相互关联。

10.1.4　氮化物

叶片发育、开花和种子休眠等植物生理过程都明显受氮供应种类和数量影响。硝酸根通过硝酸根转运蛋白调节氮的吸收和同化，调节硝酸还原酶、亚硝酸还原酶以及产生还原剂的途径如戊糖磷酸途径和糖酵解途径，调节参与碳代谢基因的表达，从而协调无机氮同化成氨基酸所需要的有机酸的生产。硝酸根还调节次生代谢、激素代谢和物质运输、蛋白质合成和信号转导途径。

硝酸还原的直接产物亚硝酸根也是植物基因表达调节的强有力信号。受硝酸根调节的基因中有半数以上对亚硝酸根作出响应，这些基因包括参与戊糖磷酸途径、碳代谢、氮代谢、硫代谢、能量代谢和氨同化的基因。有相当大一部分受无机氮调节的基因也受有机氮调节。

剥夺氮供应会抑制参与光合作用、叶绿素合成和质体蛋白质合成基因的表达，同时诱导涉及次生代谢和线粒体电子传递的相关基因表达。硝酸根限制可以诱导涉及蛋白质降解和花色素苷合成途径基因的表达，同时抑制那些在光合作用和含氮大分子如叶绿素、蛋白质和核苷酸合成中发挥作用的基因表达。

10.2　调节方式

光合相关基因表达调节主要有2种方式：巯基的氧化还原和蛋白的磷酸化与去磷酸化。

10.2.1　巯基的氧化与还原

铁氧还蛋白(Fd)是光合氧化还原信号的出口，还原当量包括NADPH、GSH和铁氧还蛋白∶硫氧还蛋白还原酶(FTR)、硫氧还蛋白(TRX)的巯基(—SH)。在氧化还原信号的传送中，铁氧还蛋白∶$NADP^+$还原酶(FNR)和谷胱甘肽还原酶(GR)发挥中心作用。这些酶和基因表达过程中各种步骤(DNA转录、RNA加工和翻译即蛋白质合成)的联系可能是直接的，或者涉及一些包括中间环节的机制。无论在哪种情况下，它们都是在巯基氧化还原(和磷酸化)控制下实现的(图10-1)。部分信号转导途径可能是分支的(Link，2001)。

光合相关基因表达的氧化还原调节不仅涉及质体醌库、谷胱甘肽、铁氧还蛋白和硫氧还蛋白等氧化还原物质的氧化还原变化，而且涉及多种酶蛋白巯基的氧化与还原。这种氧化

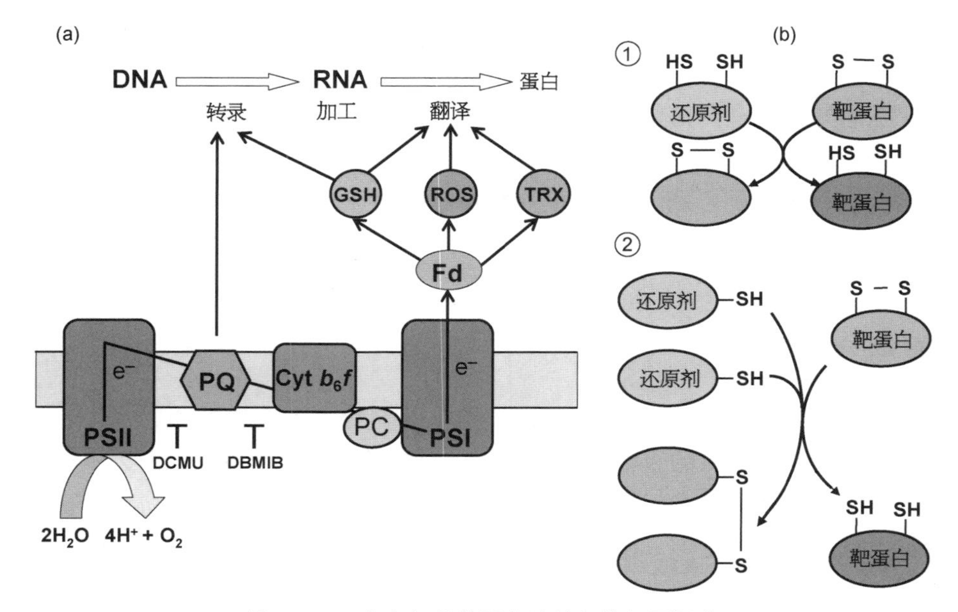

图 10-1 光合相关基因表达的氧化还原调节

根据 Baginsky 和 Link(2006)重画。(a) 示基因表达与光合电子传递的联系。其中,Cyt b_6f——细胞色素 b_6f 复合体;DNA——脱氧核糖核酸;Fd——铁氧还蛋白;GSH——还原型谷胱甘肽;PC——质体蓝素;PQ——质体醌;PS I——光系统 I;PS II——光系统 II;RNA——核糖核酸;ROS——活性氧;TRX——硫氧还蛋白;DBMIB——二溴甲基-异丙基-p-苯醌;DCMU——二氯苯二甲基脲。DBMIB 和 DCMU 上方的符号"T"分别表示它们对光合电子传递链的抑制部位。(b)的①与②示靶蛋白分别被具有 2 个和 1 个巯基的还原剂所还原,从而导致靶蛋白活性的变化。

还原可以影响酶活性、构象和相互作用特性。所以,二硫键好像蛋白功能的开关。这种氧化还原信号可以传送给更多的氧化还原组分。例如,谷胱甘肽氧化还原势(还原型/氧化型谷胱甘肽比率)参与调节 Rubisco 大亚基翻译。

10.2.2 蛋白磷酸化

将氧化还原信号转换为基因转录的一个机制,是调节蛋白的磷酸化/去磷酸化。这些蛋白(有学者称其为转录因子)为核心 RNA 聚合酶提供启动子选择和转录起始专一性。负责这些转录因子磷酸化的是叶绿体蛋白激酶。这种丝氨酸专一的蛋白激酶与叶绿体 RNA 聚合酶相联合,称为质体转录激酶(PTK)。质体转录激酶自身的活性也受磷酸化控制,表明它可能是体内控制叶绿体基因转录的信号级联反应的末端组分。质体转录激酶不仅能使叶绿体转录因子磷酸化,而且能使主要的叶绿体 RNA 聚合酶的一些核心多肽磷酸化,并且能够决定 *psb*A 启动子正确转录的程度。质体转录激酶活性不仅受磷酸化影响,也受还原型谷胱甘肽(GSH)控制:非磷酸化的酶是其有活性的形式,但是受 GSH 抑制,而磷酸化的质体转录激酶则是失活的,可以被氧化还原试剂重新活化。这表明质体转录激酶在体内确实是磷酸化和氧化还原控制的关键点,可能直接或以与信号链其他成员联合的方式在转录水平上将光合电子流的传感器与叶绿体基因表达联系起来(Link, 2001)。

10.3 调节部位

光合相关基因表达调节主要发生在叶绿体和细胞核内。

10.3.1 质体

在白色质体转化为叶绿体期间，一些光合相关基因的转录物水平发生明显变化。质体基因转录物的稳态水平依赖发育阶段和光。在不同波长的光中，红光/远红光和蓝光最重要。一些质体光合相关基因的转录受红光/远红光或蓝光控制。由于白天光谱组成的变化，光系统 I 和光系统 II 蛋白的转录物水平也变化，以便维持最适光吸收和高量子效率。

G -蛋白和 Ca^{2+} /钙调素途径参与光调节的质体基因转录。磷酸化和氧化还原状态可能控制叶绿体光合相关基因的转录，而这两者又处于光信号的直接控制之下。光信号可能通过涉及激酶/酯酶的信号转导途径或依赖光的电子传递导致的氧化还原状态变化而起作用。蛋白磷酸酯酶抑制剂(NaF)降低依赖光的转录物丰度，而蛋白激酶抑制剂星形孢菌素提高转录物水平。

叶绿体的 RNA 合成是一个复杂的酶催化过程，受 RNA 聚合酶、转录因子和蛋白修饰等调节。当质体醌库被氧化(光系统 I 优先吸收的光或 DCMU 处理)时，*psa*A、*psa*B 转录被下调，而当质体醌库被还原(光系统 II 优先吸收的光或 DBMIB 处理)时，则 *psa*A、*psa*B 转录被增强。

翻译的光活化涉及硫氧还蛋白对一个 mRNA 结合蛋白上二硫键的还原，而翻译的暗失活则有赖于一个结合蛋白的磷酸化，当 ADP 水平高于一个阈值($0.3\ mmol \cdot L^{-1}$)时引发这种磷酸化。叶绿体的氧化还原电位和蛋白磷酸化还可以细调一些叶绿体 mRNA 的翻译。

10.3.2 细胞核

可以在叶绿体内积累的大约 3 000 种蛋白质的大多数由核基因组编码。细胞核内的光合基因被 RNA 聚合酶 II 活化和转录，转录产物被加工成 mRNAs，然后这些 mRNAs 在细胞质内 80S 核糖体上被翻译，合成的蛋白质被输入叶绿体。这些蛋白质的移动和定位受转运肽序列和 NH_2 末端信号指挥，并且由叶绿体内外被膜上的 2 个复合体引导。最后，这些蛋白质被肽酶和伴侣分子加工和折叠成有活性的结构构象。

几乎半数参与光合同化力形成的蛋白和除了 Rubisco 大亚基以外所有参与碳同化的酶都由核基因编码。这些基因的表达在转录水平上受光调节。一些编码类囊体膜蛋白的基因(*psb*O、P、Q、R 和 W，*cab*，*pet*C、E、F 和 H，*psa*D、E、F、G、H 和 L，*atp*D)和一些酶基因(*rbc*S、*gap*A/B、*ald*P、*PRK*、*NADP - MDH*、*PPDK*、*PEPC*)的表达在稳态 mRNA 水平上处于光的控制之下。光控制转录速率。红光通过光敏素控制核基因表达，所需光强因基因不同而异。并且，在对光照的响应中，PsaD 蛋白(光系统 I 表面上与 Fd 结合的部位)的出现早于另一些核基因编码的光系统 I 亚单位。蓝光调节 *rcb*S 和 *cab* 基因的表达。

光调节的核编码光合相关基因都具有能够赋予异源基因以光响应能力的启动子。这些调节元件可以是正调节的或负调节的。有两类元件负责光诱导的转录过程：一类介导定量响应，位于相对的上游；另一类通常位于转录开始部位附近。不同物种受光调节的基因如 *rbc*S 和 *cab* 的启动子具有类似的核苷酸序列。这些保守的核苷酸序列可以与一些蛋白相作用，表现其生理活性。一些光调节基因的表达涉及普遍存在的 DNA 结合蛋白。

和叶绿体基因编码的叶绿素结合多肽一样，核基因编码的捕光复合体蛋白的积累也在翻译水平被控制。在翻译水平被控制的核基因编码的还有 Rubisco 小亚基和放氧复合体蛋白。

在光适应过程中，许多植物和藻类细胞通过改变叶绿素和参与光合作用的蛋白丰度补偿光强的变化。其中，变化最大的是光系统 II 的 LHCII 蛋白(由核基因 *cab* 编码)，在弱光下 LHCII 的量比强光下丰富。单细胞绿藻 *cab* 基因的表达主要在转录水平被控制。可以将光适应期间 *cab* 转录物水平的波动解释为对光合电子流变化的响应。光强增高和温度降低都会提高质体醌库的还原水平，从而导致 *cab* 基因表达下调。

一些光合相关蛋白例如 LHCII 和 D1 蛋白的磷酸化和氧化还原响应的蛋白激酶发挥信号转导作用。磷酸化影响核转录因子与 DNA 结合的活性和它们在细胞内的定位。因此，有可能在强光下磷酸化的转录因子是转录的负调节者，而在弱光下去磷酸化的转录因子是转录的正调节者。

绿藻光适应期间核基因转录的氧化还原调节模式如下：当藻细胞被转移到强光下之后，质体醌库处于还原态，一个涉及 LHCII 激酶或别的激酶及磷酸化的信号产生。这个信号跨叶绿体被膜传递。信号转导链的下一个环节是细胞质中的核转录因子(GBF)磷酸化。磷酸化的 GBF 进入核以后与 G -盒启动子紧密结合，从而对 *cab*(LhcII)基因施加转录负调节作用。

10.3.3 核质协同

质体基因表达和核基因表达是相互协调的。这些协调调节有赖于 2 种细胞器之间的信号转导：前行信号(anterograde signaling，由核到质体)和逆行信号(retrograde signaling，由质体到核)。人们通常把来自细胞核并参与控制叶绿体基因表达的物质称为前行信号。前行信号大多是核编码并且合成后输入叶绿体的蛋白质，包括细胞器基因表达的调节因子、质体转录需要的因子、转录后调节因子例如控制 RNA 代谢的 RNA 结合蛋白和促进蛋白-蛋白相互作用、蛋白加工和蛋白复合体装配以及影响蛋白稳定性和降解的因子。与此相对应，把来自细胞器并影响细胞核基因表达的物质称为逆行信号。

一方面，叶绿体的基因表达不是完全独立自主的，而是受细胞核的控制。细胞核编码的一些蛋白因子与特定的 mRNA 序列元件相互作用，调节翻译的开始，借此控制叶绿体的蛋白质合成。核糖体与 mRNA 上 5′不翻译区域(UTR)特定的开始部位结合是翻译开始的第一个步骤，往往是翻译的限速步骤。一些蛋白与 mRNA 结合引起构象变化，使开始密码子接近核糖体。在翻译期间，这些蛋白可以发挥多种作用：维持核糖体的易接近性、帮助 mRNA 展开、增加起始复合体的稳定性和促进复合体沿 mRNA 的运动等。在这些蛋白因子中，许多是由核基因编码的，并且大多数与 mRNA 5′端和 3′端的 UTR 结合。这种和 3′端的结合不直接影响翻译，只是在 mRNA 的加工和稳定上发挥作用，而和 5′端的结合涉及翻译的开始。多种植物研究结果表明，*psb*A、*psb*B、*psb*C、*psb*D、*atp*A、*atp*B、*psa*B、*psa*C、*pet*A、*pet*B 和 *pet*D 等许多叶绿体基因的翻译都需要这种核因子参与。

另一方面，叶绿体通过自己的一些基因表达产物或代谢物对细胞核的基因表达施加重要影响。这些物质有的是质体基因表达产物，有的是光合作用代谢物，包括四吡咯、磷酸核苷酸和源于光合电子传递的氧化还原信号如活性氧。四吡咯是叶绿体内合成的叶绿素和血红素前体，光和胁迫因素都能引起四吡咯合成的变化和它从叶绿体输出。参与逆行信号传导最突出的例子是叶绿素合成中间产物 Mg-原卟啉 IX(Mg-protoporphyrin IX)。在胁迫条件下 Mg-原卟啉 IX 积累、输出，导致一些核基因例如编码捕光叶绿素 *ab* 结合蛋白的基因表达下调。在强光下质体醌库处于还原态，该基因表达减少，而在弱光下质体醌库处于氧化态，基因表达增加。

在叶绿体内包含 3 000～4 000 种不同的蛋白质，其中绝大部分由细胞核基因组编码，例如拟南芥大约有 2 300 种蛋白质由核基因编码，而只有 87 种蛋白质由质体基因组编码。细胞核对叶绿体基因表达的控制与叶绿体信号(逆行信号)如光合产物糖和光合副产物活性氧等对核基因表达的调节(Singh et al., 2015)，使这两类蛋白质的合成相互协调地进行。

Rubisco 生产是细胞核与叶绿体基因协调表达的经典例证。虽然在每个细胞内 rbcL 的数量远远超过 rbcS 的数量，可是由于细胞核-质体基因表达的密切协调，叶绿体内能够积累等量的 Rubisco 大亚基和小亚基蛋白，以便装配成 L_8S_8 全酶。Rubisco 大、小亚基合成的协调调节发生在转录后的多个层次上，包括对 mRNA 稳定性、翻译起始、翻译延长、蛋白稳定性和全酶装配的多重控制。

10.4　调节阶段

光合相关基因表达的调节主要发生在转录与转录后和翻译与翻译后 2 个不同阶段或水平。

10.4.1　转录与转录后调节

转录即用于指导蛋白质合成的 mRNA 从头合成。高等植物叶绿体有 2 种 RNA 聚合酶，质体编码的 RNA 聚合酶(plastide-encoded plastide RNA polymerase, PEP)和核编码的 RNA 聚合酶(nuclear-encoded plastide RNA polymerase, NEP)负责质体基因转录。在质体基因组中有 2 种启动子分别被 PEP 和 NEP 识别。PEP 和 NEP 分别负责成龄叶和幼叶中活跃的质体基因转录。内(细胞内)、外(环境的)因子通过直接或间接影响 RNAPs(RNA 聚合酶)与它们的调节蛋白的相互作用而影响质体基因的转录。

质体转录激酶(plastide transcription kinase, PTK)通过 σ 因子磷酸化调节 PEP 转录。

PTK活性本身受磷酸化和质体氧化还原状态调节。质体转录激酶PTK活性能以相反的方式对具有-SH基的氧化还原反应物GSH和磷酸化作出响应：非磷酸化的PTK（有活性）受GSH抑制，而磷酸化的PTK（无活性）被GSH活化。PTK是磷酸化和氧化还原控制的靶，是信号转导途径的一个关键元件，将光合电子流的感受器与叶绿体基因表达的转录水平联系起来，控制叶绿体基因转录。PTK有2种不同的存在形式：一种是游离的；一种是与聚合酶结合的。这种与RNA聚合酶的可逆结合和脱离是一种对环境条件变化的直接响应机制。

转录因子（transcription factor）参与转录调节。基因的转录调节一般通过改变影响基因表达的转录因子的活性来实现。转录因子实际上是一些通过与基因组特定区域结合而影响基因转录的蛋白质。转录因子的一个基本特性是它们含有DNA结合区域。这些区域识别受它们调节的基因中启动子（promoter）内特殊区域的核苷酸序列，通过氨基酸侧链与DNA链上靶位核苷酸结合，作为转录的活化剂或抑制剂增加或减少靶基因的转录。它们还含有蛋白质相互作用区域或活化区域，通过稳定与转录机构其他蛋白质的相互作用或招募染色质修饰酶如组蛋白去乙酰化酶而活化，从而促进或抑制转录。Yamasaki等（2013）介绍了植物转录因子DNA结合区域的结构、功能和演化。有多个途径可以改变转录因子活性：① 合成转录因子；② 通过与配位体结合或转录后修饰如磷酸化、乙酰化、泛素化以及氧化还原变化，改变转录因子与DNA结合的活性和与其他蛋白相互作用的活性；③ 降解转录因子；④ 转录因子进入或被留在细胞核之外；⑤ 转录因子脱离抑制性蛋白或抑制性蛋白被降解等（Gonzalez，2016）。

转录后是指mRNA合成后的所有过程，包括转录物的稳定、加工或编辑和新合成的mRNA降解以及翻译即mRNA指导下的蛋白质合成及其产物多肽的延长、加工和修饰成为成熟的具有功能的蛋白质。叶绿体基因表达的调节主要通过控制RNA稳定性及其翻译即在转录后水平上实现。

植物对环境条件变化的适应性响应需要基因表达的迅速变化，这种变化常常发生在转录后水平（Berry et al.，2011）。转录物的复杂加工过程包括mRNA的稳定性、编辑、内含子剪接（intron splicing）和翻译，所有这些RNA代谢过程都在叶绿体光合基因表达中发挥作用。有多种核基因组编码并与叶绿体内RNA特定序列结合的蛋白参与转录后调节。

在适应光环境变化的过程中，可以观察到光系统Ⅰ基因（*psa*A、*psa*B）和光系统Ⅱ基因（*psb*B）表达的转录或（和）转录后控制。在高等植物对光质变化的响应中，可能普遍存在*psa*A、*psa*B基因表达在转录水平上的控制。光强变化可以改变蓝细菌*psa*A、*psa*B基因的mRNA水平：当光强高于生长光强时，*psa*A、*psa*B基因的mRNA水平降低，而*psb*A的mRNA水平增高。

依赖光的mRNA水平变化可能是由于转录速率或转录物稳定性的改变。光合基因*psb*A、*psb*D、*psa*A、*pet*B、*atp*B和*rbc*L的mRNA稳定性变化很大。高等植物和绿藻叶绿体在RNA水平上的转录后调节包括新合成的转录产物的加工、修饰、编辑和降解。蛋白水平上的调节至少包括翻译的开始、蛋白质加工和修饰为成熟的有功能的基因产物。

10.4.2　翻译与翻译后调节

所谓翻译就是以DNA转录物mRNA为模板，由氨基酸合成蛋白质的过程；所谓翻译后，就是对合成的蛋白质进行加工的过程。

氧化还原响应的RNA结合蛋白复合体控制叶绿体基因表达的翻译过程。一个控制光系统II反应中心D1蛋白合成开始的蛋白复合体与D1蛋白的mRNA即*psb*A基因的成熟转录物5′端非编码区结合。这种结合是有效翻译所需要的。这个复合体还含有另一些蛋白包括蛋白激酶。在这个系统中，磷酸化和-SH基氧化还原控制合作发挥作用，在光下两者都支持复合体与RNA结合与翻译，而在暗中都抑制这些过程(Mayfield et al., 1995)。另一方面，新翻译产物的加长受氧化还原控制，光合电子传递产生的氧化还原活性组分是决定性因素。RNA 3′端结合蛋白的氧化还原调节是信号转导的末端。RNA 3′端结合蛋白是一个序列专一的内在核糖核酸酶p54，在体外可以对磷酸化和氧化还原反应物作出响应。磷酸化和氧化还原状态一道控制p54活性：磷酸化或被谷胱甘肽(GSSG)氧化使其活化，而去磷酸化或被谷胱甘肽(GSH)还原使其失活。

叶绿体mRNA翻译开始具有原核和真核特性。翻译调节依赖专门的RNA蛋白和蛋白-蛋白相互作用，这种相互作用影响核糖体正确地在起点密码子(codon)开始翻译。照光后*rbc*L和*psb*A基因的mRNA进入多核糖体，表明翻译开始是光活化翻译的一个关键组分。依赖光的跨类囊体膜质子梯度活化D1蛋白的翻译加长，表明开始和延长都是光活化的过程。

质体基因*psb*A、*psb*B、*psb*C、*psb*D(它们分别编码光系统II的D1、D2和CP47、CP43蛋白)和*psa*A、*psa*B(它们分别编码光系统I的68 kDa、65 kDa蛋白)的表达都在翻译水平被控制。只有在叶绿素合成时，这些基因编码的多肽才积累，否则这些基因即使有大量mRNA存在，这些多肽也不积累。叶绿素*a*合成引发PsaA和PsaB蛋白积累。这种控制可以作用在翻译开始、肽链加长或蛋白稳定阶段。Rubisco大亚基的积累也处于翻译水平控制之下。遭受强光胁迫的绿藻D1蛋白积累的增多主要是由于*psb*A的mRNA翻译上调。

10.5　C_4光合基因表达的控制

鉴于C_4光合作用在作物生产力上的重要性和在生物化学与解剖结构上的特殊性，特别是为通过基因工程创造C_4水稻(详见第19章光合作用的改善)而全面、深刻了解基因表达调节机制的迫切性，C_4光合基因表达的控制值得给予特别的关注(Hibberd and Covshoff, 2010)。

C_4植物光合基因表达的一个明显改变是催化CO_2二次固定的酶Rubisco大、小亚基基因(*rbc*L、*rbc*S)专一地在维管束鞘细胞内表达，而催化CO_2初次固定的酶PEPC专一地在叶肉细胞内表达。另外的改变是表达水平的加强和光调节。在叶片发育的很早阶段，Rubisco大、小亚基基因表达按类C_3方式表达，大、小亚基的mRNA和Rubisco在两类细胞的前体细胞内都存在，后来随着叶片生长和成熟才变为专一在维管束鞘细胞内表达的 C_4 方式：在叶肉细胞内下调以至基本关闭，而在维管束鞘细胞内高水平表达。这种专一表达控制涉及转录(RNA 合成)和转录后(mRNA 稳定性和翻译)机制。

10.5.1 光调节的 C_4 光合基因

许多参与 C_4 光合作用的酶，包括催化 C_4 途径反应的第一个酶碳酸酐酶(CA)、C_4 途径的关键酶磷酸烯醇式丙酮酸羧化酶(PEPC)及催化其光下磷酸化的激酶(PEPCK)、C_4 途径的脱羧酶 NADP-苹果酸酶(NADP-ME)、NAD-苹果酸酶(NAD-ME)、磷酸烯醇式丙酮酸羧激酶(PEPCK)、催化羧化底物 PEP 再生的丙酮酸：正磷酸双激酶(PPDK)和催化 PEP 羧化产物草酰乙酸(OAA)还原为苹果酸的苹果酸脱氢酶(MDH)等的基因表达都经受光调节。光诱导编码这些酶的基因表达，导致这些酶的含量与活性增加。

10.5.2 C_4 光合基因在两类细胞内的专一表达

PEPC、MDH 和 PPDK 的基因等都专一地在叶肉细胞内表达，而 NADP-ME 等脱羧酶和 Rubisco 及其活化酶的基因等则专一地在维管束鞘细胞内表达。

在 Rubisco 小亚基的基因表达中，转录后调节可能起重要作用，例如在叶片发育早期，叶肉细胞和维管束鞘细胞内的 Rubisco 小亚基基因都转录，但是叶片扩展后该基因的转录产物 mRNA 和它的翻译产物蛋白质则局限于维管束鞘细胞内。似乎与 Rubisco 小亚基基因不同，Rubisco 大亚基基因的表达，在转录、转录后和翻译后水平上的调节对 Rubisco 大亚基在维管束鞘细胞内的专一积累都是重要的(Hibberd and Covshoff, 2010)。

通常，在维管束鞘细胞内缺乏光系统 II 组分放氧复合体蛋白和放氧活性。可是，在叶肉细胞和维管束鞘细胞内编码该蛋白的基因转录物水平却是类似的，表明维管束鞘细胞内该蛋白的低水平是与转录后调节如转录物降解相联系的。光系统 II 其他组分在两类细胞中的不同积累也有类似情况。例如，在叶片发育早期，维管束鞘细胞内光系统 II 组分 CP43 和 CP47 丰度降低不明显，只是后来才失去积累这些组分的能力。

10.5.3 控制花环结构的基因

花环结构是实现高效 C_4 光合作用的重要前提。研究表明，玉米的 *Scr* 基因参与玉米叶片花环结构的形成(Slewinski et al., 2013)，这是维管束鞘细胞分化和 C_4 植物叶片解剖结构遗传控制研究的一个重要进展。然而，到底是哪些基因以及它们如何控制 C_4 植物较高的叶脉密度、较大的维管束鞘细胞和较少的叶肉细胞数以及两类细胞之间较多的胞间连丝等，都是亟需阐明的问题。

10.6 CAM 植物基因表达的调节

CAM 植物与 C_4 植物 2 次碳固定的大多数酶是一样的，只是 CAM 植物催化 2 次碳固定的酶存在于同一个细胞中，它们的活性根据生理节律在时间上分开。一些兼性的 CAM 植物平时行 C_3 光合作用，遇到水分胁迫时转变为 CAM 光合作用。兰花植物是表现 CAM 多样性的突出例子，大多数行 C_3 光合作用，40%的物种行弱 CAM。

CAM 活性的节律调节，需要 2 个相反并且时间上分离的调节系统：夜间由磷酸烯醇式丙酮酸羧化酶的激酶(phoenolpyruvate carboxylase kinase，PPCK1)催化，PEPC 酶蛋白的一个丝氨酸被磷酸化而活化，使其克服末端产物苹果酸的反馈抑制，从而催化生产大量的苹果酸，满足 CAM 光合作用的需要。*ppck*1 基因的表达处于生理节律控制之下，于夜间开始转录，于是 PPCK1 被不断生产出来，而日间转录停止，酶蛋白降解，结果 PPCK1 减少。PPCK1 合成的日夜循环导致 PEPC 夜间活化、日间失活。Rubisco 则遵循一个相反的调节方式，日间它被其活化酶(RCA)活化(Borland et al.，2011)。日间 *Rca* 基因转录活化，而夜间转录停止，并且 RCA 被降解。这样，参与 CAM 光合作用的 2 种主要羧化酶活性的调节，在时间上相反，依赖它们的效应剂在日夜周期中时间上相反的转录与从头合成。

除了编码这些羧化酶和其效应剂的基因以外，还有几百个基因负责 CAM 光合作用所需要的代谢和解剖修饰。在对盐胁迫的响应中，与 CAM 途径有关的基因(编码 C_4 羧化酶和脱羧酶、碳水化合物代谢酶、转录因子和细胞运输组分等)表达增加，而与 C_3 途径有关的基因(编码参与同化力形成的蛋白和 Rubisco 大小亚单位)表达减少。

10.7　D1 蛋白基因表达的调节

蓝细菌有一个小基因家族编码几个功能不同的 D1 蛋白同等型，该基因(*psb*A)表达的调节主要发生在转录水平，仅在翻译延伸水平上经受细调。

绿藻和高等植物的 D1 蛋白则只由叶绿体基因组的单个 *psb*A 基因编码。绿藻 *psb*A 基因表达受 mRNA 加工的有力调节，仅部分受翻译起始水平调节。高等植物的 *psb*A 基因表达调节主要发生在翻译延伸水平上。虽然在黑暗中原有的 *psb*A 转录物可以在叶绿体内形成翻译起始复合物，但是只有在光下才能完成 D1 蛋白合成，并且新合成的 D1 蛋白替代破坏的 D1 蛋白的过程需要核基因组编码的辅助蛋白帮助。在导致质体醌库氧化的条件下 *psb*A 基因表达被上调。在植物叶绿体内的光系统 II 修复循环中，D1 蛋白的翻译后磷酸化在 *psb*A 基因表达中发挥重要作用。被破坏的 D1 蛋白只有磷酸化才能顺畅地从基粒垛叠区迁移到非基粒垛叠区，在那里去磷酸化并被降解，此后才可以完成 D1 蛋白合成。

Mulo 等(2012)介绍了不同类型放氧光合生物中 *psb*A 基因表达的特性和基本差异。

10.8　胁迫条件下光合相关基因表达的调节

植物对干旱和盐胁迫的共同响应是光合速率降低，而光合速率降低是由于气孔导度和 Rubisco 活性降低，并且随之而来的是电子传递系统的过还原和活性氧的产生。在干旱和盐胁迫条件下，大部分与光合作用有关的基因表达包括光系统 I、光系统 II 和 ATP 合酶、磷酸烯醇式丙酮酸羧化酶、Rubisco、磷酸甘油酸激酶、磷酸核酮糖激酶等被下调。

与此相类似，在冷胁迫下大量与光合有关的基因表达下调；而防御冰冻破坏的机制包括提高细胞内溶质水平、积累防冻剂(cryoprotectants)和抗氧化剂以及产生抗冻蛋白(antifreeze proteins)和冷调节蛋白等活跃运转(Chen et al., 2015)。檀香木(*Satalum album*)树苗经过4℃处理0～48 h后，4 424个基因表达发生变化，其中3 075个表达增加，1 349个基因表达减少(Zhang et al., 2017)，表明胁迫条件下基因表达变化的复杂性。

在强光下，编码捕光复合体、2个光系统反应中心亚单位的基因表达被抑制，而光系统II－S(PsbS)和早期光诱导蛋白(ELIP，其功能是暂时结合那些强光下被释放的叶绿素，防止自由基产生)被上调。

在水淹条件下，捕光复合体LHCI、LHCII、放氧加强蛋白(oxygen-evolving enhancer protein)和Rubisco活化酶被上调。

在热胁迫下，光系统I、光系统II与Rubisco亚单位及光合碳还原循环酶和Fd：$NADP^+$氧化还原酶、碳酸酐酶、电子传递蛋白等被下调，明显降低光系统II活性、光系统II最大量子效率和净光合速率。然而，在中等高温(30℃)下，明显增加编码光系统II多肽、铁氧还蛋白、Rubisco及其活化酶和光合碳还原循环一些酶基因的转录，以致改善光合作用。Nouri等(2015)依据用转录组和蛋白质组技术获得的资料介绍了非生物胁迫下与光合作用有关的蛋白和基因表达的变化。

一些与结构、调节和光合作用有关的基因过表达已经改善了非生物胁迫条件下转基因植物的功能及一个或几个特性。转录因子(transcription factors, TFs)是基因表达和环境胁迫响应的总开关(master switch)。具有转录因子ABP9(ABRE binding protein 9)的转基因拟南芥在干旱和热胁迫下光合能力明显增强(Zhang et al., 2008)。过表达转录因子BpMYB106可以通过上调光合相关基因表达提高白桦(*Betulaplatyphylla*)的光合作用和生长速率(Zhou and Li, 2016)。转录因子正在成为生物技术中一个有价值的工具；改善光合功能是解决产量问题的有前途的战略、第二次绿色革命的基础(Schuler et al., 2016)。

参考文献

Baginsky S, Link G, 2006. Redox regulation of chloroplast gene expression//Demmig-Adams B, Adams WWIII, Mattoo AK (eds). Photoprotection, Photoinhibition, Gene Regulation, and Environment. The Netherlands: Springer: 269－287.

Berry JO, Zielinski AM, Patel M, 2011. Gene expression in mesophyll and bundle sheath cells of C_4 plants//Raghavendra AS, Sage RF (eds). C_4 Photosynthesis and Related CO_2 Concentrating Mechanisms. Dordrecht: Springer: 221－256.

Berry JO, Yerramsetty P, Zielinski AM, et al., 2013. Photosynthetic gene expression in higher plants. Photosynth Res, 117: 91－120.

Blankenship RE, 2002. Genetics, assembly and regulation of photosynthetic systems//Blankenship RE. Molecular Mechanisms of Photosynthesis. Hong Kong: Blackwell Science Ltd: 204－219.

Borland AM, Zambrano VAB, Ceusters J, et al., 2011. The photosynthetic plasticity of crassulacean acid metabolism: an evolutionary innovation for sustainable productivity in a changing world. New Phytol,

191: 619 - 633.

Chen H, Chen X, Chen D, et al., 2015. Comparison of the low temperature transcriptomes of two tomato genotypes that differ in freezing tolerance: *Solsnumlycopersicum* and *Solanumhabrochaites*. BMC Plant Biol, 15: 132.

Gonzalez DH, 2016. Introduction to transcription factor structure and function//Gonzalez DH. Plant Transcription factors. Amsterdan: Elsevier: 3 - 11.

Hibberd JM, Covshoff S, 2010. The regulation of gene expression required for C_4 photosynthesis. Annu Rev Plant Biol, 61: 181 - 207.

Jang JC, Leon P, Zhou L, et al., 1997. Hexokinase as a sugar sensor in higher plants. Plant Cell, 9: 5 - 19.

Link G, 2001. Redox regulation of photosynthetic genes//Aro EM, Andersson B (eds). Regulation of Photosynthesis. Dordrecht,The Netherlands: Kluwer Academic Publishers: 85 - 107.

Mayfield SP, Yohn CB, Cohen A, et al., 1995. Regulation of chloroplast gene expression. Annu Rev Plant Physiol Plant Mol Biol, 46: 147 - 166.

Mulo P, Sakurai I, Aro EM, 2012. Strategies for *psb*A gene expression in cyanobacteria, green algae and higher plants: from transcription to PS II repair. Biochim Biophys Acta, 1817: 247 - 257.

Nouri MZ, Moumeni A, Komatsu S, 2015. Abiotic stresses: insight into gene regulation and protein expression in photosynthetic pathways of plants. Int J Mol Sci, 16: 20392 - 20416.

Schuler ML, Montegazza O, Weber APM, 2016. Engineering C_4 photosynthesis into C_3 chassis in the synthetic biology age. Plant J, 87: 51 - 65.

Singh R, Singh S, Parihar P, et al., 2015. Retrograde signaling between plastid and nucleus: a review. J Plant Physiol, 181: 55 - 66.

Slewinski TL, Anderson AA, Zhang C, et al., 2013. Scarecrow plays a role in establishing kranz anatomy in maize leaves. Plant Cell Physiol, 53: 2030 - 2037.

Yamasaki K, Kigawa T, Seki M, et al., 2013. DNA-binding domains of plant-specific transcription factors: structure, fuction, and evolution. Trends Plant Sci, 18: 267 - 276.

Zhang X, da Silva JAT, Niu M, et al., 2017. Physiological and transcriptomic analyses reveal a response mechanism to cold stress in *Sabtalum album* L. leaves. Scientific Report, 7: 42165.

Zhang X, Wollenweber B, Jiang D, et al., 2008. Water deficit and heat sock effects on photosynthesis of a transgenic *Arabidopsis thaliana* constitutively expressing ABP9, a bZIP transcription factors. J Exp Bot, 59: 839 - 848.

Zhou C, Li C, 2016. A novel R2R3 - MYB transcription factor BpMYB106 of birch (*Betulaplatyphylla*) confers increased photosynthesis and growth rate through up-regulating photosynthetic gene expression. Front Plant Sci, 7: 315.

第11章

捕光调节

太阳光是植物光合作用的基本能源。阳光不足必然限制光合作用。然而，阳光过量会引起光合作用的光抑制，甚至光合机构的光破坏。植物总是生活在光波动的环境中，经常遇到光不足(早晨和傍晚，阴天，特别是冠层中下层叶片)和光过量(晴天中午上层叶片)的情况。因此，捕光调节是光合作用所必需的，以便在弱光下实现光能使用的最大化，而在强光下又能够避免过量光对光合机构的破坏。在漫长的演化期间，植物已经发展出一系列捕光调节策略。

捕光调节策略有多种，包括快调节和慢调节。快调节可以在几分钟内发生，例如叶片运动、叶绿体运动、类囊体膜的状态转换和捕光天线 LHCII 可逆地从光系统 II 反应中心复合体脱离；慢调节在几小时或几天内完成，例如捕光天线蛋白丰度的变化、叶片分子组成和叶片形态结构的改变。这些调节策略分别在器官(叶片运动)、亚细胞(叶绿体运动)、超微结构(类囊体膜的状态转换)和分子(叶绿素、花色素苷和胁迫蛋白含量的变化)等不同水平运转。其中捕光天线大小的变化，包括对光强变化的短期响应(一些捕光天线 LHCII 从光系统 II 反应中心复合体的可逆脱离)和对光强变化的长期适应(通过基因表达和发育变化)2 种不同情况(Xu et al., 2015)。

11.1 叶片运动

一些植物特别是豆科植物的叶运动，是一种重要的捕光调节方式。在弱光和低温下，积光叶运动可以增加光吸收和提高叶温，加强光合作用；而在强光和高温下，避光或偏日叶运动，则可以减少光吸收和降低叶温，从而避免或减轻光合机构的光破坏。与受到人为限制的叶片相比，叶片的避光运动可以使到达叶片表面的入射光减少 30%～60%，叶片温度降低 5～10℃(Pastenes et al., 2005)。

叶片姿态会因光环境的变化而变化：早晨弱光下叶片舒展向光，增加光吸收；中午强光下叶片收拢避光，减少光吸收(图 11-1)。

豆科植物通过每个小叶基部马达细胞膨压的变化实现叶片运动。在光下，钾离子通过质膜进入马达细胞，同时大量水伴随进入，结果这些细胞膨压提高，叶片平展。相反，在黑暗里一个相反的过程发生，结果叶片合拢。光是叶片运动的原初推动力，并且受水分状况和温度调节。长期以来，叶片运动的分子机制不清楚，直到 2000 年发现控制叶片运动的糖-酚化

图 11－1 黄柄鞘竹芋(*Calathea lutea*)叶片姿态因光环境不同而变化

左图示早晨弱光下叶片的舒展向光态，增加光吸收；右图示中午强光下叶片收拢直立的避光状，减少光吸收。(2009 年摄于西双版纳植物园)(参见书后彩图 11－1)

合物，这个机制才被揭示出来(Ueda and Nakamura，2010)。这些化合物与马达细胞质膜上特殊的靶蛋白相作用。并且，在不同属植物有不同的开关化合物和靶蛋白。

11.2 叶绿体运动

在对光强变化的响应中，叶绿体运动是另一种捕光调节的迅捷方式。在叶肉细胞内，叶绿体与细胞骨架的肌动蛋白微丝相联系，后者控制前者在细胞内的确定位置。叶绿体在弱光下沿着细胞的上下壁排列，其扁平面与光线垂直，以便最大限度捕光；而在强光下，它们移动到细胞的侧壁，其扁平面与光线平行，通过相互遮阴而减少入射光(图 11－2)。光是叶绿体运动的推动力。在大部分种类植物中，引起叶绿体运动的有效波长在蓝光区。但是，在低等植物蕨类和苔藓、地衣，红光也有效。

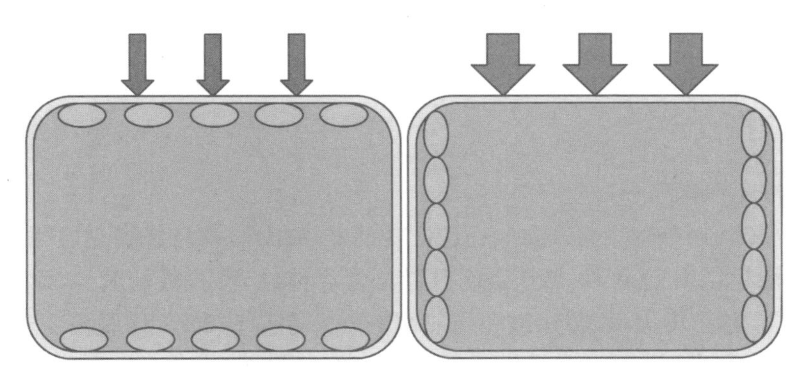

图 11－2 不同光强下叶肉细胞内叶绿体位置变化示意图

图内箭头宽窄表示光强弱不同，绿色椭圆形为叶绿体。

拟南芥控制叶绿体运动的蓝光受体向光素或向光蛋白和其受体蛋白已经被鉴定，揭示了叶绿体避光运动的分子机制。在 2 种向光素(PHOT1 和 PHOT2)中，PHOT2 参与积光和避光 2 种叶绿体运动，而 PHOT1 只参加积光运动。叶绿体避光运动速度依赖光强，而且可能还与光活化的 PHOT2 数量有关。

叶绿体运动过程包括对光的感知、信号转导和叶绿体重新定位并锚定 3 个阶段，涉及质膜上钙离子通道的活化。叶绿体运动的适应性好处是在光强波动环境下实现有效的光合作用：叶绿体积光运动可以在弱光下增加光吸收，而叶绿体避光运动可以保护光合机构免于强光引起的光破坏，然而对于恒定光下生长的植物不是那么重要(Wada et al., 2003)。

11.3 类囊体膜的状态转换

类囊体膜的状态转换也是捕光调节的一个快速调节机制，可以在 10 min 左右的短时间内完成。它能够维持 2 个光系统(光系统 I 和光系统 II)之间光能分配和反应中心光激发的平衡。由于 2 个光系统光吸收特性的差异和入射到叶片上太阳光光质或波长(或波长组成)的日变化，2 个光系统之间光能分配和光激发不平衡的情况经常发生，所以状态转换调节是光合作用经常需要的(详见第 5 章第 9 节)。状态转换的关键反应是捕光复合体 LHCII 的蛋白磷酸化和去磷酸化。催化这种蛋白磷酸化的是蛋白激酶 STN7(高等植物)和 Stt7(绿藻)。尽管在恒定的弱光下拟南芥的 *stn7* 突变体没有可见的表型变化，但是其在光强波动的光下还是发生了明显的表型变化(Tikkanen and Aro, 2012)，表明在波动光下状态转换仍是植物生存所必需的。

11.4 天线大小的快变化——LHCII 可逆脱离

早在 30 多年前就有学者提出：LHCII 从光系统 II 的可逆脱离可能是防止强光下光系统 II 破坏的一个短期调节机制。可是在其后的十多年里一直没有见到支持这个假说的实验证据。到 1990 年代末，开始陆续出现支持这个假说的生物化学、生物物理学和植物生理学等多方面证据。

11.4.1 实验证据

(1) 蔗糖密度梯度离心

在类囊体膜离心分离后，与来自暗适应叶片的样品相比，来自饱和光照明的大豆叶片样品离心管下面绿色层中 LHCII(与光系统 II 核心复合体结合的)数量减少，而在离心管上面绿色层中 LHCII 数量增加，表明在饱和光照明的叶片中一些 LHCII 脱离了光系统 II 核心复合体。并且，饱和光引起的 LHCII 脱离是可逆的，这种脱离和后来黑暗条件下的重新结合分别依赖这些类囊体膜蛋白的磷酸化和去磷酸化。

(2) 电子传递速率

同来自暗适应叶片的类囊体相比，来自饱和光预照明叶片的类囊体于饱和光下测定的光系统 II 电子传递速率没有什么变化，但是于有限光下测定的这一速率却明显降低。这是因为，在饱和光预照明的叶片中与光系统 II 核心复合体结合的一些 LHCII 脱离，导致其捕光天线变小。于是，在有限光下测定时，较小的捕光天线导致光系统II电子传递速率下降，而在饱和光下测定时，饱和光弥补了天线变小的不利影响，光系统II电子传递速率不降低(Chen and Xu, 2006)。

(3) 低温叶绿素荧光

77 K条件下，于685 nm(F_{685})和735 nm(F_{735})处的叶绿素荧光发射峰分别来自光系统II和光系统I的捕光天线。尽管F_{685}来自光系统II的核心天线复合体，但是外周天线复合体LHCII对F_{685}也有贡献，因为在LHCII与核心天线复合体相连接时，LHCII吸收的光能可以传递给核心天线复合体。因此，在LHCII数量不变时，F_{685}的变化可以反映LHCII与核心天线复合体相互连接状况的变化。饱和光照明的大豆叶片F_{685}和F_{685}/F_{735}比率明显降低表明一些LHCII脱离了核心复合体。在回到暗适应条件后，这些参数的迅速恢复和饱和光照射后LHCII数量没有明显变化的事实，排除了饱和光照射引起LHCII破坏、降解的可能性(Chen and Xu, 2006)。

(4) 叶片气体交换

在光合作用期间，光系统II反应中心使用的光能基本上来自主要的LHCII。并且，在有限光下叶片光合速率的高低取决于光强高低和捕光天线大小。因此，有理由猜想，因饱和光照射后一些LHCII脱离而引起的捕光天线变小必然导致有限光下光合速率明显降低。叶片气体交换测定结果证实了这个猜想。在光强从饱和转变到有限后，大豆叶片光合速率起初降低到比饱和光照射前有限光下低得多的水平，后来大约在10 min内光合速率又逐渐回升到以前有限光下的水平。对这个现象的合理解释如下：在饱和光下一些LHCII脱离核心复合体，后来在有限光下这些脱离的LHCII又重新与核心复合体结合。

然而，小麦叶片光合速率对这种光强转换的响应与大豆叶片明显不同：在光强从饱和转到有限后，小麦叶片的光合速率立即降低到与饱和光照射前有限光下一样的水平，即没有大豆叶片那样先下降后逐渐上升的过程。根据这种响应曲线的不同形状，大豆和小麦的响应曲线分别被命名为V型和L型(图11-3)。这种响应曲线类型的差异只能用饱和光照射是否引起一些LHCII可逆脱离核心复合体来解释(Chen and Xu, 2006)。

(5) LHCII含量减少的突变体

有趣的是，叶片光合速率对光强转换的不同响应方式，即L型和V型，也在LHCII含量明显减少的水稻突变体和它的野生型中观察到。由于突变体的LHCII含量很低，很少遇到光能过量引起的光破坏，没有必要在饱和光下通过一些LHCII脱离去保护核心复合体免于光破坏(Chen and Xu, 2006)。

(6) 胰蛋白酶处理

胰蛋白酶处理引起PsbS蛋白数量变化的实验结果为LHCII可逆脱离提供了新的证据。PsbS蛋白是光系统II的一个亚单位，位于LHCII和核心复合体之间，在过量光能的热耗散上发挥重要调节作用。它有4个跨膜螺旋，其N末端和第二与第三螺旋之间的区域对胰蛋白酶的攻击很敏感。当LHCII被从核心复合体上去除后，PsbS的这些区域暴露于叶绿体的间质，很容易被胰蛋白酶降解。胰蛋白酶处理明显减少那些来自饱和光照射大豆叶片

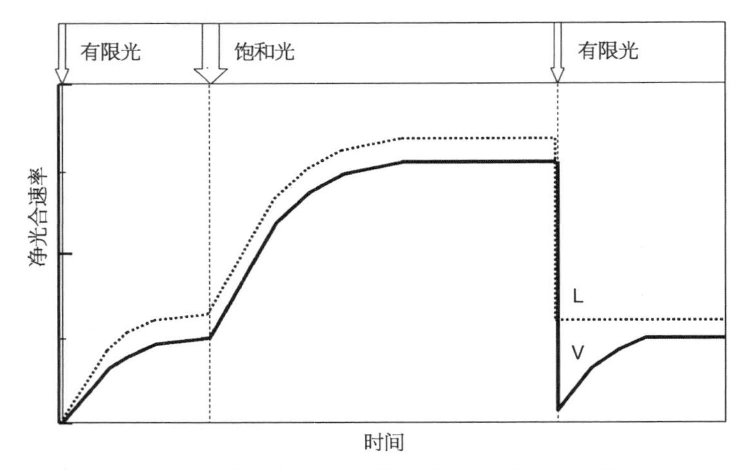

图 11－3　叶片光合作用对光强变化响应的 2 种不同方式

V 型：当饱和光变为有限光时，叶片净光合速率急剧降低到一个比饱和光照射前还低的水平，然后逐步上升到以前有限光下的稳态水平，这个变化轨迹类似字母 V，因此称为 V 型。大豆和水稻等多种植物表现为 V 型。L 型：当饱和光变为有限光时，叶片净光合速率立即降到与以前有限光下相同的稳态水平，没有逐渐上升的过程。这个变化轨迹类似字母 L，因此称为 L 型。小麦和玉米等多种植物表现为 L 型。V 型响应方式与饱和光下部分脱离的外周捕光色素蛋白复合体 LHC II 在有限光下又逐渐重新结合到光系统 II 反应中心复合体密切有关。

类囊体的 PsbS 蛋白数量，但是不减少那些来自暗适应和暗恢复大豆叶片类囊体的 PsbS 蛋白数量。

后来，其他一些研究组也报告了光诱导的 LHCII 从光系统 II 反应中心复合体脱离。

值得注意的是，上述饱和光引起的一些 LHCII 从光系统 II 反应中心复合体可逆脱离的现象，只发生在大豆和水稻等一些 C_3 植物中，而在小麦和棉花等其他 C_3 植物及玉米等 C_4 植物中观察不到(Chen and Xu，2006)。

需要指出，这种由一些捕光天线 LHCII 可逆脱离引起的光系统 II 反应中心的可逆失活或下调，实际上只是由捕光天线变小而非反应中心本身结构破坏导致的表观失活。

11.4.2　保护作用

在光合作用过程中，光系统 II 反应中心使用的光能主要来自 LHCIIs，并且饱和光引起的一些 LHCIIs 脱离反应中心复合体依赖蛋白激酶催化的类囊体膜蛋白磷酸化，因此有理由预期：在强光下蛋白激酶抑制剂处理阻止 LHCII 脱离光系统 II 反应中心复合体，肯定会导致以 D1 蛋白损失和光系统 II 活性降低为特征的反应中心破坏。实验结果正是这样，饱和光下蛋白激酶抑制剂 FSBA 处理不仅抑制 LHCIIs 脱离，而且明显降低光系统 II 活性和 D1 蛋白数量，表明光合机构的光破坏发生。由于 FSBA 不是专一的抑制剂，饱和光下 FSBA 处理引起的光合机构破坏，也许是另一些蛋白激酶例如参与光合碳还原循环的激酶被抑制的结果。用离体类囊体代替叶片做 FSBA 处理获得的类似结果排除了这种可能性。

当然，这种 LHCII 可逆脱离的保护作用是有限的，因为高等植物的 LHCII 只有 15%～20%可以在 2 个光系统之间移动。所以，在很强的光下，尽管有 LHCII 可逆脱离的保护，光合机构还是不可避免地被破坏，其特征是光系统 II 单体比例增高，D1 蛋白数量减少，光饱和的光系统 II 电子传递速率降低(Cai and Xu, 2002)。

11.4.3 与状态转换的异同

这种 LHCII 可逆脱离与状态转换的相同之处是，都涉及部分 LHCII 从光系统 II 核心复合体脱离，并且都与蛋白激酶/蛋白磷酸酯酶催化的蛋白磷酸化/去磷酸化有关；不同之处在于前者总是在强光下发生，而后者总是在弱光下完成。因为强光不利于状态转换，特别是饱和光下脱离的 LHCII 不与光系统 I 结合，而状态 1 向状态 2 转换的基本特征则是脱离的 LHCII 与光系统 I 结合。

11.4.4 与蛋白磷酸化的关系

根据蛋白磷酸酯酶抑制剂氟化钠(NaF)对低温荧光参数暗恢复的抑制推断，这种 LHCII 可逆脱离与其自身蛋白磷酸化有关。然而，这个推论受到一些实验结果的严峻挑战。在强光下 LHCII 蛋白激酶受抑制，导致 LHCII 去磷酸化。因此，LHCII 可逆脱离到底是不是 LHCII 蛋白自身磷酸化的结果，还需要进一步探讨。

根据在强光下光系统 II 核心蛋白磷酸化导致 LHCII 吸收的光能被自身热耗散(既不传递给光系统 II，也不传递给光系统 I)的模型和在强光下位于光系统 II 核心复合体与 LHCII 三聚体之间的 CP29 被磷酸化的实验结果以及 CP29 是光破坏防御的一个决定因素的观点，猜想饱和光引起的一些 LHCII 的可逆脱离及其后来的热耗散可能是光系统 II 核心蛋白磷酸化的结果。

11.4.5 脱离的 LHCII 能量耗散机制

虽然在田间和生长室内生长光强波动的环境里拟南芥的 2 种突变体(分别缺乏 PsbS 蛋白和去环氧酶，因此缺乏 qE)种子产量明显少于其野生型的实验结果已经证明捕光快调节的好处，并且断言 qE 的适应性好处是由于提高了植物对光强变化而不是强光本身的耐受性，然而实现 qE 的机制还不清楚。这个机制很可能涉及前述饱和光下一些 LHCII 的可逆脱离。

(1) qE 和 LHCII 脱离的关系

有证据表明，当 qE 形成时，一部分主要的 LHCII 脱离光系统 II 核心复合体，并且这种脱离依赖 ΔpH、PsbS 和玉米黄质(Zea)。也有研究结果表明，由单体 CP29、CP24 和三聚体 LHCII - M 这 5 个亚单位组成的复合体的脱离是强光下启动 NPQ 所必需的，并且这个超复合体的结合/脱离受 PsbS 蛋白控制。直接的结构证据表明，光破坏防御态的形成需要光系统 II - LHCII 超分子复合体的重组，这种重组涉及 LHCII 从光系统 II 核心复合体脱离以及脱离的 LHCII 聚合，而且这种重组与 qE 形成和弛豫或衰减在时间上相一致。

(2) qE 的部位

植物 LHCII 不仅是光合作用捕光的重要调节者，而且也是热耗散的基本部位。在光过量条件下，LHCII能够可逆地从有效的捕光态转变为热耗散态，从而防御光合机构的光破坏。高等植物至少有2个NPQ部位：一个在从光系统II核心复合体脱离并聚合的主要的LHCII（原来中等强度结合的LHCII－M和松散结合的LHCII－L），依赖PsbS（Q_1）；另一个在仍然与光系统II核心复合体结合的次要的LHCII，即CP29和CP24，依赖Zea（Q_2）。因此，设想脱离的LHCII－CP24－CP29复合体处于猝灭态。许多研究结果表明，qE发生在捕光天线（Ruban，2013；Rochaix，2014）。

Holzwarth和Jahns（2014）根据自己和他人的实验结果提出高等植物NPQ的4态2部位模型：态I是完全弛豫（大于30 min）的暗态，2个猝灭部位Q_1和Q_2均失活；态II形成于照光的初期（1～2 min），Q_1活化，Q_2失活；态III是充分光活化（10～20 min）的NPQ稳态，Q_1和Q_2均活化，有Zea参与；态IV是部分弛豫（2～5 min）的暗态，Q_1失活，而Q_2仍活化，也有Zea参与。Q_1发生在脱离光系统II反应中心复合体的主要LHCII三聚体聚合物，有质子化的PsbS和次要的LHCII单体CP24参与，而Q_2则发生在仍然与光系统II反应中心复合体结合的次要的LHCII单体CP24和CP29。

（3）PsbS蛋白——qE的调节者

由核基因组编码的PsbS蛋白含205个氨基酸残基，分子质量22 kDa，其晶体的原子结构已经被解析（Fan et al.，2015）。缺乏PsbS蛋白的拟南芥突变体几乎完全没有qE，而PsbS蛋白的过表达成比例地增强qE。PsbS蛋白作为类囊体腔pH的传感器，可能通过其暴露于类囊体腔的酸性区域质子化，促进天线的异寡聚体脱离光系统II核心复合体，迅速活化qE。在黑暗条件下，PsbS蛋白以双体形式存在，并与光系统II核心复合体结合，照光后发生单体化，并与LHCII结合。在光下类囊体膜的能量耗散态，PsbS蛋白优先与主要天线LHCII三聚体结合（Correa-Galvis et al.，2016）。

与高等植物不同，绿藻没有PsbS蛋白，但是有与胁迫有关的捕光复合体LHCSR（light harvesting complex stress-related）蛋白。在强光下绿藻积累与qE能力有关的LHCSR蛋白，形成的光系统II－LHCII－LHCSR3超复合体完成能量耗散（Tokutsu and Minagawa，2013）。在绿藻，LHCSR既是ΔpH的传感器，又是过量光能的耗散部位；而在陆生植物，PsbS只是ΔpH的传感器或qE的调节者，但不是能量耗散部位（Rochaix，2014）。

有趣的是，LHCSR蛋白积累由蓝光受体向光蛋白（phototropins）介导，而PsbS蛋白的积累却由紫外辐射受体UVR8介导（Petroutsos et al.，2016）。

（4）玉米黄质和叶黄素（lutein，Lut）在qE上的作用

陆生植物有2种叶黄素循环。一种是所有陆生植物都有的紫黄质（violaxanthin）循环：从紫黄质可逆地经过花药黄质（antheraxanthin）转变为玉米黄质（zeaxanthin）。另一种是叶黄素环氧化物循环：从环氧化物可逆地转化为去环氧化物（lutein）。它只存在于一些种类植物。Lutein有3个重要功能：一是稳定天线蛋白的结构；二是捕光并将激发能传递给叶绿素；三是在NPQ过程中猝灭激发态叶绿素（^{3}Chl和^{1}Chl）。这2个循环都参与光系统II天线从捕光态向能量耗散态（涉及强光下去环氧的叶黄素）的转换。高水平的Zea加速qE形成，减缓qE弛豫或衰减。在qE过程中，Zea可能发挥2种不同的作用：一是在Chl到

Zea 的能量传递或向相邻 Chl 传递电子形成 Zea^+/Chl^- 态的直接作用；二是作为变构调节者控制 qE 的效率和动力学的间接作用。Zea 的作用主要是使单线激发态 $^1Chl^*$ 去激发，而 lutein 的独特功能是使三线激发态 $^3Chl^*$ 失活。以前强光下贮存的 Zea 能够比较快地触发 qE。

（5）qE 的物理机制

qE 有 2 种可能的物理机制。一是电荷传递机制：在 qE 期间，激发能从激发的叶绿素分子传递给叶绿素-玉米黄质异二聚体（Chl－Zea），导致其电荷分离和后来的电荷重新结合（Chl^* →Chl－Zea→$Chl^{-\cdot}$－$Zea^{+\cdot}$→Chl－Zea），在此过程中激发能以热的形式耗散（Holt et al.，2005）。这种电荷传递机制可以在位于光系统 II 核心复合体和主要 LHCII 天线复合体之间的次要天线复合体 CP29、CP26 和 CP24 内运转，并且 CP29 可逆构象变化调节 qE 运转期间 Chl－Zea 异二聚体在能量传递态和电荷传递态之间转换。当然，Lutein 也可能参与在 CP26 运转的电荷传递机制。二是能量传递机制：也称激子相互作用或者激子耦联机制，能量从激发态叶绿素传递给类胡萝卜素 Lut1，形成激发态 Lut1，在主要的天线复合体 LHCII 三聚体内运转，猝灭部位可能在 2 个叶绿素区域（Chl *b* 606－607，Chl *a* 610－611－612－Lut）。

另外，也有学者提出，qE 可能是 LHCII 天线复合体内色素-色素相互作用的结果，Chl－Chl 相互作用可以参与 qE。

猜想在有限光/饱和光下 LHCII 捕光态与能量耗散态的可逆转换如下：在饱和光下光系统 II 核心复合体的一些亚单位如 D1 蛋白和核心天线 CP43 以及次要天线 CP29 被磷酸化，于是因磷酸化的 CP29 带负电的磷酸根和磷酸化的 D1 蛋白与 CP43 同样带负电的磷酸根相互排斥，CP29 与其结合的主要天线 LHCII 一起脱离光系统 II 核心复合体。同时，PsbS 蛋白双体变为单体，这些单体附着在主要天线 LHCII 和次要天线 CP29 上，导致这些蛋白的构象变化和从捕光态变为能量耗散态。这时，天线复合体内叶绿素分子吸收的光能分别全部传递给主要天线 LHCII 复合体内叶黄素（lutein，Lut）分子和次要天线 CP29 内叶绿素-玉米黄质（zeaxanthin，Zea）异双体，然后分别通过能量传递机制和电荷传递机制将激发能变成热而耗散。相反，在有限光下可逆反应发生，从能量耗散态回到有效捕光态（Xu et al.，2015）。

一些描述 NPQ 物理机制的假说，涉及参与 NPQ 的色素分子 zeaxanthin、lutein 和 Chl *a*，zeaxanthin 结合在次要天线 CP29 复合体上，而 lutein 则结合在主要的和次要的 LHCII 上（Ruban，2016），并解释它们如何耗散过量的激发能（Chmeliov et al.，2015；Duffy and Ruban，2015；Sacharz et al.，2017）。

光系统 II 主要天线 LHCII 的外部（在类囊体膜上的扩散、重排和集群）和内部（在一个 LHCII 单位内的构象变化）可塑性是必不可少的特性。这些特性使对光合作用捕光过程实行和谐的、灵活的、强有力的、经济的和安全的控制成为可能（Ruban，2018）。

（6）状态转换猝灭（qT）实际上不是 NPQ 组成部分

根据叶绿素荧光诱导和暗弛豫动力学特征的不同，过去人们往往将 NPQ 分为快、中和慢3个不同组分：高能态猝灭(qE)、状态转换猝灭(qT)和光抑制猝灭(qI)。可是在后来及近年出版的一些文献中，在论述NPQ的时候，已经不再提qT(Holzwarth and Jahns, 2014; Logan et al., 2014; Ruban, 2016)，其原因很可能是意识到把状态转换引起的光系统II荧光猝灭称为非光化学猝灭不够恰当，因为当类囊体膜由状态1转变到状态2时，光系统II接受的光能减少，而光系统I接受的光能增加，虽然光系统I增加的这部分光能不能用于光系统II的光化学反应，但是却可以用于光系统I的光化学反应，并不是以热的形式耗散(许大全，2013)。

Nilkens等(2010)定义了一个依赖玉米黄质的NPQ新组分qZ，它在强光下10～30 min内发生，而在弱光下10～60 min内消失，似乎是一种对强光胁迫的"记忆态"。这样，NPQ仍然包括快、中和慢3个组分：qE、qZ和qI。只是qZ这个中组分比原来的那个qT慢得多，似乎与qI纠缠在一起。

(7) NPQ的多样性

从原核生物蓝细菌到真核生物藻类和高等植物都通过天线复合体的可逆脱离反应中心减少到达反应中心的能量，防御反应中心遭遇过量光能的破坏。在强光下，一些高等植物可逆脱离的天线复合体是膜蛋白复合体LHCII(已如上述)，硅藻可逆脱离的外周天线复合体是岩藻黄质叶绿素结合蛋白(fucoxanthin chlorophyll binding protein, FCP)，而蓝细菌可逆脱离的是膜外在天线复合体藻胆体(phycobilisome, PBS)。这些不同种类的生物都以NPQ为光破坏防御的一个重要机制，却使用不同的蛋白(LHCII、PsbS、LHCSR、PBS和OCP等)和不同的叶黄素循环(Goss and Lepetit, 2015)。

11.5 天线大小的慢变化——LHCII蛋白丰度变化

上述一些LHCII从光系统II核心复合体可逆脱离是对短期(数分钟)强光的快响应，而LHCII蛋白丰度的减少则是对长期(几小时或几天)强光的慢适应。

在光合作用中，正常发挥功能作用的是光系统II-LHCII超分子复合体的双体。其中的每个光系统II-LHCII单体可以结合4个LHCII三聚体。可是，大部分光系统II-LHCII单体只含有2个或3个而不是4个LHCII三聚体。这意味着有一些脱离的或松散结合的LHCII三聚体。可能光系统II核心复合体通过Lhcb4(CP29)和Lhcb5(CP26)只结合1个LHCII三聚体，形成一个基本的超分子复合体，这被看作强光下生长的植物光系统II的主要存在形式。在中、弱光下生长的植物，核心复合体还结合不止1个次要的LHCII单体Lhcb5(CP24)和另2个LHCII三聚体(中等强度结合的LHCII-M和松散结合的LHCII-L)，以便增强捕光能力。

也就是说，植物生长光强对游离的和结合的LHCII三聚体数量有重要影响，导致形成不同类型的光系统II-LHCII超复合体，例如$C_2S_2M_2$、C_2S_2M和C_2S_2。在强光和弱光下生长的植物的光系统II-LHCII超分子复合体通常分别是C_2S_2和$C_2S_2M_2$。然而，在强光下生长的拟南芥也观测到$C_2S_2M_2$。此外，似乎还有不在光系统II超复合体内额外的LHCII三聚体,假设的光系统 II 超复合体是 $C_2S_2M_2L_6$,其中的 L 代表与光系统 II 核心复合体松散结合的 LHCII 三聚体。

因此,在植物被从弱光转移到强光环境几小时后,光系统 II 天线变小,主要是中等强度结合的(M)和松散结合的(L)LHCII 三聚体减少。这种天线变小主要是由于这些色素蛋白复合体蛋白合成的减少(McKim and Durnford, 2006),其调节发生在转录后水平,受控于质体醌的氧化还原状态(Frigerio et al., 2007)。同时,也与这些蛋白的降解增强有关。图 11-4 描述了 LHCII 参与捕光调节的几种不同方式。

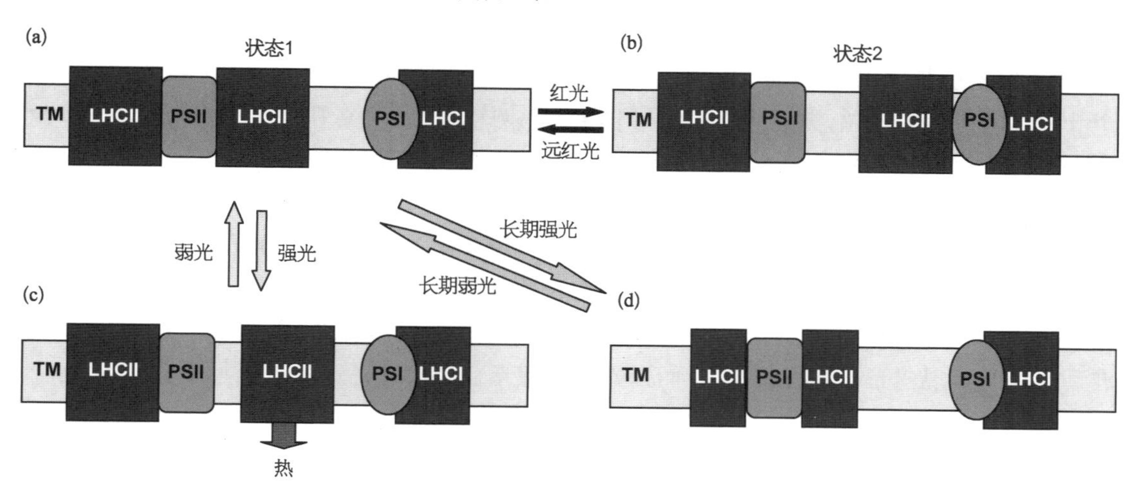

图 11-4 LHCII 参与捕光调节的几种不同方式

LHCI——光系统 I 的捕光天线复合体;LHCII——光系统 II 的捕光天线复合体;PS II——光系统 II 反应中心复合体;PS I——光系统 I 反应中心复合体;TM——类囊体膜。(a) 状态 1;(b) 状态 2,磷酸化的 LHCII 脱离光系统 II 核心复合体,与光系统 I 核心复合体结合,增加光系统 I 的光吸收;(c) 短期强光下部分 LHCII 脱离光系统 II 核心复合体,但是不与光系统 I 结合,其吸收的光能以热的形式耗散;(d) 在适应长期强光后,光系统 II 的 LHCII 变小,减少对光能的吸收与向光系统 II 反应中心的光能传递。

11.6 叶片分子组成的改变

在光强、温度和水分供应条件变化后,叶片内一些组分的含量发生变化。通常,在弱光下生长的植物叶片叶绿素含量增加,以便增加光捕获,而在强光、低温或紫外辐射下生长的植物叶片花色素苷含量增加,以便减轻对光合机构的光破坏,因为这些酚类化合物可以吸收可见光和紫外辐射(Merzlyak et al., 2008),减少到达叶绿体的入射光。

并且,强光下高等植物积累的早期光诱导蛋白(ELIP)和蓝细菌的强光诱导蛋白(HLIP)可以暂时结合色素蛋白复合体破坏时释放的叶绿素分子,防止活性氧形成,并参与激发能的非光化学猝灭。此外,强光下 HLIP 还可以通过触发蓝细菌光系统 I 的三体化而稳定光系统 I 复合体。这 2 种蛋白和前面提到的 LHCII、PsbS 都属于捕光复合体蛋白超家族成员。它们之间在功能和演化上有密切关系,而 LHCII 三聚体似乎是这个演化过程的末端产物。

11.7 叶片形态结构变化

植物光合机构对光环境的适应是一个缓慢而复杂的过程，除了前面所述分子水平的变化——叶片组成成分的改变以外，还通过多种途径实现叶片形态结构的宏观改变。例如，适应强光的植物叶片与茎夹角变小，减少叶片的光吸收。又如，强光和干旱条件下生长的植物叶片表面特性改变，叶表面积累蜡、盐，长出茸毛等。通常，叶片将入射光的 5%～10%反射出去，而发生这种改变后反射掉的入射光达到 20%～25%。再如，适应强光的植物叶片变厚，栅栏细胞层数增加，叶绿体内基粒及垛叠减少，基粒直径变小。相反，适应弱光的植物每个叶绿体内有较多基粒，类囊体膜垛叠与非垛叠比例较高，光系统 II 反应中心与光系统 I 反应中心比例较高(Herbstova et al., 2012)。这些变化有利于增加光捕获。

在上述捕光调节策略中，对环境光变化的快响应如叶片运动和叶绿体运动等通常发生在已经存在的叶片、叶绿体，而慢适应如 LHCII 蛋白丰度变化和叶片分子组成的改变则发生在那些正在发育中的叶片、叶绿体中。所有这些调节策略，不管快的还是慢的，它们之间相互协作而不是相互排斥。这些策略的绝妙协作保证植物有效而安全地使用光能，即在光波动环境中实现弱光下光吸收最大，而强光下避免光合机构的光破坏。

参考文献

许大全，2013.光合作用学.北京：科学出版社.

Cai SQ, Xu DQ, 2002. Light intensity-dependent reversible down-regulation and irreversible damage of PSII in soybean leaves. Plant Sci, 163: 847 - 853.

Chen Y, Xu DQ, 2006. Two patterns of leaf photosynthetic response to irradiance transition from saturating to limiting one in some plant species. New Phytol, 169: 789 - 798.

Chmeliov J, Bricker WP, Lo C, et al., 2015. An "all pigment" model of excitation quenching in LHCII. Phys Chem Chem Phys, 17: 15857 - 15867.

Correa-Galvis W, Poschmann G, Melzer M, et al., 2016. PsbS interactions involved in the activation of energy dissipation in Arabidopsis. Nature Plant, Doi: 10.1038/NPLANTS.2015.225.

Duffy CDP, Ruban AV, 2015. Dissipative pathways in the photosystem-II antenna in plants. J Photochem Photobiol B, 152(Pt B): 215 - 226.

Fan M, Li M, Liu Z, 2015. Crystal structures of the PsbS protein essential for photoprotection in plants. Nat Struct Biol, 22: 729 - 735.

Frigerio S, Campoli C, Zorzan S, et al., 2007. Photosynthetic antenna size in higher plants is controlled by the plastoquinone redox state at the post-transcriptional rather than transcriptional level. J Biol Chem, 282: 29457 - 29469.

Goss R, Lepetit B, 2015. Biodiversity of NPQ. J Plant Physiol, 172: 13 - 32.

Herbstova M, Tietz S, Kinzel C, et al., 2012. Architectural switch in plant photosynthetic membranes induced by light stress. Proc Natl Acad Sci USA, 109: 20130 - 20135.

Holt NE, Zigmantas D, Valkunas L, et al., 2005. Carotenoid cation formation and the regulation of photosynthetic light harvesting. Science, 307: 433 - 436.

Holzwarth AR，Jahns P，2014. Non-photochemical quenching mechanisms in intact organisms as derived from ultrafast-fluorescence kinetics studies//Demmig-Adams B，Garab G，Adams IIIW，et al (eds). Non-photochemical Quenching and Energy Dissipation in Plants，Algae and Cyanobacteria. Dordrecht：Springer：129－156.

Logan BA，Demmig-Adams B，Adams WWIII，et al.，2014. Content，quantification，and measurement guide for non-photochemical quenching of chlorophyll fluorescence//Demmig-Adams B，Garab G，Adams IIIW，et al (eds). Non-photochemical Quenching and Energy Dissipation in Plants，Algae and Cyanobacteria. Dordrecht：Springer：187－201.

McKim SM，Duraford DG，2006. Translational regulation of light-harvesting complex expression during photoacclimation to high light in *Chlamydomonas reinhardtii*. Plant Physiol Biochem，44：857－865.

Merzlyak MN，Chivkunova OB，Solovchenko AE，et al.，2008. Light absorption by anthocyanins in juvenile，stressed，and senescing leaves. J Exp Bot，59：3903－3911.

Pastenes C，Pimentel P，Lillo J，2005. Leaf movements and photoinhibition in relation to water stress in field-grown beans. J Exp Bot，56：425－433.

Petroutsos D，Tokutsu R，Maruyama S，et al.，2016. A blue-light photoreceptor mediates the feedback regulation of photosynthesis. Nature，537：563－566.

Rochaix JD，2014. Regulation and dynamics of the light-harvesting system. Annu Rev Plant Biol，65：287－309.

Ruban AV，2013. Adaptations of the photosynthetic membrane to light//Ruban AV. The Photosynthetic Membrane：Molecular Mechanisms and Biophysics of Light Harvesting. Singapore：John Wiley & Sons，Ltd：197－240.

Ruban AV，2016. Non-photochemical chlorophyll fluorescence quenching：mechanism and effectiveness in protecting plants from photodamage. Plant Physiol，170：1903－1916.

Ruban AV，2018. Adaptive reorganization of the light harvesting antenna//Barber J，Ruban AV (eds). Photosynthesis and Bioenergetics. Singapore：World Scientific：189－219.

Sacharz J，Giovagnetti V，Ungerer P，et al.，2017. The xanthophyll cycle affects reversible interactions between PsbS and light-harvesting complex II to control non-photochemical quenching. Nat Plants，3：16225.

Tikkanen M，Aro EM，2012. Thylakoid protein phosphorylation in dynamic regulation of photosystem II in higher plants. Biochim Biophys Acta，1817：232－238.

Tokutsu R，Minagawa J，2013. Energy-dissipative super-complex of photosystem II associated with LHCSR3 in *Chlamydomonas reinhardtii*. Proc Natl Acad Sci USA，110：10016－10021.

Ueda M，Nakamura Y，2010. Plant phenolic compounds controlling leaf movement//Santos-Buelga C，Escribano-Bailon MT，Lattanzio V (eds). Recent Advances in Polyphenol Research. Singapore：Wiley-Blackwell Publishing Ltd：226－237.

Wada M，Kagawa T，Sato Y，2003. Chloroplast movement. Annu Rev Plant Biol，54：455－468.

Xu DQ，Chen Y，Chen GY，2015. Light-harvesting regulation from leaf to molecule with the emphasis on rapid changes in antenna size. Photosynth Res，124：137－158.

第12章

电子传递调节

光合电子传递调节有多方面的必要性：一是适应经常迅速变化的光环境，缓解光强、光质变化的影响；二是调整电子传递途径，以适应代谢变化的需要；三是保护光合机构免遭环境胁迫的破坏。

12.1 前馈与反馈控制

当叶绿体被照光时，间质 pH 和 Mg^{2+} 浓度增高，导致光合碳还原循环的一些关键酶如果糖-1,6-二磷酸(酯)酶、景天庚酮糖-1,7-二磷酸(酯)酶等被还原的硫氧还蛋白活化。这涉及靶酶中二硫桥被硫氧还蛋白还原，而叶绿体中的硫氧还蛋白的还原由依赖铁氧还蛋白的硫氧还蛋白还原酶催化。因此，这些酶的活化受光合电子流的前馈控制：在一定范围内，光越强，光合电子传递速度越快，酶活化水平越高。

另一方面，经常发生光合电子传递的反馈控制。参与反馈控制的主要是光合电子传递的2个主要产物还原剂(如NADPH)和跨类囊体膜的ΔpH。由于光合电子传递链上电子传递反应耦联发生类囊体腔内的质子累积，腔内pH的降低会自动使电子传递速度慢下来。同时，腔内pH的降低会活化激发能的非光化学猝灭(NPQ)。在NPQ过程中，激发能以热的形式耗散，从而降低2个光系统反应中心的光化学反应速率，降低光合电子传递速率。

ΔpH还通过调节细胞色素(Cyt)b_6f复合体的类囊体腔侧位点上PQ的氧化速率直接影响光合电子流，这种效应被称为"光合控制"，是PQH_2氧化过程中电子和质子传递紧密耦联的结果。类囊体腔内的酸化明显降低PQH_2氧化速率，表明这个反应步骤是整个光合作用过程的瓶颈。当因条件不合适而光合作用受到CO_2同化限制以致光系统Ⅰ上游的所有电子供体都被还原时，光合控制的开始导致Cyt b_6f复合体下游电子载体如PC和P700的氧化和该复合体上游电子载体如PQ库还原。光合控制使光合作用的限制步骤从光系统Ⅰ的受体侧转变到Cyt b_6f复合体。这样，也可以降低光系统Ⅰ复合体对光的敏感性或遭受光破坏的可能性。

12.2 可选择的电子传递途径

在正常条件下，光合电子传递主要通过由2个光系统串联的非循环途径完成，供应光合碳同化这个主要的光合作用电子库。此外，还有一些可供选择的电子传递途径，当激发能超过光合碳同化所能使用的数量时，光合电子传递链的电子将被传递到别的电子库：① 始于梅勒反应的水-水循环，或梅勒反应-抗坏血酸过氧化物酶途径，详见第14章能量耗散。② 始于Rubisco催化的RuBP加氧反应的光呼吸，详见第4章碳反应。③ 苹果酸合成，通过将草酰乙酸还原为苹果酸而用去NADPH，被称为调节细胞能量平衡的苹果酸阀。据估计，光合电子传递引起的O_2还原可以用去水氧化产生的电子的60%，其中30%流经梅勒反应，20%流向光呼吸，10%用于苹果酸穿梭，而到达光系统Ⅰ受体侧的电子25%参与循环电子传递(Eberhard et al., 2008)。④ 围绕光系统Ⅰ的循环电子传递(Yamori and Shikanai, 2016)。⑤ 围绕光系统Ⅱ的循环电子传递。⑥ 氮、硫等无机营养的同化。⑦ 由质体末端氧化酶介导的叶绿体呼吸。这些电子库已经被视为防止光合电子传递链组分过还原及破坏的安全阀。参见第14章能量耗散。

12.3　围绕光系统Ⅰ的循环电子传递

在光合作用过程中，除了非循环(线式)电子传递以外，还存在围绕光系统Ⅰ的循环(环式)、假循环电子传递。非循环电子传递需要2个光系统串联参与，末端电子受体为$NADP^+$，伴随ATP和NADPH的形成及O_2释放；循环电子传递只有光系统Ⅰ参与，没有末端电子受体，只伴随ATP形成，而没有NADPH形成和O_2释放；假循环电子传递(或"水-水循环")有2个光系统参与，以O_2为末端电子受体，伴随ATP形成和O_2释放。

12.3.1　体内存在

围绕光系统Ⅰ的循环电子传递问题长期存在，一个重要原因是难以直接测定。因此，其生理作用一直被低估。自从D. I. Arnon等1950年代发现循环光合磷酸化以来，经过多年的怀疑、争论，如今终于把循环电子传递看作体内存在的一个重要生物化学过程(Johnson, 2005)。

循环电子传递在蓝细菌、单胞藻和C_4植物的一些组织中有效地运转。但是，在稳态光合作用期间，C_3植物的循环电子传递很不明显。研究表明，循环电子传递可以对光合电子传递做出很大贡献，至少在光合诱导期和干旱、强光和低CO_2浓度等胁迫条件下NADPH和还原型Fd水平增高时如此。另外，在状态2、一些光系统Ⅱ失活和光系统Ⅱ水平低(例如C_4植物的维管束鞘细胞内)而导致光系统Ⅰ活性高于光系统Ⅱ活性时，围绕光系统Ⅰ的循环电子流也都会增强。它与非循环电子传递共用一些电子传递链组分PQ、Cyt b_6f、PC、光系统Ⅰ和Fd，开始于P700的光激发，引起向Fd的电子传递，而氧化的$P700^+$被来自PQ库并经过Cyt b_6f和PC的电子所还原。要实现这个循环，来自Fd的电子必须交给PQ。

尽管循环电子传递只发生在有限范围的条件下，但它却是一个真实的生理现象。例如，在强光和低温下碳固定速率降低引起的NADPH和还原的Fd水平提高，会导致循环电子流加速。又如，在暗适应植物光合作用的光诱导初期，水分胁迫引起气孔关闭后电子受体CO_2水平降低和光合碳还原循环酶被热胁迫抑制等情况下，循环电子流都会加强。另外，当代谢对ATP的需求高时，循环电子流也会加速。例如NH_4^+同化需要较高的ATP/NADPH比率，而循环电子流提供的额外 ATP 可以满足这个需求。绿藻循环电子流的代谢控制可以通过状态转换来实现。状态 2 与循环电子流相联系，而状态 1 促进线式电子流。与野生型相比，通过反义技术抑制磷酸甘油醛脱氢酶表达的烟草突变体的循环电子流/非循环电子流比率、ATP/NADPH 比率和 qE 都明显提高。

在正常情况下，体内循环电子流小于最大线式（非循环）电子流的 10%。但是，在强光、低温、高温或干旱等胁迫条件下，循环电子流会急剧加速。近年来的估计普遍较高，在非胁迫条件下，C_3 植物的循环电子流低于非循环电子流的 14%。

12.3.2 检测方法

有几种不同的方法可以用于检测循环电子传递，诸如检测 $P700^+$ 还原、胡萝卜素吸收光谱转变、膜电位和关闭作用光后叶绿素荧光强度的瞬时增高等。

（1）$P700^+$ 还原

$P700^+$ 水平是光系统 I 接受电子能力的一个比较直接而敏感的指标。远红光照明后 $P700^+$ 衰减的快组分源于循环电子传递。有 3 种不同的方法，都基于准确测定 P700 周转速率（Miyake，2010）。

一是由 U. Schreiber 研究组发展的，将光系统 I 的量子效率（Φ_{PSI}）定义为照明条件下 P700 电荷分离的比率（$P700^+$/总 P700）。为了估计光氧化还原活跃的 P700，首先用强而短脉冲光照射叶片，闪光的半上升时间近 1 μs，而 $P700^+$ 被还原型 PC 还原的半时间为 1～5 ms，这样就可以准确测定光-氧化还原活跃的 P700 含量。由于一部分激发态的 P700 通过电荷重结合以热的形式耗散激发能而回到基态，没有参与电子传递步骤，所以用这种方法测定的 Φ_{PSI} 数值比用传统方法得到的数值低，但是更精确。

二是由 G. N. Johnson 发展的，测定稳态条件下的 $P700^+$ 还原速率。这种方法有 2 个问题：一是很难在弱光下测定 $P700^+$；二是这种还原涉及从还原的质体醌醇、Cyt $b_6 f$ 和 PC 到 $P700^+$ 的多种电子传递组分。

三是 P. Joliot 研究组发展的，通过测定类囊体膜电位诱导的电色转变的衰变速率来估计循环电子传递活性。在无氧条件下远红光照明可以引起 $P700^+$ 快衰减，意味着发生循环电子传递。在二氯苯基二甲脲（DCMU）存在时，给一个很短时间的饱和光闪光就可以观察到这个快组分。在蓝细菌、绿藻和 C_4 植物都可以观测到 $P700^+$ 衰减的快组分，但是在 C_3 植物观测不到这个快组分，似乎 C_3 植物不存在循环电子传递。然而，$P700^+$ 氧化还原测定和胡萝卜素吸收光谱电色转变测定的结合，提供了 C_3 植物能够进行循环电子传递的证据。

（2）胡萝卜素吸收光谱转变

仅仅测定 $P700^+$ 还原还不能确定是否发生了循环电子传递，因为它不能表明 pH 梯度是否产生，$P700^+$ 还原也可能是光系统 I 反应中心电荷重结合的结果。虽然不能测定跨膜 ΔpH，但是可以测定 520 nm 处胡萝卜素吸收光谱转变（电色转变）的电位变化。下面 2 个吸收信号已被用作循环电子传递期间跨类囊体膜向类囊体腔内泵质子的指标：表明质子易位引起膜电位变化的 515 nm 处吸收变化和表明 ΔpH 变化引起类囊体膜膨胀及其光散射特性变化的535 nm处吸收变化。在用远红光照射叶片时就可以观测到这2个吸收变化，表明发生循环电子传递、产生ΔpH。

使用这个方法所做的研究结果表明，在光合作用的光诱导期，循环电子传递速率比较高。并且，通过监测电色转变衰减估计，在稳态光合作用期间PGR5介导的循环电子传递对总ΔpH的贡献为13%。

（3）膜电位

以膜电位测定为基础的一个新方法可以测定循环和非循环电子传递的绝对速率。这个方法通过测定照光前后的膜电位差确定2个光系统光化学反应之和。这个测定是用暗适应的菠菜或拟南芥叶片在强光和空气条件下完成的。这样测得的饱和光下的循环电子流达到130 s^{-1}，并且在照光的最初10 s内基本上是恒定的。在用DCMU完全抑制非循环电子传递时测定得到类似的循环电子传递速率。

（4）关闭作用光后叶绿素荧光强度瞬时增高

关闭作用光后叶绿素荧光强度的瞬时增高，是存在循环电子传递的一个标志。在作用光关闭之后，由于Q_A^-的氧化，荧光强度降低，但是在一些条件下可以看到荧光强度短时间上升后下降，这归因于PQ库来自间质的电子还原，意味着存在循环电子传递。由于可以在稳态白光照明后进行这种观测，所以能够较好地反映叶片的正常生理状态。在烟草和拟南芥*ndh*基因被毁坏的突变体中，都看不到这种作用光关闭后荧光强度短时间上升后下降的现象。这是由于没有发生NDH催化的PQ叶绿体呼吸还原。这种关闭作用光后叶绿素荧光强度的瞬时增高，反映NDH[NAD(P)H脱氢酶]而不是质子梯度调节蛋白(PGR5)介导的循环电子传递(Munekage et al., 2004)。这表明PGR5介导的循环电子传递在黑暗中或很弱的光下不发生。

12.3.3　途径

电子从类囊体膜外侧光系统Ⅰ复合体的受体回到$P700^+$的途径，是经过质体醌库、细胞色素b_6f和质体蓝素这一段与线式电子传递共用的途径。普遍认为电子经由可溶性蛋白Fd离开光系统Ⅰ，推测电子从Fd到PQ。尽管已经提出多条循环电子传递途径，可是现在只有2条途径被证明：一是依赖NDH的途径；二是依赖PGRL1/PGR5且对抗菌素A敏感的途径(Hanke and Scheibe, 2018)。

图12-1描述了高等植物围绕光系统Ⅰ的2条循环电子传递途径。这2条途径都依赖铁氧还蛋白，都推动质子动势(proton motive force, PMF)的形成。

（1）依赖PGRL1/PGR5的途径

Munekage等(2002)分离得到一个强光下光系统Ⅱ光化学反应下调功能削弱的拟南芥突变体*pgr5*。*pgr5*基因编码一个与类囊体膜结合的蛋白PGR5——质子梯度调节蛋白。PGR5与Fd向PQ的电子传递有关，参与围绕光系统Ⅰ的循环电子流。他们提出，PGR5途径的贡献是当光合碳同化活性降低时产生一个跨类囊体膜的ΔpH，引起激发能的热耗散，防止光系统Ⅰ受体侧的过还原，避免光系统Ⅰ的光破坏。并且，依赖PGR5的途径是围绕光

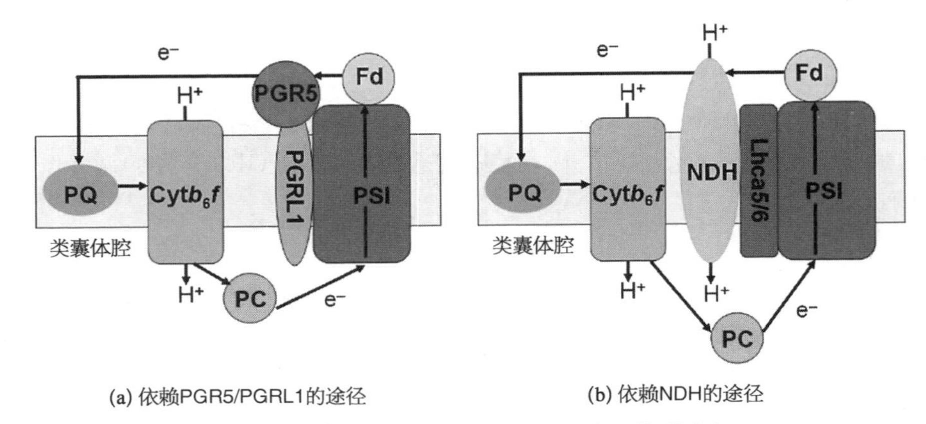

图 12－1　围绕光系统 I 的 2 条循环电子传递途径

系统 I 循环电子传递的主要途径，而 NDH 介导的途径可能起补偿作用。

这个途径对抗霉素 A 敏感，受其抑制。PGR5 是一个小分子蛋白，存在于真核光自养生物和一些蓝细菌中。拟南芥的 PGR5 是一个膜结合蛋白，但不是类囊体膜固有的，在从 Fd∶$NADP^+$ 氧化还原酶到细胞色素 b_6f 的电子传递中发挥重要作用。PGR5 的主要生理作用有二：一是通过防止叶绿体间质的过还原保护光系统 I 免于光破坏；二是参与照光开始时跨类囊体膜质子梯度的形成，从而激活依赖能量的过量光能的热耗散(qE)过程。双突变分析结果表明，NDH 和 PGR5 介导的 2 条途径是占优势的循环电子传递途径，并且是光合作用正常运转所必需的。拟南芥类囊体的一个跨膜蛋白 PGRL1 和 PGR5 发生物理上的相互作用，并且与光系统 I 相结合。PGRL1(PGR5 类蛋白)作为铁氧还蛋白∶质体醌还原酶(ferredoxin-plastoquinone reductase，FQR)，用 Fd 的电子还原质体醌。PGRL1 与 PGR5 不是同源的，它有 2 个跨膜区域，并且通过其半胱氨酸残基结合 1 个铁离子。PGR5 与 PGRL1 复合体参与从非循环电子传递向循环电子传递的转换(DalCorso et al.，2008)。PGR5 是 PGRL1 还原所必需的，PGR5 与 PGRL1 形成异二聚体，从铁氧还蛋白接受电子，然后去还原 PQ (Hertle et al.，2013)。

在绿藻中，状态转换不仅调节 2 个光系统之间的光能分配，而且还是光合电子传递从非循环电子传递为主向围绕光系统 I 的循环电子传递为主转变的开关。已经鉴定了状态 2 时形成的超大复合体。这个复合体至少包括光系统 I、LHCII、Cyt b_6f、Fd∶$NADP^+$ 氧化还原酶和 PGRL1 五部分。

(2) 依赖 NAD(P)H 脱氢酶类蛋白 NDH 的途径

这个途径对抗霉素 A 不敏感。最先在蓝细菌鉴定了 NDH 介导的循环电子传递。NDH 复合体可能有质子泵活性。蓝细菌在同一膜系统中既有光合电子传递链，又有呼吸电子传递链，而且 2 条链共用 2 个氧化还原组分。大部分蓝细菌的一个共同特性，是与光系统 II 中心相比，光系统 I 中心是大量过量的，这意味着即使在稳态照明条件下，也有一部分光系统 I 中心参与循环电子传递。用缺乏 NDH 复合体的突变体所做的研究表明，NDH 介导的途径是蓝细菌循环电子传递的基本途径。蓝细菌的 NDH 复合体含有 15 个亚单位，它从

NADPH而不是NADH接受电子，而从高等植物分离的NDH复合体却优先以NADH为电子供体。

叶绿体的NDH复合体比线粒体的NDH复合体更类似于蓝细菌的NDH复合体。叶绿体的NDH复合体是一个很大的类囊体膜蛋白复合体，由11个质体编码的亚单位和至少18个核编码的亚单位组成，它不同于呼吸作用中的NADH脱氢酶：它是FQR，而不是NADH脱氢酶；它通过Lhca5和Lhca6与光系统Ⅰ形成超复合体（Yamori and Shikanai，2016）。高等植物类囊体膜制剂中NDH的浓度很低，不大可能对高等植物循环电子流有很大贡献。虽然NDH能够接受来自光系统Ⅰ的电子，但是其效率比依赖PGRL1/PGR5的途径小得多。

总之，在陆生植物围绕光系统Ⅰ的循环电子传递中，NDH系统仅起次要作用，而PGR5/PGRL1系统发挥优势作用；在蓝细菌中，NDH似乎是参与循环电子传递的主要蛋白复合体（Larkum et al.，2018）；C_4植物依赖NDH的光系统Ⅰ循环电子传递的生理作用大于C_3植物（Yamori and Shikanai，2016）。

12.3.4 启动条件

循环电子流的启动因子，最有可能的不是ATP/ADP比率、NADPH和专门的光合碳还原中间产物，而是铁氧还蛋白的氧化还原状态或活性氧如H_2O_2。水-水循环是表达循环电子传递活性所不可缺少的电子库。

高等植物的循环电子传递是在有O_2存在和状态1的条件下进行的，而藻类的循环电子传递却是在没有O_2和状态2的条件下发生。

12.3.5 相应的类囊体膜结构

蓝细菌的类囊体膜是没有垛叠的扁平小囊。2个光系统都在同一膜区域内，光合电子传递链和呼吸电子传递链共用PQ库和细胞色素b_6f复合体。

绿色单胞藻类的类囊体膜由长而扁平的小囊组成，垛叠通常含2～4层小囊，远少于高等植物基粒的层数，垛叠区和非垛叠区的联系比高等植物广泛得多。这种结构更有利于循环和非循环电子传递途径之间的相互作用。

高等植物的2个光系统分别在不同的膜区域，大部分光系统Ⅱ定位于基粒垛叠区，而光系统Ⅰ定位于间质片层和基粒末端及基粒边缘。这样，由光系统Ⅱ和光系统Ⅰ串联进行的非循环电子传递需要2个光系统之间可移动的电子传递体PC和PQ完成长距离的扩散运动。

在C_4植物中，2个光系统及其循环和非循环电子传递在超微结构上的分离形成极端的情形：在维管束鞘细胞的叶绿体内没有光系统Ⅱ，只有光系统Ⅰ和循环电子传递。CO_2的固定和还原只能靠循环电子传递形成的ATP和从叶肉细胞输入的苹果酸脱羧后产生的NADPH。

看来，在生物演化过程中，2个光系统和循环与非循环电子传递在结构与功能上似乎有日益分离的趋势。

12.3.6 生理功能

围绕光系统Ⅰ的循环电子流对 C_3植物有效的光合作用是必需的。它可能有 3 个生理功能：一是满足光合碳同化等对 ATP 的需要；二是维持 ATP/NADPH 合适比例；三是调节光合作用，防御光破坏。

（1）满足对 ATP 的需要

围绕光系统Ⅰ的循环电子传递和水-水循环共同的生理功能是提供 CO_2同化所需要的 ATP。在光合作用过程中，通过光合碳还原循环每同化 1 分子 CO_2需要 3 分子 ATP 和 2 分子 NADPH，而形成 2 分子 NADPH 需要在非循环电子传递过程中从水分子到 $NADP^+$ 传递 4 个电子。在传递这 4 个电子的同时，还伴随着类囊体腔内 12 个质子的积累，其中 4 个质子来自水氧化时质子的释放，其余 8 个是在电子通过质体醌将来自光系统 II 的电子传递给细胞色素 b_6f，以及通过细胞色素 b_6f 的 Q 循环时伴随发生的从叶绿体间质到类囊体腔的跨膜传递。问题是传递 4 个电子或积累 12 个质子可以耦联形成多少分子 ATP。

通常认为，ATP 合酶每合成 1 分子 ATP 所需要的质子数取决于 ATP 合酶 c 亚单位的数目。如果将线粒体的 ATP 合酶模型用于叶绿体，并且每合成 1 分子 ATP 需要 4 个质子，则非循环电子传递及其耦联的光合磷酸化产生的 ATP∶NADPH＝3∶2，恰好可以满足同化 1 分子 CO_2之需。可是，叶绿体的 ATP 合酶结构不同于线粒体的 ATP 合酶，例如菠菜的 CFo 不是 12 个 c 亚单位，而是 14 个 c 亚单位。于是，这个叶绿体的 ATP 合酶“马达”每转一圈合成 3 个 ATP 需要 14 个质子，而不是 12 个质子。因此，仅仅靠非循环电子传递及其耦联的光合磷酸化产生的 ATP∶NADPH 比值不是 3∶2 或 1.5，而是 9∶7 或 1.29，致使碳同化面临 ATP 不足的问题。如果再考虑类囊体膜允许少量质子漏出而不能用于 ATP 合成，这个不足的问题会更突出。所以，需要循环光合磷酸化或假循环光合磷酸化补充 ATP 供应。这可以解释为什么弱光下测定的光合最小量子需要量（10～12）明显大于理论值（8）。循环电子流还参与推动 C_4光合作用中 CO_2浓缩机制。在 C_4光合作用中，四碳双羧酸脱羧（在维管束鞘细胞内）后形成的丙酮酸在丙酮酸∶正磷酸双激酶催化下重新形成磷酸烯醇式丙酮酸（PEP，在叶肉细胞内）。这个反应需要 2 个额外的 ATP 分子。C_4光合作用对 ATP 的额外需要只能由循环电子流来满足。因此，与 C_3植物不同，光系统Ⅰ循环电子传递在 C_4植物中具有重要贡献。

围绕光系统Ⅰ的循环电子传递在绿藻和蓝细菌中也很活跃。蓝细菌的循环电子流具有为 CO_2浓缩机制提供能量的作用。缺乏 NDH 复合体的蓝细菌突变体只能在高 CO_2浓度下而不能在空气 CO_2浓度下生长，表明 NDH 为浓缩 CO_2提供 ATP 所必需。在低 CO_2浓度下生长时，野生型的 NDH 复合体含量会上调。NDH 介导的循环电子传递为蓝细菌的 CO_2浓缩和无机碳运输提供 ATP。

（2）维持 ATP/NADPH 合适比例

围绕光系统Ⅰ的循环电子传递首要服务于保持 ATP/NADPH 生产的正确比率（Livingston et al.，2010）。这种正确比率是光合碳同化所必需，也是维持不同物质代谢过程之间平衡所不可缺少的,否则会导致间质中NADPH的过量积累和过还原。其中,质体醌醇/细胞色素b_6f步骤发挥中心作用(Foyer and Harbinson, 2012)。

当然,维持ATP和NADPH生产合乎碳同化需要的正确比率,除了围绕光系统I的循环电子传递外,起源于梅勒反应的水-水循环和叶绿体向线粒体的苹果酸输出也可以发挥重要作用。

(3) 防御光破坏

循环电子传递的一个重要功能是诱导激发能的非光化学猝灭(NPQ)。当叶片接受的光能超过光合作用所能使用的数量时,过量的光能容易破坏光合机构。还原剂的过量产生会增加活性氧,而活性氧可以破坏附近的生物分子色素和蛋白质等。高能态猝灭(qE)可以将过量的光能变成热而无害地耗散。跨类囊体膜的高质子梯度或ΔpH可以触发qE,而循环电子传递就是一个产生ΔpH的过程。PGR5介导的光系统I循环电子传递是qE诱导所必需的,表明它是光破坏防御所必需的。一些研究结果已经表明,循环电子流和qE之间呈现良好的相关。并且,在qE形成上有缺欠的拟南芥突变体*pgr5*(缺失PGR5蛋白)缺乏循环电子流,暴露在强光下的*pgr5*光系统I遭受破坏。依赖循环电子传递的跨类囊体膜ΔpH通过如下2个机制防御光破坏:一个与qE的产生和防止对破坏的光系统II修复的抑制相联系;另一个则不依赖qE,并防止光系统II的破坏。

在非胁迫的稳态条件下,C_3植物的循环电子传递速率很低,然而在光合作用的光诱导期和强光、干旱、低温等胁迫条件下循环电子传递速率明显提高,意味着循环电子传递在防御胁迫引起的光破坏中发挥重要作用。有学者提出,循环电子传递可以抑制活性氧$O_2^{-\cdot}$的产生。

叶绿体NDH可能具有双重生理功能:在光下催化围绕光系统I的循环电子流,可能在光系统II被光抑制或非光化学猝灭关闭时为循环电子传递提供电子,以便平衡电子传递和ATP合成,而在黑暗中则参与呼吸作用。在氧化胁迫下,特别是在幼叶,NDH是重要的。NDH复合体能够参与减轻氧化胁迫。NDH复合体可能是一个防止叶绿体间质过还原的安全阀。

在弱光下依赖NDH的光系统I循环电子传递功能受损伤的水稻CO_2同化速率和植株生物量降低,表明依赖NDH的光系统I循环电子传递在弱光下可以通过附加的跨类囊体膜质子传递参与ATP供应和调节载体的氧化还原状态(Yamori et al., 2015)。并且,依赖NDH的光系统I循环电子传递的损伤还会引起波动光下水稻光合速率降低和植株生物量减少(Yamori et al., 2016)。弱光期间依赖NDH的光系统I循环电子传递是重要的,它可以使后来强光下电子传递链的光系统I受体侧保持氧化态,避免波动光下光系统I过还原甚至破坏。然而,完全缺失NDH的拟南芥在波动光下光合和生长却没有降低(Kono et al., 2014)。水稻和拟南芥这种依赖NDH的循环电子传递功能的差异也许源于其他电子传递途径包括水-水循环的不同。

12.4 光系统II循环电子传递

除了围绕光系统I的循环电子流以外,还存在围绕光系统II的循环电子流(Laisk

et al.，2006）。可能因为光系统 II 反应中心的 P680 受光激发发生电荷分离后，电子经过 Cyt b_{559} 等又回到 $P680^+$，通过这一无效循环把过剩的光能变成热散失，从而保护反应中心免受强光破坏。已经有直接的实验证据证实这种循环电子传递参与光系统 II 的光破坏防御。

这种循环电子传递的过程（图 12-2）如下：β-胡萝卜素（Car）还原 $P680^+$，形成的胡萝卜素阳离子自由基被一个辅助的叶绿素分子 Chl_Z 还原，氧化的 Chl_Z^+ 被细胞色素 b_{559} 还原，b_{559} 可能接受次级醌受体 Q_B 的电子而完成循环，$Q_B^- \rightarrow$ Cyt $b_{559} \rightarrow Chl_Z \rightarrow$ β-Car $\rightarrow P680^+$。这里的 Chl_Z 是与 D1 蛋白的 B 跨膜螺旋上 118 位组氨酸协调的叶绿素分子。一些研究表明围绕光系统 II 的循环电子传递的运转（Miyake and Okamura，2003）以类似围绕光系统 I 循环电子流的方式形成额外的质子梯度。

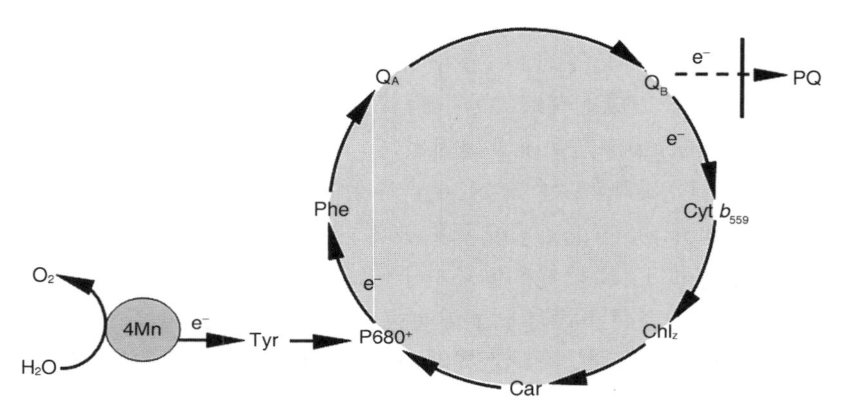

图 12-2 围绕光系统 II 的循环电子传递

围绕光系统 II 的循环电子流是一些绿藻品系和硅藻光破坏防御的一种极端方式（还没在有花植物中发现这种防御方式）。例如小球藻（*Chlorella ohadii*）能够在非常强的强光（最大太阳光强的 2 倍）下生长而很少发生光破坏。它们有天然小的捕光天线，并且光系统 II 可以转换为光破坏防御态，电子在复合体内循环，非循环电子流几乎完全中断（Treves et al.，2016；Ananyev et al.，2017）。与小球藻类似，硅藻（*Phaeodactylum triconutum*）也通过围绕光系统 II 的循环电子流抵御光破坏，能够最大程度和最快地活化 NPQ（Onno-Feikema et al.，2006）。

12.5 光系统 I 之后的电子库

当来自光系统 II 的电子传递给光系统 I 的基本电子受体铁氧还蛋白（Fd）之后，大多数传递给 Fd：$NADP^+$ 氧化还原酶，形成的 NADPH 用于光合碳同化。然而，还有多种其他酶以 Fd 为直接的电子供体：围绕光系统 I 循环电子传递中的 PGRL1（Fd：PQ 还原酶，FQR）、NDH，氮同化过程中的亚硝酸还原酶和依赖 Fd 的酮戊二酸转氨酶（ferridoxin-dependent oxoglutarate aminotransferase，Fd-GOGAT），硫同化中的亚硫酸还原酶，参与信号转导的

Fd：硫氧还蛋白还原酶，参与叶绿素生物合成的叶绿素 *a* 加氧酶，参与光敏素合成的血红素加氧酶，参与脂肪酸生物合成的酰基-酰基载体蛋白去饱和酶。另外，Fd 还能直接还原单脱氢抗坏血酸成为氧化还原缓冲剂抗坏血酸。Hanke 和 Scheibe(2018)介绍了光系统 I 后面的电子传递调节如何控制向不同代谢途径和库分配电子以及如何影响保护性猝灭机制，聚焦于高等植物体内发生的事件，Fd 及其同系物蛋白如何控制通往各种途径的电子流，维持竞争性同化和生物合成。

参考文献

Ananyev G, Gates C, Kaplan A, et al., 2017. Photosystem II-cyclic electron flow powers exceptional photoprotection and record growth in the microalga *Chlorella ohadii*. Biochim Biophys Acta, 1858: 873 - 883.

DalCorso G, Pesaresi P, Masiero S, et al., 2008. A complex containing PGRL1 and PGR5 is involved in the switch between linear and cyclic electron flow in *Arabidopsis*. Cell, 132: 273 - 285.

Eberhard S, Finazzi G, Wollman FA, 2008. The dynamics of photosynthesis. Annu Rev Genet, 42: 463 - 515.

Foyer CH, Harbinson J, 2012. Photosynthetic regulation//Flexas J, Loreto F, Medrano H (eds). Terrestrial Photosynthesis in a Changing Environment: A Molecular, Physiological and Ecological Approach. Cambridge, UK: Cambridge University Press: 20 - 40.

Hanke G, Scheibe R, 2018. The contribution of electron transfer after photosystem I to balancing photosynthesis//Barber J, Ruban AV (eds). Photosynthesis and Bioenergetics. Singapore: World Scientific: 277 - 303.

Hertle AP, Blunder T, Wunder T, et al., 2013. PGRL1 is the elusive ferredoxin-plastoquenone reductase in photosynthetic cyclic electron flow. Mol Cell, 49: 511 - 523.

Johnson GN, 2005. Cyclic electron transport in C_3 plants: fact or artifact? J Exp Bot, 56: 407 - 416.

Kono M, Noguchi K, Terashima I, 2014. Roles of the cyclic electron flow around PSI (CEF - PSI) and O_2-dependent alterative pathways in regulation of the photosynthetic electron flow in short-term fluctuating light in *Arabidopsis thaliana*. Plant Cell Physiol, 55: 990 - 1004.

Laisk A, Eichelmann H, Oja V, et al., 2006. Photosystem II cycle and alternative electron flow in leaves. Plant Cell Physiol, 47: 792 - 783.

Larkum AWD, Szabo M, Fitzpatrick D, et al., 2018. Cyclic electron flow in cyanobactria and eukaryotic algae//Barber J, Ruban AV (eds). Photosynthesis and Bioenergetics. Singapore: World Scientific: 305 - 343.

Livingston AK, Kanazawa A, Cruz JA, et al., 2010. Regulation of cyclic electron flow in C_3 plants: differential effects of limiting photosynthesis at ribulose - 1, 5 - bisphosphate carboxylase/oxygenase and glyceraldehyde - 3 - phosphate dehydrogenase. Plant Cell Environ, 33: 1779 - 1788.

Miyake C, 2010. Alternative electron flows (water-water cycle and cyclic electron flow around PSI) in photosynthesis: molecular mechanisms and physiological functions. Plant Cell Physiol, 51: 1951 - 1963.

Miyake C, Okamura M, 2003. Cyclic electron flow within PSII protects PSII from its photoinhibition in thylakoid membranes from spinach chloroplasts. Plant Cell Physiol, 44: 457 - 462.

Munekage Y, Hashimoto M, Miyake C, et al., 2004. Cyclic electron flow around photosystem I is essential for photosynthesis. Nature, 429: 579 - 582.

Munekage Y, Hojo M, Meurer J, et al., 2002. PGR5 involves in cyclic electron flow around photosystem I and is essential for photoprotection in *Arabidopsis*. Cell, 110: 361 - 371.

Onno-Feikema W, Marosvolgyi MA, Lavaud J, 2006. Cyclic electron transfer in photosystem II in the marine diatom *Phaeodactylum tricornutum*. Biochim Biophys Acta, 1757: 829 - 834.

Treves H, Raanan H, Kedem I, et al., 2016. The mechanisms whereby the green alga *Chlorella ohadii*, isolated from desert soil crust, exhibits unparalleled photodamage resistance. New Phytol, 210: 1229 - 1243.

Yamori W, Makino A, Shikanai T, 2016. A physiological role of cyclic electron transport around photosystem I in sustaining photosynthesis under fluctuating light in rice. Sci Rep, 6: 20147.

Yamori W, Shikanai T, Makino A, 2015. Photosystem I cyclic electron flow via chloroplast NADH dehydrogenase-like complex performs a physiological role for photosynthesis at low light. Sci Rep, 5: 13908.

Yamori W, Shikanai T, 2016. Physiological functions of cyclic electron around photosystem I in sustaining photosynthesis and plant growth. Annu Rev Plant Biol, 67: 81 - 106.

第 13 章

碳同化调节

光合作用的碳同化调节是一个复杂的问题，至少涉及气孔调节、叶肉调节和酶调节以及植物激素调节等几个不同的方面。

13.1　气孔调节

气孔是植物光合作用器官叶片等与外界进行 CO_2、O_2 和水等气体交换的最主要通道。光合作用的基本底物 CO_2 主要是通过气孔从周围空气中进入光合器官的。因此，光合器官表面上气孔的密度、开度和气孔导度对光合作用的 CO_2 供应以及叶片的净光合速率有重要影响。

13.1.1　气孔运动机制

气孔的开、关运动分别是保卫细胞吸收积累和排除 K^+ 等导致膨压增高和降低的结果。图 13－1 是描述气孔运动机制的示意图。

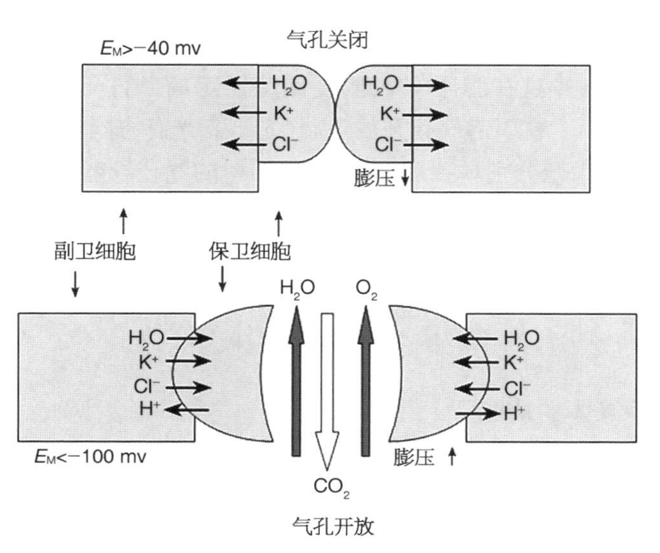

图 13－1　气孔运动机制示意图

根据 Nobel(2009)绘制。

气孔开放是通过保卫细胞中离子(K^+)和溶质(糖和有机酸)的积累实现的：离子和溶质的积累提高渗透势，降低水势，于是保卫细胞从质外体吸收水，保卫细胞体积和膨压增加，结果2个保卫细胞之间的孔隙变宽，气孔开放；气孔关闭时相反的过程发生。气孔开放是质膜质子泵介导的保卫细胞内光信号、光能转换、膜离子运输和代谢活动协作的结果(Shimazaki et al., 2007)。保卫细胞渗透调节通过3个可能的途径。这些途径涉及K^+、Cl^-、苹果酸和蔗糖：① 从质外体吸收K^+、Cl^-或(和)用来自淀粉的碳架合成的苹果酸，用于早晨和蓝光下的气孔开放；② 对DCMU不敏感，蔗糖来自淀粉降解，用于蓝光响应；③ 对DCMU敏感，蔗糖来自保卫细胞的光合碳还原。这些途径的相对重要性随日时刻、植物种类和生长及实验条件不同而变化。简而言之，K^+积累主要用于早晨气孔的迅速开放，而下午膨压的维持主要靠蔗糖。玉米黄质参与气孔对蓝光的响应。

气孔的开关运动受多种内外因素的调节。其响应的时间在几秒到几小时之间。通常，光、高空气湿度和低CO_2浓度促进气孔开放，而黑暗、低湿度、高温和高CO_2浓度以及激素脱落酸促进气孔关闭(Shimazaki et al., 2007)。当然，景天酸代谢(CAM)植物例外，白天气孔关闭，而夜晚气孔开放。

气孔对光的响应至少包括2个组分：一个组分不依赖光合作用，专门响应蓝光，由保卫细胞质膜上的向光素或向光蛋白介导，在弱光下饱和，并且往往与气孔的迅速开放相联系，涉及向光素信号转导下游的质膜H^+-ATP酶活化，14-3-3蛋白、Ca^{2+}、蛋白激酶和磷酸酯酶参与蓝光信号转导，其中14-3-3蛋白是H^+-ATP酶磷酸化活化的活化因子，而H^+-ATP酶将H^+离子泵出保卫细胞时所消耗的ATP主要来自线粒体，部分来自叶绿体(Shimazaki et al., 2007)；另一个组分是光合作用介导的红光响应，在强光下饱和，受光系统II抑制剂DCMU抑制，光受体是叶绿素，通过叶肉细胞光合作用消耗、降低胞间CO_2浓度而导致气孔开放。然而，气孔对红光的开放响应不单是对叶肉细胞光合作用导致的胞间CO_2浓度降低的间接响应，而且包含保卫细胞对红光的直接响应，因为红光也能引起没有叶肉细胞的表皮上的气孔开放，并且在胞间CO_2浓度保持恒定的条件下红光也能促使气孔开放(Messinger et al., 2006)。在引起气孔开放上，红光与蓝光有协同作用：在用红光和蓝光同时照射叶片时气孔导度大于分别单独用红光、蓝光照射的气孔导度之和。

气孔开放涉及多种光受体：① 向光素介导蓝光引起的气孔开放，从而通过消除CO_2进入的气孔限制，加强光合碳固定；② 光敏素是气孔对蓝光响应的调节因子；③ 隐花素也参与气孔开放的调节，缺乏隐花素的突变体的气孔对蓝光的响应减弱，而隐花素的过表达则增强这种响应(Mao et al., 2005)；④ 紫外光(UV-B)受体。

13.1.2 保卫细胞叶绿体的功能

每个保卫细胞内的叶绿体数目因物种不同而异，多数植物含有10～15个叶绿体。保卫细胞内叶绿体对气孔开放的贡献可能有4个方面：① 保卫细胞具有与叶肉细胞类似的色素组成、2个光系统，可以进行非循环电子传递、光合磷酸化和氧释放。在红光下保卫细胞供应ATP给细胞质，质膜H^+-ATP酶用这些ATP泵H^+，推动气孔开放。红光下保卫细胞叶绿体将 NADPH 和 ATP 运输进入细胞质，用于蓝光下合成苹果酸(Shimazaki et al., 2007)。② 参与蓝光信号转导和响应。蓝光诱导的迅速和高度敏感的气孔开放与质膜 H^+ - ATP 酶质子泵的磷酸化相关，并且引起膜上 K^+ 通道活化(Shimazaki et al., 2007)。向光素是主要的蓝光受体。③ 贮存叶绿体内产生的或叶肉细胞输入的光合产物转化形成的淀粉，利用淀粉降解提供的碳架，通过磷酸烯醇式丙酮酸羧化酶(PEPC)固定 CO_2形成草酰乙酸，然后草酰乙酸被还原成苹果酸。④ 产生渗透活跃的糖。虽然普遍认为保卫细胞叶绿体内存在光合碳还原循环酶系统，但是关于它们的活性、功能和在气孔行为中的作用还存在争论。

13.1.3 气孔行为与叶肉光合作用的联系

气孔导度常常与叶肉的光合 CO_2固定协同变化。这种协同可能是由胞间 CO_2浓度介导的。然而，大部分气孔对光和 CO_2的响应经过一个尚不知道的叶肉信号(Mott et al., 2008)，而不是 C_i介导的，因为实验时 C_i被控制在恒定值(Messinger et al., 2006)。

13.1.4 气孔导度与光合速率

在叶片光合作用中同化固定的 CO_2绝大部分来自叶片周围的空气。在从叶片周围空气向叶绿体内 Rubisco 羧化部位扩散的过程中，会遇到多种阻力：一是叶片周围一薄层空气的阻力，即边界层阻力，其大小取决于叶片的大小、形状和表面特性以及叶片周围空气流动的风速等，在叶片小、表面光滑、风速高时，边界层比较薄，阻力小。二是气孔阻力，它受光强、温度、CO_2浓度、土壤、空气(湿度)和叶片水分状况的影响，在光强弱、温度低、CO_2浓度高和水分胁迫时气孔开度小，阻力大。三是气孔下腔和叶肉细胞之间的阻力(以上几项均为气相阻力，以下为液相阻力)。四是被水饱和的细胞壁阻力。五是质膜阻力。六是细胞质阻力。七是叶绿体被膜阻力。八是叶绿体间质阻力。以上各项阻力的倒数为各项导度，其大小见表 13-1。光合速率与这些导度成正比，而与这些阻力成反比。在上述多种导度中，以气孔导度比较小、变动幅度大，所以对光合速率的影响大，而且容易测定(主要是根据流过叶片表面前后空气水汽浓度差计算)，因此往往受到研究者的更多关注。特别是在气孔导度比较低的时候，例如在低空气湿度、轻中度水分胁迫下和光合作用光诱导的中后期以及光合作用“午睡”期间，气孔对光合碳同化施加明显的限制作用。

表 13-1 叶片的水扩散导度组成部分

组 分	导度(mmol $H_2O \cdot m^{-2} \cdot s^{-1}$)
气相	
边界层	1 000
气孔	800(作物)
	75(树木)
细胞间	2 000

（续表）

组　　分	导度($mmol\ H_2O \cdot m^{-2} \cdot s^{-1}$)
液相	
细胞壁	1 200
细胞质膜	400
细胞质	4 000
叶绿体膜与间质	200～400

注：根据 Nobel(2009)资料制表。考虑到CO_2的分子质量大于水，在空气中的扩散速度小于水，仅仅是后者的 1/1.6，所以将水在边界层、气孔和细胞间的扩散导度值乘以 1/1.6，便可以分别得到CO_2通过各部位的扩散导度值。

值得注意的是，除了气孔开度之外，决定叶片最大气孔导度的另外 2 个因素是气孔大小和气孔密度，而且这两者之间存在负相关：气孔越小，气孔密度越大；反之亦然。这种负相关不仅控制最大气孔导度对环境的短期响应和长期适应，而且构成最大气孔导度与气孔大小负相关、与气孔密度正相关的基础(Franks et al.，2009)。在考察气孔导度与光合速率的复杂关系时，不能不考虑这些关系。

13.2　叶肉导度调节

叶肉导度即叶肉组织内的CO_2扩散导度，包括 2 个部分，一是气相的从气孔下腔到许多细胞间相互连通的细胞间隙(g_{ias})；二是液相的从被水饱和的细胞壁到叶绿体内的羧化部位(g_{liq})。前者受叶片发育影响，取决于叶片结构，难以调整或改变，最多可以占总g_m的 50%。后者是g_m的主要部分，并且是可以迅速改变的部分。g_{liq}部分取决于细胞壁和靠近细胞间隙的叶绿体表面等结构，部分取决于生物化学组分如质膜与叶绿体被膜上的水通道蛋白和碳酸酐酶以及光诱导的叶绿体运动。这些组分对g_m调节的各自相对贡献还需要更多的研究来确定(Foyer and Harbinson，2012)。水通道蛋白这个质膜内在蛋白的主要作用是水通道，可是它们还能够运输CO_2和过氧化氢，并且该蛋白的磷酸化在其通道功能中发挥中枢作用。反义抑制水通道蛋白(NtAQP1)基因的实验结果表明，该基因表达水平与g_m正相关。

g_m像g_s一样，可以在几秒钟到几分钟内发生快调节，并且似乎追随g_s的变化。但是，在响应CO_2变化时则先于g_s。g_m随着植物和叶片发育即植龄和叶龄变化，并且对环境条件(水、温度、光照和CO_2)变化作出响应。单子叶、双子叶、落叶、半落叶、常绿和针叶树等许多组植物的g_m平均最大值与g_s相类似(Foyer and Harbinson，2012)，所以对光合作用的限制也类似(Warren，2007)。

Flexas 等(2008)重新考察了多种功能型植物g_m的变化范围和可能的生理基础及可能的生态意义。通常，一年生草本植物的g_m最大，已经测定到大于 1 $mol\ CO_2 \cdot m^{-2} \cdot s^{-1} \cdot bar^{-1}$的$g_m$值和大的变幅(0.3～1.8)；多年生草本和木本落叶被子植物的g_m低得多；而木本常绿植物的g_m最低，略高于 0.1 $mol\ CO_2 \cdot m^{-2} \cdot s^{-1} \cdot bar^{-1}$。阴生叶片的$g_m$低于阳生叶片。叶片从未展开到停止扩展，$g_m$与叶光合能力相平行地增高。相反，在叶片老化过程中$g_m$减少。在不同的遗传与生理背景下，$g_m$与最大气孔导度、$CO_2$同化能力呈正相关。

过去，大部分气体交换研究假定g_m大而恒定，即胞间CO_2浓度等于叶绿体内羧化部位的CO_2浓度(C_c)。近年的大量证据表明，C_c明显小于C_i，能够明显限制光合作用。并且，g_m的变化快于g_s的变化。忽视g_m引起的C_c与C_i的差别会导致对最大羧化速率(V_{cmax})和最大电子传递速率(J_{max})的低估，特别是在g_m明显降低的情况下，V_{cmax}误差可以高达100%(Flexas et al.，2007)。因此，在水分胁迫下，如果g_m减少并随着C_i变化，则必须用适当的方法估计g_m。需要指出，通过提高气孔导度提高净光合速率会导致光合用水效率降低，而通过提高叶肉导度提高净光合速率则会提高光合用水效率。

13.3　酶调节

在光合作用的碳同化调节中，催化碳同化反应的酶系统调节是一个重要方面。光合作用碳同化的酶调节涉及影响酶催化能力的几种因素和酶含量与活性的变化。

在光合作用的酶调节研究中，有时需要进行物流控制分析。物流大小的限制步骤通常在途径的第一步反应或分支点和那些自由能变化大即实际上不可逆的反应步骤。如果一个酶的控制系数接近零，说明它对物流的控制作用很小；如果一个酶的控制系数接近1，则说明它对物流的控制作用很大。

13.3.1　影响酶催化能力的因素

叶绿体间质的pH与离子浓度、氧化还原水平和酶蛋白的磷酸化状态都是决定酶催化能力的基本因素。

(1) 叶绿体间质pH和离子浓度

光合作用电子传递伴随类囊体腔内的质子积累，结果在间质和类囊体腔之间形成2.5～4.0个单位的pH差(因测定方法不同而异)，间质的pH为7.6～8.0。并且，在光下质子流入类囊体腔时，Mg^{2+}和K^+作为补偿，被动地从类囊体腔流出，使间质内的浓度提高到1～3 mmol·L^{-1}。光下间质pH和Mg^{2+}浓度的提高为Rubisco和二磷酸酯酶等的催化活性创造了有利的微环境条件。

(2) 氧化还原水平

多种催化光合碳还原循环反应的酶受叶绿体间质氧化还原水平调节。在这种调节中，通常是铁氧还蛋白(Fd)∶硫氧还蛋白(Trx)还原酶(FTR，分子质量38 kDa)催化铁氧还蛋白还原硫氧还蛋白，然后硫氧还蛋白再还原有关的酶。在这个过程中，起关键作用的是蛋白和酶分子中半胱氨酸残基的氧化与还原。

来自激发态叶绿素分子的电子传递给铁氧还蛋白，然后传递给FTR。FTR将1个电子信号转换为巯基信号，具有互补二硫键的酶可以识别这个信号。通过调节性的二硫键的可逆还原，硫氧还蛋白引起靶酶的结构变化，改变酶的催化特性。铁氧还蛋白-硫氧还蛋白系统通过光推动的二硫键还原这种共价修饰调节这些酶的活性。在黑暗中，氧使这个过程逆转。从某种意义上说，硫氧还蛋白是一个“眼睛”，调节酶通过这个眼睛辨别光与暗。硫氧还蛋白在光下是还原(巯基)型，而在黑暗中则是氧化(二硫键)型。通过这种机制叶绿体可以使无效循环最小，光合作用产量最大。B. B. Buchanan 等于 1971 年发现植物光合作用中由巯基氧化还原控制的氧化还原调节(图 13－2)。

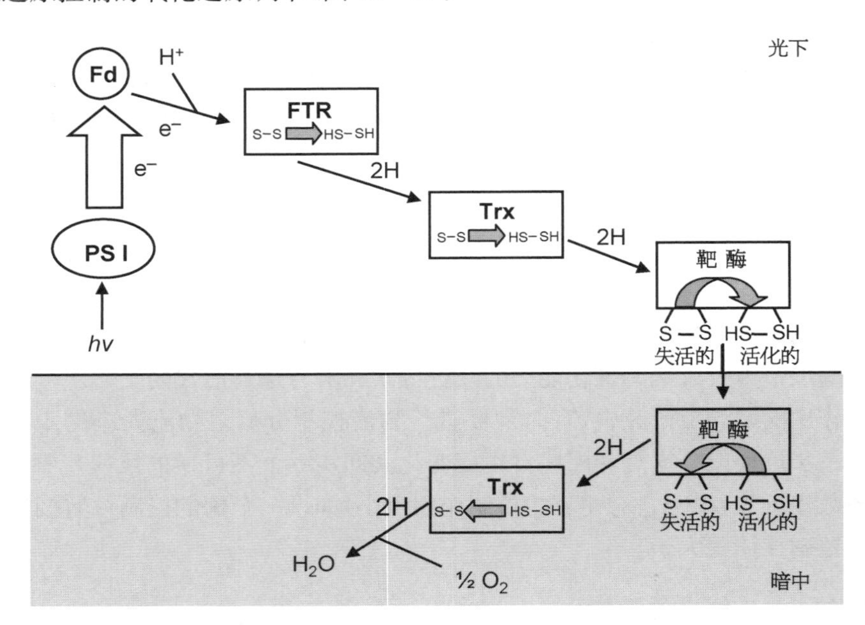

图 13－2 介导酶活化与失活的铁氧还蛋白-硫氧还蛋白系统

根据 Schürmann 和 Buchanan(2001)重画。Fd、FTR 和 Trx 分别为铁氧还蛋白、铁氧还蛋白：硫氧还蛋白还原酶和硫氧还蛋白。

铁氧还蛋白-硫氧还蛋白系统包括 3 个组分：① 铁氧还蛋白(Fd)，介导光系统 I 和依赖 Fd 的一些酶如 Fd：$NADP^+$ 氧化还原酶、亚硝酸还原酶、谷氨酸合酶和铁氧还蛋白：硫氧还蛋白还原酶(FTR)之间的电子传递。Fd 与其反应物之间形成的复合物靠静电相互作用稳定，它提供负电荷，而其反应物提供互补的正电荷。② 铁氧还蛋白：硫氧还蛋白还原酶(它含有一个 4Fe－4S 簇)是这个系统的中心，将来自 Fd 的电子信号转变为巯基信号，传递给硫氧还蛋白。纯化的 FTR 为淡黄褐色，表观分子质量为 20～25 kDa(因物种不同而异)，由催化亚基(13 kDa)和可变亚基(8～13 kDa)组成。可变亚基由核基因组编码，而催化亚基由叶绿体基因组编码，初级结构高度保守，含有 7 个半胱氨酸残基。其中 6 个是其功能所必需的，形成活跃的二硫桥，并与 Fe－S 簇结合。可变亚基的功能尚不明确，可能是稳定催化亚基与 Fd、Trx 的相互作用。③ 硫氧还蛋白，是将巯基信号传递给靶酶的信使。高等植物的叶绿体含有原核型(也被称为细菌型)的 *m* 和真核型的 *f* 两种硫氧还蛋白。图 13－3 描述了铁氧还蛋白-硫氧还蛋白系统介导一些酶光下活化与暗中失活的过程。

还原型硫氧还蛋白 *f* 专一地活化叶绿体中的 NADP－磷酸甘油醛脱氢酶(GAPDH)、果糖二磷酸(FBP)酯酶、景天庚酮糖二磷酸(SBP)酯酶、5－磷酸核酮糖激酶(PRK)、Rubisco 活化

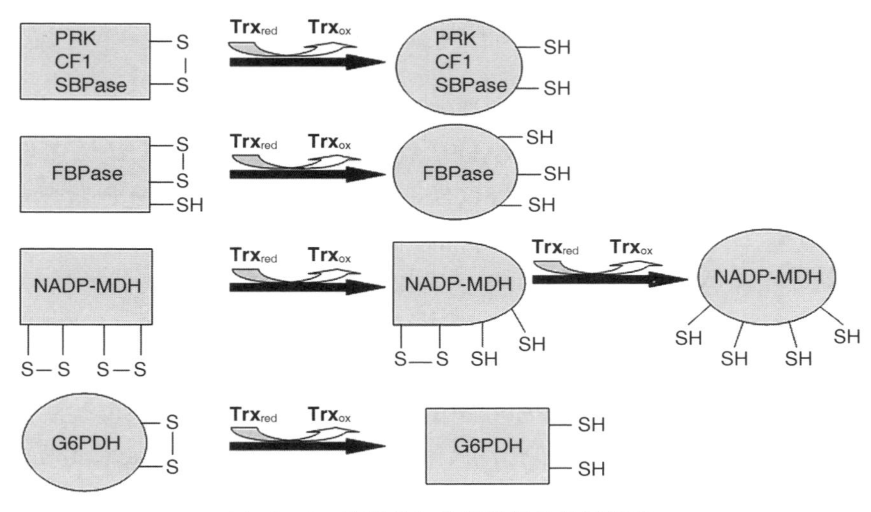

图 13－3　酶活化与失活的氧化还原调节

根据 Schürmann 和 Buchanan(2001)绘制。图中方形代表失活型，椭圆形代表活化型。PRK、CF1、SBPase、FBPase、NADP－MDH 和 G6PDH 分别代表磷酸核酮糖激酶、ATP 合酶、景天庚酮糖二磷酸酯酶、果糖二磷酸酯酶、依赖 NADP 的苹果酸脱氢酶和葡糖－6－磷酸脱氢酶。Trx_{red}和 Trx_{ox}分别代表还原型和氧化型硫氧还蛋白。

酶和 ATP 合酶以及参与脂肪酸合成酶，而还原型硫氧还蛋白 *m* 则有效活化 NADP－MDH 及参与翻译即蛋白质合成的酶，并且可以使葡糖－6－磷酸脱氢酶(G6PDH)失活(图 13－3)。

高等植物和大部分藻类的硫氧还蛋白 *f* 和 *m* 都是核编码蛋白，而一些藻类的硫氧还蛋白 *m* 则由叶绿体基因编码。虽然这 2 种硫氧还蛋白(*f* 和 *m*)都由 FTR 催化还原，但是它们与靶酶的作用还是具有专一性的，也许是根据所带电荷和形状的互补性不同来识别。

GAPDH、FBP 酯酶、SBP 酯酶和 PRK 以及 Rubisco 都具有光活化和暗失活的特性。拟南芥 Rubisco 活化酶的 2 种类型中较大的一类是由硫氧还蛋白 *f* 活化的。这个发现为 Rubisco 活性与光和铁氧还蛋白-硫氧还蛋白系统的联系提供了直接证据。

除了光合碳还原循环中上述多种酶的光活化以外，铁氧还蛋白-硫氧还蛋白系统还参与多种代谢过程的酶调节。在 C_4 植物叶绿体中参与碳捕捉与运输即 CO_2浓缩机制的 NADP－苹果酸脱氢酶(NADP－MDH，分子质量为 85 kDa 的同亚基二聚体)也是依赖光并且需要硫氧还蛋白活化的(Leegood，2008)。叶绿体内的 ATP 合酶活性也以光为开关，铁氧还蛋白-硫氧还蛋白系统参与其光下活化——γ 亚基上的二硫键还原，进行高速的 ATP 合成，而在黑暗中它因二硫键(菠菜该酶的 Cys199 和 Cys205 之间)的形成而失活，以避免该酶催化的逆向反应——ATP 的浪费性水解。硫氧还蛋白还调节光系统 II 核心组分 D1 蛋白基因 *psb*A 的翻译，控制脂肪酸的生物合成，而且还在高等植物的氮同化中发挥调节作用。

有趣的是，光可以降低 6－磷酸葡萄糖脱氢酶(G6PDH)的活性。G6PDH 催化氧化戊糖磷酸循环的第一步反应：6－磷酸葡萄糖氧化和 NADP 还原。它是唯一在生理条件下被硫氧还蛋白还原而失活的叶绿体酶。硫氧还蛋白还原使 G6PDH 失活，可以确保在光合作用期间氧化戊糖磷酸循环不与还原戊糖磷酸循环同时运转，防止浪费 ATP 的无效循环。

除了上述硫氧还蛋白系统外，在植物细胞中还有谷氧还蛋白系统。这个系统包括谷氧还蛋白、谷胱甘肽和谷胱甘肽还原酶。

实际上，在光自养细胞中有一个强健的氧化-还原网络，将代谢和调节、信号联系起来。这个网中的各种氧化还原组分包括 Fd：$NADP^+$ 氧化还原酶(FNR)、Fd、硫氧还蛋白(Trx)、谷氧还蛋白(Grx)、质体醌(PQ)和谷胱甘肽(GSH)等产生并传送氧化还原状况信息。甘油醛-3-磷酸脱氢酶(GAPDH)催化 CO_2 还原和碳水化合物氧化的中心反应步骤，涉及 2 种能量载体 NAD(P)H 和 ATP。它在质体、细胞质和细胞核中有 3 种不同的类型，是这个氧化还原调节网络复杂性、灵活性和强健性的一个突出例证(Scheibe and Dietz, 2012)。

(3) 蛋白磷酸化状态

通过蛋白磷酸化调节的酶包括 PEPC、丙酮酸：正磷酸双激酶和磷酸烯醇式丙酮酸羧激酶(PEPCK)(Leegood, 2008)。PEPC 的磷酸化是 C_4 光合作用中的基本调节事件。把光刺激和 PEPC 蛋白激酶活性上调联系起来的信号转导链涉及 pH、Ca^{2+} 和肌醇三磷酸等第二信使(详见 PEPC 活性调节一节)。

13.3.2 光合碳还原循环酶系统

光合碳还原循环酶系统主要包括 Rubisco 和 Rubisco 活化酶及催化光合碳还原循环中磷酸甘油酸还原、RuBP 再生系列反应的那些酶。

(1) Rubisco

活化——氨基甲酰化，即 Rubisco 由没有催化能力的形式转化为具有催化能力的形式，需要其 201 位赖氨酸残基的氨基甲酰化。在弱碱性条件下，这种氨基甲酰化自动发生，并且被 Mg^{2+} 和几种活化部位残基稳定。这种氨基甲酰化只引起大亚基构象的微小变化。相反，RuBP 和别种磷酸化的配位体结合却会导致活化部位及其周围结构大变化。在黑暗中，叶绿体间质中的 Mg^{2+} 与类囊体腔内的质子交换，使得叶绿体间质的 pH 和 Mg^{2+} 浓度降低，导致 Rubisco 失活；在光下则相反，光合电子传递伴随的质子向类囊体腔内运输，间质的 pH 和 Mg^{2+} 浓度增高，导致 Rubisco 活化。所以，在测定酶活性以前，需要将纯化的 Rubisco 在偏碱性 pH 下与 Mg^{2+} ($20\ mmol \cdot L^{-1}$)和 $NaHCO_3$ ($10\ mmol \cdot L^{-1}$)一起保温几分钟，使其活化。CO_2 对 Rubisco 有双重作用：一是羧化底物；二是活化辅助因子。T. J. Andrews 和 G. H. Lorimer 于 1987 年提出如下活化机制：

$$E + {}^{A}CO_2 \leftrightarrow E \cdot {}^{A}CO_2$$

$$E \cdot {}^{A}CO_2 + Mg^{2+} \leftrightarrow E \cdot {}^{A}CO_2 \cdot Mg^{2+} \text{(活化)}$$

酶与 CO_2 的结合，即 CO_2 与大亚基专门的赖氨酸残基的 ε-氨基结合，就是氨基甲酰化，Mg^{2+} 与氨基甲酰化的酶结合产生活化型的酶。如果 RuBP 与非氨基甲酰化酶紧密结合，会阻止酶与活化剂 CO_2 结合，从而阻止酶活化。

Rubisco 活化需要 Rubisco 活化酶。Rubisco 活化酶是核编码的叶绿体蛋白，有大小(45～47 kDa 和 41～44 kDa)不同的 2 种同等型。Rubisco 活化酶作用于 Rubisco，使其释放结合的天然抑制剂2-羧基阿拉伯糖醇-1-磷酸(CA1P)或1,5-二磷酸木酮糖(CABP)。这种抑制剂在夜间积累,第二天早晨随着光强增高而从酶上释放。在那些Rubisco活化酶数量减少的植物中,这种抑制剂释放与Rubisco重新活化是缓慢的。当CA1P通过脱离或活化酶转化被从Rubisco活化部位释放时,这个抑制剂被叶绿体间质中专门的磷酸酯酶去磷酸化。这个抑制剂的出现、消失和其磷酸酯酶活性都表现出日周期。该酶在夜间失活,而在活跃光合作用期间发挥作用。它有一套巯基参与其活性调节。它能通过还原的硫氧还蛋白或谷胱甘肽水平变化感知叶绿体间质的氧化还原状态。CA1P仅存在于一些植物如大豆、马铃薯和烟草中,菜豆CA1P含量特别高,而菠菜、小麦和拟南芥却几乎没有。

催化特性——Rubisco催化反应的机制包括4个步骤:① 活化的酶催化质子从RuBP的第3个C原子脱离,形成烯醇化合物;② CO_2或O_2与烯醇化合物进行羧化或加氧作用,形成阿拉伯糖醇二磷酸中间产物;③ 中间产物第3碳原子上的羰基发生水合作用;④ 水合产物裂解成2分子磷酸甘油酸(羧化的结果)或1分子磷酸甘油酸和1分子磷酸乙醇酸(加氧的产物)。

Rubisco催化的RuBP羧化反应与RuBP加氧反应的比率由其催化速率和对2种底物(CO_2和O_2)的亲和性决定,受空气中CO_2和O_2浓度的影响。米氏常数K_M就是使反应速率达到底物饱和时反应速率一半时的底物浓度,而酶的周转数k_{cat}就是在饱和底物浓度下每秒每个酶分子能够加工处理的底物分子数。利用这些参数可以计算出Rubisco对CO_2的专一性因子τ和催化效率k_{cat}/K_m。

$$\tau=\{k_{cat}{}^{CO_2}/K_m{}^{CO_2}\}/\{k_{cat}{}^{O_2}/K_m{}^{O_2}\}$$

在某一CO_2、O_2浓度($[CO_2]$、$[O_2]$)下实际的羧化、加氧速率(V_{CO_2}、V_{O_2})可以由k_{cat}和K_M计算,并且存在如下关系:$V_{CO_2}/V_{O_2}=\tau\times[CO_2]/[O_2]$

由此式得到高等植物的τ值为80左右。在普通空气{$[CO_2]$为0.035%和$[O_2]$为21%}和生理条件下,羧化速率与加氧速率之比大约为3。由于CO_2在水中的溶解度随温度的增高而下降快于O_2,$[CO_2]/[O_2]$和羧化速率与加氧速率之比会随温度的增高而下降。Rubisco的k_{cat}很低,仅为3~4,以致需要靠高浓度的酶实现高CO_2固定速率。叶绿体内典型的Rubisco浓度为4 mmol·L^{-1},高达底物CO_2浓度的1 000倍,占叶片可溶蛋白的50%之多。Rubisco对CO_2的专一性随物种不同而变化。蓝细菌和厌氧光合细菌的τ值很低,分别大约为35和10。这对它们并不是很不利的条件,因为厌氧光合细菌生活在无氧环境中,而蓝细菌具有CO_2浓缩机制。然而,一些喜温红藻*Galdieria partita* Tokara和*Cyanidium caldarium* RK-1的Rubisco的τ值却高于200,分别为238和222。这意味着Rubisco还有较大改善的余地。

除了上面谈到的催化RuBP的羧化、加氧以外,Rubisco还行使异构酶的功能,以比较低但却明显的速率催化RuBP的异构反应,形成RuBP的一些异构体,其中最值得注意的是二磷酸木酮糖,它是高等植物Rubisco的一个强有力抑制剂,能够稳定失活态的Rubisco。

虽然在CO_2饱和条件下,叶片提取物的Rubisco(分子质量550 kDa)的羧化活性可以达到叶片光合速率的几倍,可是在体内CO_2浓度下它的活性刚好与叶片的光合速率相当。通常，叶片的净光合速率与 Rubisco 活性或含量呈显著正相关。

酶含量变化——与强光下生长的植物相比，弱光下生长的植物叶片 Rubisco 含量低。与细胞色素 b_6f 含量强相关的电子传递能力通常也与 Rubisco 能力相关，在弱光下两者平行地减少。光对 Rubisco 丰度的影响涉及不同机制，包括改变基因转录速率、mRNA 翻译、翻译后调节和蛋白周转等。

C_3植物叶片中的氮大约 25%在 Rubisco 中，而在 C_4植物，Rubisco 仅占叶片含氮量的 10%～15%。氮营养水平对叶片中的 Rubisco 含量具有决定性影响。叶片氮含量与 Rubisco 含量的关系通常是线性的。同时，Rubisco 含量的差异还伴随另一些叶绿体蛋白和叶绿素含量的变化，以便保持 RuBP 羧化和 RuBP 再生的平衡。

酶活化水平——在黑暗中，Rubisco 的活化水平（体外初始活性与最大活性之比）很低，照光后随光强的增高而提高。Rubisco 的活化水平还与 CO_2浓度有关。在 CO_2浓度低于 CO_2补偿点时和在高 CO_2浓度下，Rubisco 的活化水平都降低。在磷酸化的代谢物积累和 Pi 耗尽的情况下 Rubisco 的活化水平也都降低。

在体内，Rubisco 的活化与失活都比较慢，活化过程需要 4～5 min，而失活过程则需要 20～25 min。催化光合碳还原循环反应的另一些酶的活化与失活都比它快得多。Rubisco 的这种慢活化与更慢的失活对碳同化能力具有深刻的影响。

不同类型植物的 Rubisco　与 C_3植物相类似，在强光下测定的 C_4植物净光合速率与 Rubisco 活性（或含量）密切相关。与 C_3植物不同，C_4植物的 Rubisco 决定 CO_2饱和的净光合速率，而 PEP 羧化决定 CO_2响应曲线的初始斜率。C_4植物 Rubisco 的动力学常数明显不同于 C_3植物。在 C_4植物中，Rubisco 的总活性低，但是其比活性高。在 C_3植物中，有 2 种调节 Rubisco 活性的机制：一是通过 Rubisco 活化酶调节酶的氨甲酰状态；二是在黑暗中天然抑制剂与酶的紧密结合。大部分 C_4植物只通过光与暗之间氨甲酰化状态的变化调节 Rubisco 活性。与 C_4植物不同，CAM 植物 Rubisco 的数量和最大活性都高于 PEPC，类似于 C_3植物的 Rubisco，动力学常数也与 C_3植物相似。

碳同化的 Rubisco 控制　I. E. Woodrow 及其同事创立了估计光合作用中边界层、气孔、叶肉（液相 CO_2扩散）和 Rubisco 的物流控制系数方法。通常，C_3植物的 Rubisco 对光合作用的控制作用比较大，其强光下的物流控制系数为 0.6～0.8。弱光下生长的烟草 Rubisco 控制系数很低（0.03～0.1），而生长在强光（750～2 000 $\mu mol \cdot m^{-2} \cdot s^{-1}$）下的烟草、向日葵和大豆的控制系数为 0.25～0.8，因物种、温度、施肥和光水平不同而变化。氮肥供应不足、弱光下生长的植物突然被转移到强光下都会提高这个控制系数，而 CO_2浓度的突然提高却会使这个系数降低。

虽然在饱和光和普通空气 CO_2浓度下 Rubisco 是叶片光合速率的主要限制因素，但是在大部分情况下 Rubisco 的控制系数都小于 1。这意味着 Rubisco 不是唯一的控制因素，CO_2从叶片外进入叶片内羧化部位的几种导度和其他一些酶也对光合速率发挥控制作用。

(2) Rubisco 活化酶

Rubisco 的活化受其活化酶（RCA）调节。RCA 是一种核编码的可溶性叶绿体蛋白，属于

AAA家族成员，Rubisco的伴侣蛋白(chaperones)。RCA发挥作用依赖ATP水解。RCA专门从氨甲酰化和未氨甲酰化的Rubisco上去除抑制剂糖磷酯，从而促进Rubisco活化。

RCA的ATP酶活性受ADP抑制，受叶绿体间质内ATP/ADP比率调节。RCA的活性对叶绿体间质中ADP/ATP比率很敏感。在黑暗中这个比率是1，活化酶的活性很低，而在光下它为1/2～1/3，RCA的活性接近其最大活性的一半。在对光波动的响应中，RCA的ATP酶活性的这种变化调节Rubisco活性。

在大部分植物中，RCA都有大小不同的α和β两种同等型(isoforms)。较大的α同等型对ADP抑制更敏感。α同等型还受硫氧还蛋白f(Trx-f)调节，Trx-f可以改变其C末端2个半胱氨酸残基的氧化还原状态。在光下，氧化态的Trx-f在铁氧还蛋白：硫氧还蛋白还原酶催化下被来自光系统I的铁氧还蛋白还原。还原态的Trx-f还原那2个氧化态的半胱氨酸残基(二硫键)，结果导致RCA活化。

只有较大的RCA(α同等型)多聚体才有Rubisco活化活性。茄科植物如烟草的RCA不能活化非茄科植物如菠菜的Rubisco，而非茄科植物的RCA也不能活化茄科植物的Rubisco。这种物种专一性的主要决定因素在RCA的羧基末端。这种专一性可能是由于茄科植物只有β同等型，而没有α同等型。

RCA活化Rubisco的作用机制模型如下：糖磷酯抑制剂结合到Rubisco大亚基开放的活化部位上，使它们形成关闭结构。通过核苷酸交换，RCA-ADP变成RCA-ATP，导致RCA构象的微小变化，促进RCA的聚合和与具有关闭结构的Rubisco结合，结果含有8个活化部位的Rubisco全酶被包括16(或8)个RCA亚单位的环形结构包围，形成RCA-Rubisco超复合体。超复合体中RCA结合的ATP水解导致无机磷的释放和RCA及Rubisco构象变化，形成Rubisco的开放结构，引起抑制剂的释放和RCA环形结构的解离以及从Rubisco上脱离，最后形成活化的Rubisco和RCA-ADP。RCA-ADP通过核苷酸交换变成RCA-ATP后，再参与下一轮聚合及与Rubisco结合(Portis，2003)。RCA核苷酸结合位点的点突变研究结果表明，一些保守的精氨酸残基R241或R244、R294或R296是其活性的关键部位，RCA这些部位的精氨酸被替换成丙氨酸后便丧失活化Rubisco的能力(Li et al.，2006)。

Rubisco活化速率几乎线性地依赖RCA含量。并且，RCA含量很低的转基因植物叶片的光合速率很低，光合作用的光诱导速度也很低。RCA含量表现出明显的日变化，光期开始后增高，而夜间最低，与Rubisco活化的生理节律相一致。

在光合作用对温度的响应中，RCA起极其重要的作用。在这种情况下，它是一种新型的伴侣蛋白，可以保持Rubisco的催化活性。RCA是一个热不稳定的酶，在中等高温下它的失活常导致光合速率降低。因此，具有高热稳定性的RCA将改善光合与生长(Salvucci and Crafts-Brandner，2004)。在正常温度下，RCA的数量对于维持稳态光合作用的需要来说是过量的，但是在较高温度下却不是过量的。增加RCA的数量有可能改善植物光合作用的耐热性。RCA热稳定性强的拟南芥变种具有较高的光合作用和生长速率(Kumar et al.，2009)；一种野生水稻的耐热性被归因于热稳定的RCA对Rubisco活化的维持(Scafaro et al., 2016)。如今 RCA 又被称为 Rubisco 的分子"理疗师"(chiropractor)(Shivhare and Mueller-Cajar, 2018)。

(3) 其他酶

在催化光合碳还原循环反应的 10 种酶中,FBPase、SBPase、PRK 和 GAPDH 都通过铁氧还蛋白-硫氧还蛋白系统由光活化。在由黑暗中转到光下时,这些酶的光活化都经历几分钟的延迟,所以光合作用不能立即达到较高的稳态。在对光/暗转换的响应中,一个小分子蛋白(CP12)介导的超分子复合物 GAPDH/CP12/PRK 的可逆形成与解离可以使 PRK 和 GAPDH 迅速活化与失活(Marri et al., 2009)。

在这 10 种酶中,物流控制系数可以接近 1 的有 SBP 酯酶、醛缩酶和转酮酶,对光合碳还原循环物流施加较大控制作用,它们有可能成为旨在改善光合功能的遗传工程靶标。

另外,叶绿体膜上的磷转运蛋白(29 kDa)负责叶绿体内光合产物磷酸丙糖(磷酸甘油醛或磷酸双羟丙酮)与细胞质内的无机磷(Pi)的对等交换,输出磷酸丙糖的同时输入 Pi。这不仅是细胞内 2 个区域之间通讯的一种方法,而且为叶绿体内碳同化的不断进行和细胞质内的蔗糖合成以及光合产物在淀粉和蔗糖之间分配的调节提供必不可少的条件。通过反义技术产生的磷转运蛋白减少的转基因植株 Pi 输入叶绿体的能力降低,同时最大光合速率也降低。

13.3.3 C_4途径酶系统

(1) PEPC

磷酸烯醇式丙酮酸羧化酶(PEPC)广泛分布在植物、绿藻和微生物中。C_4植物具有一种特有类型的 PEPC。它位于叶肉细胞内,催化 C_4光合途径中的初级 CO_2固定。

酶特性——PEPC 是一个同质四聚体,每个亚基的分子质量大约为 110 kDa。蛋白提取物中的二聚体是有活性的,问题是还不知道体内二聚体/四聚体平衡有什么生理意义。X-射线结晶学分析已经清楚地显示了大肠杆菌中这个酶的三维结构,定位了亚基上的活性部位和调节区域。

当二价阳离子(通常是 Mg^{2+})存在时,PEPC 催化 PEP 与 HCO_3^-之间的 β-羧化放能反应。这个反应通过一个分段机制完成:可逆并限速的羧基磷酸形成和丙酮酸的烯醇化,在 PEPC 的活性部位内羧基磷酸裂解为无机磷和游离的 CO_2,然后 CO_2与烯醇式丙酮酸反应形成草酰乙酸。

磷酸化的中间产物如磷酸丙糖和磷酸六碳糖是 PEPC 的活化剂,而一些有机酸如苹果酸、天冬氨酸和谷氨酸则是它的抑制剂。PEPC 遭受 2 个作用相反的机制控制:一个是末端产物 L-苹果酸的反馈抑制;另一个是 6-磷酸葡糖的变构活化。L-苹果酸似乎是一个竞争性抑制剂,而 6-磷酸葡糖则通过降低 K_m值提高 PEPC 对 PEP 的表观亲和力,于是这个正效应剂加强对底物的亲和力,与 L-苹果酸竞争同酶的相互作用。PEPC 遭受代谢物、细胞质 pH 和本身丝氨酸残基可逆磷酸化的调节。代谢物可以直接与酶相互作用而改变酶活性,可逆磷酸化改变酶对代谢物效应剂的敏感性。

磷酸化调节——PEPC丝氨酸残基的磷酸化使PEPC活化，失去对苹果酸的亲和力，免受苹果酸的抑制。该酶的最大活性和对苹果酸的敏感性与其磷酸化程度相关。PEPC磷酸化水平的降低与叶片光合速率的降低相关。在高粱和玉米，PEPC磷酸化的部位分别是多肽靠近N末端的第8位和第15位丝氨酸残基。PEPC的最大磷酸化依赖于光强，并且在叶片照光100 min后才可以实现。

C_4 PEPC的磷酸化调节具有重要的生理意义。在强光下的C_4植物叶片中，C_4 PEPC面对将要输入临近维管束鞘细胞的毫摩尔浓度(10～20 mmol·L^{-1})的L-苹果酸。这样高浓度的苹果酸可以严重削弱去磷酸化的C_4 PEPC的催化活性。然而，完全磷酸化的C_4 PEPC明显降低对L-苹果酸的敏感性。因此，当叶肉细胞中L-苹果酸的浓度高时C_4 PEPC可以继续进行碳固定。

(2) 碳酸酐酶

PEPC催化的PEP羧化的底物不是CO_2，而是HCO_3^-。因此，必须首先由碳酸酐酶(carbonic anhydrase, CA)催化的CO_2水合反应将CO_2变成HCO_3^-，才能用于PEPC催化的PEP羧化反应。所以，可以把CA看作参与C_4循环的第一个酶。

CA是一种含锌的金属酶，能够催化CO_2与HCO_3^-之间高速(可达10^6 s^{-1})可逆转化。有3种没有明显同源性的CA，虽然结构不同，但是它们的活性部位严格类似，并且催化机制也一样，活性部位的金属原子结合的一个OH^-攻击CO_2分子，形成一个锌结合的HCO_3^-，然后HCO_3^-被一个水分子取代。其平衡式如下：

$$CO_2+H_2O \leftrightarrow H_2CO_3 \leftrightarrow HCO_3^- + H^+ \leftrightarrow CO_3^{2-} + 2H^+$$

这种平衡依赖溶液的pH：pH低于6.4时CO_2占优势，pH在6.4～10.3时HCO_3^-占优势，而pH高于10.3时，CO_3^{2-}占优势。

在绿藻中，位于类囊体腔内的CA催化腔内的碳酸氢根迅速脱水放出CO_2，CO_2通过扩散跨越类囊体膜，进入叶绿体间质中的淀粉核内，供那里的Rubisco碳固定使用。

在C_3植物中，大部分CA活性在叶肉细胞内叶绿体的间质中，促进CO_2扩散到Rubisco。奇怪的是，通过反义RNA技术产生的CA活性减少98%～99%的转基因烟草光合速率没有受到明显影响。

在C_4植物中，CA活性主要在叶肉细胞细胞质的可溶性部分，促进CO_2水合，为PEPC提供专门的无机碳底物。CA的抑制剂乙氧苯唑胺处理可以使C_4叶片的光合速率降低40%，并提高CO_2补偿点，加强光合作用的氧抑制，但是它却不抑制C_3叶片的光合作用。

(3) 其他酶

丙酮酸：正磷酸双激酶(PPDK)——催化将丙酮酸和磷酸转化为磷酸烯醇式丙酮酸(PEP)和焦磷酸(PPi)的可逆反应，即PEP再生步骤。通过涉及磷酸化的机制，光使PPDK活化，并且其最大活性与光合速率密切相关。

NADP-苹果酸脱氢酶(NADP-MDH)——将PEPC催化产生的草酰乙酸(OAA)转化为苹果酸。该酶受硫氧还蛋白系统调节。C_4植物叶片光合作用对光依赖的一个重要原因就是该酶活化状态对光的依赖。光合作用中产生的电子依次被用于还原铁氧还蛋白、硫氧还蛋白和靶酶 NADP - MDH 上的二硫桥，从而使酶活化。NADP - MDH 的活化受 NADP 抑制。只有在高 NADPH/NADP 比例条件下，才有高比例还原型的 NADP - MDH 以致高速率的草酰乙酸还原。

NADP -苹果酸酶(NADP - ME)——位于维管束鞘细胞的叶绿体内，催化脱羧释放 CO_2 的反应。叶绿体内依赖光的 pH、Mg^{2+} 和苹果酸浓度的变化对 NADP - ME 具有重要调节作用。

NAD -苹果酸酶(NAD - ME)——存在于 NAD - ME 亚型维管束鞘细胞的线粒体内，催化苹果酸脱羧形成丙酮酸和 CO_2。光下 ATP/ADP 比率增高可以促进脱羧，呼吸作用引起的跨线粒体膜质子梯度增高也可以促进脱羧。

磷酸烯醇式丙酮酸羧激酶(PEP - CK)——存在于 PEP - CK 亚型维管束鞘细胞的线粒体内，主要催化草酰乙酸的脱羧反应，去磷酸化的酶是活化型。PEP - CK 的调节与 PEPC 精确协同(Bailey et al., 2007)。

转氨酶——催化草酰乙酸转化为天冬氨酸(天冬氨酸氨基转移酶，AspAT)，或丙酮酸转化为丙氨酸(丙氨酸氨基转移酶，AlaAT)。由 OAA 形成苹果酸还是天冬氨酸，因 C_4 植物亚型的不同而异。在 C_4 植物叶片中，通过转氨酶的物流似乎主要受它们的底物浓度控制，而不是酶活性的共价修饰或与代谢物效应剂相互作用的调节。

13.3.4 光合产物合成酶系统

这里说的光合产物主要是指末端产物淀粉和蔗糖。淀粉合成主要涉及 ADP -葡萄糖焦磷酸化酶，而蔗糖合成主要涉及蔗糖磷酸合酶和细胞质果糖- 1,6 -二磷酸酯酶。

(1) ADP -葡糖焦磷酸化酶

ADP -葡糖焦磷酸化酶的活化剂是 PGA，而 Pi 是其抑制剂。该酶对叶绿体间质内 PGA/Pi 比率的别构响应是淀粉合成的重要调节因素。这个比率的增高可以活化该酶，从而促进淀粉的迅速合成。通过 PGA/Pi 比率调节 ADP -葡糖焦磷酸化酶具有 2 个重要作用：一是该比率提高导致淀粉合成增加；二是该比率降低抑制淀粉合成，或者抑制蔗糖合成，并且防止耗尽光合碳还原循环的中间产物。对 PGA 和 Pi 的不同响应确保该酶行使一个阀门的作用。

(2) 蔗糖磷酸合酶

蔗糖磷酸合酶(SPS)的光活化是酶蛋白去磷酸化的结果。这个酶的活化伴随最大反应速度(V_{max})的增加或对底物 UDP -葡糖和 6 -磷酸果糖以及活化剂 6 -磷酸葡萄糖亲和力的提高和 Pi 抑制作用的降低。代谢物可以通过翻译后的蛋白修饰和蛋白量的变化调节 SPS 活性。

SPS 参与蔗糖合成的前馈和反馈调节。光合速率的提高导致细胞质 FBP 酯酶活性提高和 SPS 的活化，为前馈调节。细胞质内蔗糖的积累导致 SPS 失活和 FBP 浓度的提高以致 FBP 酯酶活性降低以及叶绿体 PGA 输出减少，结果蔗糖合成速率降低，而叶绿体内的淀粉合成速率提高，为反馈调节。这里，PGA/Pi 比率提高是 CO_2 固定与蔗糖合成不平衡的灵敏标志。

SPS 是蔗糖合成的关键调节酶。SPS 的过表达使 SPS 活性和光合速率提高，叶片蔗糖含量加倍。蔗糖合成速率降低导致淀粉合成速率提高，这种分配变化不伴随光合速率降低。玉米叶片 SPS 受光活化，活性表现出明显的日变化，并且经受蛋白磷酸化调节。SPS 磷酸化使其失活，而去磷酸化使其活化。

(3) 细胞质果糖-1,6-二磷酸酯酶

细胞质果糖-1,6-二磷酸酯酶(FBPase)在光合碳代谢中的作用犹如一个阀门：它控制用于蔗糖合成的碳流速率，而且通过其对底物亲和力的变化设置这种碳提取的阈值。磷酸丙糖离开光合碳还原循环用于蔗糖合成的速率部分取决于细胞质 FBPase 底物的有效性，部分取决于该酶抑制剂例如 2,6-二磷酸果糖。2,6-二磷酸果糖积累，抑制蔗糖合成。

在玉米叶片中，蔗糖合成发生在叶肉细胞内，而淀粉合成则在维管束鞘细胞内进行。叶肉细胞和维管束鞘细胞之间 Pi 和 PGA、磷酸丙糖的交换都借助叶绿体被膜上的 Pi 转运蛋白。C_4 植物叶片内蔗糖和淀粉合成除受该转运蛋白调节以外，还受上述 3 种酶控制。

13.4　植物激素调节

生长素、细胞分裂素和赤霉素对叶片的光合作用有促进作用。吲哚乙酸(indole-3-acetic acid, IAA)可以通过加强光合磷酸化而促进叶绿体光合碳同化。细胞分裂素和玉米素能够提高蚕豆和黄麻的光合速率(图 13-4)。

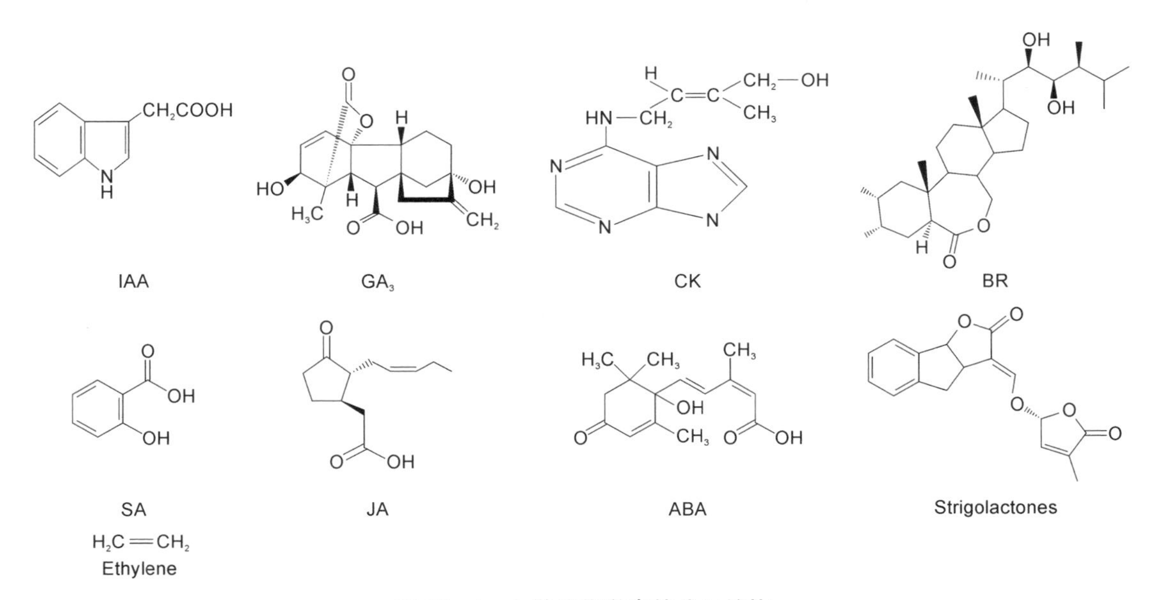

图 13-4　九种植物激素的分子结构

IAA——吲哚乙酸；GA_3——赤霉素；CK——细胞分裂素；BR——油菜素内酯；SA——水杨酸；JA——茉莉酸；ABA——脱落酸；Strigolactones——独脚金内酯；Ethylene——乙烯。

关于赤霉素(GA)对光合作用的影响,主要见于促进作用、抑制作用和没有作用的研究报告中。那些有促进作用的结果都是在GA处理几天之后观察到的,未必是GA对光合机构的直接作用,长期处理会影响植物生长发育的许多方面。Yuan和Xu(2001)观察到低浓度(9 $\mu mol \cdot L^{-1}$)GA_3短期(1 h)处理后,蚕豆叶片光合速率明显提高,伴随气孔导度增高和胞间CO_2浓度降低,叶片羧化效率明显提高,但是电子传递速率和碳同化的量子效率没有什么变化。与这些结果相一致,GA_3处理叶片的Rubisco含量和RuBP羧化活性明显增高。GA_3处理对叶片净光合速率的促进作用主要是增加Rubisco含量和羧化活性的结果。

脱落酸(ABA)对叶片光合作用的抑制主要是通过气孔导度降低实现的,因此是一种间接作用。已经有多方面的实验结果证明这一点:① ABA处理既不妨碍RuBP再生,也不影响Rubisco活化水平和总活性;② ABA不能抑制离体叶肉细胞和叶绿体的光合活性;③ 除掉叶片表皮后,叶片对CO_2浓度变化的响应和最大光合速率都不受ABA影响。尽管ABA能够通过气孔导度降低而降低光合速率,但是它却能消除NaCl对豌豆光合作用的抑制作用,促进盐胁迫下一些肉质植物光合作用的C_3途径向CAM途径转变。

ABA促使气孔关闭的原因可能有:一是ABA引起保卫细胞质膜上阴离子通道活化和膜去极化以及K^+流出通道的活化,导致K^+流出保卫细胞;二是ABA抑制H^+泵。

参考文献

Bailey KJ, Gray JE, Walker RP, 2007. Coordinate regulation of phosphoenolpyruvate carboxylase and phospho*enol*pyruvate carboxykinase by light and CO_2 during C_4 photosynthesis. Plant Physiol, 144: 479 - 486.

Franks PJ, Drake PL, Beerling DJ, 2009. Plasticity in maximum stomatal conductance constrained by negative correlation between stomatal size and density: an analysis using *Eucalyptus globules*. Plant Cell Environ, 32: 1737 - 1748.

Flexas J, Ortuno MF, Ribas-Carbo M, et al., 2007. Mesophyll conductance to CO_2 in *Arabidopsis thaliana*. New Phytol, 175: 501 - 511.

Flexas J, Ribas-Carbo M, Diaz-Espejo A, et al., 2008. Mesophyll conductance to CO_2: current knowledge and future prospects. Plant Cell Environ, 31: 602 - 621.

Foyer CH, Harbinson J, 2012. Photosynthetic regulation//Flexas J, Loreto F, Medrano H (eds). Terrestrial Photosynthesis in a Changing Environment: A Molecular, Physiological and Ecological Approach. Cambridge, UK: Cambridge University Press: 20 - 40.

Kumar A, Li C, Portis AR Jr, 2009. *Arabidopsis thaliana* expressing a thermostable chimeric Rubisco activase exhibits enhanced growth and higher rates of photosynthesis at moderately high temperatures. Photosynth Res, 100: 143 - 153.

Leegood RC, 2008. C_4 photosynthesis: minor or major adjustments to a C_3 theme? //Sheehy JE, Mitchell PL, Hardy B (eds). Charting New Pathway to C_4 Rice. Singapore: World Scientific Publishing: 81 - 94.

Li CS, Wang DF, Portis AR Jr, 2006. Identification of critical arginine residues in the functioning of Rubisco activase. Arch Biochem Biophys, 450: 176 - 182.

Mao J, Zhang YC, Sang Y, et al., 2005. A role for *Arabidopsis* cryptochromes and COP1 in the regulation of stomatal opening. Proc Natl Acad Sci USA, 102: 12270 - 12275.

Marri L, Zaffagnini M, Collin V, et al., 2009. Prompt and easy activation by specific thioredoxins of Calvin cycle enzymes of *Arabidopsis thaliana* associated in the GAPDH/CP12/PRK supramolecular complex. Mol Plant, 2: 259 - 269.

Messinger SM, Buckley TN, Mott KA, 2006. Evidence for involvement of photosynthetic processes in the stomatal responses to CO_2. Plant Physiol, 140: 771 - 778.

Mott KA, Sibbernsen ED, Shope JC, 2008. The role of mesophyll in stomatal response to light and CO_2. Plant Cell Environ, 31: 1299 - 1306.

Nobel PS, 2009. Leaves and fluxes//Nobel PS. Physicochemical and Environmental Plant Physiol, Fourth Edition. Amsterdam: Academic Press: 365 - 437.

Portis AR Jr, 2003. Rubisco activase—Rubisco's catalytic chaperone. Photosynth Res, 75: 11 - 27.

Salvucci ME, Crafts-Brandner SJ, 2004. Relationship between the heat tolerance of photosynthesis and the thermal stability of Rubisco activase in plants from contrasting thermal environments. Plant Physiol, 134: 1460 - 1470.

Scafaro AP, Galle A, Van Rie J, et al., 2016. Heat tolerance in a wild *Oryza species* is attributed to maintenance of Rubisco activation by a thermally stable Rubisco activase ortholog. New Phytol, 211: 899 - 911.

Scheibe R, Dietz KJ, 2012. reduction-oxidation network for flexible adjustment of cellular metabolism in photoautotrophic cells. Plant Cell Environ, 35: 202 - 216.

Schurmann P, Buchanan BB, 2001. The structure and function of the ferredoxin/thioredoxin system in photosynthesis//Aro EM, Andersson B (eds). Regulation of Photosynthesis. The Netherlands: Kluwer Academic Publishers: 331 - 361.

Shimazaki K, Doi M, Assmann SM, et al., 2007. Light regulation of stomatal movements. Annu Rev Plant Biol, 58: 219 - 247.

Shivhare D, Mueller-Cajar O, 2018. Rubisco activase: The molecular chiropractor of the word's most abundant proten//Baber J, Ruban AV (eds). Photosynthsis and Bioenergetics. Singapore: World Scientific: 159 - 187.

Warren CR, 2007. Does growth temperature affect the temperature response of photosynthesis and internal conductance to CO_2? A test with *Eucalyptus regnans*. Tree Physiol, 28: 11 - 19.

Yuan L, Xu DQ, 2001. Stimulation effect of gibberellic acid short-term treatment on leaf photosynthesis related to the increase in Rubisco content in broad bean and soybean. Photosynth Res, 68: 39 - 47.

第 14 章

能 量 耗 散

光合机构吸收的光能有多种可能的去向：① 用于光合作用反应中心叶绿素分子的光化学反应，导致电荷分离及后来的光合电子传递；② 以热的形式散失，即热耗散，或非光化学猝灭(non-photochemical quenching, NPQ)；③ 以叶绿素荧光的形式发射出去；④ 通过一些代谢过程如光呼吸、"水-水循环"和叶绿体呼吸等将过量的光能消耗(称为耗能代谢)。实际上，除第一个去向外，后面几个去向都是能量耗散过程。

光化学反应和热耗散都能引起叶绿素荧光发射强度降低，即叶绿素荧光猝灭。光化学反应引起的叶绿素荧光猝灭被称为光化学猝灭，而热耗散引起的荧光猝灭被称为非光化学猝灭。关于 NPQ，有专门的论文集问世(Demmig-Adams et al., 2014)。

根据光诱导和暗弛豫动力学特征的不同，NPQ 起初被分为 3 个不同的组分：高能态猝灭或反馈去激发(qE)、状态转换猝灭(qT)和光抑制猝灭(qI)。它们的暗弛豫时间分别为短于 2 min、约 15 min 和长于 60 min。其实，状态转换是一种平衡 2 个光系统光能吸收与分配的方法。在光系统 II 优势吸收的光下，类囊体膜由状态 1 转变到状态 2，导致光系统 II 获得的光能减少，而光系统 I 获得的光能增加。虽然光系统 I 增加的这部分能量不能用于光系统 II 的光化学反应，但是可以用于光系统 I 的光化学反应。因此，将这种状态转换引起的光系统 II 的荧光猝灭称为非光化学猝灭是不恰当的。并且，这种猝灭主要发生在弱光下，在强光下它对光合机构的保护作用与另外 2 种猝灭相比是很有限的。所以，近年来在关于能量耗散的文章中已经很少有人提到它，这里也不予讨论。

14.1 高能态猝灭

高能态猝灭(qE)即第 5 章中所说的依赖跨类囊体膜质子梯度的能量耗散，也被称为反馈去激发。它是 NPQ 中最快的组分。与高等植物相比，硅藻的 qE 很慢，以致与 qI 在时间上重叠。在非胁迫条件下和中等至饱和光范围内，qE 是 NPQ 的主要组分；在过饱和光和同时存在其他胁迫的条件下，qI 成为 NPQ 的优势组分。

尽管 qE 的生物学意义已经确定，但是其分子机制还不清楚。高能态猝灭需要几个必不可少的条件：跨类囊体膜的质子梯度(ΔpH)、叶黄素循环、PsbS 蛋白和天线 LCH II。它也被称为灵活的能量耗散，在有利于生长的环境条件下是占优势的耗散机制(Demmig-Adams et al., 2006)。人们已经开始理解 qE 运转时激发能有效转化为热的物理过程。高等植物的

qE 模型大致如下：当叶绿体内产生的同化力超过碳同化等的需要时类囊体腔内酸化，这种低 pH 诱导叶黄素循环中的玉米黄素合成和 PsbS 蛋白质子化，这些变化引起捕光复合体(LHCII)构象变化，从而导致通过激发态叶绿素与胡萝卜素之间能量传递实现过量激发能的热耗散(Peers et al., 2009)。

14.1.1 PsbS 蛋白的作用

PsbS 是光系统 II 超分子复合体的一个亚单位 S 蛋白(分子质量 22 kDa)，位于光系统 II 的外围。PsbS 很可能与另外的 LHCII 库相结合，而不是强有力地附着在光系统 II 超分子复合体上，但是这些 LHCII 可以将能量传递给光系统 II 核心。PsbS 与叶绿素结合蛋白 LHCII(Lhcb1～3)、CP29(Lhcb4)、CP26(Lhcb5)和 CP24(Lhcb6)明显不同，它是唯一在叶绿素不存在时仍然稳定的脱辅基蛋白质，并且没有叶绿素结合蛋白都有的用于结合叶绿素的大部分氨基酸残基。PsbS 的不同聚合态对光系统 II 核心和 LHCII 天线具有不同的亲和力：双体优先与光系统 II 核心结合，而单体优先与 LHCII 天线结合。这种与 LHCII 天线结合的单体参与能量耗散。

K. K. Niyogi 及其同事证明，PsbS 是植物 qE 所必需的。类囊体的 PsbS 数量是 qE 能力的决定因素。点突变研究确定，在类囊体腔一侧的 2 个谷氨酸残基(E122 和 E226)可能是 PsbS 的质子结合部位，涉及对类囊体腔内 pH 的检测和 qE 的开关(Li et al., 2004)。

现在比较一致的看法是，PsbS 不是猝灭部位，而是类囊体腔 pH 的传感器和附近天线蛋白 qE 的开关，在这些天线蛋白上发生单线激发态叶绿素($^1Chl^*$)的猝灭(Li et al., 2009)。

虽然单细胞绿藻等具有编码 PsbS 的基因，但是还没有在这些藻类检测到 PsbS 蛋白。藻类使用不同的蛋白去调节过量光下光合作用的光能捕获，即将天线从捕光态转变为保护性的能量耗散态。绿藻的 LHCSR(LHC 蛋白超家族的成员，维管植物没有这个蛋白)就是这种蛋白。强光可以诱导 LHCSR 积累和与其相关联的 qE 能力(Peers et al., 2009)。

14.1.2 类胡萝卜素的作用

在植物体内有 2 种不同的叶黄素循环：一种是紫黄质(V)—花药黄质(A)—玉米黄质(Z)之间的循环，即紫黄质循环；另一种是环氧化的叶黄素(lutein, Lut)与去环氧的叶黄素之间的可逆转化，即叶黄素环氧化循环(Garcia-Plazaola et al., 2007)。环氧化的 V 和 lutein 存在于弱光下和黑暗中，而去环氧的 A、Z 和 Lut 存在于强光下。紫黄质循环存在于所有陆生植物中，而叶黄素环氧化循环只存在于一些种类植物中。

紫黄质循环中紫黄质(V)向玉米黄质(Z 或 Zea)的转化是完成 qE 诱导所必需的。在强光下，去环氧酶催化含有双环氧的 V 经过含单环氧的花药黄质(A)到无环氧的 Z 的转化。NPQ 能力严重降低的拟南芥突变体 *npq1* 受影响的是编码 V 去环氧酶的基因，并且通过将该基因引入 *npq1* 而使 NPQ 恢复到野生型水平。

Z 与$^1Chl^*$猝灭有关。按照直接猝灭假说，Z 的单线激发态(S_1)，以及 A 和 Lut 能够通过能量或(和)电子传递非辐射地猝灭$^1Chl^*$，而 V 则不能。飞秒瞬变光吸收实验结果也表明，Z 可以作为激发态叶绿素的直接猝灭剂，猝灭过量的激发能。按照间接猝灭假说，类胡萝卜素之间的结构差异允许 qE 所需要的变构调节，即 Z 引起色素蛋白复合体的构象变化，这种变化导致与激发态叶绿素的相互作用，从而发生观察到的猝灭，但是在 V 存在时不发生这种猝灭。在直接猝灭机制中，猝灭者是类胡萝卜素；而在间接猝灭机制中，猝灭者是叶绿素。另外，胡萝卜素与叶绿素之间的激子相互作用也可以导致 qE。

在光合生物中，胡萝卜素氧化的衍生物叶黄素结合于外周天线复合体，而胡萝卜素结合于核心复合体。这些结合于光系统的色素都具有稳定复合体、提高其捕光能力和防御其遭受光破坏的作用（Cazzaniga et al.，2012）。

14.1.3 捕光天线的作用

qE 至少有 2 个不同猝灭部位：一个是依赖 PsbS，在照光时从光系统 II 核心复合体脱离的主要天线 LHCII；另一个是不依赖 PsbS，在与光系统 II 核心复合体结合的次要天线。关于能量耗散的分子机制如叶黄素循环和天线的作用等，可以参阅一些综述文章（Pinnola et al.，2018）。

14.2 光抑制猝灭

光抑制猝灭，顾名思义，就是光合机构接受的能量超过光合作用的需要而发生光抑制时的能量耗散过程，涉及天线猝灭和反应中心猝灭 2 种不同的机制。

14.2.1 天线猝灭

这里说的天线猝灭与上一节讨论的高能态猝灭的明显区别是：高能态猝灭是 NPQ 的快组分，在数秒至数分钟内完成；而天线猝灭是 NPQ 的慢组分，往往在数十分钟内完成。两者相同的是：都与叶黄素循环中 A 向 Z 的转化及 PsbS 蛋白有关。

阐明过量光能非光化学耗散的天线猝灭机制及叶黄素循环在光合机构光破坏防御中的作用，是光合作用研究中的一个焦点。捕光的叶黄素紫黄质 V（含双环氧）向花药黄质 A（含单环氧）和玉米黄质 Z（无环氧）的顺序转化与反向转化构成的叶黄素循环，是天线猝灭的一个基本特征。一些学者认为这种猝灭机制是光系统 II 光破坏防御的主要机制。

在天线猝灭中，依赖 zeaxanthin 的猝灭（qZ）是一个慢发展（10～30 min）和慢弛豫（relaxation）的组分。它可能是由于次要天线复合体 Lhcb4～6 即 CP29、CP26 和 CP24 上 Chl－Zea 电荷传递态的形成（Avenson et al.，2008a；Avenson et al.，2008b）。它可以在仍然与光系统 II 结合的天线复合体上发生（Holzwarth et al.，2009）。传统意义的 qI（光合效率减低）实际上反映光系统 II 的持续下调、失活和破坏，其中必然包括 qZ 和发生在反应中心的猝灭或能量耗散。如果把 qZ 从 qI 中分离出来，那么 qI 只能是依赖光系统 II 反应中心可逆失活和破坏的能量耗散。

根据热带常绿植物和越冬植物叶中叶黄素 Z 和 A 的持久保留，一些学者提出一个持久的依赖叶黄素的能量耗散观念。它涉及类囊体腔的持久酸化，在黑暗中也如此。这种猝灭似乎与低温和强光下 LHCII 重组成含叶黄素的聚集体有关（Öquist and Huner, 2003）。主要是在不利于生长的环境条件下发生光抑制的常绿植物观测到这种持久的能量耗散。它不依赖 ΔpH，但是与 Z 和 A 的保留相联系，即使在温暖的黑暗中也不能迅速衰减（弛豫），而且与光系统 II 核心蛋白 D1 持久的磷酸化相关（Demmig-Adams et al., 2006）。D1 蛋白持久的磷酸化可能涉及光系统 II 反应中心从光化学反应中心向能量耗散中心的转化。不过，还没有在中生植物中见到这种持久的天线猝灭研究报告。有趣的是，与中等光（*PPFD* 为 300 μmol · m^{-2} · s^{-1}）相比，强光（*PPFD* 为 1 500 μmol · m^{-2} · s^{-1}）下生长缓慢的常绿植物光合能力不增加，但是依赖 pH 的能量耗散能力、PsbS 和（Z+A）水平却明显提高，而生长快速的作物则相反，光合能力明显增加，但是后面几项指标却不明显提高（Demmig-Adams et al., 2006）。需要指出，在越冬的常绿植物中观察到的持久能量耗散很可能与光合机构的严重破坏相联系，因为经过一个夜晚的恢复后，黎明前以 F_V/F_M 表示的叶片光系统 II 的最大光化学效率仍然很低（0.2 左右）。仅仅遭受强光的常绿植物则不同，黎明前的 F_V/F_M 值与中等光的对照、一年生作物没有区别，表明它们持久的能量耗散不与光合机构的破坏相联系。

14.2.2 反应中心猝灭

除了天线猝灭机制之外，还存在反应中心猝灭机制。G. H. Krause 提出，光化学上活跃的光系统 II 反应中心转化为失活的反应中心是一个有效的能量耗散机制（Krause and Weis, 1991）。强光能够引起这种转化。活跃的光系统 II 反应中心（光系统 II_α）是二聚体，而失活的反应中心（光系统 II_β）是单体。失活的反应中心复合体是一个有力的过量激发能的猝灭器，可以有效地保护那些活跃的反应中心复合体免于光破坏（Matsubara and Chow, 2004）。

失活的光系统 II 反应中心可以迅速（30～60 min）恢复，这种恢复依赖光，但是不依赖温度和叶绿体蛋白质合成。这表明失活的光系统 II 反应中心即猝灭中心可以快速而可逆地转化为有活性的中心（Krause and Weis, 1991）。这里介绍的反应中心猝灭就是第 5 章中简单提到的依赖反应中心可逆失活的能量耗散。

(1) 实验证据

在植物和蓝细菌中已经有大量反应中心猝灭的证据（Krause and Weis, 1991; Matsubara and Chow, 2004）。反应中心猝灭不依赖玉米黄质，而且不能用天线猝灭来解释。多种冷适应的光合生物发生过量光能的反应中心猝灭，例如松树、菠菜、玉米、拟南芥、大麦和蓝细菌、绿藻。

与局限于真核光合生物并且依赖叶黄素循环的天线猝灭机制不同，反应中心猝灭机制表现在所有原核和真核光合放氧光自养生物中。它似乎既推动 qE 也推动 qI。反应中心猝灭的 qI 部分与一些光系统 II 的可逆失活（Finazzi et al., 2004）及光破坏有关。

(2) 前提条件

反应中心猝灭的前提是 Q_A 的过还原（Öquist and Huner, 2003）。在光合电子传递过程中，PQH_2的氧化受扩散限制，因此依赖温度。并且，光系统 I 通过细胞色素 b_6f 和质体蓝素对 PQH_2的氧化是非循环电子传递的限速步骤。当光合碳同化、氮同化等对光能的使用慢于对光能的吸收时，PQ 被光化学反应还原的速率超过 PQH_2被氧化的速率，导致 PQ 库过还原和光系统 II 反应中心关闭。关闭的反应中心为 Yz $P680^+$ Pheo Q_A^- Q_B，而开放的反应中心为 Yz P680Pheo Q_A Q_B（Ivanov et al.，2008）。

可以通过叶绿素荧光诱导测定激发压：$1-qP$。通过电子受体 Q_A和 Q_B氧化还原电位的改变，在光系统 II 反应中心复合体内发生的过量光能的耗散可能是冷适应植物的一种能量耗散机制。

（3）分子机制

反应中心猝灭的分子机制难以捉摸，一个可能的机制是 Q_A^- 与 $P680^+$的电荷重新结合，基本上是电荷分离反应的逆转（Yz $P680^+$ Pheo Q_A^- Q_B → Yz P680 Pheo Q_A Q_B + 能量，Ivanov et al.，2008）。D2 多肽 Q_A区域构象的微妙变化改变 Q_A的氧化还原电位，这种改变有利于具有保护作用的电荷重新结合，从而防止三线态叶绿素诱发的单线态氧的破坏。经过细胞色素(Cyt)b_{559}导致 $P680^+$还原的光系统 II 循环电子传递（参见第 12 章）是一个光合作用受限制条件下防御光破坏的反应中心能量耗散机制。

有人认为靠近 P680 的一个叶绿素分子是光系统 II 的原初电子受体，至少在可以忍受完全脱水并且在强光下不发生光氧化破坏的苔藓和地衣是这样。光激发引起光系统 II 反应中心叶绿素分子的电荷分离，形成自由基对 $P680^+Chl^-$，然后 $P680^+$使附近的类胡萝卜素分子氧化形成 Car^+，接着 Chl^-使 Car^+还原，于是在反应中心复合体内完成了一个电子传递的循环，相当于 $P680^+$与 Chl^-之间的电荷重结合。这就是脱水引起的光系统 II 反应中心内能量耗散的分子基础。这种热耗散猝灭单线激发态的叶绿素，防止三线激发态叶绿素的积累以及后来破坏性单线态氧的形成，从而保护反应中心免于光破坏（Heber et al.，2006）。

在光破坏防御中，反应中心猝灭是对天线猝灭的补充，并且光系统 II 反应中心的动态变化是原核和真核光自养生物对易于导致还原型 Q_A积累的环境条件的普遍响应，有可能是最古老的光破坏防御机制（Ivanov et al.，2008）。

14.2.3 NPQ 的物种差异或多样性

在从 *PPFD* 为 300 的弱光转移到强光（1 500）下以后，短命的生长迅速的一年生植物如菠菜光合速率和生长速率提高，而长命慢生长的常绿植物如蓬莱蕉（*Monstera deliciosa*）热耗散能力提高。在强光下，前者光合速率和叶黄素库[（V＋A＋Z）/Chl]明显增加，PsbS/PSII 和 NPQ 没有明显变化，而后者光合速率没有明显变化，但是（V＋A＋Z）/Chl、PsbS/PSII 和 NPQ 却明显提高（Demmig-Adams et al.，2012）。

原核生物蓝细菌没有真核生物藻类和高等植物那种膜蛋白复合体捕光天线系统（LHC），但是有很大的膜外捕光天线复合体藻胆体（phycobilisome，PBS）。这两类生物 NPQ 的分子过程类似，但是其机制却完全不同。前者参与 NPQ 调节的是橘色类胡萝卜素蛋白（orange carotenoid protein，OCP）（Kirilovsky，2015；Kirilovsky and Kerfeld，2016），后者却是

PsbS 蛋白。

(1) 原核生物

蓝细菌 NPQ 机制涉及 3 个必要的部件：OCP、FRP（荧光恢复蛋白）和 PBS（藻胆体）。OCP 是 35 kDa 的水溶性蛋白，结合 1 个类胡萝卜素分子，是一个光活化蛋白。FRP 是 13 kDa 的水溶性蛋白，不结合载色体，其活化型是双体。在黑暗中或弱光下，OCP 主要是橘色的失活型 OCP^{o}，并且不与 PBS 结合；当类胡萝卜素分子吸收蓝绿光后，引起类胡萝卜素分子的羰基与蛋白分子的酪氨酸（Tyr201）、色氨酸（Trp288）残基之间的氢键断裂，类胡萝卜素分子发生构象变化，导致 OCP 结构从封闭转化为开放，成为红色的活化型 OCP^{r}，OCP^{r} 只在强光下需要光破坏防御机制运转时积累；OCP^{r} 的 N 端与 PBS 核心一个基部的圆柱体结合，引起 PBS 荧光猝灭。这种猝灭的大小依赖 OCP^{r} 浓度及其与 PBS 的亲和性，而 OCP^{r} 浓度主要取决于细胞内 OCP 浓度与光强。当不再需要这种猝灭时，OCP^{r} 转化回 OCP^{o}。OCP^{r} 脱离 PBS 并转化至 OCP^{o} 需要 FRP 参与。FRP 双体与 OCP^{r} 的 C 端结合，帮助 OCP 脱离 PBS，加速 OCP^{r} 向 OCP^{o} 转化。这种转化在黑暗中发生，并且被较高的温度加速。

(2) 真核生物

真核生物与原核生物 NPQ 之间的主要不同在于能量耗散功能的触发机制。在高等植物和藻类中，活化信号是相对于 ATP/NADPH 消耗反应过量的电子传递引起的类囊体腔的低 pH，而在蓝细菌中，强蓝绿光或白光通过 OCP 的光转化直接引起 NPQ 活化，不依赖 ΔpH 或下游代谢反应速率。于是，在引起光合电子传递链过还原的一切条件下（低 CO_2、营养亏缺、低温、强光等）高等植物和藻类的 NPQ 机制开始运转，而蓝细菌的 NPQ 机制仅仅在强光下开始运转。

在藻类和高等植物中，光吸收与 ATP 使用失衡即光吸收过量转变为类囊体腔内外质子梯度增高，成为活化保护性 NPQ 的主要信号。同时，NADPH 积累并被用于活化循环电子传递，进一步降低类囊体腔内 pH，即增加 ΔpH。这增加的 ΔpH 使 PsbS 和 LHCSR 蛋白暴露的氨基酸残基质子化，从而触发光系统 II 天线系统的 NPQ 活化。这个反馈机制帮助调整捕光效率以适应细胞使用光化学反应产物的能力。在一个更长的时间范围内，植物光合产物库对光合产物的消耗也影响 NPQ 活性。

绿藻、苔藓的 NPQ 依赖 LHC 类蛋白 LHCSR（硅藻中的类似物 LHCX）。该蛋白的积累水平强烈依赖光强。它像大多数真核生物的 LHC 天线一样，有 3 个跨膜螺旋，结合叶绿素和类胡萝卜素（硅藻主要是岩藻黄质，绿藻主要是叶黄素）。它与天线蛋白的主要区别是具有增强的热耗散能力。它从附近的天线复合体接受能量并以热的形式耗散。强光下类囊体腔 pH 的降低进一步增加这种猝灭活性。叶黄素循环色素对 NPQ 影响的大小因物种不同而异。它与附近天线蛋白的相互作用也调节 NPQ。

维管植物的基因组不含 *lhcsr* 基因（编码 LHCSR 蛋白），它们的 NPQ 受 PsbS 蛋白调节。PsbS 蛋白负责 NPQ 的活化。从藻类向高等植物演化的中间体苔藓具有 LHCSR 和 PsbS 两种蛋白，都能活化诱导 NPQ。并且，PsbS 蛋白的积累需要紫外辐射受体 UVR8，而 LHCSR 蛋白积累却需要蓝光活化的向光蛋白（Petroutsos et al.，2016）。陆地上多紫外辐射，而水中多蓝光。这些事实都意味着 PsbS 蛋白是在植物登陆并适应陆地生境过程中演化发生的。

PsbS 在演化上与 LHC 蛋白有关，但是它有 4 个而不是 LHC 蛋白家族多数成员的 3 个跨膜螺旋，并且它缺乏大部分保守的叶绿素配位体。X 射线晶体学解析结果表明，PsbS 蛋白单体不结合色素分子(Fan et al., 2015)。当类囊体腔酸化时，PsbS 蛋白是 NPQ 活化的传感器。虽然 PsbS 是 qE 活化的基础，但是对于 NPQ 的完全活化，仅有 PsbS 还不够，还需要玉米黄质(Zea)和叶黄素(Lut)参与。在强光下从紫黄质(Vio)转化为 Zea 只需要几分钟，而在弱光下由 Zea 转化回 Vio 却需要大约 1 h。这个慢环氧化的 Zea 库负责 NPQ 的 qZ 组分。qZ 可能是由于与天线复合体 Lhcb5 或 CP26 结合，CP26 对 NPQ 的这个慢组分特别重要。当然，这个观点已经遇到挑战(Xu et al., 2015)。光系统 II 的次要天线单体(Lhcb4、Lhcb5 和 Lhcb6)参与 qE 的最快部分，而主要天线 LHCII 的 Lhcb1 参与 qE 的次快部分。

PsbS 和 LHCSR 具有一些类似性：它们都是 LHC 类跨膜蛋白，都是 qE 和 NPQ 活性所必需的，都具有可以检测类囊体腔 pH 并质子化的氨基酸残基，都被低 pH 活化，活性都受叶黄素调节，都有双体结构，都需要相互作用的天线蛋白参与 NPQ 活化。它们的不同之处在于 LHCSR 具有叶绿素、叶黄素配位体，而 PsbS 没有；LHCSR 是能量耗散部位，又是 NPQ 的调节者，PsbS 却只是调节者，而不是能量耗散部位；LHCSR 位于间质片层和基粒边缘，而 PsbS 却主要位于基粒片层，靠近光系统 II 超复合体；PsbS 与主要天线 LHCII 相互作用，而 LHCSR 与同光系统 I 相结合的 LHCII 相互作用。

在一篇关于防御光破坏的能量耗散评论中，Pinnola 等(2018)介绍了原核生物和真核生物的 NPQ，特别是它们的 NPQ 使用不同的调节蛋白，蓝细菌的橘色类胡萝卜素蛋白(OCP)、绿藻逆境有关的捕光复合体(LHCSR)和高等植物的 PsbS 蛋白，分析了植物在演化中何以用 PsbS 蛋白替代 LHCSR：在弱光下 LHCSR 就可以耗散一部分捕获的光能，解决这个浪费问题的一个办法是，只在强光下需要能量耗散时才积累 LHCSR。这就使细胞在光强突然变化 LHCSR 还来不及积累时面临光破坏的危险。这样，PsbS 蛋白的出现就是恰当的，它既可以避免光能的无谓浪费(因为在有限光下以至 NPQ 是失活的情况下，捕光天线吸收的光能也可尽可能高效地被反应中心用于光化学反应)又可以消除过量光下的光破坏危险。

14.3 代谢耗能

除了上述高能态猝灭和光抑制猝灭或依赖跨类囊体膜质子梯度和依赖叶黄素循环及依赖反应中心可逆失活的几种能量耗散之外，还有一些通过代谢过程耗散过量光能的机制，例如光呼吸、“水-水循环”和叶绿体呼吸等。

14.3.1 光呼吸

当植物处于环境胁迫之下光合作用需要的 CO_2 供应受限制时，在光呼吸和梅勒反应中 O_2

代替 CO_2 被还原,以维持光合作用电子流,在光合机构的光破坏防御中发挥重要作用。据估计,在空气 CO_2 浓度和25℃下,经过Rubisco通向光呼吸的电子大约占总电子流的20%。

14.3.2 水-水循环

"水-水循环"这个术语描述如下事实:水既是光系统II放氧复合体水氧化裂解反应中初始的还原剂,也是后来超氧化物还原反应的最后产物。在光能过剩的条件下,来自水氧化反应的一部分电子传递给分子氧,形成的活性氧再被一系列酶和非酶反应转变为水,通过这样的水-水循环使过剩的光能无害地耗散。因此,正如水-水循环电子流图式(Logan, 2006)所描述的,涉及一系列反应的水-水循环,除了作为光合电子或还原力的一个库耗散过剩能量之外,什么也没产生。

叶绿体内的水-水循环是一个分子氧被来自光系统II的4个电子(来自2个水分子的氧化)在光系统I的还原侧光还原成2个水分子的过程。使用 $^{18}O_2$ 可以直接观察到这个循环。这个循环从头至尾的化学计量如下:

$$2H_2{}^{16}O \longrightarrow {}^{16}O_2 + 4e^- + 4H^+ \quad (光系统II)$$

$$^{18}O_2 + 4e^- + 4H^+ \longrightarrow 2H_2{}^{18}O \quad (光系统I)$$

(1) 反应过程

整个水-水循环(图14-1)由8个反应构成,包括一些酶催化的反应和一些非酶催化的反应。

(2) 生理功能

由于循环中清除超氧阴离子自由基的反应速率比其产生速率高几个数量级,可以有效地防止这些活性氧对光合机构的破坏作用。水-水循环的基本功能是在光系统I产生的活性氧对靶分子发生破坏作用以前迅速地清除它们。另外,它像围绕光系统I的循环电子流一样,通过跨类囊体膜质子梯度的建立而只合成ATP,不形成NADPH。因此,它可能有与围绕光系统I的循环电子流类似的保护功能:细调ATP/NADPH比例,以满足 CO_2 固定与还原的需要,防止电子传递链成分的过还原;跨类囊体膜质子梯度的建立可以引起光系统II的热耗散。水-水循环可以耗散来自光系统II的电子,比围绕光系统I的循环电子流更有效地耗散过量的光能。循环电子流是一个能

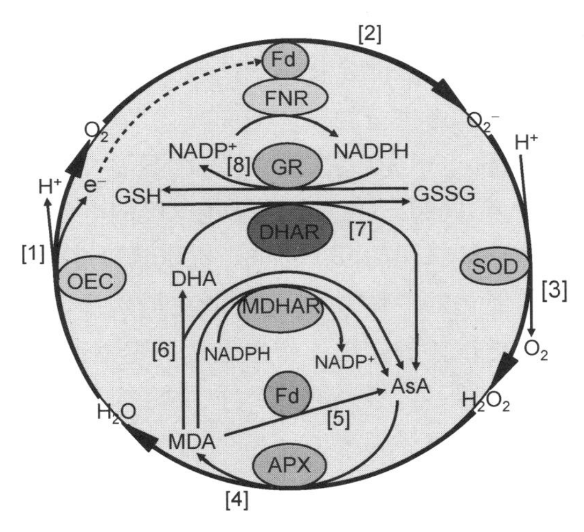

图14-1 水-水循环

APX——抗坏血酸过氧化物酶;AsA——抗坏血酸;DHA——脱氢抗坏血酸;DHAR——脱氢抗坏血酸还原酶;Fd——铁氧还蛋白;FNR——铁氧还蛋白:NADP+还原酶;GR——谷胱甘肽还原酶;GSH——还原型谷胱甘肽;GSSG——氧化型谷胱甘肽;MDA——单脱氢抗坏血酸;MDHAR——单脱氢抗坏血酸还原酶;OEC——放氧复合体;SOD——超氧化物歧化酶。括弧内数字表明水-水循环中的8个反应步骤。水氧化释放的电子依次经过光系统II、细胞色素 b_6f、质体蓝素和光系统I等传递给Fd。参考Endo和Asada(2006)绘制。

量转化系统，而水-水循环是一个能量耗散系统(Endo and Asada, 2006)。

水-水循环具有多方面的生理功能：一是清除叶绿体内的活性氧；二是作为过剩电子的电子库；三是耗散过剩的光能，缺乏水-水循环的突变体不能显示叶绿素荧光的非光化学猝灭(Higuchi et al., 2009)；四是为光合碳同化提供 ATP。在无氧条件下，藻和完整叶绿体的光合作用无法开始，抑制水-水循环会拉长高等植物光合作用碳同化的光诱导期。这些事实都表明，水-水循环是光合作用运转所不可缺少的。在藻和植物照光后 CO_2 固定开始之前，通过水-水循环的电子流速率通常很高，然后逐步降低，当 CO_2 固定增高至光响应曲线的高原时达到稳态。

近年的一些研究结果表明，与上述发生在光系统 I 附近的水-水循环不同，还有一种发生在光系统 II 附近的水-水循环。质体醌末端氧化酶(PTOX)催化后一种水-水循环，将来自光系统 II 水氧化的电子经过质体醌传递给分子氧。蓝细菌和一种海洋绿藻的这种电子流达到水氧化产生电子的 50%(Bailey et al., 2008)。这种水-水循环在光合作用受光系统 I 有效性限制例如铁缺乏时发生，其好处是可以导致一个 ΔpH 介导的 NPQ 响应，并支持 ATP 合成。与强光和 CO_2 限制下的循环电子传递相似，这种光系统 II 附近的水-水循环可以提高单位光系统 I 的 ATP 合成，帮助细胞维持营养不足或其他条件导致光系统 I 水平明显降低时的生存。

14.3.3 叶绿体呼吸

“叶绿体呼吸”这个术语用来描述与线粒体呼吸不同的发生在叶绿体内的呼吸作用，即在叶绿体内进行的质体醌非光化学还原与氧化过程。在叶绿体内存在一个叶绿体呼吸电子传递链，电子先后经过 NAD(P)H 脱氢酶(NDH)、质体醌和类囊体膜上的叶绿体氧化酶传递给氧，同时产生一个跨类囊体膜的电化学梯度，涉及质体编码的 NDH 复合体和核编码的质体末端氧化酶(PTOX)。质体醌醇过氧化物酶是一个参与叶绿体呼吸的组分。作为类囊体膜能化的一种方法，它可能在黑暗条件下或没成熟的叶绿体和不进行光合作用的质体中具有更重要的作用。作为强光下避免光系统 II 过还原的安全阀，它与光呼吸不同，不涉及其他细胞器，可以形成 ATP，在黑暗条件下最大，但是在强光下也运转。

参与质体醌暗中还原的酶可能有铁氧还蛋白：质体醌氧化还原酶(FQR)、铁氧还蛋白：$NADP^+$ 氧化还原酶(FNR)、线粒体复合物 I 的同系物和 NADH 脱氢酶同系物以及另一些脱氢酶。在黑暗中质体醌库还原的主要途径经过 NADPH 和 Fd，这个途径与围绕光系统 I 的循环电子传递可能是共同的，并且由一个或几个 FQR 介导。一些膜结合的 FNR 具有 FQR 活性。

参与质体醌醇暗中氧化的酶可能有质体醌末端氧化酶(PTOX)、过氧化物酶(以过氧化氢为电子受体催化底物氧化)和高电位的细胞色素 b_{559}(Cyt b_{559})。Cyt b_{559} 可能起质体醌醇氧化酶的作用。PTOX 可能有防止质体醌库过还原的作用。否则，质体醌库的过还原会产生活性氧，导致氧化破坏。PTOX 的一个关键作用是保持发育中的叶绿体及另一些质体内质体醌库足够高的氧化水平，使胡萝卜素合成期间八氢番茄红素得以去饱和。

叶绿体呼吸酶的主要作用不是参与经典的呼吸链去推动ATP合成，而是在推动围绕光系统Ⅰ的循环电子传递、胡萝卜素的生物合成和防御光合机构遭受光破坏等方面发挥重要的辅助作用(Nixon and Rich，2006)。

参考文献

Avenson TJ，Ahn TK，Zigmantas D，et al.，2008a. Zeaxanthin radical cation formation in minor light-harvesting complexes of higher plant antenna. J Biol Chem，283：3550－3558.

Avenson TJ，Ballottari M，Cheng YC，et al.，2008b. Architecture of a charge-transfer state regulating light harvesting in a plant antenna protein. Science，320：794－797.

Bailey S，Melis A，Mackey KRM，et al.，2008. Alternative photosynthetic electron flow to oxygen in marine *Synechococcus*. Biochim Biophys Acta，1777：269－276.

Cazzaniga S，Li Z，Niyogi KK，et al.，2012. The *Arabidopsis szl*1 mutant reveals a critical role of β－carotene in photosystem I photoprotection. Plant Physiol，159：1745－1758.

Demmig-Adams B，Garab G，Adams WIII，et al (eds)，2014. Non-photochemical Quenching and Energy Dissipation in Plants，Algae and Cyanobacteria. Dordrecht：Springer.

Demmig-Adams B，Ebbert V，Zarter CR，et al.，2006. Characteristics and species-dependent employment of flexible versus sustained thermal dissipation and photoinhibition//Demmig-Adams B，Adams WWIII，Mattoo AK (eds). Photoprotection，Photoinhibition，Gene Regulation，and Environment. The Netherlands：Springer：39－48.

Demmig-Adams B，Cohu CM，Muller O，et al.，2012. Modulation of photosynthetic energy conversion efficiency in nature：from seconds to seasons. Photosynth Res，113：75－88.

Endo T，Asada K，2006. Photosystem I and photoprotection：cyclic electron flow and water-water cycle// Demmig-Adams B，Adams WWIII，Mattoo AK (eds). Photoprotection，Photoinhibition，Gene Regulation，and Environment. The Netherlands：Springer：205－221.

Fan M，Li M，Liu Z，et al.，2015. Crystal structures of the PsbS protein essential for photoprotection in plants. Nat Struct Mol Biol，22：729－735.

Finazzi G，Johnson GN，Dallosto L，et al.，2004. A zeaxanthin-independent nonphotochemical quenching mechanism localized in the photosystem II core complex. Proc Natl Acad Sci USA，101：12375－12380.

Garcia-Plazaola JI，Matsubara S，Osmond CB，2007. The lutein epoxide cycle in higher plants：its relationships to other xanthophylls cycle and possible functions. Funct Plant Biol，34：759－773.

Higuchi M，Ozaki H，Matsui M，et al.，2009. A T-DNA insertion mutant of AtHMA1 gene encoding a Cu transporting ATPase in *Arabidopsis thaliana* has a defect in the water-water cycle of photosynthesis. J Photochem Photobiol B Biol，94：205－213.

Holzwarth AR，Miloslavina Y，Nilkens M，et al.，2009. Identification of two quenching sites active in the regulation of photosynthetic light-harvesting studied by time-resolved fluorescence. Chem Phys Lett，483：262－267.

Ivanov AG，Sane PV，Hurry V，et al.，2008. Photosystem II reaction centre quenching：mechanisms and physiological role. Photosynth Res，98：565－574.

Kirilovsky D，2015. Modulating energy arriving at photochemical reaction centers：orange carotenoid protein-related photoprotection and state transitions. Photosynth Res，126：3－17.

Kirilovsky D，Kerfeld CA，2016. Cyanobecterial photoprotection by the orange carotenoid protein. Nat Plants，2：16180.

Krause GH, Weis E, 1991. Chlorophyll fluorescence and photosynthesis: the basics. Annu Rev Plant Physiol Plant Mol Biol, 42: 313 - 349.

Li XP, Gilmore AM, Caffarri S, et al., 2004. Regulation of photosynthetic light harvesting involves intra-thylakoid lumen pH sensing by the PsbS protein. J Biol Chem, 279: 22866 - 22874.

Li Z, Wakao S, Fischer BB, et al., 2009. Sensing and responding to excess light. Annu Rev Plant Biol, 60: 239 - 260.

Logan BA, 2006. Oxygen metabolism and stress physiology//Wise RR, Hoober JK (eds). The Structure and Function of Plastids. The Netherlands: Springer: 539 - 553.

Matsubara S, Chow WS, 2004. Populations of photoinactivated photosystem II reaction centers characterized by chlorophyll *a* fluorescence lifetime *in vivo*. Proc Natl Acad Sci USA, 101: 18234 - 18239.

Nixon PJ, Rich PR, 2006. Chlororespiratory pathways and their physiological significance//Wise RR, Hoober JK (eds). The Structure and Function of Plastids. The Netherlands: Springer: 237 - 251.

Öquist G, Huner NPA, 2003. Photosynthesis of overwintering evergreen plants. Annu Rev Plant Biol, 54: 329 - 355.

Peers G, Truong TB, Ostendorf E, et al., 2009. An ancient light-harvesting protein is critical for the regulation of algal photosynthesis. Nature, 462: 518 - 521.

Petroutsos D, Tokutsu R, Maruyama S, et al., 2016. A blue-light photoreceptor mediates the feedback regulation of photosynthesis. Nature, 537: 563 - 566.

Pinnola A, Kirivsky D, Bassi AR, 2018. Photoprotective excess energy dissipation//Croce R, van Grondelle R, van Amerongen H, et al (eds). Light Harvesting in Photosynthesis. New York: CRC Press: 219 - 245.

Xu P, Tian L, Kloz M, et al., 2015. Molecular insights into Zeaxanthin-dependent quenching in higher plants. Sci Rep, 5: 13679.

第 15 章

信 号 转 导

植物生活在经常变化的环境之中。它们灵敏地感知外界光、温度和营养条件变化及多种环境胁迫因素的刺激，通过信号转导在细胞内引发一系列事件，导致生理和发育的响应。植物信号转导的知识丰富而复杂，与光合作用有密切关系的只是其中的一小部分。

15.1 基本过程

外界刺激引起的信号转导过程包括 3 个阶段：接收、转导和响应（图 15－1）。在植物对环境胁迫适应过程中的信号转导涉及相关基因的表达。所有的细胞质膜都含有专门的受体。这些受体使细胞对那些不能跨越膜的刺激作出响应。信号接收包括刺激与靶细胞表面受体糖蛋白的反应和受体分子因构象变化而活化。在转导阶段，活化的受体把信号传递给一个名为 G－蛋白的膜蛋白。G－蛋白作为转换器，将信号传递给质膜内表面的一个效应剂酶。效应剂酶的作用是产生细胞内第二信使，通常是小分子离子。第二信使将来自刺激物（第一信使）的信息传递给细胞核、内质网或细胞质，结果进入信号转导的第三阶段，细胞对刺激作出响应。

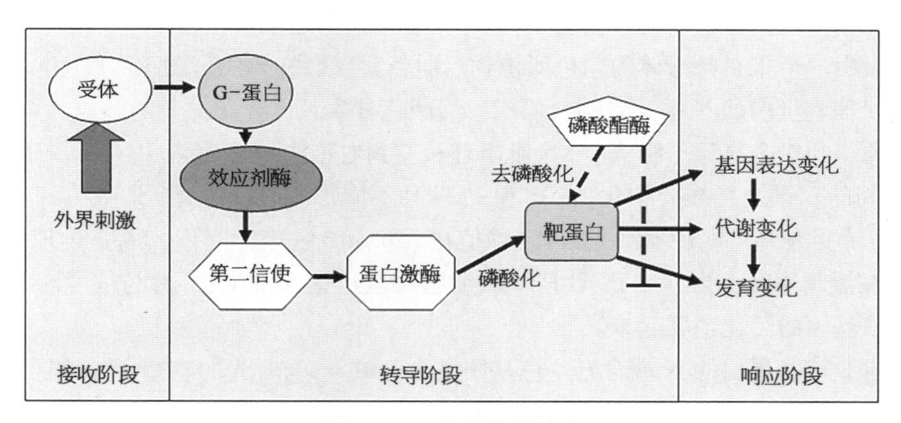

图 15－1 信号转导模式

信号途径的一个重要特性是放大。第二信使通过活化蛋白激酶使原来的信号放大。这些激酶可以磷酸化多种靶蛋白。这一系列放大步骤称为级联反应。每一步反应中活化的产物数量都比前一步反应大得多，结果少量外界刺激导致大量代谢物产生，引发相关响应。

当外界刺激不再存在时，植物及时结束对刺激的响应需要一个关闭信号转导途径的机制。这个机制就是磷酸化蛋白的去磷酸化。受磷酸化调节的蛋白活性取决于细胞内蛋白激酶和磷酸酯酶（催化去磷酸化反应）之间的平衡。蛋白磷酸化与去磷酸化是植物体内外界刺激信号转导的普遍控制机制。

植物体中有多种组分参与信号转导，下面对这些组分逐一作简要介绍。

15.2 光受体

对于植物的生存和生长发育，头等重要的环境因素是光。植物具有一系列光受体。大多是结合某种能够吸收光的生色团的水溶性蛋白质而不是单纯的色素，因此不宜称为“××色素”。它们随时检测光质（一种波长的光或几种不同波长光的组合）、光强及其时间和空间变化，以便适应经常变化的光环境。光的这些因素可以调节植物从种子发芽、幼苗生长发育到开花结果整个生命周期中每个阶段的生命活动、基因表达。

许多光形态建成方面的变化，以及向光性、气孔运动、种子休眠与发芽、花诱导、生长、花色素苷合成和细胞内的叶绿体运动，都是受极弱光（不足以引起光合作用）调节的。介导这些变化的光感受器包括吸收红光/远红光的光敏素（Phy）、吸收蓝光/UV－A 的隐花素（Cry）和吸收蓝光的向光素（Phot）以及吸收紫外辐射的光受体 UVR8。

15.2.1 光敏素

光敏素（Phy）优先吸收红光和远红光（600～800 nm），在植物光形态建成和光环境适应中发挥生命攸关的重要作用。它参与种子发芽、幼苗脱白化、叶片扩展、基因表达、叶绿体分化、花诱导或抑制及衰老。另外，它在植物的向地性、感知附近其他植物和通过探测光质和光周期变化而实现生命活动的日变化、季节变化等方面都起重要作用。

光敏素由一个来自叶绿体的生色团植物后胆色素（线式四吡咯，图 15－2）和一个由核基因编码的脱辅基蛋白的 N 端共价结合而成。后胆色素生色团介导对光的感知。每个吡咯环由 4 个碳原子和 1 个氮原子组成。4 个吡咯环从左到右依次编号为 A、B、C、D。吸收光时 C 与 D 环之间的双键发生光异构化，在 P_r 和 P_{fr} 两种不同形式之间转化：P_r 吸收红光（峰值在 667 nm）后转变为 P_{fr}，而 P_{fr} 吸收远红光（峰值在 725 nm）后转变为 P_r。P_{fr} 是生理活跃形式。P_{fr} 也可以在黑暗中转变为 P_r。P_{fr} 型 Phy 从细胞质运送进入细胞核，参与信号转导，直接把光敏素与核基因的活化耦联起来。

光敏素脱辅基蛋白的 N 端含有生色基团结合区域，参与对光的感知，C 端很可能参与介导生物活性，即信号转导。膜结合的异三聚体 G－蛋白参与放大 PhyA 信号转导。在 G－蛋白的下游有 3 个不同的信号级联反应控制 PhyA 响应，涉及 cGMP、钙和钙调素。光敏素具有丝氨酸/苏氨酸蛋白激酶活性。它催化的磷酸化反应受光和生色团调节。可能在 P_r 转化为 P_{fr} 之后，光敏素的激酶活性通过使信号转导级联反应的下游组分磷酸化或（和）磷酸基特效的相互作用而开始光信号转导。许多开花植物和落叶树都使用光敏素测量日夜的

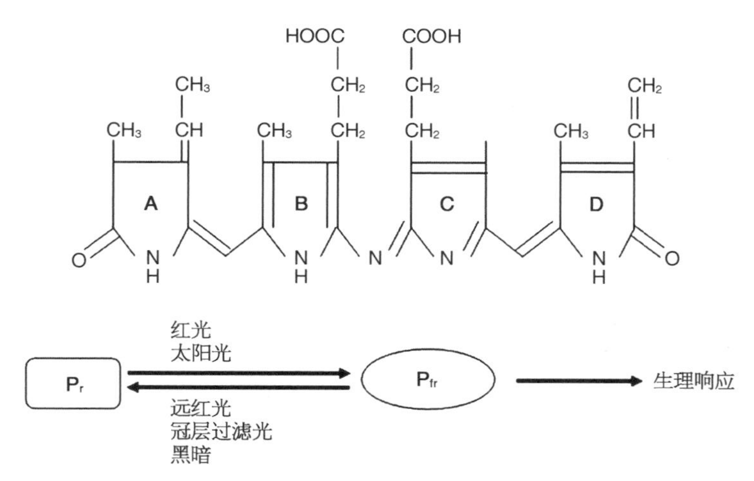

图 15-2 光敏素的生色团植物后胆色素的分子结构

P_r 和 P_{fr}分别为光敏素的无生理活性和有生理活性形式，分别吸收红光(667 nm)和远红光(725 nm)后向对方转化。

相对长度以安排它们 24 h 循环的生理节律。除温度外，光敏素是鉴定季节变化的最重要因子。植物按照日和季的生理节律安排开花日期，落叶树春季生长新叶、秋季落叶(Cooper and Deakin，2016)。

关于光敏素生理功能的研究，绝大部分是用种子和白化苗而不是光合作用活跃的成龄植物进行，所以关于它在光合机构的结构和功能调节上的贡献还知之甚少。有趣的是，表达了拟南芥光敏素 B 基因的马铃薯叶片的光合速率、气孔导度和蒸腾速率均高于其野生型。但是，这种光合速率的提高是以降低水分利用率为代价的。短期弱红光照射可以增加活化型光敏素、类胡萝卜素、类黄酮和光合蛋白及抗氧化酶基因表达，提高对紫外辐射和强光的耐性(Kreslavski et al.，2018)。

15.2.2 向光素

光可以激发一些运动如气孔开放和叶绿体运动，以便优化植物的光合效率。这些运动被蓝光活化，处于专门的光受体向光素或向光蛋白的控制之下。

(1) 基本结构

向光蛋白是 120 kDa 的质膜蛋白，具有依赖蓝光的自身磷酸化活性。拟南芥有 2 种不同的向光素(PHOT1 和 PHOT2)，都定位在质膜即细胞膜上，都由 N 端 2 个串联的 LOV 区域和 C 端 1 个丝氨酸/苏氨酸(Ser/Thr)激酶区域组成。2 个 LOV 区域具有高度的序列一致性，但是却有不同的功能。向光蛋白分子中结合黄素单核苷酸(FMN)的 LOV 区域行使蓝光传感器的功能。

向光素是迄今鉴定的唯一具有 2 个 LOV 区域的蛋白。PHOT2 的 LOV2 在叶绿体避光运动调节中发挥优势作用，而 LOV1 可能在光受体的双体化上发挥作用。可以将 LOV2 看作一个光开关，控制向光蛋白 C 端激酶区域的活性。

(2) 活化

在黑暗中或基态，向光蛋白是非磷酸化的、失活的，光传感器 LOV2 吸收光引起 C 端激酶区域活化，导致光受体蛋白自身磷酸化。这是其信号转导的一个必要步骤。图 15-3 描述了向光素的活化及其作用。

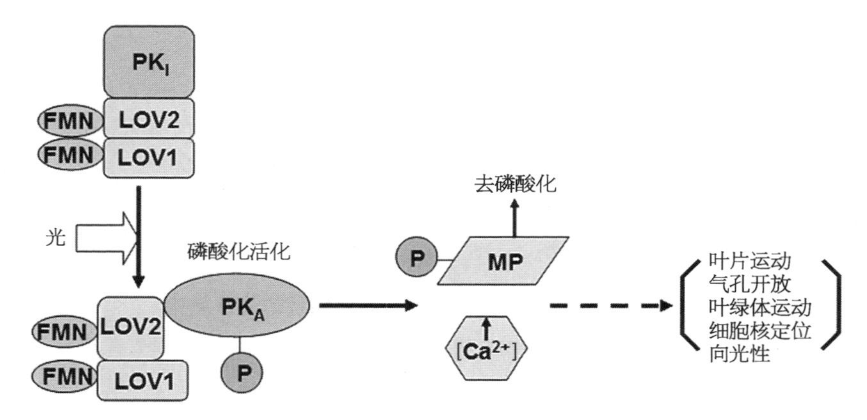

图 15-3 向光素的活化及其作用

PK_I——向光素的蛋白激酶(失活的)区域；PK_A——向光素的蛋白激酶(活化的)区域；LOV——向光素的 LOV 区域；FMN——向光素的生色团黄素单核苷酸；P——磷酸根；MP——与向光素相互作用的蛋白；[Ca^{2+}]——钙离子浓度。在黑暗中或基态，向光素的蛋白激酶是非磷酸化的、失活的，FMN 接受光使 LOV 发生构象变化，引起蛋白激酶自身磷酸化。

PHOT1 和 PHOT2 的活化导致细胞质内 Ca^{2+} 水平提高，因此 Ca^{2+} 水平的变化是光受体受光激发后下游信号转导的关键事件。

(3) 多种功能

向光蛋白是一种吸收蓝光和 UV-A 的蛋白激酶，控制一些优化光合功能的过程，包括向光性、气孔开放、叶绿体运动和叶定位、跟踪太阳光以及核定位、*Lhcb* 与 *rbc*L 基因转录物去稳定等，从而使太阳能有效地用于光合作用，保护光合机构和基因组 DNA 免于光破坏。

向光素参与调节向光性的叶绿体运动，在弱光下活化的叶绿体趋光运动中 PHOT1 比 PHOT2 更敏感，因为后者需要较高的光强阈值。强光下的叶绿体避光运动和核定位仅由 PHOT2 介导。PHOT2 引起的叶绿体、细胞核避光运动可以保护叶绿体和细胞核的 DNA 免遭光破坏。向光蛋白 PHOT1 和 PHOT2 一致地控制弱光下叶绿体的趋光运动，而强光下叶绿体的避光运动则完全由 PHOT2 控制。不过，在强光下，*Lhcb* 与 *rbc*L 基因转录物 mRNA 的去稳定由 PHOT1 介导。

向光素还参与调节气孔开放运动。在对蓝光的响应中，气孔开放调节光合作用的 CO_2 吸收和蒸腾作用的水分散失。这种响应受 2 种向光蛋白控制，气孔开放始于向光蛋白的活化，活化则是由于其激酶区 2 个丝氨酸残基的磷酸化。

向光蛋白可能还参与蓝光促进的菜豆叶片运动。向光蛋白与子叶和叶片的扩展生长响应控制相联系。向光蛋白介导的这种生长增强很可能是由于叶绿体运动、气孔开放和叶片扩展而加强了光合功能，而不大可能涉及与生长有关的基因表达变化。

15.2.3　隐花素

隐花素(Cry)是一种在 UV－A 和蓝光(320～500 nm)下运转的光受体。与向光蛋白相类似，它也是一种黄素蛋白光受体，广泛存在于整个生物王国，不仅是生物钟的调节者，可能还是迁徙鸟类的地磁场感受器。

隐花素蛋白的氨基酸序列中最保守的部分是光裂合酶(催化依赖光的 DNA 修复)同源区(Cry 可能起源于该酶，但是没有该酶活性)。隐花素的生色团黄素腺嘌呤二核苷酸(FAD)和蛋白以 1∶1 的比例非共价结合，起捕光天线的作用。Cry 的光活化涉及电子传递和黄素还原。在光下它转化为活化的(还原的)信号转导状态，而在返回黑暗时又自动转变回失活态(氧化的)。在体内和体外照射蓝光时植物 Cry 被磷酸化，这种磷酸化可能影响它们的活性和稳定性。隐花素活性需要一个双体结构。

隐花素在植物发育、激素信号转导、防御响应、逆境响应、光合作用和代谢等多方面发挥重要作用，例如 Cry1 参与拟南芥对强光的响应。蓝光对基因表达的影响大部分是由隐花素介导的。隐花素不仅影响转录速率，也影响转录产物的稳定性。它对基因表达的影响有的是短期(几分钟)的，有的是长期(几天)的。受隐花素调节的基因大多也受光敏素控制。在不同发育阶段，隐花素通过抑制生长素和赤霉素途径影响激素的生物合成和信号转导。隐花素几乎调节植物体内的所有生长和分化过程，例如控制生物钟、去白化和诱导开花。

15.2.4　视紫红质

与陆生植物不同，绿藻和许多其他单胞藻都具有鞭毛游动能力，并且光强的突然增加会导致游动的瞬间停止或改变方向，即畏光响应。这种畏光响应由视紫红质介导。视紫红质是光活化的含有 7 个跨膜螺旋的受体，都用视黄醛作为生色团。它们介导引起趋光信号转导的光电流。与其他光受体不同，视紫红质是一种膜蛋白，生色团视黄醛与杆状视蛋白的赖氨酸残基共价结合。

细菌视紫红质(bacteriorhodopsin, Brh)是光能驱动的质子泵，将质子从细胞质一侧运输到细胞膜的另一侧。每个分子含有一个视网膜生色团(多烯醛)和一个视蛋白——质膜上唯一的蛋白。视蛋白将光能用于活跃的质子跨膜运输，引起 ATP 合成和另一些重要的生理过程。视紫红质和细菌视紫红质有类似的生色团化学性质和膜局部结构，其蛋白部分都含有 7 个与生色团结合的膜内 α 螺旋和膜两侧多个亲水的环。Rubin(2017)详细讨论了它们的作用机制。

15.2.5　新素

控制蕨类植物铁线蕨红光诱导的叶绿体避光运动的光受体是新素(AcNEO 或 PHY3)。它由 N 端光敏素类生色团结合区域融合一个全长向光蛋白组成。人们已经发现另一些类似的 PHY－PHOT 嵌合型光受体参与红光和蓝光诱导的叶绿体避光运动。这种嵌合结构与它作为红光和蓝光双光受体的功能相一致。

15.2.6 紫外辐射受体 UVR8

UVR8 蛋白含 440 个氨基酸残基，包括 14 个色氨酸残基，其中的 Trp－285 是单体化所必需。UVR8 的晶体结构已经被解析(Wu et al.，2012)。植物通过 UVR8 感知 UV－B，开始信号转导，引起基因表达变化，导致适应性响应：DNA 破坏修复、抗氧化剂合成、吸收(即屏蔽)紫外辐射物资黄酮醇的积累和胚轴伸长抑制等，帮助植物适应 UV－B，防止 UV－B 破坏。

在不含 UV－B 的光下 UVR8 以同质双体形式存在，当其内在的生色团——特殊的色氨酸分子吸收 UV－B 时立即发生单体化，形成具有活性的单体。这个 UVR8 单体与 E3 泛素连接酶(COP1)相作用，开通信号转导途径。UVR8 重新双体化在体内只需要 1～2 h，在体外则需要 24～48 h，这是由于体内有促进双体化的蛋白。

整个植物体都可以表达 UVR8，使植物体任何器官都能对 UV－B 作出响应。UVR8 大部分在细胞质，小部分在细胞核内。UVR8 控制叶形态建成、气孔分化，促进高水平 UV－B 下的光合效率(Davey et al.，2012)。另外，UVR8 在生理钟运转上发挥作用，介导 UV－B 的抗病效应。UVR8 介导的信息传递可以用于减轻 UV－B 的不良作用和发挥 UV－B 的有益作用，以改善植物生产力和产物品质(Wargent and Jordan，2013)。

15.3 信号分子

15.3.1 质体醌

叶绿体的氧化还原信号是通过光系统 I 受体侧铁氧还蛋白、NADPH 的作用和光系统 II 受体侧质体醌(PQ)与细胞色素 b_6f 复合体(Cyt b_6f)作用产生的。质体醌(PQ)、细胞色素 b_6f 复合体和硫氧还蛋白与谷胱甘肽等的氧化还原状态影响叶绿体的基因表达。许多环境变化都直接或间接地引起这些组分特别是质体醌氧化还原状态的变化。电子传递系统的过还原能够引起一些与胁迫有关的信号转导，导致光合活性降低或(和)气孔关闭。这可能对确定光合中午降低机制具有重要意义。

状态转换是对 2 个光系统光能吸收不均衡的短期(数分钟)响应，而 2 个光系统化学计量的调整则是对这种不均衡的长期(数小时或几天)响应。这 2 种响应过程都受质体醌库氧化还原状态的调节。当质体醌库被光还原时，活化光系统 I 基因 *psa*A 和 *psa*B 等的转录，而光系统 II 基因 *psb*A 等的转录被抑制；当质体醌库被光系统 I 优先吸收的光氧化时，相反的情况发生。

除叶绿体的光合基因外，细胞核内的光合基因也受叶绿体氧化还原信号控制。例如，编码 LHCII 的核基因的转录与光强的关系就是由 PQ 库的氧化还原状态联系起来的。

15.3.2 蛋白激酶和蛋白磷酸酯酶

在植物体内的信号转导过程中，分别由蛋白激酶和磷酸酯酶催化的可逆的蛋白磷酸化和去磷酸化级联反应是不可缺少的重要环节。蛋白大分子上的丝氨酸、苏氨酸、组氨酸和酪氨酸残基的磷酸化或去磷酸化通常可以引起蛋白的构象和生物特性变化，从而在感知外界刺激和信号转导上发挥重要作用。

在光合作用过程中，蛋白磷酸化/去磷酸化至少涉及4个主要过程：一是状态转换，平衡2个光系统的电子传递；二是调节光系统II核心组分如D1蛋白等的稳定性、降解和周转；三是氧化还原控制的光合基因表达；四是C_4光合作用中一些酶活性的调节。

类囊体膜除了将太阳光能转化为光合碳同化需要的化学能（同化力）以外，还能感知、记录和以不同方式、方向（包括从类囊体腔到间质）转导信号。类囊体信号转导链包括蛋白激酶、磷酸酯酶和细胞色素b_6f复合体等，其中细胞色素b_6f复合体是氧化还原传感器，通过PQH_2/PQ比例感知周围的氧化还原状态。

15.3.3 糖

除了在碳代谢和能量代谢以及多聚物生物合成上作为底物的必要作用外，糖还是参与信号转导的重要信号分子。

有几个假说被用于解释光合作用的反馈控制。蔗糖含量提高与基因表达变化相联系，过量的蔗糖可以前馈促进库过程，并且反馈下调光合作用。当叶片中蔗糖积累时，蔗糖磷酸合酶通过蛋白磷酸化失活，并且细胞质1,6-二磷酸果糖酯酶被2,6-二磷酸果糖抑制。于是细胞质内蔗糖合成减少，磷酸化代谢物增多，叶绿体内的磷浓度降低。最后，Rubisco失活，光合电子传递速率慢下来，光合速率下调。这种磷不足引起的光合作用反馈抑制在冷胁迫条件下发挥重要调节作用。

当叶片中的可溶性碳水化合物含量增加时，分别编码Rubisco小亚基和LHCII多肽的*rbc*S和*cab*基因受抑制，结果Rubisco含量减少。在强光和空气CO_2水平下，Rubisco是光合速率的主要决定因素。Rubisco水平的下降可以解释叶片光合能力的降低。

15.3.4 植物激素

植物激素引起的刺激传递模式可能如下：激素与靶细胞表面的专门受体结合形成复合物，这个复合物活化一个膜结合的鸟嘌呤核苷酸蛋白即G-蛋白（转换器），使其变成活化的构象，结合的GDP被交换成GTP。这个G-蛋白又结合一个膜结合的蛋白（效应剂）腺苷酸环化酶，使其活化，促进细胞质内第二信使环式腺嘌呤单磷酸（cAMP）等形成。第二信使Ca^{2+}-CaM或cAMP的作用就是活化蛋白激酶。一些蛋白磷酸化后被活化，从而改变细胞代谢，诱发细胞对起初的刺激作出响应。多个蛋白激酶相互作用，将外界信号转变为蛋白磷酸化的级联反应，使蛋白由失活型变为活化型。G-GTP活性随着GTP水解成GDP而丧失。当外界信号不再存在时，这种水解反应使G-蛋白失活。

通常，在环境胁迫下，微RNA（microRNA，miRNA）施加转录后调节，减少生长素信号，减少植物生长。ROS是生长素信号的减轻者，而生长素是非生物胁迫响应的媒介（Salopek-Sondi et al.，2017）。

光和细胞分裂素信号整合机制是光敏素与细胞分裂素受体或(和)响应调节者的相互作用。在植物体内有 2 种不同的细胞分裂素活性：一种是局部活性，主要调节细胞分裂和库强；另一种是长距离信号活性，作为根系与地上部之间的信号，调节一些生理过程，例如依赖氮的过程。

除了介导植物种子成熟和休眠的作用外，脱落酸(ABA)还参与对干旱的响应，特别是引起气孔关闭或抑制气孔开放。在 ABA 信号转导中，有蛋白激酶、蛋白磷酸酯酶、G-蛋白、RNA 结合蛋白和活性氧、一氧化氮、磷脂酸以及 Ca^{2+} 等第二信使参与。图 15-4 简要描述了保卫细胞中脱落酸的信号转导途径。

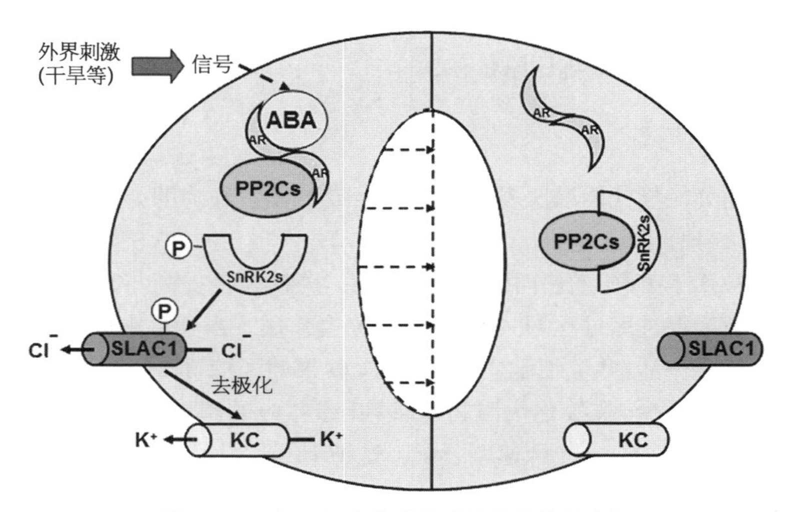

图 15-4　保卫细胞中脱落酸的信号转导途径

根据 Lee 和 Luan(2011)修改绘制。ABA——脱落酸；AR——ABA 受体蛋白 PYR、PYL 和 RCAR；PP2Cs——蛋白磷酸酯酶；SnRK2s——蛋白激酶；P——磷酸根；SLAC1——阴离子通道；KC——钾离子通道。在信号转导中，ABA 通过其受体蛋白与酯酶作用，使酯酶失活，激酶活化，接着阴离子外流通道、K^+ 外流通道先后活化，导致保卫细胞 Cl^-、K^+ 以及水分子外流，膨压降低，气孔关闭。

气孔关闭的中心事件是 ABA 促进的保卫细胞细胞质 Ca^{2+} 浓度提高。Ca^{2+} 浓度的提高导致慢阴离子通道的活化和 K^+ 内流通道失活，结果膨压降低，气孔关闭。有多条 ABA 信息传递途径，其中大部分以细胞质 Ca^{2+} 作为第二信使。蓝光(390～500 nm)通过向光素 PHOT1 和 PHOT2 促进气孔开放，而 ABA 抵消蓝光的这种作用。

乙烯是一种催熟激素，在植物的大部分发育阶段都有深远影响，影响范围从促进发芽到叶片衰老与脱落。乙烯的信号转导网络包括与其他激素生长素、细胞分裂素、赤霉素和脱落酸的"交谈"以及与葡萄糖、光、生物钟信号的相互作用。

除了人们熟知的生长素、脱落酸、细胞分裂素、乙烯、赤霉素和油菜素内酯这 6 大类以外，水杨酸(salicylic acid, SA)、茉莉酸(jasmonates, JA)和独脚金内酯(strigolactones, SL)也被看作新的植物激素。SA 是一种酚化合物，在抗病上发挥关键作用。在对干旱、病原体的响应中 SA 增加引起气孔关闭，防止真菌和细菌通过气孔入侵植物体，并且与开花、气孔关闭和叶片脱落等生理过程相联系。JA 及其衍生物也是植物对胁迫响应的重要信号分子，不仅帮助植物防御真菌和昆虫的攻击，而且调节许多生长发育事件。JAZ 蛋白的鉴定是茉莉酸研究领域里程碑性质的突破。它把茉莉酸信号转导中对外界刺激的感知与下游的转录调节联系起来（Zhu and Napier，2017）。乙烯、茉莉酸都可以引起气孔关闭。植物响应红光/远红光比例（R/FR）变化需要 SL，低 R/FR 增加 SL 生产，促进避阴表型（Koltai and Prandi，2014）。另外，多胺这类普遍存在的低分子质量脂肪胺化合物具有植物激素特征（浓度比植物激素高得多），控制植物生长发育的一些基本过程，在器官发生、花形成、叶和果实发育上都发挥重要作用。它们还有抗氧化特性，起抗衰老和抗胁迫作用，还能稳定膜和细胞壁。应用外源的多胺可以增强植物对盐渍、干旱、高温、低温和水淹等多种胁迫的耐性。重金属胁迫能够引起植物多胺的合成（Singh et al.，2018）。在胁迫条件下多胺的信号作用值得给予更多的关注。

15.3.5　活性氧

在植物体内，活性氧具有双重作用：作为代谢的副产物，高浓度时起毒害破坏作用；低浓度时作为信号分子，可以启动发育程序和对环境胁迫的响应过程，是调节生长发育和协调对环境胁迫响应的关键信号（Pitzschke et al.，2006）。

（1）单线态氧

叶绿体内的单线态氧主要来源于光系统 II 反应中心叶绿素分子（P680）电荷分离后自由基对的电荷重新结合，这种结合导致三线态叶绿素分子的形成，三线态叶绿素分子与附近的 O_2 分子作用形成单线态氧 $^1O_2$。在光强高而光合作用对还原力需求低的时候 $^1O_2$ 大量形成。在光系统 II 反应中心形成的单线态氧有几个可能的归宿：① 与 D1 蛋白作用，导致其破坏；② 被 D2 结合的胡萝卜素猝灭；③ 被生育酚清除；④ 作为信号转换器或发送器。

活性氧信号转导的一个直接结果是一些基因的表达，通过对转录因子活性的修饰，或间接地通过信号转导级联反应。例如，单线态氧可以专一地上调一些蛋白激酶和蛋白磷酸酯酶的表达。

（2）过氧化氢

过氧化氢（H_2O_2）主要来自光系统 I 梅勒反应产生的超氧化物阴离子自由基 $O_2^{-\cdot}$。$O_2^{-\cdot}$ 在超氧化物歧化酶（SOD）催化作用下可以迅速转变为 H_2O_2。

H_2O_2 能够通过氧化硫醇基而使一些酶（如光合碳还原循环的一些酶）失去活性。不过，H_2O_2 的反应活跃性中等，是相对稳定而长命的分子，能够迁移一定距离，是信号分子的最好候选者。H_2O_2 是专一诱导抗氧化防御基因表达变化的信号分子。含有巯基的过氧化物酶、蛋白激酶或磷酸酯酶都可能是 H_2O_2 的传感器。

提高的 H_2O_2 水平可以导致第二信使 Ca^{2+} 动员。Ca^{2+} 和 H_2O_2 一道参与保卫细胞中 ABA 信号转导，H_2O_2 活化质膜钙通道，导致钙流入和气孔关闭。同时，H_2O_2 还抑制保卫细胞向内的 K^+ 通道。

非致死的较低剂量的 H_2O_2 可以抵御后来的氧化胁迫，在植物适应生物和非生物环境胁迫上发挥不可缺少的作用。与 SA、NO、JA 和乙烯有关的基因也都受 H_2O_2调节，H_2O_2可以直接或间接地对植物生长素诱导表达的基因进行负调节。在环境胁迫期间，H_2O_2可以发挥植物全身信号的作用。

15.3.6 抗坏血酸与谷胱甘肽

抗坏血酸、谷胱甘肽和生育酚是植物细胞中 3 种主要的低分子质量抗氧化剂。生育酚是疏水性分子，只存在于脂膜中，而抗坏血酸和谷胱甘肽是亲水性的，较高浓度地积累在叶绿体间质和细胞别的区域。生育酚可以消除光系统 II 产生的单线态氧，行使必不可少的保护功能，而抗坏血酸和谷胱甘肽不仅可以防止过氧化氢、超氧化物和羟自由基的积累，限制光氧化破坏，还可以独自作为信号转导分子，发送关于氧化负荷和氧化还原能力信息，参与调节防御基因的表达。

(1) 抗坏血酸

抗坏血酸在植物激素合成、基因表达、细胞分裂和生长以及光合机构对光破坏的防御等多方面都具有重要的生理作用。抗坏血酸参与活性氧(如 H_2O_2)的清除和叶黄素循环中紫黄质向玉米黄质转化中的去环氧反应。

抗坏血酸介导许多光合相关基因表达的调节，转录受叶片抗坏血酸含量影响的有分别编码光系统 I、光系统 II 及其捕光天线、电子传递链组分和间质酶例如 G6PDH(6-磷酸葡糖脱氢酶)、PRK(磷酸核糖激酶)、FBPase(果糖-1,6-二磷酸酯酶)和 SBPase(景天庚酮糖-1,7-二磷酸酯酶)等的基因。

质外体中的抗坏血酸是抵御臭氧的第一道屏障。质外体中抗坏血酸库的氧化还原状态以还原型抗坏血酸占总抗坏血酸的百分比即[AsA]/([MDHA]+[DHA]+[AsA])表示，可能是氧化还原信号的一个关键调节因子。质外体内的抗坏血酸氧化酶(AO)催化抗坏血酸转化为 MDHA 和 DHA，从而减少 AsA，以这样的方式调节生长与信号转导过程。抗坏血酸的氧化还原状态参与控制保卫细胞的信息传递和气孔运动。

(2) 谷胱甘肽

像抗坏血酸一样，谷胱甘肽是一种多功能化合物，其作用超出抗氧化系统(参见第 8 章)之外。它无可争辩的主要功能是作为巯基化合物/二硫键化合物的缓冲剂，为蛋白正常发挥作用提供合适的条件。

GSH/GSSG 偶是氧化还原的传感器、细胞内巯基/二硫键氧化还原平衡的指示物，对代谢和基因表达产生深刻影响。还原型谷胱甘肽(GSH)是许多巯基/二硫键交换反应包括叶绿体转录的生理调节者、与防御功能有关的基因表达的强有力诱导者。活性氧或(和)氧化型谷胱甘肽(GSSG)的增加能够通过蛋白的翻译后谷胱甘酰化修饰发送信号。在信号传送过程中，谷胱甘肽至少与 H_2O_2和 Ca^{2+}两个关键的信号因子相作用。除了在细胞周期、细胞死亡和光信号调节上的潜在作用外，谷胱甘肽氧化还原状况还参与水杨酸和茉莉酸途径的信号转导。活性氧和还原型谷胱甘肽已经被看作感知强光胁迫和长距离信号转导途径的第二信使。Nahar 等(2016)详细介绍了谷胱甘肽的生物合成和代谢以及生理作用。

15.3.7 酚类化合物

受发育过程和胁迫因子支配，次生代谢物酚类化合物常常在特定的时间和专门的细胞或组织内合成，并且在植物体内被长距离运输，成为植物信号机构的组成部分。它们自身作为信号分子发挥作用，并与基础代谢物植物激素等相互作用，例如普遍存在的类黄酮在花粉萌发、生长素跨膜运动、细菌与根系共生结瘤过程和植物体内种间感应化合物通讯过程中的多种直接信号作用(Kennedy, 2014)。黄酮醇调节植物向地性、根延长、根和花序分支以及气孔开度，抑制生长素运输；类黄酮通过改变生长素运输影响根延长和向地性，维持合适的花药和花粉发育(Gayomba et al., 2017)。

花色素苷是水溶性次生代谢物，以糖为配体，天然产物有700多种，使植物呈现蓝色、紫色和红色，其植物生理作用是帮助植物传授花粉和传播种子。近年来人们越来越注意其抗氧化与防病、抗癌以及氧化还原调节的信号分子作用，它调节许多基因表达与信号转导及酶活性(Wu, 2014)。它是自由基的直接清除者，其最重要的生物功能是阻碍有害的紫外辐射。花色素苷复合物还能够迅速而有效地将激发能以热的形式耗散，保护植物组织免于过量太阳辐射的破坏(Yoshida et al., 2017)。

15.3.8 G蛋白

G蛋白是一个能够与鸟嘌呤核苷酸可逆结合的蛋白质家族，有分子大小和作用机制不同的3种G蛋白：单体(小)G蛋白、异三聚体G蛋白和大G蛋白。它们都有与GDP结合的无活性态和与GTP结合的活性态2种不同的存在状态。活性态具有水解GTP能力，所以有时G蛋白也被称为GTP酶(GTPase)。它是真核细胞内高度保守的信号转导分子，起分子开关作用。异三聚体G蛋白通过细胞表面的受体分子将细胞外的信号与下游的效应分子酶等耦联起来，信号转导涉及耦联受体、调节蛋白和抑制蛋白，其下游效应分子可能有磷脂酶D、钾离子通道、阴离子通道和钙离子通道及cAMP等。异三聚体G蛋白参与保卫细胞中ABA的信号转导。

G蛋白参与植物对光、激素的响应以及气孔运动、抗病响应和糖信号的信号转导。

15.3.9 钙与钙调蛋白

游离钙离子作为植物体内的第二信使，将细胞内外的各种刺激物如光、激素和环境胁迫与细胞内的代谢活动耦联起来。Ca^{2+}信号是植物细胞对环境响应的核心调节者。细胞质膜、质体膜、线粒体膜和液泡膜都具有Ca^{2+}运输系统。光和激素影响ATP酶活性和细胞内Ca^{2+}水平。细胞内游离Ca^{2+}水平的生理振荡可以控制许多依赖Ca^{2+}的酶，例如激酶和磷酸酯酶，从而可以解释气孔导度等的生理节律现象。Ca^{2+}信号参与光、生理节律的信号转导和植物对多种环境胁迫因素的响应。细胞质内Ca^{2+}浓度增高是寒冷胁迫触发的主要信号转导事件。

细胞内的钙调蛋白(能够与Ca^{2+}可逆结合的蛋白，CaM)也是一种第二信使。它与Ca^{2+}

结合后发生构象变化，与酶蛋白相互作用，从而改变这种依赖钙的酶活性。从植物细胞可溶部分和膜结合部分分离的几种依赖 Ca^{2+} 和依赖 Ca^{2+} - CaM 的 NAD 激酶和蛋白激酶可以催化一些关键酶的磷酸化，因此形成“信号放大”和“多酶级联反应”的概念。

另外，环 AMP(cAMP)和磷酸肌醇也都是植物体内参与信号转导的第二信使。

15.3.10 一氧化氮

一氧化氮(NO)是内源产生的参与细胞通讯和信号转导的自由基，化学性质与活性氧很相似，而且它们在时间和空间上常常一同产生。叶绿体、线粒体和过氧化物酶体可能都是 NO 的产生部位，一些非生物胁迫如强光、高温、渗透振荡、盐渍和机械破坏等都可以导致 NO 的产生(Galatro and Puntarulo, 2014)。在有氧条件下，细胞溶质中的硝酸还原酶是 NO 的主要来源。用 ABA 处理保卫细胞引起 H_2O_2 和 NO 的产生，这两者都是气孔关闭所需要的。在紫外辐射下，这两者也都产生。

NO 是植物氮同化的产物，是信号感知和转导网的一个组分，它将基本信号植物激素与植物对逆境的响应联系起来(Wong et al., 2014)。在普通级联反应中，NO 与细胞溶质中的信号分子 Ca^{2+} 等一道行使第二信使的作用，介导过量光、UV - B、重力、低氧、臭氧、机械和氧化破坏、高低温、毒性金属积累、除草剂处理和渗透胁迫(干旱、水淹和高盐)等胁迫条件下的信号事件(Chen et al., 2014)。NO 与 $O_2^{\cdot -}$、H_2O_2 一道参与 UV - B 暴露早期信号转导事件。UV - B 诱导的气孔关闭也是由 NO 和 H_2O_2 介导。NO 的作用可能是通过保卫细胞 K^+、Cl^- 离子通道活性的变化实现的。植物体内的许多过程包括发芽、根系生长、气孔关闭、开花和对生物与非生物胁迫的适应等都受 NO 调节。在信号转导网中，NO 调节 Ca^{2+} 流、蛋白激酶活化和 cGMP 合成以及一些基因的表达。

硫化氢(H_2S)被看作是继 NO 和 CO 之后发现的第三种内源气体信号分子。它可能通过促进叶绿体发生、酶表达和调节巯基化合物的氧化还原以及 Rubisco 活性增强光合作用(Chen et al., 2011)。

15.3.11 微 RNA

微 RNA(microRNA)也是一类重要的信号分子，小 RNA(small RNA，包括 siRNA 即 short interfering RNA 和 miRNA 即 microRNA 等)中最大的一群，通常不参与基因编码，但是在基因调节中发挥重要作用。siRNA 和 miRNA 都是 21～24 nt 长的 RNA 分子，内源的 RNA 转录产物，前者是双链分子，而后者是单链分子。它们都介导 RNA 干扰(RNA interference, RNAi)途径，通过静默转录和静默翻译控制基因表达，即在转录和转录后水平对基因表达施加负调节，调节多种与胁迫有关的基因表达(Goswami et al., 2019)。实际上，miRNA 调节植物生长发育的所有方面，不限于对生物和非生物胁迫的响应。在环境胁迫下，通常 miRNA 数量增加，导致它们同源的靶基因表达减少。其中的 miR399 是植物体内的一个全身信号，它从地上部来到根系，活化根系的磷吸收和运输。miR408 的过表达明显加强转基因拟南芥、烟草和水稻的光合功能，增加生物量和种子产量(Zhang et al., 2017; Pan et al., 2018;

Song et al., 2018)。这些研究结果意味着 miR408 是植物生长发育和胁迫响应的联结者,在植物的生存中发挥关键作用(Hussain et al., 2020)。

15.3.12　逆行信号

由于编码细胞器蛋白的基因有的存在于细胞核内,有的存在于细胞器内,不可避免地产生不同基因组活性之间的协同问题。如果把参与细胞核对叶绿体基因表达控制的因子称为向前信号的话,那么参与对细胞核基因表达控制的因子则称为逆行信号。

逆行信号包括叶绿素合成的前体或中间物、活性氧(主要产生于光系统 II 的单线态氧 $^1O_2$ 和主要产生于光系统 I 的超氧化物阴离子自由基 $O_2^{\cdot -}$ 和过氧化氢 H_2O_2)、叶绿体间质内的还原剂(硫氧还蛋白、Fd 和 NADPH)水平和电子传递链电子载体(PQ, Cyt b_6f)的氧化还原状态等。在拟南芥中,Mg-原卟啉 IX、Mg-原卟啉 IX 单甲酯积累抑制 *LHCB* 基因表达。在叶绿体内合成的一个蛋白参与逆行信号的传送,并活化核基因的表达。亚铁血红素是一个促进性的逆向信号,调节核编码基因的表达(Page et al., 2016)。

植物比人们想象的高级、善于适应和聪明得多。如今,植物已经开始被看作能够计算、选择、学习和记忆的生物。它们相互与动物通讯,甚至操纵、摆布其他物种。植物神经生物学的焦点就是它们如何获得信息并引起一贯的行为(Mancuso and Viola, 2015)。

参考文献

Chen J, Wu FH, Wang WH, et al., 2011. Hydrogen sulphide enhances photosynthesis through promoting chloroplast biogenesis, photosynthetic enzyme expression, and thiol redox modification in *Spinacia oleracea* seedlings. J Exp Bot, 62: 4481 - 4493.

Chen J, Vandelle E, Bellin D, et al., 2014. Detection and function of nitric oxide during the hypersensitive response in *Arabidopsis thaliana*: where there's a will there's a way. Nitric Oxide, 43: 8 - 88.

Cooper R, Deakin JJ, 2016. Colorful chemistry: a natural palette of plant dyes and pigment//Cooper R, Deakin JJ, Miracles B (eds). Chemistry of Plants that Changed the World. Boca Raton: CRC Press: 189 - 235.

Davey MP, Susanti NI, Wargent JJ, et al., 2012. The UV - B photoreceptor UVR8 promotes photosynthetic efficiency in *Arabidopsis thaliana* exposed to elevated levels of UV - B. Photosynth Res, 114: 121 - 131.

Galatro A, Puntarulo S, 2014. An update to the understanding of nitric oxide metabolism in plants//Khan MN, Mobin M, Mohammad F, et al (eds). Nitric Oxide in Plants: Metabolism and Role in Stress Physiology. The Netherlands: Springer: 3 - 15.

Gayomba SR, Watkins JM, Muday GK, 2017. Flavonols regulate plant growth and development through regulation of auxin transport and cellular redox status//Yoshida K, Cheynier V, Quideau S (eds). Recent Advances in Polyphenol Research Vol 5. Malaysia: Wiley Blackwell: 143 - 170.

Goswami K, Tripathi A, Gautam B, et al., 2019. Impact of next-generation sequencing in elucidating the the role of microRNA related to multiple abiotic stresses//Roychoudhury A, Tripathi DK (eds). Molecular Plant Abiotic Stress: Biology and Biotechnology. Singapore: John Wiley & Sons Ltd: 389 - 426.

Hussain SS, Hussain M, Irfan M, et al., 2020. Current understanding of the regulatory roles of miRNAs for enhancing photosynthesis in plants under environmental stresses//Ahmad P, Ahanger MA, Alyemr MN, et al (eds). Photosynthesis, Productivity, and Environmental Stress. Singapore: John Wiley & Sons Ltd: 163 - 195.

Kennedy DO, 2014. Phenolics and the lives of plants and animals//Kennedy DO. Plants and the Human Brain. New York: Oxford University Press: 143 - 167.

Koltai H, Prandi C, 2014. Strigolactones: biosynthesis, synthesis and functions in plant growth and stress responses//Tram L - SP, Pal S (eds). Phytohormones: A Window to Metabolism, Signaling and Biotechnological Applications. New York: Springer: 265 - 288

Kreslavski VD, Los DA, Schmitt FJ, et al., 2018. The impact of the phytochromes on photosynthetic processes. Biochim Biophys Acta Bioenergetics, 1859(5): 400 - 408.

Lee SC, Luan S, 2011. ABA signal transduction at the crossroad of biotic and abiotic stress responses. Plant Cell Environ, 35: 53 - 60.

Mancuso S, Viola A, 2015. Brilliant green: the surprising history and science of plant intelligence. Washington, USA: Island Press.

Nahar K, Hasanuzzaman M, Fujita M, 2016. Physiological roles of glutathione in conferring abiotic stress tolerance to plants//Tuteja N, Gill SS (eds). Abiotic Stress Response in Plants. Weinheim, Germany: Wiley - VCH Verlag GmbH & Co. KGaA: 151 - 179.

Page M, Garcia-Becerra T, Smith A, et al., 2016. Testing the hypothesis that heme is a promotive retrograde signal in Arabidopsis//Photosynthesis in a Changing World: Abstract Book of the 17th international Congress on Photosynthesis Research, held during August 7 - 12, 2016 in Maastricht, the Netherlands: 306.

Pan J, Huang D, Guo Z, et al., 2018. Overexpression of microRNA408 enhances photosynthesis, growth and yield in diverse plants. J Intigr Plant Biol, 60: 323 - 340.

Rubin AB, 2017. Photoconversions of bacteriorhodopsin and rhodopsin//Rubin AB. Compendium of Biophysics. USA: Scrivener Publishing: 581 - 606.

Salopek-Sondi B, Pavlovic I, Smolko A, et al., 2017. Auxin as a mediator of abiotic stress responses// Pandey GK (ed). Mechanism of Plant Hormone Signaling under Stress. Singapore: Willey Blackwell: 3 - 36.

Singh P, Bahana S, Kumar G, 2018. Polyamines metabolism: a way ahead for abiotic stress tolerance in crop plants//Wani SH (ed). Biochemical, Physiological and Molecular Avenues for Combating Abiotic Stress in Plants. UK: Academic Press: 39 - 55.

Song Z, Zhang L, Wang Y, et al., 2018. Constitutive expression of miR408 improves biomass and seed yield in Arabidopsis. Front Plant Sci, 8: 2114.

Wargent JJ, Jordan BR, 2013. From ozone depletion to agriculture: understanding the role of UV radiation in sustainable crop production. New Phytol, 197: 1058 - 1076.

Wong MY, Salati M, Kwan YM, 2014. Nitric oxide in relation to plant signaling and defense responses// Khan MN, Mobin M, Mohammad F, et al (eds). Nitric Oxide in Plants: Metabolism and Role in Stress Physiology. The Netherlands: Springer: 265 - 280.

Wu X, 2014. Antioxidant activities of anthocyanins//Wallace TC, Giusti MM (eds). Anthocyanins in Health and Disease. Boca Raton: CRC Press: 141 - 164.

Wu D, Hu Q, Yan Z, et al., 2012. Structural basis of ultraviolet - B perception by UVR8. Nature, 484: 214 - 219.

Yoshida K, Oyama KI, Kondo T, 2017. Structure of polyacylated anthocyanins and their UV protective effect//Yoshida K, Cheynier V, Quideau S (eds). Recent Advances in Polyphenol Research Vol 5. Malaysia: Wiley Blackwell: 171 - 192.

Zhang JP, Yu Y, Feng YZ, et al., 2017. MiR408 regulates grain yield and photosynthesis via a phytocyanin protein. Plant Physiol, 175: 1175 - 1185.

Zhu ZQ, Napier R, 2017. Jasmonate — a blooming decade. J Exp Bot, 68: 1299 - 1302.

第 16 章

节 律 变 化

在自然界，植物光合作用对环境条件变化的响应与适应，涉及一系列复杂的调节过程。光合作用的日变化、季节变化和发育变化以及恒定光照、温度下呈现的周期近 24 h 的生理节律，就是这些复杂调节过程的综合反映。

16.1 生理节律

在恒定的光照和温度下，植物的光合作用往往表现出周期近似 24 h 的生理(或昼夜)节律：白天的中午最高，而夜间的半夜最低。这种节律可以持续多日，但是其波动的幅度逐渐变小，其变化的时间进程类似正弦曲线(图 16-1)。

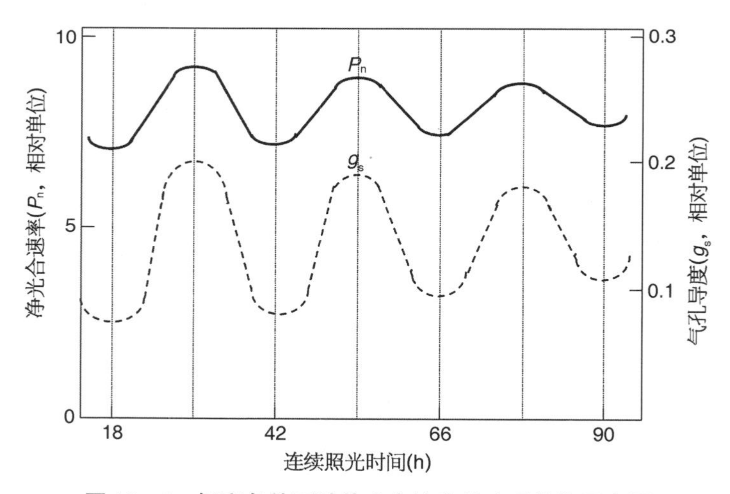

图 16-1 恒定条件下叶片光合速率的生理节律示意图

16.1.1 现象

把不同条件下生长的植物转移到恒定条件下时，呈现的生理节律会有所不同：① 当把在自然界光照和温度日变化周期下生长的植物转移到光照、温度和 CO_2 浓度及空气湿度都恒定(以下简称四恒定)的条件下观测时，净光合速率和气孔导度都表现出近 24 h 的周期变化；② 当把在生长室内 12 h 光照/12 h 黑暗光周期并且光强和温度都恒定条件下生长的植物转移到四恒定的条件下观测时,净光合速率和气孔导度也都表现出近24 h的生理节律,但是波动幅度较前一种情况下小得多;③ 当把生长室内光强恒定而没有周期变化和12 h 28℃/12 h 18℃周期变化条件下生长的植物转移到四恒定的条件下观测时,净光合速率的生理节律基本消失,但是气孔导度的生理节律依然存在;④ 当把在生长室内光和温度都没有周期变化的恒定条件下生长的植物转移到四恒定的条件下观测时,净光合速率和气孔导度的生理节律都消失了。

上述用红菜豆做的有趣的观察结果表明:① 净光合速率和气孔导度的生理节律密切耦联、同步,但是净光合速率的节律变化不完全是气孔导度节律变化的结果,因为在恒定的胞间CO_2浓度下仍然可以观测到净光合速率的节律变化;② 这2种生理节律不是自发产生的,而是在光或(和)温度周期变化的条件下生长的结果,因为在没有光和温度周期变化条件下生长会导致这种节律消失;③ 这2种节律对环境刺激的敏感性不同,因为在光恒定而温度周期变化条件下生长后气孔导度的生理节律仍然存在,但净光合速率的节律不再显现(Hennessey and Field, 1991)。

16.1.2 普遍性

生理节律现象在进行光合作用的生物体中普遍存在的。除了上述的叶片CO_2吸收以外,许多与其有关的生理生化活性与过程,例如生物发光、香气发散、生物固氮、开花、气孔运动、叶片运动、细胞分裂和基因表达等,都呈现生理节律现象。

一些豆科植物的光合电子传递速率表现出生理节律性。小麦叶绿体光合电子传递节律可能是通过类囊体膜可逆构象变化实现的(Hartwell, 2005)。在恒定的光下,菜豆叶片的光合作用节律与光合碳还原循环一些代谢物水平相关;拟南芥叶绿素 *a*/*b* 结合蛋白基因(*cab2*)的启动子活性的自由运转周期(free-running period)为25 h,而在恒定的黑暗中这种周期则超过30 h。高等植物的光合作用节律主要源于核编码的mRNA水平和捕光色素蛋白复合体合成速率的节律,即编码叶绿素 *a*/*b* 结合蛋白的基因每天的转录控制光合作用节律。Rubisco活性也呈现明显的日变化:上午随着光强和空气温度增高,田间和温室烟草的Rubisco初始活性和比活性(每分钟每毫克蛋白同化的CO_2微摩尔数)都迅速增高,并且到下午4时达到峰值,与日最高气温峰值相一致,之后迅速降低,与光强和气温的迅速降低大致同步(Delgado et al., 1992)。

有的学者观察到几个编码叶绿体酶的核基因mRNA水平的节律。与叶绿素生物合成有关的基因表达峰值在夜晚的末期,而编码参与光合电子传递蛋白基因的表达峰值则在日间;编码参与淀粉合成的酶基因表达峰值在黎明或日间,而编码参与淀粉降解的酶基因表达峰值在黄昏;大部分与氮、硫同化有关的基因表达峰值在夜间或黎明。

一些低等植物例如单细胞的伞藻等也表现出光合作用的昼夜节律,但是不涉及转录,可能在转录后水平上被控制。这种藻巨大的单细胞长达5 cm,其无核片段光合作用的昼夜节律可以维持40 d。节律的表达似乎需要80 S核糖体上周期性的翻译。这种藻的希尔反应活性周期性地变化,与其光合放氧节律相平行。其光合作用的昼夜节律受2个光系统及其耦联的调节，不依赖单个光系统活性的变化。细胞质内一个表观分子质量为 230 kDa 的蛋白(P230)丰度表现出明显的昼夜节律，可能这个蛋白控制藻的光合作用昼夜节律。一些藻类的循环光合电子流和光合还原剂流表现出生理节律性(Mackenzie and Morse, 2011)。

16.1.3 生理节律的特征

生理节律具有 3 个突出的特征：① 当生物体被从一个随日时间变化的环境条件转移到恒定条件下以后，可以自我维持近似 24 h 的周期变化；② 合适的光照或温度条件可以重排这种节律；③ 在一个比较广泛的温度范围内，这种节律具有大致相同的周期(Harmer, 2009)。

16.1.4 生物钟

生理节律是由生物钟控制的。一切生物的生物钟系统都包括输入、振荡和输出 3 部分。因此，生物钟是一个自我维持的振荡器。振荡器包括由钟蛋白组成的连锁反馈环，控制自己的节律表达。虽然其组成成分不同，但是其基本的振荡机制在所有研究过的真核生物中还是相当保守的(Pruneda-Paz and Kay, 2010)。

控制生理节律的分子机构由一些蛋白组成。这些蛋白的相互作用导致钟基因在特定时间表达。在与这些基因转录活化相联系的染色质修饰中起中枢作用的是组蛋白乙酰化。DNA 结合的组蛋白乙酰基转移酶(HAT)是生物钟的核心组分(Doi et al., 2006)。实验研究和数学模拟研究结果表明，植物生物钟由 3 个连锁的转录负反馈环组成(Bell-Pedersen et al., 2005; Harmer, 2009)。高度保守的外体(exosome)可能是一个重要的转录后调节者(Guo et al., 2009)。生物钟控制的 24 h 周期节律行为是在生物钟的正调控元件和负调控元件的顺序、协调作用下实现的。在正调控元件结合到生物钟基因的启动子上时开始转录，转录产物 mRNA 被输送到细胞质中，结合到核糖体上，指导有关蛋白的合成；在负调控元件生物钟蛋白开始翻译时，翻译产物进入细胞核，抑制正调控元件对生物钟基因转录的活化作用；在生物钟蛋白的 mRNA 及其翻译产物蛋白质逐渐被降解时，解除其对正调控元件的抑制，开始下一轮调控(周星煜等,2010)。

钟蛋白的翻译后修饰影响它们的相互作用、亚细胞定位、活性和稳定性，从而构成定时机制。在转录物组中，大部分是行使调节功能的非编码 RNA，包括微 RNA(miRNA)。另外，拟南芥和豌豆的硫氧还蛋白 *f* 和 *m* 的转录物水平都表现出生理节律性，硫氧还蛋白有可能参与生物钟对光合作用的控制(Farre and Weise, 2012)。

16.1.5 适应意义

在长期演化过程中形成的生物钟或生理钟为生物体提供体内的时间估计，以便使生理生化过程与外界的昼夜周期同步。植物生物钟控制基因表达、气孔开放和光周期现象。已有实验证明，生理钟能够使植物维持较高的光合速率和生物产量，降低死亡率，提供竞争上的好处。用生理周期变短、变长的突变体和通过分子振荡元件过表达而使生物钟停止运转的转基因拟南芥及其野生型所做的实验结果表明，同那些生理周期与环境不同的植物相比，生物钟与外界环境光-暗周期相一致的植物含有较多叶绿素，光合碳同化速率高，生长快，生物产量多，生存更好(Dodd et al., 2005)。

16.2 日变化

在自然条件下，植物生活的主要环境因素光照、空气温度与湿度和 CO_2 浓度以及土壤水分状况等每天都发生规律性的变化。植物的光合作用对这些变化很敏感，总是随着发生相应的变化。

16.2.1 典型方式

在自然条件下，晴天植物光合作用的日进程有 2 种典型的方式(Schulze and Hall, 1982)。

一种是单峰型，上午净光合速率逐渐升高，中午达到最大值，下午逐渐降低。上午净光合速率的逐渐升高可能有 3 个原因：一是光强增高，增加了能量供应并增多同化力供应；二是空气温度增高，逐渐接近最适温度，从而加速各种酶反应；三是光合作用的光诱导期趋向结束。在这种光诱导期间，光合碳还原循环的中间产物不断积累、碳同化酶系统逐渐活化和 CO_2 进入叶片的主要通道气孔逐步开大，都为光合机构的高速运转创造了条件。由于这种诱导过程是在不断增强的光下进行的，光合作用的诱导期会比恒定光下的诱导期长得多，在水分供应不是很充足的条件下更是如此。至于下午净光合速率的逐渐降低，并不仅仅是光强逐渐降低的结果，下午气温的逐渐降低和土壤、空气水分状况变差以及气孔导度的降低可能也是部分原因。

另一种是双峰型，在净光合速率的日变化进程中有 2 个高峰，一个在上午的晚一些时候，另一个在下午的早一些时候，并且这第二个峰往往比上午的第一个峰低。在这 2 个峰之间有一个低谷，即所谓的中午降低或“午睡”现象。当光合作用的“午睡”现象严重时，下午的第二个峰会消失，成为一种特殊的单峰型，峰值比较低，而且出现的时间也比较早。往往在土壤严重干旱时出现这种情况(图 16-2)。

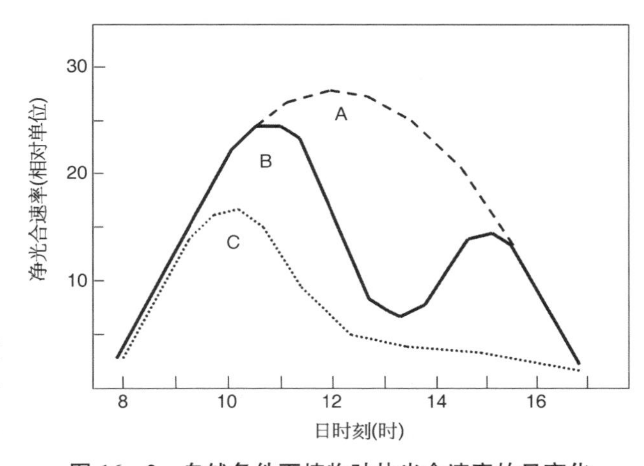

图 16-2　自然条件下植物叶片光合速率的日变化

在这个示意图中，A 曲线为合适条件下单峰型日进程；B 曲线为土壤或空气干旱条件下典型的双峰日进程；C 曲线为土壤严重干旱条件下特殊的单峰型日进程。

虽然光合作用的“午睡”现象是一种比较普遍的现象，在 C_3、C_4 和 CAM 植物都可以发生，但是它并不是在任何情况下都可以观察到。例如，有的植物的光合日进程在夏季是双峰型，而在冬季则是单峰型。又如，木薯的光合“午睡”现象只在上层叶片发生。

16.2.2 “午睡”现象的形成机制

早在 20 世纪初,就有学者发现了光合“午睡”现象。自那时起,人们做了不少研究,提出多种假说,试图解释这个现象。然而,其确切机制现在还不很确定。根据对有限资料的分析推测,强太阳光可能是引发光合“午睡”现象的最重要生态因子,中午气孔的部分关闭可能是最重要的生理因子,而光系统 II 光化学效率的降低和 ABA 合成增加可能是最重要的生化因子(Xu and Shen, 2005)。

当然,在不同种类植物和不同条件下,这些生理因子和生化因子的贡献是不同的。例如,小麦光合“午睡”现象的主要原因可能是中午气孔的部分关闭,而多年生木本植物如毛竹和茶树等光合“午睡”现象的主要原因可能是中午光系统 II 光化学效率的严重降低,也可能是光化学效率降低和光呼吸增高等共同影响的结果(Franco and Luttge, 2002)。猜测光合“午睡”现象是植物在长期演化过程中形成的对付环境胁迫的一种方法,通过调节性的中午气孔部分关闭和光化学效率的下调,避免强光和干旱条件下水分的过度损失和光合机构的光破坏。另外,用热带常绿树木冠层最上层叶片所做的气体交换和叶绿素荧光研究结果表明,光呼吸速率的提高和光能热耗散的增加是光合“午睡”现象的一个重要成因(Zhang et al., 2009)。

虽然光合速率的日变化方式特别是“午睡”现象基本上不能用生理节律来解释,但是自然条件下光合速率的日变化不能完全摆脱内部生物钟的控制,特别是上午早些时候光合速率上升和下午晚些时候光合速率下降,可能在一定程度上也是生理节律的反映。

16.2.3 量子效率日变化

除了叶片净光合速率的日变化外,晴天叶片光合碳同化的量子效率也发生规律性的变化。例如,大豆、小麦和水稻等 C_3 植物的量子效率早晚比较高,而中午比较低,这主要是由于中午强光和较高温度下光呼吸的提高和光抑制的加强。C_4 植物玉米和高粱等则与 C_3 植物明显不同,量子效率早晚比较低,而中午比较高,不仅没有中午降低,而且中午总是比上下午高(许大全等,1993)。

由于 C_4 植物多一个起 CO_2 浓缩作用的四碳双羧酸循环,每同化 1 分子 CO_2 比 C_3 植物多使用 2 分子 ATP,对光能的需求高,即使在全日光强下光合作用也不饱和,所以在正常生理条件下 C_4 植物不容易发生光抑制。同时,由于在 Rubisco 催化的羧化反应部位 CO_2 浓度高,光呼吸速率非常低。这些可以解释 C_4 植物量子效率何以中午不降低,但是不能解释为什么 C_4 植物量子效率中午还增高。推测这可能是由于如下原因:一是中午光强最高,可以最大限度地满足 C_4 植物光合碳同化对 ATP 的额外(与 C_3 植物相比较而言)需求;二是 C_4 途径的一些酶如 NADP-苹果酸脱氢酶、丙酮酸:正磷酸双激酶的最大活化需要高光强,最高光强时表现出最大活性;三是中午强光下 CO_2 从维管束鞘细胞向叶肉细胞渗漏减少。一个关于 C_4 植物叶片和冠层 CO_2 吸收期间维管束鞘细胞渗漏与光限制的研究结果支持后一推测(Kromdijk et al., 2008)。

16.3　季节变化

不论是落叶树还是常绿树，光合速率的峰值通常出现在光照和水分充足并且温度比较适宜的夏季。但是，常绿树的峰值比落叶树低得多，常常不到后者的一半。这可能与前者叶寿命比后者长得多有关。常绿树针叶的寿命可以长达 45 年。

在温带地区，常绿的裸子植物的光合能力随着春天温度增高而增高，夏季达到高峰，秋季又随温度降低而降低。然而，常绿的毛竹叶片光合速率的峰值不是在夏季，而是在秋季(10 月和 11 月)。这可能是由于夏季的高温不利于毛竹的光合作用。毛竹叶片光合作用的最适温度在夏季和冬季分别为 30℃和 25℃。看来，在湿润地区决定光合作用季节变化的主要环境因素很可能是空气温度。

已经有研究揭示了拟南芥测知季节时间变化的分子基础(Yanovsky and Kay，2002)。一些热带常绿树木在低温少雨的旱季(11～4 月)其最大光合速率比温暖多雨的雨季(5～10 月)降低 52%～64%，同时光合作用的饱和光强、表观量子效率和暗呼吸速率也都降低，然而多种抗氧化酶例如单脱氢抗坏血酸还原酶(MDAR)和超氧化物歧化酶(SOD)的活性和叶黄素循环色素总量和去环氧水平及激发能的非光化学猝灭提高。

16.4　发育变化

关于叶片生长发育期间光合作用及有关结构和功能发生规律性的变化。

16.4.1　光合速率变化

在叶片生长发育期间，净光合速率的变化进程大体上可以分为 3 个不同的阶段：一是光合速率迅速上升阶段，较低的光合速率与较高的呼吸速率和较低的 CO_2传输导度相联系，这时光合机构正在形成和发展壮大，叶面积迅速扩大，从最初的光合产物输入者、消费者转变为生产者、输出者。大约在叶面积达到最大值的 20%时发生这种转变。这时是叶片的生长期，也是幼叶期；二是光合速率相对稳定阶段，净光合速率达到最高并且保持相对稳定，叶面积不再增加，但是叶片厚度会有所增加，成为完全的光合产物输出者，进入叶片的成龄期；三是光合速率逐渐下降阶段，进入叶片衰老期，即老叶期。

不少学者认为，光合速率最大值的出现先于叶片最大叶面积的到达。然而，有观察结果表明，光合速率最大值的出现略晚于最大叶面积的到达(杨巧凤等，1999)。这可能与叶片停止面积扩展后叶片厚度即单位叶面积光合机构关键组分含量还会略有增加有关。

通常，大多数叶片顶部和比较边缘部分的光合速率高于基部和靠近中脉部分，而禾本科植物狭长叶片的基部、上中部和顶端可能分别处在幼龄、成龄和老龄 3 个阶段，因此基部的光合速率最低，顶端光合速率比较高，而上中部具有最高的光合能力。叶片生长发育期间光合能力的这些变化起源于叶片结构组分及功能的变化。

另外，植株开花和结果等事件可能会使叶片发育进程中出现另外的光合速率高峰。

16.4.2 生理生化变化

在叶片发育期间，叶绿素和类胡萝卜素含量通常先逐渐上升，到达最大值后又逐渐下降。起初，由于叶绿素 *a* 的形成快于叶绿素 *b*，叶绿素 *a*/*b* 比值较高，接着迅速下降到一个相对稳定的水平。后来，在叶片衰老阶段由于叶绿素 *a* 的降解早且快于叶绿素 *b*，叶绿素 *a*/*b* 比值又逐渐降低。LHCII 与光系统 II 核心复合体的比率、光系统 II 与光系统 I 的比率和 LHCII 多聚体与单体的比率都随叶龄增加而增加。

在叶片发育期间，碳同化的关键酶 Rubisco 和 PEPC 含量与活性的变化进程通常与光合速率的变化相类似。不过光合速率最大值的出现略晚于 Rubisco 的最高水平。果糖-1，6-二磷酸酯酶和蔗糖磷酸合酶的变化与净光合速率和 Rubisco 相平行。

虽然叶片衰老过程中光合速率的降低与气孔和叶肉细胞内 CO_2 传输导度、叶绿素含量和酶活性的降低都有关，但是光合碳同化关键酶 Rubisco 含量和活性的变化可能起主导作用。根据羧化效率降低早于光系统 II 光化学效率降低的观测结果推测，Rubisco 的降解导致叶绿体 CO_2 固定能力下降，同化力过剩，从而引起光系统 II 破坏，即同化力形成和使用之间的不平衡加速了叶片的衰老(杨巧凤等，1999)。

16.5 叶片衰老

衰老是细胞、组织、器官和整个植物体在发育最后阶段发生的一个由遗传物质编制程序的过程。这是一个活跃而有序的过程，涉及新的 mRNA 和蛋白分子的合成，这些合成导致急剧的代谢转变，引起细胞拆卸和功能障碍以及最终的死亡(Carp and Gepstein，2007)。尽管衰老涉及广泛的降解过程，但是为了调节和实施衰老程序，仍然需要一些基本的选择性的基因表达和蛋白质合成。

叶绿素含量减少是叶片衰老的最明显征状。秋天落叶树叶片颜色的变化是一个特别吸引人注意的现象。这主要是叶绿素损失以及类胡萝卜素颜色得以显现和花色素苷合成的结果。衰老叶片的红色大多来自花色素苷的合成与积累。关于叶片中花色素苷的作用，近年有学者提出其保护衰老叶片的生理学和生物学 2 个不同机制。生理学假说认为，在叶片衰老期间，特别是在秋季低温和强光下，花色素苷可以掩护叶绿体，帮助防止活性氧的形成。生物学或生态学假说认为，秋天色彩亮丽的叶片对取食昆虫可能是一个警告信号。

膜结构完整性的丧失是叶片衰老的又一重要特征。它发生于细胞死亡级联反应的早期，导致溶质渗漏的增加。类囊体膜最先发生降解变化，接着是线粒体膜，最后是叶绿体被膜。在膜衰老过程中，蛋白质水解是另一个衰老的早期特征。在衰老叶片中，一些编码蛋白酶的基因表达被急剧上调。在蛋白质水解前需要发生合适的构象变化。与 LHCII 的蛋白紧密结合的叶绿素被降解去除，导致 LHCII 蛋白发生易受蛋白酶攻击的构象变化。叶片衰老期间有效的氮重新流通总是和光合能力的丧失相联系。

在叶片衰老过程中，活性氧发挥重要作用：破坏作用和信号作用。在所有种类的ROS（$^1O_2$，$O_2^{\cdot -}$，H_2O_2和·OH）中，·OH最活跃，可以破坏所有种类的生物大分子和细胞组分，导致不可恢复的代谢破坏和细胞死亡。

叶片衰老是一种程序性细胞死亡，不仅受环境影响，而且还受激素和基因控制。通常，光强低于和高于最适水平都会加速衰老。弱光诱导衰老的机制还不清楚，能量或糖不足显然是重要原因，并且涉及氧化胁迫。黑暗也会诱导叶片衰老。所有的环境胁迫因素都会活化衰老过程，并且伴随氧化突发。在许多情况下，环境胁迫对衰老的调节作用是通过植物激素乙烯、茉莉酸和水杨酸等实现的。在衰老期间，这些信号分子的水平提高，诱导特定基因的表达。衰老不是一场没有次序的破坏，而是在细胞核控制下正常细胞功能的有次序地丧失。由于衰老主要服务于营养和矿物质从衰老组织运输到生长发育中的组织，叶片开始衰老时那些参与大分子降解及产物移动的基因开始表达，而与光合作用有关的基因被关闭。

总之，叶片内存在一个复杂的衰老调节网（Guo and Gan，2005；Lim and Nam，2005），主要涉及氧化还原平衡、糖水平和激素作用。

参考文献

许大全，丁勇，沈允钢，1993.C_4植物玉米叶片光合效率的日变化.植物生理学报，19：43－48.

杨巧凤，江华，许大全，1999.小麦旗叶发育过程中光合效率的变化.植物生理学报，25：408－412.

周星煜，何敏仪，张琳，等，2010.生命体内的计时器：生物钟.科学，62(5)：41－43.

Bell-Pedersen D，Cassone VM，Earnest DJ，et al.，2005. Circadian rhythms from multiple oscillators：lessons from diverse organisms. Nat Rev Genet，6：544－556.

Carp MJ，Gepstein S，2007. Genomics and proteomics of leaf senescence//Gan SS（eds）. Senescence Processes in Plants. Singapore：Blackwell Publishing Ltd：202－230.

Delgado E，Keys AJ，Medrano H，et al.，1992. Diurnal changes of Rubisco activity in *Nicotiana tabacum* L. genotypes selected by low CO_2 survival//Barber J，Guerrero MG（eds），Medrano. Trends in Photosynthesis Research. Andover，UK：Intercept Limited：255－265.

Dodd AN，Salathia N，Hall A，et al.，2005. Plant circadian clocks increase photosynthesis，growth，survival，and competitive advantage. Science，309：630－633.

Doi M，Hirayama J，Sassone-Corsi P，2006. Circadian regulator clock is a histone acetyltransferase. Cell，125：497－508.

Franco AC，Luttge U，2002. Midday depression in savanna trees：coordinated adjustments in photochemical efficiency，photorespiration，CO_2 assimilation and water use efficiency. Oecologia，131：356－365.

Farre EM，Weise SE，2012. The interactions between the circadian clock and primary metabolism. Curr Opin Plant Biol，15：293－300.

Guo J，Cheng P，Yuan H，et al.，2009. The exosome regulates circadian gene expression in a posttranscriptional negative feedback loop. Cell，138：1236－1246.

Guo YF，Gan SS，2005. Leaf senescence：signals，execution，and regulation. Curr Top Dev Biol，71：83－112.

Harmer SL，2009. The circadian system in higher plants. Annu Rev Plant Biol，60：357－377.

Hartwell J，2005. The co-ordination of central plant mechanism by the circadian clock. Biochem Soc Trans，33：945－948.

Hennessey TL, Field CB, 1991. Circadian rhythms in photosynthesis: oscillation in carbon assimilation and stomatal conductance under constant conditions. Plant Physiol, 96: 831 - 836.

Kromdijk J, Schepers HE, Albanito F, et al., 2008. Bundle sheath leakiness and light limitation during C_4 leaf and canopy CO_2 uptake. Plant Physiol, 148: 2144 - 2155.

Lim PO, Nam HG, 2005. The molecular and genetic control of leaf senescence and longevity in *Arabidopsis*. Curr Top Dev Biol, 67: 49 - 83.

Mackenzie TD, Morse D, 2011. Circadian photosynthetic reductant flow in the dinoflagellate *Lingulodinium* is limited by carbon availability. Plant Cell Environ, 34: 669 - 680.

Pruneda-Paz JL, Kay SA, 2010. An expanding universe of circadian networks in higher plants. Trends Plant Sci, 15: 259 - 265.

Schulze ED, Hall AE, 1982. Stomatal responses, water loss and CO_2 assimilation rates of plants in contrasting environments//Lange OL, Nobel PS, Osmond CB, et al (eds). Physiological Plant Ecology II. Encycl Plant Physiol (NS) Vol 12B. Berlin: Springer-Verlag: 181 - 230.

Xu DQ, Shen YK, 2005. External and internal factors responsible for midday depression of photosynthesis// Pessarakli M (eds). Handbook of Photosynthesis, Second Edition. Boca Raton: Taylor & Francis: 287 - 297.

Yanovsky MJ, Kay SA, 2002. Molecular basis of seasonal time measurement in *Arabidopsis*. Nature, 419 (6904): 308 - 312.

Zhang JL, Meng LZ, Cao KF, 2009. Sustained diurnal photosynthetic depression in uppermost-canopy leaves of four dipterocarp species in the rainy and dry seasons: does photorespiration play a role in photoprotection? Tree Physiol, 29: 217 - 228.

第17章

相 互 协 调

光合作用是一个包括数十个反应步骤的复杂过程，这些反应按一定顺序发生并相互制约。同时，光合作用作为光合生物的一个重要生理过程，与其他生理过程如呼吸作用等密切联系，相互影响。并且，行使光合作用功能的光合机构是一个复杂的结构体系。特别是高等植物，它们的光合器官主要是叶，与根、茎、花和果实等其他器官是相互联系、相互影响的统一整体。因此，光合作用的不同反应、光合生物的不同生理过程和高等植物不同器官之间的协调运转，对于光合生物的生存、生长发育和应对复杂多变的环境变化十分重要。

17.1 光合产物的源与库

在高等植物体内，源主要就是制造光合产物的叶绿体、叶肉细胞、叶肉组织乃至叶。当然，植物体的其他绿色部分，例如麦芒和颖壳以及绿色的荚果等在一定时期内也可以制造光合产物。库(或者壑)就是使用或储存光合产物的细胞、组织乃至器官，所有的分生组织以及由它们形成的根、茎和果实以及幼小的叶片等都是库。

17.1.1 光合作用的库调节

光合产物生产、供应的源能力与光合产物使用、贮存的库强之间密切协调，不仅源器官的光合作用状况决定库器官的生存、生长与发育，而且库器官对光合产物的需要也对光合作用产生重要影响。

具有活跃生长果实的植株总是表现出比较高的净光合速率。在果实旺盛生长期间，果实对光合速率的促进作用最明显。在苹果果实膨大的最后阶段，即库强度最强时，叶片光合速率显著增高。与正常收获果实的苹果树相比，果实收获延迟的植株叶片光合速率、Rubisco酶活性、电子传递能力和叶绿素含量均高(Tartachynk and Blanke, 2004)。相反，人为地去除生长中的库，例如小麦的穗、大豆的豆荚，叶片的光合速率会明显降低，在高CO_2浓度下生长的植株尤其明显(Xu et al., 1994)。这种果实促进光合作用的机制可能有如下几个：

(1) 植物激素

来源于果实的赤霉素、细胞分裂素直接活化RuBP羧化酶。细胞分裂素可以提高编码Rubisco小亚基和叶绿素a/b结合蛋白的基因转录。施用细胞分裂素可以部分地克服除掉库所导致的光合作用降低现象；当葡萄藤的库强变化时，叶片的赤霉素和细胞分裂素水平也变化，光合速率的变化是激素水平变化的结果。

（2）同化物抑制

虽然早已有人猜测叶片中光合产物浓度增高会通过酶活性的末端产物抑制降低光合速率，并且有果实的植株叶片中光合产物浓度低于无果实植株的叶片；在多种植物观测到叶片同化物含量与光合速率呈负相关。淀粉的积累可能会因与 Mg^{2+} 的结合等对光合作用产生不良影响。

（3）光呼吸增强

没有结果实的植株叶片光呼吸速率明显高于结果实的植株。

（4）气体扩散阻力降低

结果实的植株叶片气孔阻力往往低于没有结果实的植株。库需要影响源能力的另一个典型事例，是光合作用对高 CO_2浓度的适应：光合关键酶含量、光合速率降低。然而，快生长的杨属植物能够维持高 CO_2浓度对光合作用的最大促进作用。这种促进作用直接与使用和贮存额外碳水化合物的库能力有关（Leakey et al.，2009）。库对叶片光合能力的调节控制很复杂，涉及质体醌、无机磷、蔗糖和激素等多种信号分子和信号转导途径。

17.1.2 韧皮部运输的作用

在源库关系的协调中，输导组织中的韧皮部发挥重要的作用，有可能通过增强其运输能力提高光合作用与生产力（Ainsworth and Bush，2011）。

源细胞的光合产物通过韧皮部输出到库组织，涉及共质体机制。韧皮部装载是平衡叶片光合能力和库光合产物使用的焦点，韧皮部装载受编码转运蛋白基因的转录和翻译后调节，即韧皮部伴胞质膜上的蔗糖-质子同向转运蛋白（SUT1）控制向库的光合产物运输速率。当用冷"环割"或重组 DNA 技术减少蔗糖转运蛋白的丰度从而限制源叶糖输出时，叶片光合速率降低（Zhang and Turgeon，2009）。在这种条件下，源叶中糖的累积导致那些同碳水化合物贮存和使用有关基因表达的增强和同光合有关基因表达的减弱（Stitt et al.，2010）。在 CO_2浓度不断增高的未来世界中，增强源叶的蔗糖输出和库对其使用能力是实现提高作物光合与产量目标的一个重要任务（Ainsworth and Bush，2011）。

在库组织中，贮存淀粉由输入造粉体（amyloplast，贮存淀粉的无色质体）的 6-磷酸葡糖（Glc-6-P）合成。由于造粉体不能通过光合磷酸化生产 ATP，必须从细胞的其余部分输入 ATP。编码 Glc-6-P/磷酸转运蛋白和 ATP 转运蛋白的基因在马铃薯块茎的同时过表达导致库强增加和块茎增产以及淀粉含量提高，表明物流控制是在转运蛋白而不是在酶活性水平（Zhang et al.，2008）。

17.1.3 蔗糖与淀粉的作用

叶片通过光合作用合成蔗糖，蔗糖经过维管束的韧皮部运输到光合产物的库，对库的生长产生前馈促进作用。当光合产物的生产超过库生长的需要时，叶片内积累的蔗糖会对光合作用产生反馈抑制作用。这种反馈控制与前馈控制为植物提供了平衡源-库之间光合产物生产与消费关系的办法。

Neales 和 Incoll(1968)的经典评论总结了关于源叶内同化物积累导致光合速率降低的多年研究结果。通过低温、改变光期长度和 CO_2 浓度等改变小麦叶片光合产物(蔗糖和淀粉)含量,观察到最大光合速率下降幅度与叶片碳水化合物含量正相关。将植株放置于黑暗中一段时间,碳水化合物水平降低后最大光合速率迅速恢复,表明光合产物积累引起的光合速率降低不是通过酶含量或活性减少实现的。

蔗糖是大部分高等植物光合作用的主要产物,是植物不同器官以及源-库之间主要的运输物质,也是库内碳代谢的主要底物,同时还是在植物物质代谢、生长发育中起重要作用的调节物质。蔗糖作为感知内外环境变化的传感器和源-库之间的信号分子,其浓度在几小时到几天内的变化可以传递源叶光合产物生产和库使用之间不平衡的信息。并且,在蔗糖信号转导过程中,蛋白磷酸化级联反应对蔗糖同向转运蛋白基因的表达发挥关键作用。

蔗糖调节光合速率的可能机制有:① 质量作用,这种机制的作用比较小;② 酶活性调节,例如通过信号分子 2,6-二磷酸果糖对细胞质 FBPase 的调节和磷酸蔗糖合酶的蛋白可逆磷酸化或(和)蔗糖、蔗糖磷酸等代谢物的调节;③ 通过影响有关基因的表达而引起酶含量的变化,例如在正常条件下叶片不具有合成果聚糖的酶活性,而当叶片蔗糖输出受限制后这种酶活性增高,并且逐步形成果聚糖。

在叶片光合同化的碳输出受限制情况下,可以把叶片内积累的淀粉看作光合产物的暂时而直接的库。因此,淀粉合成速率可能成为库需要有限情况下能否维持高光合速率的重要决定因素。

17.2 光合作用与呼吸作用

由于共同使用一些中间产物,在光合细胞内日间光合作用、光呼吸和呼吸作用之间很可能发生相互作用。光合作用和呼吸作用都能为细胞质提供 ATP、还原剂和碳架。一个过程的产物是另一个过程的底物和辅助因子,例如呼吸作用、光呼吸作用释放的 CO_2 就是光合作用的底物,而光合作用的产物糖则是呼吸作用的底物。因此,两者之间存在密切的联系(Noguchi and Yoshida, 2008)。一篇内容丰富的综述文章介绍了光合作用与呼吸作用相互作用及其潜在机制研究的最新进展(de Fonseca-Pereira et al., 2020)。

17.2.1 光合作用对呼吸作用的影响

光合作用与呼吸作用的关系复杂。一方面,整株植物呼吸速率的高低主要取决于以前光合速率的高低和光合产物向生长或贮藏的分配。成龄叶片夜间呼吸作用与叶片以前日间净光合速率正相关。与此相类似,果实或地上部和整株植物夜间呼吸也与以前日间光合量正相关。这种相关在生长着的组织中最强。生长呼吸受碳水化合物水平控制,而维持呼吸则不然。

另一方面,光合作用对呼吸作用具有抑制作用。在典型条件下,日呼吸 R_d 只有夜呼吸 R_n 的 30%~70%。光合作用对呼吸作用的抑制很可能以同化力 ATP 和 NADPH 为媒介,因为它们可以控制许多种呼吸酶。光能明显提高能荷和还原剂水平。光影响呼吸作用的主要位点可能是糖酵解途径中的磷酸果糖激酶、磷酸丙糖脱氢酶系统和丙酮酸激酶；三羧酸(tricarboxylic acid，TCA)循环中的脱氢酶，特别是异柠檬酸、苹果酸脱氢酶；氧化磷酸戊糖途径的脱氢酶等。线粒体异柠檬酸脱氢酶受光下高 $NADPH/NADP^+$ 比率的抑制(Igamberdiev and Gardeström，2003)。

17.2.2 呼吸作用对光合作用的影响

在植物体水平上，光合作用同化的碳有 40%～60%被呼吸作用消耗；在叶片水平上，则有 20%被呼吸作用消耗。然而，不能因此得出减少呼吸作用必然会优化植物生长和净碳收益的结论，因为呼吸作用是植物生长和光合作用所必需的，基本的能量代谢如 ATP 合成、基础氮代谢如氮同化、氨基酸合成和光合机构组分如叶绿素、Rubisco 及相关蛋白的合成都离不开呼吸作用，可以说呼吸作用是光合作用的基石。呼吸作用对光合作用有 3 个不同的功能：① 提供氮同化的碳骨架，而氮同化的产物则是光呼吸所需要的；② 线粒体可以氧化光呼吸产生的 NADH，并且通过苹果酸穿梭从叶绿体输出过量的还原力；③ 通过提供 ATP 维持细胞质内的蔗糖合成(Tcherkez and Ribas-Carbo，2012)。由于呼吸作用可以为蔗糖合成提供 ATP、耗散叶绿体产生的过量还原力和支持光呼吸途径运转等，呼吸作用是最适光合作用所必需的(Nunes-Nesi et al.，2008；Nunes-Nesi et al.，2010)。另外，线粒体突变会妨碍叶绿体的生物发生。

呼吸作用涉及糖酵解、氧化戊糖磷酸途径、三羧酸循环和线粒体电子传递及耦联的氧化磷酸化等有关反应过程。呼吸速率可以受呼吸机构酶和转运蛋白数量、呼吸底物(碳水化合物和 O_2)数量、ATP 和 NAD(P)H 使用速率及呼吸中间产物使用速率调节。在迅速生长的植物细胞内，呼吸作用可能受呼吸机构或碳水化合物数量的限制，在成熟或生长缓慢的植物细胞内，呼吸作用可能受呼吸产物特别是 ATP 使用速率的限制。呼吸作用的功能就是将光合产物转化为植物生长、发育、运输、储存及维持生命活动可以利用的物质与能量载体 ATP 和 NAD(P)H，特别是氨基酸、蛋白质、脂肪酸和核酸以及光合机构组分叶绿素及蛋白质等生物合成所需要的小分子碳骨架。

旺盛的光合作用实际上需要氧化磷酸化的支持，用氧化磷酸化的选择性抑制剂寡霉素抑制线粒体呼吸会使光合放氧速率降低。线粒体可以为体内的高速 CO_2同化提供所需要的 ATP。那些不能迅速合成淀粉的叶片，氧化磷酸化对光合作用可能更重要，呼吸作用产生的 ATP 可以支持细胞质中磷酸蔗糖的迅速合成。活跃的线粒体电子传递可以通过缓解光合机构的过度还原而减轻光合作用的光抑制。在需要提高 ATP/NADPH 比率时，光合作用产生的还原剂可以在线粒体内氧化去除。在光能过剩时，线粒体能够耗散叶绿体产生的过量还原力(Noguchi and Yoshida，2008)。另外，也可以把线粒体看作光合电子的辅助库(例如通过苹果酸阀)，使光合机构免遭破坏。所以，线粒体的抑制剂如寡霉素、叠氮化钠和抗霉素 A 以及线粒体电子传递链的转基因修饰都会明显影响光合能力(Noctor et al.，2007)。

当叶绿体内 $NADPH/NADP^+$ 比例高并且可能形成活性氧时，线粒体可以发挥光合作用安全阀的作用。在稳态光合作用期间，过量的电子可以通过苹果酸/草酰乙酸穿梭输出到线粒体，NADH 在那里被氧化。线粒体 NAD(P)H 脱氢酶可以加速来自光合作用的 NADPH 的氧化。线粒体电子传递链成员、催化 NADH 氧化的复合体 I 受损伤的突变体光合速率降低，表明线粒体电子传递可以帮助维持光合活性。

众所周知，植物体内的 2 条主要呼吸途径是细胞色素途径和旁路(或交替)氧化酶(alternative oxidase, AOX)途径。这两者有此消彼长的相互协调现象。在干旱胁迫期间，AOX 途径活性的上调可以防止光合能力的丧失(Bartoli et al., 2005)。

在线粒体内膜上有一种解耦联蛋白(uncoupling protein, UCP)，能够将跨膜质子梯度以热的形式耗散，从而参与光合作用与呼吸作用之间的复杂平衡。可能在对 NADH 的氧化需求高时这种蛋白特别重要。拟南芥缺乏这种解耦联蛋白的突变体的气孔导度没有变化，但 CO_2同化速率降低(Sweetlove et al., 2006)。

多种呼吸功能损害引起光合作用降低的机制各不相同。例如，旁路(交替)氧化酶(AOX)和线粒体解偶联蛋白的损害主要通过伤害类囊体反应而影响光合作用(Sweetlove et al., 2006; Chai et al., 2010)，而复合体 I 即呼吸链 NADH 脱氢酶伤害导致的光合作用降低则是通过气孔和叶肉对 CO_2导度的降低(Galle et al., 2010)。延胡索酸酶缺乏的番茄株系光合速率降低是通过气孔导度变化实现的(Nunes-Nesi et al., 2007)。

尽管大部分线粒体功能的损害都引起光合作用降低，但是也有一些参与呼吸作用的组分变化导致光合作用加强。例如，顺乌头酸酶(aconitase)和线粒体苹果酸脱氢酶(MDH)基因表达的减少加强了光合作用(Nunes-Nesi et al., 2005)。

17.2.3　光合作用与呼吸作用的协调

由碳水化合物水平触发的诱导或抑制可以协调光合作用的碳水化合物生产能力与呼吸、生长对光合产物使用能力之间的平衡。在这个过程中，叶绿体和线粒体之间的“交谈”或通讯对最适的叶片功能是必要的。参与这种通讯的信号分子不仅有碳水化合物，而且有活性氧、钙离子和质体醌与泛醌(UQ)或辅酶 Q(Yoshida et al., 2010)。

17.3　C_4循环与 C_3循环

尽管 C_4植物叶肉细胞中没有光合碳还原循环的大部分酶，但是在叶肉细胞叶绿体中却含有催化 PGA 还原的酶。NADP－ME 亚型植物的维管束鞘细胞内低光系统 II 活性意味着只能靠 NADP－ME 产生的 NADPH 还原 PGA，而这些 NADPH 只够用于还原维管束鞘细胞中产生的 50% PGA，其余 50%的 PGA 则被输入叶肉细胞，在那里被还原。并且，还原产生的磷酸丙糖至少 2/3 被运回维管束鞘细胞，以便维持光合碳还原中间产物库。显然，维管束鞘细胞和叶肉细胞之间的磷酸丙糖/PGA 穿梭在 C_4代谢中行使重要功能。功能之一便是协调 C_4循环与 C_3循环。

维管束鞘细胞和叶肉细胞之间的磷酸丙糖/PGA 穿梭也是保证两类细胞之间 H^+ 运输

和电荷平衡的一种方法。例如，在叶肉细胞内 PGA 被还原时消耗 1 个质子，形成的磷酸丙糖被运回鞘细胞。叶肉细胞内这个消耗质子的反应是必需的，因为在叶肉细胞内 CO_2 被水合形成 HCO_3^- 时释放 1 个质子，而 HCO_3^- 被 PEPC 固定。

两类细胞之间的这种代谢物穿梭还会减少鞘细胞内 PGA 还原所需要的还原剂(NADPH)数量，因此也就减少鞘细胞内的光合氧释放。并且，在 NAD－ME 和 PEP－CK 亚型中，由于线粒体参与 C_4 循环而加强鞘细胞呼吸作用的氧吸收。放氧的减少和耗氧的增加都减轻鞘细胞内的氧积累，这有利于 RuBP 的羧化而不利于 RuBP 的加氧。

17.4 光系统 II 与光系统 I

由于 2 个光系统光吸收特性的差异和一天中不同时刻到达光合机构的太阳光光质的自然变化，2 个光系统的光能吸收以及光激发往往是不均衡的，需要通过状态转换来调整，使 2 个光系统光化学反应的步伐协调一致。

另外，对于特殊条件下合成的光系统 II 和光系统 I 之间数量的不平衡也需要协调。一个协调的办法就是光系统 II 附近的水-水循环。由于光系统 I 的铁含量很高，缺铁时光系统 I 的含量和光系统 I/光系统 II 比率会明显降低。这种光系统 II 附近的水-水循环可以提高单位光系统 I 的 ATP 合成，帮助细胞维持营养不足或其他条件导致光系统 I 水平明显降低时的生存(参见第 14 章能量耗散)。

17.5 电子传递与碳同化

当光合机构接受的光能超过光合碳同化对同化力的需要时，光合机构会通过加强多种能量耗散过程而消耗过量的光能，实现光合电子传递与碳同化相互协调、平衡的运转，使跨类囊体膜的质子梯度(ΔpH)维持在合适的高水平，既能够推动光合磷酸化，又不限制电子传递；同时也使 ATP/ADP 和 NADPH/$NADP^+$ 比率维持在合适的高水平，既能够推动碳同化，又不限制电子传递和光合磷酸化。在没有低温、干旱等其他胁迫因素同时存在的自然条件下，强光引起的以光合效率降低为主要特征的光合作用光抑制，就是能量耗散过程加强运转的反映。

Fd：$NADP^+$ 氧化还原酶(FNR)是光合电子传递与下游的碳同化等过程精确耦联的重要中介。FNR 参与非循环光合电子传递的最后步骤，催化来自 2 分子 Fd 的 2 个电子传递给 1 个 $NADP^+$ 分子的反应。然而，来自 Fd 的电子也用于一些别的反应，如氮同化、硫同化，脂肪合成、叶绿素合成，以及氧化还原调节。FNR 在间质和类囊体膜之间的正确分布可以有效地调节 Fd 的电子在叶绿体内不同代谢途径之间的分配(Benz et al., 2010)。

17.6 叶绿体与细胞核

在叶绿体发育过程中，细胞核发挥主导作用，这至少是由于叶绿体内的蛋白组分绝大部分由核基因编码并在细胞质内合成后输入的。另一方面,编码叶绿体蛋白的核基因的表达又依赖叶绿体的功能和发育阶段,并且受叶绿体信号的调节。编码与光合功能有关蛋白的核基因的合适表达、协同叶绿体与核基因组的表达和合适的叶片形态建成等,都需要来自叶绿体的信号。

17.7　协调方式

植物光合作用中不同反应、光合作用与呼吸作用等其他生理过程、光合细胞内叶绿体与细胞核等不同细胞器、叶肉细胞与维管束鞘细胞等不同类型细胞和叶片与根系及果实等不同器官之间的协调涉及多种调节方式,主要的有以下几种:氧化还原调节、蛋白磷酸化调节、信号转导和基因表达调节。在这些协调方式中,最基本的是氧化还原调节和蛋白磷酸化调节,这两者是其他多种协调方式的基础。

17.7.1　氧化还原调节

植物细胞感知、估量和整合各种内源的和外源的刺激,以便优化资源分配和对环境变化的适应。这个通用的整合过程的核心是巯基/二硫键化合物氧化还原网。

(1) 氧化还原网

在氧化还原网中,多种蛋白的巯基参与催化、调节和信号转导;硫氧还蛋白(TRX)和谷氧还蛋白(GRX)作为氧化还原递质(Bashandy et al., 2010),传递还原当量给参与糖酵解与光合作用的酶等靶蛋白,控制其氧化还原状态与信号转导等功能,保守的活性部位模体中2个氧化还原活跃的半胱氨酸参与催化氧化还原反应;氧化还原输入要素是依赖铁氧还蛋白的硫氧还蛋白还原酶(FTR)或依赖 NADPH 的硫氧还蛋白还原酶(NTR)。叶绿体内的氧化还原网由多种输入要素、递质和靶蛋白组成。其中,过氧化物酶行使抗氧化剂、氧化还原控制者、氧化还原传感器、信号递质、蛋白与蛋白相互作用者和氧化酶等多种功能(König et al., 2012)。

高等植物细胞中的巯基/二硫键化合物氧化还原网的复杂性远远超过其他类型的生物体。拟南芥的基因组中有20多个硫氧还蛋白基因编码30多种硫氧还蛋白,而绿藻中只有8种、蓝细菌中只有4种硫氧还蛋白。

(2) 氧化还原穿梭系统

叶绿体内产生的还原当量是细胞内多种重要的代谢酶反应所必需的。在苹果酸/草酰乙酸(Mal/OAA)穿梭和磷酸丙糖/磷酸甘油酸(TP/PGA)穿梭2个氧化还原穿梭系统中,叶绿体内被膜上的转运蛋白通过这些穿梭将还原剂运出叶绿体。这些转运蛋白不仅行使氧化还原穿梭功能,还是碳代谢/氮代谢的重要参与者。通过这些穿梭系统的精致控制,维持叶绿体内还原剂的合适水平和多种代谢之间的平衡以及能量与还原当量的合适比例。

苹果酸/草酰乙酸穿梭系统　由跨叶绿体被膜的代谢物转运蛋白(OMT)和与之耦联的叶绿体间质、细胞溶质脱氢酶同工酶(isozyme)组成(图 17-1)。首先,叶绿体内的 OAA 在苹果酸脱氢酶(NADP-MDH)催化下被NADPH还原成Mal,转运蛋白通过与细胞溶质中的OAA交换,将Mal运输到细胞溶质中,在NAD-MDH催化下,Mal被氧化为OAA,同时形成NADH,结果叶绿体内的还原剂(NADPH)被运输到细胞溶质中(NADH)。这种穿梭亦被称为苹果酸阀。在非胁迫条件下,这种穿梭输出的还原当量可以用于细胞溶质内一些酶反应、线粒体内氧化性电子传递反应和过氧化物酶体内的光呼吸代谢反应(Noguchi and Yoshida, 2008)。并且,从叶绿体输出的苹果酸可以累积在液泡中用于其他代谢途径。细胞溶质中的NAD-MDH与叶绿体内NADP-MDH不同,不受铁氧还蛋白-硫氧还蛋白系统调节,而且是在黑暗中行使功能。

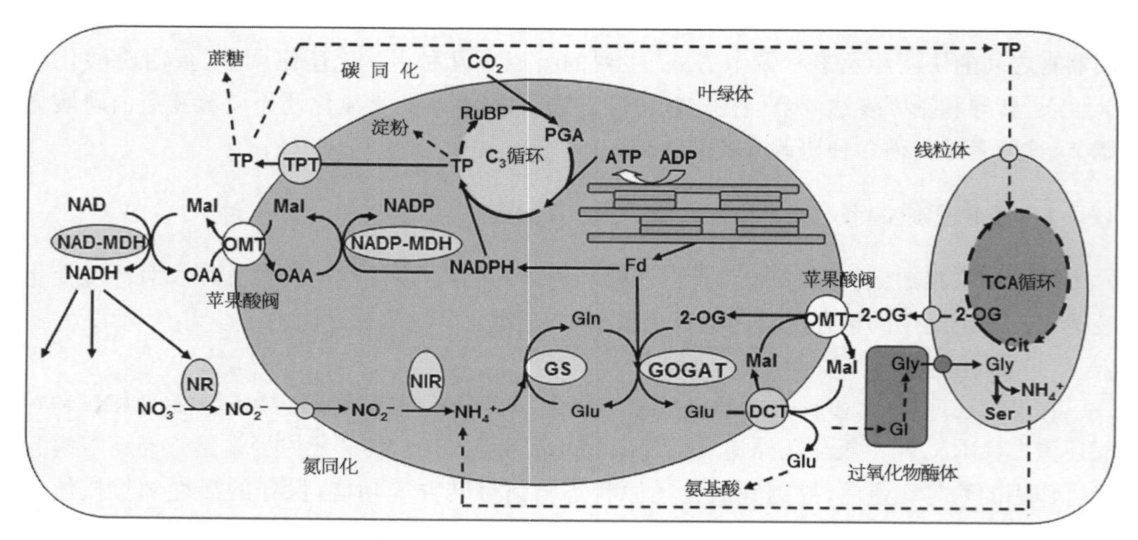

图17-1 苹果酸阀输出还原剂和整合碳/氮代谢的双重功能

根据Taniguchi和Miyake(2012)改画。ADP、ATP——腺苷二磷酸、腺苷三磷酸;Cit——柠檬酸;DCT——双羧酸转运蛋白;Fd——铁氧还蛋白;Gl——乙醇酸(来自叶绿体);Glu——谷氨酸;Gly——甘氨酸;GOGAT——谷氨酸合酶;GS——谷氨酰胺合成酶;Mal——苹果酸;NAD、NADH——氧化型、还原型辅酶I;NADP、NADPH——氧化型、还原型辅酶II;NAD-MDH、NADP-MDH——分别依赖NAD、NADP的苹果酸脱氢酶;NIR——亚硝酸还原酶;NR——硝酸还原酶;OAA——草酰乙酸;2-OG——2-酮戊二酸;OMT——草酰乙酸(或酮戊二酸)/苹果酸转运蛋白;PGA——磷酸甘油酸;RuBP——二磷酸核酮糖;Ser——丝氨酸;TP——磷酸丙糖;TCA——三羧酸;TPT——磷酸丙糖/无机磷(或磷酸甘油酸)转运蛋白。

除了输出还原当量以外,苹果酸阀的另一个功能是连接或整合细胞的碳代谢与氮代谢。2-酮戊二酸/苹果酸转运蛋白(OMT)就承担这样的功能。OMT与另一个双羧酸转运蛋白(DCT)合作,将光合作用产生的碳骨架转入叶绿体氮同化途径(Nunes-Nesi et al., 2010)。所以,缺乏OMT的突变会导致氨基酸合成及光呼吸速率降低。

磷酸丙糖/磷酸甘油酸(TP/PGA)穿梭系统 由一个跨叶绿体内被膜的TP/Pi转运蛋白(TPT)、位于叶绿体间质和细胞溶质内的磷酸甘油酸激酶(PGK)、3-磷酸甘油醛脱氢酶(GAPDH)同工酶组成(图17-2)。TPT可以通过与细胞溶质内的无机磷(Pi)交换,将TP输出到细胞溶质内,用于蔗糖合成或糖酵解,或通过与细胞溶质内的PGA交换,将PGA输入叶绿体内参与光合碳还原循环即C_3循环。TPT是叶绿体内被膜上的一个主要蛋白,也是质体磷转运蛋白家族的成员(Weber and Linka, 2011)。缺乏 TPT 的突变体在强光下光合电子传递受限制,叶绿体间质内还原水平提高,热耗散系统被诱导。叶绿体间质内的 GAPDH 也受铁氧还蛋白-硫氧还蛋白系统调节。

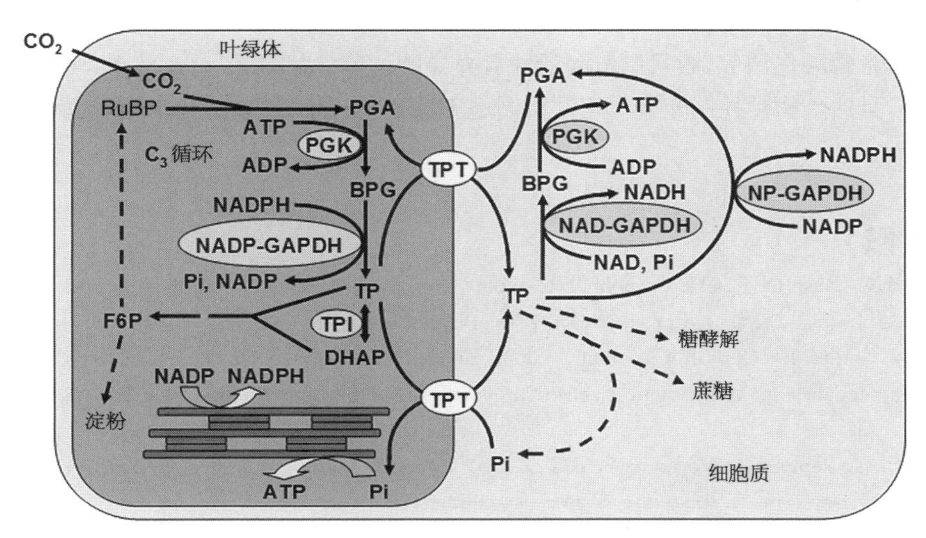

图 17-2 磷酸丙糖/无机磷转运蛋白输出还原剂和光合产物的双重功能

根据 Taniguchi 和 Miyake(2012)绘制。ADP、ATP——腺苷二磷酸、腺苷三磷酸;BPG——二磷酸甘油酸;DHAP——磷酸双羟丙酮;F6P——6-磷酸果糖;NAD、NADH——氧化型、还原型辅酶 I;NAD-GAPDH——依赖 NAD 的磷酸甘油醛脱氢酶;NADP、NADPH——氧化型、还原型辅酶 II;NADP-GAPDH——依赖 NADP 的磷酸甘油醛脱氢酶;NP-GAPDH——不伴随磷酸化(即 ATP 形成)的磷酸甘油醛脱氢酶;PGA——磷酸甘油酸;Pi——无机磷;PGK——磷酸甘油酸激酶;RuBP——二磷酸核酮糖;TP——磷酸丙糖;TPI——磷酸丙糖异构酶;TPT——磷酸丙糖/无机磷转运蛋白。

17.7.2 蛋白磷酸化调节

分别由蛋白激酶和蛋白磷酸酯酶催化的蛋白磷酸化和去磷酸化参与调节生物体内的多种物质代谢和生长发育及对环境变化的响应过程:① 酶活化与失活(见第 13 章)以及转录因子活性;② 2 个光系统之间的激发能分配(见第 5 章);③ 信号转导(见第 15 章),蛋白磷酸化在生物钟核心振荡器和代谢、胁迫响应调节者之间传送时间信息;④ 基因表达调节(参见第 10 章),蛋白磷酸化是信号转导和基因表达调节的一个共同的特征(Kusakina and Dodd, 2012);⑤ 光破坏防御(见第 5 章);⑥ 生物钟,在昼夜节律振荡器内,振荡器组分的磷酸化调节蛋白与蛋白的相互作用、蛋白与 DNA 的相互作用以及振荡组分的降解或稳定性。大约 40%受 ABA 调节的基因处于生物钟的控制之下,而 ABA 信号转导涉及可逆的磷酸化(Kusakina and Dodd, 2012);⑦ 跨膜运输,磷酸化有力地调节水通道蛋白活性,可逆磷酸化有可能将生物钟与整个植物体内的水流耦联起来(Kusakina and Dodd, 2012)。

依赖钙的蛋白激酶(CDPKs)是一个新奇的钙传感器,是对多种胁迫条件响应的媒介,其分子质量为 40~90 kDa。当其与 Ca^{2+} 结合时发生构象变化,并促进其与另一些作用伙伴相互作用。CDPKs 受多种机制调节,除了 Ca^{2+} 介导的活化,CDPKs 还经历磷酸化,这种磷酸化发生在其蛋白的不同氨基酸(通常是丝氨酸/苏氨酸),并且受自磷酸化和上游激酶的催化。CDPKs是一种多功能蛋白,有多种底物靶,这些底物中有许多在生长发育和对不同生物与非生物胁迫耐受上发挥重要作用。它还介导与另一种蛋白激酶(mitogen-activated protein kinases, MAPKs)的"交谈",导致对不同胁迫的交叉耐受性。CDPKs调节机制涉及Ca^{2+}介导的调节、自磷酸化调节、激素调节和活性氧介导的调节(Mohanta and Sinha, 2016)。

另外,虽然生物钟控制光合作用的机制还不清楚,但是可逆磷酸化有可能耦联生物钟与光合机构。

参考文献

Ainsworth EA, Bush DR, 2011. Carbohydrate export from the leaf: a highly regulated process and target to enhance photosynthesis and productivity. Plant Physiol, 155: 64 - 69.

Bartoli CG, Gomez F, Gergoff G, et al., 2005. Up-regulation of the mitochondrial alternative oxidase pathway enhances photosynthetic electron transport under drought conditions. J Exp Bot, 56: 1269 - 1276.

Bashandy T, Guilleminot J, Vernoux T, et al., 2010. Interplay between the NADP - linked thioredoxin and glutarthione systems in *Arabidopsis* auxin signaling. Plant Cell, 22: 376 - 391.

Benz JP, Lintala M, Soll J, et al., 2010. A new concept for ferredoxin - NADP(H) oxidoreductase binding to plant thylakoids. Trends Plant Sci, 15: 608 - 613.

Chai TT, Simmonds D, Day DA, et al., 2010. Photosynthetic performance and fertility are repressed in *GmAOX2b* antisence soybean. Plant Physiol, 152: 1638 - 1649.

de Fonseca-Pereira P, Batista-Silva W, Nunes-Nesi A, et al., 2020. The multifaceted connections between photosynthesis and respiratory metabolism//Kumar A, Yau YY, Ogita S, et al (eds). Climate Change, Photosynthesis and Advanced Biofuels. Singapore: Springer: 55 - 107.

Galle A, Florez-Sarasa I, Thameur A, et al., 2010. Effects of drought stress and subsequent rewatering on photosynthetic and respiratory pathway in *Nicotiana sylvestris* wild type and the mitochondrial complex I-deficient CMSII mutant. J Exp Bot, 61: 765 - 775.

Igamberdiev AU, Gardeström P, 2003. Regulation of NAD - and NADP - dependent isocitrate dehydrogenases by reduction levels of pyridine nucleotides in mitochondria and cytosol of pea leaves. Arch Biochem Biophys, 1606: 117 - 125.

König J, Muthuramalingam M, Dietz KJ, 2012. Mechanisms and dynamics in the thiol/disulfide redox regulatory network: transmitters, sensors and targets. Curr Opin Plant Biol, 15: 261 - 268.

Kusakina J, Dodd AN, 2012. Phosphorylation in the plant circadian system. Trends Plant Sci, 17: 575 - 583.

Leakey ADB, Ainsworth EA, Bernacchi CJ, et al., 2009. Elevated CO_2 effects on plant carbon, nitrogen, and water relations: six important lessons from FACE. J Exp Bot, 60: 2859 - 2876.

Mohanta TK, Sinha AK, 2016. Role of calcium-dependent protein kinases during abiotic stress tolerance// Tuteja N, Gill SS (eds). Abiotic Stress Response in Plants. Weinheim, Germany: Wiley - VCH Verlag GmbH & Co. KGaA: 181 - 202.

Noctor G, de Paepe R, Foyer CH, 2007. Mitochondrial redox biology and homeostasis in plants. Trends Plant Sci, 12: 125 - 134.

Noguchi K, Yoshida K, 2008. Interaction between photosynthesis and respiration in illumination leaves.

Mitochondrion, 8: 87 - 99.

Nunes-Nesi A, Carrari F, Lytovchenko A, et al., 2005. Enhanced photosynthetic performance and growth as a consequence of decreasing mitochondrial malate dehydrogenase activity in transgenic tomato plants. Plant Physiol, 137: 611 - 622.

Nunes-Nesi A, Carrari F, Gibon Y, et al., 2007. Deficiency of mitochondrial fumarase activity in tomato plants impairs photosynthesis via an effect on stomatal function. Plant J, 50: 1093 - 1106.

Nunes-Nesi A, Fernie AR, Stitt M, 2010. Metabolic and signaling aspects underpinning the regulation of plant carbon nitrogen interactions. Mol Plant, 3: 973 - 996.

Nunes-Nesi A, Sulpice R, Gibon Y, et al., 2008. The enigmatic contribution of mitochondrial function in photosynthesis. J Exp Bot, 59: 1675 - 1684.

Stitt M, Lunn J, Usadel B, 2010. *Arabidopsis* and primary photosynthetic metabolism: more than the icing on the cake. Plant J, 61: 1067 - 1091.

Sweetlove LJ, Lytovchenko A, Morgan M, et al., 2006. Mitochondrial uncoupling protein is required for efficient photosynthesis. Proc Natl Acad Sci USA, 103: 19587 - 19592.

Taniguchi M, Miyake H, 2012. Redox-shuttling between chloroplast and cytosol: integration of intra-chloroplast and extra-chloroplast metabolism. Curr Opin Plant Biol, 15: 252 - 260.

Tartachynk II, Blanke MM, 2004. Effect of delayed fruit harvest on photosynthesis, transpiration and nutrient remobilization of apple leaves. New Phytol, 164: 441 - 450.

Tcherkez GGB, Ribas-Carbo M, 2012. Interactions between photosynthesis and day respiration//Flexas J, Loreto F, Medrano H (eds). Terrestrial Photosynthesis in a Change Environment: A Molecular, Physiological and Ecological Approach. Cambridge, UK: Cambridge University Press: 41 - 53.

Weber APM, Linka N, 2011. Connecting the plastid: transporters of the plastide envelope and their role in linking plastidial with cytosolic metabolism. Ann Rev Plant Biol, 62: 53 - 77.

Xu DQ, Gifford RM, Chow WS, 1994. Photosynthetic acclimation in pea and soybean to high atmospheric CO_2 partial pressure. Plant Physiol, 106: 661 - 671.

Yoshida K, Shibata M, Terashima I, et al., 2010. Simultaneous determination of *in vivo* plastoquinone and ubiquinone redox states by HPLC - based analysis. Plant Cell Physiol, 51: 836 - 841.

Zhang L, Häusler RE, Greiten C, et al., 2008. Overriding the co-limiting import of carbon and energy into tuber amyloplasts increases the starch content and yield of transgenic potato plants. Plant Biotechnol J, 6: 453 - 464.

Zhang CK, Turgeon R, 2009. Downregulating the sucrose transporter VpSUT1 in *Verbascum phoeniceum* does not inhibit phloem loading. Proc Natl Acad Sci USA, 106: 18849 - 18854.

第4篇
改善应用

第 18 章

光合作用效率

光合作用效率或光合效率，是描述光合机构吸收、转化太阳光能为植物干物质中储存的化学能的能力或效率的指标。光合作用效率是决定作物生产力高低的一个根本指标，也是改善作物光合能力、提高作物产量的一个重要靶标。

18.1 常用术语或指标

光合效率涉及量子效率、光能利用率或转化效率、光系统 II 光化学效率以及光合速率等几个常用术语。

18.1.1 量子效率

光合机构每吸收 1 个光量子所固定的 CO_2 或释放的 O_2 的分子数就是光合碳同化的量子效率，例如 mol CO_2 · mol^{-1} 光量子。它的倒数为量子需要量，即每同化固定 1 分子 CO_2 或释放 1 分子 O_2 所需要的光量子数。可以由不同光强的弱光（光子通量密度小于 150 $\mu mol \cdot m^{-2} \cdot s^{-1}$）下测定的一组光合速率值（最好多于 5 个，并且都是正值）作图或直线回归得到（图 18－1）。由于 Kok 效应，在光补偿点以下弱光下测定的光合速率（负值）往往偏离直线，因此在做直线回归时一定要剔除这些资料点，否则会造成计算误差。如果不是按吸收的而是按入射的光量子数计算量子效率，得到的便是表观量子效率。由于测定方便（不需要测定光合机构实际吸收的光量子数），在光合作用的生理生态研究中经常使用这个参数。

18.1.2 光能利用率

光能利用率是指单位土地面积上植物群体光合同化物所含能量与这块土地上所接受的太阳能总量之比，常用百分数表示。通常由单位面积土地上所有植物体的全部（包括根系等）干重和植物生长期间这块土地上接收的太阳光能总量计算得到。这个指标的高低不仅取决于叶片的光合能力强弱，还取决于群体结构和叶面积大小。由于作物的幼苗阶段叶片数少、叶面积小，大量太阳光能漏射到地面，以及多种不利环境条件如高低温和干旱等的限制，作物整个生育期的光能利用率很低，常常不到 1％。

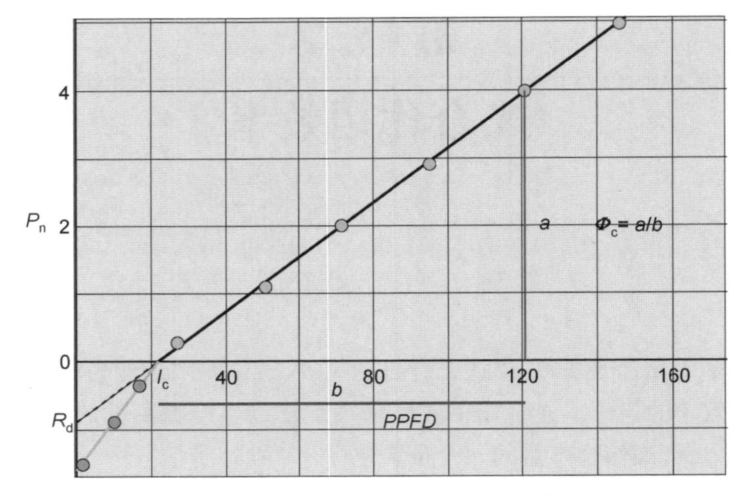

18-1 光合量子效率(Φ_c)的测定与计算方法

I_c——光合作用的光补偿点；PPFD——光合有效的光子通量密度；R_d——光下呼吸速率，也称日呼吸、线粒体呼吸；Φ_c——光合碳同化的量子效率。

18.1.3 光系统 II 光化学效率

光系统 II 每吸收 1 个光量子反应中心发生电荷分离的次数或传递的电子个数，常常用叶绿素荧光参数可变荧光强度与最大荧光强度的比值(F_V/F_M)来表示。没有遭受环境胁迫而又经过充分暗适应的各种植物叶片的这一参数值一般都在 0.85 左右。这个数值常常被称为光系统 II 最大或潜在光化学效率。在推动光合作用的作用光下光合作用已经达到稳态时叶片光系统 II 光化学效率常常被称为实际光化学效率，用在作用光下测定的最大荧光强度与稳态荧光强度之差与最大荧光强度之比[$\Phi_{PSII} = \Delta F/F'_M = (F'_M - F_S)/F'_M$]来表示。这个参数远没有 F_V/F_M那么稳定，极易受光强等多种因素影响，作用光的光强越强，Φ_{PSII}值越小。

叶绿素荧光测定与分析是光合生理生态研究中最常用的一种技术方法。常常使用以下 4 种光源(由现代化的荧光仪提供)：① 检测光(measuring light)——绿光(也有的仪器使用红光，波长 660 nm)，光强 0.1 μmol · m^{-2} · s^{-1}。由于它是强度极弱的调制光，几乎不能引起明显的光化学反应，以便检测 F_O。② 作用光(actinic light)——通常用白光，用于推动光合作用的光化学反应，光强可因实验目的不同而变化，是不能使光合作用饱和的光。③ 饱和脉冲光(saturating pulse light)——通常用白光，光强 6 000～10 000 μmol · m^{-2} · s^{-1}，光期≤1 s，确保 Q_A 全部还原，用于测定 F_M 和 F'_M。④ 远红光——720～730 nm，光强为 30 μmol · m^{-2} · s^{-1}，光期 4 s，测定 F'_O之前使用，以便光系统 I 推动 Q_A氧化。

叶绿素荧光分析一般包括如下一些基本步骤：① 暗适应：为了获得没有遭受任何环境胁迫的对照叶片的基本荧光参数，测定前要让叶片经过一个充分的暗适应过程，最好是经过一个黑暗的夜晚。② 给完成暗适应的叶片照射检测光，经过 1～2 min 叶片发射的叶绿素荧光水平稳定后，得到荧光参数 F_O。③ 给叶片照射饱和脉冲光（10 000 $\mu mol \cdot m^{-2} \cdot s^{-1}$，1 s），一个光脉冲后得到荧光参数 F_M（最大荧光）。④ 计算可变荧光 F_V（$F_V = F_M - F_O$）和光系统 II 最大的或潜在的光化学效率 F_V/F_M：$F_V/F_M = (F_M - F_O)/F_M$。⑤ 给叶片照射作用光（能够推动光合作用进行但不能使光合作用饱和的光），光强即光子通量密度一般为几百 $\mu mol \cdot m^{-2} \cdot s^{-1}$，可因植物生长条件或实验目的不同而变化。经过几分钟到几十分钟叶片光合作用达到稳态（可以从监控荧光强度变化的计算机屏幕上的光合作用的光诱导曲线上看到），得到荧光参数 F_S（稳态荧光）。⑥ 再给叶片照射饱和脉冲光，一个光脉冲后关闭饱和脉冲光，得到荧光参数 F'_M（作用光下的最大荧光）。⑦ 计算作用光存在时光合机构光系统 II 实际的光化学效率 Φ_{PSII}（Genty et al.，1989）：$\Phi_{PSII} = (F'_M - F_S)/F'_M = \Delta F/F'_M$。$\Phi_{PSII}$ 可以用于计算 PSII 或非循环电子传递速率 ETR_{PSII}。⑧ 计算叶绿素荧光的非光化学猝灭系数 NPQ，$NPQ = (F_M - F'_M)/F'_M = F_M/F'_M - 1$。⑨ 在关闭饱和脉冲光之后不久（1 min 左右）再关闭作用光，并立即给叶片照射远红光，这时得到荧光参数 F'_O。⑩ 计算叶绿素荧光的光化学猝灭系数 qP，$qP = (F'_M - F_S)/(F'_M - F'_O)$。

上述整个测定和分析过程可以用图 18－2 描述。

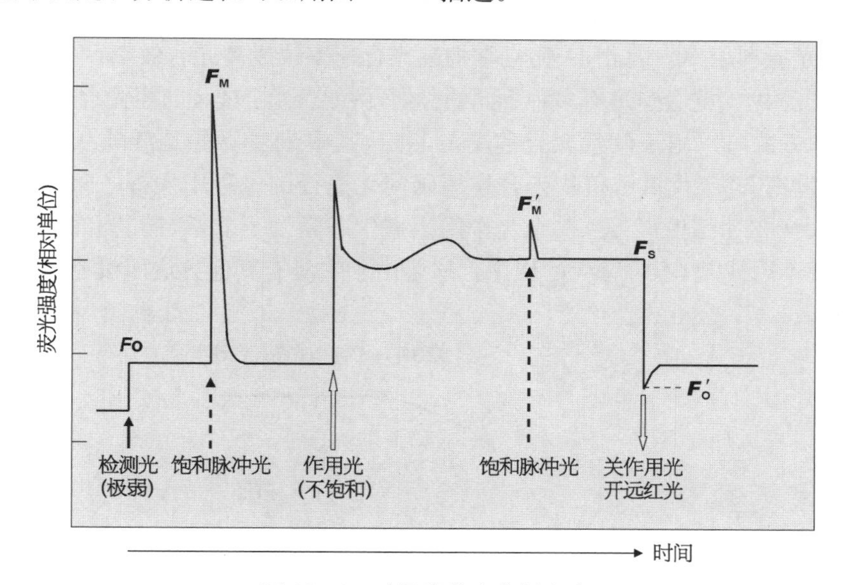

图 18－2　叶绿素荧光分析方法

F_O、F_M、F'_M、F_S 和 F'_O 分别为暗适应叶片的初始荧光、最大荧光，在作用光下光合作用达到稳态时的最大荧光、稳态荧光和关作用光并开启远红光后的初始荧光。

需要指出，在对水分胁迫的响应上，F_V/F_M 远不如 Φ_{PSII} 敏感。在很大范围内，前者几乎不随叶片相对含水量的降低而变化，而后者却随着叶片相对含水量的降低而急剧降低（图 18－3）。

18.1.4　光合速率

常以单位时间、单位光合机构（干重、面积或叶绿素）固定的 CO_2 或释放的 O_2 或积累的干物质数量来表示，例如 $\mu mol\ CO_2 \cdot m^{-2} \cdot s^{-1}$。从表面上看，光合速率不是一个效率指

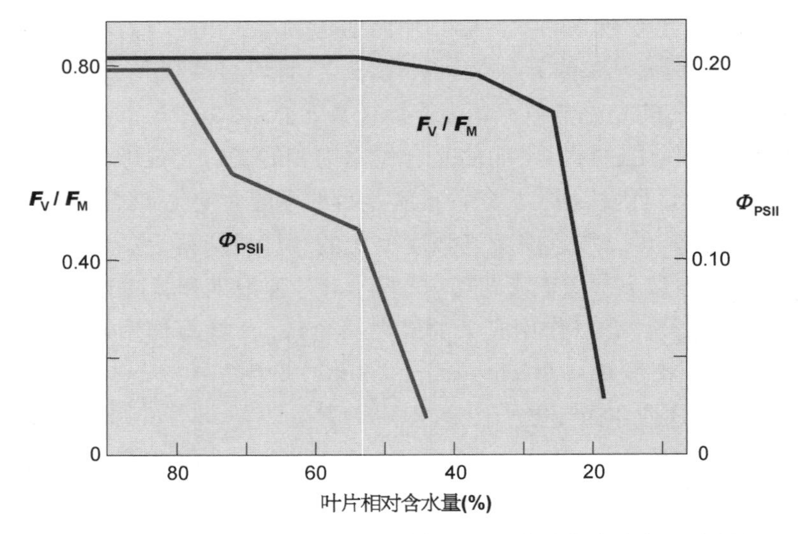

图 18－3　叶片相对含水量对光系统 II 光化学效率的影响(示意图)

标,但它确实是一个重要的光合效率指标。在其他条件都相同的情况下,高光合速率总是导致高产量、高光能利用率。因此,人们常常把高光合速率说成高光合效率。

在有关文献中,对光合速率有多种不同的称谓,例如净光合速率与粗光合速率(图 18－4),有多种不同的方法可以用于叶片光合速率的测定,其中最主要的是红外线 CO_2 气体分析。它不仅在 20 世纪 50 年代揭示植物光合作用碳同化途径的过程中发挥了重要作用,而且在其后数十年以至 21 世纪的今天,在光合作用生理生态学乃至农学、园艺和林学等多学科研究中一直发挥不可或缺、不可替代的作用。这是由于它具有其他方法所没有的诸多优越性。

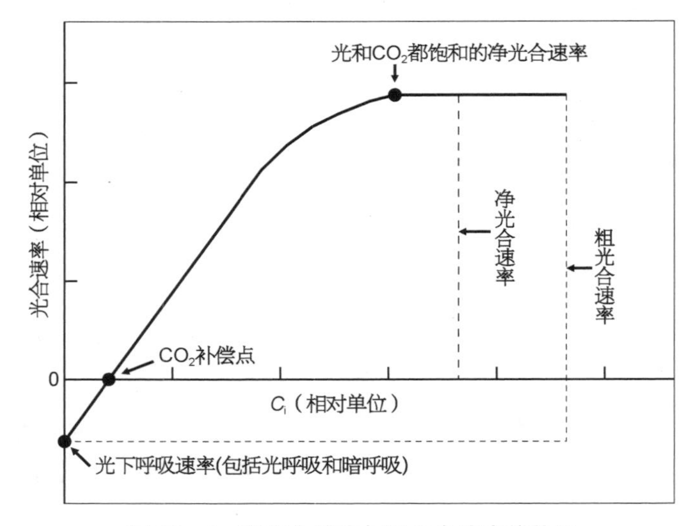

图 18－4　净光合速率与粗光合速率的关系

一是叶片的光合速率可以反映光合作用的全过程,并且测定结果可以直接与植物或作物的生物产量、经济产量联系起来,分析阐明通过改善光合作用提高产量的措施、方法和途径。

二是叶片的光合速率测定对植物无破坏、少干扰，可以真实反映自然条件下连体叶片、植物个体乃至群体的光合作用状况。

三是叶片的光合速率测定简便、迅速，特别是使用现代化的便携式光合气体分析系统，只要把叶室夹到叶片上，按仪器上的几个按钮，就可以在2 min内获得包括光合速率、蒸腾速率和气孔导度及胞间CO_2浓度等在内的一组光合参数。

四是叶片的光合速率测定便于重复、比较，可以连续观察光合作用的动态变化例如日变化。

五是叶片的光合速率测定便于鉴定、筛选作物新品种。无论是通过传统育种方法，还是利用现代遗传工程或分子生物学及合成生物学手段获得的新品种或新物种，是否改善了光合作用，提高了光合速率、光合效率，是否具备高产潜力了，只要进行恰当的光合气体交换比较测定，很快就可以得出可靠的结论。因此，在做此类研究时，进行叶片光合速率测定无疑是一个首要的事半功倍的选择。

当然，为了使结论建立在更可靠的基础上，还应当同时进行其他多种植物生理学、生物化学和生物物理学的分析、测定。

18.2　最大光合效率

光合作用的碳同化机制(参见第4章)表明，通过光合碳还原循环每同化1分子CO_2成碳水化合物，需要2分子NADPH和3分子ATP，而这2分子NADPH的产生是沿着Z形非循环电子传递链传递4个电子的结果。这4个电子来自反应中心叶绿素a分子的4次电荷分离，而每次电荷分离需要1个光量子来激发。由于这种非循环电子传递需要2个光系统协同参与，传递4个电子需要吸收8个光量子。所以，每固定1分子CO_2至少需要8个光量子，即最大量子效率为0.125。这是人们常用的推算作物最大光合效率的基本参数。

分子水平的光合效率最大值：众所周知，1 mol碳水化合物(CH_2O)燃烧时放出的能量为2 809/6=468 kJ[由葡萄糖换算而来，按1卡(cal)=4.18焦耳(J)计，以下同]。如果最低光合量子需要量以8计，并且1 mol波长为680 nm的红光量子含能量176 kJ计，那么红光下的光能利用率为468/(176×8)=33%，这是分子水平上光合效率的最大值。如果以平均含能量209 kJ的光合有效辐射(400～700 nm)计算，这个值则变为28%；若是再以只含45%左右光合有效辐射的总辐射计算，则此值变为12.6%。

田间作物的最大光能利用率：由于叶片对光能的反射、透射和非光合色素对光能的吸收等损失，作物对辐射的吸收很少超过80%，光能利用率的数值会从12.6%降低到10%(12.6%×0.8=10%)。如果再先后考虑到大约都为1/3的呼吸和光呼吸损失，则C_4植物和C_3植物的效率值分别变为大约6.7%和4.4%，这是两类植物光能利用率的上限。

朱新广等通过严密的重新考察，得出作物理论的(或最大的)光合能量转化效率(或光能利用率)与上面的数值基本一致：在30℃和387 μmol $CO_2 \cdot mol^{-1}$下，按接受的光合有效辐射(400～700 nm)计算，C_3植物和C_4植物的这一效率值分别为9.4%和12.3%，而按总太阳辐射计算，分别为 4.6%和 6.0%(图 18－5)。需要指出的是，尽管不同学者估算的这个效率值相近，但是他们所用的最低量子需要量、光合有效辐射占总辐射的百分比和呼吸损失比例等不尽相同。

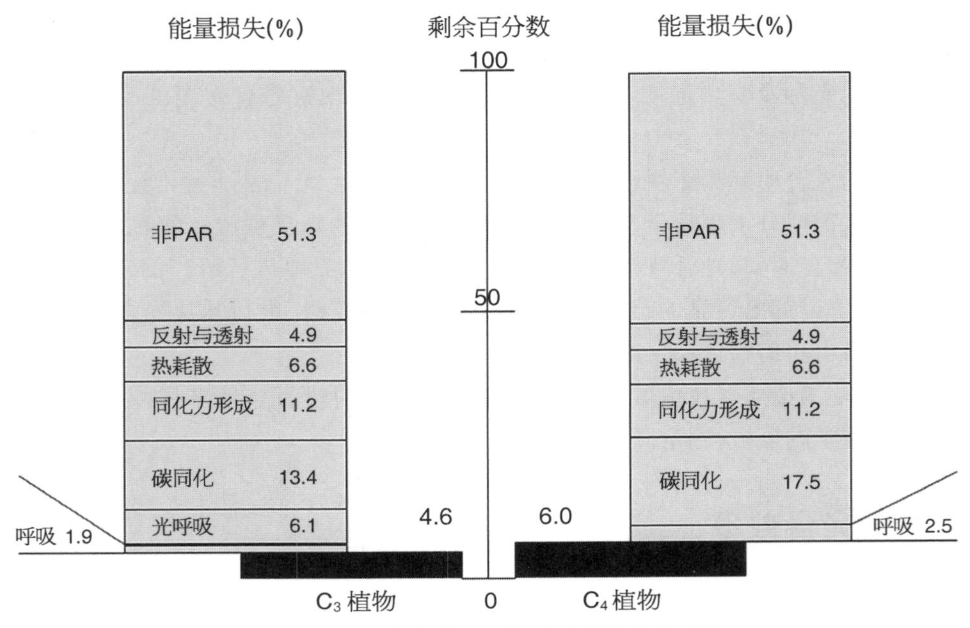

图 18－5 植物的最大(或理论)光能转化效率

参考 Zhu 等(2010)绘制。

18.3 光合最大量子效率的争论

围绕光合作用最大量子效率的争论，主要是 R. Emerson 及其同事和 O. Warburg 与 D. Burk 之间的争论。这场争论参与的人数之多，持续的时间之久(1937—1955 年)，产生的影响之大，在光合作用研究的 200 多年历史中都是绝无仅有的(Nickelsen and Govindjee, 2011; Nickelsen, 2015)。

在 20 世纪的最初十年，光化学反应的量子效率和量子需要量测定是物理学和光化学研究领域的一项常规实践。在 1923 年，Warburg 和 E. Negelein 报告，光合作用的最小量子需要量是 4～5。不仅实验装备好、结果是结论性的，而且这 4 左右的数值与理论预期很一致：由水和 CO_2 转化为一份碳水化合物及分子 O_2 至少需要 112 千卡(1 卡＝4.2 焦耳)能量，而在光合作用上最有效的红光每摩尔光量子大约具有 40 千卡能量。那么，如果光合作用过程的效率以 100%计，2.8 mol 光量子就可以通过光合作用产生 1 mol O_2。由于没有什么过程能够以 100%的效率运转，所以略高于 2.8 的数值是可以预期的。所以，在后来的 15 年里，这 4～5 的最低量子需要量一直被看作是对光合效率问题的权威性回答。

然而，这个权威的最低量子需要量还是遇到了反对者。W. Arnold 于 1935 年用微量热技术(microcalorimetric techniques)发现小球藻(chlorella)光合作用氧释放的最小量子需要量是 8(博士学位论文)。他当时想当然地认为，这个数值接近 4～5，以致这个结果迟至 1949 年才正式出版。1938 年，F. Daniels 等用颇为麻烦的化学气体分析法测得小球藻光合最低量子需要量为 16～20，并第一次出版这一挑战 Warburg 和 Negelein 的标准量子效率值的结果，在光合作用研究者中引起轰动。第二年他们又出版了用微量热测定技术获得最低量子需要量为 12 的新结果。

当然，对 Warburg 和 Negelein 4～5 的最低量子需要量数值提出最强有力挑战的是 R. Emerson 和 C. M. Lewis。早在 1939 年，Emerson 就坚定地认为 4～5 的最低量子需要量数值是不正确的。他在这年 12 月送给 Warburg 的圣诞卡上写到，我应该送给你一篇文章(本书作者注：Emerson 和 Lewis 当年在 *American Journal of Botany* 上发表的光合效率影响因子的文章)的单印本，我想你会对我们的结果感兴趣。最大量子效率确实不如你们想的那么高。并且，Emerson 和 Lewis 在广泛变动的条件下使用十多种藻类获得的最低量子需要量为 10，与其他一些人报告的数值令人满意地一致。他们根据自己的重复测定和深入研究，于 1941 年发表文章(Emerson and Lewis, 1941)，不仅明确地否定了 Warburg 最大量子效率值的正确性，而且尖锐地指出其错误的根源——不恰当的测定和计算方法，例如选择光-暗转换的最初 5 min 分别测定光合速率和呼吸速率，这些速率包括非光合作用、呼吸作用引起的突然而明显的压力变化(图 18－6)，导致对光合效率的大大高估。并且，J. Frank 与 H. Gaffron 在同年发表的一篇长篇评论文章(本书作者注：光合作用，事实和解释，载于 Advances in Enzymology)中宣称，这个问题已经解决，高量子效率是表象，而真实的效率是它的 1/3，即最小量子需要量为 12。

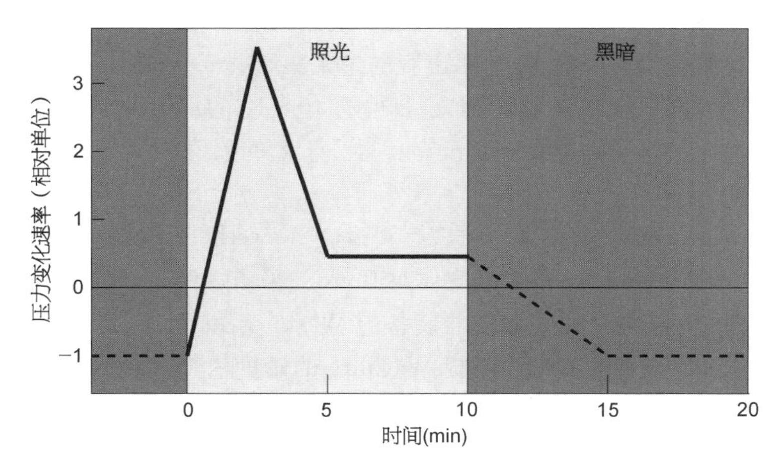

图 18－6　暗-光转换期间检压计读数变化

然而，问题远没有结束。在第二次世界大战结束的 1945 年，Warburg 立即开始收集国际科学文献，撰写发表关于光合量子需要量的文章，作为对 Emerson 与 Lewis(1939、1941 和 1943 年)文章和 Frank 与 Gaffron(1941 年)评论文章的回应。他把 Emerson 与 Lewis 的评论说成无实质的，同时用新的测定结果证实他们 1923 年的量子需要量数值。

为了结束争论，Emerson于1947年11月下旬给Warburg送去了自1939年起失联8年后的第一封信，建议两人在同一实验室一起观察同一现象，并以同一方式计算量子效率。同时表示：如果德国没有遭受战争的严重破坏，你还有自己的实验室，我可以到柏林来。但现实是你已经不可能在德国从事任何科学研究，因此建议你到美国来在我们的实验室做一些比较实验。经过反复磋商，Warburg终于在1948年6月下旬来到美国的阿巴那（Urbana），在Emerson实验室研发了用于测定量子效率的新双反应室技术（new two-vessel technique）。1948年12月，Emerson邀请这个领域的专家组织了一次公开的研讨会，希望促使Warburg与他讨论量子效率问题，但是没有什么结果。当年的圣诞节后在Warburg计划离开阿巴那的4周前，Warburg同意与Emerson及其同事一起做一些实验，以便获得经过“公正的观察员”鉴定的结果。遗憾的是，只做了12 d实验，仍然没有取得一致意见。然而，Warburg却对每个能听到他讲话的人宣告他的胜利，并且利用一切可能的机会贬低Emerson和他的研究。更有甚者，他越来越扮演成一些美国研究者阴谋的受害者，后来竟称他们为“美国的中西部一帮”（Midwest Gang）。

在1949年召开的普通生理学年会上，Emerson和Warburg再次相遇，坦率而激动地讨论了量子效率。在1949年和1950年两年时间里，Warburg先后在*Science*（Burk et al., 1949）、*Biochimica and Biophysica Acta*（Warburg et al., 1950）和*Archives of Biochemistry*（Warburg and Burk, 1950）3个著名的期刊发表了3篇题目和内容都很类似的光合效率文章，再次宣称4～5的量子需要量，似乎重新发现了最大光合效率。

有趣的是，在碳酸盐缓冲液中Warburg小组测定的最低量子需要量数值是10.5、9.8和11.3，与在阿巴那和别处的测定结果很一致；而3.6或3.9的低值仅仅在酸性的磷酸盐缓冲液中获得。他们在*Science*文章中猜测，在非自然的碳酸盐缓冲液中的效率只是培养介质中效率的一部分。尽管他们不同意1949年出版的论文集*Photosynthesis in Plants*中报告的用3个不同方法（检压法、极谱法和量热法）获得的10～12的最低量子需要量，但是他们于碳酸盐缓冲液中测定的量子需要量还是没有获得小于8的数值（平均值是10，Warburg and Burk, 1950）。

尽管如此，*Science*刊载的那篇文章被广泛阅读，Newsweek、Scientific Monthly、Washington Evening Star和Time Magazine等新闻媒体对Burk的采访宣传，引起更多公众的关注。这些报刊中的故事总是一样的：用尖端仪器装备的Warburg和Burk，付出英雄的努力，一直能够证实高光合效率。这些文章很少不提Warburg的诺贝尔奖，却完全忽略对这项工作的任何批评。

在1950年7月，由实验生物学会组织、英国Sheffield大学主办的“CO_2固定和光合作用”研讨会召开，光合作用研究领域的主要专家Emerson、Frank、Franch、Gaffron、Hill、Burk、Arnon、Calvin和Kok以及生物化学家Krebs、Wood等都出席了这个会议，但是Warburg没有出席。这个研讨会几乎用一整天讨论光合作用的最大量子效率，其中心阶段是Emerson和Burk的演讲。在这次会议一年后出版的论文集中，Emerson及其同事的文章清楚地解释了为什么Warburg及其同事双反应室法对明显的系统误差非常敏感，因此作出结论：

Warburg 和 Burk 的测定不能证明他们报告的效率。

Warburg-Burk 和 Emerson-Frank-Gaffron 等之间的分歧极大地增加了相互写信、打电话和召开光合作用研究者会议的频率，其中的共同兴趣是 Warburg-Burk 如何获得那些令人难以置信的资料。例如，于 1952 年在加特林堡(Gatlinburg)召开的光合作用会议上，安排了 2 次关于量子需要量的会议，希望一劳永逸地解决这个问题。可是，由于 Burk 的不配合，会议没有达到预期目标。这时，不仅 Hill 和 Kok，而且大多数光合作用研究者都认为，Warburg 和 Burk 正在使用骗局，以完全不可接受的方式处理批评意见和观点分歧。

在这次会议以后，Emerson 再一次开始不懈地工作，以便获得可以证明自己观点和驳斥 Warburg-Burk 对光合作用的想象。他与长期合作者、藻类培养专家 Ruth Chalmers 一起在剑桥大学 Briggs 的实验室从事深入研究。他们共同努力的结果是于 1955 年 5 月完成一篇长长的手稿。他们通过对扩散延迟和瞬间气体交换速率关系的讨论得出结论，只有以稳态代谢速率为基础时光合效率测定才是有效的。这篇文章报告的结果支持其他研究者早些时候的结论，即每产生 1 分子氧需要 8 个量子是可维持的最高效率(相当于红光的 30%效率)，指出 Warburg 及其同事每产生 1 分子氧需要 1～4 个量子的断言是基于不当的实验方法。Warburg 的发现往往来自检压计(图 18－7)3 mm 的压力变化，结果的不确定性大约为 30%，而 Emerson 和 Chalmers 用高差仪(cathetometer)去读检压计，可以使读数的精确性达到±0.03 mm。借助这些仪器的帮助，他们证明，在 Warburg 选择的条件下并使用他的计算方法，可以得到极高的量子效率，但是那不反映最大的光合量子效率。他们详细说明了实验细节和实验中误差的每一个可能的来源，并证明误差比 Warburg 和 Burk 的小得多。最后得出结论，这里报告的结果支持其他一些研究者早些时候得到的结论：光合放氧大约为 8 的量子需要量是最高的光合作用效率(Emerson and Chalmers，1955)。

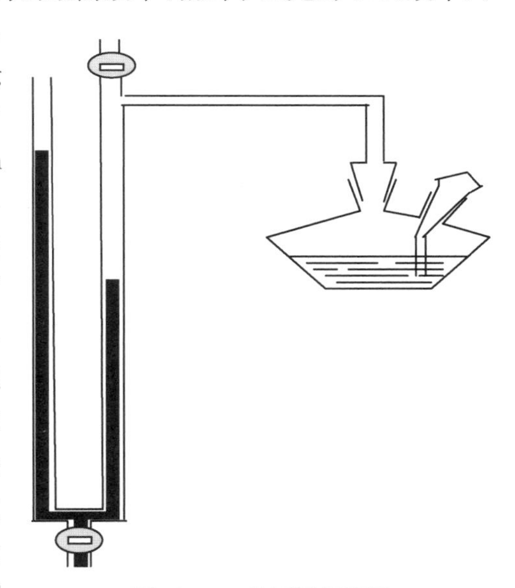

图 18－7　检压计示意图

Emerson 在把这份手稿提交 *Plant Physiology* 期刊的同时，还将手稿的复制件分送一些同事征求意见，并在附信中说，希望这篇文章能够为读者提供形成关于 Warburg 等最低量子需要量的独立观点的基础，以免受他们个人显赫声望的困扰。

这篇文章如此鲜明而有力，使 Frank 第一次开始理解 Emerson 对 Warburg 和 Burk 实验研究的异议。这篇文章使这个领域的大多数人确信，8～10 的光合最低量子需要量接近其精确值。许多人感觉这个问题已经讨论得太久、太深，以至于 1955 年 10 月召开的第二次 Gatlinburg 光合作用会议故意排除了光合作用的最大量子效率这个题目。实际上，这个争论多年的问题至此已经解决。

这篇文章的影响如此之大，让 Warburg 难以招架，竟去求助美国科学院的执行官 Samuel D. Cornell，表示担心他的实验室在光合作用研究领域取得的一些重要成就正在不断地被一些美国科学家争夺，恳请他委派一个专门的委员会去核对争论的实验。Cornell 把 Warburg 的信分发给科学院的一些成员，并与科学院的几位主要负责人谈话，征询科学院应该如何回应的建议。回答是清楚而一致的，都认为没有必要派出这样的委员会。如果派，也不会有什么结果，只能是一个不好的先例。根本的理由正如 Franck 所说：判断科学见解的分歧不是科学院的任务，判定正确还是错误的任务应当留给正常的科学发展进程，那毕竟是除掉错误的很有效的途径，尽管这种过程不是那么快。

令人遗憾的是，Warburg 这位 1931 年度诺贝尔生理学或医学奖获得者，Emerson 的研究生导师，光合量子效率争论中 Emerson 的主要对手，至死(1970 年)也没有承认他在这个争论了多年的问题上有什么缺点、不足和错误；他唯一承认的错误是过多地参与了这场争论。

令人痛惜的是，Emerson 这位光合作用最大量子效率的真正发现者，光合效率"红降"现象和双光增益效应的发现者，光合作用研究领域正在冉冉升起的新星，竟于 1959 年意外死于一场空难。为了出席一个会议，他原本预定了一个航班。可是，为了早一点到达目的地，他临时改乘了另一个航班。这个致命的决定，也许是他一生中犯的最大错误。

围绕光合最大量子效率的争论，参加的人那么多，持续的时间那么久，影响那么大，给人们的启示很多，至少有以下 2 点：一是研究方法的重要性不容低估。实验方法的缺欠，计算方法的不当，会得到靠不住的结果甚至假象，最后做出错误的结论或假说。二是不能迷信专家权威。即使是 Warburg 那样获得过诺贝尔奖的呼吸作用和光合作用研究大家，也有犯错误的时候。对专家权威的错误敢于质疑、勇于挑战，锲而不舍地追求真理，是一个真正的学者最可贵的品格和科学精神。

18.4 实际的光合效率

到目前为止，文献报告的以整个生长季冠层接受的太阳辐射计算的 C_3 植物和 C_4 植物最高太阳能转化效率分别为 2.4% 和 3.7%，而在一个短期内的最高效率分别达到 3.5% 和 4.3%(Beadle and Long, 1985; Beadle and Long, 1995)。植物的干物质生产速率(吨/公顷/年)及太阳能转化效率因地域和物种不同而异：热带的尼泊尔草 88(1.6%)；甘蔗 66(1.2%)；温带的一年生作物、草地和常绿树木 22(0.4%)；落叶树 15(0.3%)，而密集悬浮的藻可达 777 $t \cdot ha^{-1} \cdot a^{-1}$(Larkum, 2012)。

美国主要作物的平均光能转化效率往往只是理论值的 1/4～1/3。这个差别主要源于不利的环境条件，显示了在理解作物抗逆机制的基础上利用生物技术提高作物生产力的可能空间。

在合适条件下测定的太阳能转化效率低于理论值的一个重要原因是，叶片使用入射辐射的能力不足。许多作物叶片的光合作用在全日光强的一半以上时便达到光饱和。并且，作为光破坏防御机制的能量耗散也会导致光合效率降低。

然而，在光能不过剩的合适条件下，光合效率低的原因则在光合机构自身。代谢物流分析结果表明，C_3植物叶片光合作用由 Rubisco、参与 RuBP 再生的蛋白例如细胞色素 b_6f 复合体和景天庚酮糖-1,7-二磷酸酯酶共同控制(Raines, 2006)。

18.5　改善光合效率的可能方向

改善光合效率有几个可能的方向：一是改善植物的环境条件，避免或减轻环境胁迫，充分发挥光合机构的光合作用潜力；二是改善群体的冠层结构，选育理想的作物株型，提高群体的光能利用率；三是改造光合机构本身，通过基因工程或合成生物学方法克服其自身的限制，例如提高碳同化关键酶 Rubisco 的 RuBP 羧化活性、降低或消除其 RuBP 加氧活性，使其具有更高的光合作用潜力(详见第19章光合作用的改善)。

18.6　光合效率与作物产量

农业特别是种植业基本上是一个通过光合作用利用太阳能合成有机物的系统。农作物的产量取决于它们光合作用系统的大小和效率(Gardner et al., 1985)。或者可以说，作物接受的太阳辐射量和这些辐射用于干物质生产的效率是生物质(或生物量，biomass)生产的2个决定因素(Baker and Ort, 1992)。作物的经济产量则取决于入射的太阳光能如何有效地被用于同化 CO_2 和这些同化的碳怎样有效地在植物各部分之间分配。简而言之，光合效率是作物产量的最根本决定因素。而且，改善作物的光合效率是新的绿色革命的中心目标(Xu and Shen, 2002)。

对于作物群体的高产来说，除了强光下的高光合速率之外，弱光下的量子效率也很重要，因为在作物群体中不是所有的叶片，也不是一天中的所有时刻都处于强光之下。也就是说，作物群体的大部分光合作用是在光不饱和的条件下进行的。因此，通过改善光合效率增加作物生产的努力应当集中在提高不饱和光下的运转效率或提高表观光合量子效率上(Ort and Baker, 1988; Lawlor, 1995)。一句话，强光下的高光合速率和弱光下的高量子效率都应当作为优良品种选育的重要指标。

18.7　源-库关系与作物产量

在前一章介绍了光合产物的源-库关系，主要是源与库如何影响对方。本章进一步介绍源与库的改变如何影响作物产量。于是产生这样的问题，到底是源活性还是库活性限制作物产量？

大量研究结果表明，提高源器官叶片的光合速率导致作物产量提高，例如提高空气中的 CO_2 浓度总是导致 C_3 植物光合速率和产量提高，又如分别表达异源的景天庚酮糖二磷酸酯酶(SBPase)、无机碳转运蛋白(ictB)或过表达细胞色素 b_6f 复合体的 Riesk FeS 亚基提高光合速率都导致烟草、拟南芥和水稻等生物质产量和种子产量的提高(Simkin et al., 2015; Simkin et al., 2017;Sonnewald and Fernie, 2018)。这些结果意味着存在作物产量的光合产物源限制。

另一方面,也有一些研究结果表明存在作物产量的光合产物库限制,例如过表达蔗糖合酶增强转基因马铃薯块茎中的蔗糖合酶活性导致块茎淀粉和植株干重增加(Baroja-Fernandez et al., 2009),这意味着存在作物产量的光合产物库限制。

仅仅提高源活性会导致产量的库活性限制,而仅仅提高库活性会导致产量的源活性限制,例如只增加同化物生产时,将同化物转化为库器官的生物量就会受到库吸收和使用同化物能力的强烈限制(Sweetlove et al., 2017),而同时提高源和库活性才可以获得最大的增产效果(Reynoids et al., 2012)。看来,光合产物的源与库共同限制作物产量(Sonnewald and Fernie, 2018)。

参考文献

Baker NR, Ort DR, 1992. Light and crop photosynthesis performance//Baker NR, Thomas H (eds). Crop Photosynthesis: Spatial and Temporal Determinants. Amsterdam: Elsevier Science Publishers: 289 - 312.

Baroja-Fernandez E, Munoz FJ, Montero M, et al., 2009. Enhancing sucrose synthase activity in transgenic potato (*Solanum tuberosum* L.) tubers results in increased levels of starch, ADP - glucose and UDP - glucose and total yield. Plant Cell Physiol, 50: 1651 - 1662.

Beadle CL, Long SP, 1985. Photosynthesis is it limiting to biomass production? Biomass, 8: 119 - 168.

Beadle CL, Long SP, 1995. Can perennial C_4 grasses attain high efficiencies of radiant energy-conversion in cool climate? Agric Forest Meteorol, 96: 103 - 115.

Burk D, Hendricks S, Korzennovsky M, et al., 1949. The maximum efficiency of photosynthesis: a rediscovery. Science, 110: 225 - 229.

Emerson R, Chalmers R, 1955. Transient changes in cellular gas exchange and the problem of maximum efficiency of photosynthesis. Plant Physiology, 30: 504 - 529.

Emerson R, Lewis CM, 1941. Carbon dioxide exchange and measurement of the quantum yield of photosynthesis. American Journal of Botany, 28: 789 - 804.

Gardner FP, Pearce RB, Mitchell RL, 1985. Physiology of crop plants. Ames, USA: Iowa State University Press: 3 - 30.

Genty B, Briantaus JM, Baker NR, 1989. The relationship between quantum yield of photosynthetic electron transport and quenching of chlorophyll fluorescence. Biochim Biophys Acta, 990: 87 - 92.

Larkum AWD, 2012. Harvesting solar energy through natural or artificial photosynthesis: scientific, social, political and economic implications//Wydrzynski TJ, Hillier W (eds). Molecular Solar Fuels. Cambridge, UK: RSC Publishing: 1 - 19.

Lawlor DW, 1995. Photosynthesis, productivity and environment. J Exp Bot, 46: 1449 - 1461.

Nickelsen K, 2015. The maximum quantum yield controversy//Nickelsen K. Explaining Photosynthesis: Models of Biochemical Mechanisms, Dordrecht: Springer: 149 - 199.

Nickelsen K, Govindjee, 2011. The maximum quantum yield controversy: Otto Warburg and the "Midwest-Gang". Bern: Bern Studies in the History and Philosophy of Science.

Ort DR, Baker NR, 1988. Consideration of photosynthetic efficiency at low light as a major determinant of crop photosynthetic performance. Plant Physiol Biochem, 26: 555 - 565.

Raines CA, 2006. Transgenic approaches to manipulate the environmental responses of the C - 3 carbon fixation cycle. Plant Cell Environ, 29: 331 - 339.

Reynolds M, Foulkes J, Furbank R, et al., 2012. Achieving yield gains in wheat. Plant Cell Environ, 35: 1799 - 1823.

Simkin AJ, McAusland L, Headland LR, et al., 2015. Multigene manipulation of photosynthetic carbon assimilation increases CO_2 fixation and biomass yield in tobacco. J Exp Bot, 66: 4075 - 4090.

Simkin AJ, McAusland L, Lawson T, et al., 2017. Overexpression of the Rieske FeS protein increases electron transport rates and biomass yield. Plant Physiol, 175: 134 - 145.

Sonnewald U, Fernie AR, 2018. Next-generation strategies for understanding and influencing source-sink relations in crop plants. Curr Opin Plant Biol, 43: 63 - 70.

Sweetlove LJ, Nielsen J, Fernie AR, 2017. Engineering central metabolism — a grand challenge for plant biologists. Plant J, 90: 749 - 763.

Warburg O, Burk D, 1950. The maximum efficiency of photosynthesis. Arch of Biochem, 25: 410 - 443.

Warburg O, Burk D, Schocken V, et al., 1950. The quantum efficiency of photosynthesis. Biochim Biophys Acta, 4: 335 - 349.

Xu DQ, Shen YG, 2002. Photosynthetic efficiency and crop yield//Pessarakli M (eds). Handbook of Plant and Crop Physiology. 2nd Edition. New York: Marcel Dekker, Inc: 821 - 834.

Zhu XG, Long SP, Ort DR, 2010. Improving photosynthetic efficiency for greater yield. Annu Rev Plant Biol, 61: 235 - 261.

第19章

光合作用的改善

由于世界人口的不断增加(从1960年代的大约30亿,到现在的70亿、2050年预计90亿)和耕地面积的不断减少,预计到2050年,世界粮食生产特别是主要的粮食作物水稻和小麦的单位面积产量至少增加50%才能满足人类社会的需要(Murchie et al., 2009)。中国的人口数量、粮食生产量和消费量均居世界首位,以占世界不到10%的耕地养活世界22%的人口。虽然中国的粮食生产已经连续多年增产,但是粮食生产一刻也不能放松,不可没有“饥饿意识”,不可忘记粮食安全问题。到2030年,中国的粮食总产量要满足16亿人口的需求,再考虑到耕地不断减少的因素,粮食单产也必须比现在增加50%。面对水资源不足和不利的气候变化,实现这么大幅度的增产无疑是一个空前艰巨的任务。

19.1 主要出路

任何作物的产量都以生物质产量或生物产量为基础。对于水稻和小麦等禾谷类作物来说,若想增加谷粒产量即经济产量,除了提高经济系数外,必须增加生物产量。总的生物产量是作物生长期间捕获的太阳能与这些能量转化效率之积的总和。有3个途径可以提高总的生物产量:① 增加作物群体的叶面积以尽可能多地捕获光能;② 提高叶片的光合速率以便有效地将这些光能转化为有机物;③ 延长光合作用的期间。可以通过选育生育期长的品种和增施氮肥延长叶片寿命的办法延长光合作用的期间,维持较高的叶光合速率;可以选育直立叶和理想化的株型或理想型以提高叶面积系数以实现尽可能多的光吸收;也可以通过选育光合速率高的品种实现光能转化效率的提高。由于生物产量的干物质中40%是碳元素(CH_2O,12÷30=0.40),任何总生物产量的增加都离不开光合碳同化的增加。

谷类作物的粮食产量潜力就是在没有病、虫和杂草危害及环境胁迫的最适宜生长条件下,单位土地面积上可能获得的种子总量。它由作物的光能捕获效率和光合作用将光能转化为生物质的效率以及生物质中分配到籽粒部分的比例(即经济系数)之积决定。如今,植物育种已经使作物的光能捕获效率和经济系数接近它们的理论最大值。例如,水稻的最大叶面积系数已经达到9.6,而一些作物的经济系数已经接近0.6,不大可能再超过这些数值。因此,增加作物产量潜力的唯一余地是提高叶片的光能转化效率。预测模型和理论分析结果表明,主要作物产量大幅度的增加只能靠光合作用的改善来实现(Murchie et al., 2009)。的确,光合能力和效率是增加作物生产力的瓶颈。改善作物的光合能力和效率是大幅度提高作物产量的主要出路。

如果说第一次绿色革命主要得益于矮秆直立叶新品种的选育和推广，那么第二次绿色革命的核心问题就是提高叶片的光合效率。当然，也有完全不同的观点：认为第二次绿色革命是一场“地下革命”，关键是作物根系，并且提出诸如选育深根或耐酸性土壤铝毒害的品种、在缺磷土壤中施用可以与作物互惠共生并增加磷供应的真菌和将固氮基因转入非豆科作物等一些有希望的地下战略(Gewin，2010)；认为靠增加水肥供应提高作物产量已经达到极限，现在是改善植物的营养吸收和固定能力并集中改善植物根系的时候了。由于地下战略研究超出了本书范围，这里不作进一步介绍。

19.2　思想障碍

自20世纪后半叶第一次“绿色革命”以来，许多作物产量的巨大增加都不是以单位叶面积计的光合速率或光合效率提高的结果，而是单位土地面积上作物群体光合作用增加的产物。由于很少观察到叶片光合速率与籽粒产量之间的正相关，有人断言，一些作物栽培品种最大光合速率与产量之间显著的正相关是例外而不是规律，改善光合作用不可能提高作物产量，在许多情况下两者之间存在负相关(Murchie et al.，2009)。这些观点显然是通过改善光合作用效率提高作物产量潜力道路上必须清除的严重思想障碍。

其实，观察不到正相关并不奇怪，因为作物产量不仅与光合作用有关，还与多种其他因素有关；作物产量是整个生育期内群体生长发育的结果，并不是一时、一株、一叶的光合速率所能决定的。深入的分析结果表明，所谓的负相关是假象，而正相关才是两者本质关系的反映，只是这种本质关系往往被多种关联因素如叶面积、光合功能期和经济系数等的复杂变化所掩盖。在高CO_2浓度下许多作物光合速率提高并增产的事例就是叶片光合速率与籽粒产量正相关这种本质关系最强有力的证明。由于在高浓度CO_2下考察这两者关系时，都是用与产量密切相关的多种性状都相同的同一植物种或品种、栽培种，不存在可能掩盖两者本质关系的那些因素的复杂变化，所以这两者正相关的本质关系很容易表现出来。

尽管一直有人臆想，经过长于35亿年的演化，植物的光合机构及光合效率已经是最优化的，没有什么可以改变的。但是多方面的证据表明这是不符合实际的臆断，例如叶片叶绿素含量、Rubisco对CO_2的专一性和叶片中氮在不同光合机构组分之间的分配以及叶片着生角度等还都不是最优化的。

19.3　改善的目标

Long等(2015)认为，可以通过作物光合作用和产量潜力的遗传工程满足未来全球的食物需要，并且列出了短期、中期和长期改善目标：合成的光呼吸支路、光系统II热耗散的快衰减、优化RuBP再生和让更多光透射到群体下层叶片为短期(1～5年)目标；引入蓝细菌或微藻的CO_2/HCO_3泵为中期(5～10年)目标；扩展作物光合作用的作用光谱到近红外区域、

转化 C_3 作物为 C_4 作物、引入蓝细菌的羧酶体系统、引入藻类淀粉核 CO_2 浓缩系统和用较好适应现在 CO_2 浓度的 Rubisco 替换现在的 Rubisco 为长期（10～30 年）目标，并且估计了各目标效率增益的百分数以及改善作物用水、用氮效率等额外好处（图 19－1）。

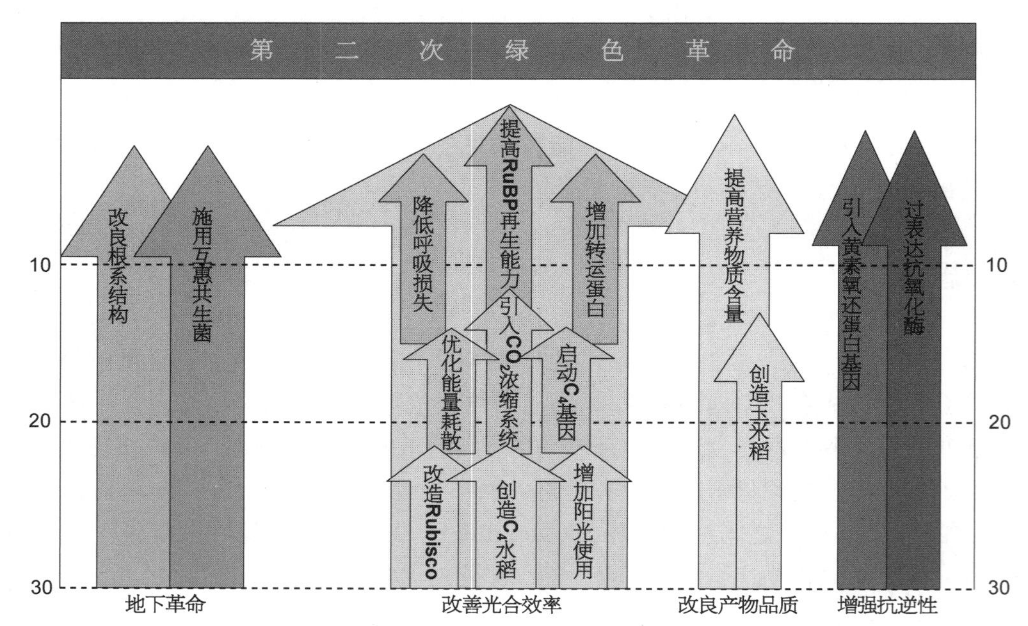

图 19－1　新绿色革命中众多靶标发挥重要作用的可能的先后次序

图中数字单位为年，箭头接近顶端的靶标有可能早日实现。

19.3.1　增强 RuBP 羧化能力

提高作物产量的主要战略是以光合作用的多个方面为靶标，通过生物工程改善 Rubisco 的催化特性和提高叶绿体内的 CO_2 水平以减少光呼吸消耗（Bracher et al.，2017）。

（1）Rubisco

Rubisco 是光合碳同化的关键酶，在饱和光与当前的 CO_2 与 O_2 浓度下，叶片内的 Rubisco 数量和活性是光合碳同化的限速因子。

克服这个限制的一个可能办法是增加叶片内的 Rubisco 含量。从理论上说，通过增施氮肥可以达到这个目的。然而，这不是一个可以持续使用的好办法，因为它会不可避免地降低氮肥的使用效率，还会污染环境。在不增施氮肥的情况下，如果增加 Rubisco 含量，必定会减少其他酶蛋白，以致不能增强光合作用。不过，已经有这样的研究报告：通过过表达该酶大亚基、小亚基和装配伴侣蛋白（chaperon）增加玉米叶绿体内 Rubisco 含量，从而提高光合速率和干物质生产（Salesse-Smith et al.，2018）。

克服这个限制的另一个可能办法是提高 Rubisco 的活性。植物 Rubisco 催化 CO_2 固定的周转速率特别低，每个催化部位仅仅为 3.3 s^{-1}，明显慢于参与光合碳同化的大部分其他种类酶，是最慢的催化剂。这种低效特性可以解释为什么它的含量那样丰富，竟占叶片可溶性蛋白总量的50%。Lin等(2014)成功地生产了含有聚球藻(*Synechococcus elongatus*)Rubisco的转基因烟草。这种藻的Rubisco具有高催化速率,每秒钟可以固定12个CO_2分子,但是它对CO_2的亲和力低,以致必须生活在高CO_2浓度条件下。如果在C_3植物表达C_4结构或者CO_2浓缩机制(CCM),它就可以明显提高光合速率。

改善Rubisco活性的另一个办法是提高它对CO_2(相对于O_2)的专一性($S_{c/o}$)。一种嗜热、嗜酸红藻的Rubisco在25℃下的$S_{c/o}$值为238,是C_3植物的2倍多。可是,虽然红藻的Rubisco基因可以在烟草叶绿体内充分表达,但是不能合适地装配成有活性的全酶,所以还没有实现提高光合作用的愿望。尽管如此,降低Rubisco的加氧酶活性仍然是未来改善光合作用的一个靶标。Rubisco的低效一方面是由于它的周转数低,另一方面是由于它与羧化活性并存的加氧活性,导致光呼吸损失。所以,提高作物产量的主要战略,是以光合作用的多个方面为靶标,通过生物工程改善Rubisco的催化特性(Bracher et al., 2017)。由于自然演化的缓慢和自然突变的可遇而不可求等限制,人们也许只能通过实验室演化去创造好一些的Rubisco。

(2) Rubisco活化酶

对于作物的最大生产力来说,Rubisco活性的调节还没有达到最优化。Rubisco活化酶(RCA)可能是实现这种优化调节的靶酶。RCA通过从Rubisco催化部位去除紧密结合的抑制剂糖磷酯维持Rubisco活性。Rubisco的高温失活可能是由于RCA的热不稳定导致的RCA活性降低,所以拟南芥*rca*基因的改造改善了RCA的耐热性,从而改善了光合碳同化和植物的生长,获得了较高的生物产量和籽粒产量;通过将具有更高耐热性的烟草-拟南芥重组RCA转入拟南芥*rca*突变体而获得的转化植株,在经过较长时间中度热胁迫后,光合速率、生物产量和籽粒产量都比野生型高(Kumar et al., 2009);高温下过表达玉米RCA的水稻Rubisco活化水平和光合速率都提高;在波动光下的光合作用调节中RCA也发挥生命攸关的作用。显然,RCA活性是高温下光合作用的一个主要限制因子,并且RCA工程可能是高温下提高作物产量的有效战略。

19.3.2 改善RuBP再生能力

根据Farquhar等(1980)的叶片光合作用稳态生物化学模型,C_3植物光饱和的光合速率受Rubisco的最大羧化速率(V_{cmax})和RuBP再生能力即最大电子传递速率(J_{max})的共同限制。因此,如果Rubisco的羧化速率提高,电子传递速率也应当相应地提高,这样才可以获得最大的好处。而且,若想适应日益增高的大气CO_2浓度,也必须提高电子传递速率和RuBP再生能力。

通过反义技术创造并分析单个酶水平降低的转基因植物的结果表明,景天庚酮糖-1,7-二磷酸酯酶(SBPcase)活性是C_3循环中RuBP再生能力的主要控制位点。因此,提高该酶的活性,无论是将蓝细菌的果糖-1,6-二磷酸酯酶/景天庚酮糖-1,7-二磷酸酯酶这个独特的双功能酶基因在烟草叶绿体的过量表达,还是在烟草叶绿体中表达绿藻的SBPase,或者过表达拟南芥编码SBPase的基因,都明显改善了转基因烟草的光合作用和生长。表达了二穗短柄草(*Brachypodium distachyon*)SBPase 的转基因小麦加强了光合作用,提高了总生物量,种子产量增加 40%(Driever et al., 2017);过表达 SBPase 的拟南芥生物量增加 42%(Simkin et al., 2017a)。

另外,通过反义基因技术证明,叶绿体电子传递速率主要受细胞色素(Cyt)b_6f 复合体含量的限制,因此该复合体是加强作物光合能力的一个潜在靶标。过表达其 Rieske FeS 蛋白亚基的拟南芥提高了电子传递速率和碳同化速率,植株生物量增加 27%~72%,种子产量增加 51%(Simkin et al., 2017b)。

在光合电子传递链中,连接 2 个光系统的组分不仅有 Cyt b_6f 复合体,还有质体蓝素(含铜蛋白,PC)或 Cyt c_6(含血红素蛋白,一些蓝细菌和藻类能够合成 PC 和 Cyt c_6,高等植物的叶绿体在演化过程中失去了编码 Cyt c_6的基因,由 PC 代行 Cyt c_6功能),它也是电子传递的限制因素。将一种红藻编码 Cyt c_6的基因引入拟南芥提高了转基因植株 NADPH、ATP 和糖含量,加强了光合 CO_2固定和生长。过表达 microRNA 提高了拟南芥、水稻的光合作用和种子产量,可能原因是提高了质体蓝素含量、降低了电子传递限制(Pan et al., 2018)。

19.3.3 增加 D1 蛋白丰度

D1 蛋白是光系统 II 反应中心色素-蛋白复合体的核心组分,参与光激发的电荷分离反应的原初电子供体(叶绿素 *a* 分子,P680)、原初电子受体(去镁叶绿素,Phe)和后来的电子传递(如次级醌受体 Q_B)及放氧复合体等重要的辅助因子都结合在这个蛋白上,而次级电子供体 Y_Z(将水氧化产生的电子传递给在光反应中失去电子的 $P680^+$,使其复原,以便进行下一轮电荷分离反应)就是 D1 蛋白的第 161 位酪氨酸残基。

D1 蛋白又是叶绿体中周转最快的蛋白,在光合作用过程中不断降解,又不断合成,在非环境胁迫条件下形成动态平衡,使光合作用持续进行。然而,在严重环境胁迫如低温、高温和干旱等条件下,大量形成的活性氧抑制 D1 蛋白合成,阻碍遭受破坏的光系统 II 的修复循环,从而导致 D1 蛋白的净损失(即光破坏)。

因此,D1 蛋白丰度的增加必然导致光合作用的改善,特别是在环境胁迫条件下。事实正是如此。通过基因工程将叶绿体基因组的 *psb*A 基因(编码 D1 蛋白)转入细胞核,使其在热激启动子控制下于细胞核内表达,获得的拟南芥、烟草和水稻的转基因株系增加了 D1 蛋白丰度,通过增强净光合速率增加了植株生物量和籽粒产量(Chen et al., 2020)。

19.3.4 改善光呼吸

光呼吸可以使 C_3植物的光合效率降低 40%。如果能通过遗传工程彻底改造 Rubisco,从而消除其加氧活性,则 C_3植物的理论效率可以提高到 10%左右。为了改善植物的光合作用与生产力,人们已经提出多条光呼吸支路。South 等(2019)用温室和田间生长的烟草比较了 3 条不同的光呼吸支路,结果表明使用植物苹果酸合酶和绿藻乙醇酸脱氢酶以及 RNA 干扰技术减少叶绿体被膜上的乙醇酸转运蛋白的第三条途径(图 19-2)最有效,光合量子率提高 20%,生物量增加超过 40%。这个光呼吸支路导致光合作用改善的可能原因有三:一

是提高叶绿体内的 CO_2 浓度，抑制 RuBP 加氧反应；二是节省氨重新同化为氨基酸所消耗的能量（因为合成的光呼吸支路没有氨释放）；三是有还原力产生。

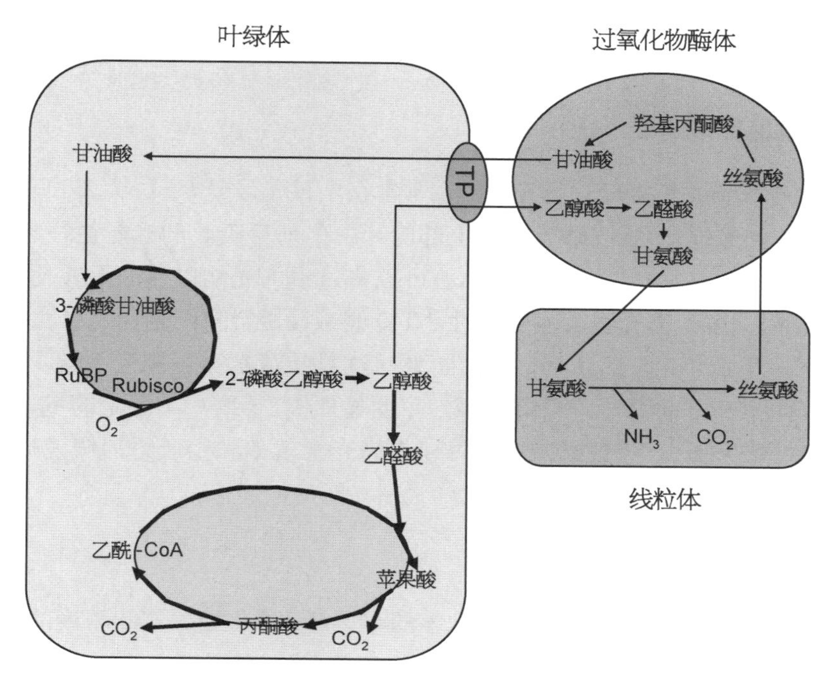

图 19-2　改善的光呼吸途径——合成的乙醇酸途径

参考 South 等(2019)绘制。在合成的乙醇酸途径中，因叶绿体被膜上转运蛋白(TP)急剧减少而乙醇酸输出被抑制，乙醇酸只能在叶绿体内转化为乙醛酸之后，先后经过苹果酸、丙酮酸脱羧释放 CO_2，并且释放的 CO_2 可以直接被 Rubsco 催化的 RuBP 羧化反应固定。所以，不需要过氧化物酶体和线粒体协同，乙醇酸代谢只在叶绿体内完成。图中细线箭头为野生型的光呼吸代谢途径；粗线箭头表示合成的乙醇酸途径。

与上述合成的乙醇酸途径有些类似，彭新湘研究组使用多基因装配和转化系统成功地将他们设计的光呼吸支路（GOC 支路，使用水稻的 3 个酶乙醇酸氧化酶、草酰乙酸氧化酶和过氧化氢酶催化乙醇酸完全氧化为 CO_2）引入水稻叶绿体，明显提高了转基因水稻的光合速率和生物质产量及谷粒产量。在田间强光条件下这个光呼吸支路对光合作用的促进作用更明显。转基因水稻光合作用的改善主要是由于叶绿体内 CO_2 浓缩作用（降低了光呼吸速率，CO_2 补充点降低 10%左右），而不是由于能量平衡的改善（Shen et al.，2019）。

19.3.5　降低琥珀酸脱氢酶活性

由于一些改变线粒体酶活性或代谢的尝试导致光合速率提高，有学者设想以线粒体机构与代谢为基因工程靶标增强光合作用。琥珀酸脱氢酶（SDH）在三羧酸循环和呼吸电子传递链中发挥重要作用。通过 RNA 干扰技术部分沉默的拟南芥突变株 SDH 活性降低 30%，其 CO_2 同化速率和生长明显高于其野生型。这种降低 SDH 活性引起的光合与生长的改善，主要是通过改善气孔功能实现的。与这些结果相类似，SDH 的铁-硫亚单位遭受反义抑制的番茄也增高了气孔导度、光合速率和生长速度(Araujo et al., 2011)。最近,已经有综述文章详细介绍过去 20 年来通过对呼吸作用(包括糖酵解、三羧酸循环和线粒体电子传递)中一些主要酶的选择性遗传修饰提高光合作用和生物质积累的研究进展(da Fonseca-Pereira et al., 2020)。

19.3.6 优化能量耗散过程

田间 C_3 植物水稻和小麦叶片的光合作用常常在全日光强(*PPFD* 为 2 000 左右)60%~70%的光下就达到光饱和,所以晴天冠层上部叶片中午前后吸收的光能往往超过光合作用所能利用的数量。通过非光化学猝灭(NPQ)可以将过量的光能以热的形式耗散,以免光合机构遭受光破坏。然而,当光强由强变弱时,NPQ 衰减缓慢会降低光合效率,以致减少 30%碳同化。K. K. Niyogi 和 S. P. Long 及其同事通过对叶黄素循环和光系统 II 的转基因修饰,改变了烟草的 NPQ 动力学: NPQ 衰减速率明显加快,导致 CO_2 固定的量子效率和生产力提高。这些结果为提高 NPQ 衰减速率可以提高光合效率和生产力的假说提供了第一个证明(Kromdijk et al., 2016)。

19.3.7 引入蓝细菌的 CO_2 浓缩系统

蓝细菌的 CO_2 浓缩机制可以使细胞内浓缩的 CO_2 高达周围空气 CO_2 浓度的 1 000 倍。有的学者将蓝细菌与 HCO_3^- 积累有关的基因转入拟南芥,使转基因植株的光合作用和生长都增强。通过模拟研究预测,将蓝细菌的一个 HCO_3^- 转运蛋白转入 C_3 植物的叶绿体被膜,可以将普通空气或低 CO_2 浓度下光饱和的光合速率提高 15%。表达来自蓝细菌的无机碳转运蛋白(ictB)的烟草提高了最大光合速率、最大羧化速率(V_{cmax})、最大电子传递速率(J_{max}),生物量增加 71%(Simkin et al., 2015),表达 ictB 的大豆明显提高了光合碳同化和生物量(Hay et al., 2017)。

除了这种转入一两个 HCO_3^- 转运蛋白的简单方法外,一个长期的目标是通过基因工程在 C_3 植物的叶绿体内建立一个完全的蓝细菌 CO_2 浓缩机制。要实现这个目标,至少需要解决如下 3 个问题: 一是去除叶绿体内高度丰富的碳酸酐酶(CA),以便优化 HCO_3^- 积累,因为 CA 介导的 CO_2 与 HCO_3^- 平衡会耗散积累的 HCO_3^- 库,增加 CO_2 逃逸;二是减少叶绿体被膜上参与 CO_2 运输的水通道蛋白(AQP)水平,以便减少 CO_2 从叶绿体漏失;三是创建一个羧酶体那样的壳,以便在 Rubisco 周围积累高浓度的 CO_2。

19.3.8 改善气孔开关动力学

光合作用是植物生长和产量的基础,而用水效率(water use efficiency, WUE)则是表征植物生产力的一项指标。用水效率被定义为蒸腾作用每消耗单位数量的水光合作用积累的干物质数量,或者瞬时的光合碳同化速率与蒸腾速率之比(WUEi)。这些指标的高低都与气孔的开关运动有密切关系。增加气孔开度及导度可以提高光合速率,但是因蒸腾速率增高的幅度更大而降低 WUE;相反,降低气孔开度及导度可以提高 WUE,但是会降低光合速率和产量，这都不是人们所期望的。

因此，既增产又节水的唯一出路是改变气孔开关运动的动力学。通过在保卫细胞内表达合成的光开钾通道加快气孔的光下开放和暗中关闭，使波动光下的拟南芥生物量（或质）大幅度增加而没有提高用水成本，证明通过改善气孔运动动力学提高用水效率而又不损失碳固定的可能性（Papanatsion et al., 2019）。与此相类似，在波动光下过表达质子 ATP 酶运输控制因子 1（该基因编码的蛋白调节保卫细胞质膜 H^+－ATP 酶定位，参与气孔的快开放）的拟南芥光合作用的光诱导期比野生型明显缩短，显示出较高的气孔开关速度、光合速率和植株干重，表明还有通过改善气孔开关动力学提高自然界波动光下植物光合作用和生物量积累的空间（Kimura et al., 2020）。

19.3.9 增加转运蛋白

虽然不能简单地回答光合产物运输过程是否限制光合作用的问题，但是在高 CO_2 浓度下磷酸丙糖转运蛋白肯定强有力地限制光合碳同化。所以，如果大气 CO_2 浓度不断增高，或者通过基因工程提高光合碳同化速率，磷酸丙糖转运蛋白将会成为光合速率的限制因子。并且，C_4 光合作用所需要的高代谢物流是靠大幅度提高转运蛋白丰度实现的。因此，在提高 C_3 植物光合速率时可能还需要提高转运蛋白含量。

位于细胞质膜和叶绿体被膜上的水通道蛋白（AQP）是一种可以增加膜对水和 CO_2 等小分子透性的膜蛋白。它们在植物水分平衡和水分利用效率上起关键作用。在正常和盐胁迫条件下，过表达 NtAQP1 的番茄和拟南芥叶片气孔导度、光合速率和植株干重及种子产量都明显提高（Sade et al., 2010）。

19.3.10 扩展对太阳光谱的使用范围

绝大多数能够放氧的光合生物，包括蓝细菌、藻类和高等植物，都利用人肉眼敏感的可见光（400～700 nm）即光合有效辐射（PAR）推动光合作用。可以吸收远红光的叶绿素 d 和叶绿素 f 的发现（见第1章光合机构）迫使人们重新估计放氧光合作用所需要的最小能量阈值，因为这些叶绿素已经将光吸收的范围扩展到 750 nm。因此，一些学者提出设想，通过遗传工程将叶绿素 d 和叶绿素 f 引入藻类和高等植物，使它们扩大对太阳光的使用范围到 750 nm，估计这样可以使太阳能的利用增加 19%。问题是它们如何将吸收的远红光传递给主要吸收红光的叶绿素 a，以便用于推动反应中心的光化学反应。一个可能的办法是在引入叶绿素 d 的同时，用叶绿素 d 替代反应中心的叶绿素 a。这个办法即使成功，还有叶绿素 d 是否能够接受叶绿素 f 吸收的含能量更少的远红光的问题。

19.3.11 减少叶绿素含量或天线大小

降低叶绿素含量或形成较小的捕光天线可能是提高光合速率和光合用氮效率的一个办法。缩小捕光天线藻胆体提高了蓝细菌培养物的光合效率和生产力（Kirst et al., 2014）。模型分析和不同供氮水平及叶绿素缺乏（野生型的 44%～51%）的水稻突变体的生理学实验都表明，降低叶绿素含量导致光合速率提高(与野生型相比，突变体的净光合速率，在低、中和高供氮水平下分别提高3.7%、20.4%和39.1%)，并且伴随Rubisco含量、最大羧化速率(V_{cmax})、最大电子传递速率(J_{max})和CO_2扩散导度(气孔和叶肉)的提高，同时改善群体内光分布与产量(Gu et al., 2017)。与此相类似，模拟研究揭示叶绿素含量降低60%可以提高3%的群体光合作用，提高14%光合用氮效率；如果节省的氮优化用于光合机构的其他组分，这2个参数的提高将超过30%(Song et al., 2017)。

19.3.12 启动C_3植物中的C_4基因

在一些C_3植物的茎、叶柄维管束周围的绿色组织以及发育中的果实里具有C_4光合特性和一些植物能够在光合作用的C_3与C_4途径之间转变的事实表明，在C_3植物中存在编码C_4途径的全部基因。既然是这样，如果启动C_4途径的"遗传开关"(Surridge, 2002)，使C_3植物变成C_4植物，岂不是可以大大提高作物的光合效率和生产力？这里，十分重要而困难的是，事先要通过大量深入的研究找到这个总开关，鉴定一个或几个在特殊环境条件下触发植物主要生物化学和发育变化的基因。

19.3.13 C_4水稻

光合作用的氧抑制包括2个组分：一是O_2对Rubisco催化的RuBP羧化的直接抑制；二是Rubisco催化的RuBP加氧反应导致光呼吸。由于C_4植物具有CO_2浓缩机制，可以基本消除氧抑制的这2个组分，从而使光合效率比C_3植物提高50%。C_4途径不仅导致高生产力和高产量，而且还具有比C_3途径高的水分利用率和用氮效率。因此，一些学者认为将光合作用的C_4途径引入C_3植物是未来对付世界人口增长和耕地减少难题的唯一出路。创造C_4水稻有2个可能的途径：一是制造花环结构；二是制造具有C_4光合特性的单细胞系统。创造C_4水稻仅仅转入一系列编码C_4途径酶的基因是远远不够的，还需要叶片和细胞一系列结构和发育变化(如增加叶脉密度、胞间连丝数量特别是叶肉和维管束鞘2类细胞的分化)相配合。遗憾的是，迄今还没有鉴定出那些控制花环结构的基因。有24个研究组参加的国际C_4水稻合作研究项目从2008年研究项目开始实施至今，已经过去十多年了，还没有突破性的重大进展，可见这项任务的复杂性与艰巨性是空前的。

19.3.14 玉米稻

创造"C_4水稻"既要引入C_4光合酶系统，又要改变叶片解剖结构和细胞发育，难度极大。为了实现大幅度提高水稻产量的目标，除了将水稻改造为具有C_4光合作用特性的C_4水稻以外，还可以考虑将C_4植物玉米改造成玉米稻，即以高光合效率的作物玉米为基础，将玉米籽粒的品质改造成与水稻籽粒类似或一样。

所谓"玉米稻"，就是利用合成生物学技术将进行C_4光合作用的玉米改造成具有与水稻籽粒品质类似的玉米。"玉米稻"既保留玉米的优点，比普通的C_3水稻高产，节省宝贵的淡水和氮肥资源，又保护环境，因为整个生长发育过程在旱地完成，不排放温室气体甲烷(水稻田释放甲烷)。创造玉米稻(图 19-3)应该比创造 C_4 水稻容易可行,只需要根据水稻与玉米籽粒化学组成的主要差别和形成的分子机制及调控规律,利用合成物学技术沉默玉米的一些基因、过表达水稻的一些基因,就可以达到改善玉米籽粒化学组成的根本目的(许大全和朱新广,2020)。

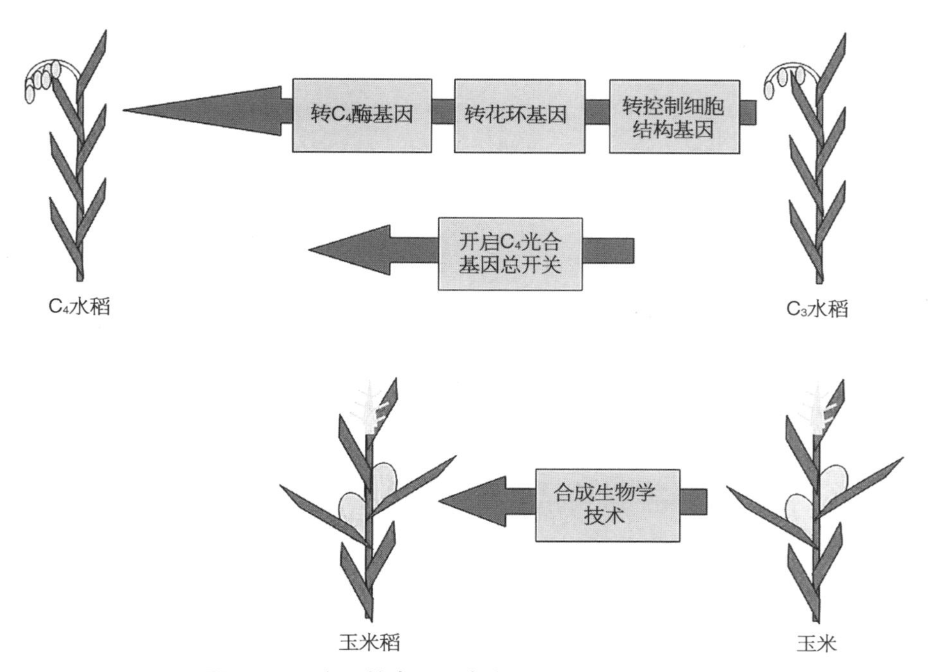

图 19-3　主要粮食作物高产优质的 3 个可能战略

玉米稻的蓝色玉米穗表示其籽粒成分与蓝色的水稻籽粒类似甚至更好;玉米的金色玉米穗表示其籽粒成分与水稻不同;C_4 水稻因 C_4 光合作用而比 C_3 水稻高产,主要通过穗粒数增加而实现;2 个战略的短箭头意味着是捷径,有望在相对短的时间内到达预期目标。

据调查,玉米粒化学成分中只有碳水化合物和无机营养元素锰含量少于稻米粒,其他多种成分包括能量、蛋白质和脂肪等含量都多于稻米,特别是脂肪、膳食纤维、维生素 A、胡萝卜素和无机营养元素磷、钾、镁、铁含量都是稻米的几倍。显然,玉米营养价值不仅不比稻米差,而且多方面优于稻米。玉米较多的膳食纤维很可能不利于人体消化吸收,而碳水化合物含量偏少导致不如稻米宜于人类特别是亚洲人食用。

因此,改善玉米的可食性主要应当在减少膳食纤维和增加碳水化合物含量方面下功夫。碳水化合物和膳食纤维都是光合碳同化的直接或间接产物,它们的含量改变都可以通过对光合产物转化、积累的调节控制实现。碳水化合物包括直链淀粉、支链淀粉和蔗糖及单糖、多糖。研究阐明玉米、稻米所含碳水化合物中这些化合物的种类和含量差别以及这些差别与宜食性的关系等问题,无疑是用合成生物学技术改造玉米籽粒成分的前提。

近年来有研究结果表明,通过基因组编辑技术(genome editing technology)敲除水稻控制胚乳中直链淀粉合成的显性基因 *Waxy*(编码淀粉合酶),导致突变株系胚乳直链淀粉含量从其野生型的大约 20%下降到低于 5%,使稻米的糯性增强(Zhang et al., 2018)。这个研究成果无疑为玉米籽粒品质改良提供了有益的启示。当然,玉米籽粒的种皮也需要遗传改造,使其容易与胚乳分离或者变薄而改善口感,这也是未来开展玉米稻研究的重要内容。

基因工程作物或转基因作物的商品生产已经使这类作物在世界范围内蔓延开来,由此产生的食物和环境安全问题以及社会经济问题引起公众和科学家们的普遍关注。尽管一些问题不像人们原来忧虑的那么严重,可是种植、推广转基因作物对生态环境和人类健康的潜在危险还是值得科学家们着力深入研究,以便提出有效的对策,防患于未然。

在改善光合效率、提高作物产量、优化产物品质和增强作物抗逆性的过程中,虽然分子生物学方法是一个强有力的武器,但不是唯一武器。传统的育种方法和杂种优势的利用不可忽视,不能把新绿色革命成功的希望完全寄托在基因工程上。

参考文献

许大全,朱新广,2020.创造“玉米稻”:禾谷作物高产优质的一个新战略.植物生理学报,56(7):1113-1120.

Araujo WL, Nunes-Nesi A, Osorio S, et al., 2011. Antisence inhibition of the iron-sulphur subunit of succinate dehydrogenase enhances photosynthesis and growth in tomato via an organic acid-mediated effect on stomatal aperture. Plant Cell, 23: 600-627.

Bracher A, Whitney SM, Hartl FU, et al., 2017. Biogenesis and metabolic maintenance of Rubisco. Annu Rev Plant Biol, 68: 29-60.

Chen JH, Chen ST, He NY, et al., 2020. Nuclear-encoded synthesis of the D1 subunit of photosystem II increases photosynthetic efficiency and crop yield. Nature Plant, DOI: 10.1038/s41477-020-0629-z.

da Fonseca-Pereira P, Batista-Silva W, Nunes-Nesi A, et al., 2020. The Multifaceted connections between photosynthesis and respiratory metabolism//Kumar A, Yau YY, Ogita S, et al (eds). Climate Change, Photosynthesis and Advanced Biofuels: The Role of Biotechnology in the Production of Value-added Plant Bio-products. Singapore: Springer: 55-107.

Driever SM, Simkin AJ, Alotaibi S, et al., 2017. Increased SBPase activity improves photosynthesis and grain yield in wheat grown in greenhouse conditions. Philos Trans R Soc, 370: 1-9.

Gewin V, 2010. An underground revolution. Nature, 466: 552-553.

Gu J, Zhou Z, Li Z, et al., 2017. Rice (*Oryza sativa* L) with reduced chlorophyll content exhibit higher photosynthetic rate and efficiency, improved canopy light distribution, and greater yields than normally pigmented plants. Field Crop Res, 200: 58-70.

Hay WT, Bihmidine S, Mutlu N, et al., 2017. Enhancing soybean photosynthetic CO_2 assimilation using a cyanobacterial membrane protein, ictB. J Plant Physiol, 212: 58-68.

Kimura H, Hashimoto-Sugimoto M, Iba K, et al., 2020. Improved stomatal opening enhances photosynthetic rate and biomass production in fluctuating light. J Exp Bot, 71: 2339-2350.

Kirst H, Formighieri C, Melis A, 2014. Maximizing photosynthetic efficiency and culture productivity in cyanobacteria upon minimizing the phycobilosome light-harvesting antenna size. Biochim Biophys Acta Bioenergy, 1837: 1653-1664.

Kromdijk J, Glowacka K, Leonelli L, et al., 2016. Improving photosynthesis and crop productivity by accelerating recovery from photoprotection. Science, 354: 847-861.

Kumar A, Li CS, Portis JRAR, 2009. *Arabidopsis thaliana* expressing a thermostable chimeric Rubisco activase exhibits enhanced growth and higher rates of photosynthesis at moderately high temperatures.

Photosynth Res, 100: 143 - 153.

Lin MT, Occhialini A, Andralojc PJ, et al., 2014. A faster Rubisco with potential to increase photosynthesis in crops. Nature, 513: 547 - 550.

Long SP, Marshall-Colon A, Zhu XG, 2015. Meeting the global food demand of the future by engineering crop photosynthesis and yield potential. Cell, 161: 56 - 66.

Murchie EH, Pinto M, Horton P, 2009. Agriculture and the new challenges for photosynthesis research. New Phytol, 181: 532 - 552.

Pan JW, Huang DH, Guo ZL, 2018. Overexpression of microRNA408 enhances photosynthesis, growth and seed yield in diverse plants. J Integ Plant Biol, DOI: 10. 1111/jipb.12634.

Papanatsion M, Petersen J, Henderson L, et al., 2019. Optogenetic manipulation of stomatal kinetics improves carbon assimilation, water use, and growth. Science, 363: 1456 - 1459.

Sade N, Gebretsadik M, Seligmann R, et al., 2010. The role of tobacco aquaporin1 in improving water use efficiency, hydraulic conductivity, and yield production under salt stress. Plant Physiol, 152: 245 - 254.

Salesse-Smith CE, Sharwood RE, Busch FA, et al., 2018. Overexpression of Rubisco subunits with RAF1 increases Rubisco content in maize. Nature Plants, 4: 802 - 810.

Shen BR, Wang LM, Lin XL, et al., 2019. Engineering a new chloroplastic photorespiratory bypass to increase photosynthetic efficiency and productivity in rice. Mol Plant, 12: 199 - 214.

Simkin AJ, McAusland L, Headland LR, et al., 2015. Multigene manipulation of photosynthetic carbon assimilation increases CO_2 fixation and biomass yield in tobacco. J Exp Bot, 66: 4075 - 4090.

Simkin AJ, Lopez-Calcagno PE, Davey PA, et al., 2017a. Simultaneous stimulation of sedoheptulose 1, 7 - bisphosphatase, fructose 1, 6 - bisphophate aldolase and the photorespiratory glycine decarboxylase - H protein increases CO_2 assimilation, vegetative biomass and seed yield in *Arabidopsis*. Plant Biotechnol J, 15: 805 - 816.

Simkin AJ, McAusland L, Lawson T, et al., 2017b. Overexpression of the Rieske FeS protein increases electron transport rates and biomass yield. Plant Physiol, 175: 134 - 145.

Song Q, Wang Y, Qu M, et al., 2017. The impact of modifying photosystem antenna size on canopy photosynthetic efficiency——development of a new canopy photosynthesis model scaling from metabolism to canopy level processes. Plant Cell Environ, 40: 2946 - 2957.

South PF, Cavanagh AP, Liu HW, et al., 2019. Synthetic glycolate metabolism pathways stimulate crop growth and productivity in the field. Science, 363(6422), DOI: 10. 1126/science. aat9077.

Surridge C, 2002. The rice squad. Nature, 416: 576 - 578.

Zhang J, Zhang H, Botella JR, et al., 2018. Generation of new glutinous rice by CRISPR/Cas9 - targeted mutagenesis of the *Waxy* gene in elite rice varieties. J Integr Plant Biol, 60(5): 369 - 375.

第5篇

人 工 光 合

第20章 人工光合作用

如果把田野、草地和森林中的陆生植物以及江河湖海等水体中的蓝细菌和藻类利用太阳光能将CO_2和水等无机物合成富有化学能的有机物并释放O_2的过程定义为自然光合作用(natural photosynthesis),那么依据自然光合作用的原理或灵感研发的人造装置如人工叶(artificial leaf)、光电化学电池(photoelectrochemical cell)和光生物反应器(photobioreactor)等将太阳光能转化为化学能贮存于食物或燃料(如氢气)中的过程,就是人工光合作用(artificial photosynthesis)。

虽然早在20世纪初人工光合作用的设想就出现了,可是人工光合作用研究的日益增强、有关出版物数量的急剧增多还是21世纪以来的事。在1980—1990年代,以人工光合作用和太阳能燃料(soar fuel)为题的文章、书籍总数每年还不到10,而到2010年该值就接近600;从事这方面研究的机构,2001年还不到5个,而2009年仅欧美两大陆的总数就达30个。除了欧洲、美洲、澳大利亚和亚洲的发达国家以外,发展中国家(如中国)也有一些大学和研究所参与该领域的研究。发展人工光合作用已经成为世界范围内广泛采用的一个新的方针政策,即利用实际技术解决全球气候变化、能量和食物安全问题。自2007年以来,已经多次召开关于太阳能燃料和人工光合作用的国际会议,交流最新研究进展,以后还会定期举行这样的会议(Artero et al., 2016)。

20.1 人工光合作用的意义

当今世界,人类面临食物不足、化石能源枯竭和环境污染及全球气候变暖3个亟需解决的重大问题。解决这些问题离不开自然光合作用。自然光合作用为人类提供大量粮食等食物和生物能源的原料生物质,吸收利用人类活动排放的大量温室气体CO_2,减轻温室效应导致的全球气候变化的不良影响。但是,由于光合作用效率低下和常常受环境条件的严重制约,而且自然界特别是水体中的大量生物质难以收获利用,其实际贡献很有限,远不能满足人类社会的需要,人们很自然地对人工光合作用寄予厚望。

200年前,全世界的人口只有10亿,2011年增长到70亿,预计到2050年将达到90亿~100亿,届时主要粮食作物的单位面积产量至少需要增加50%才能满足人类社会的需要。人口的急剧增长和耕地的减少,干旱、洪水等自然灾害的频繁发生,使粮食安全经常遭受巨大的威胁。在这种情况下,基本上可以摆脱环境条件制约和靠天吃饭局面的人工光合作用具有传统农业生产所无法比拟的优越性和巨大的吸引力。人工光合作用不仅可以大大减少传统农业生产对土地的使用，而且可以充分利用那些植物难以生长的沙漠等荒漠不毛之地。同时，人工光合作用还可以大幅度节省水资源。在传统农业生产中，绝大部分水被蒸腾作用消耗掉，而在人工光合作用中，作为光合作用原料之一使用的水量只是传统农业的千分之一甚至更少，几乎可称为“无水农业”。因此，通过人工光合作用生产粮食，可以极大地减轻对日益短缺的水资源的压力。

人工光合作用不仅可以摆脱外界环境条件的限制，而且还可以突破自然光合作用自身的限制。例如，自然光合作用中一个最大的内在限制来自光合碳同化关键酶核酮糖-1,5-二磷酸羧化酶/加氧酶(Rubisco)。该酶不仅催化效率低，而且在催化 RuBP 羧化反应的同时还催化 RuBP 加氧反应，导致光合生产力降低。在人工光合作用研究中提出的不依赖 Rubisco 的碳同化途径可以使碳同化速率成倍提高(详见人工光合碳同化途径)。

随着人口的增加和生产规模的扩大以及生活水平的提高，全世界的年能量消耗水平到2050年至少会加倍。现在全世界的能量供应主要(大约80%)来自化石燃料(煤、石油和天然气)，而化石燃料的贮存量有限，日渐枯竭。因此，当今世界亟需环境友好且可更新的新能源来补充、代替化石燃料。只有以取之不尽的海水和太阳能为原料，通过人工光合作用制造的氢气等太阳能燃料可以满足对新能源的需求，摆脱化石燃料日渐枯竭的危机。人们可以利用的太阳能如此丰富，以致太阳一小时辐射到地球表面的能量几乎相当于现在人类一年消耗能量的总和。所以，许多科学家认为太阳能的捕捉和利用是解决能量及相关联的气候变化危机最好的长远办法。

由于人类活动特别是化石燃料的燃烧不仅产生二氧化硫等空气污染物，而且排放大量CO_2，使空气CO_2浓度不断提高，其温室效应已经导致全球气候变暖，生态环境恶化。人工光合作用不仅不会排放CO_2等温室气体和其他污染物，而且会大量吸收、固定人类活动产生的CO_2，并将其还原成甲醇、甲烷和烃等燃料和工业原料，从而净化空气、缓解大气变暖的趋势，改善人类的生存环境。

总之，从根本上解决粮食、能源和环境3个重大问题，发展人工光合作用是必经之路。人工光合作用具有多方面的灵活性：几种工厂空间位置的选择是灵活的，条件是优化的，例如，制氢厂可以靠近海边，以便利用取之不尽的海水，碳水化合物制造厂可以靠近CO_2气源，太阳光能发电厂可以建在沙漠中，不占用农林土地，等等。来自生物体的组分如 Rubisco、ATP 合酶和 Fd：$NADP^+$ 氧化还原酶以及来自生物灵感的非生物体组分如电极等都可以选择、组合，从而摆脱与整个生物体活力有关的限制。此外，人工光合作用研究在分子规模的光电子学、光子学、传感器设计和纳米技术的其他领域，也都有潜在的应用前景。另一方面，人工光合作用研究的启迪和促进作用无疑会有力地推动光合作用学以及相关学科诸如植物生理学、分子生物学和物理学、化学、空间科学以及材料科学等的发展。

在人工光合作用研究中，目前大多还是模拟光合作用中的部分反应的设想和尝试，基本上还限于实验室内的探索，与规模化的实际应用还有很大距离。

20.2 人工反应中心

在天然系统中，光系统在膜上的定向排列是实现高效光合作用的一个重要因素。人们用多种方法模拟这种结构与功能，方法之一是将从生物体分离纯化的反应中心按期望的几何序列沉积到合成的膜上。

在人工反应中心中，电子受体可以用天然的醌或合成的类似物以及 Fe－S 簇，而电子供体则是可发生氧化还原反应的金属 Fe、Cu 或 Mn。最简单的人工反应中心由 1 个生色团电子供体和 1 个电子受体组成。虽然人工反应中心卟啉(P)－C_{60}二分体受光激发后能够以量子效率为 1 的高效率发生电荷分离($P^{\cdot +}$－$C_{60}{}^{\cdot -}$)，但是电子很容易返回 $P^{\cdot +}$而将激发能以热的形式耗散掉。如果在这种二分体的基础上增加 1 个次级电子供体 TTF(tetrathiafulvalene)，及时将电子传递给 $P^{\cdot +}$，形成 $TTF^{\cdot +}$－P－$C_{60}{}^{\cdot -}$，就可以防止这种电荷重新结合。于是，发展出具有多个电子供体、受体的复杂的三合体、五合体等人工反应中心系统，通过多步骤电子传递延长电荷分离状态的寿命，以便有足够的时间将激发能贮存起来。自然光合作用中的光合电子传递链就是由多个电子供体、受体组成的复杂系统。

由于放氧光合作用中串联的 2 个光系统竞争同一波段(400～700 nm)的光而降低总的光化学效率，因此有学者设想在人工光反应系统中，以使用叶绿素 *d* 和细菌叶绿素 *b*(它们的最大光吸收分别在 714～718 nm 和 960～1 050 nm)的新反应中心替代原来使用叶绿素 *a* 的光系统 I 反应中心。这样，2 个光系统用于光合作用的光波长范围可以扩展到 1 100 nm，有希望使采用 2 个光系统的光电池的太阳能转化效率大幅度提高。

与只有单个反应中心与天线结合的自然光合机构不同，在人工反应中心系统中通过使用金属纳米粒子、树枝体(dendrimer)、寡肽和纳米碳材料，可以将多个反应中心即电荷分离分子与捕光天线结合在一起。这种系统有希望为发展包括有机太阳能电池和生产太阳能燃料的人工光合机构在内的高效光能转化机构提供新的战略。

20.3 人工天线

一种人工天线系统是一组 Zn－卟啉分子(图 20－1)。由于能够强有力地吸收那些叶绿素不能很好吸收的光，并且能够以几乎 100％的效率将它吸收的光能传递给叶绿素，类胡萝卜素是出色的辅助色素，可以用于人工天线系统。这种人工天线系统由 1 个酞菁通过其中心的硅原子与 2 个类胡萝卜素分子共价结合而组成。人工天线方面的一个有趣的研究进展是以 Zn－卟啉为基础敏化剂和天线分子 BODIPY(borondipryrromethene)或 DPP(diketopyrrolopyrrole)涂氧化钛(TiO_2)电极表面，使太阳能电池的捕光效率和总光能转化效率提高 30％。

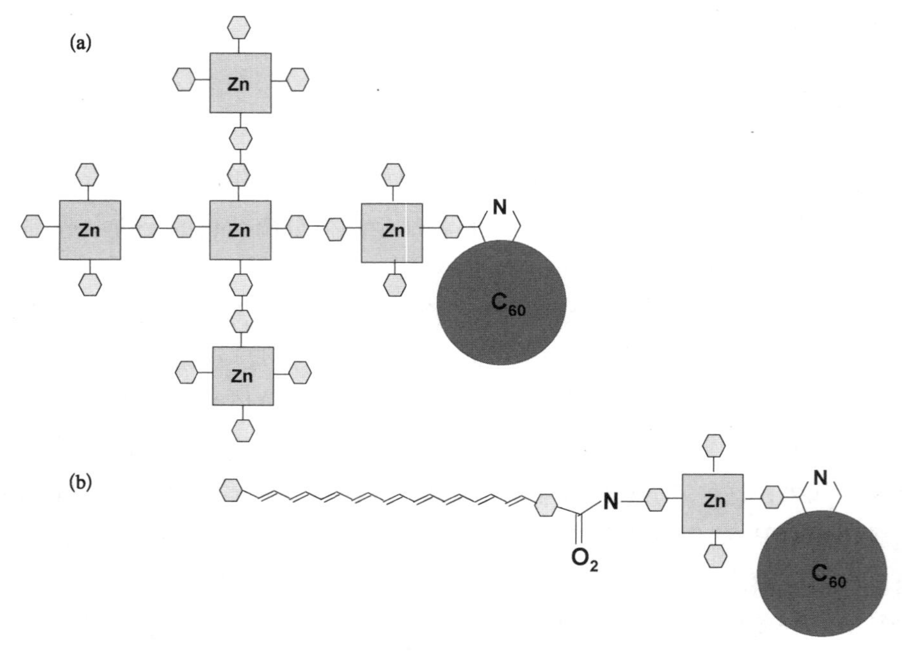

图 20-1 人工天线示意图

(a) 六合体——五个锌卟啉和一个富勒烯;(b) 三合体——锌卟啉、富勒烯和类胡萝卜素。

20.4 人工放氧复合物

在自然光合作用中,水氧化放氧的分子机制是一个迄今还没有解决的重大基础理论问题。设计合成人工放氧复合体不仅有助于最终揭示这个分子机制,而且也可以为在人工光合作用中研发高效的水氧化纳米催化剂提供有益的启示。人工的水氧化系统至少包括捕光天线、电荷分离单位和光活化的多电子传递催化剂 3 个基本组成部分。这种人工的水氧化系统的长期目标是将水裂解为 H_2 和 O_2,并把获得的氢气等作为太阳能燃料。这种系统的缺点是常常使用贵重金属铂等,并且往往使用富含能量的蓝光或紫外辐射。因此,人们正在努力寻找可以利用可见光裂解水的其他材料。中国科学院大连化学物理研究所李灿研究组通过在催化剂 $Sm_2Ti_2S_2O_5$ 表面沉积辅催化剂钴的办法,使其在可见光下水裂解的表观量子效率达到 5%。他们研制的以 $CoBi/BiVO_4$ 为光阳极的光电池明显改善了电池稳定性,并且用不到 0.3 V 的偏压成功地裂解水为氢和氧。

虽然硅(Si)、砷化镓(GaAs)和磷化镓(GaP)这些半导体都是水氧化的有效的光阳极,但是它们在水介质中不稳定。Hu 等(2014)的研究表明,氧化钛(TiO_2)外套(厚 4~143 nm)可以稳定这些光阳极,在与氧化镍(Ni)电子催化剂结合时,硅阳极在 1 μmol KOH 溶液中和大于 30 mA/cm^2 光电流密度下可以连续 100 多个小时将水氧化为 O_2,并且法拉第效率接近 100%。Swierk 等(2015)证明,一系列不含金属的卟啉化合物作为有机的光敏化剂,可以用于红光和广谱光推动的太阳能电池中氧化钛阳极上水的光电化学裂解反应，并且这些化合物在反应条件下是稳定的。

20.5　人工 ATP 合成

模拟细菌光合作用的人工系统包括人工天线、人工反应中心、跨膜质子泵和天然的 ATP 合酶。其中的人工天线系统是一组 Zn-卟啉分子，而人工反应中心是一个卟啉分子。

一些细菌例如嗜盐菌原生质膜上的细菌视紫红质（BR），由 248 个氨基酸残基和 1 个视黄醛分子组成，具有光驱动的质子泵和光电响应功能，通过合成生物学技术加以利用，可以在人工光合作用系统中发挥重要作用。例如将 ATP 合酶和细菌的 BR 组装到由共聚物膜围成的囊状物膜上，在光能推动下生产了 ATP。组装到这种膜上的 BR 确实具有光驱动的质子泵功能，随着照光时间的延长，ATP 产量明显增加（图 20-2）。这种人工 ATP 合成系统的独特之处是不再需要人工反应中心。

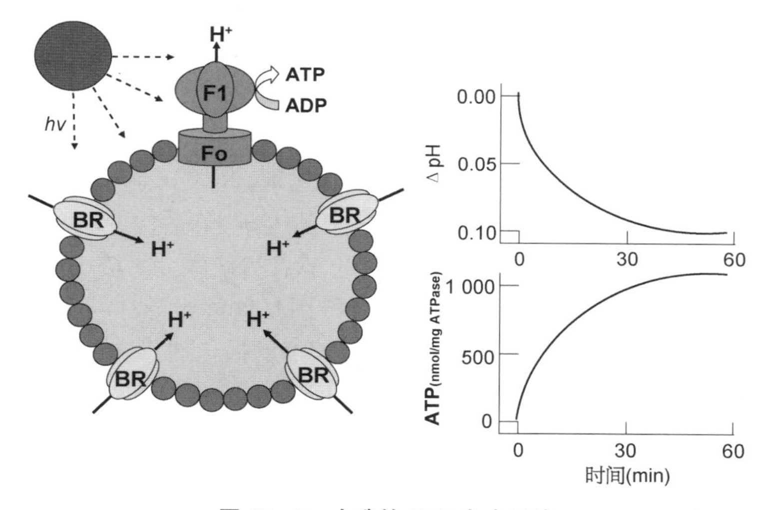

图 20-2　人造的 ATP 合成系统

根据 Choi 和 Montemagno(2005)绘制。BR——细菌视紫红质，质子泵；F1 和 Fo——ATP 合酶的亚基。

虽然 ATP 是生物体内普遍存在而又极为重要的能量通货，但它不是工程技术上有用的燃料。在工程技术上有用且便于贮存、运输又环境友好的燃料是氢气。

20.6　人工光能制氢

人工光合作用研究领域的一个中心目标是将捕捉的太阳光能转化为氢气、甲烷和甲醇等燃料化合物中的化学能。人工光能制氢的研究主要沿着 2 个不同的方向展开：一是利用光电化学装置产氢；二是利用生物细胞系统产氢。

20.6.1 利用光电化学装置产氢

在自然界,氢不能自由地发生。虽然有多条途径可以利用太阳能和水制氢,但是最吸引人的是光电化学(PEC)水裂解放氢。理想的光电极要能同时完成光吸收、电荷分离、电荷传递和表面放氢几个任务。这种电极使用金属氧化物半导体的主要好处是成本低,可以在室温下进行,具备有机材料和生物系统难以达到的坚固性和耐久性,即在水溶液中出色的耐腐蚀稳定性。

用于裂解水放氧、产氢的光-电化学电池由 1 个半导体光阳极和 1 个金属阴极组成,光推动阳极放氧、阴极产氢。利用太阳光和水通过光电化学方式生产氢气成功(效率高而成本低)的关键,是鉴定和发展创新材料系统,可能涉及多结点半导体构造,并且正在出现的一个趋势是纳米结构的光电极。一种使用硅基半导体的太阳能推动的光电化学电池已经被研制出来。这种电池照光后可以在近中性条件下进行水裂解反应,释放 H_2 和 O_2,其有线装置和无线装置的效率分别为 4.7%和 2.5%,提供了一种太阳能向燃料直接转化的途径。

由水通过光电化学反应产氢的商业应用都受使用贵重金属铂的束缚,其替代品是廉价的其他金属。Zheng 等(2014)研发的一种不含金属的杂合催化剂(石墨相氮化碳与涂氮石墨烯耦联)表现了意外高的放氢活性。Kibsgaard 等(2014)研制的含有地球上丰富元素的硫代钼酸根($[Mo_3S_{13}]^{2-}$)纳米簇放氢反应催化剂既具有高活性又非常稳定。在一个光电化学产氢系统中,以 CdSe 量子点(quantum dots)为光敏化剂、Ni 与 Co 复合物为催化剂的光阴极在 520 nm 光下的周转数>500 000,产氢效率(φ)高达 36%,活性可以维持 15 d(Han and Eisenberg, 2014)。使用精心设计的具有 n+pp+节点的硅微金字塔(micro- pyramids)半导体材料明显改善了光阴极的光电流和光电压,特别是这种半导体与 MoS_xCl_y 薄膜整合后,成为具有出色的放氢反应催化活性和高光学透明度的催化剂。这种催化剂不含贵金属,可以实现最高光电流密度和出众的光电化学功能(Ding et al., 2015)。近年来,以镍-钼为基础的合金已经被研发用于碱性条件下电解水放氢反应的稳定催化剂,并且还在探讨使用地球上丰富元素的磷化物(CoP、WP、MoP 和 FeP)作为酸性条件下光阴极放氢反应的催化剂(Lewis, 2016)。

在寻找通过光电化学反应放氢的合适催化剂的过程中,人们还试图利用生物材料与非生物材料杂合系统。一些研究已经提供了可靠的证据,将以光系统 I 为基础的杂合系统用于产氢装置具有巨大的潜力。光系统 I 反应中心具有一些良好的特性: ① 它结合的色素可以吸收波长短于 700 nm 的所有波长的可见光;② 它的天线叶绿素提供了很大的光吸收截面,根据叶绿素 *a* 分子的面积计算,在夏季中午强光下,每个叶绿素 *a* 分子每秒钟可以接受 10 个光子,由于每个光系统 I 反应中心 P700 大约与 100 个天线叶绿素分子相联系,每个反应中心每秒钟可以吸收 1 000 个光子,所以每秒钟可以激发释放 1 000 个电子。当光系统 I 的电子供体侧和受体侧没有速率限制时,每个反应中心每秒钟可以产生 500 个氢分子;③ 光系统 I 的量子效率接近 1。当然,把以光系统 I 为基础的杂合系统用于产氢,需要将光化学组分光系统 I 与产氢的催化组分如氢酶整合起来。每个光系统 I 与耐氧氢酶的杂合物在(pH7.5,20℃)−90 mV 电位下产氢速率可达(4 500±1 125)mol $H_2\cdot min^{-1}\cdot mol^{-1}$杂合体。遗憾的是这种杂合物的活性只能维持几分钟。后来有报告表明,包含铁-硫簇的光系统 I-氢酶杂合体的平均产氢速率达到(2 200±460)μmol $H_2\cdot mg^{-1}Chl\cdot h^{-1}$，相当于(105±22)$e^-\cdot PSI^{-1}\cdot s^{-1}$,是蓝细菌放氧速率(460 μmol $O_2\cdot mg^{-1}Chl\cdot h^{-1}$,相当于 47$e^-\cdot PSI^{-1}\cdot s^{-1}$)的 2 倍以上,并且在室温和无氧条件下这类杂合物的产氢能力可以保存 100 多天。

除了光系统 I 以外,光系统 II 也被用作光电化学产氢的生物与非生物杂合系统的组成部分。例如,由菠菜光系统 II 和无机光催化剂(Ru/$SrTiO_3$: Rh)以及无机电子梭[$Fe(CN)_6^{3-}$/$Fe(CN)_6^{4-}$]组成的杂合系统在可见光下裂解水放氢活性达到 2 489 mol $H_2\cdot mol^{-1}$ $PSII\cdot h^{-1}$,并且活性至少可以维持 2 h,这个杂合系统在太阳光下也显示了可观的裂解水放氧、放氢活性(Wang et al., 2014a),为研发利用太阳能裂解水制氢的含光系统 II 杂合系统首次提供了成功范例。

利用太阳光和水生产燃料的人工装置(含人工天线、人工反应中心、水氧化催化剂和氢离子还原催化剂 4 个基本组成部分)的研究面临如下一些关键问题或挑战: ① 人工天线——主要目标是更有效地捕光,广谱(400～1 000 nm)地吸收利用太阳光,一个尝试是把吸收不同波段光的锌卟啉等几种不同载色体通过 1 个六苯基苯核心组合在一起。另一个尝试是在天线-反应中心装置中模拟光合生物串联的 2 个光系统(图 20－3),分别吸收 400～700 nm 和 700～1 000 nm 光,一个用于催化剂裂解水,另一个用于催化剂还原氢离子为氢气。② 人工反应中心——尝试利用胡萝卜素-卟啉-富勒烯(fullerene, C_{60},碳簇)三合体实现多步骤电子传递,以便延长电荷分离状态寿命,阻止电荷重结合等浪费能量的反应发生。③ 氢离子还原催化剂——虽然稀有金属铂是出色的催化剂,但是因为成本太高而不能大规模用于氢生产,而氢酶因对氧失活敏感,也不是人工光合氢生产的理想催化剂,人们还在寻

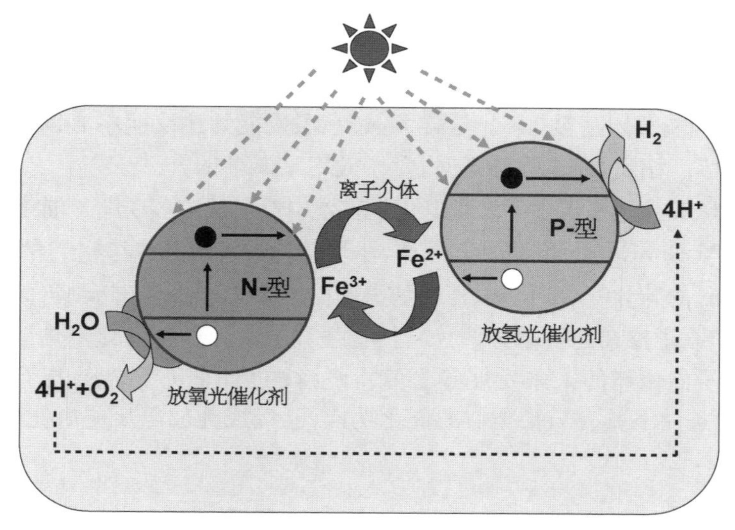

图 20－3　串联的光电化学系统——光催化剂的 Z 图式

根据 Miller 等(2012)绘制。

找理想的催化剂。④ 水氧化催化剂——以铱(iridium)氧化物、钌(ruthenium)复合物和其他稀有而贵重元素为基础的水氧化催化剂虽然可以良好地工作,但是难以大规模使用。在这方面,钴氧化物是有希望的,锰和其他一些金属氧化物也是吸引人的候选者。

为了估计产氢、放氧反应电子催化剂用于光电化学裂解水装置的可行性,McCrory 等(2015)比较了 18 种放氢反应催化剂和 26 种放氧反应催化剂的活性、短期稳定性和活化表面积及在酸性和碱性水溶液中的比活性。结果表明,在酸性和碱性溶液中大部分放氢反应催化剂的比活性比铂(Pt)低得多,而在碱性溶液中大部分放氧反应催化剂的比活性类似或好于铱(Ir)、钌(Ru)催化剂。当然,为了选择合适的催化剂,还应当比较测定它们的法拉第效率和长期稳定性。

在通过光电化学反应放氢研究领域中的一个重要问题是装置的稳定性或运转寿命。面对这个问题,研究者们一方面努力探讨光电极的保护措施。例如,在 pH14(1mol·L^{-1} KOH 溶液中)和太阳光下,用氧化镍膜保护的硅半导体光阳极可以维持水氧化放氧活性 100 多个小时(Sun et al., 2015)。又如,非晶态氧化钛(TiO_2)外套可以使光电化学装置中的光阳极在 1 mol·L^{-1}KOH 水溶液中连续裂解水放氧 2 200 h 以上,放氧的法拉第效率达到 100%(Shaner et al., 2015)。通常,非贵金属及其合金因为迅速锈蚀而不适用于酸性溶液中的放氢反应。然而,被石墨烯(graphene)密封的金属纳米粒子在酸性环境中是高度活跃并稳定的。石墨烯壳可以保护其里面的金属纳米粒子免于锈蚀失活,而金属释放的电子可以穿过石墨烯壳有效地到达光阴极的外表面,用于还原氢离子的放氢反应(Deng et al., 2014; Tavakkoli et al., 2015)。

另一方面,试图模拟光合生物的光破坏防御及自我修复机制。一个人工合成的大分子可以模拟蓝细菌激发能的非光化学猝灭过程。这个大分子包括 5 个不同组分:处于大分子中心位置的卟啉分子的一端连接 1 个电子受体富勒烯(C_{60}),两侧连接 2 个捕光天线,另一端通过六苯基苯连接 1 个色素控制单位。封闭型控制单位吸收紫外辐射和蓝光后转变为开放型甜菜碱异构体。这个异构体可以迅速地猝灭卟啉和天线的激发态。随着白光光强的提高,甜菜碱异构体的比例提高,激发态猝灭加强,反应中心电荷分离的量子效率从弱光下的 82%降低到强光下的 37%甚至 1%。这样,通过在激发能到达反应中心以前就被转化为热,防止其遭受光破坏。相反,在光强降低时,量子效率又逐渐回升。

Zeng 和 Li(2015)评述了近十年来光电化学装置中放氢反应多项电子催化剂的最新研究进展,从贵重金属(Pt、Ru、Rh、Ir 和 Pd)化合物,非贵重金属(如 Ni)与它们的合金,过渡金属(Mo、W、Co 和 Ni)的硫化物、碳化物、氮化物、硼化物和磷化物,到非金属(碳基电子催化剂,例如碳纳米管、异原子掺杂的石墨烯薄片)材料,强调了改善这些催化剂性能面临的挑战,展望了放氢反应电子催化剂的未来发展等。值得注意的是,非贵重金属电子催化剂 MoS_2 和 Ni_2P 家族在酸性条件下具有与铂类似的催化功能,已经成为放氢反应电化学催化剂的竞选者(Vesborg et al., 2015)。

20.6.2 利用生物细胞系统制氢

在光生物反应器(photo-bioreactor)内蓝细菌或(和)藻类细胞将光能转化为稳定化学能

贮存于氢气的细胞系统的明显优点是它的高效率、低成本以及自我复制能力。

光生物反应器通常具有太阳光收集装置和 CO_2 气体预处理设备，可以利用细菌和藻类作为反应器内的微生物。这种系统没有外界污染物，可以生产优质产物，具有高生物质浓度、便于收获、便于温度与 pH 的优化控制、水分消耗少和高生产力、高光合效率等优点。它们的主要弊端是累积高浓度的 O_2，因此需要附加有效的 O_2 清除系统。在光生物反应器内仅培养一种生物的情况下，系统的效能只取决于其光学厚度。在反应器厚度最适时，绿藻和非硫紫细菌两者混合培养比单一培养的绿藻效率提高 23%。这可能主要是由于混合培养扩大了对太阳光谱的利用范围，绿藻使用 400～700 nm，而紫细菌用 700～900 nm 的太阳光生产氢气。

绿藻有能力将铁氧还蛋白的还原力从用于光合碳还原转向用于质子还原，在氢酶催化的反应中释放氢气。然而，这种光能推动的从 2 个水分子释放 1 个 O_2 和 2 个 H_2 分子的过程，只能在持续的无氧条件下发生。无氧条件不仅是氢酶基因转录所必需，而且也是维持氢酶活性所不可缺少的。无论是通过剥夺培养液中的硫以便制造藻培养物的无氧条件，还是通过分子工程改造氢酶，使其在有氧条件下保持放氢活性，都使这种利用藻系统光能推动放氢的过程染上浓重的“人工”色彩，即利用天然生物系统进行的人工光合作用。但是，以剥夺硫为基础的藻产氢系统由于代价昂贵而难于商品化（图 20－4）。

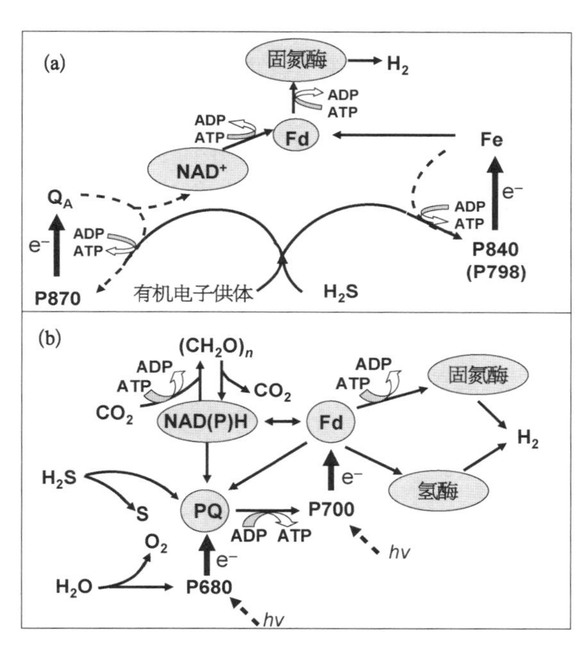

图 20－4　产氢光合微生物的电子传递途径

参考 Boichenko 等（2004）绘制。（a）紫细菌（左侧的途径）、绿细菌和太阳细菌（右侧的途径）的光合电子传递途径；（b）蓝细菌（固氮酶）和绿藻（氢酶）的光合电子传递途径。$h\nu$ 表示激发反应中心的光子。

蓝细菌的 CO_2 浓缩机制可以使细胞内的 CO_2 浓度比细胞外提高 1 000 倍，因此具有最高的 CO_2 固定速率。并且，其许多品系的基因组已经被完全测序，便于在需要时对其进行遗传改造，容易产生突变体。另外，它们具有适应非常环境的强壮性、简单性，每代时间短，可以大量生长、繁殖。因此，蓝细菌特别适合用于由水产氢的光合作用工程。其内在的限制是氢酶活性低，并且对氧的敏感性高。

生物氢生产的一个重要目标是创造有潜力的产氢细胞，用于优化的生物反应器进行工业规模生产。为此，需要系统改善关键催化剂，特别是稳定的裂解水的光系统 II 和耐氧的产氢氢酶，将这些设计改造的组分装配到蓝细菌细胞中，和设计高效低成本的光生物反应器。这些经过设计改造的有机体的产氢速率有可能是目前知道的最有效的光合氢生产者的 100 倍。关于生物氢生产的研究现状，可以参阅近年出版的 2 本论文集（Rögner，2015；Zannoni and Philippis，2014）。

20.7 人工碳同化途径

在自然界，除了大部分光合生物（包括高等植物、藻类和蓝细菌及一些微生物）都使用的光合碳还原循环（C_3循环）以外，还有还原柠檬酸循环、还原乙酰辅酶 A 途径、3-羟丙酸循环、3-羟丙酸/4-羟丁酸循环和二羧酸/4-羟丁酸循环这 5 种途径被一些自养微生物用于固定 CO_2。这些生物不使用 Rubisco，也不使用磷酸烯醇式丙酮酸羧化酶（PEPC）作为羧化酶。它们适应不同生境办法的多样性为用模拟和合成生物学方法构建全新的比 C_3循环更有效的 CO_2固定途径提供了可能性。在改善 C_3植物的光合碳同化以便提高作物产量的探索中，有的科学家已经把设计并引进新的合成的碳同化途径作为一个未来的战略目标。人工光合作用的一个重要研究领域是用不受氧抑制的碳固定途径代替光合碳还原循环。

已经有学者使用一个涉及大约 5 000 种天然发生的酶的计算模拟方法，提出了一些可供选择的碳固定途径。这些途径的预计速率是 C_3循环的 2～3 倍。其中的 C_4-乙醛酸途径使用 PEPC 作为唯一的羧化酶，循环的产物是很容易转化为 3-磷酸甘油酸的乙醛酸（图 20-5）。如果把这种途径引入植物，并与 C_3循环的一部分相耦联，就可以创造出不依赖 Rubisco 的碳同化。

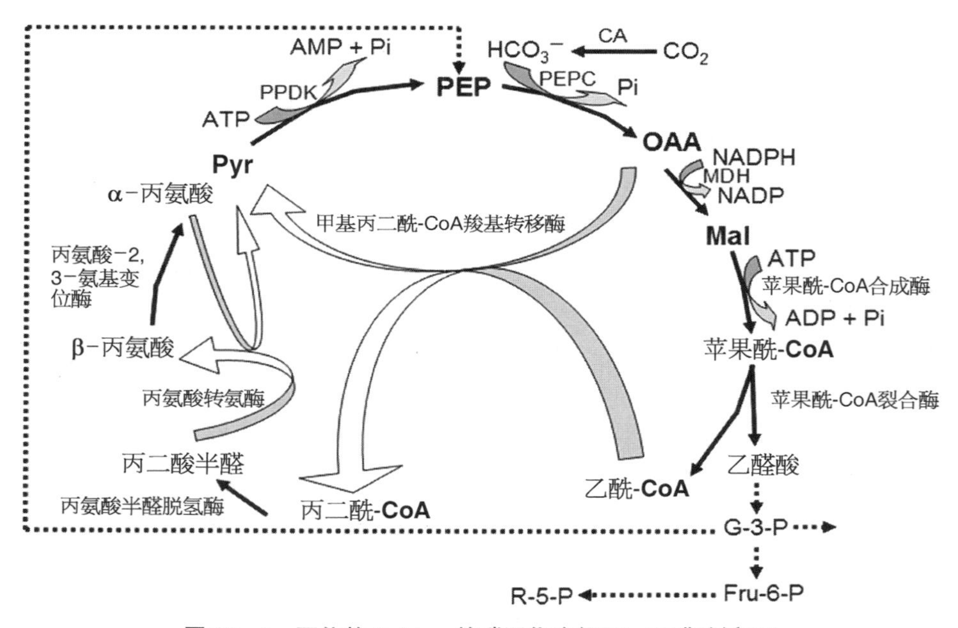

图 20-5　不依赖 Rubisco 的碳同化途径（C_4-乙醛酸循环）

根据 Bar-Even 等（2010）重画。ADP、AMP 和 ATP 分别为腺苷二磷酸、腺苷一磷酸和腺苷三磷酸；CA——碳酸酐酶；Fru-6-P——果糖-6-磷酸；G-3-P——3-磷酸甘油酸；Mal——苹果酸；MDH——苹果酸脱氢酶；NADP、NADPH——氧化型和还原型辅酶 II；OAA——草酰乙酸；PEP——磷酸烯醇式丙酮酸；PEPC——磷酸烯醇式丙酮酸羧化酶；Pi——无机磷；PPDK——丙酮酸：正磷酸双激酶；Pyr——丙酮酸；R-5-P——核酮糖-5-磷酸。

20.8　人工 CO_2 还原

在地球上的燃烧和生物呼吸过程中，有机分子很容易形成 CO_2。CO_2 在动力学和热力学上都是稳定的分子，其还原颇为困难，但却是很有吸引力的事情，因为通过 CO_2 还原生产还原的碳化合物，可以捕捉、贮存大气中的 CO_2，并用于制造燃料。因此，CO_2 还原是人工光合作用的一个重要组成部分。

20.8.1　CO_2 的电化学还原

CO_2 的电化学还原不仅需要太多的电能，在能量上不合算，而且其产物往往是混合物。表面吸附含钨的甲酸脱氢酶的电极解决了这个难题。这种电极在很低的电压和温和的条件下便可以有效地催化 CO_2 还原成甲酸的反应，并且甲酸（CO_2 转化为甲醇、甲烷的中间产物）是唯一的产物。该酶的催化速率比催化同一反应的任何其他催化剂高 2 个数量级。这个发现也许会为缓解大气 CO_2 浓度的持续增高、减轻日益紧迫的能源短缺压力做出重要贡献。另外，近年研制出来的一个依赖离子液态电解质的电催化系统在 1.5 V 电压下可以将 CO_2 还原为 CO，而且能够连续 7 h 产生 CO，其法拉第效率（即感应电流的效率）超过 96%。这项研究的目的就是研制一种辅催化剂，用于降低形成 CO_2 还原中间产物 CO_2^- 所需要的自由能。

20.8.2　CO_2 的光还原

CO_2 的光还原是一个将太阳能转变为有机物中化学能的过程。这是一个越来越重要的研究领域，因为它可以缓和全球变暖和弥补化石燃料的短缺。有学者探讨利用光能推动水还原 CO_2 形成甲烷和氢。在这个实验中，将吸收了少量水的二氧化钛（TiO_2）小球作为催化剂放入石英反应器，充入高纯 CO_2 后用紫外辐射（UV－C）连续照射，便有氢气和甲烷产生。南京大学学者通过两步反应模板路线合成了 $ZnAl_2O_4$ 修饰的多孔的光催化剂 ZnGaNO。这种催化剂在可见光下具有转化 CO_2 为甲烷（CH_4）的高光催化活性，其 CH_4 产生速率几乎是此前同类催化剂的 3 倍。这种高效性可能是由于它的多孔结构改善了对气体的物理吸附、$ZnAl_2O_4$ 修饰引起对 CO_2 的化学吸着和高锌含量扩展了光吸收的波长范围。

在合成可更新燃料的过程中，光能推动由 CO_2 和水产生 CO 和 H_2 是一个重要方法。一个新进展是实现了 H_2 与 CO 比例的调节。日本学者通过用钌复合物多聚体对光阴极 CZTS（Cu_2ZnSnS_4）的修饰实现了对 CO_2 光电化学还原产物的高度选择性，甲酸形成效率达到 80%。特别重要的是，CZTS 是由地球上丰富的铜、锌、锡和硫 4 种元素组成的半导体，是良好的光吸收候选者，因为它对太阳光的光谱吸收带缺口比较狭窄。美国学者把一种释放 CO 的电子催化剂与一种释放 H_2 的光电极表面结合，获得了这个比例的可调节性，H_2/CO 比例从 0 提高到 2∶1。研究表明，四苯基铁卟啉（其中铁卟啉是捕光者和催化剂）被证明是最有效的 CO_2 向 CO 转化的催化剂（Costentin et al.，2014）。这些有效的分子催化剂与基于地球上丰富元素（Cu、Co、Ni、Mn、Mo 和 Fe 等）的半导体材料相结合，是获得新的在水溶液中运转的光催化系统的一条很有希望的途径(Bonin et al.，2017)。

日本学者通过半导体/金属复合物杂合的光阴极(In/[RuCP])与还原的 $SrTiO_3$ 光阳极(r-STO)结合，成功地利用太阳能由 CO_2 和水生产甲酸，使太阳能转化效率提高到0.14%，而先前使用 TiO_2 光阳极的系统转化效率仅仅为0.03%。这种创新系统是一种单室的反应器，既不需要连接两极的导线和外部电偏压，也不需要分隔两室的质子交换膜(图20-6)。

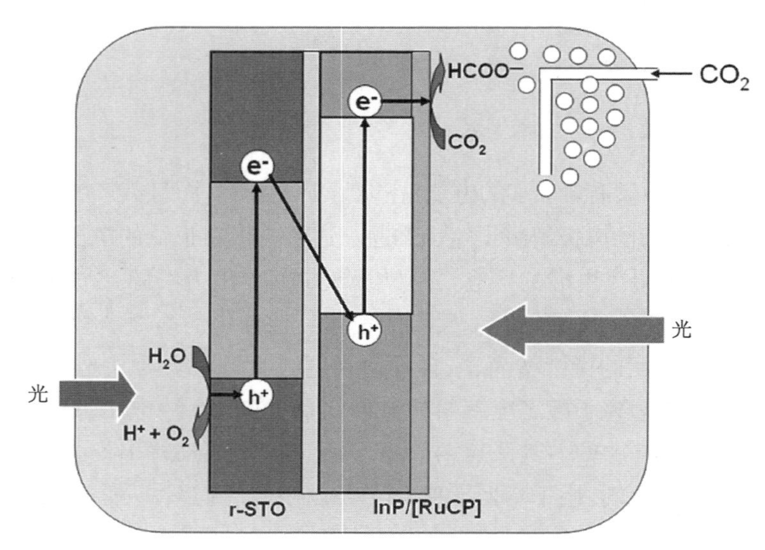

图 20-6 用于 CO_2 还原的单室反应器

根据 Arai 等(2013)绘制。

上面介绍的 CO_2 光还原产物大多是只含有1个碳原子的化合物(一氧化碳、甲酸、甲醇和甲烷)。同这些一碳产物的研究相比，人们对用半导体光催化剂催化 CO_2 还原形成含2个以上碳原子的燃料如乙醇、乙烯和草酸等的研究还较少注意。这方面还有不少技术障碍需要克服，量子效率和产物选择性等需要改善。

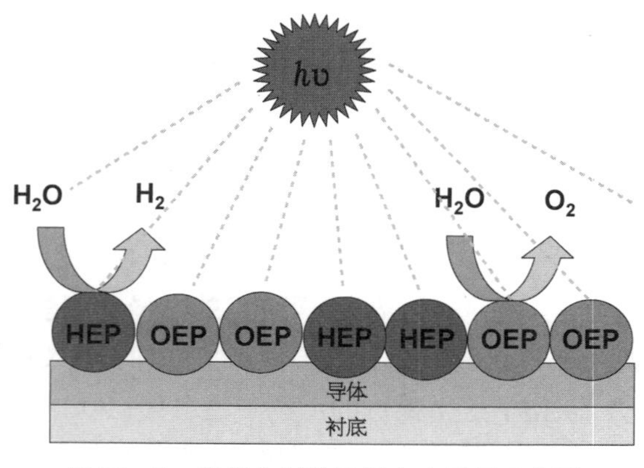

图 20-7 光催化剂粒子板上水裂解示意图

根据 Hisatomi 和 Domen(2017)绘制。HEP——放氢光催化剂；OEP——放氧光催化剂。

Wang 等(2014b)在一篇综述文章中介绍了 CO_2 光还原机制、限制步骤和加强光还原的可能策略，并且比较了生物(植物和藻类)、无机半导体、有机复合物和杂合物(酶与半导体)等不同的催化系统。Green 等(2015)列表比较了几十种不同种类太阳能电池的效率，可供有关研究参考。Hisatomi 和 Domen(2017)介绍了用于水裂解或 CO_2 还原的以PV(photovoltage)为动力的电化学方法和无PV动力的光电化学方法，提出光催化固定粒子板新技术(图20-7)。Marken 和 Fermin(2018)编辑的论文集对 CO_2 电化学还原（包括纯 CO_2 还原的电催化、光电催化和同质到异质催化系统的转换以及原位光谱学、计算理论）特别是生物的和源自生物灵感的 CO_2 光电化学还原过程，提供了广泛的最新的展望。

20.8.3　CO_2 的酶还原——人工淀粉合成

最近，中国科学院天津工业生物技术研究所和大连化学物理研究所的学者通过计算途径设计、分子装配与替换和 3 个瓶颈酶的蛋白质工程优化而研制成功人工淀粉合成途径（由 11 个酶促反应组成），在一个无细胞的酶系统中，利用氢气和腺苷三磷酸（ATP）将 CO_2 还原合成了淀粉（Cai et al., 2021），为模拟光合作用全过程的人工光合作用联合厂中碳同化厂提供了大有希望的方案。

20.9　人工叶与人工叶绿体

20.9.1　人工叶

人工叶是一类具有叶片光合作用功能的人造装置，实际上是用无机材料和（或）有机的生物材料构建的光电化学电池（图 20－8）。

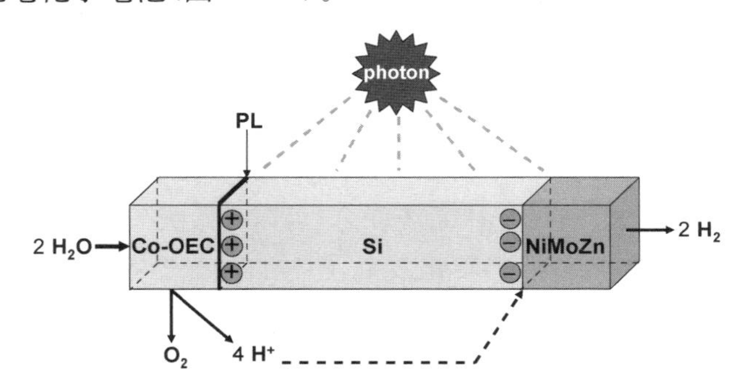

图 20－8　人工叶——单接点光电化学电池

参考 Nocera（2012）绘制。Si——硅结或接点（junction），代替光合膜捕获光能并将其转换为无线电流；Co－OEC——含钴的放氧复合体；放氧反应催化剂 Co－OEC 和放氢反应催化剂 NiMoZn 合金（替代铂金）分别替代光合膜上的放氧复合体和铁氧还蛋白：$NADP^+$ 氧化还原酶，完成水裂解放氧和放氢；PL——保护层；photon——光子。

自然叶是具有根、茎、叶、花和果实多种器官的高等植物统一体的一部分，专门进行光合作用的器官。它具有复杂而精密的结构，包括叶组织、叶细胞、叶绿体、类囊体、光合膜、光系统、捕光天线复合体和反应中心复合体等多个层次不同的结构，由叶绿素、蛋白质和核酸等多种有机物大分子组成。它的基本功能是捕获、转化太阳光能为化学能，裂解水，形成同化力（ATP 和 NADPH），用于固定、还原空气中的 CO_2 成为碳水化合物，同时释放 O_2。

人工叶则由多种无机物组成，结构比自然叶简单得多。在人工叶中，硅结或接点（Si）代替自然叶的光合膜，行使捕光和将光能转化为无线的电流；光合膜上的放氧复合体（OEC）和铁氧还蛋白：$NADP^+$ 氧化还原酶分别被含钴（Co）的立方烷簇（Co－OEC，光电化学电池的放氧阳极，自然叶光系统 II 放氧复合体的结构类似物，是一个首尾相连的立方烷二聚体，其中有 5 个碳原子被钴原子所替代，在水裂解过程中钴原子的氧化态变化类似于自然光合作用中锰原子的氧化态变化，即 $S_0 \sim S_4$ 的 S 态变化）和 NiMoZn 三元合金（光电化学电池的放氢阴极，以这些地球上丰富的元素代替价格昂贵的铂金 Pt）及放氧反应（OER）催化剂（位于阳极表面）与放氢反应（HER）催化剂（位于阴极表面）所取代，行使水裂解功能。

在一个人工叶中，2 种催化剂被安置在一个 Si 结的两侧：光系统 II 的放氧复合体被钴复合物所替代，而光系统 I 的铁氧还蛋白电子受体则被 NiMoZn 复合物所替代。当装置吸收光子后产生电子和空穴，一侧放 O_2 和 $4H^+$，而 $4H^+$ 则被运输到另一侧被还原成 $2H_2$ 释放。后来研发的人工光合作用系统使用 2 或 3 接点装置模拟自然光合作用中的 2 个光系统。在这个装置中，一个光推动的步骤氧化水，并且为第二个光推动的步骤提供电子，还原 H^+ 成为 H_2。使用具有 3 个接点无定形或非结晶硅（3jn－a－Si）的人工叶，其观察到的总太阳能-燃料转化效率可以高达 4.7%。如果进一步改善设计，效率可以提高到 10%以上。将来，人工叶可以为人类社会提供生产可持续能源的最直接途径。

人工叶与自然叶的共同点：都能够在普通条件即常温、常压下利用光能裂解水；人工叶的 Co－OEC 与自然叶的 PSII－OEC 都具有独特的自修复能力（在后者的修复中，新合成的 D1 蛋白的插入伴随 OEC 的重新装配）。两者的不同点：前者主要由无机物构成，结构简单；而后者则由有机物构成，结构复杂；前者可以放氢，能量储存于氢气中；后者不能放氢，能量储存于碳水化合物中。

使用合成生物学，一种生物工程细菌可以把 CO_2 和来自人工叶的 H_2 转化为生物质和乙醇燃料。这种杂合的微生物和人工叶系统可以净化大约 23×10^4 L 空气中的 180 g CO_2/kW·h。将这种杂合装置与现有的光伏系统联合，可以导致无先例的 10.7%的太阳能-生物质转化效率，6.2%的太阳能-液体燃料转化效率，超过自然光合系统的效率（Nocera，2016）。

当然，有多种不同的人工叶，它们不都是完全由无机材料构建的。例如，为了用 CO_2、水和可见光生产甲醇，日本学者通过将叶绿素衍生物（光敏化剂）和甲酸脱氢酶（催化剂）（它们都是有机的生物材料）以及有关的电子传递组分固定在硅胶薄板上研制成人工叶装置 Chl－V－FDH。这里，Chl 为叶绿素衍生物，光敏化剂；V 为具有长烃链的紫精，电子载体；FDH 为甲酸脱氢酶。当含有饱和 CO_2 和还原剂 NADPH（电子供体）的溶液流过可见光照射下的这种人工叶时，溶液中的甲酸浓度随着照光时间延长而增高。然后，分别在醛脱氢酶和醇脱氢酶的催化下，甲酸先后形成甲醛和甲醇。

20.9.2 人工叶绿体

自然叶绿体的基本功能就是将光能转化为化学能，用于推动 CO_2 固定；人工叶绿体（synthetic chloroplast；Miller et al.，2020）则是具有光能吸收、转化和 CO_2 固定功能的叶绿体仿制物（chloroplast mimic）。

这种叶绿体仿制物实际上是一个个具有单层脂分子膜的微小水滴（直径 92 μm，体积 300 pL，即 10^{-12} L），水滴内含有以类囊体膜为基础的能量转化模块（thylakoid membrane-based energy module，TEM）和催化巴豆酰辅酶 A/乙烷基丙二酰辅酶 A/羟基丁酸酰基辅酶 A 循环

(CETCH)系列反应的巴豆酰辅酶 A 还原酶(催化巴豆酰辅酶 A 的羧化与还原)等 10 多种酶。

这个叶绿体仿制物在光下形成还原力(ATP+NADPH),用于推动 CETCH 循环,固定 CO_2,并且经过多个酶促反应形成乙醛酸,乙醛酸离开循环后被还原成乙醇酸。这样每同化 1 分子 CO_2 成乙醇酸需要消耗 2 分子 ATP 和 4 分子 NADPH。这是一个将天然的光合机构组分与合成生物学的碳同化途径相整合的人工光合作用系统。

20.10　模拟全过程

模拟光合作用的全过程是利用太阳光能将 CO_2 和水合成碳水化合物,主要设想是构建人工光合作用联合厂(图 20-9)。

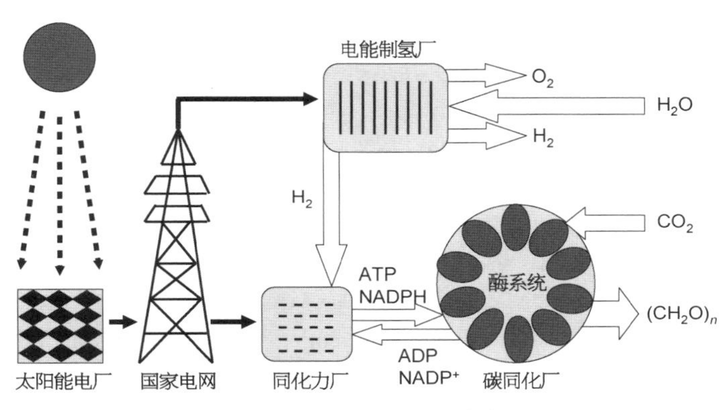

图 20-9　人工光合作用联合工厂

整合的人工光合作用模型(Pace, 2005)包括 4 个部分:利用太阳光能发电的发电厂、利用海水电解产氢的制氢厂、利用生物能量转换器(将电能转化为化学能)制造 NADPH 和 ATP 的同化力制造厂(图 20-10)和利用碳固定酶反应器同化 CO_2 的碳水化合物制造厂。

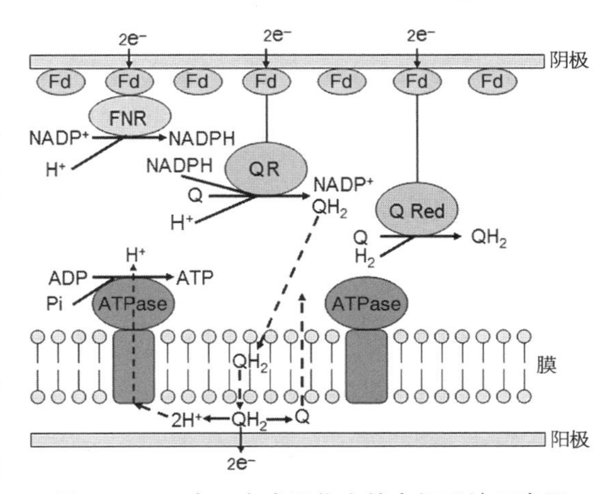

图 20-10　人工合成同化力的电极系统示意图

参考 Pace(2005)绘制。Fd——铁氧还蛋白;FNR——铁氧还蛋白:$NADP^+$ 氧化还原酶;Q——醌;QR——醌还原酶;ATPase——ATP 合酶。还原型醌(QH_2)在阳极上氧化,释放氢离子(H^+)。该系统需要不断注入氢气,并且在完全无氧条件下运转。连续输入的是 ADP、Pi、$NADP^+$ 和 H_2,输出的是 ATP 和 NADPH。

上述人工光合作用联合厂模型的一个独特之处,是 4 个工厂通过国家电网连接起来。发电厂发出的电被输入国家电网,然后电能被输入制氢厂、同化力制造厂和碳水化合物制造厂。不过,用电解水制氢,在能量的使用上也许不如光电化学方法合算。这种人工光合作用联合厂如今还只是一个美妙的设想,要到达可以实际应用的理想境界还有很长的路要走。

人工光合作用的迷人魅力激发了物理学、化学、电子学、材料学、生物学和环境学及工程学等众多学科科学家的浓厚兴趣。近十年来，人工光合作用研究的迅猛发展已经获得不少令人兴奋的成果。不断提高人工光合机构的光能转化效率、引入自我修复机制以延长运转寿命、用地球上丰富而廉价的材料代替稀缺而贵重的材料以降低成本、扩大试验及应用规模以商品化等，依然是人工光合作用研究领域面临的主要挑战。

科学技术进步所创造的种种人间奇迹让人深信，在现代化的工厂里不受周围环境条件制约地生产粮食、用取之不尽的太阳能和海水大规模地生产氢气以便代替化石燃料等人工光合作用的梦想，一定会有美梦成真的一天。

参考文献

Arai T, Sato S, Kajino T, et al., 2013. Solar CO_2 reduction using H_2O by a semiconductor/metal-complex hybrid photocatalyst: enhanced efficiency and demonstration of a wireless system using $SrTiO_3$ photoanides. Energy Environ Sci, 6: 1274 - 1282.

Artero V, Chandezon F, Co DT, et al., 2016. European and international initiatives in the field of artificial photosynthesis//Bruno R (ed). Artificial Photosynthesis (Advances in Botanical Research, Vol 79). Amsterdam: Academic Press (Elsevier): 270 - 303.

Bonin J, Maurin A, Robert M, 2017. Molecular catalysis of the electrochemical and photochemical reduction of CO_2 with Fe and Co metal based complexes: recent advances. Coordin Chem Rev, 334: 184 - 198.

Cai T, Sun H, Qiao J, et al., 2021. Cell-free chemoenzymatic starch synthesis from carbon dioxide. Science, 373: 1523 - 1527.

Costentin C, Passard G, Robert M, et al., 2014. Ultraefficient homogeneous catalyst for the CO_2 - to - CO electrochemical conversion. Proc Natl Acad Sci USA, 111: 14990 - 14994.

Deng J, Ren P, Deng D, et al., 2014. Highly active and durable non-precious-metal catalyst encapsulated in carbon nanotubes for hydrogen evolution reaction. Energy Environ Sci, 7: 1919 - 1923.

Ding Q, Zhai JY, Cabán-Acevedo M, et al., 2015. Designing efficient solar-driven hydrogen evolution photocathodes using semitransparent MoQ_xCl_y (Q=S, Se) catalysts on Si micropyramids. Adv Mater, 27: 6511 - 6518.

Green MA, Emery K, Hishikawa Y, et al., 2015. Solar cell efficiency tables (version 46). Prog Photovolt Res Appl, 23: 805 - 812.

Han Z, Eisenberg R, 2014. Fuel from water: the photochemical generation of hydrogen from water. Acc Chem Res, 47: 2537 - 2544.

Hisatomi T, Domen K, 2017. Introductory lecture: sunlight-driven watersplitting and carbon dioxide reduction by heterogeneous semiconductor systems as key processes in artificial photosynthesis. Faraday Discuss, 198: 11 - 35.

Hu S, Shaner MR, Beardslee JA, et al., 2014. Amorphous TiO_2 coatings stabilize Si, GaAs, and GaP photoanodes for efficient water oxidation. Science, 344: 1005 - 1009.

Kibsgaard J, Jaramillo TF, Besenbacher F, 2014. Building an appropriate active-site motif into a hydrogen-evolution catalyst with thiomolybdate $[Mo_3S_{13}]^{2-}$ clusters. Nat Chem, 6: 248 - 253.

Lewis NS, 2016. Developing a scalable artificial photosynthesis technology through nanomaterials by design.

Nat Nanotechnol，DOI：10.1038/NNANO.2016.194.

Marken F，Fermin D，2018. Electrochemical reduction of carbon dioxide：overcoming the limitations of photosynthesis. UK：Royal Society of Chemistry.

McCrory CM，Jung S，Ferrer IM，et al.，2015. Benchmarking hydrogen evolving reaction and oxygen evolving reaction electrocatalysts for solar water splitting devices. J Am Chem Soc，137：4347－4357.

Miller TE，Beneyton T，Schwander T，et al.，2020. Light powered CO_2 fixation in a chloroplast mimic with natural and synthetic parts. Science，368：649－654.

Nocera DC，2016. A complete artificial photosynthesis//Photosynthesis in a Changing World：Abstract Book of the 17th international Congress on Photosynthesis Research，held during August 7－12，2016 in Maastricht，the Netherlands，4.

Pace RJ，2005. An integrated artificial photosynthesis model//Collings AF，Critchley C（eds）. Artificial Photosynthesis：From Basic Biology to Industrial Application. Weinheim：Wiley－VCH Verlag Gmbh & Co. KgaA：13－34.

Rögner M，2015. Biohydrogen. Dordrecht：Springer.

Shaner MR，Hu S，Sun K，et al.，2015. Stabilization of Si microwire arrays for solar-driven H_2O oxidation to O_2(g) in 1.0 M KOH（aq）using conformal coatings of amorphous TiO_2. Energy Environ Sci，8：203－207.

Sun K，Saadi FH，Lichterman MF，et al.，2015. Stable solar-driven oxidation of water by semiconducting photoanodes protected by transparent catalytic nickel oxide films. Proc Natl Acad Sci USA，112：3612－3617.

Swierk JR，Méndez-Hernández DD，McCool NS，et al.，2015. Metal-free organic sensitizers for use in water-splitting dye-sensitized photoelectrochemical cells. Proc Natl Acad Sci USA，112：1681－1686.

Tavakkoli M，Kallio T，Reynaud O，et al.，2015. Single-shel carbon-encapsulated iron nanoparticles：synthesis and high electrocatalytic activity for hydrogen evolution reaction. Angew Chem Int Ed，54：4535－4538.

Vesborg PCK，Seger B，Chorkendorff I，2015. Recent development in hydrogen evolution reaction catalysts and their practical implementation. J Phys Chem Lett，6：951－957.

Wang W，Chen J，Li C，et al.，2014a. Achieving solar overall water splitting with hybrid photosystems of photosystem II and artificial photocatalysts. Nat Commun，5：4647.

Wang WN，Soulis J，Yang YJ，et al.，2014b. Comparison of CO_2 photoreduction systems：a review. Aerosol Air Qual Res，14：533－549.

Zannoni D，Philippis RD，2014. Microbial bioenergy：hydrogen production. Dordrecht：Springer.

Zeng M，Li YG，2015. Recent advances in heterogeneous electrocatalysts for the hydrogen evolution reaction. J Mater Chem A，3：14942－14962.

Zheng Y，Jiao Y，Zhu Y，et al.，2014. Hydrogen evolution by a metal-free electrocatalyst. Nat Commun，5：3783.

名 词 解 释

ABA(abscisic acid)：脱落酸，一种植物激素，具有多种生理功能，参与信号转导，可以引起气孔关闭。

$A-C_i$ 曲线($A-C_i$ curve)：叶片净光合速率对胞间 CO_2 浓度响应曲线。由低 CO_2 浓度下的直线段(与横轴的交点为 CO_2 补偿浓度，延长段与纵轴交点为光呼吸速率，其斜率为羧化效率)、中 CO_2 浓度下的曲线段和高 CO_2 浓度下大体上与横轴平行的直线段3部分组成。

ADP-葡萄糖合酶(ADP-glucose synthase)：催化葡萄糖-1-磷酸和ATP转化为ADP-葡萄糖和焦磷酸。ADP-葡萄糖焦磷酸化酶也具有此功能。

ADP-葡萄糖焦磷酸化酶(ADP-glucose pyrophosphorylase)：淀粉合成中的一个关键调节酶，受3-磷酸甘油酸(3-PGA，活化剂)和无机磷(Pi，抑制剂)的变构(或别构)调节。叶绿体内的3-PGA/Pi比例通过该酶调节淀粉合成。

ATP(adenosine triphosphate)：腺苷三磷酸，高能化合物，在很多生物化学反应中发挥作用。它可以水解成为腺苷二磷酸或腺苷一磷酸，释放出大量自由能，用于多种代谢反应。

ATP 合酶(ATP synthase)：存在于从细菌到植物、动物乃至人类几乎所有类型的生物体中。贮能型ATP合酶存在于细菌的细胞质膜、植物的叶绿体与线粒体和动物的线粒体，参与光合磷酸化和氧化磷酸化。这些ATP合酶都由膜外的 F_1 和膜上的 F_O 两部分组成。

ATP 酶(adenosine triphosphatase, ATPase)：腺苷三磷酸酶，通过催化ATP水解物质的跨膜运输(主动运输)提供能量。例如质膜、液泡膜上的 H^+-ATP酶、Ca^{2+}-ATP酶，能够逆着跨膜电化学势梯度运输这些离子。

A_0：光系统I(PSI)的原初电子受体，是一对叶绿素 a 分子。当光系统I反应中心的叶绿素 a 分子P700(光吸收峰值在700 nm处)受光激发发生电荷分离时，P700失去电子被氧化，A_0 得到电子被还原。

CA(carbonic anhydrase)：碳酸酐酶，催化四碳双羧酸循环的第一步反应：$CO_2+H_2O \rightarrow HCO_3^-$，为磷酸烯醇式丙酮酸羧化酶提供羧化底物。

CAM(crassulacean acid metabolism)：景天酸代谢，是植物3个碳同化途径之一。进行这种代谢的植物仙人掌、马齿苋和菠萝等与 C_4 植物相类似，也是在 C_3 循环的基础上多了一个 C_4 循环。但是，它们没有 C_4 植物那样的解剖结构，光合效率并不比 C_3 植物高。

CE(carboxylation efficiency)：羧化效率，光合速率-胞间 CO_2 浓度曲线($A-C_i$ 曲线)中低 C_i 下直线段的斜率。

Chl_{D1}(pheophytin, Phe)：脱镁叶绿素分子，光系统II(PSII)的原初电子受体。在原初反应中，光系统II反应中心的叶绿素 a 分子(P680)失去电子被氧化，Chl_{D1} 得到电子被还原。然后 Chl_{D1} 将电子传递给醌受体 Q_A，开始光合电子传递，经过光系统I，到达 $NADP^+$，形成NADPH。

Clark 电极(Clark electrode)：光合作用研究中经常使用的一种氧电极。两极被薄膜覆盖，被测定样品和反应介质不直接与电极接触。在光合作用生理生态研究中使用的叶圆片氧电极测定系统的核心部件就是这种电极。

CO_2(carbon dioxide)：光合作用的底物，也是导致温室效应的空气污染物，来自包括人类在内的各种生物体的呼吸作用和人类生产、生活中的燃烧过程。

CO_2 补偿点或浓度(carbon dioxide compensation point or concentration)：净光合速率为零时叶肉细

胞间的CO_2浓度或分压(Γ)。C_3植物的CO_2补偿浓度远高于C_4植物，因此它是区分两类植物的一个重要光合参数。后者的该值(低于 10 μmol·mol^{-1})远低于前者(大于 20 μmol·mol^{-1})。

CO_2猝发(CO_2 outburst)：正在进行光合作用的叶片停止照光后，叶片呈现的一个CO_2快速释放过程。这是由于照光时叶片内形成的核酮糖-1，5-二磷酸(RuBP)在断光后尚未用完而在黑暗中继续加氧形成光呼吸底物磷酸乙醇酸并被代谢释放CO_2的缘故。

CO_2固定(CO_2 fixation)：狭义指 Rubisco 催化的 RuBP 羧化反应和磷酸烯醇式丙酮酸羧化酶(PEPC)催化的磷酸烯醇式丙酮酸与HCO_3^-形成草酰乙酸的反应；广义指光合碳同化的系列反应。

CO_2光电化学还原(photoelectrochemistry reduction of carbon dioxide)：将太阳能转变为有机物中化学能的过程。它可以利用空气中的CO_2制造氢气、甲烷、甲酸和甲醇等燃料，缓和全球变暖、弥补化石燃料的短缺，是人工光合作用中一个越来越重要的研究领域。

CO_2还原(CO_2 reduction)：在自然光合作用中，Rubisco 催化的 RuBP 羧化反应产物磷酸甘油酸(PGA)首先在 3-磷酸甘油酸激酶的催化下，被 ATP 磷酸化成 1,3-二磷酸甘油酸，然后 1,3-二磷酸甘油酸在 3-磷酸甘油醛脱氢酶催化下，被 NADPH 还原成 3-磷酸甘油醛，即磷酸丙糖。

CO_2浓缩机制(CO_2-concentrating mechanisms, CCM)：包括C_4双羧酸机制、羧酶体机制和空间酸化机制等，是光合生物在大气低CO_2浓度和高O_2浓度下长期适应演化的结果。多种蓝细菌、藻类和C_4植物及 CAM 植物具有 CCM。它可以提高 Rubisco 附近的CO_2浓度，抑制光呼吸，提高光合作用效率。

CO_2施肥或浓度增高(CO_2 enrichment)：通过提高空气中CO_2浓度提高C_3植物光合速率、增加C_3作物产量的一项短期有效的农业措施。由于光合适应现象的发生，高CO_2浓度对光合作用的促进作用逐步减小，长期使用此法在经济上未必合算。

CO_2响应曲线(CO_2 response curve)：光合速率随着CO_2浓度变化的曲线。制作这条曲线时，必须在没有环境胁迫因素存在和饱和光下测定光合速率，这样CO_2饱和的光合速率才是光合能力的指标；曲线的横轴必须是胞间CO_2浓度，以便避免气孔导度对观测结果的影响。

C_2光合作用(C_2 photosynthesis)：即光呼吸CO_2浓缩作用(photorespiratory CO_2 concentrating role)。

C_3植物(C_3 plants)：光合作用的羧化产物是含有 3 个碳原子的磷酸甘油酸，所以称为C_3途径，或C_3循环，或光合碳还原循环、卡尔文-本森循环。靠这个途径同化CO_2的植物称为C_3植物，例如水稻、小麦、大豆和棉花等。

C_4光合作用(C_4 photosynthesis)：光合作用碳固定的第一个产物是含有 4 个碳原子的双羧酸。C_4光合作用也称C_4途径或C_4循环、四碳双羧酸循环。该途径在光合碳还原循环的基础上增加了一个具有CO_2浓缩作用的C_4循环。由于光呼吸被抑制而具有较高的光合作用效率。

C_4光合作用的 3 个生物化学亚型(three biochemical sub-types of C_4 photosynthesis)：依赖 NADP 的苹果酸酶型(NADP-ME，如玉米、高粱和甘蔗)、依赖 NAD 的苹果酸酶型(NAD-ME，如绿苋、马齿苋和狗尾草)和 PEP 羧激酶型(PEPCK，如羊草和鼠尾草)。

C_4基因(C_4 gene)：编码C_4途径酶的基因，例如编码磷酸烯醇式丙酮酸羧化酶(PEPC)的基因 *pepc*。

C_4水稻(C_4 rice)：设想通过基因工程创造具有四碳光合作用途径的水稻，制造花环结构，或者制造具有C_4光合特性的单细胞系统。由来自多个国家的 24 个研究组参加的国际C_4水稻合作研究项目于 2008 年开始实施。

C_4型 PEPC(C_4-phosphoenolpyruvate carboxylase)：在被子植物演化期间，非光合型 PEPC 即C_3型 PEPC 酶基本结构的细小变化(如一些关键部位的丙氨酸变成丝氨酸)导致其特性的变化：与 PEP 结合的亲和性降低，而与碳酸氢根的亲和性增高，更耐苹果酸的别构抑制，从而形成C_4型 PEPC。

C_4型 Rubisco(C_4-ribulose-1,5-bisphosphate carboxylase/oxygenase, C_4-Rubisco)：在演化出C_4循环之后，C_4植物的 Rubisco 从动力学参数(K_{cat}和K_c)比较低的C_3型演化为动力学参数比较高的C_4型，这些变化与其大亚单位 309 位和 149 位上 2 个氨基酸残基的替换相联系。

C_4植物(C_4 plants)：四碳双羧酸循环的羧化产物是含有 4 个碳原子的双羧酸草酰乙酸，所以被称为C_4途径或C_4循环。具有这个途径的植物称为

C_4植物，例如甘蔗、玉米和高粱等。

DCMU[3－(3，4－dichlorophenyl)－1，1－dimethylurea，diuron]：二氯苯二甲基脲，非循环电子传递抑制剂，能阻断Q_A向PQ的电子传递，经常用于光合作用研究。

DNA(deoxyribonucleic acid)：脱氧核糖核酸，生物体的遗传物质，遗传信息的载体。

DNA聚合酶(DNA polymerase)：催化由脱氧核糖核苷三磷酸合成DNA的一类酶，以单链或双链DNA为模板，也被称为依赖DNA的DNA聚合酶。

DTT(dithiothreitol)：二硫苏糖醇，一种还原剂，可以用于一些酶例如果糖二磷酸酯酶(FBPase)的活化，涉及二硫桥的还原和构象变化。

D1蛋白(D1 protein)：光系统Ⅱ的核心亚单位，结合光合电子传递的关键组分原初电子供体P680(反应中心叶绿素*a*分子，光吸收峰值在680 nm)、原初电子受体去镁叶绿素(Phe)和电子受体质体醌(Q_B)，而它的酪氨酸残基(Y_Z)则是次级电子供体。

FACE(free air CO_2 enrichment)：开放式空气CO_2浓度增高，研究植物对长期空气CO_2浓度增高的响应与适应的一种方法，明显好于密闭式或半密闭式空气CO_2浓度增高的研究方法，可以避免密闭小室或开顶小室改变实验植物周围光照、温度和湿度等的副效应。

FAD(flavin adenine dinucleotide)：黄素腺嘌呤二核苷酸的缩写。

FBPase(fructose－1，6－bisphosphatase)：果糖-1，6-二磷酸(酯)酶，催化果糖-1，6-二磷酸水解形成6-磷酸果糖，是光合碳还原循环中RuBP再生阶段的一个反应。

Fd：$NADP^+$氧化还原酶(ferredoxin：$NADP^+$ oxidoreductase，FNR)：催化还原型铁氧还蛋白将$NADP^+$还原为NADPH。它将Fd的单电子反应与NADP的双电子反应匹配起来。

FMN(flavine mononucleotide)：黄素单核苷酸，核黄素的一种辅酶形式，在由黄素蛋白催化的脱氢反应中发挥作用，是向光蛋白中的生色团，蓝光传感器。

FSBA(5′-*p*-fluorosulfonylbenzoyl adenosine)：一种非专一的蛋白激酶抑制剂。

G蛋白(G protein)：一个能够与鸟嘌呤核苷酸可逆结合的蛋白质家族，有大小和作用机制不同的3种G蛋白，都有与GDP结合的无活性态和与GTP结合的活性态。活性态具有水解GTP的能力，也称GTP酶。它是高度保守的信号转导分子，起分子开关的作用。

IRGA(infrared radiation gas analyzer)：见“红外气体分析仪”。

Kautsky效应(Kautsky effect)：在暗适应的叶片转入光下后，叶片荧光强度随着时间的推移发生规律性变化。因被德国学者Hans Kautsky及其同事首先(1931年)观察到而得名。荧光诱导动力学曲线上特征性的点分别被命名为O、I、D、P、S、M和T。

LAI(leaf area index，projected leaf area per unit area of ground surface)：叶面积指数，即单位土地表面积上伸出的叶片总面积(平方米)与土地面积(平方米)之比。在作物生长初期，因为叶片数少，叶面积小，LAI小于1；而在作物旺盛生长的时期，LAI大于1，甚至达到8或9。

LHC Ⅰ(light-harvesting complex of photosystem Ⅰ)：植物光系统Ⅰ的外周捕光天线。LHCI由4个核基因编码的多肽(Lhca1～Lhca4)组成，行使吸收、传递光能及应对光强变化的功能。强光下，Lhca2－Lhca3异二聚体变成Lhca3－Lhca3双体，降低能量向反应中心传递的效率，并且Lhca3处的能量被类胡萝卜素耗散。

LHC Ⅱ(light-harvesting complex of photosystem Ⅱ)：光系统Ⅱ的外周天线复合体，包括主要的LHCII三聚体(Lhcb1～Lhcb3)和次要的LHCII单体CP29、CP26和CP24(Lhcb4、Lhcb5和Lhcb6)。它们为反应中心吸收、传递光能，以多种方式参与捕光调节，其天线蛋白都由核基因组编码。

LHC Ⅱ蛋白丰度变化(change in protein abundance of LHCII)：植物在强光下生长时，光系统Ⅱ核心复合体的双体通常只紧密结合2个LHCII三聚体(C_2S_2)，而在中等或弱光下生长时，另外结合2个中等强度结合的LHCII三聚体($C_2S_2M_2$)。这种变化在光强变化几小时或几天后发生，是对光强变化的慢适应。

LHC Ⅱ可逆脱离(LHCII reversible dissociation)：强光下部分LHCII可逆脱离光系统Ⅱ核心复合体。不同于状态转换，可逆脱离的LHCII不与光系统Ⅰ结合，它吸收的光能既不能用于光系统Ⅱ的光化学反应，也不能用于光系统Ⅰ的光化学反应，而是变成热耗散掉。

LHCSR(light-harvesting complex stress-related)：与胁迫有关的捕光复合体。在强光下绿藻积累的LHCSR蛋白与光系统II-LHCII形成超复合体，完成过量光能的耗散。LHCSR类似陆生植物的PsbS蛋白，是ΔpH的传感器或qE的调节者，但又与后者不同，还是能量耗散部位。

Mg-原卟啉IX(Mg-protoporphyrin IX)：一种信号分子，在绿藻和高等植物叶绿体与细胞核之间的通讯中发挥作用。它是叶绿体和细胞核光合基因表达的负调节者。它的积累抑制*LHCB*基因(编码LHCII蛋白)的表达。

miRNA(microRNA)：微RNA，一类重要的信号分子。其中的miR399是植物体内的一个全身信号，从地上部来到根系，活化根系的磷吸收和运输。植物响应外界环境变化的一个机制，就是通过miRNA对基因表达进行转录后调节。

mRNA(messenger RNA)：信使核糖核酸，核糖核酸的一种，是蛋白质合成的模板。mRNA水平的变化可能是由于转录速率或转录物稳定性的改变。

NAD^+ 和 NADH(oxidized and reduced nicotinamide adenine dinucleotide)：氧化型和还原型烟酰胺腺嘌呤二核苷酸，二磷酸吡啶核苷酸，辅酶I。旧称DPN^+和DPNH。

NAD-苹果酸酶(NAD-dependent malate enzyme, NAD-ME)：位于C_4植物NAD-ME亚型和PEP-CK亚型维管束鞘细胞的叶绿体内，催化苹果酸脱羧反应。受生理浓度的ATP、ADP和AMP抑制，Mn^{2+}和活化剂苹果酸亚饱和浓度下ATP的抑制作用最强。该酶还受NADH抑制，受NADPH/NADP比率调节。

$NADP^+$ 和 NADPH(oxidized and reduced nicotinamide adenine dinucleotide phosphate)：氧化型和还原型烟酰胺腺嘌呤二核苷酸磷酸，三磷酸吡啶核苷酸，辅酶II。旧称TPN^+和TPNH。

NADP-苹果酸酶(NADP-dependent malate enzyme, NADP-ME)：参与C_4光合作用的一种脱羧酶，催化苹果酸和$NADP^+$作用生成丙酮酸和NADPH，放出CO_2。

NADP-苹果酸脱氢酶(NADP-dependent malate dehydrogenase, MDH)：参与C_4光合作用的一种酶，催化草酰乙酸与NADPH作用生成苹果酸。

NDH[NAD(P)H dehydrogenase complex]：NAD(P)H脱氢酶复合体，含多个亚基，由膜内疏水的和膜外亲水的2个亚复合体组成，介导围绕光系统I的2条循环电子传递途径中的一条途径。这条途径是蓝细菌循环电子传递的主要途径，却是高等植物循环电子传递的次要途径。

NO(nitric oxide)：一氧化氮，是内源产生的参与细胞通讯和信号转导的自由基，化学性质与活性氧很相似，而且它们常常在时间和空间上一同产生。它将植物激素与植物对逆境的响应联系起来。NO是植物氮同化的产物，主要来源于线粒体。

NPQ(non-photochemical quenching)：见"非光化学猝灭"。

PAGE(polyacrylamide gel electrophoresis)：见"聚丙烯酰胺凝胶电泳"。

PEP(phosphoenolpyruvate)：磷酸烯醇式丙酮酸，C_4光合作用中磷酸烯醇式丙酮酸羧化酶催化的羧化反应的底物。

PGA(phosphoglyceric acid or phosphoglycerate)：见"磷酸甘油酸"。

PGR5(proton gradient regulation 5)：质子梯度调节蛋白。参与围绕光系统I的循环电子传递。

PGRL1(PGR5-like photosynthetic phenotype 1)：PGR5类光合表型1，Fd：PQ还原酶。参与非循环与循环电子传递之间的转换、围绕光系统I的循环电子传递。

PPFD(photosynthetic photon flux density)：见"光合有效的光量子通量密度"。

PsbS(S subunit of photosystem II)：光系统II的一个蛋白亚单位，参与植物光合机构能量耗散的调节。

P680：光系统II反应中心的叶绿素*a*分子，吸收光谱峰值在680 nm。$P680^+$是其受光激发电荷分离失去电子后的氧化型。

P700：光系统I反应中心的叶绿素*a*分子，吸收光谱峰值在700 nm。$P700^+$是其受光激发电荷分离失去电子后的氧化型。

Q_{10}：温度系数，即在特定温度下的反应速度与低10℃时的反应速度之比，一般化学反应的该值为2。

Q循环(Q cycle)：包括2分子质体醌醇(PQH_2)先后被逐步(经过半醌)氧化成质体醌

(PQ)和1分子PQ分子被逐步还原为PQH_2的多个反应。净结果是2个电子经过细胞色素b_6f复合体传递给质体蓝素(PC)和4个质子从叶绿体间质输送到类囊体腔内。

RNA(ribonucleic acid)：核糖核酸，核酸的一类，因分子中含核糖而得名。存在于细胞质、细胞核和线粒体、叶绿体等细胞器中。由许多个核苷酸通过磷酸二酯键连接而成。主要有转移、信使和核糖体3种核糖核酸参与蛋白质生物合成。

RNA干扰技术(RNA interference or RNA interfering technology, RNAi)：用RNA阻断具有同源序列的信使核糖核酸(mRNA)翻译过程的技术，广泛应用于基因的结构与功能研究及基因治疗。双链RNA阻断靶基因表达的效率比用单链反义RNA的阻断效率高一个数量级。

RNA聚合酶(RNA polymerase)：催化DNA转录的酶，以DNA为模板，催化从核苷-5′-三磷酸合成RNA，是依赖DNA的RNA聚合酶；还有依赖RNA的RNA聚合酶。

Rubisco(ribulose-1,5-bisphosphate carboxylase/oxygenase)：见“核酮糖-1,5-二磷酸羧化酶/加氧酶”。

Rubisco活化酶(Rubisco activase, RCA)：核编码的叶绿体蛋白，Rubisco活性的重要调节者。Michael Savucci等于1985年发现。它催化Rubisco释放其结合的天然抑制剂2-羧基阿拉伯糖醇-1-磷酸(CA1P)或1,5-二磷酸木酮糖(CABP)，使其活化。一些保守的精氨酸残基是RCA活性的关键部位。

RuBP加氧作用(RuBP oxygenation)：Rubisco催化的RuBP加氧反应，产生的乙醇酸是光呼吸代谢的底物。

RuBP羧化(RuBP carboxylation)：核酮糖-1,5-二磷酸羧化酶催化的CO_2与RuBP形成磷酸甘油酸的反应，光合碳还原循环的第一步反应，使无机碳变成有机碳，开始植物体内的碳代谢，是维持植物生命活动乃至生物圈运转的关键环节。

RuBP羧化限制(RuBP carboxylation limitation)：因叶片Rubisco含量或活性即活化的Rubisco数量减少而导致的光合速率降低。

RuBP再生(RuBP regeneration)：光合碳还原循环的第三个阶段。在这个阶段中，经过十步反应，由5个3-磷酸甘油醛分子转化再生成3分子羧化反应的底物即CO_2的受体RuBP，以便羧化反应的持续进行。

RuBP再生限制(RuBP regeneration limitation)：因光合电子传递能力不足以致RuBP再生减少而导致的光合速率降低。

SBPase(sedoheptulose-1,7-bisphosphate phosphatase)：见“景天庚酮糖二磷酸酯酶”。

SDS(sodium dodecyl sulfate)：十二烷基硫酸钠，常用于电泳分析过程。它能够断裂分子内和分子间的氢键，而强还原剂二硫苏糖醇则能够断裂其二硫键。它们使蛋白分子解聚成肽链，并与SDS结合成胶束，其电泳迁移率主要取决于蛋白质分子质量大小。

SPS(sucrose phosphate synthase)：见“蔗糖磷酸合酶”。

S-态图解(S-states scheme or S-state cycle)：B. Kok等于1970年提出，用于解释光合放氧的四闪一周期现象。光系统II的水氧化复合体有5种不同状态，反应中心每吸收1个光子，发生一次电荷分离，S态前进一步，吸收4个光子从S_0变化到S_4时放出1分子O_2，回到S_0态。

UDP(uridine diphosphate)：尿苷二磷酸，一种核苷酸，核酸的一种基本结构单位。

UDP-葡萄糖焦磷酸化酶(UDP-glucose pyrophosphorylase)：催化1-磷酸葡萄糖和尿苷三磷酸(UTP)反应生成UDP-葡萄糖和焦磷酸，细胞质内蔗糖合成过程中的一步反应。

UV-A(ultraviolet-A，波长320～390 nm)：紫外辐射中波长最长、对生物体破坏作用最小的部分。

UV-B(ultraviolet-B，波长280～320 nm)：对光合机构具有破坏作用，原初破坏发生在放氧复合体。它也能破坏光系统II反应中心复合体的核心组分D1和D2蛋白、质体醌，降低ATP合酶和Rubisco蛋白含量与活性，降低光饱和的CO_2同化速率。

UV-C(ultraviolet-C，波长<280 nm)：紫外辐射中具有最高能量的部分。它能损伤生物体的DNA分子(最大光吸收在260 nm)，也能将氧分子劈开形成氧原子，氧原子与分子氧结合形成臭氧。平流层的臭氧可以有效地吸收UV-C和UV-B，使它们很少能到达地球表面。

VPD(vapor pressure deficit)：叶片与其周围空

气之间的蒸气压亏缺。叶肉细胞壁被水饱和，其表面蒸气压是饱和的。它与周围空气之间的 VPD 随着叶片温度的增高而增大，而气孔导度随着 VPD 增高而降低。气孔导度对空气湿度的响应，实际上是对 VPD 的响应。

WUE(water use efficiency)：见“水分利用效率”。

X 射线衍射(X - ray diffraction，XRD)：一种分析技术，通过对单纯的蛋白质结晶的 X -射线衍射分析确定蛋白质结构，即分子内的原子排列，在揭示紫细菌反应中心复合体、蓝细菌和植物 2 个光系统反应中心复合体及捕光复合体 LHCII 等精密分子结构方面显示了巨大威力。

Z -图式(Z - scheme)：描述有 2 个光反应和 2 个色素系统参与的从水到 $NADP^+$ 的光合电子传递链。在这个图式中，串联的光系统 II 和光系统 I 及其间的细胞色素 b_6f、质体蓝素等一系列电子递体，按氧化还原电位高低排列成的电子传递链呈侧写的“Z”形。

A

阿农(D. I. Arnon，1910—1994)：美国科学家，他与同事于 1954 年发现光推动的离体叶绿体 ATP 合成，即光合磷酸化，实际上是依赖光系统 I 的循环光合磷酸化。后来他们又发现依赖 2 个光系统(光系统 I 和光系统 II)的非循环光合磷酸化。

暗弛豫(dark relaxation or dark decay)：叶绿素荧光分析中的一个常用术语，指荧光强度的暗中衰减。

暗反应(dark reaction)：原指光合碳同化的系列反应，现称碳反应。碳同化反应虽然没有光能直接参与，但还是依赖光。这是因为催化碳同化反应的一些酶需要光活化，一些反应例如磷酸甘油酸的还原需要同化力(ATP 和 NADPH)，而同化力形成需要光。

暗适应(dark adaptation)：将光合机构如叶片等放置在黑暗中一段时间，让其热耗散过程逐渐衰减乃至停止，以便进行叶绿素荧光测定和有关的分析。这段时间的长短依据不同的实验目的和具体情况而定，短的仅 5 min，长的半小时，甚至更长。

胺氧化酶(amine oxidase)：过氧化物酶体中的一种蛋白质，胺代谢的关键酶。在质外体中该酶参与活性氧的形成。

氨基甲酰化(carbamylation)：光合碳同化的关键酶核酮糖 - 1，5 -二磷酸羧化酶/加氧酶(Rubisco)大亚基上的赖氨酸 201 的 ε -氨基与 CO_2 结合成为有催化能力的氨基甲酰化合物。然后它与 Mg^{2+} 结合形成稳定的酶- CO_2 - Mg^{2+} 三元复合物，酶的构象发生很大变化，成为活化的酶。

爱默生(R. Emerson，1903—1959)：美国生物物理学家，发现光合作用包括光阶段和暗阶段、最小光合量子需要量为 10～12、“红降”现象和双光增益效应或 Emerson 增益效应，导致 2 个色素系统和 2 个光反应概念的提出。

B

本森(A. A. Benson，1917—2015)：和 M. Calvin 等一道发现磷酸甘油醛(丙糖)是 CO_2 还原的第一个稳定的产物、二磷酸核酮糖是 CO_2 的受体和一个再生这种受体的循环，阐明了绿色植物 CO_2 还原的主要途径，即光合碳还原循环或 Calvin-Benson 循环。

半胱氨酸(cysteine)：脂肪族一种含巯基的极性氨基酸。蛋白或酶分子中这种氨基酸的巯基和它们之间的二硫键的氧化还原反应，对蛋白或酶的结构与功能产生重要影响。

半衰期(half-life period)：放射性同位素的放射性随着时间的推移而逐渐减弱，半衰期指放射性减少一半所需要的时间。

饱和光(saturating light)：使光合作用饱和即光合速率不再随光强增高而增高的光。饱和光强因物种不同和生长光强不同而异，室外生长的 C_3 植物大多在全日光强 1/2 左右的光下光合作用就达到饱和，而 C_4 植物玉米在全日光强下光合作用仍不饱和。

饱和脉冲光(saturating pulse light)：以脉冲形式出现的饱和光，用于叶绿素荧光分析。

保卫细胞(guard cells)：构成气孔复合体的一对形态和功能都与其他表皮细胞不同的细胞。外形因物种不同而异，有的为肾形，如豆科的大豆等；有的为哑铃形，如禾本科的玉米等。它们因自身膨压变化而变形，导致气孔孔隙大小的开关变化。

避光运动(light-avoiding movement)：在强光和高温下，叶片合拢、直立，使叶片与光平行，反射大量光。一些禾本科植物在干旱条件下叶片会卷起来，以减少光吸收，降低叶温，从而避免或减轻光破坏。强光下叶绿体沿细胞侧壁排列，减少光吸收，防御光破坏。

边界层阻力(boundary layer resistance)：叶周围一薄层空气的阻力，是CO_2分子通过气孔扩散进入叶内羧化部位途中所遇到的诸多阻力中的第一个阻力，其大小受多种因素影响，叶片越小、叶片越光滑、风速越大，边界层就越薄，阻力就越小。

便携式光合气体分析系统(portable photosynthetic gas analysis system)：便于在田间使用的光合CO_2气体分析系统，一般包括夹式叶室、红外线CO_2气体分析仪、气泵和内置的小型电子计算机以及光强可调的光源、不同CO_2浓度空气的配气机构，可以在几分钟内获得光合速率和气孔导度等一组光合参数。

比尔-兰伯特定律(Beer-Lambert law)：描述物质对光吸收规律的定律。吸收率为消光系数、光路长度和被测定物质浓度之积。它是用于光合作用CO_2吸收测定的红外分析仪以及用于叶绿素含量测定的吸收光谱仪所依据的基本原理。

比叶面积或比叶重(specific leaf area or specific leaf weight，SLA or SLW)：单位质量或干重的叶面积($m^2 \cdot g^{-1}$)，其倒数为单位叶面积干重(leaf mass per area，LMA，$g \cdot m^{-2}$)。不同种植物之间LMA的差异大部分(80%)可以用密度差异、小部分(20%)可以用厚度差异来解释。它与光合能力有密切的关系。

表观光合速率(apparent photosynthetic rate)：粗光合速率与光、暗呼吸速率之差，即净光合速率。

表观量子效率(apparent quantum yield)：按入射光而不是吸收光计算的量子效率。由于没有考虑光的反射与透射损失，数值小于按吸收光计算的实际量子效率。

表观遗传学(epigenetics)：遗传学的一个分支学科，研究表观遗传变异规律，即DNA序列不变而基因表达出现可以遗传的变异规律，例如在对环境胁迫的适应中DNA甲基化、组蛋白乙酰化等引起的生物性状与特性变化。

表型(phenotype)：生物体的外在性状，包括形态结构、生理功能和行为特征等，可以用于对生物体进行分类。

别构抑制(allosteric inhibition)：酶蛋白的非活性部位结合效应剂后的构象变化妨碍底物与酶的结合，从而降低酶催化的反应速率。这是酶活性调节的一种方式。

丙糖磷酸脱氢酶(triose-phosphate dehydrogenase)：催化NADPH还原1,3-二磷酸甘油酸成3-磷酸甘油醛即磷酸丙糖，这是光合碳还原循环中的一步反应。

丙糖磷酸异构酶(triose phosphate isomerase)：催化3-磷酸甘油醛转化为3-磷酸双羟丙酮，这是光合碳还原循环中的一步反应。

丙酮酸：正磷酸双激酶(pyruvate：orthophosphate dikinase)：催化丙酮酸与磷酸、ATP作用生成磷酸烯醇式丙酮酸(PEP)，这是四碳双羧酸循环中形成第一次羧化反应底物PEP的反应。

冰冻断裂(freeze-fracturing)：用于制备电子显微镜观察样品的一种技术。植物细胞经过冻结、破碎产生断裂面后，用金属浇铸法获得断裂面的复制品，再用电子显微镜观察这个复制品，可以获得叶绿体超微结构等的三维信息。

病原体(pathogen)：能够引起特异性疾病的病毒、微生物或其他物质。

不放氧光合作用(anoxygenic photosynthesis)：一些光合细菌(紫色细菌、绿硫细菌、绿色非硫细菌和太阳细菌)进行的不放氧的光合作用。它们能够在光下利用硫化氢、氢或其他无机或有机还原剂将CO_2还原成有机物。

捕光调节(light-harvesting regulation)：在光强光质经常变化的环境中，植物演化出一系列捕光调节方法，包括叶片运动、叶绿体运动、状态转换、天线大小变化和叶片形态结构与分子组成变化等，以便使弱光下的光能使用最大、强光下避免光合机构遭受光破坏。

捕光天线复合体(light-harvesting antenna complex)：由蛋白质与色素分子结合而成，为反应中心吸收、传递光能，用于光化学反应。例如，光合细菌膜外的绿色体，蓝细菌和红藻的外周天线藻胆体，高等植物的核心天线复合体CP43和CP47，外周天线LHCI、LHCII和CP24、CP26、CP29等。

卟啉(porphyrin)：光合色素叶绿素分子的基本结构，由4个吡咯环结合而成。在叶绿素分子中，其中间各靠吡咯环的1个氮原子协同结合1个镁原子，而在血红素分子中结合1个铁原子，称亚铁原卟啉。

C

草酰乙酸(oxaloacetic acid，OAA)：C_4光合作用中第一次CO_2固定的产物，一种二羧酸。

超分子复合体(supermolecule complex)：由多个蛋白亚基组成，例如光合膜上的4个大复合体光系统Ⅰ、光系统Ⅱ、细胞色素 b_6f 和ATP合酶，在光合作用将太阳能转化为化学能的过程中各自发挥不可替代的重要作用。

超微结构(ultrastructure)：比光学显微镜可以观察到的细胞结构更细微的结构，即电子显微镜可以观察到的亚细胞结构，例如叶绿体结构、膜结构和超分子复合体结构。

超氧化物歧化酶(superoxide dismutase, SOD)：催化超氧化物阴离子自由基 $O_2^{-\cdot}$（一种活性氧）与氢离子作用，形成过氧化氢(H_2O_2)和 O_2。普遍存在于需氧生物体内，具有保护细胞组分免受超氧化物自由基破坏的作用。

超氧化物自由基(superoxide radicals, $O_2^{-\cdot}$)：一种活性氧。在光合作用中水裂解放出的氧分子，直接从光系统Ⅰ还原侧的Fd接受电子，被还原成超氧阴离子自由基，即梅勒反应(Mehler reaction)。在线粒体内膜上，呼吸作用的电子传递链也是产生 $O_2^{-\cdot}$ 的主要部位。

程序性细胞死亡(programmed cell death)：由基因控制的细胞自主有序地死亡，以维持生物体内环境的稳定。它明显不同于细胞的病理死亡（坏死）。生物体各器官的大小是细胞增殖和程序性细胞死亡2个过程平衡的结果。

除草剂(herbicide; weed killer)：能够杀灭杂草的化学试剂。例如外源铜对大部分光合生物都有毒害作用，因此被广泛用于杀藻剂和除草剂。因除草剂污染环境，并不利于生物生存，逐渐被停止使用。

初级生产者(primary producer)：地球生物圈中的初级生产者主要是行放氧光合作用的蓝细菌、藻类和植物。它们为几乎所有种类的微生物、动物和人类提供生存、发展和繁荣所不可缺少的食物、能量和 O_2。

初始荧光或最小荧光(original fluorescence or minimal fluorescence, F_O)：所有的光系统Ⅱ反应中心都是开放的、光合膜处于非能化状态时的荧光强度。这时，$q_P=1$，$q_N=0$，也就是荧光诱导动力学曲线O-I-D-P-T中的O水平。

磁共振光谱学(magnetic resonance spectroscopy)：磁共振光谱学技术能够提供较高的光谱分辨能力，是揭示光合作用反应中心结构与功能关系的工具。电子顺磁共振光谱学技术主要用于研究光合作用的原初反应，而核磁共振光谱学技术可以用于研究ATP合酶的亚基结构等。

次级电子供体(secondary electron donor)：光合电子传递链上将电子传递给电荷分离后失去电子的反应中心叶绿素 a 分子，使其得以复原的电子传递体。D1蛋白上一个酪氨酸残基(TyrZ)和类囊体腔内可自由移动的质体蓝素分别是光系统Ⅱ和光系统Ⅰ的次级电子供体。

次级电子受体(secondary electron acceptor)：光合电子传递链上接受原初电子受体传递来的电子的电子传递体。光系统Ⅱ和光系统Ⅰ的次级电子受体分别是质体醌 Q_A、Q_B 和 A_1（叶绿醌，即维生素 K_1）。

次级内共生事件(secondary endosymbiotic event)：一种能够进行光合作用的真核藻细胞进入另一种真核生物细胞与之共生，导致许多不同组别的真核藻类发生。藻类的多样性变化，就是次级和三级内共生事件的结果。

次生代谢(secondary metabolism)：不直接参与植物生长发育的代谢途径，是植物长期演化中适应环境的结果。次生代谢物包括萜烯类、酚类和生物碱三大类，不参与植物体基础（或初生）代谢，是植物防御系统的重要组成部分，有重要的农业和医药应用价值。

次要天线LHCII(minor antenna LHCII)：光系统Ⅱ次要的外周捕光天线复合体，包括CP24(Lhcb6, 24 kD)、CP26(Lhcb5, 26 kD)和CP29(Lhcb4, 29 kD)，都是单体。它们将主要的外周天线LHCII三聚体与光系统Ⅱ反应中心复合体联系起来。

赤霉素(gibberellin, GA)：一类植物激素，能够促进植物生长，延迟衰老，打破休眠，诱导开花和无子果实，参与信号转导等。

初级内共生事件(primary endosymbiotic event)：在生命演化过程中，大约在16亿年前，能够进行放氧光合作用的原核生物蓝细菌的祖先进入真核寄主细胞与之共生导致叶绿体形成的事件。绿藻和红藻的叶绿体都是原初内共生事件的产物。

粗光合速率(gross photosynthetic rate)或真光合速率(true photosynthetic rate)或总光合速率(total photosynthetic rate)：是净光合速率与同时测定的呼吸速率、光呼吸速率的总和，即粗光合速率＝净光合速率＋光呼吸速率＋呼吸速率。

D

大肠杆菌(*Escherichia coli*)：人和动物肠道中主要的肠杆菌科细菌、原核生物。细胞杆状，长仅1～3 μm，革兰氏阴性，好氧或兼性厌氧。少数类型可致病，饮用水和食物中的菌群数是卫生学标准。生命科学研究常用的模式菌种。

大量营养元素(macronutrient elements)：植物生长发育大量需要的营养元素，包括氮、磷、钾、钙、硫和镁等。除钾以外，大多是植物体组分的组成元素。

大气层(atmospheric layer)：地球周围的气体层。按大气温度随高度分布的特征，地面以上从低到高可分为对流层、平流层、中间层、热层和外大气层。

单胞藻(single cell algae)：由一个细胞组成的藻类有机体，例如绿藻。

单细胞 C_4 光合作用(single cell C_4 photosynthesis)：在同一个细胞内进行的 C_4 光合作用。进行这种光合作用的植物有两类：一类是一些水生植物，另一类是一些陆生植物。它们都没有花环结构，但是都在一个细胞内有新奇的区隔。它似乎是特殊环境条件下演化出来的生存机制。

单脱氢抗坏血酸还原酶(monodehydroascorbate reductase)：催化单脱氢抗坏血酸(MDA)与NADPH作用，形成脱氢抗坏血酸(DHA)和抗坏血酸及 $NADP^+$，是水-水循环中的一个反应。

单线态氧(singlet oxygen，$^1O_2$)：活性氧的一种。在叶绿体内，当光合碳同化受到环境胁迫的限制时，Q_A库的过还原导致 Phe^- 与 $P680^+$ 电荷重结合，形成三线态 P680。后者很容易与基态氧作用形成$^1O_2$。$^1O_2$可以专一地上调一些蛋白激酶和蛋白磷酸酯酶的基因表达。

蛋白激酶(protein kinase)：催化蛋白质发生磷酸化反应的酶，例如催化植物光系统 II 外周天线复合体 LHCII 磷酸化的蛋白激酶 STN7、催化光系统 II 核心蛋白磷酸化的 STN8 和催化绿藻 LHCII 磷酸化的蛋白激酶 Stt7 等。

蛋白磷酸化(protein phosphorylation)：由蛋白激酶催化的蛋白或酶分子上的氨基酸残基与具有高能磷酸键的化合物反应，形成具有磷酸基团的分子。这种磷酸化和磷酸酯酶催化的去除磷酸基团的反应即去磷酸化是植物体内物质代谢和生长发育的一种重要调节方式。

蛋白磷酸酯酶(protein phosphatase)：催化磷酸化的蛋白去磷酸化反应，参与酶活性调节和信号转导等。

蛋白去磷酸化(protein dephosphorylation)：蛋白磷酸酯酶催化磷酸化的蛋白去掉磷酸基团的反应。

蛋白水解酶(proteolytic enzyme)：催化蛋白质分子的水解反应。

蛋白质合成抑制剂(inhibitor of protein synthesis)：可以抑制蛋白质合成的试剂，例如林可霉素(lincomycin)和氯霉素(chloromycetin)等。

蛋白质结晶学(protein crystallography)：见“X射线衍射结构分析”。通过对单纯的蛋白质结晶进行 X 射线衍射分析，确定蛋白质结构即蛋白质分子内原子排列的一种重要的技术方法。光合机构中的多种蛋白复合体都利用这种方法揭示其超分子结构。

蛋白质-色素复合体(protein-pigment complex)：蛋白质分子与色素分子结合而成的复合体。例如，光系统 I 和光系统 II 以及多种捕光天线复合体即核心天线 CP43、CP47 和主要天线 LHCII、LHCI 以及次要天线 CP24、CP26、CP29 等。

氮缺乏(nitrogen deficiency)：土壤中氮素营养不能满足植物生长发育的需要。在氮缺乏条件下，叶片光合能力降低主要是由于光合碳还原循环酶含量减少；植物生长的减少导致光合产物的库限制、光合作用的反馈下调以及捕光天线热耗散增强等。

氮同化(nitrogen assimilation)：植物将根系吸收的无机氮还原或通过共生的微生物将大气中的氮固定后用于氨基酸、蛋白质和核酸等有机氮生物合成的过程。

氮限制假说(nitrogen limitation hypothesis)：在高 CO_2浓度下生长的植物地上部碳水化合物的积累快于氮素获得，以至于叶片氮含量、蛋白质水平和后来的 NO_3^- 吸收都降低，导致光合作用慢下来。

氮氧化物(nitric oxide，NO_x)：在化石燃料燃烧时与 SO_2一起释放的另一类空气污染物。NO_2能减少叶绿素含量，降低气孔导度，破坏叶绿体，通过解耦联抑制光合磷酸化，导致叶片光合作用降低。NO_x 也会因硝酸还原与碳同化竞争 NADPH 而抑制光合作用。

等电点(isoelectronic point)：溶液中带正负电荷的分子净电荷为零时溶液的 pH 值。

等电聚焦(isoelectric focusing)：分离蛋白质分子的一种电泳技术。蛋白质混合物在进行 pH 梯度电泳时，其中不同的蛋白质停留在与其等电点相匹配的不同位置上，从而达到相互分离的目的。

低等植物(lower plants)：包括藻类和地衣，常生活在水中或阴湿的地方。

地衣(lichen)：真菌与藻类的共生联合体。真菌菌丝包裹在藻细胞周围，依靠藻细胞的光合产物生存。

低温荧光(low temperature fluorescence)：人们通常在植物正常生长的生理温度(也称室温)下测定叶绿素荧光。有时则在液氮温度(77K，-196℃)下观测低温荧光，这时任何与温度有关的酶反应和电子传递都停止了，因此只有原初光化学反应的变化被反映出来。

低氧浓度空气(air with low O_2 concentration)：普通空气中 O_2 浓度在 21%左右，而低氧浓度空气中的 O_2 浓度一般为 2%，常用于测定光呼吸速率。由于在低氧浓度空气中光呼吸被抑制，常用在这 2 种 O_2 浓度不同的空气中测得的净光合速率之差近似地表示光呼吸速率。

第二信使(second messenger)：与细胞功能及生长有关的中间信号，包括环腺苷酸(cAMP)、钙离子(Ca^{2+})与钙调蛋白(CaM)和 H_2O_2 等，它们能够通过活化蛋白激酶引起一系列级联反应而使信息传递中的信号放大。

电荷分离(charge separation)：光系统(II 和 I)反应中心叶绿素 *a* 分子被光子激发发生光化学反应，原初电子供体 P680 和 P700 分别失去电子被氧化，各自的原初电子受体去镁叶绿素和叶绿素 *a* 分子 A_0 分别得到电子被还原，光子的光能被转化为电能。

电荷传递机制(charge transfer mechanism)：激发能从激发的叶绿素分子传递给叶绿素与玉米黄质组成的异二聚体(Chl - Zea)，导致其电荷分离和后来的电荷重新结合，在此过程中激发能以热的形式耗散。该机制发生在从光系统 II 反应中心复合体脱离的主要天线 LHCII 三聚体。

电荷重结合(charge recombination)：反应中心叶绿素 *a* 分子受光子激发发生电荷分离后电荷分离反应的逆转，即原初电子供体的正电荷与原初电子受体的负电荷重新结合，其净结果是激发能被变成热而无害地散失，否则会产生有害的物质活性氧等。

电化学电池(electrochemical cell)：将化学能转变为电能的装置或机构。

电子供体(electron donor)：在化学反应中失去电子者，例如光系统 II 反应中心的叶绿素 *a* 分子(P680)是光系统 II 的原初电子供体，在光激发的原初反应中失去电子被氧化。

电子受体(electron accepter)：在化学反应中获得电子者，例如去镁叶绿素(Phe)是光系统 II 的原初电子受体，在光激发的原初反应中获得电子被还原。

电子传递链(electron transport chain)：由一系列电子传递体按氧化还原电位高低次序排列而成，例如光合作用的电子传递链、呼吸作用的电子传递链。

电子顺磁共振(electron paramagnetic resonance, EPR)：研究物质中不成对电子与周围环境相互作用的一种技术方法。在光合作用研究中主要用于研究原初反应和放氧复合体的水氧化机制。

电子显微镜(electron microscope)：用高速运动的电子束代替光的显微镜。光学显微镜的分辨能力是 2 000 Å，而电子显微镜的分辨能力最好可达 2 Å，可以解析蛋白质、病毒等生物大分子的晶体结构。常用的有透射电镜和扫描电镜。

淀粉(starch)：光合作用碳同化的一种末端产物，是叶绿体内暂存的光合产物，也是植物块茎、块根和果实、种子中贮存的碳水化合物。

淀粉合酶(starch synthase)：参与淀粉合成的一种酶，催化 ADP - 葡萄糖和(α - 1，4 - 葡聚糖)$_n$ 形成(α - 1，4 - 葡聚糖)$_{n+1}$ 和 ADP 的反应。

淀粉分支酶(starch branching enzyme)：参与淀粉合成的一种酶，催化线型 α - 1，4 - 葡聚糖链转化为具有 α - 1，6 - 连接的分支淀粉 α - 1，4 - 葡聚糖链。

淀粉合成(starch synthesis)：开始于光合碳还原循环的中间产物 6 - 磷酸果糖，涉及 5 步反应。叶片在光下合成淀粉，而在黑暗中淀粉降解。

淀粉核体(pyrenoid body)：一些藻类叶绿体内具有碳浓缩机制的一种复合体。其中包含 Rubisco

和碳酸酐酶。后者催化 HCO_3^- 转化为 CO_2，立即被 Rubisco 固定。

淀粉降解(starch degradation)：有水解和磷酸解 2 个可能的路线。淀粉磷酸解的产物是磷酸丙糖和 3-PGA，它们可以通过叶绿体被膜上的 Pi-转运蛋白从叶绿体输出；而淀粉水解的产物是葡萄糖和麦芽糖，它们可以通过叶绿体被膜上的六碳糖转运蛋白离开叶绿体。

淀粉体(amyloplast or amyloid)：非光合器官根、块茎和种子细胞内用于贮存淀粉的质体。

淀粉叶(starch leaf)：在日间光合作用时叶片光合产物很少输出，大量积累淀粉，例如大豆。

定点突变(site-directed mutation)：通过改变某一个基因的核苷酸组成即点突变而改变其编码蛋白质或酶的氨基酸组成，从而揭示其活性或催化部位。

电泳(electrophoresis)：带电荷的胶体颗粒在电场中的移动。移动方向取决于它们带正电荷还是负电荷，而它们带何种电荷则取决于溶液的 pH。移动速度与电场强度、电流密度和导电性以及离子强度等因素有关。该技术被广泛应用于光合作用研究。

豆科植物(legume, Leguminosae)：双子叶植物中的一个科，与该科植物根系共生的根瘤菌可以固定空气中的氮。

对流层(troposphere)：地球周围大气层中靠近地面的一层，距地面 10～18 km，空气对流运动显著。层内温度随高度增高而显著降低，每升高 1 km，温度约下降 6.5℃。大气中的水汽大部分集中于此层，常产生云和降水等天气现象。

多细胞藻(multicellular algae)：由多个细胞构成有机体的藻类，例如海带。

E

二氧化硅溶胶(例如 Percoll)：Percoll 密度高而渗透势低，可以用于提高离体叶绿体完整度，并且相应地提高 CO_2 固定速率。

二氧化硫(sulfur dioxide, SO_2)：一种主要的空气污染物。由燃烧矿物燃料和金属冶炼过程产生。它被氧化后形成 SO_3，遇到水形成硫酸雾或酸雨。酸雨可以直接破坏叶片和针叶。在还没有出现表观征状的时候，SO_2 就已经引起光合速率和碳同化量子效率降低。

二硫键(disulfide bonds)：2 个巯基被氧化后在 2 个硫原子之间形成的化学键。它好像是蛋白质功能的开关。这种氧化还原信号可以传递给第三、第四或更多的氧化还原组分。例如，谷胱甘肽氧化还原势(还原型/氧化型谷胱甘肽比率)参与调节 Rubisco 大亚基的翻译。

F

发光二极管(light emitting diodes, LED)：一种新型光源，具有波长专一、体积小、质量轻、寿命长和安全等多种优点，被广泛用于人工气候室和植物工厂。

反馈去激发或高能态猝灭或依赖能量的猝灭(feedback de-excitation or high-energy state quenching, or energy-dependent quenching, qE)：通过电荷传递机制(激发能从激发的叶绿素分子传递给 Chl-Zea 异二聚体，导致其电荷分离和电荷重新结合)或能量传递机制(能量从激发态叶绿素传递给叶黄素 Lutein)，将能量以热的形式耗散。几种不同热耗散中最快的一种。

反馈抑制(feedback inhibition)：酶促反应的末端产物抑制在该产物合成过程中起催化作用的酶。是一种负反馈机制，生物体内的一种自我调节方式。高水平可溶性糖对光合相关基因表达的反馈抑制发生在转录水平上。

泛醌(ubiquinone, UQ)：即辅酶 Q，真核细胞线粒体内膜和原核生物的质膜上电子传递链成员，负责从复合体 I 或 II 将电子传递给细胞色素 bc_1。

泛醌氧化还原酶(ubiquinone oxidoreductase)：催化呼吸作用电子传递反应的一些酶，包括 NADH：泛醌氧化还原酶、琥珀酸：泛醌氧化还原酶和泛醌：细胞色素 c 氧化还原酶。

放射性同位素(radioactive isotope or radioisotope)：一种元素的具有放射性的同位素，例如放射性 ^{14}C、^{32}P 等。

反义技术(antisense technology)：利用寡核苷酸(反义 RNA，不含编码氨基酸的密码子)与互补性 mRNA 序列结合以抑制蛋白质合成的一种方法。

反应中心(reaction center)：光合机构中反应中心复合体的简称，发生原初反应即光化学反应的场所。反应中心的叶绿素 a 分子接受光子后被激发，发生电荷分离，本身(原初电子供体)失去电子被氧化，原初电子受体得到电子被还原。

反应中心表观失活(apparent inactivation of reaction center)：因部分外周捕光天线LHCII的可逆脱离反应中心复合体而不是反应中心本身功能丧失而导致的光系统II电子传递活性降低。

反应中心猝灭(reaction center quenching)：因失活的光系统II反应中心耗散过量光能而引起的叶绿素荧光强度降低。其前提是电子传递链中Q_A的过还原，可能的机制是Q_A^-与$P680^+$的电荷重新结合，形成包括细胞色素b_{559}和类胡萝卜素分子等的光系统II循环电子传递。

放氧复合体(O_2-evolving complex)：蓝细菌、藻类和高等植物光系统II核心复合体的组成部分，由放氧中心锰簇(Mn_4CaO_5)和锰稳定蛋白等3个膜外在蛋白组成，在光合作用氧释放过程中发挥关键作用。

放氧光合作用(oxygenic photosynthesis)：植物、藻类和原核生物蓝细菌进行的伴随氧释放的光合作用。

非光化学猝灭或热耗散(non-photochemical quenching, NPQ; or thermal dissipation)：光合机构将过量光能变成热而无害地耗散，从而避免或减轻光破坏。涉及几种机制，其中依赖能量的热耗散是对光能过剩的最快响应，而比较慢的是分别依赖叶黄素循环和光系统II反应中心可逆失活的热耗散。

非气孔因素(non-stomatal factors)：引起叶片光合速率降低的气孔以外的因素，例如叶肉导度的降低、叶肉细胞内酶活性的降低等。

非生物的光合作用(abiogenic photosynthesis)：在太阳紫外辐射能的推动下由CO_2和水形成地球上第一批有机分子的合成作用。这些有机分子很可能为第一批细胞的形成提供了前体。

非生物胁迫(abiotic stress)：非生物来源的环境胁迫，包括过强的光、紫外辐射、过高或过低的温度、水分缺乏、营养不足、盐渍和重金属污染及空气污染等。

非血红素蛋白(non-heme)：含铁蛋白，质体内的铁储存蛋白，控制体内的铁环境稳定。

非循环或线式电子传递(non-cyclic electron transport or linear electron transport)：有2个光系统(光系统II和光系统I)参与，并且两者串联起来，导致ATP与NADPH形成，并且伴随水分子裂解及氧释放，是放氧的光合生物蓝细菌、藻类和高等植物的主要电子传递途径。

非循环光合磷酸化(non-cyclic photophosphorylation)：与非循环电子传递相耦联，产生ATP和NADPH，并且伴随O_2释放。

分子生物学(molecular biology)：在分子水平上研究生命现象物质基础的学科。它的重要内容与现代生物化学基本一致，可以分为分子遗传学、分子生理学和分子进化学等。它是生物学发展的重要结果，对许多重大问题的研究由现象描述转入分子机制的揭示。

分子质量(molecular weight)：即相对分子质量。以分子形式存在的单质或化合物的相对质量。它等于一个分子中所有组成元素相对原子质量的总和。例如，水分子的相对分子质量大约为18($1\times2+16$)。

封闭系统(closed systems)：用于光合碳同化测定的一种气路系统。测定时气泵推动空气不断地在叶室和红外线CO_2气体分析仪(IRGA)之间循环，既没有外界空气进入系统，也没有系统内空气离开系统。开放系统则相反，测定时不断有空气进入并流出系统。

傅里叶转换红外光谱学(Fourier transform infrared spectroscopy, FTIS)：高效收集红外线吸收数据的一种光谱技术。它优于普通红外光谱学之处在于，波谱数据收集迅速；不需要狭缝或滤片，分析混合物的敏感度高；内置激光校正，准确度高。是光合结构与功能研究中一种有用的技术。

副卫细胞(subsidiary or accessory cells)：构成气孔复合体组成部分的一些表皮细胞，在气孔运动和离子贮存上发挥辅助作用。

辅助色素(accessory pigment)：为反应中心吸收和传递光能的色素，包括类胡萝卜素和藻胆素。它们可以吸收那些叶绿素不吸收的光能，并且传递给叶绿素，用于光化学反应。类胡萝卜素还参与激发能的热耗散，对光合机构具有保护作用。

氟利昂(chlorofluorocarbons, CFC)：源于工业生产的一种空气污染物氟氯烷烃。它们到达高空的平流层时被紫外辐射UV-C分解，形成游离的卤素原子。后者既能破坏O_3，又能防止新的O_3形成，结果臭氧层出现空洞，漏出的紫外辐射严重威胁人类健康和生物生存。

浮游植物(phytoplankton)：漂浮在水中的小型植物，主要是藻类，例如绿藻、硅藻等，广泛生长在河流、湖泊和海洋中，是水生生态系统中的初级生产者。

G

改良半叶法(improved half-leaf method)：由于进行光合作用时有光合产物输出叶片而导致用半叶法测定的光合速率不那么准确，沈允钢通过环割叶柄以阻止光合产物输出改进了该法，提高了测定的准确性。

甘氨酸脱羧酶(glycine decarboxylase)：参与光呼吸代谢，催化甘氨酸与 NAD^+ 和四氢叶酸作用，形成亚甲基四氢叶酸和 NADH，同时放出 CO_2 和 NH_3。

甘氨酸甜菜碱(glycine betaine, GB)：叶绿体内合成的一种季(四)铵化合物，环境胁迫下一些种类植物体内积累的次生代谢物 GB 可以增强抗冻性、耐热性，其作用可能包括参与渗透调节以维持植物的水分状况、光合功能、保护光合机构以及稳定转录和翻译机构。

干旱(drought)：非生物胁迫的一种，即因土壤和(或)空气水分亏缺而造成的植物水分供不应求，也称水分胁迫。

甘油酸激酶(glycerate kinase)：催化甘油酸与 ATP 作用，形成 3 -磷酸甘油酸，光呼吸过程中的最后一步反应。

钙调蛋白(calmodulin, CaM)：一种第二信使，它与 Ca^{2+} 结合后发生构象变化，得以与酶蛋白相作用，从而改变这种依赖钙的酶活性。钙与钙调蛋白都参与光敏素的信号转导、光系统 I 基因表达的信号转导，介导豆科植物复叶中小叶的节律运动。

高等植物(higher plants)：包括苔藓、蕨类和种子植物，大多是陆生植物，是具有不同组织和根、茎、叶和花及果实等不同器官的多细胞生物。其中，比较低级的是苔藓和蕨类，比较高级的是裸子植物和被子植物。

高 CO_2 浓度的记忆(memory of high CO_2 concentration)：当高 CO_2 浓度下生长的水稻子代继续生长在高 CO_2 浓度下时，光合适应现象几乎完全消失，表明在高 CO_2 浓度下生长的水稻种子中保存了对高 CO_2 浓度的“记忆”。在高 CO_2 浓度下生长的当代叶片气孔导度也有类似的“记忆”现象。

高温胁迫(high temperature stress)：高于植物光合作用及生长最适温度的温度环境，例如 35～45℃。

共轭双键(conjugated double bonds)：被一个单键隔离的 2 个双键。由于分子中原子之间的相互影响，使分子更稳定，键长趋于平均化，例如苯环中 3 个双键被 3 个单键隔开。

共质体(symplast)：通过胞间连丝将相邻细胞的细胞质联系起来而形成的系统。这是植物体内不包括液泡的行使生理功能的系统。

固氮酶(nitrogenase)：微生物体内将空气中的分子氮还原成氨的酶，由钼铁蛋白和铁蛋白组成。它是多功能酶，不仅能催化含有三键的氮分子还原成氨，还能还原末端带有三键(C≡C、N≡N 或 C≡N)的化合物如乙炔、叠氮化物和氰化物等。

谷胱甘肽(glutathione, GSH)：生物体内广泛分布的一种三肽，谷氨酰-半胱氨酰-甘氨酸，某些酶的辅基。除了抗氧化作用外，作为巯基化合物与二硫键化合物的缓冲剂，它为蛋白质正常发挥作用提供合适的条件，对代谢和基因表达产生深刻的影响。

谷胱甘肽过氧化物酶(glutathione peroxidases, GPXs)：一种抗氧化的酶，可以清除过氧化物。当 H_2O_2 存在时，它催化 2 分子谷胱甘肽氧化成氧化型谷胱甘肽(GSSG)。

谷胱甘肽还原酶(glutathione reductase, GR)：一个依赖 NADPH 的氧化还原酶，催化氧化的谷胱甘肽(GSSG)转化为还原的谷胱甘肽(GSH)的反应，同时 NADPH 转化为 $NADP^+$。

谷胱甘肽转移酶(glutathione transferases, GSTs)：一些参与抗氧化剂(抗坏血酸、类黄酮、醌)的再循环，而另一些参与以 GSH 为辅底物的解毒代谢。

谷氧还蛋白(glutaredoxin)：一种氧化还原递质，参与谷胱甘肽、NADPH 和谷胱甘肽还原酶耦联的氧化还原系统，传递还原当量，控制氧化还原状态与信号转导功能，其保守的活性部位中 2 个氧化还原活跃的半胱氨酸参与氧化还原反应。

寡霉素(oligomycin)：由一种霉菌产生的抗生素，氧化磷酸化的选择性抑制剂，能够通过抑制 F_OF_1- ATP 酶阻止 ATP 合成。

冠层(canopy)：由植物群体中许多个体的茎秆和叶片构成。群体中个体密度、叶片数量和着生角度不同，冠层结构不同，导致冠层的光能利用率不同。

光饱和的光合速率(light-saturated photosynthetic rate)：在光合作用的光响应观测中不再随光强增高而升高的光合速率。木本植物、C_3和C_4草本植物光饱和的光合速率通常分别在10、20和30 μmol CO_2 m^{-2} • s^{-1}左右。人们常用这个光合参数比较不同植物或作物品种光合能力的高低。

光补偿点(light compensation point)：叶片净光合速率为零时的光强或光子通量密度，也就是光响应曲线中弱光下直线段与横轴交点的光强值。C_3植物和C_4植物的光补偿点基本一样，都为6～16 μmol photons • m^{-2} • s^{-1}，阴生植物和阴生叶片的该值往往低于阳生植物和阳生叶片。

光反应(light reaction)：光能直接参与的化学反应，即光化学反应，例如光合作用中发生在2个光系统(光系统 I 和光系统 II)反应中心叶绿素 *a* 分子的原初反应。这是由几十个反应步骤构成的光合作用过程中仅有的2个光反应。

光合单位(photosynthetic units)：类囊体膜上能进行光合电子传递的最小结构单位。有人认为它只是一组叶绿素分子，每个反应中心有大约300个叶绿素分子；也有人认为它还包括反应中心和电子传递链。其大小会因物种或基因型和植物生长光强的不同而变化。

光电化学(photoelectrochemistry)：研究光能直接参与电极反应过程的电化学，其中一个重要方面是利用电化学方法将太阳能转化为电能和化学能，例如利用太阳能分解水放氧、生产氢气。

光合产物(photosynthates or photosynthetic products)：光合作用的产物，主要是末端产物淀粉和蔗糖。

光合电子传递(photosynthetic electron transport)：在放氧光合生物(蓝细菌、藻类和高等植物)中，水裂解释放的电子经过2个光系统(光系统 II 和光系统 I)的一系列电子递体传递给氧化型还原辅酶 II ($NADP^+$)形成 NADPH 的系列反应过程。

光合功能期(photosynthetic function duration)：光合作用持续时间，植物光合生产力的一个重要的构成因素。在叶片光合速率和叶面积相同的情况下，叶片衰老得越晚、越慢，即叶片寿命或光合功能期越长，光合生产力越高。

光合活性(photosynthetic activity)：光合机构进行光合作用部分反应或整个过程的能力，常常用单位时间、单位光合机构物质变化(例如释放的O_2、固定的CO_2和合成的 ATP 等)的数量即速率来表示光合活性的大小。

光合机构(photosynthetic apparatus)：能够进行光合作用部分或全部反应的机构。从大到小，从宏观到微观，有植物群体、植物个体、叶器官、叶组织、叶肉细胞、叶绿体、类囊体膜(也称光合膜)和光系统颗粒等不同的结构层次。

光合机构的光破坏(photodamage to the photosynthetic apparatus)：主要发生在光系统 II。原初破坏部位是其反应中心复合体的放氧复合体，次级部位是核心蛋白 D1 蛋白。它常常发生在实验室人工条件或强光与低温、干旱等多种胁迫同时存在的自然条件下。

光合机构的热耗散或叶绿素荧光的非光化学猝灭(thermal dissipation of the photosynthetic apparatus or non-photochemical quenching, NPQ)：激发能以热的形式耗散，涉及高能态或依赖能量的猝灭(qE)和光抑制猝灭(qI)。qE 不仅与玉米黄质(Zea)有关，而且涉及外周捕光复合体 LHCII 从反应中心复合体可逆脱离或反应中心的表观失活，受光系统 II 的亚单位 PsbS 蛋白调节。

光合控制(photosynthetic control)：类囊体腔内酸化诱导的细胞色素 b_6f 复合体光合电子传递速率降低。

光合量子效率(photosynthetic quantum yield)：在光合作用过程中，光合机构每吸收1个光量子所能同化的CO_2或释放的O_2分子数。

光合磷酸化(photophosphorylation)：叶绿体内类囊体膜上腺苷三磷酸(ATP)合酶利用光能转换形成的质子动势将腺苷二磷酸(ADP)和无机磷(Pi)合成 ATP 的反应。有循环光合磷酸化和非循环光合磷酸化2种不同类型。前者只产生 ATP；后者还伴随O_2释放和 NADPH 形成。

光合膜(photosynthetic membrane)：类囊体膜的别称。光合作用的光能吸收与转化，包括原初反应、电子传递及耦联的光合磷酸化，形成光合碳同化所需要的同化力(ATP 和 NADPH)，这一系列反应都是在类囊体膜上进行的。

光合能力或光合潜力(photosynthetic capacity)：叶片内部和外界条件都适合时的最大光合速率，常以光和CO_2都饱和时的光合速率来表示，可从光合-CO_2响应曲线得到，其主要决定因素是核酮糖-1,5-二磷酸羧化酶/加氧酶(Rubisco)和光合电子传递链组分细胞色素 b_6f 复合体等的含量。

光合色素(photosynthetic pigment)：主要是叶绿素，从事光能的吸收、传递和光化学反应，而类胡萝卜素和藻胆素则是辅助色素，吸收叶绿素很少吸收的那部分光能，并且传递给叶绿素，用于光化学反应，从而充分利用从近紫外到红外辐射的广谱太阳辐射。

光合商(photosynthetic quotient)：光合作用每同化1摩尔 CO_2 所释放的 O_2 摩尔数。它的大小取决于光合基本底物和产物的还原水平，在0.75～2.25变化。光系统Ⅰ的梅勒反应和光呼吸及叶绿体呼吸等耗氧反应特别是光、温或营养胁迫都会引起光合商的变化。

光合生产力(photosynthetic productivity)：光合速率(P_N)、光合面积(S)和光合时间(T)即光合功能期之积。

光合生物或光合有机体(photosynthetic organisms)：能够进行光合作用的生物体，例如原核生物蓝细菌、真核生物藻类和高等植物以及光合细菌等。

光合识别(photosynthetic discrimination)：大气中的碳主要是比较轻的 ^{12}C(大约1%)和较重的 ^{13}C。由于后者的扩散速度慢和羧化反应时受Rubisco"歧视"，导致 C_3 植物干物质中 $^{13}C/^{12}C$ 比值降低，光合识别值比 C_4 植物更负，因此可以用此值判断植物的光合碳同化途径。

光合适应(photosynthetic acclimation)：光合机构对环境条件变化的长期响应，涉及光合机构的形态、结构和化学组成及基因表达等一系列物质代谢和生长发育的变化。实现这些变化至少需要几小时、几天甚至更长的时间。

光合速率(photosynthetic rate)：表示光合机构光合活性高低的一个重要光合参数，最常用的单位是单位时间、单位叶面积或单位叶绿素释放 O_2 或吸收 CO_2 的分子数或积累的干物质克数。

光合碳固定的抑制剂(inhibitors of photosynthetic carbon fixation)：可以抑制光合碳固定的化合物，例如甘油醛、碘乙酰胺和羟乙醛。

光合碳还原循环(photosynthetic carbon reduction cycle)：也称卡尔文-本森循环、C_3 循环，还原性磷酸戊糖循环。循环包括核酮糖二磷酸(RuBP)羧化、羧化产物磷酸甘油酸还原和RuBP再生3个阶段。循环在叶绿体间质中运转，利用ATP和NADPH将 CO_2 固定还原为生物体内的糖，开始碳代谢。

光合碳同化的生物化学模型(biochemical model of photosynthetic CO_2 assimilation)：澳大利亚学者G. D. Farquhar及其同事于1980年代初创建的 C_3 植物叶片光合作用模型，把光合作用的生物化学特性和光合速率联系起来，预见光合速率在低、高 CO_2 浓度或分压下分别受Rubisco能力和电子传递能力的限制。

光合用氮效率(photosynthetic nitrogen-use efficiency, PNUE)：叶片光饱和的光合速率与叶片含氮量的比值。不同功能组植物之间PNUE的差别主要受单位叶面积叶片质量或比叶面积的调节。由于 C_4 植物叶片较高的光合速率和较低的氮含量，C_4 植物的PNUE大约是 C_3 植物的2倍。

光合有效辐射(photosynthetically active radiation, PAR)：能够被光合机构用于光合作用的光辐射，基本上在可见光(400～700 nm)范围内。

光合有效的光量子通量密度(photosynthetic photon flux density, *PPFD*)：能够用于光合作用的(400～700 nm)光子通量密度，即入射到光合机构表面例如叶片表面的光强，常用每平方米、每秒接受的光量子摩尔数表示。

光合"午睡"现象(midday depression of photosynthesis)：自然条件下叶片光合速率的中午降低现象。主要是水分亏缺引起的气孔部分关闭的结果，也与中午光抑制和光、暗呼吸增强有关。是植物适应不利环境条件的一种防御机制。改善水分供应可以减轻"午睡"现象、增加作物产量。

光合细菌(photosynthetic bacteria)：进行光合作用的原核生物。分为5个不同的组，其中能放氧的1组是蓝细菌，其余4组是紫色细菌、绿硫细菌、绿色非硫细菌和太阳细菌，都在无氧条件下进行不放氧的光合作用。通常说的光合细菌不包括蓝细菌。

光合响应(photosynthetic response)：光合机构对环境条件变化的短期响应，只涉及酶活性和代谢反应速率迅速调节引起的变化，一般可以在几分钟或几小时内完成。

光合作用(photosynthesis)：绿色细胞利用太阳光能将无机物 CO_2 和水合成碳水化合物等有机物并释放 O_2 的一系列化学反应过程。它是地球上最重要的化学反应，生命的发动机，地球生物圈形成和运转的关键环节，生物演化的强大加速器，未来能源的希望。

光合作用的光诱导现象(light induction of photosynthesis):当植物从黑暗中进入光照环境或从弱光进入强光环境时,其光合速率逐渐增高并最后达到稳态。这个过程称为光合作用的光诱导期。它与气孔开放、参与光合作用的酶活化和光合碳还原循环中间产物的积累都需要一些时间有关。

光合作用的光抑制(photoinhibiton of photosynthesis):当光合机构吸收的光能超过光合作用所能使用的数量时光引起的光合效率(光合碳同化的量子效率和光系统 II 的光化学效率)降低现象。快恢复和慢恢复 2 种光抑制分别同热耗散过程加强和光合机构破坏相联系。

光合作用的季节变化(seasonal variation of photosynthesis):常绿植物叶片光合速率随着季节的交替而变化。通常是冬季最低,春季逐渐增高,夏季最高,而秋季逐渐降低,基本上是随着环境温度的变化而变化。

光合作用的磷限制(phosphorus limitation of photosynthesis):在光合作用中,碳还原循环以及后来的淀粉、蔗糖合成过程中形成大量含磷的糖磷酯,很容易导致无机磷不足,从而限制光合作用的高速进行。

光合作用的日变化(diurnal variation of photosynthesis):光合速率随着日时间的规律性变化。植物叶片的光合日进程有 2 种典型的方式:一是单峰的钟罩形;二是双峰的马鞍形,两峰之间的低谷即光合作用的午休现象。

光合作用的最适温度(optimal temperature of photosynthesis):钟罩形的光合作用温度响应曲线上光合速率最高值所对应的温度。C_3 植物的最适温度低于 C_4 植物的最适温度,通常分别为 25℃和 35℃。低温下生长的植物最适温度低于较高温度下生长的植物。

光合作用的作用光谱(action spectrum of photosynthesis):光合作用随光波长变化的图谱:光合速率、量子效率在红光区和蓝光区分别有一个高峰,两峰之间有一低谷;在远红光区急剧降低;在蓝峰以后随波长变短而迅速降低,但是在 400 nm 处远高于 700 nm 处。

光合作用模型(photosynthetic model):描述光合作用对环境因素变化的响应、与其他生理过程相互影响和随生长发育变化的数量关系的函数和方程或方程组。它包括经验模型和机制模型。前者不能进行外推或预报,后者具有普适性和预见性。

光合作用效率(photosynthetic efficiency):通过光合作用将光能转化并贮存在光合产物中的化学能与光合机构接受的光能总量之比。它涉及光合速率、光合量子效率、光系统 II 的光化学效率和光能利用率等不同术语,是植物生产力和作物产量高低的根本决定因素。

光呼吸(photorespiration):在光下叶肉细胞吸收 O_2 并释放 CO_2 的过程。它起源于碳同化关键酶 Rubisco 的加氧活性,产生的磷酸乙醇酸经过叶绿体、过氧化物酶体和线粒体的一系列反应,损失一部分光合固定的碳和能量,形成的磷酸甘油酸又回到光合碳还原循环。

光呼吸碳氧化循环(photorespiratory carbon oxidation cycle, PCOC):Rubisco 催化的 RuBP 加氧反应产物乙醇酸经过一系列反应部分氧化为 CO_2 释放,部分转化为磷酸甘油酸又回到光合碳还原循环中去,涉及叶绿体、过氧化物酶体和线粒体 3 种细胞器,包括 10 个反应步骤。

光呼吸支路(photorespiratory bypass):利用合成生物学技术构建的乙醇酸代谢途径。RuBP 加氧反应产生的乙醇酸通过引入叶绿体内的该途径或支路代谢释放 CO_2,提高 Rubisco 附近的 CO_2 浓度,并且因没有氨释放而节省氨重新同化所消耗的能量,导致作物光合速率和产量增加。

光化学猝灭(photochemical quenching):光化学反应引起的叶绿素荧光强度的降低。

光化学反应(photochemical reaction):2 个光系统(光系统 II 和光系统 I)反应中心的叶绿素 *a* 分子经过光子激发发生的电荷分离反应:原初电子供体叶绿素 *a* 分子失去电子被氧化,而原初电子受体(Phe 和 A_0)得到电子被还原。光合作用中仅有的光反应,也称原初反应。

光敏素(phytochrome, Phy):吸收红光和远红光(600~800 nm)的光受体,由来自叶绿体的生色团植物后胆色素(线式四吡咯)和一个由核基因编码的脱辅基蛋白的 N 端共价结合而成,在植物光形态建成和对光环境适应中发挥生命攸关的重要作用。

光能利用率或光能转化效率(light use efficiency; light conversion efficiency):单位土地面积上植物群体光合同化物所含能量与这块土地上所接受的

太阳能总量之比。C_3植物和C_4植物的最大或理论效率分别为4.6%和6.0%。在作物的幼苗阶段，由于叶片少，叶面积小，大量太阳能漏射到地面，效率低于1%。

光能自养细菌(photoautotrophic bacteria)：能够在光下利用硫化氢、氢或其他无机物(包括水)或有机还原剂将CO_2还原成有机物。光能自养细菌就是光合细菌。

光破坏(photodamage)：主要特征是光系统II核心蛋白D1蛋白的不可逆破坏或净损失，往往伴随着光系统II超分子复合体双体的单体化以及光饱和的电子传递速率的明显降低。

光破坏防御(photoprotection)：在长期演化过程中，植物体形成一系列防御过量光引起的光合机构破坏的策略或机制，例如快速的叶片运动、叶绿体运动和状态转换以及部分外周天线可逆脱离反应中心复合体等，慢速的天线变小、叶片形态结构及组成等变化。

光强(light intensity)：即光合作用上有效的光量子通量密度(photosynthetic photon flux density，*PPFD*)。

光生物反应器(photobioreactor)：一种人工光合作用系统，用于培养藻类和蓝细菌等微型光合生物，以便生产氢气或其他生物燃料。可以制作成管、螺旋、平板和罐等不同形状，往往具有太阳光收集装置和CO_2气体预处理设备，具有高效、优质等优点。

光受体(photoacceptor)：具有生色团的蛋白复合体。它们感知各自特定的光信号，开始信号转导，引起植物体对环境条件变化的响应如气孔运动、叶绿体运动、种子休眠与发芽和开花诱导等。例如感知红光和远红光的光敏素、感知蓝光的向光素等。

光物理过程(photophysical process)：光合机构中捕光天线复合体结合的色素分子吸收光能并向反应中心传递的过程。这是原初反应乃至整个光合作用过程得以高速率进行的必要前提。

光吸收截面(light absorption cross section)：为反应中心吸收、传递光能的天线复合体，其大小和多少决定光吸收截面大小。例如，在类囊体膜由状态1转变到状态2时，光系统II的一部分LHCII转移到光系统I，使其光吸收截面增大。

光系统(photosystem)：行使光能吸收、传递和转化及电子传递功能的色素蛋白超分子复合体，存在于蓝细菌、藻类和高等植物的类囊体膜和光合细菌的细胞质膜。有光系统I和光系统II两种不同的光系统。

光系统I或光推动的质体蓝素：铁氧还蛋白氧化还原酶(photosystem I or light-driven plastocyanin：ferredoxin oxidordeuctase)：植物叶绿体内类囊体膜上的一个超分子色素蛋白复合体，由十多个蛋白亚基和外周天线复合体组成，结合众多叶绿素和铁-硫簇等辅助因子，行使光化学反应并将电子从质体蓝素传递到辅酶II($NADP^+$)的功能。

光系统II或光推动的水：质体醌氧化还原酶(photosystem II，or light-driven water：plastoquinone oxidordeuctase)：类囊体膜上的另一个超分子色素蛋白复合体，单体由20多个蛋白亚基组成，包括核心复合体和天线复合体以及水裂解放氧的关键部位，主要功能是捕捉和利用光能进行原初反应以及从水到细胞色素b_6f复合体之间的电子传递。

光系统II捕光复合体(light-harvesting complexes of photosystem II)：光系统II捕光天线的统称，由核心天线CP43、CP47和外周天线LHCII组成。LHCII包括主要的LHCII三聚体和次要的LHCII单体，即CP24、CP26和CP29。

光系统II光化学效率(photosystem II photochemical efficiency)：光系统II每吸收一个光量子反应中心发生电荷分离的次数或传递电子的个数，常常用叶绿素荧光参数来表示。

光系统II实际的光化学效率(actual photochemical efficiency of photosystem II)：光合作用达到稳态时光系统II的光化学效率。用作用光下测定的最大荧光强度与稳态荧光强度之差同最大荧光强度的比值[$\Phi_{PSII}=(F'_M-F_S)/F'_M$]来表示。它随着作用光强度的增加而降低。

光系统II循环电子传递(photosystem II cyclic electron transport)：光系统II反应中心叶绿素分子受光激发电荷分离后，电子经过细胞色素b_{559}、叶绿素分子和类胡萝卜素分子导致$P680^+$还原。通过这个无效循环把过量的光能变成热散失，保护光合机构免于过量光引起的破坏。

光系统II最大(潜在)的光化学效率(maximum or potential photochemical efficiency of photosystem II)：充分暗适应叶片光系统II的光化学效率，常常用荧光参数可变荧光与最大荧光的比值(F_V/F_M)

表示，多种植物健康且没有遭受环境胁迫叶片的这个数值一般都在 0.85 左右。

光响应曲线(light response curve)：描述光合速率随光强变化而变化的曲线。C_3 植物的这条曲线由弱光下的直线段、中等光强下的曲线段和强光下大体上与横轴平行的直线段三部分构成。包含光下呼吸速率、光补偿点、量子效率和饱和光强等重要信息。

光抑制猝灭(photoinhibition quenching, qI)：由光合作用的光抑制引起的叶绿素荧光强度的降低。是叶绿素荧光非光化学猝灭(NPQ)中的慢组分，其暗弛豫时间往往长达几十分钟，主要与依赖叶黄素循环或光系统 II 可逆失活的热耗散和(或)光合机构的光破坏有关。

光质(light quality)：光的波长或波长组合。光质变化就是光的波长或其波长组成的变化。

光子(photo-quantum)：亦称“光量子”，粒子的一种，是光(一定波长或肉眼可见的电磁辐射)的能量量子，其能量与频率成正比，具有波粒二象性，稳定，不带电。

硅藻(diatom)：具有坚硬细胞壁(含二氧化硅)的藻类，一般为单细胞。含叶绿素、类胡萝卜素和硅藻素等，贮藏油类。靠分裂、同配生殖或卵式生殖繁殖。分布于淡水、海水和湿土中，是鱼类和无脊椎动物的食料，也是造成赤潮的主要藻类。

过冷(supercooling)：温度降低到液化点气态物质仍不液化，或到冰点以下液体还不结冰的现象。这是植物避免冰冻以利于生存的一种机制，对于芽原基、木质部薄壁组织和种子以及那些可能遭受短期 −10℃ 冰冻的植物如竹和棕榈等叶片都是重要的。

过量表达(over-expression)：通过大量表达某个基因以便探讨其编码酶或蛋白质功能或改良作物的一种分子生物学技术。

过氧化氢(hydrogen peroxide, H_2O_2)：最有价值的一种活性氧，弱氧化剂，具有第二信使功能和较长寿命，可以跨越细胞膜长距离移动。在过氧化物酶体内，乙醇酸氧化酶催化乙醇酸与分子氧作用形成乙醛酸和 H_2O_2。在乙醛酸体内，脂肪酸氧化也伴随 H_2O_2 的形成。

过氧化氢酶或触酶(catalase)：催化 H_2O_2 分解为水和氧分子的反应。

过氧化物酶(peroxidase, POX)：以过氧化氢为电子受体催化多种有机和无机底物氧化。

过氧化物酶体(peroxisome)：一种细胞器，被膜为单层，内含降解脂肪酸和氨基酸的酶类以及产生、利用 H_2O_2 的酶。光呼吸代谢的一些反应在这里发生。

果糖-1,6-二磷酸酯酶(fructose-1,6-bisphosphatase, FBPase)：催化 1,6-二磷酸果糖水解为 6-磷酸果糖的反应，光合碳还原循环的组成部分。

果糖-2,6-二磷酸(fructose-2,6-bisphosphate)：一种信号代谢物。它强烈抑制细胞质 1,6-二磷酸果糖酯酶，直接调节光合产物在蔗糖和淀粉之间的分配。2,6-二磷酸果糖水平的提高使淀粉合成增加，同时减少蔗糖的积累。

果糖-6-磷酸-2-激酶(fructose-6-phosphate-2-kinase)：催化果糖-6-磷酸形成果糖-2,6-二磷酸，后者抑制蔗糖合成，因此在蔗糖合成速率调节上发挥重要作用。

H

海绵组织(spongy parenchyma or spongy tissue)：叶肉的组成部分，同化组织。由形状多样、排列不规则、内含叶绿体的薄壁细胞构成，细胞间隙比较大。大多位于叶片的下层，即远轴面。

耗能代谢(energy-dissipating metabolism)：在光能过剩或环境胁迫条件下，增强的光呼吸、梅勒反应和叶绿体呼吸可以将过剩的电子传递给 O_2，并通过其产物的进一步代谢将过剩的光能、电子无害地耗散掉。

褐藻(brown alga, Phaeophyta)：藻类植物的一门，主要生活在海水中。藻体为多细胞，一些种类体型大，构造复杂，例如海带。载色体褐色，含叶绿素、胡萝卜素和藻岩黄素，贮存淀粉、甘露醇和油类。孢子、配子繁殖，多数种类有明显的世代交替。

禾本科(grass family, Poaceae)：属于单子叶植物纲。大多数为草本植物，少数为木本植物，例如竹类。茎秆分节，叶互生，花两性，果实常为颖果。陆地植物的主要成员，包括稻、麦、玉米和甘蔗等许多重要的经济作物。

合成生物学(synthetic biology)：运用多学科理论、技术方法，通过理论设计、工程改造和人工进化等手段，创造新型生物系统的一门新兴学科。

核苷酸(nucleotide)：核酸的基本结构单位，由

1 分子核苷和 1 个磷酸残基组成。

核酸(nucleic acid)：由许多核苷酸通过磷酸二酯键连接而成的一类生物大分子，是生命的最基本物质之一。根据所含成分不同，可分为脱氧核糖核酸(DNA)和核糖核酸(RNA)两类，对生物的生长、遗传和变异等起决定作用。

核糖体(ribosome)：由核糖核酸(RNA)和蛋白质组成的近球形颗粒，细胞内蛋白质合成的场所。

核酮糖-1,5-二磷酸羧化酶/加氧酶(ribulose-1,5-bisphosphate carboxylase/oxygenase, Rubisco)：光合碳同化的关键酶，催化底物 RuBP 和 CO_2 反应(羧化)，生成磷酸甘油酸。同时，它还催化 RuBP 和 O_2 反应(加氧)，生成磷酸甘油酸和磷酸乙醇酸，开始光呼吸代谢。

核酮糖-5-磷酸激酶(ribulose-5-phosphate kinase)：催化核酮糖-5-磷酸与 ATP 形成 RuBP (ribulose-1,5-bisphosphate)的反应，光合碳还原循环的组成部分。

核酮糖-5-磷酸表异构酶(ribulose-5-phosphate epimerase)：催化 5-磷酸木酮糖转化为 5-磷酸核酮糖，光合碳还原循环的组成部分。

核心天线复合体(core antenna complexes)：光系统 II 反应中心复合体的组成部分，包括分子质量分别为 47 kDa 和 43 kDa 的 2 个色素蛋白复合体(CP47 和 CP43)，将它们自身和与它们相联系的外周天线复合体 LHCII 吸收的光能传递给反应中心的叶绿素 *a* 分子，用于原初反应。

红降现象(red drop)：美国学者 R. Emerson 和 C. M. Lewis 于 1943 年发现在 680 nm 红光下绿藻光合作用最大量子效率急剧降低的现象。

红外辐射(infrared radiation)：介于红光和微波之间的电磁辐射，波长大于 700 nm，人眼不可见，有显著的热效应，对云雾等充满悬浮粒子的物质有较强的穿透能力，可用于医疗、通讯和遥感探测等。

红外辐射检测器(infrared radiation detector)：接受红外辐射并将其转化为便于测量的物理量的装置。

红外气体分析仪(infrared radiation gas analyzer, IRGA)：依据 CO_2 可以吸收特定波段红外辐射的原理设计制作的测量空气中 CO_2 浓度的仪器。发明于 1930 年代，是多种现代化光合气体分析系统的主要组成部分。

红藻(red alga)：大部分是海洋生物，含有叶绿素 *a* 和同蓝细菌类似的天线复合体——藻胆体。红藻和绿藻都是初级内共生体，起源于单个内共生事件，其他的藻大多是次级内共生事件的产物。

后胆色素(bilin)：一类生物色素，非金属化合物，是一个线式四吡咯分子。红藻和绿色植物中有这类色素。参与绿色植物光周期响应，也是红藻光合作用的辅助色素。

胡萝卜素(carotene)：一个含有共轭双键的烃长链分子，以其末端基团的不同而不同。

呼吸途径(respiratory pathway)：植物体内 2 条主要的呼吸途径是细胞色素途径和旁路(或交替)氧化酶(alternative oxidase, AOX)途径。这两者有此消彼长的相互协调现象。在 AOX 途径中产热，而不产生 ATP。它可能是糖过多、细胞色素途径被饱和时处理过剩电子的方法。

呼吸作用(respiration)：细胞内一个重要的基础代谢过程，将碳水化合物等有机物氧化分解为 CO_2 和水，同时为细胞的生命活动提供能量(ATP)和生物合成的碳骨架。在这些反应中以 O_2 为最终电子受体。因此，整个过程表现为 O_2 吸收和 CO_2 释放。

琥珀酸脱氢酶(succinodehydrogenase, SDH)：参与三羧酸循环的一种酶，催化琥珀酸氧化成延胡索酸，通过醌受体将电子传递给呼吸电子传递链，是由黄素蛋白、铁硫中心和 2 个疏水亚基组成的杂四聚体。

花环(克兰兹)结构(Kranz anatomy)：在 C_4 植物叶片中维管束外一层比较大的鞘细胞被叶肉细胞包围，从叶片横切面上看形似花环，是 C_4 植物特有的叶片解剖结构。两类细胞(维管束鞘细胞和叶肉细胞)之间通过许多胞间连丝相联系，允许多种代谢物通过。

花色素苷(anthocyanin)：一种以糖为配体的多酚化合物，水溶性的次生代谢物，使植物呈现蓝、紫和红色，帮助植物传授花粉和传播种子，阻碍紫外辐射，清除自由基，以热的形式耗散激发能。食物中的这类物质通过抗氧化防病，有益人体健康。

花药黄质(antheraxanthin, A)：叶黄素的一种，分子中含单环氧，参与叶黄素循环。

化能自养生物(细菌)(chemoautotrophic organisms)：生活在含有可以氧化的硫化物、铁离子或甲烷等介质中的无色有机体，可以在黑暗中通过与放能的化学反应相耦联，将 CO_2 还原成有机物，一般需要氧。

化石燃料(fossil fuels)：由于自然作用保存于地层中的古生物遗体，经过长久的地质作用而形成的可燃烧的物质，例如煤炭、石油和天然气等。

化学渗透学说(chemiosmotic hypothesis)：英国生物化学家米切尔(P. A. Mitchell, 1920—1992)于1960年代初提出。这个学说假设：需要有不能透过离子的膜，膜上有跨膜传递质子的氧化还原系统和ATP酶复合体，跨膜质子动势(电位差和质子浓度差)推动ATP合成。

化学中间物假说(chemical intermediates hypothesis)：E. C. Slater于1950年代提出，用于说明氧化磷酸化机制。

还原型/氧化型谷胱甘肽比率(reduced/oxidized glutathione ratio, GSH/GSSG)：细胞内氧化还原状态指标。强光下该比率明显降低，而在弱光下这个比率增高。它是细胞内普遍存在的一种信号，起开关作用，正调或负调酶活性，参与信号传导。

环境胁迫(environmental stress)：不利于植物生长发育的环境条件，包括非生物胁迫(强光、紫外辐射、干旱、盐渍、水淹、高温、低温和营养缺乏及空气或重金属污染等)和生物胁迫(病原体侵染、昆虫或动物取食和杂草竞争等)，能够降低光合作用与产量。

黄素单核苷酸(flavin mononucleotide, FMN)：电子传递体黄素氧还蛋白的辅基。

黄素蛋白(flavodiiron)：蓝细菌内一种具有防御光破坏功能的蛋白。它将质体醌库的电子传递给 O_2，产生水而不是活性氧，降低电子传递链的还原态，防御光系统II的光破坏。

黄素腺嘌呤二核苷酸(flavin adenine dinucleotide, FAD)：某些氧化还原酶(属于需氧脱氢酶)的辅酶，含有黄素。FAD和 $FADH_2$ 分别是其氧化型和还原型。

黄素氧还蛋白(flavodoxin, Fld)：在铁有限时可以替代Fd接受来自光系统I的电子，完成 $NADP^+$ 还原。它的辅基是黄素单核苷酸(FMN)，不含铁。蓝细菌和一些藻类能够合成同功能的Fld，用以对付因缺铁导致的Fd含量降低，防止因活性氧产生而引起的光破坏。

黄绿叶突变体(mutant with yellow-green leaves)：水稻中一种外周天线复合体LHCII和叶绿素含量明显减少的突变体，叶片呈黄绿色。叶片光合速率对光强从饱和到有限转变的响应曲线为L型，而其野生型为V型。

活化剂或激活剂(activator)：能够提高酶活性的物质，大部分为离子或简单的有机化合物，例如磷是果糖-6-磷酸-2-激酶(其催化反应的产物果糖-2,6-二磷酸抑制蔗糖合成)的活化剂。锰离子是苹果酸酶和磷酸烯醇式丙酮酸羧激酶的活化剂。

活化水平(activation level)：Rubsco体外初始活性与最大活性或总活性之比。前者为光下叶片粗提液的活性，后者为粗提液与 CO_2 和 Mg^{2+} 一起保温一段时间(酶活化即氨基甲酰化过程)后的活性。

活性氧(active oxygen or reactive oxygen species, ROS)：化学性质比分子 O_2 活跃的不同形态氧的统称，包括单线态氧($^1O_2$)、超氧化物自由基($O_2^{-\cdot}$)、过氧化氢(H_2O_2)和羟基自由基(HO·)及臭氧(O_3)等，是植物代谢不可避免的副产物，也是环境胁迫产物，有破坏性，也是信号分子。

活性氧清除(active oxygen scavenging)：植物细胞中活性氧清除系统主要包括超氧化物歧化酶、过氧化氢酶、谷胱甘肽还原酶、抗坏血酸还原酶等酶系统和小分子抗氧化剂谷胱甘肽、抗坏血酸和酚类化合物等。

J

基础代谢(basic or primary metabolisms)：植物等生物体生存和生长发育所必需的物质代谢过程，包括碳代谢、氮代谢、磷代谢、硫代谢、脂代谢和核酸及激素代谢等。

激发能(excitation energy)：使分子或原子处于激发态(高于基态)的光能或其他粒子相互作用的能量。激发态是其中的电子获得能量的结果。

激发能满溢(excitation energy spillover)：2个光系统之间激发能分配变化的一种方式，比另一种方式光吸收截面的变化快。

激子(exciton)：一对相互束缚在一起的电子-空穴对。

积光叶运动(light-accumulating leaf movement)：叶片增加光吸收的运动，平面与光线垂直，增加光吸收和提高叶温，从而加强光合作用。叶绿体也会发生此类运动。

极化电压(polarization voltage)：氧电极的工

作电压。当两极间加上 0.7 V 左右的极化电压时，银阳极氧化放出电子，而透过薄膜的氧在铂阴极得到电子还原，两极间产生的扩散电流经控制器转换成电压被记录仪记录下来，电流与氧浓度有良好的线性关系。

级联反应(cascade)：在一系列连续事件中，前面的事件能激发后面事件的连锁反应。例如，在植物信号转导中，第二信使钙离子等通过活化蛋白激酶使靶蛋白磷酸化，引发一系列反应，导致信号放大。

基本粒子(primary particles)：即粒子，泛指比原子核小的物质单元，包括电子、中子、质子和光子以及在宇宙射线和高能物理实验中发现的一系列粒子。由于一些质量较大的粒子也有内部结构，并不是物质的最小构成单位，故不再采用“基本粒子”之名。

基粒(grana)：由多个类囊体垛叠而成。关于基粒形成的意义，目前还不大确定，也许是植物适应阴生环境的结果，使阴生环境中的光合作用更有效。

基粒片层(grana lamellae)：类囊体膜的一种，由多个类囊体垛叠而成的基粒膜系统，上面镶嵌许多光系统Ⅱ色素蛋白复合体。

季米里亚捷夫(Kliment Arkadevitch Timiryazev, 1843—1920)：俄罗斯著名植物生理学家，确定叶绿素吸收光谱的红色最大值，断言叶绿素是光合作用的敏化剂，提出叶绿素吸收光引起自身化学变化，导致光合作用进一步反应，对光合作用特别是叶绿素研究做出重要贡献。

己糖激酶(hexokinase)：催化己糖磷酸化反应的酶，参与细胞内信号转导。

基因表达(gene expression)：遗传信息从核酸(DNA 和 RNA)到蛋白质的传递过程，包括转录、翻译和修饰等，即根据 DNA 合成 mRNA(转录)，然后依据模板 mRNA 合成氨基酸链(多肽、翻译)，最后多肽经过加工(修饰)与折叠等成为具有三维结构和辅基的蛋白质。

基因编辑或基因组编辑(gene editing or genome editing)：对生物体特定目标 DNA 序列进行修饰的一种基因工程技术。它使用核酸内切酶引起特定基因组区域的双链断裂，然后细胞通过同源重组进行修复，导致碱基的插入、缺失(即基因敲除)或替换等。用于基因功能研究与作物改良。

基因编辑植物(gene-editing plant)：利用基因编辑技术得到的植物，例如敲除蜡质基因的水稻，直链淀粉含量大为减少。与获得转基因植物的方法相比，基因编辑的方法更高效、更精准和更安全，基因编辑植物后代无外源 DNA 成分，不需要像转基因作物那样接受监管。

基因沉默(gene silencing)：某种原因或某种技术(如 RNA 干扰即 RNAi 技术)处理导致某个或某些基因不表达。

基因工程或遗传工程(gene engineering or genetic engineering)：按照分子生物学原理设计的方案，在体外通过酶切、连接等生物化学反应，把含外源基因的 DNA 片段与载体 DNA 重组 DNA 分子，然后转入受体细胞，使外源基因在其中表达，克服种属限制，创造具有预想特征的新生物体。

基因敲除(gene knockout)：也称基因剔除，用 DNA 重组技术从基因组上剔除或破坏靶基因的结构，使其丧失功能，观察由此产生的表型改变，从而确定靶基因的功能。

基因突变(gene mutation)：由 DNA 碱基对置换、增添或缺失引起的基因结构变化，也称“点突变”。自然发生的为“自发突变”，用物理因素或药剂人工引发的为“诱发突变”。突变导致生物体一些功能丧失，甚至死亡，也有益于人类或物种生存的结果。

基因组(genome)：生物细胞中的全部遗传物质。原核生物细菌的基因组仅由一个染色体构成，而真核生物基因组则由多个染色体构成，此外还有具备自主复制能力的细胞器基因组，例如叶绿体基因组和线粒体基因组。

基因组学(genomics)：研究基因组组成、结构和功能的学科，包括结构基因组学和功能基因组学。前者研究基因组的组织结构，包括构建其物理图，确定基因在图上的位置以及测定核苷酸序列等；后者则分析基因组内基因和非基因序列的功能。

加氧作用(oxygenation)：将氧引入化合物的作用，也称氧合作用，由加氧酶(oxygenase)催化。例如，在有氧条件下，核酮糖-1,5-二磷酸羧化酶/加氧酶(Rubisco)在催化 RuBP 羧化的同时，还催化 RuBP 的加氧反应，产生磷酸乙醇酸，导致光呼吸代谢。

钾通道(potassium channel)：从事钾离子(K^+)跨膜运输的膜蛋白，例如 K^+-ATP 酶。钾通道广泛存在于薄壁组织细胞和保卫细胞的细胞质膜、液泡膜，在钾离子从根系到茎、叶等器官的运输过程和气孔开关运动中发挥重要作用。

假循环光合磷酸化(pseudo-cyclic photophosphorylation)：与假循环电子传递相耦联，实际上是以氧为电子受体的非循环光合磷酸化，但是没有NADPH形成相伴随。

间断光(intermittent light)：断断续续的光，在光合作用研究中为某种目的而使用。

间质(stroma)：叶绿体被膜内的溶质，含有类囊体膜系统(基粒类囊体膜和间质片层膜)和催化光合碳同化反应的酶系统。

间质片层(stroma lamellae)：由非垛叠的间质类囊体构成的膜系统，与许多基粒相连接，分布于基粒片层之间，膜上镶嵌许多光系统Ⅰ色素蛋白复合体。

检测光(measuring light)：叶绿素荧光分析中使用的一种光，光子通量密度 0.1 $\mu mol \cdot m^{-2} \cdot s^{-1}$。给充分暗适应的叶片等照射这种光后叶片发射的荧光强度为初始荧光(F_O)。由于它是强度极弱的调制光，几乎不能或希望不能引起明显的光化学反应，以便检测 F_O。

检压法(manometric method)：通过测定密闭系统内空气压力变化检测生物材料呼吸作用活性和光合作用活性的方法。1970 年代以后植物生理学研究中已经很少使用。

结合改变机制(binding change mechanism)：美国生物化学家博耶(P. D. Boyer)于 1970 年代末提出的 ATP 合成分子机制。该机制有 2 个要点：一是能量用于促进 ADP 和 Pi 与酶结合及紧密结合的 ATP 从 ATP 合酶上释放出来；二是 3 个催化位点顺序、协同地运转。

解耦联(uncoupling)：光合作用或呼吸作用的电子传递不再伴随导致 ATP 合成的磷酸化作用。氯化铵(NH_4Cl)等就具有这种解耦联作用，被称为解耦联剂。它们能够在能量被用于 ADP 磷酸化之前耗散电子传递过程中伴随产生的跨类囊体膜质子梯度。

角质层(cuticle)：植物体地上部茎、叶、花、果实和种子表面的一层透明的膜，是表皮细胞分泌的一种不溶于水的脂肪角质，具有防止过量的水分散失和微生物酶解的保护作用。

进化系统树(evolutionary system tree or phylogenetic tree)：亦称系统发生树、演化树，表明具有共同祖先的各物种间的演化关系。是一种亲缘分支分类方法，其中的每个节点代表其各分支的最近共同祖先。

经济产量(economic yield)：单位土地面积上栽培作物主要产品总鲜重或风干重，例如禾本科作物水稻、小麦等的谷粒质量，大豆、油菜等的种子质量，甘蔗茎秆质量，马铃薯块茎和甘薯、甜菜块根质量，以及棉花、麻类的纤维质量等。

经济系数(economic coefficient)：作物的经济产量(谷粒、种子和块茎、块根等)与生物学产量之比。因难以完全收集作物根系，人们常用作物地上部收获总量代替生物学产量计算该系数，即“收获指数”。生物学产量和这个指数越高，经济产量越高。

净光合速率(net photosynthetic rate)：也称表观光合速率，是粗或总光合速率与光呼吸速率、呼吸速率的代数和，表明光合能力大小的重要生理指标，常用单位时间、单位叶面积或单位叶绿素或单位叶片干重吸收的 CO_2 或释放的 O_2 摩尔数或积累的干物质质量来表示。

景天庚酮糖二磷酸酯酶(sedoheptulose-1,7-bisphosphate phosphatase, SBPase)：催化 1,7-二磷酸景天庚酮糖水解为 7-磷酸景天庚酮糖的反应，光合碳还原循环的组成部分，RuBP 再生阶段的一步反应。

景天酸代谢(crassulacean acid metabolism, CAM)：植物生理学家 Meirion Thomas(1894—1977)于 1946 年重新发现，称为“景天科植物酸代谢”。这种代谢在多科植物运转：夜间气孔开放，CO_2 进入叶片，被同化形成苹果酸积累在液泡中；白天苹果酸离开液泡，脱羧释放的 CO_2 被 Rubisco 催化固定形成磷酸甘油酸。

橘色类胡萝卜素蛋白(orange carotenoid protein, OCP)：蓝细菌的光强传感器和能量耗散的诱导者，是唯一由光活化的蛋白。强蓝绿光诱导 OCP 发生结构变化，成为红色的活化型，与藻胆体(phycobilisome, PBS)核心作用，增加天线水平的热耗散，减少输入反应中心的能量。

聚丙烯酰胺凝胶电泳(polyacrylamide gel electrophoresis, PAGE)：以聚丙烯酰胺凝胶为支持介质的区带电泳，广泛应用于分离、鉴定光合机构的多种蛋白质和蛋白复合体，涉及光合作用研究的方方面面，例如捕光调节、状态转换和蛋白磷酸化等。

聚乙烯或聚四氟乙烯（polyethylene or polytetrafluoroethylene）：一种可以用于覆盖氧电极表面（避免反应介质对电极反应的干扰）的塑料薄膜（厚 15～20 μm）。

蕨类植物（ferns，Pteridophyta）：亦称羊齿植物，是孢子植物，也是原始的维管植物。

K

卡尔文（M. Calvin，1911—1997）：美国化学家，因阐明植物光合作用的碳同化途径而荣获1961 年度诺贝尔化学奖。

卡尔文-本森循环或光合碳还原循环（Calvin-Benson cycle or photosynthetic carbon reduction cycle，PCRC）：旧称卡尔文循环，也称还原性戊糖磷酸循环，光合碳同化的基本途径，包括 RuBP 羧化、磷酸甘油酸还原和 RuBP 再生 3 个阶段，共 13 步反应。因其第一步反应羧化固定 CO_2 的产物磷酸甘油酸具有 3 个碳原子，又被称为 C_3 循环或 C_3 途径。

开放系统（open system）：用于光合碳同化测定的一种气路系统。测定时气泵推动空气先后进入系统内叶室和红外线 CO_2 气体分析仪（IRGA），最后空气离开分析仪，进入系统外的空气中。

抗冻蛋白（antifreeze protein）：低温诱导的越冬植物叶片内质外体中积累的一种蛋白质，能够防止冰核形成，提高耐冻性。脱水蛋白（dehydrin）、冷激蛋白和 RNA 结合蛋白也有类似作用。

抗坏血酸（ascorbic acid，vitamin C）：植物细胞内一种小分子抗氧化剂，参与多种氧化还原反应。

抗坏血酸-谷胱甘肽循环（ascorbic acid-glutathione cycle）：由抗坏血酸和谷胱甘肽等物质之间的氧化还原系列反应构成的循环。它不仅可以维持细胞和叶绿体内合适的氧化还原状态，还参与氧化还原信息的传递，防御光氧化破坏。

抗坏血酸过氧化物酶（ascorbate peroxidase，APX）：催化 H_2O_2 与抗坏血酸（AsA）作用形成单脱氢抗坏血酸（MDA）和水，水-水循环的一步反应。

抗坏血酸还原酶（ascorbate reductase，AR）：催化单脱氢抗坏血酸还原（monodehydroascorbate reductase，MDAR）和脱氢抗坏血酸还原（dehydroascorbate reductase，DHAR）的酶，催化水-水循环中的两步反应。

抗菌素 A（antimycin A）：细胞色素 bc_1 复合体的特异性抑制剂，抑制细胞色素 b 和细胞色素 c_1 之间的电子传递，是灰链丝菌产生的一种抗生素。

抗氧化剂（antioxidants）：比其他物质更容易被氧化的物质，即还原型化合物，能够通过非酶反应清除活性氧，抑制或延缓其他物质的氧化破坏，例如抗坏血酸、谷胱甘肽、类胡萝卜素和生育酚、类黄酮与花色素苷等酚类物质。

抗氧化酶（antioxidase）：催化清除活性氧反应的酶，主要有超氧化物歧化酶、抗坏血酸过氧化物酶、过氧化氢酶、谷胱甘肽还原酶和脱氢抗坏血酸还原酶等，可以减轻或防止活性氧对生物膜和生物大分子的氧化破坏。

可变荧光（variable fluorescence，F_V）：暗适应叶片最大的可变荧光强度，即最大荧光与初始荧光之差（$F_V=F_M-F_O$）。

可持续发展（sustainable development）：科学发展观的基本要求和核心内容。关于自然、科学技术、经济与社会协调发展的理论和战略，既满足当代人的需求，又不损害后代人的生存和发展。最早出现于 1980 年国际自然保护同盟的《世界自然资源保护大纲》。

可再生能源（renewable energy sources）：可以不断重新产生的能源，包括太阳能、水力发电、风力发电、地热、氢气和生物质（含有化学能形式的太阳能的生物材料）等，而石油、天然气和煤及原子核能则是不可再生的能源，正在日渐枯竭。

寇克效应（Kok effect）：B. Kok 于 1940 年代末观察到，弱光下光合碳同化的量子效率突然降低。这个现象后来被称为"寇克效应"。它包括 3 个组成部分，其中 2 个涉及呼吸作用随光强增高而降低，第三个是叶绿体内 CO_2 浓度降低引起的光合量子效率下降。

空气污染（air pollution）：工业生产、燃料燃烧和汽车运行等产生的有害化合物引起的空气质量恶化。主要污染物有气态的二氧化硫、氮氧化物（NO_x）、碳氧化物（CO_2、CO）和氟化氢以及固态的微粒物（PM）、源于 NO_x 等的次生污染物臭氧（O_3）。

控制系数（control coefficiency）：表明一些因素对光合作用控制作用大小的数值。I. E. Woodrow 及其同事创立了估计光合作用中边界层、气孔、叶肉和Rubisco的物流控制系数方法。通常强光下C_3植物的Rubisco控制系数为0.6～0.8,控制系数接近1的还有景天庚酮糖-1,7-二磷酸酯酶。

跨类囊体膜质子梯度(transthylakoid membrane proton gradient, ΔpH):光下形成的类囊体膜内外质子浓度差,类囊体外叶绿体间质中偏碱,而类囊体腔内偏酸。既能够用于合成ATP,又是反馈去激发或高能态猝灭(qE)和依赖叶黄素循环等的多种能量耗散机制的诱发者。

快速闪光(quick flash):强度很高(远高于光合作用的饱和光强)、持续时间很短的光。R. Emerson和W. Arnold于1932年在重复闪光实验中发现光合作用过程包括光、暗2个阶段,前者极短,后者较长。P. Joliot等于1960年代末在闪光实验中发现光合放氧的4振荡周期。

L

拉瓦锡(A. L. Lavoisier, 1743—1794):法国化学家,O_2的发现者。

蓝细菌(cyanobacteria):是多种多样的一大组可以放氧的光合细菌,旧称蓝绿藻。蓝细菌没有细胞核和叶绿体,是原核生物,其光合作用机制类似真核光合生物,可以生活在几乎一切有光的环境里,现在对全球光合作用初级生产力的贡献大约为40%。

酪氨酸残基(tyrosine residue, Y_Z, Tyr161):光系统II的次级电子供体,光系统II反应中心复合体核心蛋白D1蛋白组成部分第161位酪氨酸残基,它的侧链将OEC与P680联系起来。Y_Z将水裂解释放的电子传递给在原初反应中失去电子的$P680^+$,使其复原,进行下一轮原初反应。

类胡萝卜素(carotenoids):光合生物的辅助色素,具有为光合作用反应中心吸收(以蓝紫光为主)、传递光能和保护光合机构免于光破坏的功能。包括胡萝卜素和叶黄素,是含有共轭双键的烃长链,以其末端基团的不同而不同。

类黄酮(flavonoids):植物体内一类为数众多的有色酚类化合物,包括黄酮、黄酮醇和花色素苷等亚类,植物叶片、花和果实的红、粉、蓝、紫等颜色大都是它们呈现的,其抗氧化特性对植物体具有重要保护作用。

类囊体(thylakoids):光合能量转化的重要部位,由双层脂质膜围成的扁平囊状体,膜上镶嵌光系统I、光系统II、细胞色素b_6f和ATP合酶等蛋白复合体及电子传递体,行使光合电子传递及其耦联的光合磷酸化功能,因此类囊体膜也称"光合膜"。

类囊体膜(thylakoid membrane):由脂质构成的双层分子膜,膜上镶嵌蛋白复合体,参与能量转化,主要是2个光系统、ATP合酶和细胞色素b_6f复合体。

类囊体腔(thylakoid lumen):类囊体膜内的空间,光系统II超复合体的组成部分放氧复合体(OEC)位于类囊体腔一侧,裂解水时将O_2和H^+释放到腔内。腔内质体蓝素(PC)游动在细胞色素b_6f和光系统I复合体之间,将来自光系统II的电子传递给光系统I。

冷害(chilling injury):零度以上低温对植物光合作用、生长发育和产量形成的不良影响,或因生育延迟、粒重降低而减产,或因生殖器官形成及功能受阻而绝收,是农业气象灾害之一。

冷敏感植物(cold sensitive plant):低温下光合作用和生长发育遭受严重不良影响的植物,例如黄瓜、番茄、烟草和水稻等。这类植物膜脂饱和脂肪酸水平高,在10～15℃膜就发生物理相变,从灵活的液晶态向固态的凝胶转变,形成膜空洞,膜完整性丧失。

李继侗(Li Jitong, 1897—1961):中国植物学家,江苏兴化人。历任南开大学、清华大学等校教授,内蒙古大学副校长,中国科学院院士,国内最早的光合作用研究者。早年学习森林生态学,后致力于植物生理学、植物生态学与植物群落学研究。

量子需要量(quantum requirement):量子效率的倒数,即每同化1分子CO_2或每合成1分子ATP所需要的光量子数。光合碳同化的量子需要量为8～12;殷宏章及其同事于1961年首次报告每合成1分子ATP所需要的光量子数为4～6。

量子力学/分子力学(quantum mechanics/molecular mechanics, QM/MM)模型:描述光合水裂解分子机制的一个计算模型,处于S_1态的OEC结合2个底物水分子;在S态循环中积累4个氧化当量;第4个氧化当量的积累是O—O键即O_2形成所必需;当OEC从S_4回到S_0时,O_2被释放,该模型与许多实验结果相一致。

临界温度(critical temperature):物质处于临界状态时的温度。当气体温度高于这一温度时,无论施加多大压强,气体也不会液化。不同物质的临界温度不同。物质的气液两相平衡共存的状态为临界状态。这时液体和它的饱和气密度相同,分界面消失。

磷酸丙糖使用限制(triose-phosphate use limitation):光饱和光合速率的3个限制因子(另2个是RuBP羧化限制和RuBP再生限制)之一,常在高CO_2浓度下发生。在光合速率(A)-胞间CO_2浓度(C_i)曲线上,当A不再随C_i增加而增高甚至降低时,表明发生了这种限制。

磷酸丙糖异构酶(triose-phosphate isomerase):催化3-磷酸甘油醛即磷酸丙糖转化为磷酸双羟丙酮,光合碳还原循环的第四步反应。

磷酸丙糖/磷酸甘油酸穿梭系统(phosphotriose/phosphoglycerate shuttle system):由跨叶绿体内被膜的磷酸丙糖/无机磷转运蛋白(TPT)、间质和细胞溶质内的磷酸甘油酸激酶、3-磷酸甘油醛脱氢酶组成。TPT与细胞溶质内的无机磷或磷酸甘油酸交换,将磷酸丙糖输入细胞溶质或将磷酸甘油酸输入叶绿体。

磷酸甘油醛(glyceraldehyde 3 - phosphate):即磷酸丙糖,光合作用中形成的第一个单糖分子。

磷酸甘油酸(3 - phosphoglycerate or phosphoglyceric acid, PGA):光合碳还原循环的第一步反应——核酮糖-1,5-二磷酸羧化酶/加氧酶催化的羧化反应产物。

磷酸甘油酸还原(3 - phosphoglycerate reduction):光合碳还原循环的第二阶段,包括2步反应:首先,羧化产物磷酸甘油酸在3-磷酸甘油酸激酶的催化下,磷酸化成1,3-二磷酸甘油酸。然后,1,3-二磷酸甘油酸在3-磷酸甘油醛脱氢酶催化下,被NADPH还原成3-磷酸甘油醛。

磷酸甘油醛脱氢酶(phosphoglyceraldehyde dehydrogenase):催化1,3-二磷酸甘油酸还原成丙糖磷酸即磷酸甘油醛的反应,需要还原力NADPH参加,光合碳还原循环中还原阶段的反应。

磷酸甘油酸激酶(phosphoglycerate kinase):催化磷酸甘油酸磷酸化从而形成1,3-二磷酸甘油酸的反应,需要ATP参加,光合碳还原循环中还原阶段的反应。

磷酸果糖激酶(phosphofructokinase; PFK):又称6-磷酸果糖激酶,催化果糖-6-磷酸与ATP形成果糖-1,6-二磷酸。在糖酵解中和己糖激酶、丙酮酸激酶一样催化的都是不可逆反应,这3种酶都有调节糖酵解的作用。

磷酸果糖醛缩酶(aldolase):催化磷酸双羟丙酮和磷酸丙糖转化为1,6-二磷酸果糖,光合碳还原循环的第五步反应。

磷酸核糖异构酶(ribose - 5 - phosphate isomerase):催化5-磷酸核糖转化为5-磷酸核酮糖,光合碳还原循环的第十二步反应。

磷酸核酮糖表异构酶(ribulose - 5 - phosphate epimerase):在光合碳还原循环中参与核酮糖-1,5-二磷酸再生的一种酶,催化5-磷酸木酮糖转化为5-磷酸核酮糖。

磷酸核酮糖激酶(ribulose - 5 - phosphate kinase):催化5-磷酸核酮糖转化为1,5-二磷酸核酮糖(RuBP),光合碳还原循环的最后一步即第十三步反应。

磷酸六碳糖异构酶(hexosephosphate isomerase):催化6-磷酸果糖转化为6-磷酸葡萄糖,淀粉合成过程中的一步反应。

磷酸葡萄糖变位酶(phosphoglucomutase):催化6-磷酸葡萄糖转化为1-磷酸葡萄糖,淀粉合成过程中的一步反应。

磷酸葡萄糖异构酶(hexosephosphate isomerase):细胞质中的一种酶,催化6-磷酸果糖转化为6-磷酸葡萄糖,蔗糖合成过程中的一步反应。

磷酸烯醇式丙酮酸(phosphoenolpyruvate, PEP):磷酸烯醇式丙酮酸羧化酶(PEPC)的底物。

磷酸烯醇式丙酮酸羧化酶(PEPC):碳同化C_4途径的关键酶,催化磷酸烯醇式丙酮酸与碳酸氢根离子(HCO_3^-,叶肉细胞内的碳酸酐酶催化,由CO_2和水形成)作用生成草酰乙酸。

磷酸烯醇式丙酮酸羧激酶(phosphoenolpyruvate carboxykinase, PEP-CK):催化草酰乙酸与ATP作用生成磷酸烯醇式丙酮酸,放出CO_2,C_4途径中催化四碳双羧酸脱羧的3种酶之一。存在于C_4植物PEP-CK亚型维管束鞘细胞的细胞质内。在黑暗中它是磷酸化的失活型,而在光下去磷酸化成为活化型。

磷酸乙醇酸(phosphoglycolate):光呼吸的底物,起源于Rubisco的双功能特性:在催化RuBP羧化的同时,也催化RuBP加氧,氧原子进入加氧反应的产物。

磷限制(phosphorus limitation):因叶绿体内无机磷不足而导致的光合速率降低。

磷转运蛋白(phosphate transporter)：叶绿体内被膜上的一种膜蛋白，参与一些代谢物如磷酸甘油酸、磷酸甘油醛和无机磷的跨膜运输。

硫氧还蛋白(thioredoxin)：一种参与氧化还原反应的蛋白。它是调节酶的“眼睛”，酶通过这个眼睛识别光与暗。硫氧还蛋白在光下是还原(巯基)型，而在黑暗中则是氧化(二硫键)型。

绿色革命(green revolution)：1950年代和1960年代一些农业科学家培育的作物高产变种和相应的农业管理技术推广，导致世界谷物产量成倍增加的变革。这是第一次绿色革命，要点是改善了作物株型。第二次绿色革命的核心或者关键是改善叶片的光合效率。

绿色体(chlorosome)：不放氧的绿硫细菌和绿色非硫细菌的捕光天线复合体，是细胞质膜边缘的细胞器。单层脂质膜内包含1 000多个细菌叶绿素分子。它通过含有细菌叶绿素的底板、核心天线与反应中心相连接。

绿色植物(green plants)：含有叶绿素、叶绿体的所有植物，包括低等植物藻类、地衣和高等植物苔藓、蕨类与种子植物。高等植物大多是陆生植物，是具有不同组织和根、茎、叶和花及果实等不同器官的多细胞生物。

绿藻(green alga, *Chlamydomonas reinhardtii*)：含有叶绿素 *a* 和叶绿素 *b*，分布最广，特性最接近高等植物，在演化过程中是高等植物的前体。光合作用研究中常用的植物材料。

陆生植物(terrestrial plants)：陆地上生长的植物。大约在5.2亿年前陆地上开始出现两栖型似苔藓植物，个体细小，生活在潮湿地带，4.3亿年前植物完成登陆过程，出现真正的陆生植物，具有行支持、疏导作用的维管束和防止水分过多散失的角质层、气孔。

M

满溢(spillover)：通过状态转换平衡2个光系统(光系统II和光系统I)激发能分配的一种调节方式。当光系统II吸收的光能多于光系统I时，前者将一部分光能直接传递给附近的后者。另一种方式是一部分天线复合体从前者转移到后者，从而增加后者的光能吸收。

梅勒反应(Mehler reaction)：A. H. Mehler于1951年发现，光合作用中水裂解放出的氧分子可以直接从光系统I还原侧的Fd接受电子，被还原成超氧阴离子。这个反应也被称为假循环电子传递。

酶活化水平(activation level)：Rubsco的体外初始活性与最大活性(充分活化后的总活性)之比。照光后该比值随光强增高而提高：一是Rubsco活化酶(RCA)调节氨基甲酰化状态，二是使与Rubsco结合的天然抑制剂糖磷酯释放，从而使Rubsco活化。

酶系统(enzyme system)：生物体内催化物质代谢系列反应的多种酶的统称。作为叶绿体四大组成部分的酶系统由叶绿体间质内催化光合碳还原循环系列反应的多种酶组成，包括核酮糖-1,5-二磷酸羧化酶/加氧酶、磷酸核酮糖激酶和磷酸甘油醛脱氢酶等。

锰簇(Mn_4CaO_5)：放氧复合体的核心组分。它的5个氧原子作为氧桥连接5个金属离子。由于键长差别，Mn_4CaO_5不是一个理想的对称体，而是类似一个歪曲的椅子。它连接的4个水分子包括放氧的底物。

锰稳定蛋白(OEC33)：通过某些处理去掉这个蛋白会导致放氧复合体Mn^{2+}的损失和光合放氧活性的丧失。它具有碳酸酐酶(CA)活性，能催化CO_2和水形成HCO_3^-，但是它与CA没有氨基酸序列的同源性。

膜蛋白(membrane protein)：横跨脂双层膜的蛋白，其疏水的氨基酸侧链在膜内，而亲水的氨基酸侧链在膜外。参与能量转换的是光系统I、光系统II、ATP合酶和细胞色素 b_6f；参与光能吸收与传递的有LHCI和LHCII；另外还有几种参与跨膜物质运输的转运蛋白。

茉莉酸(jasmonic acid, jasmonate, JA)：一种植物激素，植物对胁迫响应的重要信号分子。

膜相变(membrane phase transition)：随着温度降低，生物膜的脂双层由液晶相转变为固胶相，后来的相分离妨碍生物膜维持细胞内合适的离子和代谢物水平，导致细胞死亡。J. M. Lyons于1973年用这个生物膜相变假说解释植物冷害的分子机制。

膜脂肪酸不饱和水平(membrane fatty acid unsaturated level)：生物膜脂的不饱和脂肪酸(碳链上含有不饱和双键)含量。低温下生长的植物膜脂中不饱和脂肪酸水平提高，有助于防止低温下膜相变、膜破坏。相反,降低膜脂中脂肪酸不饱和水平可以改善高温下植物的光合作用与生长。

膜脂过氧化(membrane lipid peroxidation):膜脂脂肪酸尤其是不饱和脂肪酸的非酶促氧化作用,受氧化剂如过氧化氢、超氧化阴离子自由基和羟基自由基的作用产生过氧化物,导致膜完整性丧失,对细胞乃至生物体的生命活动产生不良影响。

摩尔浓度(molar concentration):旧称"克分子浓度",即单位体积中某种物质的分子数。

膜系统(membrane system):构成生物细胞的多种膜如细胞质膜、叶绿体被膜和类囊体膜等的统称。作为叶绿体四大组成部分之一的膜系统包括叶绿体被膜和类囊体膜。这些膜都由双层脂分子构成,上面镶嵌多种结构与功能不同的蛋白及蛋白复合体。

木质部(xylem):维管植物体内具有物质输导和机械支撑作用的组织。由导管、管胞、木纤维和木薄壁细胞等组成,主要运输水和矿质营养。与韧皮部组合成维管束,成为植物体内联通各器官的维管系统。

N

钠钾 ATP 酶(Na^+,K^+-ATPase):位于细胞质膜上的一种水解酶,腺苷三磷酸酶,也称"钠钾泵",通过催化 ATP 水解促进钠离子和钾离子的跨膜运输,钠离子流出、钾离子流入细胞质膜。

耐冷性(cold tolerance):植物抵御零度以上低温的特性。耐冷植物膜脂特别是磷脂中脂肪酸不饱和水平高、谷胱甘肽还原酶活性和还原型谷胱甘肽含量都高,而冷敏感植物的这些指标都低。

耐冷植物(cold-tolerance plants):在零上低温下可以继续生长的植物,例如小麦、菠菜、马铃薯和蚕豆等。这些植物在低温下生长时光合最适温度明显降低。在低于最适温度的低温(例如 5~25℃)下测定时,低温(5℃)下生长的植物比较高温度(20℃)下生长的同种植物的光合速率高。

耐热性(heat tolerance):植物抵御高温(35~45℃)的特性。植物光合作用的耐热性与类囊体膜和 Rubisco 活化酶的热稳定性等多种因素有关。在热胁迫下叶绿体热激蛋白和甘氨酸甜菜碱的积累以及异戊二烯的释放,在提高光合机构耐热性上发挥关键作用。

耐盐性(salt tolerance):植物忍受盐胁迫的特性。根据耐盐性的不同,可以将植物大体上分为 2 类:一类是盐的排斥者甜土植物;另一类是盐的包容者盐土植物。前者不仅液泡小,而且离子区室化分布的程度也比后者小得多。

内共生假说(endosymbiosis hypothesis):关于叶绿体起源的假说,认为叶绿体是蓝细菌的祖先进入真核寄主细胞并共生的结果。叶绿体与蓝细菌在结构与功能上的类似性如不结合组蛋白的环形基因组,特别是两者的比较基因组学,为这个假说提供了最有力的证据。

内共生事件(endosymbiotic event):大约在 16 亿年前,能够进行放氧光合作用的蓝细菌的祖先进入真核寄主细胞并共生导致叶绿体形成的事件。

能量传递机制(energy transfer mechanism):也称激子相互作用或激子耦联机制,能量从激发态叶绿素传递给类胡萝卜素 Lut1,激发态 Lut1 将能量以热的形式耗散。该机制发生在仍然与光系统 II 反应中心复合体结合的次要 LHCII 单体 CP24 和 CP29。

能量代谢(energy metabolism):生物体内能量载体 ATP 等的合成与使用或消耗过程。

能量耗散或热耗散(energy dissipation or thermal dissipation):光合机构将过量的光能以热的形式无害地散失的过程,是防止或减轻自身遭受光氧化破坏的保护机制,涉及反馈去激发和叶黄素循环等几种快慢不同的方式。

能量转化(energy transformation or conversion):能量既不能产生也不能消灭,只能从一种形式转变为另一种形式,例如在光合作用过程中太阳能被转化为化学能贮存在碳水化合物中。

逆境蛋白(stress protein):逆境下植物体合成的增强自身抗逆性的蛋白,例如脱水诱导蛋白、抗冻蛋白和冷激蛋白都能提高抗冻性,而热激蛋白则能够增加植物的耐热性。

拟南芥(mouseearcress, *Arabidopsis thaliana*):十字花科的一种草本植物,自花授粉,植株小、结籽多,其基因组在植物基因组中最小,基因高度纯合,容易通过物理或化学因素诱变获得多种代谢功能的缺陷型。常被用于分子生物学研究的一种模式植物。

逆行信号(retrograde signaling):从叶绿体传递到细胞核的信号,包括叶绿素合成的前体或中间物、活性氧($^1O_2$、$O_2^{-\cdot}$ 和 H_2O_2)、叶绿体间质内的还原剂(硫氧还蛋白、铁氧还蛋白和 NADPH)水平和电子传递链的电子载体(PQ,细胞色素 b_6f 复合体)的氧化还原状态等。

诺贝尔化学奖(Nobel chemistry prize):诺贝尔奖的一种。根据瑞典化学家、无烟火药的发明人诺贝尔(Alfred Bernhard Nobel, 1833—1896)的遗嘱设立的奖金,分设物理学、化学、生理学或医学、文学、经济学及和平等多个种类。从 1901 年开始,每年 12 月 10 日(诺贝尔逝世日)颁发。

O

耦联因子(coupling factor):见“ATP 合酶”。

P

旁路(或交替)氧化酶途径(alternative oxidase pathway, AOX):也称抗氰呼吸(cyanide-resistant respiration),对氰化物不敏感。在此途径中,传递到泛醌的电子不是传递给细胞色素,而是通过黄素氧还蛋白、交替氧化酶传递到氧,产热,不产生 ATP。可能是糖过多、细胞色素途径饱和时处理过剩电子的方法。

膨压(turgor pressure):植物细胞吸水膨胀而对细胞壁产生的压力,也称“紧张压”,具有维持植物体正常状态和推动气孔开关运动的作用。

苹果酸(malate):植物细胞中的一种四碳双羧酸,参与气孔运动、叶绿体还原剂输出的苹果酸阀或苹果酸穿梭和 C_4 植物的四碳双羧酸循环。

苹果酸/草酰乙酸穿梭系统(malic acid/oxaloacetic acid shuttle system):由跨叶绿体被膜的转运蛋白和间质、细胞溶质苹果酸脱氢酶组成。叶绿体内的草酰乙酸被还原成苹果酸,与细胞溶质中的草酰乙酸交换进入细胞溶质,被氧化为草酰乙酸,结果叶绿体内的还原剂 NADPH 被运输到细胞溶质中(NADH)。

苹果酸阀(malic acid valve):叶绿体被膜上的草酰乙酸/苹果酸转运蛋白通过对等交换,将叶绿体内的苹果酸输出到细胞质中,而将细胞质内的草酰乙酸输送到叶绿体内。主要功能是从叶绿体输出还原剂 NADPH。另一功能是将光合产生的碳骨架转入氮同化途径。

苹果酸酶(malate enzyme, ME):C_4 植物维管束鞘细胞内催化四碳双羧酸脱羧释放 CO_2 反应的酶。在 NADP-ME 亚型植物中是依赖 NADP 的苹果酸酶,而在 NAD-ME 亚型植物中是依赖 NAD 的苹果酸酶。

平流层或同温层(stratosphere):对流层以上到距离地面 50 km 的大气层。那里的空气盛行平流运动。层内温度随高度增高而增高,与其中聚集的臭氧吸收太阳辐射有关。

匹配操作(match operation):在观察叶片光合作用对 CO_2 浓度变化的响应时必须采取的一个操作步骤,即在每次变化 CO_2 浓度后读取光合速率值之前都要重复一次匹配操作。否则,会出现较高 CO_2 浓度下光合速率随 CO_2 浓度增高而降低的假象。

普里斯特利(Joseph Priestley, 1733—1804):英国牧师、化学家和哲学家,通过密闭的玻璃钟罩内植物、蜡烛和老鼠的经典实验发现,植物能够净化被蜡烛燃烧变坏的空气,而被照光的薄荷枝产生可以维持老鼠生命和蜡烛燃烧的空气,即发现了光合作用。

葡萄糖(glucose):含 6 个碳原子的单糖,光合作用的中间产物。

Q

启动子(promoter):决定 RNA 聚合酶转录起始位点的 DNA 序列。

气孔(stomata):气孔复合体或气孔器的简称。由成对保卫细胞围成的微小孔隙,是叶片与周围环境进行气体交换的通道,其开关运动在光合作用和蒸腾作用上发挥重要调节作用,防止叶片过度失水、升温,还能阻止臭氧与病原体进入。

气孔不均匀关闭(non-uniform stomatal closure or stomatal patchiness):叶片上部分气孔开放而另一部分气孔关闭的现象。当这种现象发生时,用叶片气体交换测定资料计算的胞间 CO_2 浓度(C_i)远高于那些关闭的气孔下腔的实际值。依据高估的 C_i 会得出光合速率降低是由于非气孔因素的错误结论。

气孔导度(stomatal conductance):气孔扩散阻力的倒数,是决定叶片光合速率、蒸腾速率高低的一个重要因素。

气孔关闭(stomatal closure):构成气孔复合体保卫细胞膨压降低引起的气孔孔隙变小。

气孔密度(stomatal density):单位面积(一般是平方毫米)叶片表面上的气孔数,可以多达几百个。

气孔限制(stomatal limitation)：因气孔导度降低阻碍叶片外 CO_2 向叶片内扩散而引起光合速率的降低。在轻度、中度水分胁迫(包括盐胁迫)和用脱落酸处理的情况下往往发生光合作用的气孔限制。

气孔限制分析(stomatal limitation analysis)：根据胞间 CO_2 浓度(C_i)降低或增高推断叶片光合速率降低的主要原因是气孔或非气孔因素。

气孔运动(stomatal movement)：保卫细胞膨压变化引起的气孔开放或关闭活动。

气相或叶圆片氧电极(gas phase or leaf-disc oxygen electrode)：用于测定密闭小室中离体叶圆片光合作用引起的氧浓度变化的 Clark 型电极。

气相阻力(gas phase resistance)：CO_2 从叶片周围空气扩散到叶片内被水饱和的湿润叶肉细胞壁表面所遇到的阻力，包括叶片外的边界层阻力、叶片气孔阻力和叶片内细胞间隙阻力。

前馈(feedforward)：反应速率随反应物浓度或反应条件的变化而变化，例如在合适范围内光越强，光合电子传递速率越快，一些酶的活化水平越高；涉及光合产物积累的基因在高水平糖条件下增加表达，而在糖水平降低时减少表达。

氢酶(hydrogenase)：氢受体氧化还原酶，催化如下可逆反应：$2H^+ + 2e^- \rightleftharpoons H_2$。它具有多种不同生理功能(吸 H_2、放 H_2、双向的或 H_2 传感器)，包含不同种类的铁硫蛋白。根据活性中心金属离子的不同，分为[FeFe]氢酶和[NiFe]氢酶 2 种不同类型。

氢气(hydrogen)：一种清洁的能量载体，燃烧后只形成水，没有温室气体 CO_2 的释放，是未来可以替代日渐枯竭的化石燃料的理想能源。厌氧的光合细菌和放氧的蓝细菌、绿藻都可以利用光能产氢，人工光合作用可以利用太阳能和海水制氢。

壳梭孢素(fusicoccin)：一种真菌 *Fusicoccum amygdali* 产生的有机化合物，可以引起植物气孔的不可逆开放。

羟自由基(hydroxyl radical, ·OH)：最活跃而有毒性的一种活性氧。在中性 pH 下，它可以通过氧化还原活跃的金属离子特别是铁和铜催化的 Haber-Weiss 或 Fenton 反应形成。由于缺乏能够清除这种毒性自由基的酶系统，其积累能破坏细胞组分，导致细胞死亡。

清除活性氧(scavenging of reactive oxygen)：强光或环境胁迫下活性氧清除系统抗氧化酶(如超氧物歧化酶 SOD)和小分子抗氧化剂抗坏血酸、谷胱甘肽、生育酚和酚类物质类黄酮等增加，水-水循环加强，都可以有效降低破坏性的活性氧水平。

区室化(compartmentation)：细胞内因酶和代谢物的不均匀分布而分化为不同的区域。叶绿体、线粒体等多种不同的细胞器，各自含有不同的酶系统，催化不同的代谢反应。细胞的区室化保障细胞内的代谢反应互不妨碍地有序进行。

去镁叶绿素(pheophytin，Phe 或 Chl_{D1})：光系统 II 的原初电子受体，结合在光系统 II 核心复合体的 D1 蛋白上。

群体光合作用(canopy photosynthesis)：由许多植物个体组成的群体的光合作用，不仅与叶片自身的光合能力有关，而且很受群体结构的影响。

群体结构(canopy structure)：植物群体中茎秆和叶片的空间或三维分布，涉及种植密度、叶片数量与面积或叶面积系数和叶片取向即着生角度等多种因素。

全球气候变化(暖)(global climate change or warming)：人类活动引起的大气 CO_2 等温室气体浓度持续增高导致的世界范围内气温增高和降雨失常等变化，正在并继续对植物及人类生态环境产生诸多不利的重大影响。

醛缩酶(aldolase)：催化 3-磷酸甘油醛与 3-磷酸双羟丙酮缩合成 1,6-二磷酸果糖、4-磷酸赤藓糖和 3-磷酸双羟丙酮缩合成 1,7-二磷酸景天庚酮糖的反应，光合碳还原循环中羧化底物 RuBP 再生阶段的部分反应。

巯基/二硫键(sulfhydryl/disulfide bond)：调节细胞内氧化还原状态和酶活性的一对化学基团。

R

燃料作物或能量作物或生物质作物(fuel crops or energy crops，biomass crops)：为生产燃料而种植的作物。

燃素说(phlogiston theory)：18 世纪流行的一种关于燃烧的错误学说，认为可燃物质含有燃素，燃烧时燃素以光和热的形式离开燃烧物质。18 世纪末被燃烧的本质是物质氧化的理论所取代。

热耗散(thermal or heat dissipation)：激发能以热的形式无害地耗散。它涉及多种机制，其中依赖能量或 ΔpH 的热耗散是对过量光的最快响应。

光下类囊体腔内 pH 的降低，还可以活化叶黄素循环的关键酶紫黄质去环氧酶，从而启动比较慢的依赖叶黄素循环的热耗散。

热环割(heat girdling)：用热水杀死叶柄或叶鞘的输导组织(主要是韧皮部)以便阻止光合作用时光合产物输出叶片的一种方法。在田间通过观测干物质积累测定叶片光合速率时使用的改良半叶法就采用此法。

热激蛋白(heat shock protein, HSP)：生物体遭受热胁迫时产生的一种特殊蛋白质，参与调节、稳定蛋白质分子结构，防止热对生物体的损害。定位于叶绿体的 HSP 在保护光合机构免于热和其他胁迫引起的破坏上发挥重要作用。

热稳定性(heat stability or thermostability)：在较高温度(35～45℃)下光合机构的结构与功能不发生不可逆变化的特性。相反，光合作用的热不稳定性或热失活可能涉及包括 D1 蛋白在内的光系统 II 多肽的变性、放氧复合体的 Mn^{2+} 释放、类囊体膜渗漏和 Rubisco 活化酶破坏。

热胁迫或高温胁迫(heat stress or high temperature stress)：非生物胁迫的一种，对植物的光合作用和生长发育具有明显不利影响的较高温度，一般为 35～45℃，被看作是大多数植物光合作用的温度上限。在此温度下，CO_2 吸收、O_2 释放和光合磷酸化均遭受抑制。

人工电子受体(artificial electron acceptor)：即生物体内并不存在的电子受体，例如铁氰化钾[$K_3Fe(CN)_6$]和吩嗪硫酸甲酯(phenazine methosulfate, PMS)分别被用于离体植物材料的非循环和循环电子传递及其耦联的光合磷酸化研究。

人工 CO_2 还原(artificial carbon dioxide reduction)：人为地将 CO_2 还原成碳化合物燃料。CO_2 的电还原耗能多，不划算，大有希望的是 CO_2 的光电化学还原，利用取之不尽的太阳能和海水还原 CO_2 成有机物或燃料的过程。它可以延缓全球气候变暖的进程和弥补化石燃料的短缺。

人工光合作用(artificial photosynthesis)：利用人工装置模拟光合作用的部分反应或全过程。人工装置中生物细胞系统的光合作用也属此类。它可以克服光合作用自身的缺欠和外界环境条件的限制，将为解决人类面临的食物、能源和环境三大急迫问题发挥重要作用。

人工气候室(phytotron)：人工调节并自动控制光期与光强、温度、湿度和风速等或模拟多种气候条件的封闭小室，用于研究不同气候因素对植物生命活动的影响，具有不受地理与季节限制、研究周期短和工作效率高等优越性。

人工碳同化途径(artificial carbon assimilation pathways)：用数学模拟和合成生物学方法设计构建的碳同化途径。这些途径的预计速度可达 C_3 途径的 2～3 倍。其中一种名为 C_4-乙醛酸循环，使用 PEPC 作为唯一的羧化酶，循环的产物为很容易转化为 3-磷酸甘油酸的乙醛酸。

人工叶(artificial leaf)：以半导体为主要构件的人工装置，模拟叶片自然光合作用中协作的 2 个光系统，利用光能推动水裂解释放 O_2 与质子，并将质子还原为氢气。

韧皮部(phloem)：植物维管束的组成部分，由筛管、伴胞、筛胞、韧皮纤维和韧皮薄壁组织组成，行使主要运输糖和蛋白质等有机物的功能。

韧皮部运输(phloem translocation)：将光合产物主要是蔗糖(还有氨基酸等其他有机物)从叶经过茎向根系以及植物其他部分运输。韧皮部运输将光合产物源与光合产物库紧密联系起来。

S

三羧酸循环(tricarboxylic acid cycle, TCA cycle)或柠檬酸循环(citric acid cycle)：始于乙酰辅酶 A 与草酰乙酸缩合成柠檬酸(三羧酸)、终于草酰乙酸形成的一系列循环反应。它与电子传递和氧化磷酸化相配合，循环一周将 1 分子乙酸氧化成 CO_2 和水，同时合成 12 分子 ATP。它是细胞基础代谢的核心途径。

三碳植物(C_3 plants)：光合碳同化的羧化产物是具有 3 个碳原子的磷酸甘油酸的植物，例如小麦、水稻、大豆和棉花等。

色素蛋白复合体(pigment protein complex)：由蛋白质结合色素分子而形成的复合物，例如 2 个光系统(光系统 I 和光系统 II)的反应中心复合体，捕光天线复合体 LHCI、LHCII 和细胞色素 b_6f 复合体等。

色素系统(pigment system)：叶绿体四大组成部分之一，包括参与光能吸收与转化的光合色素叶绿素和辅助色素类胡萝卜素、藻胆素。

沈允钢(Y.G. Shen, 1927—)：植物生理学家，

中国科学院院士，于1960年代初与沈巩楙一道发现光合磷酸化的高能态中间产物，是支持P. Mitchell化学渗透学说的重要实验证据，并于1960年代末提出田间光合作用测定的改良半叶法，出版《沈允钢学术文选》等。

渗透调节(osmotic adjustment)：植物细胞通过积累渗透物质例如脯氨酸、糖等提高渗透压以防止细胞失水、抵御环境胁迫的一种调节机制。

渗透调节物质(osmolyte)：具有渗透调节作用的溶质。在干旱等环境胁迫条件下，植物体内积累较高水平的脯氨酸、甘氨酸甜菜碱等，以维持水势平衡。

生理功能(physiological function)：即生理作用。

生理节律(circadian rhythm)：生物体的生命活动近24 h的周期变化。

生理生化参数(physiological and biochemical parameters)：表明生理学和生物化学特性的指标或数值，例如光合速率、光合量子效率和光合电子传递速率等。

生色团(chromophore)：化合物中能够吸收光并起生色作用的原子基团。

生物产量(biological yield)：植物体通过光合作用所积累的有机物质总量，包括根、茎、叶、花、果实与种子，其大小取决于光合速率高低、叶面积大小和光合时间长短，是经济产量的基础。

生物多样性(biodiversity)：生物体及其所生活的生态系统的多种变化，包括物种多样性、基因多样性和生态系统多样性等。

生物合成(biological synthesis)：生物体内的物质合成反应或系列反应过程。

生物化学(biochemistry)：运用化学的理论和方法研究生物体的化学组成、物质结构和物质变化规律的学科。

生物膜(biomembrane)：包括质膜和细胞内各种细胞器的膜，是细胞生命活动的重要结构基础，与能量转换、蛋白质合成、物质运输、信息传递和细胞运动等密切有关。

生物圈(biosphere)：地表生物及其生存环境的总称，范围从海面以下约11 km到地面以上约10 km，即地壳上层、水圈和大气对流层，是一个巨大而复杂的生态系统，包括陆地生态系统、森林生态系统和海洋生态系统等。

生物氢(biohydrogen)：通过蓝细菌、绿藻等生物体细胞的代谢过程直接生产的或通过生物质气化等间接生产的清洁能量载体氢气。

生物燃料(bio-fuel)：用来源于生物的原料如碳水化合物、纤维素、半纤维素和木质素等制造的燃料。通过发酵过程由淀粉和糖转化形成的为“第一代”生物燃料，而由纤维素、半纤维素和木质素等组成的生物质产生的则为“第二代”生物燃料。

生物统计学(biometry or biometrics，biostatistics)：生物学与数学的边缘学科，用数量统计学原理分析和解释生命现象中的数量变化，推断出更接近客观实际的理论，广泛应用于生物学、农学和医学等试验研究。

生物物理学(biophysics)：采用物理学的理论和方法研究生物体系结构与功能及生命活动规律的一门边缘学科。

生物演化(biological evolution)：生命形态发生、发展的演变过程。

生物量或生物质(biomass)：植物生理学、植物生态学术语。前者指植物个体或群体生物质的总量，通常用单位土地面积上的植物地上部茎叶和地下部根系总干重表示。后者指蓝细菌、藻类和高等植物及农作物有机物质的总称，可用于制造生物燃料。

生物钟(biological clock or living clock，internal clock)：地球上生物随地球周期运动而产生的各种生理生化活动的周期性变化，即近24 h或近昼夜节律(circadian rhythm)，例如人的血压、体温及情绪等和植物花的开闭和叶片的光合作用等生理生化指标的律动。

生育酚(tocopherol)：一类低分子质量的抗氧化剂。疏水性的生育酚分子只存在于脂质膜中。

生殖生长期(reproductive stage)：植物的花、果实和种子肇始、形成和生长的时期或阶段。

生长素(auxin)：能够促进细胞增大和植物纵向生长的一组植物激素，例如吲哚乙酸。

实际的量子效率(actual quantum yield)：按光合机构实际吸收的而不是入射的光子通量密度计算的量子效率。

收获指数(harvest index)：作物的经济产量与其地上部可收获部分总量之比。其数值接近(略高于)经济系数，即经济产量(籽粒等)与生物学产量(包括根茎叶和籽粒等全部生物质)之比。由于很难收集全部根系，所以往往用前者代替后者。

数学模型或模拟（mathematical model or simulation）：描述植物生理过程变化、相互关系及对环境响应的数量关系的函数、方程或方程组。它能进行数量巨大的运算，模拟数量繁多的实验，具有预见性，解决普通的计算和实验无法解决的问题，是一种强有力的研究工具或方法。

双功能酶（bifunctional enzyme or double functional enzyme）：同时具有 2 种不同催化功能的酶，例如核酮糖-1,5-二磷酸羧化酶/加氧酶，在有氧条件下它在催化 RuBP 羧化的同时，还催化 RuBP 加氧作用，形成磷酸甘油酸和磷酸乙醇酸，后者是光呼吸的底物。

双光增益效应（double light enhancement effect）：美国学者爱默生（R. Emerson）及其同事于 1957 年发现，当波长不同的两束光同时照射时，绿藻的光合放氧量大于每束光单独使用时的放氧量之和，也称爱默生效应。这是由于光合作用是在 2 个光系统的协作下完成的缘故。

水分利用率或用水效率（water use efficiency, WUE）：表示植物每损失单位数量的水所固定的 CO_2 数量。它可以用质量为单位，也可以用摩尔为单位来表示。其倒数为蒸腾比，表示每固定单位 CO_2 所损失的水的数量。C_3 植物、C_4 植物和 CAM 植物成龄叶片日均 WUE 分别为 1～3、2～5 和 10～40 g $CO_2 \cdot kg^{-1}$ H_2O。

水分亏缺或水分胁迫（water deficit or water stress）：由于空气干燥、土壤缺水、土壤含盐多或土壤温度过低，植物根系吸水少于植株蒸腾消耗，导致植物体水分平衡破坏、含水量下降的现象。

水裂解（water splitting）：在太阳光能的推动下，光系统 II 的放氧复合体催化的水分子释放 O_2 和质子、电子的过程，也被称为水氧化。

水-水循环（water-water cycle）：在光能过剩的条件下，来自水氧化反应的一部分电子传递给分子氧，形成的活性氧再被一系列酶和非酶反应转变为水，从而构成一个始于水又终于水的系列反应循环。通过这样的循环使过剩的光能无害地耗散。

水通道蛋白（aquaporins, AQP）：也称水孔蛋白，是一种控制水分子通过的膜蛋白，分布在叶绿体被膜和细胞质膜上，允许水等小分子沿着浓度梯度或电化学电位差扩散通过，速度很高。它也是 CO_2 通道，叶肉导度变化的一个重要决定因素。

水压（water pressure or hydraulic pressure）：静水压力。植物的细胞、组织和器官乃至整个植物体的体积、形状，如茎的直立和叶片的伸展，都依赖膨压和水压。膨压和水压的维持都离不开水，水压在细胞生长及其功能上发挥重要作用。

水淹（waterlogging or flooding）：因降雨或过量灌溉而造成的较长时间（数小时或几天甚至更长）土壤被水饱和（waterlogging）以及植物地上部部分或全部被水淹没（flooding）。

水杨酸（salicylic acid, SA）：一种植物激素，与开花、气孔关闭和叶片脱落等生理过程相联系。

丝氨酸羟甲基转移酶（serine hydroxymethyltransferase）：参与光呼吸代谢，催化亚甲基四氢叶酸与甘氨酸及水作用，形成丝氨酸和四氢叶酸。

丝氨酸转氨酶（serine transaminase）：参与光呼吸代谢，催化丝氨酸与 α-酮戊二酸作用形成羟基丙酮酸和谷氨酸。

四碳水稻（C_4 rice）：试图通过基因工程使 C_3 植物水稻变成具有光合作用 C_4 途径的水稻。这是于 2008 年启动的一个国际合作研究项目。

四碳双羧酸循环（C_4 dicarboxylic acid cycle）：包括叶肉细胞中的磷酸烯醇式丙酮酸（PEP）被羧化形成四碳双羧酸；四碳双羧酸被运送到维管束鞘细胞；四碳双羧酸脱羧释放的 CO_2 被 C_3 循环第二次固定；脱羧后的三碳酸被运回叶肉细胞，再生成为 PEP。

四碳植物（C_4 plants）：甘蔗、玉米和高粱等植物光合作用固定 CO_2 的最初产物是具有 4 个碳原子的双羧酸草酰乙酸，因此被称为四碳植物。

酸碱磷酸化（acid-base phosphorylation）：A. Jagendorf 和 E. Uribe 于 1966 年发现，通过双羧有机酸预处理叶绿体而形成的类囊体膜内外 pH 梯度可以在黑暗中产生 ATP。这是支持 P. Mitchell 关于 ATP 合成的化学渗透学说的一个关键实验结果。

羧化效率（carboxylation efficiency, *CE*）：净光合速率-胞间 CO_2 浓度曲线的初始直线段的斜率，有时也被称为“表观羧化效率”“叶肉导度”。其大小主要取决于叶片内活化的 Rubisco 数量多少，也受碳酸酐酶和水通道蛋白等因素影响。

羧酶体（carboxysome）：蓝细菌细胞质中具有碳浓缩机制的细胞器，内含 Rubisco，其蛋白质外壳

允许 HCO_3^- 和羧化底物 RuBP 进入和羧化产物 PGA 运出，不允许 CO_2逸出，具有保持高 CO_2浓度的屏障作用。其中的碳酸酐酶催化进入的 HCO_3^- 转化为 CO_2，立即被 Rubisco 固定。

T

太阳光谱(solar spectrum)：由太阳辐射中肉眼可见的部分(400～700 nm)构成，是太阳辐射中可以被植物用于光合作用的部分。

太阳能(solar energy)：来源于氢聚合为氦的热核反应，是地球的最主要能源，也是地球生物圈的基本能源。太阳辐射的绝大部分(99.9%以上)波长在 150～4 000 nm 之间，其中一少半为可见光(400～700 nm)，其余一大半大多在近红外区，少量在紫外区。

苔藓(moss)：比较低级的高等植物，茎叶分化简单，没有真正的根。

碳反应(carbon reaction)：旧称“暗反应”，光合碳同化的系列反应，包括光合碳还原循环、淀粉合成和蔗糖合成等多个系列反应。

碳代谢(carbon metabolism)：植物体内的一种基础代谢，包括光合作用的碳同化和光呼吸、呼吸作用的碳异化或氧化的系列反应。是植物体其他多种基础代谢和次生代谢的物质和能量基础。

碳浓缩机制(CO_2- concentrating mechanisms, CCM)：见“CCM”。

碳水化合物(carbohydrate)：由碳、氢和氧 3 种元素组成，包括葡萄糖、蔗糖、淀粉和纤维素等，是光合作用的产物，也是微生物、植物、动物和人类的基本营养物质或食物和能量来源。

碳酸酐酶(carbonic anhydrase, CA)：一种含金属锌的酶，催化 HCO_3^- 与 CO_2 相互转化的可逆反应，是参与 C_4循环的第一个酶。在 C_3植物中，虽然该酶可以促进 CO_2扩散进入叶绿体，但是减少该酶活性 99%的转基因烟草光合速率没有受到明显影响。

碳同化(carbon assimilation)：生物体将外界无机物 CO_2 转化为体内有机物的过程，主要是利用太阳光能的光合作用。

碳同化的量子效率(quantum yield of carbon assimilation)：光合机构每吸收一个光量子所固定的 CO_2或释放的 O_2的分子数。其倒数为量子需要量，即每同化固定 1 分子 CO_2或释放 1 分子 O_2所需要的光量子数。

碳同化途径(carbon assimilation pathway)：植物光合碳同化的系列反应过程。植物有光合碳还原循环(C_3途径)、四碳双羧酸循环(C_4途径)和景天酸代谢(CAM 途径)3 种不同的碳同化途径，具有这些不同的光合碳同化途径的植物分别被称为 C_3植物、C_4植物和 CAM 植物。

糖酵解(glycolysis or glucolysis)：生物体内葡萄糖转化为丙酮酸(有氧条件下)或乳酸(无氧条件下)并产生 ATP 的过程。

糖叶(sugar leaves)：在日间光合作用时，有相当数量的光合产物从叶片输出，当光合产物输出受阻时主要增加蔗糖积累，未见淀粉合成增加，例如小麦和蚕豆。

体内最大电子传递速率(*in vivo* maximum electron transport rate, J_{max})：利用叶片净光合速率对胞间 CO_2浓度响应曲线($A - C_i$)资料计算得到的光合参数。根据对 109 种植物包括农作物、树木、杂草和沙漠植物的统计，该值为 17～372 μmol · m^{-2} · s^{-1}，另据对 127 套叶片气体交换资料的统计，该值为(77.37±21.00)μmol · m^{-2} · s^{-1}。

体内最大羧化速率(*in vivo* maximum carboxylation rate, V_{cmax})：利用叶片 $A - C_i$曲线资料计算得到。它表明体内 Ruisco 的表观羧化活性，其大小取决于活化的 Ruisco 数量。根据对 109 种植物的统计，该值为 6～194 μmol · m^{-2} · s^{-1}，另据对 127 套叶片气体交换资料的统计，该值为(44.36±16.87)μmol · m^{-2} · s^{-1}。

天冬氨酸转氨酶(aspartate transaminase)：催化草酰乙酸和谷氨酸生成天冬氨酸和 α-酮戊二酸，是四碳双羧酸循环中的一个反应步骤。

天线复合体(antenna complex)：为光合作用的反应中心吸收、传递光能的色素-蛋白复合体。高等植物光系统 II 的天线复合体分为核心复合体如 CP47、CP43 和外周复合体如 LHCII、CP29、CP26 和 CP24 等。

甜(淡)土植物(glycophyte)：一般在土壤盐分低于 0.4%的条件下生长良好，具有竞争优势，多数农作物和果树都属于此类。其中，草莓、四季豆、桃树和柑橘等对盐很敏感。这是由于它们不能防止 Na^+ 和 Cl^- 进入细胞质。

调制光(modulated light)：以很高频率不断开关的光。在采用调制光作激发光光源的荧光测定系统中，检测器通过选择性放大，仅仅检测被这种调制光激发的荧光，不仅大大提高信号/噪声的比例，还可以在背景光很强的田间情况下测定。

铁硫簇或铁-硫中心(iron sulfur clusters)：光系统Ⅰ电子传递链成员，包括 F_X、F_A 和 F_B(4Fe4S)。

铁氰化钾(potassium ferricyanide)：一种人工电子受体，分子式为 $K_3Fe(CN)_6$，常被用于非循环电子传递及其耦联的光合磷酸化研究。

铁氧还蛋白(ferredoxin, Fd)：一种含有铁与硫的低分子质量非血红素蛋白质，光系统Ⅰ电子传递链的一员。它具有较低还原电位，是固氮作用中的电子传递体，硝酸还原酶和谷氨酸合酶的电子供体，多种氧化还原反应的参与者、物质代谢的调节者。

铁氧还蛋白：$NADP^+$ 氧化还原酶(ferredoxin：$NADP^+$ oxidoreductase, FNR)：参与光系统Ⅰ的电子传递，将Fd的单电子反应与NADP的双电子反应匹配起来，催化铁氧还蛋白与 $NADP^+$ 反应，形成还原型辅酶Ⅱ(NADPH)。NADPH被用于光合碳同化和氮同化等。

铁氧还蛋白：硫氧还蛋白还原酶(ferredoxin：thioredoxin reductase)：催化铁氧还蛋白还原硫氧还蛋白，然后硫氧还蛋白再还原有关的酶。

铁氧还蛋白/硫氧还蛋白系统(ferredoxin/thioredoxin systems)：参与酶活性调节的一个氧化还原系统。它通过对酶蛋白巯基的氧化还原而改变酶活性。一些受光活化的酶例如核酮糖激酶、果糖二磷酸酯酶(FBPase)和NADP-甘油醛磷酸脱氢酶(GAPDH)等活性受该系统调节。

铁氧还蛋白(Fd)：质体醌氧化还原酶(ferredoxin：plastoquinone oxidoreductase, FQR)：催化Fd氧化与PQ还原的酶，参与围绕光系统Ⅰ的循环电子传递。

通气组织(aerenchyma)：水生植物茎和叶片中的一种组织。它有助于茎与叶片漂浮在水面。水生或耐水淹植物茎和根中连续的通气组织可以长距离地给缺氧组织输送 O_2。

同等型(isoforms)：酶、蛋白质或其亚基的2种或2种以上同分异构形式，功能上相关或相近。例如，磷酸烯醇式丙酮酸羧化酶(PEPC)就有 C_3 植物中的 C_3-PEPC和 C_4 植物中的 C_4-PEPC。前者只参与氨基酸合成所需碳架生产和离子平衡等，后者还参与 C_4 循环。

同工酶(isozyme or isoenzyme)：来源于一种生物或不同生物的一级结构不同但催化功能相同的2种或多种酶。例如，超氧化物歧化酶(SOD)就有多种不同的同工酶，Fe-SOD(叶绿体间质中)、Mn-SOD(过氧化物酶体内)和CuZn-SOD(类囊体膜结合的、牛红细胞质的)等。

同化力(assimilation power)：ATP与NADPH的统称，是光合作用的第三个阶段碳同化所需要的能量和还原力的来源。光合电子传递及其耦联的光合磷酸化是光合作用过程的第二个阶段，即同化力形成阶段。

同化力形成(assimilation power formation)：在有2个光系统(光系统Ⅱ和光系统Ⅰ)参与的光合电子传递及其耦联的光合磷酸化过程中形成ATP和NADPH，为光合碳同化提供同化力。

同位素示踪(isotopic tracing)：将稳定或放射性同位素引入生物体，并应用质谱或放射性测量技术追踪其在生物体内的分布与变化，以便探究物质代谢的反应过程及分子机制的一种方法。在揭示植物光合作用碳同化途径的过程中，此法发挥了重要作用。

突变体(mutant)：亦称"突变型"，即基因组DNA序列中含有突变基因的个体，表现与亲代不同的遗传特性。突变体可以是自然发生的，也可以是用物理或化学因素处理人工诱发的结果。

脱落酸(abscisic acid, ABA)：一种植物激素，具有多种生理作用，可以抑制细胞分裂与生长，诱导芽和种子休眠，促进气孔关闭、叶片等器官的衰老及脱落。干旱、低温、盐渍和水淹等多种非生物胁迫和生物胁迫均能促进其合成。主要在叶绿体内合成。

脱氢抗坏血酸还原酶(dehydroascorbic acid reductase, DHAR)：催化脱氢抗坏血酸(DHA)与还原型谷胱甘肽(GSH)作用，形成抗坏血酸(AsA)和氧化型谷胱甘肽(GSSG)，水-水循环中的一步反应。

W

瓦勃(Otto H. Warburg 1883—1970)：著名德国学者，因为在呼吸作用上的发现荣获1931年度诺贝尔生理学或医学奖。他最先测定光合作用的最小量子需要量，提出光合作用包括光反应和暗反应等。

瓦勃效应(Warburg effect):瓦勃于1920年观察到,小球藻光合速率随氧浓度提高而下降,即光合作用的氧抑制。高CO_2浓度可以消除此效应;降低氧浓度可以迅速逆转;C_4植物无此效应。它主要由光呼吸来解释。

完整叶绿体(intact chloroplasts):从植物绿色细胞中分离出来的被膜完整的叶绿体,在合适的反应介质中光下可以进行光合碳同化过程。

外周天线复合体(peripheral antenna complex):包括主要的LHCII三聚体和次要的LHCII单体(CP24、CP26和CP29)。前者通过后者与光系统II核心复合体相连接,是地球上第二丰富的蛋白质,由核基因组编码,在捕获光能和控制能量耗散以及平衡2个光系统的光吸收上发挥重要作用。

微RNA(microRNA, miRNA):真核生物中普遍存在的一大类不含密码子、长度约22个核苷酸的小分子核糖核酸,可通过与靶信使核糖核酸(mRNA)特异互补结合而抑制基因表达。环境胁迫因素诱导的miRNA数量变化导致胁迫响应的调节因子数量相应变化。

维管束鞘细胞(bundle sheath cells):C_4植物叶片维管束外一层大型含有叶绿体的细胞,与周围的叶肉细胞组成花环结构。在叶肉细胞中CO_2被初次羧化形成四碳双羧酸,后者进入维管束鞘细胞脱羧释放CO_2,叶绿体内Rubisco将CO_2二次固定于磷酸甘油酸,进入光合C_3循环。

维管植物(vascular plants):具有维管束的植物。维管束由木质部和韧皮部组成,具有输导和支持作用,并且使植物成为统一的整体。大约在4亿多年前,陆生植物演化出现没有种子的维管植物藓类和蕨类,3亿多年前演化出具有种子的裸子植物和被子植物。

微量营养元素(micronutrient elements):植物生长所必需但需要量却远少于大量营养元素,主要包括硼、氯、铜、铁、锰、钼、镍和锌。它们几乎参与细胞的所有代谢活动,与光合作用有密切关系。

围绕光系统I的循环电子传递(cyclic electron transfer around photosystem I):包括分别由类囊体膜上NAD(P)H脱氢酶(NDH)和质子梯度调节蛋白(proton gradient regulation 5, PGR5)及其类蛋白(proton gradient regulation like 1, PGRL1)介导的2条途径。它不仅能补足光合碳同化对ATP的需求,还可以在环境胁迫条件下保护光合机构免遭氧化破坏。

维生素(vitamin):生物体生长发育和物质代谢所必需的微量有机物质,旧称"维他命",系英文的音译。有A、B、C、D、E和K等众多族类。人与动物如果缺乏维生素就不能正常生长,并且发生特异性疾病。

温室气体(greenhouse gases):具有温室效应即使地球周围大气增温作用的气体,例如化石燃料煤炭、石油和天然气燃烧产生的CO_2、水稻田释放的甲烷(CH_4)等。

稳定同位素即重同位素(stable or heavy isotope):原子序数相同而原子质量不同,但化学性质基本相同,并且半衰期大于10^{15}年的元素同位素,例如^2H、^{13}C和^{18}O等。可以利用它们和质谱分析技术研究生命活动中物质组成的变化,例如光合作用中释放的O_2来自水还是CO_2的问题。

稳态光合作用(steady state photosynthesis):光合作用的光诱导期结束后,光合速率不再随照光时间延长而变化,即达到稳定状态。

无水农业(waterless agriculture):人工光合作用的夸张别称。进行人工光合作用的不是生长在土地上的高大维管植物,而是溶液中微小的生物细胞或半导体光电池等装置,没有土壤蒸发和叶片蒸腾的大量水分损失,作为原料的水用量不到传统农业的千分之一。

无氧发酵或无氧呼吸(anaerobic fermentation or anaerobic respiration):在无氧条件下生物体内有机化合物的产能分解过程。

X

希尔反应(Hill reaction):英国学者Robert Hill于1937年从叶片分离得到叶绿体,发现加入人工电子受体如草酸铁、铁氰化钾,照光的叶绿体悬浮液可以释放O_2($2H_2O + 4Fe^{3+} \rightarrow 4Fe^{2+} + 4H^+ + O_2$),从而得出氧释放和$CO_2$固定还原为碳水化合物是2个分离的过程的结论。

喜温(嗜热)蓝细菌(thermophilic cyanobacteria, *Thermosynechococcus elongatus* and *T. vulcanus*):在21世纪初,生长于50～55℃的2种蓝细菌被用于纯化、制备光系统I和光系统II反应中心复合体的结晶,分析其精细结构。之所以一再用它们做这种研究的实验材料,可能是因为其令人满意的热稳定性。

细胞壁(cell wall)：植物细胞外表的一层厚壁，主要由纤维素构成，具有增强细胞机械强度、维持细胞形态的作用。

细胞分裂素(cytokinin)：一种植物激素。参与源-库关系和叶片衰老的调节。它的缺乏引起叶绿素合成和糖含量减少。转基因表达细胞分裂素合成酶的植株增强对干旱诱导产生的活性氧清除能力，保持光合活性，延迟衰老，减轻产量损失。

细胞器(organelles)：细胞质内由膜包被的具有特定结构和功能的小室，例如叶绿体、线粒体和过氧化物酶体等。

细胞质(cytoplasm)：细胞内除细胞核以外的全部物质，包括细胞质溶胶和多种细胞器。

吸收光谱(absorption spectrum)：物质对光吸收随着光波长变化的图谱。例如，叶绿素的吸收光谱，在蓝光(400～500 nm)区和红光(600～700 nm)区各有一个吸收峰。

细胞间隙空间(intercellular space)：即气孔下腔，CO_2从叶片周围空气中扩散到叶绿体内羧化部位的一个必经之处，其中的CO_2浓度就是细胞间隙CO_2浓度。

细胞间隙CO_2浓度(intercellular space CO_2 concentration，C_i)：一个重要的光合参数，现代化的光合气体分析系统可以用叶片气体交换资料自动计算得到，经常被用于光合作用的气孔限制分析。

细胞色素(cytochrome)：一种以铁-卟啉为辅基的血红素蛋白。其卟啉环中心的铁离子能够发生可逆的价数变化，从而行使电子载体的功能，参与氧化还原反应。主要包括细胞色素 a、细胞色素 b、细胞色素 c 和细胞色素 d 及细胞色素 f 几类。

细胞色素 b_6f 复合体(cytochrome b_6f complex)：主要由细胞色素 b_6、细胞色素 f 和 Rieske 铁-硫蛋白几个蛋白亚基组成的膜蛋白复合体。它含有核基因和叶绿体基因的产物，是 2 个光系统的联结者，也是质子传递和电子传递的耦联者，在光合作用中发挥重要作用。

细胞色素(Cyt) bc_1 复合体(cytochrome bc_1 complex)：亦称还原型泛醌-细胞色素 c 氧化还原酶，多种生物光合、呼吸电子传递链的重要组分。它是一个膜蛋白，位于紫色光合细菌的细胞质内膜上，至少由 Cyt b、Cyt c_1 和"Rieske"铁-硫蛋白 3 个蛋白质亚单位组成。

细胞色素 f(cytochrome f)：五种细胞色素(a、b、c、d 和 f)中的一种。它是一种以铁卟啉复合体为辅基的血红素蛋白，细胞色素 b_6f 复合体的组成部分，作为电子载体，在光合电子传递中发挥重要作用。

细菌视紫红质(bacteriorhodopsin)：一种具有 7 个跨膜螺旋的膜蛋白，光驱动的质子泵。将它和 ATP 合酶组装到由共聚物膜围成的囊状物膜上，在光推动下合成 ATP。这种人工 ATP 合成系统不需要人工反应中心。

细菌叶绿素(bacteriochlorophyll)：光合细菌含有的一类光合色素，有细菌叶绿素 a、b、c、d、e 和 g 等。其中，细菌叶绿素 a 是大部分不放氧光合细菌主要的叶绿素型色素，细菌叶绿素 b 最大光吸收在 835～1 040 nm，是所有叶绿素型色素中吸收光波长最长的。

线粒体(mitochondria)：真核细胞内产生高能化合物 ATP 的细胞器。它有 2 层膜，外膜包被于外，内膜向内折叠成脊，其内表面有许多突出的头，是 ATP 合酶即"耦联因子"。它的主要功能是在底物氧化分解时通过电子传递及耦联的氧化磷酸化形成 ATP。

线粒体呼吸(mitochondrial respiration)：在线粒体内进行的有氧呼吸，包括三羧酸循环和末端氧化途径。无氧呼吸即糖酵解产生的丙酮酸在有氧条件下于线粒体中进一步氧化降解，最终形成 CO_2 和水。

限制因子定律(limiting factor law)：在影响植物生理过程的诸多外界环境因子中，处于最低水平的因子决定生理过程的速率或强度。英国植物生理学家布莱克曼(F. F. Blackman，1866—1947)于 1905 年在研究环境因子对光合作用的影响时提出。

相对含水量(relative water content，RWC)：描述植物水分状况的一个生理指标，RWC＝(鲜重－干重)/(水饱和鲜重－干重)×100。

向光素或向光蛋白(phototropin)：植物体内的一种蓝光受体，是分子质量为 120 kDa 的质膜蛋白，其结合生色团黄素单核苷酸(FMN)的区域行使蓝光传感器的功能，具有依赖蓝光的自身磷酸化活性。它参与调解植物的叶片运动、气孔运动和叶绿体运动等。

小球藻(chlorella，*Chlorella*)：属于绿藻门小球藻科，单细胞体，球形，主要生长于淡水中，富含脂肪、蛋白质、糖和矿物质及维生素，营孢子繁殖。

可供食用或用作饲料。光合作用研究中的许多重要发现都是以它为实验材料做出的。

硝酸还原酶(nitrate reductase, NR):一种含钼的黄素蛋白,催化硝酸根还原成为亚硝酸根反应的酶,是藻类和高等植物无机氮同化途径中限速和调节性酶。

效应物(effector):可以与酶的非催化部位(别构部位、调节部位)相互作用从而改变酶活性的物质。能够提高酶活性的为正效应剂,而降低酶活性的为负效应剂,例如磷是催化淀粉合成的 ADP-葡萄糖焦磷酸化酶的负效应剂,而 PGA 是该酶的正效应剂。

新黄质(neoxanthin):一种类胡萝卜素,是天线捕光色素蛋白复合体的组分。

信号分子(signal molecule):能够在细胞内、细胞间或植物体内传递某种或某些信息的小分子,例如质体醌、可溶性糖、植物激素、活性氧、抗坏血酸、谷胱甘肽、钙调蛋白、一氧化氮和微 RNA (microRNA)等。

信号网(signal network):由外界刺激的受体(如光受体)、G 蛋白、效应剂酶、第二信使(如细胞质中的 Ca^{2+} 和环 AMP)、蛋白激酶、蛋白磷酸酯酶和靶蛋白以及植物激素、活性氧等多种信号分子组成的信号转导系统及它们之间的交叉连接而成。

信号转导(signal transduction):生物体将外界刺激转变为体内信息并逐步传递的过程。它可以引起物质代谢、基因表达乃至生长发育变化,以响应与适应经常变化的环境条件。

修复循环(repair cycle):包括光能过剩时光系统 II 反应中心的可逆失活;失活反应中心 D1 蛋白破坏;遭受破坏的反应中心复合体从基粒片层迁移到间质片层,去除已破坏的 D1 蛋白;新合成的 D1 蛋白插入复合体,再迁回到基粒片层,重获光化学反应功能。

修改的光合碳还原循环(revised photosynthetic carbon reduction cycle):比原循环多了 4 个反应,磷酸辛酮糖(八碳糖)也是这个循环的中间产物。由 J. F. Willianms 和 J. K. MacLeod 于 2006 年提出。

血红素(heme):卟啉结合 1 个铁原子,称亚铁原卟啉。如果把这个铁原子换成镁原子,就成为叶绿素。

血红素蛋白(heme protein or hemoprotein):以血红素为辅基的一种蛋白质,例如细胞色素,参与光合、呼吸的电子传递。

臭氧(ozone, O_3):三原子型的氧。在高空的平流层,它能够吸收太阳辐射中的紫外辐射(UV),防止或减轻 UV 对生物的伤害;但是,在靠近地面的对流层,它却是人类活动产生的次生污染物,对气候、生态系统和人类健康有不利的影响。

臭氧层(ozone sphere):紫外辐射 UV-C 将氧分子劈开成为氧原子,氧原子与氧分子结合成臭氧(O_3)。平流层或同温层的大部分 O_3 存在于地面以上 20~30 km 高空,形成臭氧层,能够有效地保护地球上生物体内的 DNA 免于紫外辐射损伤。

循环电子传递(cyclic electron transport):仅有 1 个光系统参加,只伴随 ATP 的形成,没有氧释放相伴随,主要发生在不放氧的光合细菌中。在正常条件下,放氧的蓝细菌、藻类和高等植物的循环电子传递只有非循环电子传递的 3%左右,但是在胁迫条件下明显增强。

循环光合磷酸化(cyclic photophosphorylation):与循环电子传递相耦联,只产生 ATP,没有 NADPH 形成,也不伴随 O_2 释放。

Y

哑铃形保卫细胞(dumbbell-shaped guard cells):构成禾本科植物如玉米、小麦等气孔复合体的一对细胞。在演化上,它们晚于肾形保卫细胞。其膨压的细小变化引起气孔开度变化大于肾形保卫细胞构成的气孔,因此在加强光合作用和用水效率上比非禾本科植物更有效。

亚硫酸氢钠(sodium hydrogen sulfite, $NaHSO_3$):一种无机化合物。在谷粒灌浆期,用低浓度(例如 1~2 $mmol \cdot L^{-1}$)的 $NaHSO_3$ 水溶液喷施叶面,可以加速围绕光系统 I 的循环电子传递,促进光合作用,增加水稻、小麦等作物的谷粒产量。

烟酰胺腺嘌呤二核苷酸磷酸(nicotinamide adenine dinucleotide phosphate, NADP):见“NADP”。

盐土(生)植物(halophytes):盐渍环境中天然的植物类群,一般能够在渗透势 −0.33 mPa 以下(相当于单价盐 70 $mmol \cdot L^{-1}$ 以上)的生境中正常生活。例如,糖用甜菜、棉花和大麦,虽然也不能忍受细胞质中大量的盐,但是它们可以把叶片里的 NaCl 完全扣押在液泡中。

盐胁迫(salt stress):土壤中盐(主要是氯化

钠)含量超过一定数值,对植物生长发育造成不良影响。它通过引起气孔导度降低限制光合作用、根系吸水困难、高浓度 Na^+ 和 Cl^- 的毒害作用、产生活性氧和营养及激素失衡抑制植物的生长发育。

延迟发光(delayed luminescence, or delayed fluorescence, delayed light emission, DF):光系统Ⅱ反应中心电荷分离形成的带电基团对正负电荷重结合,形成的 P680* 所具有的能量传递给天线叶绿素以光的形式发射出去,其光谱类似于纳秒级的叶绿素 *a* 荧光,可持续几毫秒到几分钟,是许多光合反应灵敏的体内探针。

厌(或不放)氧的光合作用(anoxygenic photosynthesis):光合细菌(不包括蓝细菌)进行的不放氧的光合作用,使用非水电子供体。

氧电极(oxygen electrode):用于测定光合作用放氧速率的装置。它实际上是一个电化学电池,一般由铂阴极和银阳极组成。这个电池的电流与溶液中(液相氧电极)或空气中(气相氧电极)氧浓度成正比。

氧电极法(oxygen electrode method):利用氧电极测定光合作用放氧速率的方法。该法灵敏度高,可以检测出 0.01 μmol 氧的变化;操作简便、迅捷,在几分钟内就可以得到光合放氧速率;方法灵活,既可以测定溶液中氧浓度的变化,又可以测定空气中氧浓度的变化等。

阳生植物(sun plant):在阳光充足的生境中生长的植物。

氧化氮(NO_x):人类活动产生的 NO_x 及挥发性有机物在阳光下能够发生化学反应,产生对流层中的次生污染物臭氧。

氧化还原穿梭系统(redox shuttle system):苹果酸/草酰乙酸和磷酸丙糖/磷酸甘油酸这 2 个氧化还原穿梭系统,通过叶绿体内被膜上的转运蛋白将还原性物质运出叶绿体,以便维持叶绿体内还原剂的合适水平和多种代谢之间的平衡及能量与还原当量的合适比例。

氧化还原网(redox network):包括多种输入要素(硫氧还蛋白还原酶等,依赖铁氧还蛋白或 NADPH)、氧化还原递质(硫氧还蛋白和谷氧还蛋白)和靶蛋白、传感器(过氧化物酶)和最后受体活性氧等。多种蛋白质的巯基参与催化、调节和信号转导。

氧化还原状态(oxidation-reduction state or redox state):细胞或细胞器、质外体内氧化型物质与还原型物质的比例关系。例如,质外体中抗坏血酸库的氧化还原状态,以还原型抗坏血酸占总抗坏血酸(单脱氢抗坏血酸、双脱氢抗坏血酸和还原型抗坏血酸)的百分比表示。

氧化还原调节(redox regulation):涉及质体醌库、谷胱甘肽、铁氧还蛋白和硫氧还蛋白等氧化还原物质的氧化还原变化以及多种酶蛋白巯基的氧化还原,即巯基的氧化和二硫键的还原,即 SH/S-S转化。这种氧化还原可以影响酶活性、构象和相互作用特性。

氧化磷酸化(oxidative phosphorylation):在呼吸作用底物被氧化分解过程中,电子在呼吸链传递时耦联的磷酸化即由 ADP 和无机磷合成 ATP 的作用。

氧化戊糖磷酸途径(oxidative pentose phosphate pathway, OPPP):葡萄糖在细胞质内直接氧化脱羧并以戊糖磷酸为重要中间产物的一种有氧呼吸途径。

氧化胁迫(oxidative stress):活性氧(ROS)的产生增强和氧化失控导致细胞组分破坏甚至细胞死亡。

叶柄(petiole):叶片与茎秆连接的部分。通过它,叶片光合作用制造的光合产物输送到植物的其他器官,根系吸收的矿质营养和水分进入叶片,并且保持叶片合适的取向,保证弱光下尽可能多地吸收光,强光下减少光吸收,避免遭受光破坏。

叶黄素(xanthophyll):类胡萝卜素中的一类,胡萝卜素的含氧衍生物,分子末端环中含有氧原子。α-胡萝卜素的羟化产物为叶黄素 lutein,是植物体内最丰富的一种叶黄素。

叶黄素循环(xanthophyll cycle):高等植物和绿藻中几种叶黄素之间的循环转化。强光下脱环氧酶催化紫黄质(含 2 个环氧)经过花药黄质(含 1 个环氧)转化为玉米黄质(无环氧);弱光下环氧酶催化的相反过程发生。过量激发能的热耗散依赖这个循环。

叶龄(leaf age):即叶寿命。叶寿命差异很大,长的以年计,可达 10 多年,例如黑云杉的针叶;短的以天计,也就几十天,例如大多数草本植物的叶片。无论寿命长短,都包括幼龄、成龄和老龄 3 个阶段。以刚停止生长的成龄叶光合活性最高。

叶绿素(chlorophyll):陆生植物、藻类和蓝细菌中行使光能吸收和转化功能的光合色素。由中间结合镁原子的大卟啉环和植醇尾巴组成，是因环结构周围取代基不同而异的一组色素，主要吸收红光和蓝光。厌氧的光合细菌则合成细菌叶绿素。

叶绿素含量(chlorophyll content)：一个重要的光合作用参数，常以单位叶面积的克数来表示。营养正常而刚刚完全展开的叶片一般在 0.5 g · m^{-2}左右。在弱光即有限光下，叶片的净光合速率与叶绿素含量成正比。

叶绿素荧光(chlorophyll fluorescence)：叶绿素 *a* 分子发射的光。叶绿素接受的光能可以用于光合作用的原初反应即光化学反应，还可以热的形式耗散和以光的形式发射出去。这三者存在此消彼长的竞争关系，因此可以根据叶绿素荧光变化探知光合作用和热耗散情况。

叶绿素荧光参数(chlorophyll fluorescence parameters)：通过叶绿素荧光测定或分析得到的反映光合机构生理生化特性的指标，例如光系统 II 最大的光化学效率(F_V/F_M)和激发能的非光化学猝灭等。

叶绿素荧光猝灭(chlorophyll fluorescence quenching)：因某种原因引起的荧光强度或产额的减少。因光化学反应引起的荧光猝灭被称为光化学猝灭，而因热耗散引起的荧光猝灭被称为非光化学猝灭。

叶绿素荧光分析或测定(chlorophyll fluorescence analysis or measurement)：利用叶绿素荧光分析的仪器或设备观测光合机构叶绿素荧光强度的变化。由于其灵敏、快捷和无破坏、少干扰的特点，被广泛应用于光合作用研究。

叶绿素 *a*/*b* 比(chlorophyll *a*/*b* ratio)：叶片叶绿素 *a* 含量与叶绿素 *b* 含量的比值。健康而未衰老的阳生叶片的该值通常为 3，阴生叶片的该值低一些，而缺乏叶绿素 *b* 的突变体该值会大于 10。当测定所用分光光度计的精度低时，会导致该值偏低。

叶绿体(chloroplast)：植物体内专门从事光合作用的细胞器，结构精密超微，是光合作用的基本场所。光合作用的原初反应、同化力形成和同化CO_2成丙糖以及淀粉合成，都在叶绿体内完成，只有蔗糖合成过程在细胞质内进行。

叶绿体被膜(chloroplast envelope)：叶绿体最外面的双层膜。将细胞器与周围的细胞溶质分隔开。这双层膜具有不同的渗透性。外被膜可以自由地透过小分子，而内被膜则是叶绿体内部间质与细胞溶质之间的功能边界，上面的转运蛋白调节跨膜的代谢物流。

叶绿体呼吸(chlororespiration)：叶绿体内发生的质体醌非光化学还原与氧化的过程。在叶绿体内存在一个叶绿体呼吸电子传递链，电子先后经过脱氢酶、质体醌和氧化酶传递给氧，形成一个跨类囊体膜的电化学梯度。主要功能不是合成 ATP，而是防御光破坏。

叶绿体结构(chloroplast ultrastructure or chloroplast structure)：在叶绿体的双层被膜内有间质和类囊体，一些类囊体垛叠成基粒，由间质类囊体相互连接。在间质中含有催化光合碳同化反应的酶系统，在类囊体膜上镶嵌有 2 个光系统(光系统 I 和光系统 II)色素蛋白超分子复合体等。

叶绿体起源(chloroplast origin)：大约在 16 亿年前，进行放氧光合作用的原核生物蓝细菌进入真核细胞与之共生，导致叶绿体形成。叶绿体与蓝细菌的结构与功能类似，特别是它们的比较基因组学，为这个叶绿体起源的内共生假说提供了最有力的证据。

叶绿体悬浮液(chloroplast suspension)：将从叶片分离的叶绿体放入具有合适的渗透压(0.33 mol · L^{-1}山梨醇)和合适的 pH 缓冲液(pH 7.6)及辅助因子(Mg^{2+}、Mn^{2+}、Pi 和 HCO_3^- 等)的溶液中而形成的悬浮液，以便贮存(在冰浴中)用于光合活性测定的叶绿体。

叶绿体运动(chloroplast movement)：在弱光下，叶绿体聚集在细胞的向光面，沿着细胞的上下壁排列，其扁平面与光线垂直，以便多吸收光；而在强光下，叶绿体移动到与光平行的侧壁，以受光面小的侧面对着光，并相互遮阴，减少光吸收，防御光破坏。

叶脉(leaf vein)：即叶内维管束，与其他器官——茎、根系和果实等之间进行水分、矿质营养和光合产物等运输的通道。

叶面积(leaf area)：叶表面的面积。具有上下表面的叶片面积按其一个表面的面积计算。

叶面积系(指)数(leaf area index or coefficient of leaf area, LAI)：单位土地面积上叶面积总数与土地面积之比。在作物生长的初期，由于叶片数少、叶面积小，总叶面积小于土地面积，该系数小于

1，而在作物最旺盛生长时期该系数可以大于 8，甚至超过 9，例如水稻。

叶片表面特性（leaf surface characteristics）：在强光、干旱等不良环境条件下，叶片表面特征会发生变化，例如长出绒毛、覆盖蜡质或盐等，有利于减少光吸收，防止光破坏。

叶片分子组成改变（changes in leaf molecular composition）：弱光下生长的植物叶片叶绿素含量增加，而在强光、低温或紫外辐射下生长的叶片叶绿素含量减少，同时花色素苷含量增加。另外，强光下积累早期光诱导蛋白和强光诱导蛋白。

叶片气体交换（leaf gas exchange）：包括叶片光合作用对 CO_2 的吸收与 O_2 释放和呼吸作用对 O_2 的吸收与 CO_2 释放。人们常常通过叶片的这些气体交换测定光合速率和呼吸速率，探知叶片的结构与功能状况。

叶片取向（leaf orientation）：植株上叶片在空间的伸展方向。伸展方向不同，叶片与茎秆之间的夹角就不同。夹角小的被称为直立（erect）叶，夹角大的被称为水平（horizontal）叶。这是形成不同株型、不同群体结构乃至不同光能利用率的一个重要决定因素。

叶片衰老（leaf senescence）：在叶片细胞、组织生长发育最后阶段发生的一个由遗传编制程序的过程。涉及新蛋白质分子合成导致的急剧代谢转变，引起细胞拆卸和功能障碍以及最终死亡。叶片衰老最明显的征状是叶绿素含量减少和膜结构完整性丧失。

叶片形态结构变化（leaf morphological and structural changes）：适应强光的植物叶片与茎秆夹角减小，叶片增厚，栅栏细胞层数增多，叶绿体内基粒及垛叠减少，基粒直径变小等。强光和干旱条件下叶片表面特性改变，叶表面积累蜡、盐，长出绒毛等。

叶片运动（leaf movement）：植物叶片的趋、避光运动，是一种重要的捕光调节方法。在弱光和较低温度下，趋光叶运动可以增加叶片光吸收，提高叶温，提高光合速率；在强光和较高温度下，避光叶运动可以减少光吸收，降低叶温，避免光破坏。

叶肉导度（mesophyll conductance，g_m）：CO_2 在叶肉组织内扩散的导度，涉及细胞间隙空间、细胞壁、细胞质膜和细胞质等不同部分。它与面向空气空间的叶肉细胞表面积、质膜上水通道蛋白水平和叶片光合速率均正相关。一年生草本植物的 g_m 最大，而木本植物 g_m 最低。

叶肉细胞（mesophyll cells）：被叶片表皮包裹在内具有光合能力的细胞，构成叶肉组织。C_4 植物的初次 CO_2（以 HCO_3^- 形式）固定就是在此类细胞内进行的。

叶与空气之间水气浓度（饱和）差（蒸气压亏缺）（vapor pressure deficit of leaf to air，VPD）：当空气湿度降低、叶片温度增高时，这个数值会明显增高，导致叶片气孔导度和光合速率降低。

叶圆片氧电极（leaf disc oxygen electrode）：一种可以测定气相空间氧浓度变化的氧电极，能够利用高 CO_2 浓度（大约 5%）空气消除气孔开度和光呼吸对叶片光合速率的影响。

野生型（wild type）：相对于突变体而言，基因组没有发生变化的个体。

遗传工程（genetic engineering）：亦称遗传操作，可以用于培育动植物新品种、控制遗传疾病与癌症等。广义指把一种生物的遗传物质转移到另一种生物，并表达其遗传信息，包括细胞核工程、染色体工程和基因工程；狭义则专指基因工程或重组 DNA 技术。

液泡（vacuole）：细胞质里的泡状结构。外有液泡膜与细胞质隔开，内含细胞液。植物幼龄细胞内的液泡很小，而成龄细胞内的液泡很大。水分充足时液泡膨压使茎叶坚挺，水分亏缺时植株萎蔫。液泡内可以贮存苹果酸、积累盐等。

液相氧电极（liquid phase oxygen electrode）：一种可以测定溶液中氧浓度变化的氧电极。适用于测定离体叶肉细胞、原生质体和叶绿体的光合活性，可以在测定过程中迅速加入化学试剂，观察其对光合作用的影响。

液相阻力（liquid phase resistance）：CO_2 从被水饱和的细胞壁扩散到叶绿体内羧化部位所遇到的阻力，包括细胞壁阻力、质膜阻力、细胞质阻力、叶绿体被膜阻力和叶绿体间质阻力。

乙醇酸磷酸酯酶（glycolate phosphatase）：在叶绿体内催化磷酸乙醇酸水解形成乙醇酸的反应，开始光呼吸过程。该酶催化的反应可以消除磷酸乙醇酸对磷酸丙糖异构酶的抑制作用，使光合作用得以顺利进行。

乙醇酸氧化酶（glycolate oxidase）：一种黄素蛋白，以 FMN 为辅基，受氰化物抑制，存在于过氧化物酶体中，催化乙醇酸与分子氧作用，形成乙醛酸和过氧化氢（H_2O_2），是光呼吸代谢中的一步反应。

乙醛酸-谷氨酸转氨酶（glyoxylate-glutamate transaminase）：存在于过氧化物酶体中，催化乙醛酸转化为甘氨酸的反应，是光呼吸代谢中的一步反应。

胰蛋白酶（trypsin or trypsase, parenzyme）：一种内肽酶，具有降解蛋白质分子的作用。

乙醇酸支路（glycolate bypass）：大肠杆菌的一条代谢途径。通过遗传工程将这个途径引入拟南芥，使叶绿体内产生的乙醇酸直接返回到甘油酸。虽然这个支路还是有 CO_2 放出，但是由于就在 Rubisco 附近增高了 CO_2 浓度，所以还是增加了光合作用和生物质生产。

乙醛酸体（glyoxysome）：通过脂肪酸氧化的乙醛酸循环先后形成酰基辅酶 A（acylCoA）和乙酰辅酶 A（acetylCoA）。在 acylCoA 向 acetylCoA 转化时伴随分子氧形成 H_2O_2。

乙醛酸循环或乙醛酸支路（glyoxylate cycle or glyoxylate bypass）：植物细胞内脂肪酸氧化分解为乙酰辅酶 A 后，在乙醛酸体内生成柠檬酸、乙醛酸和苹果酸、草酰乙酸并释放琥珀酸的过程。油料植物种子发芽时该循环运转，将脂肪酸转变为糖，支持幼苗生长。

乙烯（ethylene）：一种植物激素，具有果实催熟作用，对植物的其他生长发育阶段也有重要影响，影响范围从促进发芽到叶片衰老、脱落。它的信号转导涉及复杂的网络，包括与其他植物激素及与葡萄糖、光和生物钟信号的相互作用。

乙酰辅酶 A（acetyl coenzyme A, acetylCoA）：辅酶 A 的乙酰化形式，是柠檬酸循环、脂肪酸氧化、脂肪酸合成和其他代谢反应中的一个中间产物。

异戊二烯（isoprene）：在短时间热胁迫与光斑结合的条件下一些植物释放的一种气体。它可以增强高温下类囊体膜的热稳定性，保持膜完整性，避免渗漏，从而有效地进行光合作用。

异形胞（heterocysts）：丝状蓝细菌中一些专门的固氮细胞。它与其余的营养细胞形态不同，具有可以阻止 O_2 进入的厚细胞壁，不含光系统 II，但是具有通过围绕光系统 I 的循环电子流合成 ATP 的能力，以满足代谢对 ATP 的需求。

异养生物（heterophyte or heterotrophic organism）：不能直接由 CO_2 合成有机物，而需要依靠外界的有机物生存，例如异养微生物、异养植物菟丝子及真菌等。

抑制剂（inhibitor）：能与酶分子的活性必需基团相作用，从而使酶活性、酶反应速度降低的物质，例如磷是细胞质中蔗糖磷酸合酶（SPS）和果糖二磷酸酯酶（FBPase）的抑制剂。

一氧化氮（nitric oxide, NO）：生物体内产生的参与信号转导的一种自由基，化学性质类似活性氧，而且在时间和空间上常一同产生。植物氮同化的一种产物，主要来源于线粒体，将基本信号植物激素与植物对逆境的响应联系起来。许多生理过程都受 NO 调节。

阴生植物（shade plants）：弱光生境中例如森林里树荫下生长的植物。

殷宏章（H. Z. Yin, 1908—1992）：植物生理学家，中国科学院院士，中国光合作用研究的先驱，发现光合作用的光质瞬变效应。于 1959 年创建中国第一个光合作用实验室，在光合磷酸化的量子需要量和作用机制方面取得重要进展。著有《植物的气体代谢》等。

隐花素（cryptochrome, Cry）：一种在 UV-A 和蓝光（320～500 nm）下运转的黄素蛋白光受体，广泛存在于整个生物王国，不仅是生物钟的调节者，而且可能还是迁徙鸟类的地磁感受器。它几乎调节植物体内的所有生长发育和分化过程。

营养生长期（vegetative growth phase or vegetative period）：植物的营养器官根、茎和叶生长的时期，是植物生殖生长的基础。这个时期过短，不利于生殖生长及经济产量的形成；这个时期过长，也不利于经济产量的形成。农业生产中通过控制水肥供应等措施调整该时期的长短。

荧光恢复蛋白（fluorescence recovery protein, FRP）：参与蓝细菌过量光能热耗散调节的一种蛋白。弱光下 FRP 促进红色的橘色类胡萝卜素蛋白（OCP）失活，脱离藻胆体，从而减少藻胆体的热耗散，恢复其为反应中心捕光的能力。

有机碳（organic carbon）：有机化合物中的碳，例如碳水化合物、氨基酸、蛋白质和核酸等有机化合物中的碳。生物圈中的碳，包括微生物、植物、动物和人体中的碳都是有机碳，几乎都直接或间接地来自光合作用中的碳同化过程。

有限光（limiting light）：即不饱和光，因光强低不能使光合作用饱和的光。

有氧呼吸(aerobic respiration)：在有氧条件下于线粒体内进行的呼吸，包括三羧酸循环和末端氧化途径。糖酵解(无氧呼吸)产生的丙酮酸在有氧条件下于线粒体中进一步氧化降解，以氧为最终的电子受体，形成 CO_2 和水，同时产生能量载体 ATP 等。

玉米稻(maize-rice)：设想的一种转基因玉米，籽粒品质与水稻一样。通过基因工程将玉米籽粒的品质改造成同水稻籽粒一样。这比将 C_3 水稻改造成 C_4 水稻(进行 C_4 光合作用)要容易得多，成功的前提是充分揭示水稻籽粒化学成分的基因调控机制。

玉米黄质(zeaxanthin)：一种叶黄素，参与过量光能的热耗散，因此对光合机构具有保护作用。

原初反应(primary reaction)：光合作用反应中心的叶绿素 *a* 分子受光子激发发生的电荷分离反应。这是光合作用过程中唯一光能直接参与的反应，也称光反应、光化学反应。

原初电子供体(primary electron donor)：光系统 I 反应中心的叶绿素 *a* 分子(P700)和光系统 II 反应中心的叶绿素 *a* 分子(P680)。在光子激发的原初反应中，它们将电子分别交给原初电子受体光系统 I 的 A_0 和光系统 II 的去镁叶绿素(Phe 或 Chl_{D1})。

原核生物(procaryotic organism or prokaryote)：由遗传物质没有膜包被的原核细胞组成的生物体，例如光合细菌(进行不放氧的光合作用)和蓝细菌(进行放氧的光合作用)。

原生质膜或质膜、细胞膜(cytoplasmic membrane, cell membrane or plasma membrane, plasmic membrane, plasmalemma, protoplasmic membrane)：包围原生质的一层膜，由膜脂(磷脂、糖脂和胆固醇)和膜蛋白构成。膜蛋白不均匀地镶嵌于流动的脂双层分子膜上。它为细胞的生命活动提供相对稳定的微环境，控制细胞与外界环境的物质和信息交流。

原生质体(protoplast)：没有细胞壁的活细胞，由植物细胞经纤维素酶、果胶酶处理去除细胞壁后获得。用于细胞融合、细胞器移植和基因导入等实验操作及细胞培养，以便获得细胞杂种和转基因植物。

源-库关系(source-sink relationship)：生产光合产物的源器官叶等与使用或储存光合产物的库器官根、茎、幼叶、花和果实之间的关系。光合作用活跃的源能够加强库的生长，而旺盛生长的库可以促进叶的光合作用。如果人为地去掉库会导致叶光合作用受抑制。

原子核能(energy of atomic nuclei)：原子核结构变化(如重核裂变和轻核聚变)时释放的能量，也称“核能”“原子能”。人们利用急剧的裂变和聚变制造出原子弹和氢弹，还利用裂变释放能量的原理建造了核反应堆和原子能发电站。

原子力显微镜(atomic force microscope, AFM)：利用原子间作用力以纳米量级的分辨率观察样品表面形态和性质的显微镜。利用它可以观察生理溶液条件下的细胞和生物大分子表面的形态结构，观察病毒感染活细胞的过程。

Z

栅栏组织(palisade tissue)：构成叶肉的一种同化组织，细胞为圆柱形，排列整齐，呈栅栏状，含较多叶绿体，一般位于叶的近轴面，阳生植物和阳生叶片该组织较发达。

杂种优势(heterosis or hybrid vigour)：杂交子代在生长活力、育性和种子产量等方面都优于双亲均值的现象。

藻胆素(phycobilin)：存在于蓝细菌和红藻的藻胆体中，是线形即开链的四吡咯色素，其中最普通的是藻蓝素和藻红素，吸收 520～670 nm 的光。

藻胆体(phycobilisome)：由藻红蛋白、藻蓝蛋白和别藻蓝蛋白组成的捕光复合体(含 300～800 个藻胆素分子)，结合在蓝细菌和红藻类囊体膜的外表面，为反应中心捕获、传递光能。它通过可逆脱离和耗散过量光能 2 种方式防御光系统 II 遭受光破坏。

藻类(algae)：含有细胞核、叶绿体，属于真核生物。大部分能够进行放氧的光合作用。一些多细胞的大型海藻虽然有类似的根、叶形态，但是其组成细胞没有形态与功能的分化。它们不能开花结果，多以孢子繁殖。

藻源燃料(fuels from algae)：以藻为原料制造的燃料。用藻类为制造燃料的原料有很多好处：藻生产力高，生长快，可以使用不宜耕作的土地，使用盐碱水和海水等多种水源，可以同时生产有价值的副产物，还可以利用 CO_2 等废气。因此，低投入、高产出。

早期光诱导蛋白(early light-induced proteins, ELIPs):过量光诱导的具有保护作用的膜蛋白。它可以结合D1蛋白周转期间产生的游离态叶绿素和叶黄素(lutein)分子,防止形成单线态氧,并且叶黄素能够迅速猝灭游离的激发态叶绿素,通过热耗散防止过量光对反应中心的破坏。

蔗糖(sucrose):植物体内运输和贮藏的一种光合作用产物。它也是参与基因表达调节的重要信号物质:高水平的糖能够抑制源器官内编码酶蛋白的基因表达,诱导库器官内编码糖代谢酶蛋白的基因表达。

蔗糖合成(sucrose synthesis):在叶绿体内光合碳还原阶段形成的磷酸丙糖有3个可能去向:一是用于RuBP再生;二是用于在叶绿体内合成淀粉暂存;三是被叶绿体内被膜上的转运蛋白输入细胞质,用于合成蔗糖。蔗糖合成过程包括8步反应。

蔗糖磷酸合酶(sucrose phosphate synthase, SPS):催化UDP-葡萄糖和6-磷酸果糖反应生成磷酸蔗糖和UDP。SPS活性受6-磷酸葡萄糖(活化剂)、无机磷(抑制剂)的变构调节(细调)和可逆的蛋白磷酸化(使酶失活)调节(粗调)。它是蔗糖合成速率的决定因子。

蔗糖磷酸酯酶(sucrose phosphatase):催化磷酸蔗糖水解生成蔗糖,蔗糖合成的最后一步反应。

蔗糖酶(sucrase):催化蔗糖水解成葡萄糖和果糖的酶。

蔗糖密度梯度离心(sucrose density gradient centrifugation):用于分离叶绿体不同组分等的生物化学分析技术。使用不同浓度蔗糖溶液(通常5%～25%)配制密度从上到下增加的密度梯度,通过高速离心使分子质量不同的组分沉降到不同密度的蔗糖溶液层中,从而达到将它们分离的目的。

真核生物(eukaryote):由具有真核的细胞构成的比较高级的生物,例如藻类和高等植物。

针叶植物(coniferous plants or coniferophyte):具有针叶的植物,例如松树、柏树和枞树等。

正滤原理(principle of positive filtration):红外气体分析仪(IRGA)的组成部件Luft型检测器(detector)的工作原理,即吸收CO_2吸收的那部分红外辐射。这种检测器提供一种检测微小CO_2浓度差的灵敏方法。

蒸腾比(transpiration ratio):蒸腾速率与光合速率之比,也就是植物蒸腾散失水分的摩尔数与光合同化CO_2的摩尔数之比。

蒸腾作用(transpiration):植物体内的水分以气态形式散失到大气中的一个植物生理过程。它受植物体结构和气孔运动及环境因素的调节,是植物根系吸水和水分与矿质营养运输的主要动力,同时能够降低叶片和植物体的温度。

植醇(phytol):由4个异戊二烯分子缩合而成的长烃,含20个碳原子,是叶绿素分子的非极性的尾巴,帮助叶绿素分子结合到色素-蛋白复合体的蛋白质分子上。

植物登陆(plant colonizing on land):大约在4.4亿年以前,水生的绿藻开始到陆地上生活,逐步演化为陆生植物。

植物工厂(plant factory):适于植物生长的数字化、智能化和可调控的人工环境。全年连续生产,耗水少,机械化程度高,产品无污染,高生产效率、高土地利用率(是露地的几十倍),可建在沙漠、极地。设施农业的最高发展阶段,全新的生产方式。

植物化石(plant fossils):由于自然作用而保存于地层中的古植物遗体、遗迹统称。远古时代植物体的茎、叶和种子的硬壳经过矿物质填充及碳化、石化作用而成,是研究地质时期植物演化的重要依据。

植物激素(plant hormone or phytohormone):植物体内产生的对植物生长发育具有重要调节作用的微量物质,包括生长素(auxin)、细胞分裂素(CK)、赤霉素(GA)、脱落酸(ABA)、乙烯(ethylene)、油菜素内酯(BR)、水杨酸(SA)、茉莉酸(JA)和独脚金内酯(strigolactones, SL)。

植物群体(plant population):一块土地上许多植物个体的总称。

植物生产力(plant productivity):植物积累干物质的能力。植物自身的决定因素是叶片的光合能力、叶面积和叶片寿命或光合功能期,常常受外界环境因素的制约。

植物生理学(plant physiology):研究植物光合作用、呼吸作用、物质代谢和生长发育等生命活动规律和调节控制机制的学科,是农业生产和作物栽培的理论基础。

植物生态生理学(plant ecological physiology):植物生态学与植物生理学的交叉学科。从植物生态学的观点出发,使用植物生理学的实验方法,研究植物与环境关系的规律。例如，阳生植物和阴生植物的光合特性（光饱和的光合速率、光合作用的饱和光强等）明显不同。

籽粒灌浆期（grain filling period）：禾谷类作物生殖生长阶段的一个时期，是产量形成的一个重要阶段。

脂双层分子膜（lipid double-layer molecular membrane）：脂分子排列成双层结构，其不带电荷的非极性即疏水的脂肪酸尾巴在膜内，而带电荷的极性即亲水的头（磷酸基和氨基）向外，分别成为膜的内外表面。细胞质膜、叶绿体被膜和类囊体膜都是由这种膜构成的。

质谱测量（mass spectrometry，MS）：基本原理是气体分子的离子化和它们依据质量/电荷比率的不同而分离。例如 $H_2{}^{18}O$ 示踪和质谱测量实验结果证明，光合作用中释放的 O_2 来自水，而不是 CO_2。

质体醌（plastoquinone，PQ）：光合电子传递链中光系统 II 的一个电子传递体。

质体（醌）末端氧化酶（plastoquinone terminal oxidase，PTOX）：催化质体醌醇氧化反应，有防止质体醌过还原以致产生活性氧导致氧化破坏的作用，一个关键作用是保持发育中的叶绿体及质体醌库足够高的氧化水平。

质体蓝素（plastocyanin，PC）：含铜蛋白，在类囊体腔内于 2 个光系统之间移动，是 2 个光系统电子传递链的联结者，将来自光系统 II 的电子传递给光系统 I。

质体转录激酶（plastid transcription kinase，PTK）：由丝氨酸专一的蛋白激酶与叶绿体 RNA 聚合酶联合而成。它不仅能使叶绿体转录因子磷酸化，而且能使叶绿体 RNA 聚合酶的一些核心多肽磷酸化。它可能是控制叶绿体基因转录信号级联反应的末端组分。

质外体（apoplast）：植物细胞质以外由细胞壁、细胞间隙和导管构成的统一体，水和溶质在其中运输。环境胁迫条件下一些种类的活性氧在其中产生。

质子泵（proton pump）：依赖能量驱动的行使质子跨膜运输功能的膜蛋白。

质子动势（proton motive force，PMF）：跨类囊体膜的电位差和质子浓度差的总称。它推动光合磷酸化过程中的 ATP 合成。

质子门（proton gate）：在 ATP 合成过程中，ATP 合酶的 γ、δ 和 ε 亚基共同行使的功能。

质子通道（proton channel）：ATP 合酶的亚基 III，是 ATP 合成时质子从类囊体腔流出的通道。

中生植物（mesophyte）：形态结构和适应性处于湿生植物和旱生植物之间，不能忍受严重干旱或长期水涝，种类多、数量大、分布广，陆地上绝大部分植物皆属此类。

重金属（heavy metal）：密度大于 $5\ g \cdot cm^{-3}$ 的金属和类金属，包括铜、镉、锌、汞和铅等，是对植物有毒的环境污染物。它们能够与植物的营养元素相竞争，导致营养元素的缺乏，例如铜可以引起铁缺乏。

重同位素（heavy isotope）：原子质量大的同位素，例如 ^2H 和 ^{18}O。它们可以分别形成重水 ^2H_2O 或 D_2O 和 $H_2{}^{18}O$。可以用质谱仪测量物质的元素组成及其含量。

主要天线 LHCII（major antenna LHCII）：由叶绿素 *a*、*b* 结合蛋白 Lhcb1～Lhcb3 组成的三聚体，结合光系统 II 叶绿素的大部分，承担为光系统 II 反应中心捕获、传递光能的主要任务。

周转数（turnover number）：描述酶特性的一个指标，即单位时间内酶能够催化几个底物分子发生化学反应。例如，Rubisco 的周转数很低，每秒钟仅羧化固定 3～5 个 CO_2 分子，明显慢于大部分其他种类的酶，是最慢的催化剂。

转氨酶（transaminase or aminotransferase）：C_4 植物叶片中，PEPC 催化 PEP 羧化形成的 OAA，可以由天冬氨酸氨基转移酶（AspAT）催化转化为天冬氨酸，也可以由丙氨酸氨基转移酶（AlaAT）催化转化为丙氨酸。AlaAT 位于叶肉细胞和维管束鞘细胞的细胞质中。

转基因（transgenosis）：使用显微注射、基因枪或病毒感染等方法，将目的基因导入动物或植物的受精卵或胚胎细胞，使之整合到其基因组中，从而得到转基因生物。人们往往为实现高产、优质或抗逆（耐受环境胁迫）等目的创造各种转基因生物。

转录（transcription）：以 DNA 为模板由 4 种核糖核苷三磷酸合成 RNA 的生物化学过程。转录产物 RNA 链上的碱基与 DNA 链上的碱基互补。有多种不同的 RNA，其中的 mRNA 被用作蛋白质合成的模板。不同的 mRNA 用于合成不同种类的蛋白质。

转录后调节(post-transcriptional regulation)：在RNA水平上的转录后调节，包括新合成的转录物的加工、修饰和降解以及在翻译与翻译后即蛋白质水平上的调节，至少涉及翻译的开始、蛋白质加工和修饰成为有功能的基因表达产物。

转录因子(transcription factor)：基因转录时所必需的多种蛋白质分子的统称。它们能够识别或结合启动子、增强子或特定DNA序列，从而调控基因表达。

转羟乙醛酶或转酮醇酶(transketolase)：催化6-磷酸果糖与3-磷酸甘油醛转变为4-磷酸赤藓糖和5-磷酸木酮糖、二磷酸景天庚酮糖与3-磷酸甘油醛转化为5-磷酸核糖和5-磷酸木酮糖的反应，光合碳还原循环中RuBP再生阶段的部分反应。

转运蛋白或易位蛋白(translocator or transporter)：叶绿体被膜和细胞质膜上负责一些小分子代谢物跨膜运输进入或离开叶绿体或细胞的蛋白质，例如叶绿体内被膜上磷酸丙糖/无机磷转运蛋白、草酰乙酸/苹果酸转运蛋白等。

状态转换(state transitions)：通过捕光复合体LHCII在2个光系统(光系统II和光系统I)之间的移动平衡光吸收和光激发的一种调节方式。由于光系统II和光系统I光吸收特性的差异和太阳光波长的日变化，光能吸收和光激发不平衡的情况经常发生，状态转换是高效光合作用所必需的。

状态转换猝灭(state-transition quenching, qT)：状态转换引起的荧光强度降低。它是一部分捕光天线(LHCII)从光系统II转移到光系统I并用于其光化学反应所致，实际上不是非光化学猝灭，近年来已经很少有人提及。

自动记录仪(automatic recording instrument)：在科学研究中自动记录测定结果的电子设备。

自催化作用(autocatalysis)：光合碳还原循环的一个重要特性，其运转速率随着中间产物二磷酸核酮糖等浓度增加而提高。在光合作用的光诱导期中，光合速率的逐步增高部分归因于这种循环中间产物浓度的增加。

自然光合作用(natural photosynthesis)：田野、草原、森林中的陆生植物和江河湖海等水体中的藻类、蓝细菌等所进行的光合作用，即生物体利用太阳光能将无机物CO_2和水合成贮存化学能的有机物并释放O_2的过程。

自由基(radical)：也称游离基，含有不成对价电子的原子或原子团，由分子中共价键受外界光或热等作用断裂而形成。它们可以独立存在，活性强，不稳定，易与其他物质发生反应，例如氧自由基$O_2 \cdot^-$、羟自由HO·和烷氧基自由基RO·。

纸层析(paper chromatography)：即纸色谱法，利用滤纸进行色谱分析的一种方法，有上升法、下降法和圆形扩散法等。应用很广，在有机化学、生物化学方面，用于从复杂的混合物中分离微量的代谢物，用于蛋白质、氨基酸、脂肪酸及天然产物等的分离与鉴定。

紫黄质(violaxanthin, V)：叶黄素循环中的一种色素，具有双环氧。在强光下，由紫黄质脱环氧酶(VDE)催化，经过具有单环氧的花药黄质(A)，变化为无环氧的玉米黄质(Z)；在弱光下，由玉米黄质环氧酶(ZE)催化，相反过程发生，形成循环。

紫色细菌(purple bacteria)：不能放氧的光合细菌中的一组。它们靠光能自养或异养，生活在厌氧环境中，能够以H_2S、H_2或有机物乳酸等还原剂作为电子供体。几乎所有的种都含有细菌叶绿素a，都用光合碳还原循环固定CO_2。大部分紫色细菌能够固定N_2。

紫外辐射(ultraviolet radiation, UV)：包括UV-A(320～390 nm)、UV-B(280～320 nm)和UV-C(<280 nm)。其中UV-C具有最高能量，它可以将氧分子劈开成为氧原子，氧原子与氧分子结合成臭氧(O_3)。

紫外辐射受体(ultraviolet radiation receptor, UVR8)：由440个氨基酸残基组成，没有专一的生色团，而是用色氨酸(Trp)残基强烈吸收UV-B。它介导的对UV-B响应涉及基因调节、UV-B耐性、类黄酮合成、叶片/表皮细胞扩展、气孔指数、生理钟、光合功能维持和对灰霉菌的抗性。

最大量子效率或理论量子效率(maximal quantum yield or theoretical quantum yield)：光合机构每吸收1个光子所同化的CO_2分子数。C_3植物光合作用每同化1分子CO_2需要2分子NADPH和3分子ATP，而这2分子NADPH是2个光系统反应中心各吸收4个光子、发生4次电荷分离、传递4个电子的结果。所以，该值是1/8，即0.125。

最大荧光(maximal fluorescence, F_M)：已经充分暗适应的光合机构全部光系统II反应中心都关闭时的荧光强度。

最低量子需要量(minimal quantum requirement)：每同化 1 分子 CO_2 至少需要 8 个光量子，即最低量子需要量为 8，是最大量子效率的倒数。

作物产量(crop yield)：通常指作物的经济产量，例如禾本科植物水稻、小麦和玉米的谷粒产量。

作用光(actinic light)：能够推动光合作用进行的光。

株型(plant type)：植株外观形状不同的类型。传统育种学家追求的禾本科作物的理想株型是植株偏矮、上部叶片接近直立，并且穗子比较大。这种株型的作物群体光能利用效率高、经济系数高、谷粒产量高。

名词索引

A

B

C

D

F

G

H

J

K

L

M

N

O

P

Q

W

X

Y

Z

彩　图

图 5-8　冬季强光和低温下丝葵(华盛顿棕,*Washingtonia filifera*)叶片的光破坏(2012 年春摄于上海植物园)

图 11-1　黄柄鞘竹芋(*Calathea lutea*)叶片姿态因光环境不同而变化

左图示早晨弱光下叶片的舒展向光态,增加光吸收;右图示中午强光下叶片收拢直立的避光状,减少光吸收。(2009 年摄于西双版纳植物园)